现代水工混凝土关键技术

田育功 著

黄河水利出版社

·郑州·

内 容 提 要

进入 21 世纪,中国以举世瞩目的长江三峡、南水北调、白鹤滩、大藤峡等为代表的特大型水利水电工程实现了跨越式高速发展。2021 年中国政府向世界做出庄严承诺,力争 2030 年前实现碳达峰、2060年前实现碳中和,可再生的水利水电、抽水蓄能、光伏风电等清洁能源又将迎来空前大发展。在此大形势和历史机遇下,作者结合自己的工程实践,以近年来发表的水利水电工程论文、科研成果、讲座等为主,依托大量工程实例,承载了自长江三峡工程以来现代水工混凝土关键技术和创新成果,涉及水利水电工程的标准、设计、材料、试验、施工、质量控制以及智能化等多方面课题。全书共分 4 篇:第 1 篇现代水工混凝土关键技术 PPT 讲座;第 2 篇现代水工混凝土技术创新与探讨;第 3 篇水工常态混凝土关键技术与分析;第 4 篇水工碾压混凝土关键技术与分析。

本书可作为从事水利水电工程管理、设计、科研、施工、监理方面的工作人员以及广大工程技术人员和高等院校相关专业师生的参考资料。

图书在版编目(CIP)数据

现代水工混凝土关键技术/田育功著. —郑州:
黄河水利出版社,2022.8
ISBN 978-7-5509-3329-3

Ⅰ.①现… Ⅱ.①田… Ⅲ.①水工建筑物-混凝土施工 Ⅳ.①TV544

中国版本图书馆 CIP 数据核字(2022)第 126453 号

组稿编辑:杨雯惠 电话:0371-66020903 E-mail:yangwenhui923@163.com

出 版 社:黄河水利出版社 网址:www.yrcp.com
　　　　　 地址:河南省郑州市顺河路黄委会综合楼 14 层 邮政编码:450003
发行单位:黄河水利出版社
　　　　　 发行部电话:0371-66026940、66020550、66028024、66022620(传真)
　　　　　 E-mail:hhslcbs@126.com
承印单位:河南瑞之光印刷股份有限公司
开本:787 mm×1 092 mm 1/16
印张:30
字数:690 千字
版次:2022 年 8 月第 1 版　　　　　印次:2022 年 8 月第 1 次印刷

定价:165.00 元

作者照片

2007 年 11 月第五届碾压混凝土坝
国际研讨会照

2009 年 5 月与碾压混凝土专委会
王圣培主任金安桥合影

2019 年 7 月乌东德水电站工程质量监督照

2019 年 11 月第八届碾压混凝土坝
国际研讨会照

2020 年 7 月与碾压混凝土
专委会梅锦煜顾问佛子岭合影

2021 年 6 月白鹤滩水电站工程质量监督照

序——作者献词

　　谨以此书献给我深深爱戴尊敬的父亲母亲大人！

　　我的父亲田景民先生早年先后毕业于国立西北工学院和大连工学院，获双学士学位，教授级高级工程师，是我国著名的水利水电设计专家，主持了我国早期最具有代表性的上犹江、盐锅峡、刘家峡、龙羊峡等典型水电站设计工作，父亲将毕生献给他热爱的水利水电事业并做出突出贡献。

　　1954年父亲主持设计的江西上犹江水电站，是我国第一座坝内厂房式水电站。他的优秀设计为国家节约了钢材、木材、水泥等，节约资金相当于黄金1.2万两，被称为节约"黄金万余两"的技术革新项目，是新中国"一五"期间水电工程建设史上一座光彩夺目的里程碑。1957年父亲获得共青团中央、江西省等的嘉奖，被授予"青年积极分子"的光荣称号，获得国家奖励奖金1.2万元。他把获得的奖金又全部捐献给国家，其先进事迹于1957年3月15日在《中国青年报》报道，后被《人民日报》《解放日报》《江西日报》相继转载报道。

　　1958年父亲响应国家号召，从条件十分优越的北京主动到祖国需要的大西北兰州工作，主持设计了当时被誉为"黄河上第一颗明珠"的盐锅峡水电站。盐锅峡水电站建设时正处在国家三年自然灾害时期，父亲和同事们克服了各种困难，不断优化设计方案，使盐锅峡水电站于1961年11月提前投产发电，这在新中国水电建设史上具有深远的划时代意义。1966年3月，时任中共中央书记处书记的国务院副总理邓小平到刘家峡水电站考察时接见了父亲。

　　1976年父亲主持设计的黄河龙头龙羊峡水电站，是我国当时最大的水电站，被称为中国的"三最水电站（坝最高、单机最大、水库最大）"。针对龙羊峡高山河谷狭窄的地形地质特点，父亲是首先提出坝后厂房采用双排式机组布置方案的第一人，为此后李家峡水电站坝后厂房设计采用双排机组布置打下坚实基础。

　　我是一个生于长于红旗下，经历过困苦年代、下过乡的知识青年。小时候随父母支援大西北由北京来到兰州，见证了艰苦岁月父亲绘图、拉算尺，常常加班到深夜忘我工作的情景。正是从小在父母吃苦耐劳、辛勤工作、无私奉献的耳濡目染下，对我一生的成长和取得的成就产生了深远影响，这是父母伟大的爱和言传身教的结果。在我第三部专著《现代水工混凝土关键技术》收官之作出版之际，谨以此书为念，献给父母在天之灵，千古安息、含笑九泉！

2022 年 6 月于成都

前言

PREFACE

  进入 21 世纪,中国以举世瞩目的长江三峡、南水北调、白鹤滩、大藤峡等特大型水利水电工程为代表,实现了跨越式高速发展。水利水电工程建设进入了自主创新、引领发展的新阶段,无论从规模、效益、成就,还是从规划、设计、施工、建设、装备制造水平上都已经处于世界领先地位,中国已经是当之无愧的世界水利水电大国、强国。同时,中国也全面参与国际水利水电建设,拥有一半以上的国际市场份额。在"绿水青山就是金山银山"理念的前提下,推进水资源高质量开发利用及工程的有序建设仍是当前和未来的必然选择。展望"十三五"及未来一个时期,安全发展、智能发展、绿色发展必将成为水利水电发展的主旋律。为应对气候变化,2021 年中国政府向国际做出庄严承诺,中国将提高国家自主贡献力度,采取更加有力的政策和措施,控制二氧化碳的碳排放于 2030 年前达到峰值,2060 年前实现"碳中和",即"3060"目标。中国为实现"3060"目标,可再生的水利水电、抽水蓄能、光伏风电等清洁能源又将迎来空前的大发展,"十四五"西藏雅鲁藏布江下游水电进入实施方案阶段,2035 年前开发抽水蓄能电站 550 座,南水北调大西线调水方案研究创新有序推进,为现代水工混凝土应用提供了更加广阔的前景。

  现代水工混凝土与传统水工混凝土明显不同,其设计指标、设计龄期、材料组成、混凝土性能以及施工技术、质量控制、温控防裂等方面存在明显差异。现代水工混凝土已经朝着多元复合材料和智能化的方向发展,体现了适应性强、耐久性好、施工简单快速、经济安全和具有绿色环保的特性,有着一整套系统完整的理论和评价体系。现代水工混凝土范畴包括大坝混凝土、结构混凝土、碾压混凝土、胶凝砂砾石混凝土、堆石混凝土、泵送混凝土等。现代水工混凝土具有长龄期、大级配、低水胶比、低用水量、低胶凝材料用量、掺掺和料和外加剂、水化热低、温控防裂要求严、施工强度高等显著特点。水工混凝土工作环境复杂,需要长期在水的浸泡下、高水头压力下、高速水流的侵蚀下以及各种恶劣的气候和地质环境下工作,为此水工混凝土耐久性能(抗冻等级 F)

比其他混凝土要求更高。不论在温和、炎热、严寒的各种恶劣环境条件下,其可塑性、使用方便、经久耐用、适应性强、安全可靠等优势是其他材料无法替代的。现代水工混凝土始终围绕"层间结合、温控防裂、提高耐久性"关键核心技术,以原材料新技术、配合比优化、提高耐久性、全面温控、长期保温、大数据智能化温控等新技术创新为主线,有效防止了混凝土裂缝发生。

本书共分 4 篇,分别由 5 篇 PPT 讲座、30 篇论文及科技成果报告组成,内容新颖翔实,创新成果丰硕。

第 1 篇现代水工混凝土关键技术,由 5 篇 PPT 讲座组成。主要内容涵盖了中国碾压混凝土快速筑坝技术特点,水工混凝土施工规范要点与新技术,面板混凝土防裂关键技术,胶凝砂砾石筑坝关键技术及引水工程混凝土施工与质量控制等关键技术。讲座通过大量的工程实例和照片,对现代水工混凝土关键技术的重点、难点、热点进行了分析,提升了对现代水工混凝土关键技术的认知。例如,面板混凝土裂缝成因通过大量的工程实例及照片,分析认为面板混凝土作为堆石坝防渗体,其变形量级为微米级;而大坝主堆体作为稳定体和透水体其沉降变形量级为厘米级,所以当水库蓄水大坝主堆体发生沉降变形时,与混凝土面板变形完全不在一个量级上,这是造成混凝土面板脱空导致结构性破坏和面板裂缝产生的必然结果,已为大量面板坝工程实践证明。胶凝砂砾石(CSG)筑坝技术是碾压混凝土快速筑坝的一种延伸,其断面多呈不对称的梯形断面,采用胶凝砂砾石筑坝可适应变形地基,施工方法与碾压混凝土相同,体现了"宜材适构"的特点。

第 2 篇现代水工混凝土技术创新与探讨,由 10 篇论文组成。通过水利水电工程标准统一与"走出去"战略分析,明确了技术标准是一个国家技术进步的具体体现,特别在当今激烈的市场竞争中,标准的统一显得尤为重要,揭示了"得标准者得天下"这句话举足轻重的作用和重大意义。犹如国家建设全国统一大市场是构建新发展格局的基础支撑和内在要求一样,从全局和战略高度为今后一个时期建设全国统一大市场提供了行动纲领,强化市场基础制度规则统一,推进市场设施高标准联通,打造统一的要素和资源市场,为建设高标准市场体系、构建高水平社会主义市场经济体制提供坚强支撑。保持混凝土含气量提高混凝土耐久性的方法,组合混凝土坝研究与创新探讨,取消碾压混凝土核子水分密度仪检测,中国与国际现代碾压混凝土坝技术发展等论文,凸显了中国在水工混凝土技术方面的原始技术创新。

第 3 篇水工常态混凝土关键技术与分析,由 10 篇论文及科技成果报告组成。混凝土坝是典型的大体积混凝土,裂缝是混凝土坝最普遍、最常见的病害之一,几十年来大坝的温度控制与防裂一直是坝工界所关注和研究的重大课题。通过水工抗冲磨防空蚀混凝土关键技术分析探讨,大坝混凝土施工配合比设计试验,大型渡槽施工关键技术研究与应用,高混凝土坝温控防裂关键技术研究,混凝土面板堆石坝面板混凝土配合比试验等论文梳理分析,表明"温控防裂、提高耐久性"是水工混凝土核心技术。提高水工混凝土核心技术是一项系统工程,须从设计指标、材料分区、原材料选择、配合比设计、施工技术、质量控制、温控防裂等方面统筹考虑。其中,水工混凝土施工配合比设计试验,具有较高的技术含量,直接关系到混凝土施工质量和防裂性能,需要高度关注。

第4篇水工碾压混凝土关键技术与分析,由10篇论文组成。通过碾压混凝土 VC 值的讨论与分析,VC 值的动态控制工程实例,石粉在碾压混凝土中作用,中国碾压混凝土配合比设计试验特点分析,水工碾压混凝土施工规范要点分析等论文研究分析,明确了现代水工碾压混凝土定义,凸显全断面碾压混凝土筑坝技术依靠坝体自身防渗,具有"简单快速、经济安全"的筑坝优势。确立了"层间结合、温控防裂"是全断面碾压混凝土筑坝核心技术。试验研究表明,石粉最大的贡献是提高了浆砂比 PV 值,浆砂比 PV 值已成为碾压混凝土配合比设计的重要参数,VC 值的控制以碾压混凝土全面泛浆和具有弹性,经碾压能使上层骨料嵌入下层混凝土为宜,很好地解决了层间结合防渗的难题。最能反映全断面碾压混凝土层间结合质量的是碾压混凝土芯样,进入21世纪,碾压混凝土超长超级芯样记录不断被刷新,超过 20 m 芯样已经屡见不鲜。2021 年 3 月西藏大古钻取 26.2 m 超级芯样,刷新了世界纪录。

40 多年来,作者十分荣幸参加了长江三峡大坝和南水北调中线大型渡槽建设,倍感骄傲和自豪。先后参加了龙羊峡、李家峡、万家寨、小浪底、公伯峡、百色、拉西瓦、长洲、光照、喀腊塑克、金安桥、大藤峡、黄登、丰满重建、大古、乌东德、白鹤滩、岷江航电、长江大保护以及埃塞俄比亚泰可泽、越南博莱格隆、缅甸滚弄、几内亚苏阿皮蒂、巴基斯坦达苏等一百多项国内外水利水电工程的试验研究、施工技术、招标评标、水电评奖、质量监督、技术咨询、培训讲座及建设管理等工作,积累了大量水利水电工程的实践经验,承载了自长江三峡工程以来现代水工混凝土新技术的发展成就,为本书撰写提供了大量的第一手资料。

作者在多年的水利水电工程建设中感慨颇多,现代水工混凝土原始技术创新还存在不足。纵观人类发展历史,创新始终是推动一个国家、一个民族向前发展的重要力量,也是推动整个人类社会向前发展的重要力量。创新是引领发展的第一动力,创新源于好奇心,创新源于想象力,创新源于批判性思维。比如中国水利水电工程标准政出多门,标准的统一需要顶层设计。又比如水工混凝土极限拉伸值与抗裂性能的关系,水工大体积混凝土绝热温升试验方法与实际大坝绝热温升不符的情况,现代水工碾压混凝土定义与 VC 值控制标准,取消碾压混凝土密实度检测等,还需要不断进行技术创新,形成系统的、完整的具有中国自主知识产权的标准体系,为进一步提升现代水工混凝土关键核心技术和高质量发展提供技术支撑。

在上述水利水电工程建设历程和机遇中,作者先后得到了马洪琪、张超然、张宗亮等院士、前国际大坝委员会主席、中国大坝工程学会常务副理事长兼秘书长贾金生主席、中国水力发电工程学会碾压混凝土筑坝专委会主任宗墩峰总工、前主任王圣培司长、梅锦煜顾问以及业内专家学者程国银、席浩、楚跃先、杨溪滨、陆民安、郑桂斌、吴金灶、党林才、于子忠、朱丹、田福文、支栓喜、王进春、董国义、纪国晋、冯炜、杨会臣、杨冬军、谢卫生、林飞、曹骏、贾超、向前等专家、朋友及同事的大力支持,在此表示诚挚感谢!

限于作者水平,书中难免存在不妥之处,敬请读者指正!

作者

2022 年 6 月于成都

目 录
CONTENTS

第4篇　水工碾压混凝土关键技术与分析

第1篇

现代水工混凝土关键技术PPT讲座

中国 RCC 快速筑坝技术特点

2019 年第八届国际 RCC 坝研讨会·中国昆明

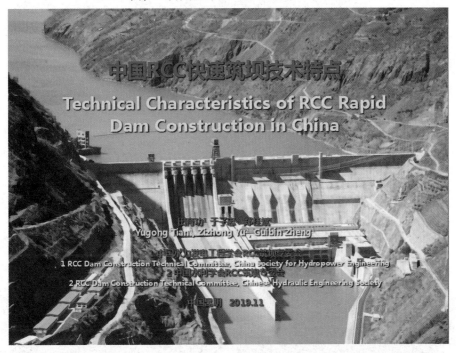

1 中国碾压混凝土筑坝成就

中国自1986年建成第一座坑口RCC坝以来，截至2018年底，据不完全统计，30多年来中国已建、在建的RCC坝已超过300多座，超过百米级的RCC坝已达60多座，目前中国最高的RCC重力坝是在建的古贤215 m，已建的黄登203 m、光照200.5 m、龙滩192 m，标志着中国RCC筑坝技术已迈入200 m级筑坝水平。

1 RCC Damming Achievements in China

Since the completion of the first Kengkou RCC dam in China in 1986, more than 300 RCC dams have been built or under construction in China over the past 30 years according to incomplete statistics as of the end of 2018. More than 60 of them have exceeded 100 meters in height. At present, the highest RCC gravity dam in China is under construction, which is Guxian Dam at 215 m in height. The completed dams including Huangdeng Dam 203 m in height, Guangzhao Dam 200.5 m and Longtan Dam 192 m indicate that China's RCC dam construction technology has entered the 200 m level in height of dam construction.

1986年第一座坑口RCC重力坝
The first Kengkou RCC gravity dam was built in 1986

黄河古贤RCC重力坝示意图，215 m，建设中
Yellow River Guxian RCC gravity dam, 215 m, under construction

Huangdeng RCC gravity dam, 203 m

龙滩RCC重力坝，192 m，施工期，国际RCC里程碑奖
Longtan RCC gravity dam, 192 m, according to the construction, International RCC dam milestone award

光照RCC重力坝，200.5 m，国际RCC里程碑奖
Guangzhao RCC gravity dam, 200.5 m,
International RCC dam milestone award

Shapai arch dam after "5·12" earthquake, 132 m,
International RCC dam milestone award

Jinanqiao RCC gravity dam, 160 m,

普定RCC拱坝，开创了变态混凝土先河
Puding RCC arch dam, the first abnormal concrete

棉花滩RCC重力坝，111 m
Mianhuatan RCC gravity dam, 111 m

百色RCC重力坝，130 m
Baishe RCC gravity dam, 130 m

Sanhekou RCC arch dam, 145 m,
under construction

亭子口RCC重力坝，116 m，施工照
Tingzikou RCC gravity dam, 116 m, construction photo

2 RCC坝设计特点及核心技术

2.1 RCC坝设计特点

中国RCC坝采用全断面RCC筑坝技术，依靠坝体自身防渗。RCC与常态混凝土相比，只是改变了混凝土材料的配合比和施工工艺而已，设计并未因是RCC而改变坝体体形，所以RCC坝设计断面与常态混凝土坝相同。

2 Design Characteristics of RCC Dams and Core Technologies

2.1 Design Characteristics of RCC Dams

China's RCC dams adopted full-section RCC dam construction technology, relying on its own anti-seepage control of dam body. Compared to the conventional concrete, RCC only changed the mix ratio of concrete materials and construction engineering. The design in RCC did not change the body shape of the dam, so the design sections of RCC dams were the same as that of conventional concrete dams.

2.2　RCC筑坝核心技术与超长芯样

全断面RCC采用薄层摊铺通仓碾压施工技术，其坝体结构特点是层缝结构，为此"层间结合、温控防裂"是RCC坝的核心技术。RCC芯样长度从最初的0.6 m发展到近年来的15～20 m，突破20 m已屡见不鲜，丰满23.18 m，黄登24.6 m，三河口25.2 m，芯样记录不断被刷新。见下照片。

2.2　RCC Damming Core Technology and Ultra-long Core Sample

Full-section RCC dam construction technology used thin-layer spreading and then full-surface rolling compaction. Its dam body structure was characterized by layer-joint structures, therefore, "Interlayer Bonding, Temperature Control and Crack Prevention" was the core technology of the RCC dams. The length of RCC core sample has developed from 0.6 m at the beginning to 15～20 m in recent years. It is common to break 20 m, with 23.18 m Fengman, 24.6 m Huangdeng and 25.2 m Sanhekou. The core record has been constantly updated. See the photo.

3 RCC材料技术特点

《水工碾压混凝土施工规范》(DL/T 5112—2009)规定，对水泥、掺和料、外加剂等RCC原材料应优选通过试验确定。石粉是原材料不可缺少的组成材料。大量的工程实践及试验证明，人工砂石粉含量控制在18%~20%时，能显著提高RCC工作性和层间结合质量，石粉最大的贡献是提高了浆砂体积比PV值，保证层间结合质量。下图为光照RCC重力坝。

3 Technical Characteristics of RCC Materials

Construction Specification for Hydraulic Roller Compacted Concrete (DL/T 5112—2009) provisions, RCC raw materials such as cement, admixtures and additives should be selected and determined through testing. Stone powder is an indispensable component of raw materials. A large number of engineering practices and tests have proved that when the content of artificial sand powder is controlled at 18%~20%, RCC workability and interlayer bonding quality can be significantly improved. The biggest contribution of stone powder is to improve the PV value of slurry/sand volume ratio and ensure the quality of interlayer bonding. Photo of low content of stone powder in Guangzhao RCC process.

光照RCC重力坝
Guangzhao RCC gravity dam

光照第一次RCC工艺试验
The first RCC process test of Guangzhao

26.08.2005

浆砂比PV值小，碾压后未能全面泛浆，层间结合质量很差
Pulp and sand is smaller than PV value, and the quality of interlayer bonding is poor

26.08.2005

层间质量差，出现所谓"千层饼"现象
The quality between layers is poor, the so-called "thousand layer cake" phenomenon

4   RCC配合比设计特点

4.1   全断面RCC应确切定义

水工RCC是无坍落度的亚塑性混凝土，其拌和物分薄层摊铺，并经振动碾碾压密实，且层面全面泛浆的混凝土，符合水胶比定则。

4   RCC Mix Design Features

4.1   Full Section RCC Shall be Exactly Defined

Hydraulic RCC refers to the compacted concrete with full laitance on the surface of RCC layers after compaction resulting from thin layer spreading of non-slump sub-plastic concrete mixtures followed by rolling and compacting with vibrating rollers. It conforms to the water-binder ratio rule.

4.2 RCC配合比设计技术路线

中国的RCC配合比设计技术路线具有"两低、两高、双掺"的特点，即低水泥用量、低VC值、高掺掺和料、高石粉含量、掺缓凝减水剂和引气剂的技术路线。浆砂比PV值是RCC配合比设计重要参数之一，具有与水胶比、砂率、用水量三大参数同等重要的作用。

4.2 Technical Route of RCC Mix Ratio Design

The technical route of RCC mix design in China has the characteristics of "Two-Low, Two-High and Double-Doping", that is, low cement usage and low VC value, high doping admixture and high stone powder content, doping with water-reducing set retarding admixture and doping with air-entraining admixture. PV value of slurry/sand ratio is one of the important parameters of RCC mix ratio design, which plays an equally important role as the three parameters of water-binder ratio, sand ratio and water consumption.

4.3 VC值是配合比设计重要的参数

VC值的大小对RCC的性能影响显著。现场仓面控制的重点是VC值和初凝时间，VC值是RCC可碾性和层间结合的关键，应根据气温和施工条件的变化及时调整出机口VC值，对VC值实行动态控制。大量的工程实践表明，现场VC值控制在2～5 s比较适宜，机口VC值应根据施工现场的气候条件变化，动态选用和控制，宜为1～3 s。

4.3 VC Value is an Important Parameter of Mix Ratio Design

VC value has a significant impact on RCC performance. The focus of field control is VC value and initial setting time. The focus of on-site surface control is VC value and initial set time. VC value is the key to RCC rollability and interlayer bonding. The outlet port VC value should be adjusted promptly based on changes of temperature and construction conditions, and the VC value should be dynamically controlled. Extensive engineering practices have shown that on-site VC value should be maintained in the range of 2～5 s. Meanwhile, the outlet port VC value should be dynamically controlled and adjusted accordingly based on climatic conditions of the construction site preferably in the range of 1～3 s.

5　RCC 施工主要技术特点

5.1　满管溜槽垂直运输新技术

大量的施工实践证明，汽车直接入仓是 RCC 快速施工最有效的方式，目前 RCC 坝的高度越来越高，汽车无法直接入仓，RCC 中间环节垂直运输可以采用满管溜槽进行，即汽车＋满管溜槽＋仓面汽车联合运输。见满管溜槽照。

5　Main Technical Features of RCC Construction

5.1　Full Pipe Chute Vertical Transportation New Technology

A large number of construction practices have proved that truck direct entry into zones is the most effective way for RCC rapid construction. At present, the RCC dam is getting higher and higher, the height difference is too large for vehicles to directly enter. Vertical transportation at the intermediate parts of the RCC can be carried out by using a full-pipe chute. Namely car + full pipe chute + bin surface car combined transport. See the grand slam chute photo.

5.2 RCC坝廊道新技术

（1）预制廊道。

（2）现浇廊道。

（3）矩形廊道。

5.2 New Technology of Galleries for RCC Dams

（1）Pre-fabricated Galleries.

（2）Cast-in-place Galleries.

（3）Rectangular Galleries.

show examples of three different galleries in RCC.

5.3 斜层碾压技术

斜层碾压的目的主要是减小了铺筑碾压的作业面积，缩短层间间隔时间。斜层碾压显著的优点就是在一定的资源配置情况下，可以浇筑大仓面，把大仓面转换成面积基本相同的小仓面，这样可以极大地缩短RCC层间间隔时间，提高混凝土层间的结合质量，节省机械设备、人员的配制及大量资金投入。

5.3 Oblique Layer Rolling Technology

The purpose of the sloped layer roller compaction was to reduce the working areas of paving and roller compaction, and to shorten the intervals between layers. The significant advantage of the sloped layer roller compaction is that the large surface can be casted under certain resource allocation, which then can be converted into many small surfaces with basically identical areas. This can greatly shorten the intervals between the RCC layers, increase the bonding between layers of concrete, cut down on mechanical equipment and personnel allocation as well as large capital investment.

Oblique layer rolling construction

斜层碾压施工及横缝切缝
Oblique layer rolling construction and cross seam cutting

斜层碾压施工
Oblique layer rolling construction

斜层碾压施工
Oblique layer rolling construction

5.4　横缝成缝技术

横缝的成缝方式主要采用切缝机切缝，这种方式不占直线工期，不影响仓内施工，适合于大仓面快速施工。采用大型切缝机具有足够的激振力将切缝时刀片遇到的混凝土中骨料击碎后切入混凝土中，质量有保证。见照片。

5.4　Transverse Joints Cutting Technique

Transverse joints are mainly made by joint cutter. This method does not take up the linear time limit of a project and does not affect the construction inside, and it is suitable for rapid construction of large surface. The large-scale joint cutter has enough exciting force to break the aggregates in the concrete encountered by the blade during cutting and then cut into the concrete, therefore, the quality is guaranteed. See photos.

6　变态混凝土技术特点

变态混凝土是在RCC摊铺施工中，铺洒灰浆而形成的富浆混凝土，使之具有一定的坍落度，采用振捣器的方法振捣密实，其实质是加浆振捣混凝土。

变态混凝土主要运用于大坝防渗区表面部位、模板周边、止水、岸坡、廊道、孔洞、斜层碾压的坡脚、监测仪器预埋及设有钢筋的部位等。

6　Technical Characteristics of Abnormal Concrete

Abnomaly concrete is a type of grout-enriched concrete formed by spreading grout during the spread RCC construction, so that it has certain slump and is vibrated and compacted by a poker vibrator. Its essence is added mortar vibratory concrete.

Abnomaly concrete is mainly used in the surface of the anti-seepage area, the periphery of the formwork, waterstops, bank slope, galleries, holes, slope foot of sloped layer roller compaction, the pre-embedded monitoring instrument and the positions with the steel bars, etc.

7　喷雾保湿及覆盖重要作用

7.1　喷雾保湿重要作用

在高温季节、多风和干燥气候条件下施工，RCC表面水分蒸发迅速，其表面极易发白和温度升高。采取喷雾保湿措施，可以使仓面上空形成一层雾状隔热层，是降低仓面环境温度和降低混凝土浇筑温度回升十分重要的温控措施，可有效降低仓面温度4～6 ℃。

7　Spray Moisture and Cover Important Role

7.1　Spray Moisture is Important

Under hot, windy and dry climate conditions, the surface moisture of RCC evaporates rapidly, as a result, its surface is easily whitish, and the temperature rises. By fog spraying, a layer of mist insulation can form over the surface. It is a very important temperature control measure to reduce the ambient temperature and decrease the casting temperature rise of the concrete. It can effectively reduce the temperature of the surfaces by 4 ～ 6 ℃.

高空造雾水管

夏季碾压混凝土搭设遮阳棚施工

7.2　及时覆盖是防止混凝土温度回升的关键

新浇 RCC 仓面及时覆盖是防止温度回升的关键。温度回升值随混凝土入仓到上层覆盖新混凝土的时间长短而不同。例如：三峡大坝曾在夏季通过实测，在太阳直射、气温为 28～35 ℃时，盖保温被可使浇筑温度降低 5～6 ℃。金安桥大坝下午15：00 RCC 入仓温度 17 ℃，仓面未进行喷雾和覆盖，1 h混凝土温度回升高达 5 ℃。

7.2　Timely Covering is the Key to Prevent Concrete Temperature Rise

The key to prevent temperature rise is to cover the newly poured RCC bin in time. The temperature appreciation varies with the time it takes for the concrete to reach the upper layer to cover the new concrete. For example, the three gorges dam has been measured in summer. When the sun is directly in the air and the temperature is 28 ～ 35 ℃, the temperature of pouring can be reduced by 5 ～ 6 ℃ by the cover insulation. At 15:00 PM, the RCC warehouse temperature of jinanqiao dam was 17 ℃, and the warehouse surface was not sprayed or covered. The concrete temperature rose to 5 ℃ in one hour.

8 RCC坝智能建设监控技术

2015年黄登、丰满RCC大坝在建设中，提出了"数字大坝、智能大坝"建设监控技术，运用计算机技术、无线网络技术、物联网、数据库技术、手持数据采集技术等大数据，实现智能拌和、智能碾压、加浆振捣、智能灌浆、智能温控、智能检测、智能验评、进度管控及视频监控等"数字化、信息化、规范化、智能化"工程建设监控技术。

8 Intelligent Construction Monitoring Technology of RCC Dams

In the construction of Huangdeng and Fengman RCC dams in 2015, the construction monitoring technology of "Digital Dam and Intelligent Dam" was put forward automation and high precision by using computer technology, wireless network technology, informatization, standardization and intelligentization" has been achieved, which includes intelligent mixing, intelligent roller compaction, grout-enriched vibration, intelligent grouting, intelligent temperature control, intelligent detection, intelligent evaluation, progress control and video monitoring and so on.

《水工混凝土施工规范》要点与新技术

2019 湖北水总水利水电建设公司项目管理讲座·湖北武汉

1　前　言

1.1　我国水利水电建设成就

进入21世纪以来，我国的水利水电进入了自主创新、引领发展的新阶段，已经是当之无愧的世界第一。无论从规模、效益、成就，还是从规划、设计、施工建设、装备制造水平上都已经处于世界领先。这一阶段中国更加关注巨型工程和特高坝的安全，注重环境保护，在很多领域居于国际引领地位，同时也全面参与国际水利水电建设，拥有一半以上的国际市场份额。

根据中国大坝工程学会统计，截至2016年底，中国已建、在建高于30 m以上的大坝共6 543座，总库容约7 684亿m³，水电总装机容量3.41亿kW。随着新时代到来，在生态保护的前提下，推进水资源高质量开发利用及工程的有序建设仍是当前和未来的必然选择。展望"十三五"及未来一个时期，安全发展、智能发展、绿色发展必将成为水利水电发展的主旋律。

1.2　水工混凝土特点与关键核心技术

混凝土坝是水工大体积混凝土的典型代表。水工混凝土工作环境复杂，需要长期在水的浸泡下、高水头压力下、高速水流的侵蚀下以及各种恶劣的气候和地质环境下工作，为此水工混凝土耐久性即抗冻等级F比其他混凝土要求更高。水工混凝土具有长龄期、大级配、低坍落度、掺掺和料和外加剂、水化热低、温控防裂要求严、施工浇筑强度高等特点。不论在温和、炎热、严寒的各种恶劣环境条件下，其可塑性、使用方便、经久耐用、适应性强、安全可靠等优势是其他材料无法替代的。

"温控防裂、提高耐久性"是水工混凝土关键核心技术。举世瞩目的长江三峡工程开创了中国乃至世界水利水电工程的诸多第一，是水工混凝土关键核心技术发展的里程碑。根据中国水电规划总院统计，百米级混凝土坝的建设周期，20世纪80年代，中国一般为9～10年，国外17年。进入21世纪，中国建坝周期平均为4.7年，建坝周期显著缩短。

1.3 《水工混凝土施工规范》标准修订

《水工混凝土施工规范》是水工混凝土施工极为重要的标准，目前使用的最新标准是水利行业SL 677—2014及电力行业DL/T 5144—2015标准，标准条款内容基本一致。

● SL 677—2014标准的修订在原标准SDJ 207—82的基础上，重点参考DL/T 5144—2001标准，共11章5个附录，标准目次保留了原标准SDJ 207—82 "3　模板"和"4　钢筋"章节。SL 677—2014标准的章节目录在术语用词上更趋科学合理。

● DL/T 5144—2015电力行业标准是在DL/T 5144—2001基础上修订的。2001版《水工混凝土施工规范》修订颁发正值三峡大坝混凝土施工的高峰期，该标准代表了当时中国水工混凝土施工的最高水平，是水工混凝土施工新技术的历史转折。最新修订的DL/T 5144—2015标准把混凝土施工章节拆分成三章，即"5　混凝土生产""6　混凝土运输""7　混凝土浇筑与养护"，与大体积水工混凝土高强度连续施工实际情况有些不符。

2　原材料要点与新技术创新

2.1　水泥要点与新技术

规范规定：大坝混凝土宜选用中热硅酸盐水泥、低热硅酸盐水泥，也可选用通用硅酸盐水泥。

我国大坝混凝土主要以中热硅酸盐水泥为主，从三峡工程开始，对中热硅酸盐水泥的比表面积、MgO含量、水化热、熟料中的矿物组成等提出了比标准更严格的内部控制指标。

低热水泥通过"九五""十五"攻关，已成功应用。2016年开始，乌东德、白鹤滩等工程混凝土，全部采用42.5级低热硅酸盐水泥，检测结果表明：低热水泥混凝土具有较低的水化热温升和放热速率，28 d绝热温升比中热水泥混凝土低约6 ℃，产生的裂纹非常细微，裂缝数目、裂缝平均开裂面积及单位面积上的总开裂面积均远远小于中热水泥混凝土，未发现明显裂缝，且后期强度高。低热水泥已成为大坝混凝土原材料优选的关键材料。

2.2 骨料要点与新技术

规范规定：骨料选择应做到优质、经济、就地取材的原则。可选用天然骨料、人工骨料或两者互相补充。人工砂石粉含量（0.16 mm以下）6%～18%。

大坝混凝土骨料最大粒径150 mm，骨料占总混凝土质量的85%～90%。大量工程实践表明，不同品种岩石性能、骨料粒形对混凝土用水量、施工性能和硬化混凝土性能有着很大的影响。

细骨料砂主要的控制指标是细度模数、含水率和石粉含量三大指标。人工砂石粉含量控制在6%～18%范围时，不仅可改善混凝土和易性，还可以提高混凝土各项性能。所以合理地选择人工砂的加工生产方式尤为重要。

"半干式人工砂智能化控制技术"是中国水电九局专利，该项新技术成功解决了人工砂细度模数、含水率及石粉含量的难题，同时解决了制砂工艺中扬尘环保问题，已经在观音岩等工程取得大规模成功使用。

2.3 掺和料要点与新技术

规范规定：水工混凝土应掺入适量的掺和料。掺和料品种和掺量应根据工程的技术要求、掺和料的品质和资源条件，通过试验论证确定。

掺和料是水工混凝土胶凝材料重要的组成部分。随着掺和料技术的不断发展，掺和料种类已经从粉煤灰发展到硅粉、氧化镁、粒化高炉矿渣、磷矿渣、火山灰、石灰石粉、凝灰岩、铜镍矿渣等品种。为此，先后制定颁发了掺和料有关技术标准，如《水工混凝土掺用粉煤灰技术规范》（DL/T 5055—2007）、《水工混凝土掺用天然火山灰质材料技术规范》（DL/T 5273—2012）、《水工混凝土掺用石灰石粉技术规范》(DL/T 5304—2013)等标准。

粉煤灰始终是掺和料的主导产品，特别是Ⅰ级粉煤灰，具有明显的减水增强和显著改善混凝土多种性能的效果，并可显著降低水化热温升，堪称固体减水剂。如三峡、拉西瓦、龙滩、白鹤滩等大型工程均采用Ⅰ级粉煤灰。最早在大坝中采用Ⅰ级粉煤灰的是1994年建设的万家寨水利枢纽工程大坝。

2.4　外加剂要点与提高抗冻等级技术创新

规范规定：水工混凝土应掺加适量的外加剂。外加剂品质和掺量应通过试验确定。有抗冻性要求的混凝土应掺用引气剂，其掺量应根据混凝土含气量要求通过试验确定，并应符合《水工混凝土耐久性技术规范》（DL/T 5241—2010）的要求。混凝土含气量可按规范列表执行。

混凝土建筑物的有效服役期(简称"寿命")的设计和控制，已成为21世纪混凝土科学的重大理论和技术课题。抗冻等级是混凝土耐久性能极为重要的指标之一，不论是严寒地区或南方的温和地区，抗冻等级已成为水工混凝土重要的设计指标，严寒地区的抗冻等级已达F300、F400。

含气量是影响混凝土抗冻等级的主要原因。保持混凝土含气量、提高混凝土抗冻等级技术创新，中国水电四局依托青藏高原黄河拉西瓦高拱坝混凝土抗冻等级F300要求，通过在混凝土中掺稳气剂技术创新，有效改变混凝土内部气孔结构，研究成果表明：混凝土设计的抗冻等级F300可以提高F550以上，同时其他性能也大幅提高。

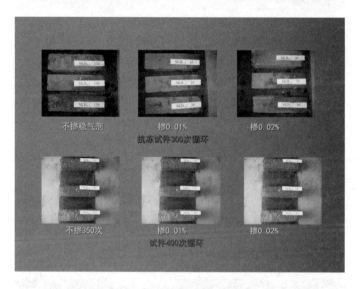

不掺稳气剂　　　掺0.01%　　　掺0.02%

抗冻试件300次循环

不掺350次　　　掺0.01%　　　掺0.02%

试件400次循环

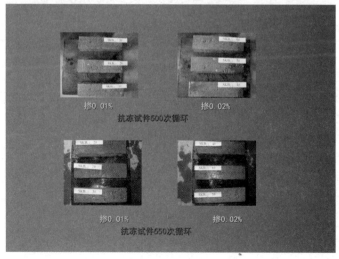

掺0.01%　　　掺0.02%

抗冻试件500次循环

掺0.01%　　　掺0.02%

抗冻试件550次循环

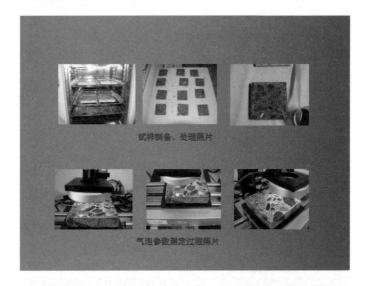

试样制备、处理照片

气泡参数测定过程照片

3　混凝土配合比要点与技术路线

规范规定：混凝土配合比应根据混凝土设计强度、耐久性和施工性能等要求优选试验确定。混凝土施工配合比应通过现场生产线试验确定。

大坝混凝土施工配合比设计是在施工阶段进行的配合比试验，试验采用的水泥、掺和料、外加剂是通过优选确定的原材料，骨料是砂石系统加工的成品粗、细骨料，保证了施工配合比试验参数稳定可靠。从三峡大坝开始，大坝混凝土施工配合比设计确立了"三低两高两掺"技术路线，即低水胶比、低用水量和低坍落度，高掺粉煤灰和较高石粉含量，掺缓凝减水剂和引气剂的技术路线。

新拌混凝土坍落度、含气量、凝结时间、经时损失和施工和易性是配合比质量控制关键技术。大坝混凝土施工配合比试验应以新拌混凝土性能试验为重点，要改变配合比设计重视硬化混凝土性能、轻视拌和物性能的设计理念。

4　基岩面浇筑要点与垫层混凝土新技术

规范规定：基岩面或混凝土施工缝面浇筑混凝土前，第一坯层可浇筑强度等级相当的小一级配混凝土、富浆混凝土或铺设高一强度等级水泥砂浆。

大坝的基岩面或施工缝在浇筑第一层混凝土前，传统的做法要求必须铺一层2～3 cm水泥砂浆。基岩面或施工缝铺设的砂浆，要求混凝土浇筑必须与砂浆摊铺同步进行。如果混凝土不能砂浆同步浇筑，在自然条件下，砂浆极易发白变干，成为有害夹层，反而对层缝面不利。

根据大量的工程资料和工程经验，对浇筑基岩面、老混凝土面或施工缝，采用适当加大砂率或采用小一级配同等级混凝土等方法已被广泛应用。如三峡、拉西瓦、小湾、金安桥、白鹤滩等工程，普遍采用同一强度等级富浆混凝土作为接缝混凝土，混凝土厚度为20～40 cm。铺设砂浆需增加工序，且摊铺厚度不易掌控。考虑仓面教学部位，目前仍保留了铺设砂浆的方法。

5　混凝土浇筑要点与关键技术

5.1　浇筑振捣要点与关键技术

规范规定：混凝土浇筑应采用平铺法或台阶法。浇筑时应按一定厚度、次序、方向分层浇筑，且浇筑层面应保持平整。台阶法施工的台阶宽度和高度应根据入仓强度、振捣能力等综合确定，台阶宽度应不小于 2 m。浇筑压力钢管、竖井、孔道、廊道等周边及顶板混凝土时，应对称均匀上升。

●台阶法浇筑：大坝仓面浇筑面积大，采用平铺法浇筑，当浇筑强度无法满足时，混凝土极易超过允许间歇时间，发生初凝造成"冷缝"。采用台阶法浇筑，可以将大仓面转化成一定面积的小仓面，可保证混凝土连续浇筑。

●复振振捣技术：混凝土是由固相、液相和空气多相组成的，浇筑后混凝土往往存在大量表面气泡。根据大量工程实践浇筑经验，采用复振技术，可以很好地消除表面气泡（见白鹤滩照片）。

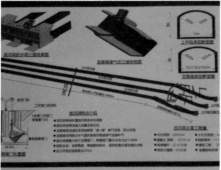

5.2 浇筑间歇时间要点与关键技术

规范规定：①混凝土浇筑应保持连续性。②混凝土允许浇筑间歇时间应通过试验确定，并满足设计要求。超过允许间歇时间，但混凝土能重塑的，经批准可继续浇筑。③局部初凝但未超过允许面积，可在初凝部位摊铺水泥砂浆或浇筑低1～2个级配混凝土后可继续浇筑。

●混凝土能重塑：在混凝土施工中，常有争议。由于大面积初凝会造成施工"冷缝"，破坏结构物的整体性、耐久性，造成漏水且不易处理好。因此，规定了"能重塑者，可继续浇筑"。混凝土能重塑标准是将混凝土用振捣器振捣30 s，周围10 cm内能够泛浆且不留孔洞者。

●允许初凝时间面积：当仓面出现局部初凝时，应及时判定是否超过允许初凝时间面积，以便采取相应措施。允许初凝时间面积是指大坝迎水面15 m以内无初凝现象，其他部位初凝累计面积不超过1%，并经处理合格。

6　纤维混凝土要点与 PVA 纤维抗裂新技术

规范 DL/T 5114—2015 第 8.1.7 条规定：基础约束区部位混凝土，宜安排在有利季节浇筑。强约束区或长间歇部位可使用微膨胀型混凝土或纤维混凝土。

纤维混凝土从三峡工程开始应用，纤维品种很多，经过大量试验结果和工程实践表明，PVA（聚乙烯醇）纤维，在混凝土中分散均匀，与水泥基体握裹力强，对提高混凝土抗裂性能十分有利。

案例：2009 年 9 月～2010 年 2 月，PVA 混凝土在溪洛渡成功应用，共浇筑大坝混凝土 73 仓，其中掺 PVA 的浇筑 39 仓，仅有 1 仓出现裂缝，开裂仓比例为 2.6%；不掺 PVA 的浇筑 34 仓，有 18 仓出现裂缝，开裂仓比例为 52.9%。

试验结果均表明，掺 PVA 纤维对提高混凝土的抗裂性能有利；现场浇筑情况统计表明，长间歇是导致混凝土开裂的重要原因，但掺 PVA 纤维可大大降低混凝土的开裂风险。因此，建议在低温开裂风险大的部位采用 PVA 纤维混凝土。

7　抗冲耐磨混凝土施工要点与 HF 新技术

规范 SL 677—2014 第 7.6.1 条规定：抗冲耐磨混凝土应符合下列规定：①宜与基底混凝土同时浇筑，需分期浇筑时，应按设计要求施工。②掺加硅粉、纤维等材料的抗冲耐磨混凝土应适当延长拌和时间，并经试验确定。

采用高强度混凝土是提高抗冲耐磨混凝土能力的一个基本途径。20 世纪 80 年代开始，抗冲耐磨混凝土主要采用硅粉混凝土，在浇筑过程中硅粉混凝土的急剧收缩、抹面困难和表面裂缝等问题一直未能很好解决。

20 世纪 90 年代开始，HF 高强耐磨混凝土作为一种新型的抗冲耐磨混凝土，已在 300 多个水利水电工程中广泛应用，已经被 3 个行业标准采纳或推荐。HF 混凝土跳出传统的只关注混凝土高强度和抗冲耐磨观念和做法，通过对高速水流护面混凝土破坏案例及破坏原因的科学分析，在保证一定的耐磨强度的情况下，首先是解决好混凝土的抗冲破坏问题。HF 高强耐磨混凝土施工与普通混凝土施工一样方便，通过科学合理的施工工艺和质量控制方法，防止抗冲磨混凝土裂缝和空蚀问题的发生，已在大藤峡等工程抗冲耐磨混凝土成功应用。

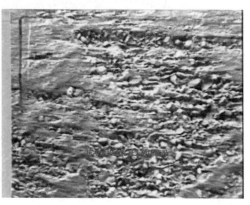

8 温度控制要点与关键技术措施

DL/T 5114—2015条款8.1.1规定：混凝土温度控制方案应按照设计要求制定，适当留有余地。通水冷却应遵循"小温差、早冷却、缓慢冷却的原则"。条款8.3.4规定：若采用中期冷却时，通水时间、流量和水温应通过计算和试验确定。水温与混凝土温度之差不宜大于20 ℃；重力坝日降温速率不宜超过1 ℃，拱坝日降温速率不宜超过0.5 ℃。

混凝土坝是典型的大体积混凝土，温控防裂问题十分突出，所谓"无坝不裂"的难题一直是坝工界研究的重点课题。原材料优选和施工配合比优化是温控防裂十分关键的技术措施之一；风冷骨料是控制拌和楼出机口混凝土温度的关键；通水冷却是降低大坝内部混凝土温升最有效的措施；大坝表面全面保温是防止混凝土裂缝关键。三峡三期工程大坝采用聚苯乙烯板及发泡聚氨脂两种新型保温材料，没有发现一条裂缝，这一实践证明，表面保护是防止大坝裂缝极为重要的关键措施。

临时保温，防止内外温差过大问题

仓面采用微喷自动养护

9　质量控制要点与关键控制措施

规范SL 677—2014条款11.1.1：为保证混凝土质量达到设计要求，应对混凝土原材料、配合比、施工过程中各主要工序及硬化后的混凝土质量进行控制与检查。

大坝是水工建筑物中最为重要的挡水建筑物工程，直接关系到国家和人民生命财产的安全。因此，任何大坝混凝土施工都必须执行"百年大计，质量第一"，三峡、白鹤滩大坝更是"千年大计、质量第一"。

三峡工程开创了现代大坝混凝土新技术先河，从组织和技术层面对大坝混凝土施工实行全过程质量控制，技术层面制定了"三峡工程混凝土质量技术标准"，以文件形式下发了《混凝土用粗骨料质量标准及检验》（TGPS01—1998）、《混凝土拌和生产质量控制及检验》（TGPS06—1998）、《混凝土温控技术及质量规定》（TGPS10—1998）等11个质量标准和技术规程，为三峡大坝混凝土高质量施工发挥了积极的保障作用。（见白鹤滩质量巡视照片）

10　"数字大坝"到"智能大坝"建设新技术

10.1　数字大坝建设新技术

"数字大坝"是基于现代网络技术、实时监控技术，实现大坝全寿命周期的信息实时、在线、全天候的管理与分析，并实施对大坝性能动态分析与控制的集成系统。数字大坝集成涉及工程质量、进度、施工过程、安全监测、工程地质、设计资料等各方面数据及信息；涵盖业主、设计、监理及施工方等单位，集成计算机技术、管理科学技术、信息技术等，借助软硬件，实现了海量信息数据的管理；并协调各类信息内部关系，实现优势互补、资源共享及综合应用的系统体系。"数字大坝"表达式：数字大坝=互联网+卫星技术+当代信息技术+先进控制技术+现代坝工技术。

数字化大坝最早是从堆石坝大坝填筑监控信息系统发展起来的，该技术最早在水布垭、瀑布沟水电站施工控制尝试，直到糯扎渡水电站成功应用。此后数字化大坝不断得到推广应用，特别是在长河坝水电站成功应用。

10.2 从"数字大坝"到"智能大坝"跨越

随着数字大坝系统开发的深入，形成了以智能大坝建设与运行信息化平台（I Dam）为智能化平台，实现了从"数字大坝"到"智能大坝"的跨越，已成功在溪洛渡水电站工程应用。溪洛渡特高拱坝坝高285.5 m，左右岸地下厂房各安装9台单机容量77万kW机组，总装机容量1 386万kW。拱坝历来被认为是水工界最复杂的建筑物，该工程具有高地震区、300 m级拱坝、高水头、大泄流量等特点，工程面临众多世界性难题。

三峡集团在溪洛渡水电站建设之初，建立了施工全过程的数据实时采集、综合分析与施工控制的数字化平台。2008年10月首仓混凝土浇筑开始至2013年5月蓄水目标的实现，数字大坝共累计处理的数据量高达1亿条以上，主要数据包括：混凝土仓面设计、混凝土生产、缆机运行、混凝土温度、各类灌浆、安全监测等数据，数据总量达10 GB（900 min左右）。"300米级溪洛渡拱坝智能化建设关键技术"荣获2015年度国家科技进步二等奖。

10.3 白鹤滩智能大坝建设新技术

白鹤滩水电站是智能大坝建设新技术与实施方案的依托工程。白鹤滩水电站大坝为双曲拱坝，最大坝高289 m，泄洪建筑物由坝身6个表孔和7个深孔、坝后水垫塘、左岸3条无压泄洪洞组成，混凝土总量约为1 568万m³，左右岸地下厂房各安装8台单机容量100万kW机组，总装机容量1 600万kW。白鹤滩水电站工程难度极大，许多方面超越了三峡工程，综合技术难度冠绝全球，凝聚了世界水电发展的顶尖成果，堪称水电工程的时代最高点，是当今世界第一的超级水电站工程。

白鹤滩智能大坝信息管理系统实现对大坝混凝土浇筑、温控、固结灌浆、帷幕灌浆、接缝灌浆、金属结构制作安装过程的综合数据化管理，并建立了大坝结构设计与工程地质成果、原材料质量、安全监测、科研仿真服务等管理模块为工程施工过程管理服务，实现了设计、科研与生产一体化平台。白鹤滩智能大坝建设整体架构包括基础网络建设和智能化业务功能模块建设。

混凝土面板堆石坝面板防裂关键技术

2020 年 5 月竹溪水库面板堆石坝工程讲座·湖北竹溪

讲座提要

1　概　述

2　混凝土面板堆石坝布置和分区

3　面板坝主要特点及出现问题

4　堆石坝体的填筑关键技术

5　垫层区上游坡面防护关键技术

6　趾板混凝土施工关键技术

7　面板混凝土配合比设计

8　面板混凝土施工关键技术

9　接缝止水施工关键技术

1 概 述

1.1 混凝土面板堆石坝

定义：混凝土面板堆石坝（concrete face rockfill dam, CFRD）是用堆石料分层碾压形成坝体，并以混凝土面板作为防渗体的堆石坝。

这种坝型的主要优点是安全性好、施工方便、适应性强、造价低。我国从1985年引进、消化、创新以来，发展很快，得到广泛应用，在建坝的数量、规模和高度均居世界前列。

标准：我国的水利水电工程由于行业的归属不同，相同的标准分为水利行业SL标准、电力行业DL标准以及最新的能源行业NB标准。标准的各自为政、条块分割给设计及施工带来不便。面板坝标准主要有《混凝土面板堆石坝设计规范》（SL 228—2013或DL/T 5016—2011），《混凝土面板堆石坝施工规范》（SL 94—2015或DL/T 5128—2009）。

1.2 工作特性

之所以说混凝土面板堆石坝安全性好，一是坝体具有良好的渗透稳定性，二是坝体具有良好的抗地震能力。面板堆石坝坝体是由级配良好的堆石料分层碾压形成的，堆石料各种颗粒互相咬合，结构紧密，同时具有良好的透水性，渗漏水流会顺利地从坝体底部排出，不会在坝体内形成浸润线而影响坝体稳定；堆石体中的细颗粒填塞在粗颗粒的空隙中，不会被渗漏水流大量带走。所以，即使出现较大的渗漏（几十个流量，甚至几百个流量），堆石坝体也不会发生溃决。

2008年5月12日汶川特大地震，紫坪铺混凝土面板堆石坝距其震中仅有17 km，渗漏量从震前的10 L/s左右增大到100 L/s左右。经过修复，大坝很快又投入正常运用。紫坪铺面板坝是全世界迄今为止经历过最大震级地震、距震中最近的混凝土面板堆石坝，充分证明了面板堆石坝良好的抗地震能力。

1.3 发展历程和主要成就

发展历程：我国自1985年开始学习和引进国外混凝土面板堆石坝技术和经验，对混凝土面板堆石坝建设中的关键技术问题，进行科学研究和开发，取得了重大的技术进步。据不完全统计，到2019年底我国已建成、在建和拟建的混凝土面板堆石坝已超过300座。高混凝土面板堆石坝的数量已经占全世界的60%左右，目前在建玛尔挡（211 m）、茨哈峡（257.5 m）、新疆大石峡（247 m）等面板堆石坝工程标志着我国混凝土面板堆石坝技术难度居世界前列。

主要成就：水布垭（233 m）堆石体积最大近1 800万 m³，面板面积最大天生桥一级（坝高178 m）17.27万 m²，经受汶川8级地震考验的紫坪铺（坝高156 m），河谷不对称且岸坡高陡（左岸趾板边坡高310 m）的洪家渡（坝高179.5 m），河谷宽高比1.27最狭窄猴子岩（坝高223.5 m），国内首次采用混凝土挤压墙技术超长面板218 m施工的公伯峡，国内外首创翻模固坡技术获得国家发明专利。

2　混凝土面板堆石坝布置和分区

2.1　混凝土面板堆石坝典型剖面

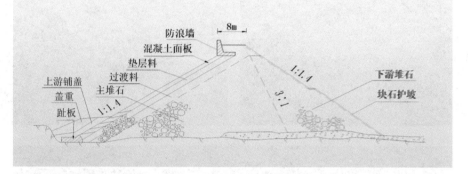

2.2　坝面坡比

当筑坝材料为硬岩堆石料时，上、下游坝面坝坡可采用1∶1.3～1∶1.4；当筑坝材料为天然砂砾石料坝时，上、下游坝面坝坡可采用1∶1.5～1∶1.6。在冲积层上已建的混凝土面板堆石坝的坝坡一般为1∶1.5或1∶1.6，已安全运行多年，故一般不需进行坝坡稳定分析。

鸳鸯池面板坝高53.5 m，坝顶长208 m，上下游坝坡1∶1.4。

2.3　面板分缝分块

应根据面板应力和变形及施工条件进行面板的分缝分块，垂直缝的间距可为8～16 m，狭窄河谷两岸部位的垂直缝间距可减小。

鸳鸯池混凝土面板共19块，河床段面板每块宽度12 m，两岸面板每块宽度9 m，大坝单块面板最长约83.25 m。

2.4　面板厚度

面板的厚度应使面板承受的渗透水力梯度不超过200。面板顶部厚度不应小于0.3 m，中低坝可采用0.3～0.4 m等厚面板，高坝面板厚度向底部逐渐增加。坝高的划分：小于30 m的为低坝、30～70 m的为中坝、大于70 m的为高坝，一般大于150 m的为超高坝（DL标准坝高的划分不一致）。

鸳鸯池大坝采用0.4 m等厚面板，面板混凝土设计指标C30W8F150。

2.5　下游坝面护坡

下游坝面设计要求一般为人工干砌石，随着坝体填筑升高，随着进行干砌石施工。有的面板堆石坝下游坝面护坡采用大块石砌筑，用反铲施工，护坡的防护效果和美观效果均优于人工干砌石。见下照片。

3 面板坝主要特点及出现问题

3.1 混凝土面板堆石坝主要特点

面板混凝土的裂缝是面板堆石坝最普遍、最常见的病害之一，几十年来面板的防裂一直是坝工界所关注和研究的重大课题。混凝土面板堆石坝的主要特点是坝体变形大，变形历时长，合理应对坝体变形是保证大坝安全稳定的关键。面板堆石坝的坝体是堆石体，由于重力作用和浸水软化，堆石体会在长期内产生沉降变形，即具有蠕变性质。堆石体的变形过程与堆石母岩的岩性、岩石质量、堆积密度、颗粒形状、应力水平等条件有关。同时堆石体与混凝土两种材料的性能完全不同，即变形不在一个量级上，故所有堆石坝的面板混凝土均产生裂缝。

堆石体的大部分变形一般在施工期完成，中、低坝施工期沉降量一般为坝高的0.5%左右，高坝的沉降量大致与坝高的平方成正比。坝体的最大沉降值出现在最大坝高横剖面中间，距坝基1/2~2/3坝高范围内。

3.2 面板堆石坝建设中出现的问题

（1）蓄水期河床段混凝土面板挤压破坏。

　　原因：

　　①坝体在蓄水后沉降变形过大；

　　②面板脱空；

　　③垫层料砂浆防护层或挤压边墙脱空；

　　④压性垂直缝的构造设计不合理。

（2）面板挡水后出现结构性裂缝。

　　原因：

　　①坝体在蓄水后沉降变形过大；

　　②面板脱空；

　　③垫层料砂浆防护层或挤压边墙脱空。

面板堆石坝蓄水期的面板裂缝

面板逆直缝挤压压破坏

面板堆石坝混凝土面板裂缝

2005/12/18

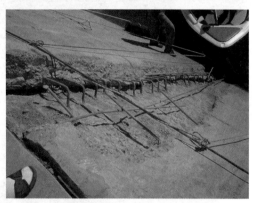

4　堆石坝体的填筑关键技术

4.1　坝体堆石料碾压高密度

面板堆石坝施工的关键是控制堆石坝体的变形，尽量使堆石坝料碾压密实，因为只有振动压实才能保证堆石的高密度。

因此，堆石坝体填筑施工前，必须对材料、压实机械和工艺等进行现场试验，根据试验确定适宜的、经济的施工压实参数，包括铺层厚度、碾压遍数、加水量等，为制定填筑施工实施细则提供依据。近年来，高坝采用实时监控和无人驾驶，取得良好效果。

坝体堆石料碾压采用振动平碾，一般碾压层厚80 cm，振动碾行走速度控制在2 km/h，碾压遍数与振动碾的质量有关，如26 t、32 t自行振动碾，按照填筑标准要求的孔隙率和密实度进行控制。

4.2 填筑标准

堆石料的填筑标准以孔隙率或相对密度为控制标准，其标准不应高于SL 288—2013或DL/T 5016—2011设计规范要求，详见表4.2。

表4.2 硬岩堆石料或砂砾石料填筑标准

料物成分区	坝高<150 m		150 m≤坝高<200 m	
	孔隙率/%	相对密度	孔隙率/%	相对密度
垫层料	15～20		15～18	
过渡料	18～22		18～20	
主堆石料	20～25		18～21	
下游堆石料	21～26		19～22	
砂砾石料		0.75～0.85		0.85～0.9

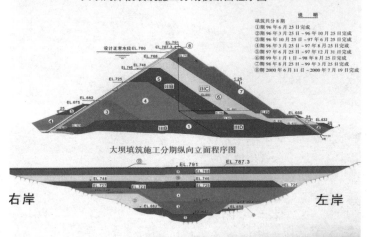

大坝河床段填筑施工分期横断面程序图

大坝填筑施工分期纵向立面程序图

右岸　　　　　　　　　　　　　　　　左岸

4.3 垫层区的填筑

垫层料填筑层厚一般为40 cm。如果垫层料上游坡面采用斜坡碾压砂浆固坡法进行防护，垫层料填筑时上游边线需水平超宽20～30 cm。垫层料铺筑方法基本同过渡区料，并与同层过渡料一并碾压。碾压时振动碾距上游边缘的距离不宜小于40 cm，再用振动平板压实到上游边缘。垫层料和过渡料的填筑应与主堆石区同步进行，即主次堆石区填筑一层，垫层和过渡层填筑两层。

4.4 周边小区填筑

周边小区料的填筑必须精心操作，保证其规定的填筑宽度，严格按碾压试验成果控制铺料厚度、碾压遍数及洒水量，用振动平板压实。

5　垫层区上游坡面防护关键技术

对垫层区上游坡面进行防护的目的：为面板提供坚实可靠的支承面；保证面板厚薄均匀，减少混凝土超浇量；避免施工期垫层坡面受雨水冲蚀或施工人员踩踏破坏；保证大坝挡水度汛时垫层料不被水浪淘刷破坏。

目前垫层区上游坡面防护常用的施工技术有：

(1) 斜坡碾压固坡法；

(2) 挤压边墙法；

(3) 翻模固坡法。

5.1　斜坡碾压固坡法

坝体每升高10～20 m进行一次垫层上游坡面修整、碾压及防护。斜坡碾压一般采用斜平两用10 t振动碾。坡面保护采用碾平砂浆、喷混凝土或喷乳化沥青等。　斜坡碾压固坡法施工流程如下：

测量放样→坡面粗修→斜坡静碾→测量放样→坡面细修→洒水碾压→测量放样检查→坡面局部修整→检查验收→砂浆摊铺→碾压→养护。

具体施工要求环节如下：

(1) 测量放样。预留5～10 cm沉降量。

(2) 坡面粗修。由人工或长臂反铲剥除预留沉降量后超填的垫层料，修整后的坡面要平整，超、欠控制在5 cm以内。

(3) 坡面细修。测量检查，对不合格部位进行坡面仔细修整后，重新测量布线检查。

(4) 洒水碾压。采用均匀雾状洒水；由履带吊机牵引斜平两用振动碾进行斜坡碾压，上行振，下行不振，保证整个垫层坡面平顺。

(5) 检查修整。碾压结束后再用方格网进行测量复查，根据复查结果继续削盈后重新碾压，直至符合设计要求。对于较小的亏坡一般采用砂浆弥补。

(6) 检查验收。碾压完毕后采用挖坑注水法抽查检测干密度是否符合设计要求，如不合格还需要重新补碾至合格。

(7) 固坡。完成斜坡碾压后，摊铺5～8 cm厚的低标号水泥砂浆，用振动碾压实，以形成坚固的防护层。除碾压砂浆固坡外，还有喷乳化沥青固坡、喷射混凝土固坡的方法，但喷混凝土对面板有较强的约束，现已很少采用。

传统的斜坡面碾压施工

堆石坝上游混凝土面板

斜坡碾压固坡法缺点：

(1) 修坡工程量大，费料、费工、费时；

(2) 斜坡面密实度难以保证；

(3) 防护层砂浆厚度很不均匀，刚度较大，容易造成与垫层料脱空；

(4) 坡面很难达到规范要求的 "+5 cm，-8 cm" 的标准，致使面板混凝土大量超填；

(5) 坡面如果长时间不做防护，容易受雨水冲刷而局部坍塌；

(6) 坡面在未做防护的情况下不应挡水度汛。

5.2 挤压边墙法

挤压边墙法是巴西研发的一种垫层区上游坡面防护方法，其原理是在新填筑一层垫层料之前，用挤压边墙机在垫层料上游边缘制作出一个低强度等级的混凝土边墙，待强后在其挡护下填筑垫层料。

挤压边墙施工法以其能够保证垫层料的压实质量和提高坡面的防护能力，以及施工简便等特点，自2012年黄河公伯峡面板坝采用这一技术以来（面板浇筑采用一次拉模218 m），至今已超过百座坝采用了这项技术。挤压边墙的施工要求按照《混凝土面板堆石坝挤压边墙施工技术规范》（DL/T 5297—2013）执行。

挤压边墙施工基本程序如下图所示。

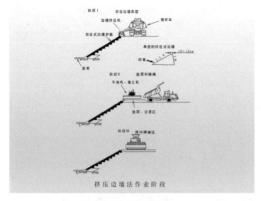

挤压边墙法作业阶段

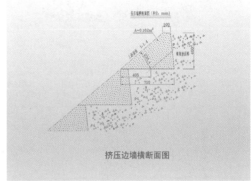

挤压边墙横断面图

　　挤压边墙法的缺点：约束力大。

　　由于挤压边墙法的上述缺点，所以规范规定坝高超过150 m采用挤压边墙应进行专题论证。对挤压边墙分缝处进行切割处理，降低约束力。

　　国内外出现问题的面板堆石坝多数都与挤压边墙脱空有关，对此务必予以特别重视，并且采取可靠的处理措施。

　　例如，水布垭大坝发现挤压边墙脱空后，在面板垂直缝处将挤压边墙切断。

5.3 翻模固坡法

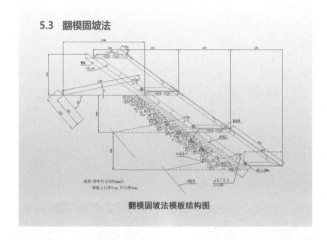

翻模固坡法模板结构图

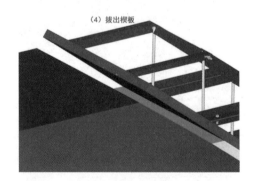

翻模固坡形成的大坝上游坡面

翻模固坡技术属国内外首创，获得了国家发明专利。2012年3月，已经由国家能源局发布施行电力行业标准《混凝土面板堆石坝翻模固坡施工技术规程》（DL/T 5268—2012）。

翻模固坡技术又先后应用于双沟水电站、辽宁蒲石河抽水蓄能电站上水库、湖北江坪河水电站、四川多诺水电站、越南小中河水电站、贵州白岩河水库、贵州小云南水库等工程的混凝土面板堆石坝施工，均达到了良好的效果，并且得到了改进和优化。

翻模固坡法的优点：

（1）与斜坡碾压固坡法相比较，取消了超填、削坡、斜坡碾压等项工序，缩短了工期，降低了成本。

（2）比挤压边墙能较好地适应堆石坝体的变形，有利于混凝土面板的结构安全和防裂。

（3）不需要专用设备，设备投入少。

（4）施工简单，改善了作业条件，施工干扰少，有利于安全施工。

（5）坝体在填筑过程中即具备挡水度汛条件，提高了大坝的安全度。

翻模固坡法的缺点：

人工操作量大，对操作人员的技能水平要求较高。

6 趾板混凝土施工关键技术

趾板是面板堆石坝工程防渗体系中至关重要的组成部分。趾板一般建在新鲜完整的岩石基础上。部分面板堆石坝因基础砂砾（卵）石覆盖层厚度很大，不宜进行深挖，这种情况下趾板即直接建在经压实处理的砂砾（卵）石层之上。

6.1 施工程序

趾板混凝土采用常规立模、分块浇筑的施工方法，岸坡段趾板也可采用滑模、翻模等方法。趾板混凝土施工程序如下：

清理工作面→测量放线→钻锚筋孔→埋设锚筋→立基础侧模→基础混凝土找平→立趾板侧模→架设钢筋→埋设预埋件→安装止水带→冲洗仓面→检查验收→浇筑混凝土→抹面和压面→养护（止水材料保护）。

6.2 基础找平

岩基趾板建基面因各种原因造成的不平整，在趾板混凝土施工前应采用与趾板同强度等级的混凝土回填找平。

6.3 锚筋施工

在开挖结束的基岩面或回填混凝土面上，用手风钻钻锚筋孔，孔位、孔深、孔向应符合要求，钻孔验收合格后采用先注浆后插筋的工艺安装锚筋。

6.4 模板设计与安装

趾板混凝土厚度薄，侧压力小，常规浇筑方法侧向模板选用标准钢模板或木模板，模板安装必须定位准确，支撑牢固，接缝紧密，确保浇筑时不变形，不移位、不漏浆。

6.5 施工缝处理

趾板混凝土浇筑常规分段长度为10～20 m，两浇筑段之间设置施工缝。纵向钢筋应穿过施工缝。在端头模板拆除后对施工缝混凝土面凿毛和清洗，保证新老混凝土界面良好胶结。施工缝一般不设止水。

6.6 趾板混凝土浇筑

趾板混凝土浇筑规划内容包括：基础清理、钢筋制安、模板设计与安装、止水材料加工和安装、分部分块、浇筑次序、入仓和振捣方法、设备选型、抹面与压面、接缝处理、冬雨季施工要求、质量安全保证措施等。制订浇筑规划时应考虑以下因素：

（1）工期因素。趾板施工工期应与主体工程相协调，特别要满足度汛工期要求。趾板施工期还应考虑基础灌浆等后续工序的施工期。

（2）地质条件。易风化岩石在开挖结束后即进行趾板混凝土浇筑；若开挖后不具备浇筑条件，应喷薄层混凝土进行保护。

（3）气候因素。混凝土浇筑应尽可能避开对混凝土施工不利的季节和天气，不可避免时应采取相应的防护措施。

（4）施工环境因素。枢纽各建筑物的施工干扰因素制约着趾板施工工期，需要采取有效的防范措施，保证趾板施工工期及施工安全。

（5）工作面条件。趾板浇筑次序总体上是由河床段向两岸岸坡、由低向高逐块进行的。有些工程根据工作面条件需要局部调整浇筑次序，先进行部分岸坡段由低到高的浇筑，然后进行其他段（包括河床段）浇筑。

6.7　趾板混凝土配合比试验

趾板混凝土施工前，根据设计指标和施工工艺要求，进行配合比设计和试验，以确定满足要求的配合比。试验工作由有资质的单位来承担。

6.8　混凝土入仓方式

因坝高、地形条件不同，趾板混凝土入仓有多种方式：

（1）溜槽入仓，适用于岸坡较缓，坝高较低，有运输道路通达的情况。

（2）吊罐入仓，适用于局部较陡峻，溜槽入仓不便的部位。

（3）泵送入仓，适用于前两种方法都不适用的条件。

6.9　趾板混凝土裂缝处理

避免和减少趾板混凝土裂缝是从事面板堆石坝设计和施工单位一直追求的目标。国内许多工程在防裂上做了很多工作，如万安溪电站在 30 m 长趾板混凝土中掺入微膨胀剂，施工没有发现裂缝，但后期仍发生裂缝。但大多数工程趾板混凝土浇筑后均发现有裂缝。对出现的裂缝，必须仔细勘查，分析原因，从材料、结构、工艺、养护等方面研究对策，提出改进措施。

在坝前粉质土覆盖或蓄水前，必须组织人员并借助设备和仪器对全段趾板进行检查，对查出的裂缝做好编录，包括缝长、缝宽、缝深、走向、所在部位等详细资料，为确定处理范围和处理方法提供依据。

7 面板混凝土配合比设计

7.1 面板混凝土特点

（1）混凝土面板板块长且薄，长期暴露于大气或水中（如抽蓄电站上库），采用溜槽输送方式及滑模施工工艺，既要满足面板各项性能指标，又要满足施工工艺要求，因此面板混凝土配合比要通过试验确定。

（2）面板混凝土中掺入优质Ⅰ级粉煤灰、高效减水剂及引气剂，含气量一般控制在4%~5%。可以有效降低混凝土用水量、改善和易性和施工性能，提高面板混凝土耐久性和防裂性能等要求。

（3）面板混凝土宜采用低坍落度混凝土，满足混凝土拌和物在溜槽中易下滑、不离析、入仓后不泌水、易振实，出模后不流淌、不拉裂、滑动模板易于滑升等施工要求。面板混凝土采用溜槽输送入仓时，入口处坍落度一般控制在30~70 mm。

7.2 面板混凝土配合比参数分析

水工混凝土配合比设计其实质就是对混凝土原材料进行的最佳组合。水胶比、砂率、单位用水量是混凝土配合比设计的三大参数，掺和料、外加剂是配合比设计主要技术措施，是降低单位用水量、提高施工和易性及强度、耐久性和抗裂的关键，混凝土配合比设计具有较高的技术含量。

（1）水胶比。 水胶比是决定混凝土强度、抗渗性及耐久性等极为重要的参数，规范规定水胶比不大于0.5，水胶比一般在0.35~0.45。

（2）用水量。近年来，由于采用高效减水剂和引气剂，用水量以不超过140 kg/m³为宜。

（3）掺和料。掺和料以优质Ⅰ级粉煤灰为主导，掺量一般为20%。

国内部分面板混凝土的设计指标及配合比参数见下表。

表7 国内部分面板混凝土的设计性能及配合比参数

工程名称	强度等级	抗渗等级	抗冻等级	坍落度/mm	水胶比	用水量/(kg/m³)	水泥用量/(kg/m³)	砂率/%	含气量/%
关门山	C25	W8	F250	30~50	0.50	123	246	35	
成屏一级	C20	W8		30~50	0.55	180	294	27.3	
西北口	C20	W8		60~80	0.48	149	310	40	4~5
株树桥	C20	W8	F50	30~70	0.50	158	310	39	4~6
龙溪	C20	W8		30~70	0.53	164	309	36	
小干沟	C30	W8	F250	60~90	0.40	150	375	32	6
广州抽水蓄能电站上库	C20	W8		30~50	0.50	150	300	34	4~6
花山	C25	W8	F100	40~70	0.45	145	322	40	4~6
十三陵抽水蓄能电站上库	C25	W8	F300	50~70	0.44	141	320	38	5~6.5
万安溪	C25	W8		40~60	0.39 0.40	141 152 152	324 340 340	39 40 40	4~5
东津	C25	W8		40~60	0.42	155	369	36	
查龙	C25	W8	F350	50~80	0.35	134	383	25	

表 7（续）

工程名称	强度等级	抗渗等级	抗冻等级	坍落度/mm	水胶比	用水量/(kg/m³)	水泥用量/(kg/m³)	砂率/%	含气量/%
天生桥一级	C25	W12	F100	60～70	0.48	144	240	40	4
乌鲁瓦提	C25	W12	F250	40～70	0.37	133	300	36	4～6
莲花	C30	W8	F300	50	0.338	130	340	40	4
洪家渡	C30	W10	F100	50～70	0.45	148	263+66	38	4～5
水布垭	C35	W12	F100	50～70	0.38	132	278+69	39	4～6
鄯兰	C25	W12	F100	50～70	0.47	140	238+60		4
珊溪	C25	S12	F100	30～50	0.338	124	287	35	4.3
港口湾	C25	W10	F100	30～50	0.356	125	266	37	4.05
白水坑	C30	W12	F150	40～60	0.34	137	303	32	5.6
盘石头	C25	W12	F200	50～70	0.41	144	263	37	4.6
枫柏下库	C25	W10	F100	60～90	0.42	135	241	40	5.6
街面	C25	W10	F100	50～70	0.36	125	260	35	4.8
吉林台	C30	W12	F300	50～70	0.48	128	310	34	4.6

8　面板混凝土施工关键技术

8.1　混凝土面板滑模施工

混凝土面板一般采用滑模施工，由下而上连续浇筑。坝高不大于 70 m 时，面板混凝土宜一次浇筑完成；坝高大于 70 m，根据施工安排或提前蓄水需要，面板宜分二期或三期浇筑。分期浇筑接缝应按施工缝处理。

坝面布置有混凝土卸料受料斗，后面连接溜槽，6 m 宽的面板布置 1 条溜槽，12 m 宽的面板布置 2 条溜槽。如下图所示。

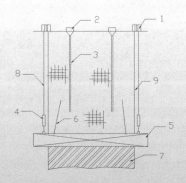

面板浇筑设备布置图

1—卷扬机；2—集料斗；3—斜溜槽；4—动滑轮；
5—滑动模板；6—安全绳（锚在钢筋网上）；
7—已浇混凝土；8—牵引绳；9—组合侧模。

8.2 滑动模板设计

所谓无轨滑模实际上也是有轨滑模，对于先浇块，滑模轨道是侧模；对于后浇块，滑模轨道是现浇块混凝土。

（1）滑动模板平面尺寸的选定。滑模宽度（沿坝坡方向）一般为1.0~1.2 m。滑模的长度（水平方向）要比面板垂直缝间距大1~2 m。

（2）模重量的计算。滑模模体自重加配重，应能克服新浇混凝土对滑模的浮托力，以保证模体在混凝土浇筑过程中不上浮。

（3）滑模的构造。滑模上应具有铺料、振捣的操作平台。操作平台宽度应大于60 cm。滑模尾部应设一、二级修整平台（如图示）。

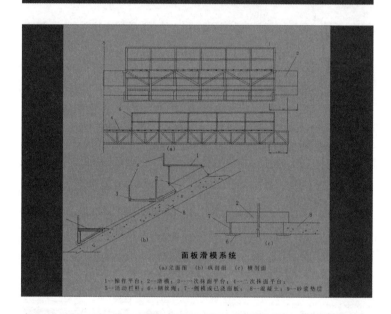

面板滑模系统

(a) 立面图　(b) 纵剖面　(c) 横剖面

1—操作平台；2—滑模；3—一次抹面平台；4—二次抹面平台；
5—活动栏杆；6—钢丝绳；7—侧模或已浇面板；8—混凝土；9—砂浆垫层

8.3 坝面钢筋运输台车

面板钢筋的架设一般采用现场绑扎和焊接方法，用人工或钢筋台车将钢筋送至坡面。高坝宜采用钢筋台车运送钢筋，以节省人工。

(1)平面尺寸的选定。台车宽度可取1.2~1.4 m，长选4 m。

(2)台车结构。为减轻台车重量，台车宜采用钢桁架结构。

(3)台车牵引力的计算。台车牵引力的大小与台车自重、载重量有关，可按下式计算：

$$T = \left[(G_1 + G_2) \sin a + (G_1 + G_2) f \cos a \right] K$$

式中　T——台车牵引力，kN；

G_1——台车自重，kN；

G_2——台车载重量，kN；

f——台车滚轮与坡面滚动摩擦系数；

a——坡面与水平面夹角；

K——安全系数，可取3~5。

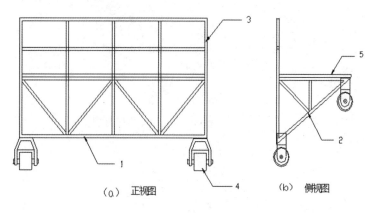

（a）正视图　　　　　（b）侧视图

1—主桁架;2—三角桁架;3—栏杆;4—轮子;5—平台板。

8.3　钢筋台车构造图

8.4　仓面溜槽运输混凝土入仓

(1) 溜槽采用1～2 mm钢板卷制成半圆形或倒梯形，内面应平整光滑。

(2) 12 m或14 m宽的标准板块布置2条溜槽，6 m或8 m宽的板块可布置1条溜槽。溜槽布置在面板钢筋网上，上接集料斗，下至离滑模前缘0.8～1.5 m处，浇筑过程中摆动末端溜槽下料。

(3) 溜槽安放应平直，不应有过大的起伏差，以防止混凝土溢出槽外。同时还应防止溜槽脱节和漏浆撒料。

(4) 溜槽应遮盖防雨布，以避免日晒、雨淋影响混凝土的质量。

(5) 在溜槽溜放混凝土之前，应先用水泥砂浆或一级配混凝土润滑溜槽。

(6) 在混凝土下滑的过程中应随时移动末端溜槽，使混凝土均匀分布入仓。

止水材料一化施工技术

8.5　混凝土浇筑与模板滑升

(1) 模板滑升。滑模滑升前，必须清除其前沿超填混凝土，以减少滑升阻力。每浇筑一层（25～30 cm）混凝土滑升一次。滑模滑升速度取决于混凝土的坍落度、凝固状态和气温，一般凭经验确定。滑升速度过大，脱模后混凝土易下坍而产生波浪状；滑升速度过小，易产生粘模而使混凝土拉裂。平均滑升速度控制在1～2 m/h，最大滑升速度不宜超过4 m/h。

(2)压面。混凝土出模后立即进行一次压面，待混凝土初凝结束前完成二次压面。

8.6　面板混凝土养护

面板混凝土出模后要及时养护，一般采用二次压面结束后在滑模架后部拖挂塑料布，防止表面水分过快蒸发而产生干缩裂缝；混凝土终凝后，覆盖保温保湿效果较好的养护毯不间断洒水养护（冬季只保温，不洒水）。混凝土养护期一般不少于90 d，最好养护至水库蓄水。

8.7　面板混凝土裂缝及处理措施

(1) 面板混凝土裂缝

面板混凝土裂缝主要包括温度裂缝和结构性裂缝。温度裂缝又有两种：一种是由于面板混凝土浇筑后降温收缩受到基础面的约束而产生的裂缝；另一种是由于内外温差过大引起的裂缝。

温度裂缝一般不是贯穿性的，是面板混凝土常见的缺陷。而结构性裂缝产生的原因是坝体的过大变形，或者面板其基础（防护层砂浆或挤压边墙）的脱空。结构性裂缝一般都是贯穿性的，面板结构遭到破坏，需要凿除、修补。

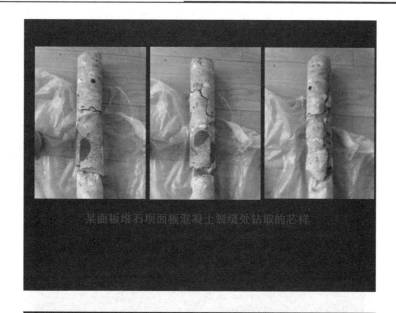

某面板堆石坝面板混凝土裂缝处钻取的芯样

　　从上面的照片可以看出，面板的温度裂缝并不是从表面看到的那么简单，不能简单地认为只是表面裂缝。混凝土表面出露的裂缝大致垂直于混凝土表面向内部延伸，到达钢筋网为止，可见面板内布设钢筋网的防裂作用。

　　除在混凝土表面看到的裂缝外，同时还产生了内部"树枝状"裂缝，这些内部裂缝是从大致垂直于面板表面的裂缝"衍生"出来的、大致平行于面板表面的裂缝，是不规则的，并不在混凝土表面出露。可见，发生温度裂缝之处，混凝土内部的整体性已经遭到破坏，从而耐久性降低，必须进行可靠的处理。

(2) 面板混凝土温度裂缝的处理措施

①裂缝宽度＜0.2 mm的裂缝处理

　　仅做表面处理，基面清理干净后，涂刷底胶，粘贴复合柔性防渗盖片，用角钢和膨胀螺栓固定。

② 裂缝宽度＞0.2 mm的裂缝处理

　　先进行化学灌浆处理，然后进行嵌缝和表面处理。灌浆材料可以采用环氧，最好选择适应变形的弹性止水材料，但是灌浆材料的膨胀率应限制在5%之内。

　　特别注意的是：切不可单独使用遇水膨胀率大的LW水溶性聚氨酯化学灌浆材料，因为在面板挡水后LW水溶性聚氨酯能产生最大150%～300%的膨胀率，将会使混凝土原有裂缝产生劈裂、造成裂缝扩大。另外，灌浆压力不可超过混凝土的抗拉强度，否则也会使混凝土原有裂缝产生劈裂、造成裂缝扩大。

9 接缝止水施工关键技术

面板堆石坝接缝包括趾板缝、周边缝、垂直缝（张性缝和压性缝）、防浪墙体缝、防浪墙底缝以及施工缝（水平缝）等（见下图）。接缝止水材料包括金属止水片、塑胶止水带、缝面嵌缝材料及保护盖板等。

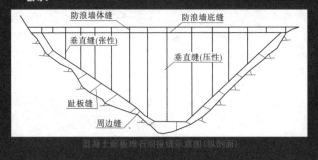

混凝土面板堆石坝接缝示意图(纵剖面)

（1）金属止水片

金属止水片包括紫铜止水片和不锈钢止水片，其中紫铜止水片为常用。铜止水片主要有"F"形和"W"形两种，如下图。

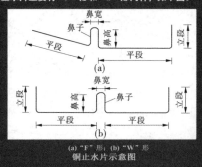

(a) "F"形；(b) "W"形
铜止水片示意图

（2）"Ω"形PVC、橡胶止水带（见下图）

"Ω"形(或橡胶)止水带形状

橡胶或塑料止水带一般设置于周边缝和垂直受拉缝中间，承受较大的变形和较高的水压力。工程中，塑料、橡胶止水带普遍采用生产厂家定型产品。

（3）材料加工和接头处理

金属止水片的加工成型方式一般采用冷压。面板垂直缝铜止水片自动成型机可以对带材铜板连续轧制成型。

胶凝砂砾石筑坝关键技术

2021 年 11 月东庄水利枢纽围堰工程讲座·陕西礼泉

讲座提要

1 胶凝砂砾石筑坝技术发展

2 胶凝砂砾石坝设计特点

3 原材料内控指标与要点分析

4 胶凝砂砾石配合比设特点

5 胶凝砂砾石施工关键技术

6 表面波进行表观密度检测新技术

7 结 语

1 胶凝砂砾石筑坝技术发展

1.1 胶凝砂砾石坝定义

胶凝砂砾石（Cemented Sand and Gravel, 简称CSG），是利用胶凝材料和砂砾石料，经拌和、摊铺、振动碾压形成的具有一定强度和抗剪性能的材料。

胶凝砂砾石坝是混凝土面板堆石坝和碾压混凝土重力坝综合的一种新坝型，对基础地质等条件的要求比常态混凝土坝和碾压混凝土坝宽松很多，坝体断面又比混凝土面板堆石坝小，对筑坝材料、施工工艺及坝基要求较低，且大坝施工基本实现零弃料，凸显"宜材适构"的筑坝理念。

胶凝砂砾石利用土石坝高效率的施工方式，具有施工简单速度、工期短、造价低、安全可靠、绿色环保等优点，特别是在中小型水库、围堰工程、堤防工程以及除险加固工程得到较快发展。

1.2 胶结坝断面多为梯形断面

 创新点1 提出了胶结坝新坝型

胶结坝融合了土石坝和混凝土坝的优势，既可充分利用当地材料，又可避免混凝土坝材料超强过多

土石坝　　　　胶结坝　　　　混凝土坝

首次提出胶结坝定义、范围、结构设计准则和材料制备方法
（Jia Jinsheng, et al., 6th RCC Symposium, 2012）

✓ 新坝型多采用梯形断面，应力分布相对均匀且应力水平低，坝体防渗保护与承载分开设置，坝体以承压为主，对材料性能要求显著降低，充分发挥材料的抗压能力，实现了用当地材料胶结筑坝

✓ 永久工程，骨料最大粒径控制在150mm（围堰工程控制在300mm）

✓ 天然砂砾料、砂卵石不筛分、不水洗，开挖料、风化料简易破碎均可采用

1.3 胶凝砂砾石坝取得的成就

我国采用CSG筑坝技术始于2004年福建街面水电站下游围堰（最大坝高13.54 m）。此后CSG在围堰、堤防、水库大坝及除险加固工程等领域得到较为广泛应用。修建了洪口上游围堰、贵州道塘围堰、功果桥上游围堰（最大坝高50 m，填筑量9.7万m³）、沙沱上游围堰、大华侨上游围堰（最大坝高57 m，填筑量11万m³）；2018年建成了坝高61.6 m的山西守口堡水库大坝，金鸡沟、西江、岷江犍为航电堤防等CSG坝工程。截至2020年底已经在国内外累计建成46座CSG坝。

东庄上游围堰设计为CSG围堰，最大堰高55.2 m，与澜沧江功果桥50 m、大华桥57 m CSG围堰高度十分接近，见两个工程CSG围堰照片。

46座CSG坝和围堰统计清单	
顺江堰	守口堡61.6 m
金鸡沟	花鱼井
两赶	猫猫河
虫腊溪	西江
突尼斯梅莱格	东阳
西音	犍为防护堤
龙溪口五一坝防洪堤	龙溪口孝姑防洪堤
平顶山供水工程	铁列克特
冷水河	翁吟河
郊纳	湾龙坡
马曲河	丽江上库脚
洪口上游围堰	道塘上游围堰
沙沱下游围堰	功果桥上游围堰50.0 m
飞仙关纵向围堰	南欧江水电站6座围堰工程
马马崖一级水电站下游围堰	大华桥围堰57.0 m
斯帕图卡III二期工程上游围堰	当堆水电站上游围

山西守口堡永久CSG坝下游照　　　　　四川金鸡沟CSG坝

2 胶凝砂砾石坝设计特点

2.1 CSG坝设计与工程实例

CSG坝非溢流坝段基本断面呈梯形。SL 678导则：5.2.1胶凝砂砾石坝上游坝坡宜缓于1∶0.3，下游坝坡宜缓于1∶0.5。已建的CSG围堰上游坡1∶0.3～1∶1.2，下游坡1∶0.4～1∶1.2。

工程实例：山西守口堡大坝主体为胶凝砂砾石，坝顶高程1 243.6 m，坝顶长354 m，最大坝高61.6 m。上下游坝坡均采用1∶0.6的等腰梯形。胶结砂砾石总方量46万m³，河床砂砾石掺15%～25%开挖料，水泥50 kg+粉煤灰40 kg。上游防渗区和下游保护区均采用常态混凝土，上下游厚度分别为1.5 m、1.0 m。守口堡坝体剖面见下图。

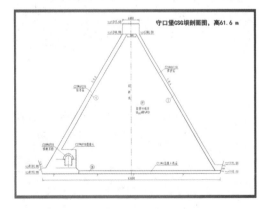

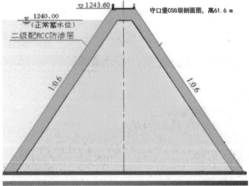

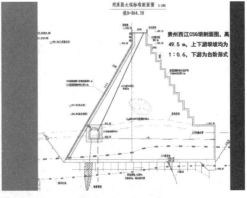

2.2　CSG围堰设计与工程实例

◆功果桥大坝上游围堰采用 CSG 筑坝技术，CSG 围堰断面为梯形设计，最大堰高50 m，围堰顶长度130 m，上游面坡比为1∶0.4，下游面坡比为1∶0.7，CSG围堰上游面采用常态混凝土防渗，总方量9万m³。功果桥上游CSG围堰于2009年5月建成，当年8月5日围堰经过10年一遇的洪水过流考验，围堰安然无恙，详见照片1。

◆大华桥大坝上游采用 CSG 围堰，最大堰高57 m，胶凝材料最大粒径250 mm，总填筑料10.2万m³。大华桥过流度汛是国内首个应用在大江大河上的全断面CSG过水围堰，是国内目前最高的CSG围堰。

2.3 东庄上游围堰CSG设计与优化建议

东庄上游围堰采用CSG筑坝技术，堰高55.2 m，堰顶长度72.8 m，堰顶宽度7 m。上游面坡比1∶0.5，下游面坡比1∶0.6。CSG最大粒径150 mm，总填筑料6.76万m³。 胶凝料设计龄期28 d，堰体内部C4W2，上游防渗区C10W6，下游保护区C10W2，堰顶保护C10W2，均为加浆振捣胶结料。

SL 678条文说明表8：CSG强度发展系数经计算，CSG抗压强度发展系数180 d是28 d强度的1.67～2.73倍，5组平均强度发展系数为2.276。如果照此发展系数计算，东庄围堰C4、C10设计强度180 d将分别达到9.1 MPa、22.76 MPa，远远高于导则分4级抗压强度指标，即$C_{180}4$、$C_{180}6$、$C_{180}8$、$C_{180}10$。

东庄上游围堰临建工程，CSG强度指标值得商榷。

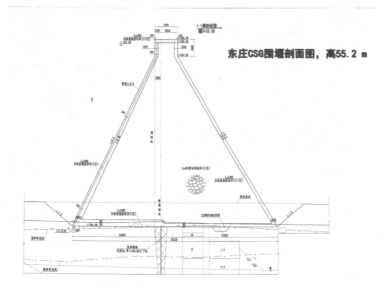

东庄CSG围堰剖面图，高55.2 m

3　原材料内控指标与要点分析

3.1　水泥内控指标

大量的科研成果和工程实践表明：水泥细度与混凝土早期发热快慢有直接关系；适当提高水泥熟料中的氧化镁含量可使混凝土体积具有微膨胀性能；为了避免碱-骨料反应，水泥熟料的碱含量应控制在0.6%以内，控制混凝土总碱含量小于3.0 kg/m³。

例如三峡工程：要求中热水泥比表面积控制在280～320 m²/kg，熟料MgO含量指标控制在3.5%～5.0%，控制混凝土总碱含量小于2.5 kg/m³。

近年来，大型水利水电工程对水泥的比表面积、氧化镁、三氧化硫、碱含量、水化热、抗压强度、抗折强度以及铝酸三钙(C_3A)、铁铝酸四钙(C_4AF)等指标，提出了严格的控制指标要求。东庄同样需要对水泥提出内控指标。

3.2　掺和料内控指标

水工混凝土范畴很广，包括常态混凝土、泵送混凝土、高流态混凝土、碾压混凝土、胶凝砂砾石、堆石混凝土、自密实混凝土等。

大坝混凝土是典型的大体积混凝土，掺很高的掺和料，不但有效降低了水泥用量，也直接降低了碳排放量和热效应产生，符合绿色混凝土发展方向。掺和料是水工混凝土胶凝材料重要的组成部分，随着掺和料技术的不断发展，掺和料品种已经发展到粉煤灰、粒化高炉矿渣、磷矿渣、火山灰、凝灰岩、石灰石粉、铜镍矿渣、氧化镁等磨细粉。

粉煤灰作为掺和料始终占主导地位，大型水利水电工程对粉煤灰需水量比、烧失量等提出了比规范更严格的内控指标。例如要求Ⅱ级粉煤灰需水量比小于100%等。

3.3　砂砾石料

CSG主要采用的砂砾石毛料。SL 678导则指出：原则上砂砾石不需要分类、分级，由于砂砾石毛料级配分布很不均匀，即使在胶凝材料用量固定的情况下，由于级配带来的用水量变化，导致的水胶比变化所造成CSG强度变异。

为此，需要对砂砾石毛料粒径进行筛分试验，得到砂砾石材料的最粗级配、最细级配及平均级配情况。实际工程由于有足够的砂石骨料产生能力，基本都能控制砂砾石级配稳定在一定的范围。

CSG属于贫碾压混凝土范畴，主要为"金包银"防渗保护体系，所以砂砾石中石粉含量同样对CSG液化泛浆有很大影响，需要高度关注砂砾石砂中石粉含量。

4 胶凝砂砾石配合比设计特点

CSG实质是贫胶凝碾压混凝土，但与早期的"金包银"RCC又有所不同。CSG拌和物出机口VC值实行动态控制，宜在2～25 s范围内选取，实际工程出机口VC值一般控制在3～5 s，经振动碾碾压后可以达到全面泛浆效果。

SL 678规定：CSG胶凝材料用量不宜低于80 kg/m³，其中水泥熟料用量不宜低于32 kg/m³；粉煤灰和其他掺和料的总掺量宜为40%～60%。

CSG配合比设计仍遵循水胶比、砂率、用水量三大参数原则，但配合比设计中增加了灰浆裕度 α 值、砂浆裕度 β 值，要求 α 值、β 值不小于1。α、β 是照搬国外早期"金包银"RCC配合比设计理念，未考虑砂中石粉含量多少的影响。现代RCC配合比设计要求石粉含量不低于18%，可以提高浆砂比PV值不小于0.42。同理，石粉含量对贫胶凝CSG泛浆具有很大影响。

胶凝砂砾石试验应以拌和物VC值试验为重点。

5 胶凝砂砾石施工关键技术

5.1 施工模板

模板设计要符合胶凝砂砾石连续浇筑特性。模板主要使用连续上升的悬臂模板，下游面多采用连续上升式台阶模板等，下游面也采用预制混凝土，如下图。

5.2　拌和设备

胶凝砂砾石拌和宜选用强制式搅拌设备，也可采用强制连续式搅拌设备。强制连续式搅拌机适于拌和干硬性混凝土。

5.3　汽车直接入仓是最快的运输方式

汽车运输 CSG 是最快的运输方案。由于水利水电工程大都修建在高山峡谷中，汽车将无法直接入仓。采用满管溜槽成功地解决了高差大的垂直运输入仓难题，即汽车+满管溜槽+仓面汽车联合运输入仓方式。

满管溜槽的断面尺寸已经达到 80 cm×80 cm，下倾角一般 45°～50°，仓外汽车通过卸料斗经满管溜槽直接把料卸入仓面汽车中，倒运十分简捷快速。见满管溜槽施工照片。

采用自卸汽车运输混凝土时，入仓前应将轮胎清洗干净，防止将泥土、水、杂物带入仓内；进出仓口应采取跨越模板措施；在仓面行驶的车辆应避免急刹车、急转弯等有损混凝土层面质量的操作。

贵州西江CSG坝施工，约50m

四川金鸡沟CSG坝施工

CSG碾压施工

四川雎为防护堤CSG仓面摊铺

5.5 防渗区加浆混凝土振捣或常态混凝土施工

（1）灰浆密度不小于1.55 kg/m³。

（2）打孔间距控制在20～25 cm。

（3）振捣时间控制在40～60 s，振动棒插入下层混凝土5～10 cm。

（4）单位灰浆加入量为50～80 L，混凝土达到全面泛浆。

防渗区振捣后的加浆变态混凝土

上游防渗区预制常态混凝土施工

6 表面波进行表观密度检测新技术

发明并研制了专用施工设备和质量快速测定仪器和方法

瞬时弹性波法：检测速度快，适用大面积检测，准确度高

挖坑灌水法：劳动强度大，费时费力

核子密度法：准确性不高，仪器购买保管手续繁多

碾压压实度测定方法

提出以表面波R波波速为控制指标的现场碾压质量无损检测技术（密度2.45g/cm³的胶结砂砾石波速可达140m/s）

测点现场布置　加速度传感器安装方式

典型R波时域信号1（测点40m-22-8遍，采样频率125 kHz）

典型R波时域信号2（测点40m-34-6遍，采样频率250 kHz）

抗压强度与波速相关关系

7 结语

（1）CSG充分利用了宜材适构，适应地基条件放宽，介于土石坝与重力坝至今，是典型的"金包银"贫碾压混凝土。

（2）针对CSG围堰临建工程，不设横缝，通仓浇筑，下游采用台阶模板施工，可以明显简化施工。

（3）VC值指浇筑地点的VC值，控制出机口CSG拌和物VC值3～5 s，可以达到全面泛浆的效果。

（5）CSG一般采用50～60 cm碾压厚度，防渗区、保护区可采用分层加浆振捣方式，也可采用常态混凝土浇筑。

（6）CSG密实度检测采用表面波R波无损检测新技术，可以有效加快施工进度。

谢　谢

引水工程混凝土施工关键技术与质量控制

2020 年 11 月海南南繁基地水利工程讲座·海南乐东

1 前 言

1.1 我国水资源时空分布不均

我国幅员辽阔，河流众多，流域面积在1 000 km²以上的河流就有1 500多条。全国多年平均径流量达27 000多亿m³，水能蕴藏量约6.8亿kW，水利水电资源十分丰富，是世界上利用水资源最早的国家之一。

我国人均水资源量2 100 m³，是世界平均水平的28%，人多水少，水资源时空分布不均，洪涝干旱等自然灾害频频发生。气候和地理特点决定了仅依靠江河自然调蓄不可能解决我国的水问题。兴建各种水库大坝和调水工程已成为水资源优化配置、防治水患和利用清洁能源发电是发展的必然，这已为世界发达国家所证明。

据我国大坝工程学会统计，我国的水库大坝共计9万多座，截至2016年底，我国已建、在建高于30 m以上的大坝共6 543座，总库容约7 684亿m³。

1.2 172项重大水利工程

进入21世纪，我国的水利水电工程实现了跨越式发展，2015年国家部署了"十三五"172项重大水利工程。这172项重大水利工程包括两部分，一部分是在建工程，还有一部分是将要在"十三五"期间陆续开工建设的。包括大藤峡水利枢纽、引汉济渭、夹岩水利枢纽、阿尔塔什水利枢纽、鄂北调水、古贤水利枢纽、引江济淮、引洮供水二期、观音阁水库输水、拉洛水利枢纽、滇中调水等。预计172项重大水利工程建成后，将实现新增年供水能力800亿m³和农业节水能力260亿m³、增加灌溉面积7 800多万亩，使我国骨干水利设施体系显著加强。

其中正在建设的引汉济渭、黔中调水、鸭江调水、大藤峡水利枢纽等是一批具有世界级的超级水利工程。如贵州夹岩调水工程输水线路达700多km。

1.3 南繁基地（乐东、三亚片）水利工程概况

（1）南繁基地水利工程分三亚片与乐东片：

三亚片共新建渠道4条，长度为4.36 km；改造加固渠道5条，长度为9.89 km；整治田间排涝沟2条，总长度3.48 km；整治田间排洪沟5条，总长度12.65 km；新建提灌泵站2座，配备管道8 688 m；配套渠系建筑物66座；交叉建筑物32座。

乐东片共新建渠道5条，长度10.83 km；改造加固渠道4条，长度25.237 km；整治田间排涝沟1条，总长度6.355 km；新建提灌泵站4座，配备管道11 397 m；配套渠系建筑物145座，其中交叉建筑物57座。

（2）灌区工程量及总工期：

南繁灌区渠系工程开挖总量91.5万m³、土方填筑59.92万m³，混凝土及钢筋混凝土33.46万m³，堆砌石总计0.26万m³等。

2　混凝土裂缝成因分析

2.1　水泥混凝土是当今世界最大的建筑材料

水泥混凝土是当今世界用量最大的建筑材料，其可塑性具有其他材料无法替代的作用。水泥混凝土是土木工程中使用最广泛、用量最多的一种混合材料，它具有许多优点，但也存有一些弱点，如均匀性差、离散性大，容易产生裂缝，尤其以裂缝最为突出，被称为混凝土的"癌症"，裂缝是长期困扰工程技术人员的头痛问题。

水泥混凝土材料是典型的多相非均质材料，由固相、液相、气相组成。现代工程对混凝土质量要求越来越高，质量可靠、绿色环保、耐久性好、外观美观的混凝土已成为现代混凝土标准。

2.2　混凝土裂缝的分类

混凝土裂缝是混凝土的一种常见病和多发病。病情绝大多数发生于施工阶段，其原因复杂多变，裂缝可分成微观裂缝和宏观裂缝两大类：

（1）微观裂缝：是指肉眼看不到的混凝土内部固有的一种裂缝，它是不连贯的。宽度一般在 0.05 mm 以下，在荷载不超过设计规定的条件下，一般视为无害。用实体显微镜观察、X 射线或超声波探测仪等物理检验手段都可鉴定出这种裂缝。另外一种最直接的方法就是用渗水观察，一定压力的水可以从混凝土内部的裂缝中渗透出来。

宏观裂缝宽度在 0.05 mm 以上，并且认为宽度小于 0.2～0.3 mm 的裂缝是无害的，但是这里必须有个前提，即裂缝不再扩展，为最终宽度。

(2)宏观裂缝可分为以下几种：

①收缩裂缝：在施工阶段因水泥水化热及外部气温的作用引起混凝土收缩而产生的裂缝。混凝土收缩裂缝危害较大，尤其是暴露在大气中的构筑物，影响更大。

②超载裂缝：混凝土构件超荷载使用时，造成变形、失稳或因疲劳等原因产生裂缝。另外，温度应力影响也是原因之一。

③沉降裂缝：因地基差异沉降或构件接合不良、剪应力超过设计强度而产生的一种混凝土裂缝，沉降裂缝危害极大，并且极难处理。

④龟裂裂缝：施工阶段因配料、搅拌、浇筑、养护等各环节的操作不当而产生裂缝成龟壳状或散射状，其中以养护环节为关键。

⑤疏松裂缝：混凝土浇筑时因下料不均，致使混凝土材料离析，或因漏振、过振而产生的疏松状态裂缝。

2.3 裂缝的成因

(1)混凝土的收缩。收缩是混凝土的一个主要特性，由于收缩而产生的微观裂缝一旦发展，则有可能引起结构物的开裂、变形甚至破坏。

(2)温度应力。混凝土内的水泥在水化反应中散出大量热量，使混凝土升温，与外部气温形成一定的温差，从而产生温度应力。其大小与温差有关。

(3)配筋不足。从实践中观察到，配筋间距大，配筋率小的混凝土结构开裂多，无筋混凝土比有筋混凝土开裂多。

(4)材料及配合比。混凝土配合比设计不合理，将导致混凝土用水量大，水泥用量大。有关试验资料表明：用水量不变时，水泥用量每增加10%，混凝土收缩增加5%；水泥用量不变时，用水量每增加10%，混凝土强度降低20%，混凝土与钢筋黏结力降低10%。

(5)养护条件。在标准养护条件下，混凝土硬化正常，不会开裂，现场混凝土养护越接近标准条件，混凝土开裂可能性就越小。

(6)浇筑质量。混凝土浇筑中振捣不均匀，或是漏振、过振等情况，会造成混凝土密实度差、降低结构的整体强度。

3 混凝土原材料控制要点

3.1 水泥

《水工混凝土施工规范》（SL 677—2014或DL/T 5144—2015）条文规定：根据工程的特殊需要，可对水泥的化学成分、矿物组成、细度等指标提出专门要求。

大量的试验研究成果和工程实践表明：水泥细度、碱含量、氧化镁、C_3S、C_4AF、水化热等直接关系到混凝土温控防裂。从三峡工程开始，重要工程均对中热水泥提出了具体内控指标：中热水泥硅酸三钙（C_3S）含量在50%左右，铝酸三钙（C_3A）含量小于6%，铁铝酸四钙（C_4AF）含量大于16%，细度即比表面积控制在280～320 m^2/kg，熟料MgO含量控制在3.5%～5.0%，进场水泥的温度不允许超过60 ℃，控制混凝土总碱含量小于2.5 kg/m^3。近年来，大型工程纷纷效仿三峡工程做法，根据工程具体情况，对中热水泥提出了特殊的内控指标要求。

3.2　骨料

砂石骨料质量约占总混凝土质量的85%,骨料的品质、产量直接关系到混凝土施工质量和进度,人工砂石粉含量常态混凝土控制在6%～18%,直接关系到混凝土的和易性和经济性。良好的骨料粒形和颗粒级配,可以明显使骨料间的空隙率和总表面积减少,降低混凝土单位用水量和胶凝材料用量,改善新拌混凝土施工和易性,提高混凝土密实性、强度和耐久性,且可获得良好的经济性。

混凝土应首选无碱活性的骨料,优质骨料是配制优质混凝土的重要条件。根据《水利水电工程天然建筑材料勘察规程》(SL 251—2015)标准要求,配制水工混凝土骨料所用岩石其饱和抗压强度一般应不低于40 MPa,干密度＞2.4 g/cm³。骨料石质坚硬密实、强度高、密度大、吸水率小,其坚固性就越好。

3.3　粉煤灰

粉煤灰作为掺和料在水工混凝土中始终占主导地位,粉煤灰在水工混凝中的应用研究是成熟的,粉煤灰不但掺量大、应用广泛,其性能也是掺和料中最优的。粉煤灰要优先选用火电厂燃煤高炉烟囱静电收集的粉煤灰。由于粉煤灰品质不断提高,特别是Ⅰ级粉煤灰作为混凝土功能材料的大量使用,有效改善了混凝土性能。混凝土中掺入粉煤灰可延长混凝土的凝结时间,改善施工和易性,有效降低水泥水化热和混凝土绝热温升,很好的抑制碱活性骨料反应。

例如:南水北调中线漕河、沙河、双泊河、湍河等大型渡槽,其高性能混凝土,设计指标C50W8F200,强度保证率95%,配合比均掺优质的Ⅰ级粉煤灰,降低了用水量,改善拌和物和易性和施工泵送性能,对防止裂缝发生发挥了积极作用。

3.4 外加剂

外加剂可以有效降低混凝土的单位用水量，减少水泥用量，降低混凝土的温升，提高了强度、耐久性等性能，同时有效改善混凝土拌和物性能和施工性能，新修订的《水工混凝土外加剂技术规程》（DL/T 5100—2014），对第三代羧酸类高性能减水剂的减水率、泌水率比、含气量、凝结时间差、经时变化量、抗压强度比等品质指标提出了更高要求，要求高性能减水剂的减水率不低于25%。

特别是混凝土中掺入引气剂，搅拌过程中能引入大量均匀分布的、稳定封闭的微小气泡，能显著提高混凝土的可泵性、抗渗性及抗冻性，气泡还可使混凝土弹性模量有所降低，有利于提高混凝土抗裂性能。为此，水工混凝土应选用优质的高效减水剂和引气剂。

相对于其他原材料而言，外加剂掺量虽然较少，但对混凝土质量至关重要。

4 水工混凝土配合比设计技术路线

4.1 水工配合比设计技术路线

水工混凝土配合比设计具有一定的技术含量，优良的混凝土施工配合比是保证混凝土施工质量、温控防裂的前提。水胶比（水灰比）、砂率和单位用水量是配合比设计三大参数。瑞士学者保罗米（J. Bolomey)最早建立了混凝土强度与灰水比的经验公式，称为混凝土强度公式，即著名的保罗米公式，亦称水灰比定则。

混凝土的强度主要取决于水胶比大小，水胶比愈低，混凝土的强度就愈高。水工混凝土配合比设计主要采用"两低、一高、两掺"技术路线，即低水胶比、低用水量，高掺粉煤灰，掺减水剂和引气剂的技术路线。

为了合理降低水泥用量，使其具有良好的施工性能和防裂性能，水工混凝土必须掺粉煤灰和外加剂，目前外加剂主要以第三代聚羧酸高性能减水剂为主，泵送混凝土掺粉煤灰和引气剂可以有效保证泵送混凝土施工。

4.2 配合比三大参数分析

（1）水胶比选择

水胶比是决定混凝土强度和耐久性的关键参数和主要因素。影响水胶比大小的主要因素与混凝土设计指标、设计龄期、抗冻等级、极限拉伸值、掺和料和外加剂品种及掺量等密切相关。水胶比是影响和决定混凝土耐久性和多种性能的最重要的参数。近年来，不论是严寒的北方或温和的南方地区，抗冻等级已成为混凝土耐久性极为重要的指标。

根据大量的研究成果和工程实践，水胶比过大，混凝土耐久性会显著降低。在保证混凝土强度要求的前提下，减小混凝土水胶比是提高混凝土耐久性的重要因素。为此《水工混凝土施工规范》（SL 677—2014或DL/T 5144—2015)对混凝土水胶比最大允许值提出具体要求。

（2）最优砂率选择

水工混凝土配合比试验规程规定：混凝土配合比宜选取最优砂率。最优砂率是在满足和易性要求下，单位用水量较小、混凝土拌和物密度较大时所对应的砂率。本人根据多年的工程经验，大坝混凝土施工配合比最优砂率选择及评价一般采用三种方法：

方法一：按照粗骨料最优级配，即堆积密度最大，而空隙率最小的原则确定最优砂率；

方法二：通过混凝土拌和物进行评价，水工混凝土试验规程规定，含砂情况采用镘刀抹平程度分多、中、少三级，进行评价；

方法三：把湿筛后二级配混凝土装入成型试模，在振动台振动30 s，观测混凝土表面泛浆快慢和厚度情况，一般泛浆厚度在2 cm左右时，则砂率较优。在振动台进行砂率试验评价与实际仓面振捣泛浆情况较吻合。

（3）降低单位用水量选定

用水量的选定原则是在满足新拌混凝土施工和易性的前提下，力求单位用水量最小。

影响用水量的主要因素是骨料种类、粒形、掺和料种类、品质以及坍落度的大小等，特别是采用密度大的辉绿岩、玄武岩以及花岗岩等人工骨料，混凝土用水量和外加剂掺量显著增加。当采用优质的 I 级粉煤灰，在其需水量比小的减水作用下，可有效降低混凝土单位用水量。所以单位用水量的选定直接关系到混凝土的性能及经济性。用水量与坍落度之间存在着良好的相关关系，大量的试验结果表明，一般坍落度每增减1 cm，则单位用水量相应增减2 kg/m³。

5　模板是保证混凝土外观质量的关键

5.1　规范对模板要求

《水工混凝土施工规范》（SL 677—2014）条文规定模板应符合下列要求：

（1）保证混凝土浇筑时结构及构件各部分形状、尺寸与相互位置满足设计要求。

（2）具有足够的稳定性、刚度和强度。

（3）宜标准化、系列化，装拆方便，周转次数高。

（4）模扳板面光洁、平整，拼缝严密，不漏浆。

（5）模板选用应与混凝土结构的特征、施工条件和浇筑方法相适应。大体积混凝土宜优先选用悬臂模板。

（6）模板安装、拆除的顺序应按审定的施工措施计划执行。

5.2　渠系工程模板

模板在加工厂内按现场结构尺寸制作，模板安装精度必须控制在规范和设计允许偏差范围内，模板支撑牢靠稳定，做到不漏浆。模板拆除后及时清洗、清除固结的灰浆等脏物，并在混凝土开仓前涂刷脱模剂。安装时检查标高及轴线，确保模板安装精度及稳定。

模板材料质量、模板施工质量将直接关系到混凝土外观质量，好的混凝土外观质量都是建立在模板的基础之上。

6　混凝土施工控制要点分析

6.1　混凝土施工分区及仓面设计

混凝土施工分区原则，主要是根据工程设计图纸、结构形式、拌和生产能力、道路及运输入仓方式、浇筑强度等因素，合理地进行施工分区。

例如：引水渠道混凝土浇筑程序至关重要，应严格按照规范、设计和施工组织设计进行施工。

仓面施工组织设计是施工技术人员对设计图纸和设计内容充分理解和消化后的高度集成和综合浓缩，对一个混凝土浇筑层即将实施的规划，同时融进了施工资源配置和计划安排，便于技术人员对作业层人员即外协队伍进行技术交底，认真落实到位可以避免施工的随意性，保证施工工艺严格执行和工程质量的提高。

6.2　新拌混凝土坍落度控制要点

《水工混凝土施工规范》（SL 677—2014）条文6.0.5规定：混凝土的坍落度，应根据建筑物的结构断面、钢筋间距、运输距离和方式、浇筑方法、振捣能力以及气候环境等条件确定，并宜采用较小的坍落度。混凝土在浇筑时的坍落度，可参照表6.0.5选用。

新拌混凝土拌和物控制的重点是坍落度、含气量和凝结时间。规范专门强调混凝土坍落度在浇筑地点（时）的坍落度，故室内试验的坍落度要进行经时损失试验，机口坍落度要考虑运输、入仓及平仓等的时间损失，出机口坍落度控制以仓面振捣时的坍落度控制为原则。

坍落度不能满足施工要求时，严禁往混凝土中加水。可采用外加剂后掺法，在混凝土搅拌罐车中添加减水剂，通过搅拌，可以有效提高混凝土坍落度和泵送效果。

6.3　混凝土浇筑振捣规定和要点

（1）振捣设备的振捣能力与入仓强度、仓面大小等相适应，混凝土入仓后先平仓后振捣，不应以振捣代替平仓。

（2）每一位置的振捣时间以混凝土粗骨料不再显著下沉，并开始泛浆为准，防止欠振、漏振或过振。

（3）手持式振捣器振捣棒应垂直插入混凝土中，按顺序依次振捣，防止漏振、过振。

（4）渠道边坡混凝土浇筑，要按照滑模工艺振捣方式，采用振捣梁进行振捣，渠道边坡衬砌混凝土浇筑必须要达到内实外光要求。见滑模施工照片。

6.4 消除混凝土表面气孔技术措施

(1) 复振是消除混凝土表面气孔行之有效方法之一

混凝土是典型的非均质多相体材料，由固相、液相及气相组成，由于液体和气体具有的不可压缩性特点，致使土拆模后的混凝土表面存在气孔现象，气孔的大小和多少与施工振捣方式有关。

白鹤滩泄洪洞抗冲磨混凝土采用两次振捣工艺，即二次复振技术，很好地解决了混凝土表面气孔问题。泄洪洞边墙采用两次振捣工艺，初振40 s；间隔20 min，再复振20 s。彻底解决了混凝土表面气孔问题，泄洪洞抗冲磨混凝土外观十分美观，形成镜面混凝土。

南繁基地水利工程混凝土表面气孔消除可借鉴白鹤滩复振技术，通过试验确定最佳复振时间。

白鹤滩右岸泄洪洞衬砌混凝土二次复振工艺参数表

"定人、定岗"防漏振、过振　　浇筑过程全程高

边墙衬砌工艺参数表

项目	采用两次振捣工艺		
	振捣棒	振捣间距	时间
初振	Φ100	40cm	40s
间隔时间	20min		
复振	Φ100	40cm	20s

强不息　勇于超越

（2）南水北调大型沙河预制渡槽消除表面气孔试验研究

新浇筑的混凝土表明气孔消除，除采用两次复振技术外，混凝土原材料和配合比设计也是消除混凝土表面气孔的重要措施之一。南水北调中线沙河预制大型渡槽进行了混凝土表面气孔消除试验，取得成功，见试验照片。

（3）引水隧洞全断面衬砌混凝土消除表面气孔施工技术

贵州引子渡水电站引水隧洞圆形断面直径10.5 m，采用钢模台车一次全断面衬砌，每段衬砌长度12 m。由四一一组成的紧密联营体进行施工。首仓混凝土从隧进口开始浇筑，拆模后，隧洞下部三分之一处到处是蜂窝麻面，大的超过脸盆，气孔多的更不要说。此情况发生后，工程局委派我到工地进行技术咨询，采取了三项措施解决了问题：一是配合比调整，二是在钢模台车底部开排气孔，三是调整施工浇筑顺序及模板加周边辅助振动棒。

南水北调中线沙河大型预制渡槽
（预制渡槽20×8.9×9.0）

南水北调中线沙河大型预制渡槽

南水北调中线沙河大型预制渡槽
消除气孔试验

南水北调中线沙河大型预制渡槽
消除气孔试验

6.5 混凝土收仓养护要点

喷雾保湿、覆盖保护，例如高速公路、高铁桥柱等工程，混凝土拆模后立即采用塑料薄膜及时覆盖保护，防止混凝土表面水分蒸发。新浇筑混凝土特点是内部保持湿润、外部表面水分蒸发、形成干缩、导致表面发生龟裂和小的裂缝发生。养护是防止混凝土干缩、表明裂缝十分有效的措施，必须严格按照规范执行。

在标准养护条件下，混凝土硬化正常，不会开裂，现场混凝土养护越接近标准条件，混凝土开裂可能性就越小。

水工混凝土养护时间一般不得少于混凝土设计龄期，即养护不得少于28 d。

7 混凝土温度控制要点分析

7.1 规范对混凝土温度控制规定

《水工混凝土施工规范》（SL 677—2014）混凝土温度控制有关条文规定：

8.1.4 应从结构设计、原材料选择、配合比设计、施工安排、施工质量、混凝土温度控制、养护和表面保温等方面采取综合措施，防止混凝土裂缝。混凝土应避免薄层长间歇和块体早期过水，主基础部位应从严控制。

8.1.5 应采取综合温控措施，使混凝土最高温度控制在设计允许范围内。混凝土浇筑温度应符合设计规定。未明确温控要求的部位，其混凝土浇筑温度不应高于28 ℃。

8.1.6 基础部位混凝土，宜在有利季节浇筑，如需在高温季节浇筑，应经过论证采取有效的温度控制措施使混凝土最高温度控制在设计允许范围内，经批准后进行。

7.2 温度控制及防裂措施

(1)原材料温度控制。优化施工配合比，使用中低热水泥及高效减水缓凝剂，掺加20%左右的粉煤灰，降低水泥用量，以降低混凝土内水化热温升。

(2)出机口温度控制。在运输混凝土前对机械运输设备喷雾或冲洗预冷，采取隔热遮阳措施。运输道路优选最短路径，以使混凝土在最短时间内到达浇筑地点。

(3)浇筑温度控制。有温控要求的混凝土尽可能安排低温时段施工。高温时段施工时，混凝土浇筑仓内安装喷雾机喷水雾，在局部位置采用人工手持喷雾装置的方式对仓面进行局部喷雾增湿处理，直接关系到温控防裂。

(4)硬化后混凝土质量控制。混凝土浇筑完毕后，应及时进行养护，使用洒水和喷雾养护。以保持混凝土表面水分。

7.3　南繁基地水利工程混凝土温度控制分析

南繁基地水利工程区属热带岛屿气候，夏长冬短，午热夜凉，冬春多雾多旱，夏秋多雷暴雨，并伴有台风。多年平均气温23.6 ℃，最热7月平均气温28 ℃，最冷1月平均气温16.7 ℃；多年平均降水量1 900 mm，多年平均蒸发量1 152.4 mm；多年平均日照时数2 210 h。

工程区高温季节持续时间长，其中6~9月高温季节对混凝土施工质量影响较大，混凝土温度控制是本工程的重点之一。

混凝土浇筑温控措施是本工程施工的重点控制项目，需从原材料、混凝土拌和、运输、浇筑等工序上采取一条龙的温控措施，以保证混凝土浇筑质量。本工程混凝土结构均为小结构，混凝土温度控制措施主要采取常规措施，以保证混凝土浇筑质量。

8　混凝土质量常见病与控制要点

8.1　混凝土工程质量常见病

混凝土工程质量常见病较多，特别是渠道衬砌混凝土裂缝、蜂窝麻面、收面不平整光滑、边线线性不平顺；渡槽混凝土槽身和接缝止水渗水，渡槽栏杆、走道板和拉杆外观质量差，渡槽钢筋保护层控制不好。上述混凝土缺陷和质量常见病涉及因素较多，与混凝土原材料、配合比，特别是与模板工艺、施工浇筑、温度控制、质量控制及科学管理等诸多方面有关。

红岭灌区常见病实例：红岭灌区渡槽填缝材料，混凝土分缝未按照聚乙烯闭孔泡沫板及沥青砂浆填缝。要求分缝闭孔泡沫板在后浇块施工时粘贴，先在结构缝老混凝土面涂刷热沥青，然后将闭孔泡沫板粘贴在缝面上。分缝两侧浇筑块施工完成后，清除混凝土面以下2 cm深的泡沫板，并将缝面混凝土清洗干净并用风枪吹干缝面，然后向缝内灌入沥青砂浆。红岭灌区渠道、渡槽混凝土质量常见病见质量巡查照片。

输水渠道倒虹吸钢筋头缺陷照　　　止水缺陷照

8.2　混凝土浇筑过程中的质量控制要点

混凝土浇筑质量控制必须严格执行仓面工艺设计规定，按照仓面浇筑工艺，模板检查验收，浇筑顺序、厚度、方向、分层、开收仓时间等进行全面的仓面设计，报监理工程师批准后，方可开仓浇筑混凝土。施工过程中，不得随意变动经监理批准的仓面设计。

（1）严格控制浇筑过程中模板变形，保证立模准确度和稳定性，确保混凝土外形轮廓线和表面平整度满足要求，这是保证混凝土外观质量的关键。

（2）混凝土运输。要采用保温效果好的混凝土搅拌罐车运输，减少混凝土运输途中的温度回升。混凝土卸料入仓时，坍落度达不到要求时，采用减水剂后掺法技术措施，严禁往混凝土中加水的错误方式。

（3）混凝土入仓下料要均匀铺料，入仓混凝土应及时平仓振捣，不应堆积。仓内若有粗骨料堆叠，应均匀地分散至砂浆较多处，不合格的混凝土不应入仓，已入仓的不合格混凝土应彻底清除。

8.3　混凝土质量工程实例对照

比如同是一个特级企业的工程局，工程质量相差很大。例如中国水电五局特级企业，承担施工的白鹤滩右岸泄洪洞工程，衬砌的混凝土被称为镜面混凝土的典范，名副其实。见白鹤滩右岸泄洪洞施工照片。

同样是中国水电五局特级企业，施工的恩施利川峡塘口水电站工程，大坝及引水隧洞等部位混凝土外观平整度、错台多、裂缝多、钢筋头外露等存在着相当多的质量缺陷，见峡口塘工程混凝土施工照片。

工程实践表明，混凝土质量涉及的因素很多，其中管理是永恒的主题。有组织的精细化施工，业主经济奖罚力度是保证工程质量的提前，使施工企业达到一定的合理利润，这已为三峡等优质工程所证明。

9　南水北调中线漕河大型渡槽施工实例

（1）漕河渡槽工程概况

南水北调中线漕河渡槽单跨长度20 m（最大30 m），底宽20.6 m，底板厚50 cm；渡槽槽身为大体积薄壁结构，多侧墙段为三槽一联简支结构预应力混凝土，具有跨度大、结构薄、级配小、等级高的特点；采用C50F200W6高性能混凝土施工，槽身钢筋密集，最大骨料粒径25 mm。

输水工程最怕的就是裂缝，按过去的经验，确保渡槽没有裂缝，渡槽的最大极限是10 m。漕河渡槽加大输水流量150 m³/s，渡槽最大跨度30 m，整整是极限长度的3倍，更困难的是这个超极限长度的渡槽上面还要承担3 000多t水的荷载。所以漕河大型渡槽不仅是整个南水北调中线的最大渡槽，也是目前国内和亚洲最大输水渡槽，所以大型渡槽高性能混凝土抗裂防渗性能要求极为严格。

（2）漕河大型渡槽关键技术难题

大型渡槽关键施工技术研究，以整体论方法为指导，在混凝土配合比设计路线和关键技术方案上有针对性的创新，集主动抗裂与被动抗裂于一体，即混凝土自身防裂抗裂设计与施工技术、工艺、防裂等方案于一体，使高性能混凝土与施工技术工艺达到完美结合。

优选自身抗裂性良好的高性能混凝土施工配合比，进行现场生产性试验；通过现场高强度施工、温控、养护等防裂技术研究，总结出一整套水工大体积薄壁结构高性能混凝土防裂抗裂施工技术。

大型渡槽关键施工技术研究：针对渡槽工期十分紧张、所处地区温差大、施工条件复杂、混凝土抗裂性能要求高等难题，通过生产性试验研究确定与大型渡槽混凝土浇筑施工相配套的施工工艺，解决大型渡槽混凝土的温控问题，防止和减少混凝土干燥收缩，保证大型渡槽输水的安全和耐久性。

（3）漕河渡槽C50高性能混凝土设计指标

项目	C50高性能混凝土设计要求的指标	本课题所研究混凝土预期达到的目标
强度保证率	95%	—
强度等级	C50	≥59.1 MPa
抗冻等级	F200	≥F200
抗渗等级	W6	≥W8
弹性模量	$\geq 3.45 \times 10^4$ MPa	$\geq 3.45 \times 10^4$ MPa
轴压强度	≥32.0 MPa	≥32.0 MPa
轴心抗拉强度	≥2.75 MPa	≥3.5 MPa
极限拉伸值	—	$\geq 1.0 \times 10^{-4}$
干缩变形	—	$\leq 350 \times 10^{-6}$

（4）高性能混凝土配合比设计技术路线

漕河高性能混凝土配合比遵循"两低一高两掺"技术路线，即低水胶比、低用水量，掺较高粉煤灰，掺高性能减水剂和引气剂，满足了施工和设计要求。

①从减少混凝土收缩角度考虑，遵循混凝土中骨料体积含量最大化原则；

②对水泥和粉煤灰进行优选，选择抗裂性能较好的水泥及其掺合料，并实现多元化设计，形成以优质水泥为中心的多元胶凝体系，使水泥和各种掺和料性能得到互相补充；

③从提高混凝土保坍性、减少混凝土碱含量方面考虑，在减水剂的选用上优先考虑新一代聚羧酸类高效减水剂，在常规的掺量范围内不仅可以起到高减水和高增强效果，并有效降低混凝土的收缩。

（5）漕河大型渡槽槽身C50F200W6施工配合比

| 序号 | 配合比参数 | | | | | | 材料用量(kg/m³) | | | | | 石 | |
	水胶比	砂率/%	粉煤灰/%	硅粉/%	CS-SP1/%	DH9A/%	水	水泥	粉煤灰	硅粉	砂	5~10/mm	10~25/mm
1	0.30	43	20	0	1.1	0.004	145	386	97	0	760	359	666
2	0.33	42	20	3	1.1	0.004	145	338	88	13	761	368	682

结果表明：新拌混凝土坍落度在180~200 mm范围，扩散度大于550 mm，保坍性能良好，含气量在2.5%~3.1%，单掺粉煤灰混凝土初凝时间12 h，28 d龄期的抗压强度为61.1~67.2 MPa，弹性模量36.4~42.8 GPa，大于34.5 GPa设计要求，极限拉伸值110×10⁻⁶~122×10⁻⁶，干缩率155×10⁻⁶~212×10⁻⁶，C50高性能混凝土施工配合比具有良好的先进性。

南水北调中线漕河渡槽

2007/05/02 11:38

第 2 篇

现代水工混凝土技术创新与探讨

碾压混凝土筑坝十项创新技术评析★

田育功

(中国水利水电第四工程局有限公司,青海西宁　810000)

【摘　要】　本文通过对碾压混凝土快速筑坝十项创新技术的分析探讨,从枢纽布置、设计指标、配合比设计、碾压混凝土入仓、垫层碾压混凝土、层间结合质量、碾压层厚度、变态混凝土、温控措施与表面防裂等方面,对碾压混凝土快速筑坝技术成功的经验和不足进行反思、总结、评析,使碾压混凝土快速筑坝技术优势不断创新完善,向更高水平发展。

【关键词】　碾压混凝土;快速筑坝;浆砂比;碾压层厚度

1　引言

我国自 1986 年建成第一座坑口碾压混凝土重力坝以来,截至目前,在建和已建的碾压混凝土坝(包括围堰等临时工程)已达 200 座之多,特别是近 10 年来碾压混凝土筑坝技术在我国越来越成熟,世界公认中国是碾压混凝土筑坝技术的领先国家。目前坝高达 192 m 的龙滩水电站、200.5 m 的光照水电站已经建成,正在建设的金安桥、官地、龙开口、观音岩、阿海、鲁地拉等大型水电站工程,坝高库大,其主坝均采用了全断面碾压混凝土筑坝技术。

20 多年来,碾压混凝土筑坝技术先后经历了早期的探索期、20 世纪 90 年代的过渡期到近年来的成熟期,碾压混凝土也从干硬性混凝土过渡到无坍落度的半塑性混凝土,碾压混凝土在筑坝过程中得到了交流、碰撞、融合和创新。实践证明,修建碾压混凝土坝,已经不受气候条件和地域条件限制,在适合的地质、地形条件下,均可采用碾压混凝土筑坝技术。碾压混凝土筑坝施工现场,人员稀少,碾压混凝土运输、入仓、摊铺、喷雾、保湿、碾压等工序有条不紊地进行,其快速筑坝技术优势是其他筑坝技术无法比拟的。

碾压混凝土具有混凝土共同的特点,符合水胶比定则,其魅力所在:一是碾压混凝土与常态混凝土在材料上区别较大,碾压混凝土水泥用量少,高掺掺和料,水化热低,有利温控;二是施工方法采用通仓薄层浇筑,连续上升,密实性好,模板量极少;三是建设成本低经济实用。碾压混凝土在振动碾的振实和碾压的联合作用下十分密实,不会发生常态混凝土漏振的缺陷和骨料架空的现象,这正是碾压混凝土的魅力所在。

在讨论碾压混凝土筑坝技术的优点时,需要按照价值工程学方法来分析碾压混凝土坝的最佳方案,从设计到施工再到工程建设管理,必须同时考虑所有的因素。任何事物都有正反两方面的作用,虽然碾压混凝土筑坝技术取得成功,但也存在不足,需要对碾压混

★本文原载于《水利水电施工》2008 第 4 期;2008 年 10 月全国碾压混凝土筑坝技术交流会主旨发言,云南普洱。

凝土筑坝技术成功的经验和不足进行反思、总结、分析。笔者根据多年从事碾压混凝土试验研究及筑坝技术的实践经验,深深感到碾压混凝土快速筑坝创新技术还需要认真总结,从枢纽布置、设计指标、配合比设计、碾压混凝土入仓、垫层碾压混凝土、层间结合质量、碾压层厚度、变态混凝土、温控措施与表面防裂等 10 项创新技术进行分析探讨,使碾压混凝土快速筑坝技术优势不断创新完善,向更高水平发展。

2 枢纽布置与快速施工

采用碾压混凝土快速筑坝技术,枢纽布置显得尤为重要。碾压混凝土坝需要特殊的设计,碾压混凝土筑坝技术的目的就是要简化施工,而决不是妨碍施工。碾压混凝土与常态混凝土主要区别是改变了混凝土材料的配合比和施工工艺,而碾压混凝土材料性能与常态混凝土性能基本相同,设计并未因是碾压混凝土而降低大坝的设计标准。实践表明,碾压混凝土重力坝的工作条件和工作状态与常态混凝土重力坝基本相同,但拱坝工作状态是有区别的,所以碾压混凝土坝设计断面与常态混凝土坝相同。大坝是枢纽建筑物中的重要组成部分,在布置碾压混凝土坝时,设计要考虑碾压混凝土通仓薄层快速施工的技术特点,合理安排枢纽其他各类建筑物的布置。碾压混凝土坝最理想的枢纽布置应借鉴土石坝枢纽布置设计原则,尽量把其他各类建筑物布置在大坝以外。碾压混凝土坝与发电建筑物和泄水建筑物尽可能分开布置,坝体碾压混凝土部位应相对集中,减少坝内孔洞,简化坝体结构,尽量扩大坝体采用碾压混凝土的范围,最大限度地减少对碾压混凝土快速施工的干扰。

我国碾压混凝土坝不论是在峡谷河段还是宽阔河段,发电建筑物基本上以引水式或地下厂房为主,这样就减少了对碾压混凝土施工的干扰,对碾压混凝土大型机械化快速施工十分有利,并且可以均衡枢纽各建筑物的工程量,同时利用碾压混凝土坝体自身泄流的特点,导流标准和防洪度汛标准可以大大降低。

例如:百色水电站碾压混凝土重力坝,主坝坝轴线为折线,坝顶长 720 m,共分 24 个坝段,坝顶高程 234 m,最大坝高 130 m,大坝混凝土共计 258 万 m^3,其中碾压混凝土 212 万 m^3。枢纽布置发电建筑物为左岸地下厂房,进水口布置在大坝左岸上游,坝身 4A$^#$～5$^#$ 集中布置 3 个中孔和 4 个表孔,高温季节碾压混凝土不施工,汛期利用碾压混凝土坝体自身泄水。这样导流标准较低,导流洞仅布置了一条,有效降低了工程造价,同时均衡枢纽各建筑物的工程量,发挥了碾压混凝土快速筑坝的技术优势。

也有个别碾压混凝土坝枢纽布置不尽合理,发电厂房布置为坝后式,在坝体中布置了引水钢管、进水口以及底孔、中孔等泄水建筑物,给碾压混凝土快速施工带来了较大的困难和障碍。其不利方面是施工期泄水建筑物未形成,坝后式厂房不允许坝体泄流,从而提高了导流标准和防洪度汛标准,增加了工程投资,同时也影响了碾压混凝土快速施工。

3 碾压混凝土设计指标分析

3.1 碾压混凝土设计指标不相匹配问题

碾压混凝土由于大量使用矿物掺和料,有效延缓了水化热温升及早期混凝土强度的发展,因此有必要将控制龄期增加到 180 d,甚至到 360 d。《碾压混凝土坝设计规范》(SL

314—2004)中规定:碾压混凝土的抗压强度宜采用 180 d(或 90 d)龄期抗压强度。由于碾压混凝土水泥用量少、高掺粉煤灰等活性掺和料,其后期强度增长显著,其后期强度增长与水泥、掺和料、外加剂等品种及掺量有关。大量工程试验研究结果表明,一般碾压混凝土 28 d、90 d、180 d 龄期的抗压强度增长率大致为 1:(1.5~1.7):(1.8~2.0)。

水工混凝土的抗压强度、设计龄期、抗冻等级、极限拉伸值等设计指标不相匹配问题由来已久。从 1997 年三峡二期工程开始,设计将抗冻等级作为评价大坝混凝土耐久性重要指标,此后我国在南方等温和地区均把抗冻等级列为混凝土耐久性的主要设计指标,特别是近几年来不论是在大坝外部、内部混凝土中,抗冻等级设计指标向越来越高的趋势发展。实际对大坝硬化混凝土钻孔取芯发现,混凝土芯样的抗冻等级低于机口取样的混凝土抗冻等级,把单一的抗冻等级作为评价混凝土耐久性指标,还需要不断进行深化试验研究。

例如,温和的西南地区某碾压混凝土重力坝,坝体内部碾压混凝土设计指标:强度 15 MPa、龄期 90 d、抗冻 F100。碾压混凝土坝内部与外部防渗区均采用 F100 相同抗冻等级,理由是否充分,是耐久性要求还是抗裂要求,目的性不清楚。为了满足坝体内部碾压混凝土 F100 抗冻要求,需要掺入大量的引气剂,由于内部碾压混凝土设计强度等级低、含气量大,结果影响极限拉伸值下降,要么就以大量超强来满足抗冻要求。大量的试验研究结果表明,混凝土设计指标不相匹配,为了满足其中的一项控制指标,是要付出代价的,即以混凝土大量超强、多用水泥、增加温升和应力为代价来获得,实践表明混凝土大量超强对温控和抗裂不利。所以一定要采用整体论方法进行设计,使大坝碾压混凝土设计指标科学合理、切合实际、相互匹配,而不是盲目跟风、简单照搬。

3.2　碾压混凝土设计龄期分析探讨

在确定碾压混凝土设计龄期指标时,需要针对碾压混凝土水泥用量少、掺和料大、水化热温升慢、早期强度低等特点,应该充分利用碾压混凝土的后期强度,简化温度控制措施。笔者认为碾压混凝土抗压强度宜采用 180 d 或 360 d 设计龄期,同时抗渗、抗冻、抗拉、极限拉伸值等指标,宜采用与抗压强度相同的设计龄期。

20 世纪 90 年代初期,我国的二滩高拱坝混凝土开始采用 180 d 设计龄期,近年来的大型特高拱坝混凝土抗压强度均采用 180 d 设计龄期,比如拉西瓦、小湾、溪洛渡、锦屏一级等特高拱坝,坝高分别达到 250 m、292 m、278 m、305 m。反观碾压混凝土抗压强度采用 90 d 设计龄期的居多,180 d 的反而较少。目前,我国修建的 100 m 级碾压混凝土坝虽然逐年增加,但大坝总体高度目前并未超过常态混凝土坝,200 m 级的碾压混凝土坝目前也仅有龙滩、光照两座,碾压混凝土采用 90 d 设计龄期值得商榷。目前,金沙江向家坝水电站重力坝装机容量 6 400 MW,坝高 162 m,大坝混凝土设计龄期为 180 d,说明我国在碾压混凝土的设计龄期和设计指标的认识问题上向前迈进了一步。

4　配合比设计创新技术评析

4.1　碾压混凝土定义

碾压混凝土是指将无坍落度的半塑性混凝土拌和物分薄层摊铺并经振动碾碾压密实且层面全面泛浆的混凝土。

当前的碾压混凝土定义与早期的碾压混凝土和干硬性混凝土定义完全不同,事物的发展都是从实践—理论—实践不断发展变化的过程,这也是碾压混凝土快速筑坝技术发展过程的必然结果。我国从 20 世纪 90 年代后期碾压混凝土采用全断面筑坝技术以来,改变了传统的"金包银"施工方式和防渗结构,大坝采用全断面碾压混凝土筑坝技术,防渗依靠坝体自身完成,这样要求碾压混凝土要有足够长的初凝时间,经振动碾碾压密实后必须是表面全面泛浆,有弹性,保证上层碾压混凝土骨料嵌入已经碾压完成的下层碾压混凝土中,彻底改变碾压混凝土层面多、易形成"千层饼"渗水通道的薄弱层面。所以,碾压混凝土也从干硬性混凝土逐渐过渡到半塑性混凝土。

采用无坍落度的半塑性碾压混凝土施工,实践证明碾压混凝土层间结合质量良好。2007 年国内已经从龙滩、光照、戈兰滩、景洪等碾压混凝土大坝中分别取出 15.03 m、15.33 m、15.85 m、15.30 m 等大于 15 m 的超长芯样。大多数碾压混凝土坝钻孔取芯及压水试验总体评价的结果是:透水率小于设计要求 1.0 Lu,摩擦系数 f' 和黏聚强度 c' 大于设计控制指标,芯样外观光滑、致密,骨料分布均匀,不论是连续摊铺热层缝或施工冷层缝的层间结合良好,无明显层缝,碾压混凝土表观密度与现场核子密度仪检测成果相符,碾压混凝土坝质量满足设计要求。

4.2 碾压混凝土与常态混凝土配合比设计区别

碾压混凝土与常态混凝土在配合比设计中既有共性又有一定区别,试验表明碾压混凝土本体的强度、防渗、抗冻、抗剪等物理力学性能并不逊色于常态混凝土。但是碾压混凝土施工采用薄层通仓浇筑,靠坝体自身防渗,配合比设计应完全满足大坝层间结合的特性要求,而不仅是满足本体强度、抗渗等性能的要求,所以碾压混凝土配合比设计应以拌和物性能试验为重点。要改变以往常态混凝土配合比设计重视硬化混凝土性能、轻视拌和物性能的设计理念,这是碾压混凝土与常态混凝土配合比设计的最大区别。

如何满足层间结合质量是碾压混凝土配合比设计的关键。配合比试验必须紧紧围绕层间结合质量,以拌和物性能试验为重点,使新拌碾压混凝土拌和物的工作性能满足现场碾压混凝土抗骨料分离、可碾性、液化泛浆、层间结合等施工质量要求。

4.3 浆砂比是配合比设计关键技术

经过 20 多年大量的试验研究和筑坝实践,碾压混凝土配合比设计已经趋于成熟,形成了一套比较完整的理论体系,其中浆砂比 PV 值是碾压混凝土配合比设计的关键技术,已成为配合比设计的重要参数之一,具有与水胶比、砂率、单位用水量等参数同等重要的作用。在碾压混凝土配合比设计中,人们对浆砂比 PV 值越来越重视。灰浆体积(包括粒径小于 0.08 mm 的颗粒体积)与砂浆体积的比值,即浆砂体积比,简称浆砂比。根据近年来全断面碾压混凝土筑坝实践经验,当人工砂石粉含量控制在 18% 左右时,一般砂浆比 PV 值不低于 0.42。由此可见,浆砂比 PV 值从直观上体现了碾压混凝土材料之间的一种比例关系,是评价碾压混凝土拌和物性能的重要指标。

我国目前碾压混凝土胶凝材料用量一般坝体内部为 $150\sim170$ kg/m^3,大坝外部为 $190\sim210$ kg/m^3,如果不考虑石粉含量,经计算浆砂比 PV 值仅有 $0.33\sim0.37$,将无法保证碾压混凝土层面泛浆和大坝防渗性能。由于大坝温控防裂要求,在不可能提高胶凝材料用量的前提下,石粉在碾压混凝土中的作用就显得十分重要,特别是小于粒径 0.08 mm 的微石粉,可以起到增加胶凝材料的效果,石粉最大的贡献是提高了浆砂体积比,保证了层间结合质量。

当砂中石粉含量较低时,经计算浆砂比 PV 值往往低于 0.42,一般采用外掺石粉代砂或粉煤灰代砂方案,使砂中石粉含量或细粉含量达到 18% 左右,可以明显改善层间结合质量,提高碾压混凝土的密实性、抗渗性和施工性能。

5　汽车+满管溜槽是最快捷的运输方案

碾压混凝土入仓运输历来是制约快速施工的关键因素之一。碾压混凝土入仓运输经过汽车运输、皮带机输送、负压溜槽、集料斗周转、缆机或塔机垂直运输等多种入仓运输方案的应用,大量的工程施工实践证明,汽车直接入仓是快速施工最有效的方式,可以极大地减少中间环节,减少混凝土温度回升。一般拌和楼距大坝仓面运距时间多为 15~30 min,自卸车厢顶部设置自动苫布进行遮阳防晒保护,碾压混凝土入仓温度回升一般为 0.4~0.9 ℃。

目前,碾压混凝土坝的高度越来越高,狭窄河谷的坝体,上坝道路高差很大,汽车将无法直接入仓,碾压混凝土中间环节垂直运输可以采用满管溜槽进行,即仓外汽车+满管溜槽+仓面汽车联合运输。由于满管溜槽尺寸的增大,完全替代了以往传统的负压溜槽。目前,满管溜槽的断面尺寸已经达到 80 cm×80 cm,满管溜槽顶部间隔开设排气孔,下倾角一般为 40°~50°,取消了仓面集料斗,仓外汽车通过卸料斗经满管溜槽直接把料卸入仓面汽车中,倒运十分简捷快速。目前的碾压混凝土均为高石粉含量、低 VC 值的半塑性混凝土,令人担忧的骨料分离问题也迎刃而解。

例如,坝高 200.5 m 光照水电站大坝,满管溜槽最大高度达 105 m。坝高 160 m 的金安桥水电站大坝,采用汽车+满管溜槽+仓面汽车运输方案,满管溜槽下倾角 41°,高差 30~60 m,载重 9 m³ 的碾压混凝土自卸汽车通过满管溜槽卸料到仓面汽车,一般卸料用时仅 20~30 s,十分快捷,极大地加快了碾压混凝土运输入仓速度。汽车+满管溜槽+仓面汽车联合运输方案,很好地解决了狭窄河谷上坝道路高差大、重载自卸汽车无法直接入仓的难题。

6　垫层碾压混凝土快速施工

对于碾压混凝土坝而言,由于不设纵缝,其底宽较大,基础约束范围亦较高,为了防止基础混凝土裂缝,应对基础容许温度进行控制。大坝的基础在凹凸不平的基岩面上,因此碾压混凝土铺筑前均设计一定厚度的垫层混凝土,以达到找平和固结灌浆的目的,然后才开始碾压混凝土施工。由于垫层采用常态混凝土浇筑,一是垫层混凝土强度高(一般≥C25),水泥用量大,对温控不利;二是垫层混凝土浇筑仓面小,模板量大,施工强度低,往往垫层混凝土的浇筑成为制约碾压混凝土坝快速施工的关键因素之一。

近年来的施工实践表明,碾压混凝土完全可以达到与常态混凝土相同的质量和性能,因此采用低坍落度常态混凝土找平基岩面后,立即采用碾压混凝土跟进浇筑,可明显加快基础垫层混凝土施工。一般基础垫层混凝土大都选择冬季或低温时期浇筑,取消基础垫层常态混凝土,利用低温时期采用碾压混凝土快速浇筑垫层混凝土,可以有效加快固结灌浆进度,控制基础温差,防止坝基混凝土发生深层裂缝,对温控和施工进度十分有利。

例如,百色水电站大坝基础垫层就是采用碾压混凝土快速施工技术。2002年12月28日,百色水电站碾压混凝土重力坝基础垫层采用常态混凝土找平后,碾压混凝土立即同步跟进浇筑,由于碾压混凝土高强度快速施工,利用了最佳的低温季节很快完成基础约束区垫层混凝土浇筑,温控措施大为简化。2003年8月钻孔取芯样至基岩,芯样中基岩、常态混凝土、碾压混凝土层间结合紧密,强度满足设计要求。目前,3根10~11 m的长芯样仍然完整无缺,缝面无法辩认。

7 保证层间结合良好的创新技术

7.1 VC值动态控制是保证可碾性的关键

VC值的大小对碾压混凝土的性能有着显著的影响,近年来大量工程实践证明,碾压混凝土现场控制的重点是拌和物VC值和凝结时间,VC值动态控制是保证碾压混凝土可碾性和层间结合的关键。VC值动态控制是根据气温变化随时调整出机口VC值,出机口VC值一般控制在1~5 s,现场VC值一般控制在3~6 s比较适宜,在满足现场正常碾压的条件下,现场VC值可采用低值。

喷雾只是改变仓面小气候,达到保湿降温的目的,碾压混凝土液化泛浆是在振动碾碾压作用下从混凝土液化中提出的浆体,这层薄薄的表面浆体是保证层间结合质量的关键所在,液化泛浆已作为评价碾压混凝土可碾性的重要标准。碾压混凝土配合比在满足可碾性的前提下,影响液化泛浆主要因素是入仓后是否及时碾压以及气温导致的VC值经时损失。

提高液化泛浆最有效的技术措施是保持配合比参数不变,根据不同时段温度采用不同的外加剂掺量,在外加剂减水和缓凝的双层叠加作用下,降低了VC值,延缓了凝结时间,可以有效提高碾压混凝土可碾性、液化泛浆和层间结合质量。

7.2 及时碾压是保证层间结合质量的关键

碾压混凝土摊铺后及时碾压是保证层间结合质量的关键。碾压混凝土是成层结构,其层间缝面容易成为渗漏的通道,碾压混凝土浇筑特点是薄层、通仓摊铺碾压施工。目前,规范规定碾压完成后层间厚度为30 cm,一个100 m高度的碾压混凝土坝就有300层缝面,这样多的缝面对大坝的防渗性能、层间抗剪以及整体性能十分不利。早期我国部分学者和科研工作者对碾压混凝土坝层间结合、坝体防渗等一直怀有疑虑和争论,层间结合的质量问题一直是业内多年来研究的主要课题,层间接缝的抗拉强度、抗剪强度在碾压混凝土坝的设计中起主导作用,尤其是在地震高发区域,所以设计已经将碾压混凝土坝层间缝面的最小摩擦系数 f' 和黏聚强度 c' 作为设计控制指标。

碾压混凝土坝层间结合质量优劣与配合比设计关系密切,精心设计的配合比对层间结合起着举足轻重作用,优良的施工配合比经振动碾碾压2~5遍,层面就可以全面泛浆。当碾压混凝土配合比符合要求后,碾压混凝土经拌和、运输、入仓后,必须要做到及时摊铺、碾压、喷雾保湿及覆盖,即人们常说的碾压混凝土施工越快越好。由于及时碾压和喷雾保湿改变小气候,保证了碾压混凝土可碾性、液化泛浆和层间结合质量,所以加快碾压混凝土浇筑速度和及时碾压,是保证层间结合质量控制的创新技术所在,直接关系到大坝防渗及整体质量。

8　提高碾压层厚减少缝面技术创新探讨

碾压混凝土坝层缝多、碾压费时费工,严重制约碾压混凝土快速施工,所以十分有必要对碾压层厚和碾压遍数进行技术创新,研究是否提高碾压层厚度、减少碾压缝面、提高碾压混凝土施工升层高度。如从目前传统的 30 cm 碾压层厚提高至 50 cm、75 cm 甚至更厚,一般 3 m 升层提高至 6 m 甚至更高升层。由于碾压混凝土本体防渗性能并不逊色于常态混凝土,碾压层厚的提高可以明显加快碾压混凝土筑坝速度,有效减少碾压混凝土坝层缝。

贵州黄花寨碾压混凝土双曲拱坝已于 2006 年 10 月进行了现场 50 cm、75 cm、100 cm 不同层厚现场对比试验,探讨突破现行规范 30 cm 碾压层厚的限制。试验结果表明:采用日本酒井 SD451 振动碾,现场碾压混凝土摊铺层厚 100 cm,碾压条带遍数按 2—8—2、2—10—2、2—12—2 控制,分别距碾压表面 60 cm、90 cm 进行密实度检测。距碾压表面 60 cm 处的相对密实度均大于 97%;距碾压表面 90 cm 处碾压条带遍数 2—8—2 相对密实度小于 97%,不符合规范要求;距碾压表面 90 cm 处碾压条带遍数 2—10—2、2—12—2 相对密实度均大于 97%,符合规范要求。2008 年 11 月下旬,云南马祖山碾压混凝土坝又进行了不同层厚现场碾压试验。提高碾压混凝土层厚现场试验成功带来的启示如下:

(1)碾压混凝土摊铺层厚完全可以突破现行施工规范 30 cm 的规定。

(2)碾压层厚可以提高至 40 cm、50 cm、60 cm,甚至更高的层厚。

(3)碾压层厚可以按照大坝的下部、中部、上部实行不同的碾压厚度。

(4)碾压层厚的提高,需要对模板刚度及稳定性、振动碾质量及激振力相匹配等课题进行深化研究。

随着碾压混凝土层厚度的增加,变态混凝土插孔、注浆、振捣将成为施工难点。笔者根据百色、光照、金安桥等碾压混凝土坝的实践经验,采用机拌变态混凝土就可以解决层厚的施工难题。机拌变态混凝土是在拌和楼拌制碾压混凝土时,在碾压混凝土中加入规定比例的水泥粉煤灰浆液,而制成一种低坍落度混凝土。机拌变态混凝土入仓方式与碾压混凝土入仓方式相同,入仓后混凝土采用振捣器进行振捣,不仅简化了变态混凝土的操作程序,而且对大体积变态混凝土的质量更有保证。

目前,为了加快碾压混凝土施工速度,几个甚至数十个坝段连成一个大仓面,碾压混凝土摊铺碾压基本采用斜层平推法施工,实际斜层平推碾压混凝土摊铺往往已经突破规范限制的 30 cm,40~50 cm 层厚已经屡见不鲜,所以对目前规范限制的 30 cm 碾压层厚应予以修改。

9　变态混凝土施工技术创新

9.1　变态混凝土造孔技术创新

变态混凝土是我国采用全断面碾压混凝土筑坝技术的一项重大技术创新。变态混凝土是在碾压混凝土摊铺施工中铺洒灰浆而形成的富浆混凝土,采用振捣器的方法振捣密实。变态混凝土主要运用于大坝防渗区表面部位、模板周边、岸坡、廊道、孔洞及设有钢筋的部位等。采用变态混凝土可以明显减少对碾压混凝土的施工干扰,但是变态混凝土施工质量优劣直接关系到大坝防渗性能,所以备受人们关注。

影响变态混凝土施工质量的关键是造孔质量。碾压混凝土中变态混凝土注浆方式,先后经历了顶部、分层、掏槽和插孔等多种注浆法方式,大量的工程实践表明,目前插孔注浆法已成为主流方式。插孔注浆法是在摊铺好的碾压混凝土面上采用直径 40~60 mm 的插孔器进行造孔,目前造孔均采用人工脚踩插孔器进行,由于人工造孔费力、费时、效果差,孔深难于达到 ≥25 cm 深度的要求,孔内灰浆往往渗透不到底部和周边,所以造孔深度是影响变态混凝土施工质量的关键。

笔者根据多年的施工经验,需要技术创新研究机械化的插孔器。机械化的插孔器可以借鉴手提式振动夯原理,把振动夯端部改造为插孔器,在夯头端部安装单杆或多杆插孔器,这样可以有效地提高造孔深度和造孔效率,减轻劳动强度,明显改善变态混凝土施工质量。

9.2　灰浆浓度均匀性技术创新

造孔满足变态混凝土要求后,灰浆均匀性和注浆是影响变态混凝土质量一道极其关键的施工工艺。变态混凝土使用的灰浆在制浆站制好后,灰浆通过管路输送到仓面的灰浆车中,由于灰浆自身的特性,容易产生沉淀,导致灰浆浓度不均匀。在变态混凝土中注入浓度不均匀的灰浆,会引起水胶比变化,直接影响变态混凝土的质量。

为了防止灰浆沉淀,保证灰浆均匀性,需要对传统灰浆车进行技术创新,研究在灰浆车中安装搅拌器的可行性,灰浆车要按照搅拌器工作原理进行技术改造。每次注浆前先用搅拌器对灰浆车中的灰浆进行搅拌,使灰浆浓度均匀,再对已造孔好的碾压混凝土进行注浆。目前,变态混凝土注浆方式主要是人工现场洒浆,无法达到像拌和楼拌制混凝土那样准确的注浆量和均匀性,因此现场注浆作业要做到专人负责注浆,注浆量严格按照面积注浆铺洒。注浆完成后的变态混凝土振捣一般在 10 min 后进行,振捣器应插入下层混凝土中,保证上下层混凝土层面结合质量。

10　简化温控措施技术路线

碾压混凝土的优势之一就是简化温控或取消温控,早期碾压混凝土坝高度较低,充分利用低温季节和低温时段施工,大都不采取温控措施。但是近年来,由于碾压混凝土坝高度和体积的增加,为了赶工或缩短工期,高温季节和高温时段连续浇筑碾压混凝土已成惯例,这样温控措施越来越严,有的碾压混凝土坝温控措施已经和常态混凝土坝没有什么区别,碾压混凝土坝温控措施呈日趋复杂的趋势,给碾压混凝土简单快速施工带来一定负面影响。

仓面埋设冷却水管对碾压混凝土快速施工干扰大,取消坝体冷却水管将是对目前碾压混凝土温控的挑战。取消冷却水管并非对碾压混凝土不进行温控,而是温控措施技术路线重点不同,把温控措施主要放在碾压混凝土入仓前、碾压过程的温控中,严格控制浇筑温度不超标准。取消冷却水管温控措施主要技术路线如下:

(1)高温季节和高温时段不浇碾压混凝土,尽量利用低温季节或低温时段浇筑碾压混凝土,可以有效降低坝体混凝土的最高温升。

(2)严格控制碾压混凝土出机口温度是关键。出机口温度控制采用常规温控方法,即控制水泥、粉煤灰入罐温度,预冷骨料,冷水或加冰拌和。虽然控制出机口碾压混凝土温度要投入一定的费用,但可以明显减少对现场碾压混凝土快速施工干扰。

(3)要严格控制碾压混凝土温度回升,防止温度回升关键是及时碾压,仓面喷雾保湿改变小气候,碾压后的混凝土及时覆盖保温材料。

碾压前对碾压混凝土进行温控是十分重要的,可以极大简化冷却水管带来的施工干扰。大量工程实践证明,仓面喷雾保湿改变小气候效果明显,可以显著降低温度4~6 ℃。金安桥观测资料表明:如果仓面不进行或不及时进行喷雾保湿覆盖,在高温时段或经太阳暴晒的碾压混凝土蓄热量很大,导致浇筑温度上升很快,严重超标。观测数据显示,超过浇筑温度的碾压混凝土坝内温度比低温时期或喷雾保湿后的碾压混凝土温度高出3~5 ℃。

温控已经成为制约碾压混凝土快速施工的关键因素之一,对碾压混凝土坝的温控标准、温控技术路线需要认真进行研究分析,打破温控僵局和被动局面。如何使温控标准和快速施工有一个最佳结合点,是研究的一个新课题。

11　大坝表面防裂技术创新

裂缝是混凝土坝普遍存在的问题。长期以来,人们对混凝土坝的防裂、抗裂采取了一系列措施,从设计、施工到管理,包括坝体分缝分块、提高混凝土抗裂性能(采用中热水泥、掺粉煤灰、外加剂、大级配等)、温度控制、表面养护等,但实际情况仍然是"无坝不裂"。

碾压混凝土温度及温度应力与常态混凝土坝是有区别的。碾压混凝土坝虽然水化热低,早期坝面裂缝较少,但碾压混凝土坝内高温持续时间长,大坝表面由于受到低温、寒潮、暴晒、干湿等风化作用,使坝体内外温差大,极易出现表面裂缝,碾压混凝土坝表面裂缝出现较多的时期往往在大坝建成以后。碾压混凝土坝为层缝结构,层面多,层间抗拉强度较低;碾压混凝土坝下闸蓄水或水温较低,遇水冷击或温度骤降时,坝体内外温差大,容易引起层面或水平裂缝,甚至劈头裂缝。

朱伯芳院士撰写的论文《全面温控长期保温结束"无坝不裂"历史》中,对"无坝不裂"的根本原因进行了科学的分析,认为一个重要的原因就是对大坝长期表面保护重视不够,对长期暴露的上下游表面没有很好的保护。

针对碾压混凝土坝内高温持续时间长、层缝多的特点,为了防止坝体内外温差大、易造成表面裂缝的不利情况发生,根据近年来国内碾压混凝土坝的上游面涂防渗材料以及朱伯芳院士全面保温防裂启迪,笔者认为,需要对大坝表面保护进行技术创新,即给"大坝穿衣服",采用聚合物水泥柔性防水涂料对大坝表面全方位进行保护,可以起到事半功倍的作用。

聚合物水泥防水涂料,是近年来欧、美、日、韩等发达国家兴起的一种新型防水材料,由于其优异的耐水性、耐久性、抗风化性能,得到市场的青睐。聚合物水泥防水涂料是用有机聚合物乳液对特种水泥改性并辅以多种助剂,采用特殊工艺制备而成的。该涂料的配方设计机制是基于有机聚合物乳液失水而成为具有黏结性和连续性的弹性膜层,同时在失水过程中水泥吸收乳液中的水发生水化反应而成为水泥硬化体,柔性的聚合物膜层与水泥硬化体相互贯穿牢固地黏结成一个坚固而有弹性的防水层。水泥硬化体的存在,有效地改善了聚合物成膜物质遇水溶胀的缺陷,使防水层既有有机材料高韧、高弹的性能,又有无机材料耐水性好、强度高的优点。

对碾压混凝土坝表面防裂应重在预防,因为碾压混凝土坝大多数是表面裂缝,在一定的条件下表面裂缝可发展为深层裂缝,往往很难处理。因此,加强混凝土坝表面保护至关重要。对大坝表面涂 3~5 mm 厚度的聚合物水泥柔性防水材料,可以起到很好的表面保护作用,即可以防渗、保湿、防裂、保温,又可以增强混凝土耐久性,而且施工简单快速,造价低廉。与常规的 XPS 保温板进行混凝土表面保护相比,聚合物水泥柔性防水材料有着极大的优越性。

12 结语

(1)碾压混凝土坝最理想的枢纽布置是借鉴土石坝枢纽布置设计原则,尽量把其他各类建筑物布置在大坝以外。

(2)针对碾压混凝土水化热温升较慢,早期强度低的特点,应该充分利用碾压混凝土的后期强度,设计龄期宜采用 180 d 或 360 d,同时设计指标尽量匹配。

(3)浆砂比 PV 值是碾压混凝土配合比设计关键技术,具有与三大参数同等重要的作用。碾压混凝土拌和物性能是配合比试验的重点。

(4)汽车+满管溜槽+仓面汽车联合运输是碾压混凝土入仓最简捷快速的有效方案。

(5)采用碾压混凝土快速浇筑垫层混凝土,可以有效加快固结灌浆进度,控制基础温差,防止坝基混凝土发生深层裂缝。

(6)VC 值动态控制与及时碾压是保证层间结合质量的关键。采用不同的外加剂掺量,可以有效对 VC 值进行动态控制。

(7)提高碾压层厚度可以显著加快碾压混凝土筑坝速度,减少碾压混凝土坝层缝。采用机拌变态混凝土可以解决变态混凝土层厚的施工难题。

(8)变态混凝土造孔技术和灰浆车搅拌器的技术创新,将明显改善变态混凝土的施工质量。

(9)碾压混凝土的优势之一就是简化温控或取消温控,如何使温控标准和快速施工有一个最佳结合点,是研究的一个新课题。

(10)采用聚合物水泥柔性防水涂料给"大坝穿衣服",可以简单快速地对大坝表面全方位进行保护,是防止大坝表面裂缝十分有效的技术措施。

参考文献

[1] 朱伯芳.全面温控、长期保温,结束"无坝不裂"历史[C]//第五届碾压混凝土坝国家研究会论文集.贵阳,2007.

作者简介:

田育功(1954—),陕西咸阳人,教授级高级工程师,中国水利水电第四工程局有限公司技术中心副主任,主要从事水利水电工程技术和建设管理工作。

保持混凝土含气量提高混凝土耐久性的方法★

田育功

(汉能控股集团金安桥水电站有限公司,云南丽江　674100)

【摘　要】　抗冻等级是水工混凝土耐久性极为重要的控制指标之一。水工混凝土耐久性与含气量密切相关,但新拌混凝土出机含气量与实际浇筑后的硬化混凝土含气量存在很大差异,对大坝混凝土钻孔取芯,芯样的抗冻性能、极限拉伸值大都达不到设计要求,严重影响建筑物的耐久性能。本文通过保持混凝土含气量的试验研究,在混凝土中掺入稳气剂,明显改变了硬化混凝土气孔结构,对提高混凝土耐久性能效果十分显著。保持混凝土含气量、提高混凝土耐久性研究成果是混凝土新技术创新的一项重大技术发明,具有非常重要的实际和现实意义。

【关键词】　含气量;稳气剂;抗冻等级;气泡参数

1　引言

1.1　保持混凝土含气量研究意义

中国是世界上名副其实的水电大国、水电强国。在开发利用水资源和水能资源中,大坝工程是一项十分重要的建设措施,大坝质量关系着千百万人民的生命财产安全。水工混凝土质量的优劣直接关系到大坝的使用寿命和安全运行,由于水工混凝土工作条件的复杂性、长期性和重要性,对水工混凝土的耐久性设计已经提高到一个新的高度和水平。水工混凝土耐久性主要用抗冻等级进行衡量和评价,抗冻等级是水工混凝土耐久性极为重要的控制指标之一,不论是炎热、寒冷地区,水工混凝土的设计抗冻等级大都达到或超过 F100、F200,严寒地区的抗冻等级达到 F300,甚至 F400,今后要求会更高。而混凝土含气量与耐久性密切相关,但新拌混凝土出机含气量与实际浇筑后的混凝土含气量存在很大差异,反映在硬化混凝土含气量达不到设计要求,从而导致混凝土满足不了设计要求的抗冻等级。因此,研究保持混凝土含气量,对提高混凝土耐久性有着极其重要的现实和深远意义。

1.2　影响混凝土含气量的因素

(1)混凝土施工过程影响。水工混凝土在实际的生产工艺(拌和、出机、运输、入仓、平仓、振捣以及硬化等)过程中,由于水泥水化反应、气候环境以及施工条件等因素的影

★本文原载于《大坝技术及长效性能国际研讨会论文集》,2011 年 9 月,河南郑州。

　该科研课题研究属发明专利(专利号 200810092471),发明科研人主要有田育功、席浩、董国义、李悦、张来新、马伊民、马成、王焕等。

响,新拌混凝土的坍落度和含气量损失不可避免。大量试验结果表明:在混凝土中掺入一定的引气剂时,混凝土含气量随着坍落度损失而降低(一般坍落度损失 20~30 mm,含气量约降低 1%),随着骨料级配的增大而降低,随着时间的延长而降低,随着浇筑振捣而降低。一般硬化混凝土含气量比新拌混凝土出机含气量约降低 50%。

(2)新拌混凝土抗冻试验方法影响。水工混凝土骨料粒径很大,混凝土拌和物室内试验时,混凝土拌和物出机后采用湿筛法,剔除超过 40 mm 粒径的骨料,翻拌均匀,测试其坍落度、含气量、凝结时间等,和易性满足要求后方可进行成型试验。如果需要进行抗冻试验,再对湿筛后的拌和物过 30 mm 湿筛,翻拌均匀,装入 400 mm×100 mm×100 mm 的抗冻试模,放在振动台上振实,抹面编号放入养护室,待终凝后拆模放到标准养护室养护,到龄期进行抗冻试验。

(3)硬化后混凝土抗冻试验影响。混凝土入仓浇筑,采用高频振捣棒振捣密实,硬化后混凝土达到龄期或超过龄期后,对大坝混凝土钻孔取芯,对钻取的芯样采用锯石机、磨平机等设备加工制取标准抗冻试件,然后进行抗冻试验。

上述混凝土抗冻试验分析发现:室内新拌混凝土抗冻试验是在标准环境、设备条件下,混凝土拌和物剔除了大骨料粒径,含气量在没有损失的情况下进行抗冻试件成型,放到标准养护到龄期进行抗冻试验的。而实际的大坝混凝土为全级配混凝土,全级配大骨料粒径的混凝土由于经时损失和在高频振捣的强力振捣作用下,含气量急剧损失,与室内混凝土含气量相差很大,达不到设计要求的混凝土含气量,所以硬化混凝土的抗冻性能明显降低,严重影响混凝土耐久性能。

1.3　课题研究依托工程

"保持混凝土含气量提高混凝土耐久性的方法"课题研究依托黄河拉西瓦水电站工程。拉西瓦水电站大坝为混凝土双曲拱坝,最大坝高 250 m,装机容量 4 200 MW,工程地处青藏高原,海拔高,昼夜温差大,严寒干燥、光照强烈,风力大,自然条件十分恶劣,所以混凝土耐久性要求很高,混凝土设计抗冻等级 F300,抗冻等级是拉西瓦大坝混凝土耐久性极为重要的控制指标之一,混凝土含气量稳定是确保混凝土抗冻性能的关键。由于大坝硬化混凝土与室内新拌混凝土的抗冻性存在差异,所以十分有必要对保持混凝土含气量提高混凝土耐久性进行深入研究。

保持混凝土含气量研究在不改变试验条件和拌和楼设施的情况下,通过在混凝土中掺入稳气剂技术方案,研究保持含气量稳定性与混凝土拌和物性能、力学性能、耐久性能、变形性能以及施工性能的关系影响,以达到有效改善大坝混凝土施工质量和提高混凝土耐久性的目的。

2　掺稳气剂对混凝土性能影响

2.1　稳气剂机制作用

根据以往各大型工程的实际施工情况和收集的各种有关资料,经过大量反复的试验研究,研发了具有保持混凝土含气量产品,即稳气剂 WQ-X 和 WQ-Y。

(1)物理性能:稳气剂 WQ-X 和 WQ-Y,为无嗅、无味、无毒易溶解于水的白色粉末。

(2)分子结构:保密。

（3）作用机制：稳气剂属非离子型的表面活性物质，由于其在混合相中的存在，降低了界面的表面张力，使气泡稳定且持久；提高膜表面黏度，降低气体的通过性，使得气泡持久稳定；在广泛的 pH 值范围内呈现出极好的适应性；在高频振捣作用下，产生剪切稀释或剪切释放，但相体中的气泡随着剪切作用变形而不破裂，具有非常高的机械稳定性。

2.2　稳气剂选择试验

稳气剂 WQ-X、WQ-Y 掺量 0、0.010%、0.020%、0.030%，为胶凝材料用量百分比。试验配合比参数：水胶比 0.40，骨料最大粒径 20 mm，均掺粉煤灰 20%，坍落度 70～90 mm，含气量 5.0%～6.0%，设计表观密度 2 400 kg/m³。

掺稳气剂混凝土试验配合比、拌和物及抗压强度试验结果见表 1。结果表明：掺稳气剂混凝土坍落度比基准混凝土损失小，当稳气剂掺量从 0.010% 增加到 0.030% 时，坍落度随稳气剂掺量增加其损失逐渐减小，掺稳气剂 30 min 时的混凝土，损失更小；同时新拌混凝土含气量随稳气剂掺量增加和时间的延长，30 min 后混凝土含气量仍具有良好的保持效果；稳气剂掺量 0.010%、0.020% 时，掺稳气剂混凝土强度比基准混凝土高，但稳气剂掺量 0.030% 时，掺稳气剂混凝土强度比基准混凝土有所降低。

表 1　掺稳气剂混凝土拌和物及抗压强度试验结果

试验编号	稳气剂		坍落度/mm			含气量/%			抗压强度(MPa)/抗压强度比(%)		
	品种	掺量/%	出机	15 min	30 min	出机	15 min	30 min	7 d	14 d	28 d
HK-0	基准	0	89	57	26	5.8	3.7	2.8	8.4/100	19.0/100	35.0/100
HK-1	WQ-X	0.01	91	65	61	5.3	4.9	4.8	12.0/143	26.7/141	38.6/110
HK-2		0.02	88	70	69	5.7	5.5	5.3	10.0/119	25.8/136	36.0/103
HK-3		0.03	90	77	74	6.1	5.8	5.6	7.5/89	20.3/107	34.8/99
HK-4	WQ-Y	0.01	92	71	63	5.7	5.4	5.1	10.6/126	22.6/119	36.2/103
HK-5		0.02	87	78	70	6.3	5.8	5.6	8.1/96	19.6/103	33.7/96
HK-6		0.03	86	81	78	7.0	6.7	6.3	6.3/75	17.1/90	31.5/90

上述试验结果表明，掺稳气剂对混凝土坍落度、含气量保持效果明显；但随稳气剂掺量的增加，用水量相应增加；稳气剂 WQ-Y 混凝土含气量较大，导致了混凝土抗压强度降低幅度较大；当稳气剂掺量≥0.030% 时，抗压强度低于基准混凝土，反映了过大的含气量对混凝土性能是不利的。通过分析，选择稳气剂 WQ-X 为试验研究用产品。

2.3　掺稳气剂对混凝土性能影响试验

2.3.1　掺稳气剂混凝土试验参数

保持混凝土含气量、提高混凝土耐久性试验研究，依托拉西瓦拱坝混凝土抗冻等级 F300 的设计要求进行试验研究，在不改变大坝混凝土配合比的基础上，在混凝土中掺入稳气剂，研究掺稳气剂对大坝混凝土耐久性能的影响。

配合比参数:设计指标 $C_{180}32W10F300$、水胶比 0.40、Ⅲ级配,掺粉煤灰 30%,坍落度 40~60 mm,含气量 4.5%~5.5%,表观密度 2 430 kg/m³,分别掺 WQ-X 稳气剂 0、0.005%、0.010%、0.015%、0.020%。

试验条件:甘肃祁连山牌 P.MH42.5 水泥,甘肃连城Ⅰ级粉煤灰、拉西瓦天然骨料、天然砂 FM=2.87、ZB-1A 缓凝高效减水剂、DH9 引气剂、WQ-X 稳气剂。

2.3.2 掺稳气剂混凝土性能试验结果

掺稳气剂混凝土性能试验结果表明:

(1)掺稳气剂混凝土拌和物性能试验结果表明:新拌混凝土黏聚性更好,无泌水;当 WQ-X 掺量为 0.010% 时,保坍效果十分明显;特别是 WQ-X 掺量为 0.01%~0.02% 时,含气量保持性好,稳气效果明显增强;掺稳气剂混凝土初凝时间和终凝时间要比不掺的延长 2~3 h。

(2)掺稳气剂混凝土力学性能试验结果表明:稳气剂 WQ-X 掺量为 0.01%~0.02% 时,混凝土抗压强度、劈拉强度均大于基准。虽然随稳气剂掺量增加混凝土含气量保持效果明显,人们关注和担忧的是掺稳气剂保持含气量是否对混凝土强度有较大影响。试验结果证明:混凝土并未因含气量稳定而影响混凝土的强度;相反,掺稳气剂对混凝土强度是有利的,尤其是后期抗压强度有一定提高,有助于提高混凝土抗裂性能。

(3)掺稳气剂混凝土极限拉伸、弹性模量试验结果表明:掺稳气剂混凝土比不掺稳气剂混凝土的极限拉伸值有所提高,随稳气剂掺量的增加极限拉伸值也逐渐增大,表明掺稳气剂对提高混凝土抗裂有利;但弹性模量与强度规律试验结果趋势一致,随稳气剂掺量的增加,弹性模量也呈增大趋势。

(4)掺稳气剂混凝土抗冻、抗渗性能试验结果表明:稳气剂 WQ-X 掺量为 0.01%~0.02% 时,混凝土冻融次数在 300 次时,抗冻试件相对动弹模量仍达到 89.5%~90.4%,而不掺稳气剂混凝土相对动弹模量已经下降到 78.2%,相比动弹模量降低了 11.3%~12.2%;掺稳气剂混凝土质量损失率很小,仅为 1.62%~2.16%,而不掺质量损失率较大为 3.46%,相比质量损失率 1.30%~1.84%。抗冻试验结果充分表明:掺稳气剂混凝土抗冻性能大幅度提高,随稳气剂掺量的增加,试件质量损失很小,掺稳气剂对保持混凝土含气量提高混凝土耐久性效果十分显著。

(5)掺稳气剂混凝土干缩试验结果表明:掺稳气剂混凝土 7 d 早龄期干缩率为 0~38 μm,说明掺稳气剂混凝土早龄期干缩率较小,随稳气剂掺量增加干缩率呈下降趋势,对混凝土早期防裂是有利的。14 d 后干缩率增幅较大,90 d 在 231~269 μm 波动,表明掺稳气剂保持含气量对混凝土干缩率无影响。

(6)高频振捣对掺稳气剂混凝土含气量影响试验结果表明:在混凝土中掺稳气剂 0.01% 时,经高频振捣后 30 min 的含气量损失约 15%;不掺稳气剂混凝土经过高频振捣后 30 min 的含气量损失约 60%。表明在混凝土中掺入适宜的稳气剂,虽然混凝土经过高频振捣,但含气量损失幅度是很小的。

从技术经济综合分析比较,选择稳气剂 WQ-X 为保持混凝土含气量所选产品,掺量为 0.01%~0.02%。

3　保持混凝土含气量可行性验证试验

3.1　验证试验施工配合比

2006年8~9月在拉西瓦工地现场试验室,进一步对掺稳气剂保持混凝土含气量、提高混凝土耐久性的可行性进行了验证试验。验证试验是在稳气剂对混凝土性能影响研究结果的基础上,按照拉西瓦大坝混凝土施工配合比及使用的原材料,模拟现场施工情况,采用振动台和高频振捣棒两种振捣方法进行研究,使试验过程更接近现场实际施工。

掺稳气剂混凝土配合比参数,与拉西瓦大坝混凝土施工配合比一致,只是在配合比中增加稳气剂WQ-X,在其掺量为0、0.01%、0.2%时进行对比试验。掺稳气剂大坝混凝土验证试验施工配合比参数见表2、表3。

表2　掺稳气剂大坝混凝土验证试验施工配合比参数(C_{180}25W10F300)

试验编号	级配	水胶比	砂率/%	粉煤灰/%	水/(kg/m³)	ZB-1A/%	DH9/%	稳气剂/%	表观密度/(kg/m³)	坍落度/mm
SKB0-1	Ⅲ	0.45	29	35	86	0.55	0.011	0	2 430	40~60
SKB1-1	Ⅲ	0.45	29	35	86	0.55	0.011	0.01	2 430	40~60
SKB2-1	Ⅲ	0.45	29	35	86	0.55	0.011	0.02	2 430	40~60
SKB0-2	Ⅳ	0.45	25	35	86	0.50	0.011	0	2 450	40~60
SKB1-2	Ⅳ	0.45	25	35	86	0.50	0.011	0.01	2 450	40~60
SKB2-2	Ⅳ	0.45	25	35	86	0.50	0.011	0.02	2 450	40~60

表3　掺稳气剂大坝混凝土验证试验施工配合比参数(C_{180}32W10F300)

试验编号	级配	水胶比	砂率/%	粉煤灰/%	水/(kg/m³)	ZB-1A/%	DH9/%	稳气剂/%	表观密度/(kg/m³)	坍落度/mm
SKB0-3	Ⅲ	0.40	29	30	77	0.55	0.011	0	2 430	40~60
SKB1-3	Ⅲ	0.40	29	30	77	0.55	0.011	0.01	2 430	40~60
SKB2-3	Ⅲ	0.40	29	30	77	0.55	0.011	0.02	2 430	40~60
SKB0-4	Ⅳ	0.40	25	30	77	0.50	0.011	0	2 450	40~60
SKB1-4	Ⅳ	0.40	25	30	77	0.50	0.011	0.01	2 450	40~60
SKB2-4	Ⅳ	0.40	25	30	77	0.50	0.011	0.02	2 450	40~60

3.2　保持混凝土含气量拌和物性能试验

(1)掺稳气剂保持混凝土含气量对混凝土和易性改善明显,新拌混凝土黏聚性更好,无泌水;随稳气剂掺量增加,坍落度经时损失减小,保坍性能明显提高,历时60 min坍落度仍能保持在30~50 mm。

（2）掺稳气剂后,新拌混凝土采用振动台振动 20 s,停放至 60 min 时,含气量仍然损失很小;掺稳气剂混凝土至 60 min 时,经高频振捣含气量仍为 4.0%~5.0%。而不掺稳气剂的混凝土含气量仅有 2.0%~2.8%,相对损失率 40%~50%。同时表明,稳气剂 WQ-X 掺量 0.02%比掺量 0.01%稳气性能效果更好。

（3）不掺稳气剂时混凝土初凝时间在 12 h~14 h 20 min,终凝时间在 15 h~19 h 55 min;掺稳气剂 0.01%时,混凝土初凝时间在 12 h 50 min~15 h 28 min,终凝时间在 16 h 20 min~19 h 58 min;掺稳气剂 0.02%时,混凝土初凝时间在 14 h 5 min~19 h 30 min,终凝时间在 18 h 45 min~23 h 20 min。结果表明:掺稳气剂 0.01%时,混凝土的初凝时间和终凝时间要比不掺稳气剂延长约 1 h;掺稳气剂 0.02%时,初凝时间和终凝时间要比不掺稳气剂混凝土延长 3~6 h,反映稳气剂掺量较大时凝结时间延长。

3.3 保持混凝土含气量力学性能试验

（1）混凝土掺稳气剂后,混凝土的抗压强度有所提高,但幅度不大。说明掺稳气剂对提高混凝土强度是有利的。

（2）混凝土掺稳气剂后试验结果表明:混凝土极限拉伸、弹性模量与强度规律相似,但增加幅度不大。

3.4 保持混凝土含气量抗冻性能试验

当 WQ-X 稳气剂掺量为 0.01%、0.02%时,保持含气量混凝土的抗冻性能试验结果见图 1。由图 1 可以看出,由于保持了混凝土含气量的稳定性,混凝土经过 500 次冻融循环后,相对动弹模量仍然达到 75%~80%,质量损失率在 3%~4%,还有较大抗冻融富裕量,可达到抗冻等级 F600。而不掺稳气剂的混凝土经过 350~400 次冻融循环后,混凝土抗冻等级就已经达到极限。

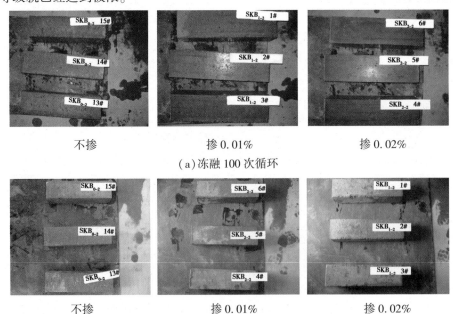

不掺　　　　　　　掺 0.01%　　　　　　　掺 0.02%

（a）冻融 100 次循环

不掺　　　　　　　掺 0.01%　　　　　　　掺 0.02%

（b）冻融 200 次循环

图 1　掺稳气剂保持含气量的混凝土冻融试件比对

　不掺　　　　　　　　掺 0.01%　　　　　　　　掺 0.02%

(c)冻融 300 次循环

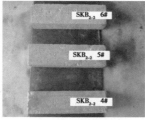

　不掺(350 次)　　　　　掺 0.01%　　　　　　　掺 0.02%

(d)冻融 400 次循环

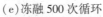

　　掺 0.01%　　　　　　　　　　掺 0.02%

(e)冻融 500 次循环

　　掺 0.01%　　　　　　　　　　掺 0.02%

(f)冻融 550 次循环

续图 1

3.5 小结

掺稳气剂保持混凝土含气量验证试验结果再次证明：

(1)掺稳气剂不会改变混凝土配合比参数。

(2)掺稳气剂混凝土坍落度、含气量经时损失很小,对保持混凝土含气量效果明显。

(3)稳气剂 WQ-X 掺量为 0.01%时,对混凝土凝结时间无影响。

(4)掺稳气剂对提高混凝土强度是有利的。

(5)掺稳气剂混凝土的极限拉伸、弹性模量与强度规律发展相似。

(6)掺稳气剂显著提高了混凝土抗冻耐久性能,混凝土抗冻等级可以达到 F550 以上。

(7)掺稳气剂混凝土抗渗等级显著提高,渗水高度明显降低。

4 硬化混凝土气泡参数研究

4.1 混凝土气孔参数测定

测定硬化混凝土中气泡的数量、大小和间距,用来计算混凝土的含气量、气泡数、气泡直径和间距系数等气泡参数,其中含气量、平均气泡直径和间距系数三个参数相互之间有一定的关系,含气量一定时,气泡越小,气泡间距就越小。

掺稳气剂混凝土气泡参数测定,委托北京工业大学交通工程重点试验室进行。2006年 8~9 月,在拉西瓦工地进行保持混凝土含气量现场可行性验证试验时,按照拉西瓦大坝混凝土施工配合比成型了的掺稳气剂保持混凝土含气量试件。

测试保持混凝土气泡参数的试样制备,是把边长为 150 mm 的立方体混凝土试件标准养护到设计龄期 180 d,然后将混凝土试件切割成 100 mm×100 mm,厚度 10~20 mm 的试样,经打磨、抛光、清洁并喷涂荧光剂后用于气泡参数测定。试样制备、处理见图2,气泡参数测定过程见图3,系统采用 COSMOS 软件自动采集数据并自动计算得到结果。混凝土试样的测试范围为 60 mm×60 mm。

图 2　试样制备、处理

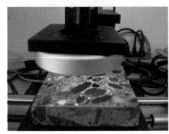

图 3　气泡参数测定过程

混凝土气泡参数主要测试含气量、气泡数、气泡间隔系数、平均气泡直径、气泡直径范围等,测试分析结果见表4。

表 4　北京工业大学交通工程重点实验室分析结果报告

序号	原编号	室内编号	含气量 15 min/%	气泡数/ (个/36 cm²)	气泡间隔 系数/μm	平均气泡 直径/μm	气泡直径 范围/μm
1	SKB0-1	0-1	5.1	3 330	171.4	178.5	17.4~2 649.2
	SKB0-1	0-1	5.0	3 378	172.2	174.1	17.4~3 038.9
	平均值		5.05	3 354	171.8	176.3	
2	SKB0-2	0-2	2.3	3 039	195.7	99.6	17.4~2 516.6
	SKB0-2	0-2	2.2	2 781	204.1	105.3	17.4~2 511.4
	平均值		2.25	2 910	199.9	102.45	
3	SKB0-3	0-3	3.0	2 948	216.4	137.8	17.4~1 782.3
	SKB0-3	0-3	3.0	2 718	225.1	140.0	17.4~1 756.0
	平均值		3.0	2 833	220.75	138.9	
4	SKB0-4	0-4	1.6	2 533	215.7	129.3	17.4~1 049.7
	SKB0-4	0-4	1.6	3 246	190.4	110.9	17.4~1 211.1
	平均值		1.6	2 889.5	203.05	120.1	
5	SKB1-1	1-1	2.4	6 064	146.1	89.9	17.4~2 172.0
	SKB1-1	1-1	2.4	4 228	174.9	103.2	17.4~2 394.9
	平均值		2.4	5 146	160.5	96.55	
6	SKB1-2	1-2	4.9	5 054	127.3	147.6	17.4~1 704.6
	SKB1-2	1-2	4.6	7 412	108.6	106.6	17.4~2 041.4
	平均值		4.75	6 233	117.95	127.1	
7	SKB1-3	1-3	2.1	4 380	174.4	92.9	17.4~1 801.1
	SKB1-3	1-3	2.4	4 800	167.9	93.8	17.4~3 437.0
	平均值		2.25	4 590	171.15	93.35	
8	SKB1-4	1-4	1.7	3 730	178.7	90.7	17.4~1 641.5
	SKB1-4	1-4	2.0	3 547	184.4	106.7	17.4~1 911.9
	平均值		1.85	3 638.5	181.55	98.7	
9	SKB2-1	2-1	2.7	3 109	205	157.3	18.2~1 190.7
	SKB2-1	2-1	2.8	4 317	174.4	125.7	17.4~1 410.8
	平均值		2.75	3 713	189.7	141.5	

续表4

序号	原编号	室内编号	含气量 15 min/%	气泡数/ (个/36 cm²)	气泡间隔 系数/μm	平均气泡 直径/μm	气泡直径 范围/μm
10	SKB2-2	2-2	4.0	5 050	140.2	145.2	17.4~1 742.5
	SKB2-2	2-2	4.1	6 712	119.8	124.8	17.4~1 763.6
	平均值		4.05	5 881	130	135	
11	SKB2-3	2-3	2.0	4 082	180.5	102.3	17.4~1 049.7
	SKB2-3	2-3	2.2	4 068	181.5	100.9	17.4~1 606.5
	平均值		2.1	4 075	181	101.6	
12	SKB2-4	2-4	1.9	5 935	142.4	63.3	17.4~1 719.7
	SKB2-4	2-4	1.5	4 183	167.4	63.9	17.4~1 435.2
	平均值		1.7	5 059	154.9	63.6	

4.2 掺稳气剂对混凝土气泡的影响分析

4.2.1 硬化混凝土空气量测定

根据硬化混凝土气泡参数测定分析结果报告(见表4),测试的硬化混凝土空气量结果表明:平均硬化混凝土空气量在1.6%~5.05%波动,没有规律,即掺稳气剂与不掺稳气剂的硬化混凝土与新拌混凝土的含气量无相关性。

4.2.2 掺稳气剂对混凝土气泡个数的影响

从表4可以看出:不掺稳气剂的混凝土气泡个数在3 000个/36 cm²左右,而掺稳气剂的混凝土气泡个数在4 000~6 000个/36 cm²。研究发现,稳气剂到一定掺量时,随着稳气剂掺量增加,混凝土气泡个数在减少。

4.2.3 掺稳气剂对混凝土气泡间隔系数的影响

从表4可以看出:不掺稳气剂的混凝土气泡间隔系数为170~220 μm,掺稳气剂的混凝土气泡间隔系数为120~180 μm,掺稳气剂后,混凝土气泡间隔系数变小,稳气剂的掺量对混凝土气泡间隔系数无直接影响。

4.2.4 掺稳气剂对混凝土平均气泡直径的影响

从表4可以看出:不掺稳气剂平均气泡直径较大,在110~180 μm,掺稳气剂平均气泡直径变小,在70~140 μm,但稳气剂的掺量对平均气泡直径没有明显的对应关系。

4.3 掺稳气剂对混凝土抗冻性的影响

上述试验结果表明:混凝土的抗冻性与硬化混凝土气泡个数、气泡间距系数有一定影响关系,硬化混凝土气泡间距系数、平均气泡直径越小,气泡个数越多,均利于提高混凝土的抗冻性能。上述大量的试验结果也显示了在混凝土中掺入稳气剂后,明显地改变了硬化混凝土气孔结构,使硬化混凝土气泡间距系数变小、平均气泡直径变小、气泡个数增多,使产生的孔结构更能满足混凝土抗冻性能要求,在混凝土中掺稳气剂后,混凝土抗冻等级达到 F550 以上,抗冻性能显著提高。

5 保持混凝土含气量提高耐久性的应用

5.1 掺稳气剂保持含气量混凝土的应用

2007 年 1 月 13 日和 2007 年 10 月 31 日至 11 月 2 日,在拉西瓦大坝工程非溢流坝段 9#-09 仓号和大坝工程溢流坝段 12#-40 仓号,分别进行了掺稳气剂保持混凝土含气量现场应用试验,其中在 12#-40 仓号进行了全仓号(大约 3 000 m³ 混凝土掺加了稳气剂)应用试验。现场应用混凝土施工配合比见表 5。现场控制浇筑地点坍落度 40~60 mm,考虑运输等经时损失情况,故出机坍落度按 50~70 mm 控制,出机含气量按上限控制在 5.0%~5.5%。

表 5 掺稳气剂混凝土施工配合比

| 工程部位设计等级 | 级配 | 水胶比 | 用水量/ (kg/m³) | 粉煤灰/% | 砂率/% | 外加剂/% | | WQ-X/% | 坍落度/mm | 骨料级配 | 表观密度/ (kg/m³) |
						ZB-1A	DH9				
主坝下部 C32F300W10	IV	0.40	77	30	25	0.50	0.011	0.010	40~60	20:20:30:30	2 450

掺稳气剂混凝土采用拉西瓦左岸 1# 拌和楼(4×4.5 m³)进行拌和,按表 5 施工配合比进行配料,将计算称量好的稳气剂 WQ-X 干粉人工均匀撒在细骨料砂表面,投料顺序为中石→大石→小石→胶凝材料(水泥+粉煤灰)→砂+稳气剂→特大石→水+外加剂,并延长拌和时间 30 s。对拌和楼出机后的混凝土,分别成型掺稳气剂和不掺稳气剂混凝土的相应试件进行比对试验。拌制好的混凝土用 9 m³ 侧卸车水平运输到卸料平台后,缆机垂直运输直接入仓,平仓机平仓后采用 8 棒机械振捣臂振捣。

5.2 拌和物性能试验

保持混凝土含气量现场应用对混凝土拌和物的坍落度、含气量分别进行大量的出机 15 min、入仓、振捣后的测试。结果表明:拌和楼生产的掺稳气剂混凝土拌和物性能与室内试验结果一致,掺稳气剂后,新拌混凝土和易性明显优于不掺稳气剂的混凝土,黏聚性好,易于振捣,仓面无泌水现象,且经过 8 棒机械振捣臂振捣后,经检测不掺混凝土含气量为 2.6%~3.8%,掺稳气剂混凝土含气量仍能达到 3.8%~4.8%,满足 4.5%~5.5%的含气量要求,保持混凝土含气量效果显著。

5.3 力学性能、极限拉伸、弹性模量试验

掺稳气剂混凝土力学性能、极限拉伸、弹性模量现场结果表明:拌和楼生产的掺稳气剂混凝土力学性能、极限拉伸、弹性模量与室内试验结果一致,均呈增大趋势。

5.4 抗冻试验

掺稳气剂混凝土抗冻性能现场试验结果见表 6。结果表明:拌和楼生产的掺稳气剂混凝土抗冻性能与室内试验结果一致,抗冻试验采用微机自动控制的风冷式快速冻融机,试件养护至 90 d 龄期。掺稳气剂混凝土经冻融试验后,抗冻等级达到 F550 以上,比不掺稳气剂的混凝土抗冻等级提高了 60%。而且掺稳气剂混凝土试件养护至 28 d 龄期时经

冻融试验后,抗冻等级能达到 F300。

表 6　掺稳气剂混凝土现场应用对比抗冻试验结果

试验编号	含气量/%	WQ-X/%	N 次相对动弹模量(%)/重量损失(%)									
			100	150	200	250	300	350	400	450	500	550
9#-09	5.0	0	89.6/0.73	85.4/1.38	81.2/1.92	77.9/2.41	74.8/3.06	70.1/3.83	66.0/5.12	—	—	—
SKY	5.7	0.010	93.5/0.34	90.6/0.54	87.9/0.99	85.7/1.31	83.5/1.64	80.2/2.06	78.3/2.57	73.3/3.27	70.1/3.89	65.9/4.59
＊12#-40 未掺	5.2	0	89.1/1.10	81.5/1.83	70.0/2.54	63.1/3.34	58.1/4.48	—		28 d 龄期		
＊12#-40 掺	5.0	0.010	90.4/0.36	88.7/0.78	83.9/1.19	77.5/1.67	68.9/2.37	—		28 d 龄期		
12#-40 未掺	5.2	0	90.4/0.84	88.3/1.18	83.8/2.02	79.4/2.98	76.3/3.39	71.5/4.00	67.7/4.80	—	—	—
12#-40 掺	5.0	0.010	95.2/0.46	93.1/0.83	91.1/1.00	89.2/1.56	86.9/1.90	82.6/2.22	79.0/2.60	77.1/3.15	73.5/3.67	69.1/4.38

注:编号为 ＊12#-40 的为 28 d 龄期,其余为 90 d 龄期。

5.5　抗渗试验

掺稳气剂混凝土抗渗性能试验结果表明:拌和楼生产的掺稳气剂混凝土抗渗性能与室内试验结果一致,采用逐级加压法,掺稳气剂混凝土当最大水压力达到 2.3 MPa 时,抗渗等级达到了 W22,比不掺稳气剂的混凝土抗渗等级提高了 50%。

6　结语

(1)保持混凝土含气量提高混凝土耐久性研究技术路线正确,研发的稳气剂 WQ-X 性能稳定,品质优良,使用方便,效果明显。

(2)在混凝土中掺入微量的稳气剂 WQ-X,对保持混凝土含气量提高混凝土抗冻性能作用十分显著,同时可以有效地改善混凝土和易性和施工性能。

(3)可行性研究结果表明,在混凝土中掺入稳气剂 WQ-X 后,硬化混凝土强度、极限拉伸等性能均优于不掺稳气剂的混凝土,抗冻等级可以提高到 F550 以上。

(4)在混凝土中掺入稳气剂后,硬化混凝土气泡个数明显增多、气泡间距系数变小、平均气泡直径变小,明显的改变了硬化混凝土气孔结构。

(5)现场应用证明,掺稳气剂混凝土坍落度、含气量经时损失很小,混凝土入仓经机械振捣后,含气量仍能满足设计要求,比不掺稳气剂混凝土的抗冻、抗渗性能大幅度提高。

保持混凝土含气量提高混凝土耐久性研究成果是混凝土的一项重大技术创新和发明,具有非常重要的实际和现实意义,是对混凝土实用技术的巨大贡献,应用前景十分广阔。

参考文献

[1] 田育功,等.保持混凝土含气量提高混凝土耐久性的方法研究报告[R].西宁,2008.

[2] 田育功,等.黄河拉西瓦水电站工程大坝混凝土配合比复核试验报告[R].西宁,2006.

[3] 杨钱荣,张树青,杨全兵,等.引气剂对混凝土气泡特征参数的影响[J].同济大学学报(自然科学版),2008,36(3):374-378.

组合混凝土坝的研究与技术创新探讨★

田育功[1]　党林才[2]

(1. 汉能控股集团金安桥水电站有限公司,云南丽江　674100;

2. 水电水利规划设计总院,北京　100120)

【摘　要】　本文根据近年来常态混凝土、碾压混凝土、胶凝砂砾石、堆石混凝土等不同种类混凝土筑坝技术特点,借鉴混凝土面板堆石坝设计理念和碾压混凝土快速筑坝技术优势,在混凝土筑坝新技术方面进行了探讨,提出组合混凝土的新理念,从设计特点、坝体结构、设计指标和施工技术等方面进行了探讨。

【关键词】　组合混凝土坝;材料分区;温控防裂;层厚碾压;错缝衔接

1　引言

近年来,我国已建和在建的高坝大库中主要以混凝土坝为主,混凝土重力坝以举世瞩目的三峡、龙滩、光照、向家坝、官地、金安桥等200 m级的重力坝为代表,混凝土拱坝以锦屏一级、小湾、溪洛渡、拉西瓦、二滩等250~300 m级的拱坝为代表,凸显了混凝土坝以其布置灵活、安全可靠的优势在高坝大库挡水建筑物中的重要作用。

混凝土坝是典型的大体积混凝土,温控防裂问题十分突出,所谓"无坝不裂"的难题一直困扰着人们,"温控防裂"已成为制约混凝土坝技术快速发展的瓶颈。为此,有关混凝土坝设计规范中均把"温度控制与防裂措施"列为最重要的章节之一,几十年来大坝的温度控制与防裂措施一直是坝工界所关注和研究的重大课题。科学地进行无裂缝混凝土坝的技术创新研究,是混凝土坝研究的一个重要方向。

目前,大级配贫胶凝碾压混凝土、胶凝砂砾石和堆石混凝土等不同种类混凝土筑坝技术日趋成熟,组合混凝土坝的建坝条件已经具备。所谓"组合混凝土坝",主要借鉴混凝土面板堆石坝设计理念,施工采用碾压混凝土快速筑坝技术优势,其实质就是按照坝体材料分区,采用不同种类混凝土各自具有的筑坝技术优势,犹如"金包银"施工方式。比如:在应力不太高的大坝基础、坝体内部可采用大级配贫胶凝碾压混凝土、胶凝砂砾石或堆石混凝土,其绝热温升是很低的;坝体防渗区、外部高应力区、廊道及重要结构等部位可采用常态混凝土。采用组合混凝土坝技术,可以拓宽筑坝材料范围,简化温度控制或取消温度控制,防止大坝裂缝产生,破解"无坝不裂"的难题,也可减少开挖弃料,为又好又快的建坝理念提出新的技术创新观点。

★本文原载于《水力发电》2013年第5期。

2　不同种类混凝土筑坝技术特点

2.1　常态混凝土筑坝技术特点

常态混凝土筑坝技术是长期的、传统的、成熟的筑坝技术,目前的混凝土高坝,特别是高拱坝主要以常态混凝土筑坝技术为主。常态混凝土自身具有水泥用量较大、胶凝材料用量多、水化热温升高、拌和物具有流动性、易于浇筑振捣、性能可靠等特点。但是常态混凝土水化热升温导致坝体混凝土温度高、上升快,如果不采取温控防裂措施,大坝极易发生裂缝。温度控制与防裂措施是常态混凝土坝设计、科研和施工的重点。为了防止混凝土坝裂缝产生,设计从坝体构造、材料分区、设计龄期、温度应力等方面对坝体进行合理的分缝分块和温控分区;科研试验主要以温控计算和降低混凝土水泥用量为主要技术路线;施工从控制混凝土温度、埋冷却水管、喷雾保湿以及覆盖养护等采取一系列温控措施。由此可以看出常态混凝土坝的温控防裂措施十分复杂,不但影响建坝速度,而且温控防裂措施的投入也是十分可观的,即使这样,其温控防裂效果有时也难以完全把握。

2.2　碾压混凝土筑坝技术特点

碾压混凝土(RCC)筑坝技术是世界筑坝史上的一次重大技术创新。快速是碾压混凝土筑坝技术的最大优势。我国的碾压混凝土坝主要采用全断面碾压混凝土筑坝技术,层间结合质量已成为碾压混凝土快速筑坝的关键技术,新拌碾压混凝土已成为无坍落度的半塑性混凝土,其内涵与早期碾压混凝土定义为超干硬性或干硬性混凝土定义完全不同。碾压混凝土虽然水泥用量少,粉煤灰等掺和料掺量大,但工程实践和研究结果表明,碾压混凝土坝虽比常态混凝土坝温控简单,但同样存在温度应力和温度控制问题。为了有效降低碾压混凝土水化热温升,人们对大级配贫胶凝碾压混凝土进行了研究。

例如,2010 年 8 月贵州乌江沙沱水电站碾压混凝土重力坝,进行了四级配碾压混凝土试验,碾压混凝土设计强度 $C_{90}15$,骨料最大粒径 150 mm,水泥用量 45 kg/m^3,同时碾压层厚提高到 45 cm,沙沱四级配贫胶凝碾压混凝土成功应用,为简化碾压混凝土坝的温控或取消温控措施开辟了新的技术途径,有着极其重要的现实意义。

2.3　胶凝砂砾石筑坝技术特点

胶凝砂砾石(CSG)是一种新型筑坝技术。它的设计理念与施工方法介于混凝土面板堆石坝和碾压混凝土坝之间,胶凝砂砾石筑坝技术与碾压混凝土筑坝技术类似,施工方法基本相同。胶凝砂砾石坝是碾压混凝土筑坝技术的一种延伸,通过胶凝砂砾石配合比设计,经拌和、运输、入仓、摊铺碾压胶结成具有一定强度的干硬性坝体。其最大优势是拓宽了骨料使用范围,利用可能的当地材料,天然砂砾石混合料、开挖弃料或一般不用的风化岩石;其次,胶凝材料用量少,一般水泥 50 kg/m^3 以下,胶凝材料总量不超过 100 kg/m^3。胶凝砂砾石坝设计断面大都采用上下游相同坡度对称的坝,又称为梯形坝,虽然对称设计断面增加了坝体方量,但由于对称的胶凝砂砾石坝对材料的性能要求低于碾压混凝土坝,与碾压混凝土坝相比,工程总造价并不增加。且由于粗骨料最大粒径可以达到 250 mm 或 300 mm,其压实层厚一般可达 40~60 cm,可以显著加快施工速度。胶凝砂砾石筑坝技术已经在福建洪口、街面、云南攻果桥、贵州沙沱等工程中应用。

2.4 堆石混凝土筑坝技术特点

堆石混凝土(RFC),是将粒径大于300 mm以上的大块石或卵石直接入仓,形成有空隙的堆石体,空隙率一般为42%左右,然后在堆石体表面浇筑满足特定要求的自密实混凝土,依靠自重,填充堆石空隙,形成完整、密实、低水化热、满足强度要求的混凝土。采用堆石混凝土技术施工形成的混凝土可称为堆石混凝土,其基本力学性能满足普通混凝土要求,在水化热温升、施工速度、造价等方面有较大优势。堆石混凝土技术已经在河南宝泉抽水蓄能电站、四川向家坝、贵州石龙沟、新疆赛果高速、山西清峪水库、山西恒山水库、广东长坑水库、四川枕头坝等工程中应用。

3 组合混凝土坝设计创新探讨

3.1 设计特点分析

组合混凝土坝改变了传统的混凝土坝设计理念。组合混凝土坝最理想的枢纽布置是借鉴土石坝枢纽布置设计原则,尽量把发电建筑物和泄水建筑物布置在大坝以外,科学合理地安排发电、泄水、供水及航运等各类建筑物的布置,这样十分有利于组合混凝土坝大型机械化快速施工。

碾压混凝土坝就是一种典型的组合混凝土坝,只不过永久工程未采用胶凝砂砾石、堆石混凝土和常态混凝土进行组合而已。

由于组合混凝土采用通仓厚层碾压浇筑方法与常态混凝土柱状浇筑方法有着根本的区别,设计要针对组合混凝土筑坝技术特点,从组合混凝土坝的枢纽布置、坝体构造、材料分区以及简化温控或取消温控措施等方面进行精心设计创新。

组合混凝土坝的设计与不同种类混凝土性能密切相关。工程实践表明,坝体内部采用大级配贫胶凝碾压混凝土、胶凝砂砾石或堆石混凝土,其胶材用量、单位用水量显著低于常态混凝土,粗骨料用量却高于常态混凝土,加之浇筑方式采用振动碾碾压施工,其总体密度显著优于常态混凝土,对大坝的稳定性、整体性十分有利。

3.2 坝体构造设计探讨

组合混凝土坝体构造与常态混凝土坝体构造应有所不同,一是取消纵缝,二是可以采用通仓浇筑。由于坝体内部为水泥用量极少的大级配贫胶凝碾压混凝土、胶凝砂砾石或堆石混凝土,完全可以取消坝内冷却水管。组合混凝土坝由于采用大面积通仓厚层摊铺碾压,坝体不设纵缝,横缝造缝可采用碾压混凝土横缝切缝技术。

组合混凝土坝防渗体系,可借鉴碾压混凝土坝或混凝土面板堆石坝的防渗体系技术路线。一是在大坝上游防渗区、外部、廊道及复杂结构部位采用常态混凝土,也可采用富胶凝材料碾压混凝土及变态混凝土进行防渗;二是大坝上游防渗区按照混凝土面板堆石坝防渗体系进行设计,防渗体采用高等级钢筋混凝土,这样防渗区混凝土厚度可以明显减薄,但由于坝体用的是"混凝土",不会像面板坝的"堆石体"那样变形大,从而大大降低了面板变形开裂的可能性。

混凝土坝的排水系统是坝体渗流控制的关键。组合混凝土坝也需要设置完善的坝体排水系统,可参照碾压混凝土坝排水系统进行设计,排水系统紧接上游防渗体,排水系统包括排水廊道、竖向排水管等。

3.3　设计指标分析

采用组合混凝土坝,其实质就是在坝体内部采用大级配贫胶凝碾压混凝土、胶凝砂砾石或堆石混凝土作为大坝稳定体,以达到有效降低水泥用量和水化热温升、扩大利用开挖料范围的目的。组合混凝土坝内部采用大级配贫胶凝混凝土,其设计强度是不高的,特别是早期混凝土强度发展十分缓慢。因此,有必要将大级配贫胶凝混凝土抗压强度按 180 d 或 365 d 龄期设计,以充分利用高掺和料混凝土后期强度。我国的《碾压混凝土坝设计规范》(SL 314—2004)也规定:碾压混凝土抗压强度宜采用 180 d(或 90 d)龄期抗压强度,同时抗渗、抗冻、抗拉、极限拉伸值等指标,宜采用与抗压强度相同的设计龄期。《混凝土重力坝设计规范》(SL 319—2005)也规定:大坝常态混凝土强度的标准值可采用 90 d 龄期强度,保证率 80%。大坝碾压混凝土强度的标准值可采用 180 d 龄期强度,保证率 80%。根据有关资料,国外的碾压混凝土坝其抗压强度设计龄期一般采用 180 d 或 365 d,在组合混凝土坝的内部大级配贫胶凝混凝土设计龄期、设计指标问题上,可进行必要的研究论证,有所创新。

4　组合混凝土坝关键施工技术探讨

4.1　施工技术特点分析

组合混凝土坝组合原则一般为两种混凝土组合。大坝内部采用大级配贫胶凝碾压混凝土、胶凝砂砾石或堆石混凝土,根据料源情况和布置特点优选其中的一种混凝土;坝体上游防渗区可采用富胶凝二级配或三级配碾压混凝土及变态混凝土,也可采用高等级的钢筋混凝土进行防渗;坝体外部、廊道及复杂结构部位采用常态混凝土。

组合混凝土坝采用通仓厚层碾压施工,对拌和生产能力要求很大,根据以往工程经验,选用连续式搅拌机或自落式搅拌机进行拌和生产,可以满足拌和强度要求。同样对骨料的需求量是很大的,在施工组织设计中对骨料生产和拌和能力需要引起高度重视。

根据碾压混凝土施工实践,大级配混凝土的运输入仓主要以自卸汽车直接入仓为主,可以极大地减少中间环节。当上坝道路高差较大时,汽车将无法直接入仓,可以采用满管溜槽解决高差大的垂直运输入仓难题,即汽车+满管溜槽+仓面汽车的联合运输入仓方式。近年来,光照、金安桥、戈兰滩、沙沱等工程碾压混凝土运输入仓均采用自卸汽车+满管溜槽联合入仓方案。实践证明,该运输入仓方案是投入少、简单快捷和最有效的运输入仓方式。

组合混凝土坝的施工一般先浇筑方量大的内部大级配混凝土,由于内部混凝土采用大级配贫胶凝混凝土,汽车可以直接在仓面行驶,仓面摊铺机动、灵活方便。

4.2　提高混凝土碾压层厚技术探讨

组合混凝土浇筑方法与碾压混凝土基本相同,采用通仓厚层(层厚 50 cm)摊铺碾压,这样与常态混凝土 50 cm 台阶浇筑层厚十分吻合,也是保证坝体内部大级配贫胶凝混凝土与外部常态混凝土同层上升的关键技术。

采用 50 cm 厚层碾压与碾压混凝土 30 cm 薄层碾压效果和意义完全不同。例如,一个 100 m 高度的大坝,采用传统的 30 cm 层厚碾压,层面可达 330 层;如果采用 50 cm 层厚碾压,层面仅为 200 层,层面的显著减少,不但可以降低由于层面多带来的施工质量风险,而且还可以有效加快施工进度,达到事半功倍的效果。2006 年 10 月和 2008 年 11 月,贵州黄花寨和云南马堵山碾压混凝土坝分别进行了现场 50 cm、75 cm、100 cm 不同层厚现场对比试验,结果表明,碾压层厚度完全可以提高到 50~75 cm;洪口、功果桥、沙沱等围堰工程采用胶凝砂砾石筑坝技术,其摊铺厚度分别达到 40 cm、50 cm、70 cm。

采用组合混凝土坝,碾压厚度提高至 50 cm,只要混凝土拌和、运输入仓、浇筑碾压等施工资源配置合理,特别是取消了坝内埋设冷却水管,对于百米高度以下的坝则有可能在一个枯水期完成,从而可以减小导流工程规模,大坝填筑也不再成为控制工期。

4.3 混凝土错缝衔接技术创新探讨

组合混凝土坝是典型的"金包银"混凝土坝。对于"金包银"混凝土坝而言,两种不同混凝土性能衔接至关重要。早期国外的碾压混凝土坝或近年来国内的碾压混凝土坝,采用"金包银"施工方法并不少见,但由于两种混凝土性能不同,几年后防渗区常态混凝土与内部混凝土发生"两张皮"的现象较多。

笔者在广东台山核电松深水库碾压混凝土重力坝施工咨询中,提出了防渗区常态混凝土与碾压混凝土错缝施工技术。该水库大坝为碾压混凝土重力坝,坝体上游防渗体采用 2 m 厚度的常态混凝土,即所谓的"金包银"坝。松深碾压混凝土重力坝溢流表孔采用台阶法消能,台阶高度 90 cm,所以浇筑升层模板按照 1.8 m 设计。防渗区常态混凝土与碾压混凝土同步浇筑上升,防渗区常态混凝土宽度先按照设计 2.0 m 铺筑,到第二升层时防渗区宽度采用 2.5 m,第三升层仍采用 2.0 m,防渗区常态混凝土与碾压混凝土如此循环错缝衔接施工,有效解决了两种不同性能混凝土易形成"两张皮"和脱空开裂的现象。

组合混凝土坝施工,特别需要注意的是,防渗区混凝土浇筑必须与内部混凝土保持同仓、同层、同步浇筑上升,采用错缝衔接技术施工,是保证"金包银"坝混凝土整体性的关键。

5 结语

(1)组合混凝土坝可以简化温控或取消温控措施,防止大坝温度裂缝产生,破解"无坝不裂"的难题,也可以拓宽混凝土骨料料源范围,减少弃料。不但可以显著加快建坝速度,而且可以节约投资。

(2)组合混凝土筑坝技术主要采用通仓厚层碾压施工,可以充分发挥大型机械化施工优势,筑坝速度可以显著加快。

(3)组合混凝土坝,不论采用哪类混凝土组合施工,必须是同仓、同层、同步浇筑上升,防渗区常态混凝土与内部大级配混凝土必须采用错缝衔接施工技术,这是保证"金包银"坝整体性的关键。

(4)采用组合混凝土坝是个新的理念,各种可组合的混凝土技术已经完全成熟或基本成熟,这种新理念就是按照坝体结构特点、材料分区、料源特性,利用不同种类的混凝土的特点和优势进行合理组合,达到物尽所用。该项技术是一个系统工程,需要从科研、设计及施工等方面进行研究和技术创新,需结合实际工程,使该技术得到不断发展和完善。

参考文献

[1] 周建平,党林才.水工设计手册:第 5 卷　混凝土坝[M].2 版.北京:中国水利水电出版社,2011.

[2] 田育功.碾压混凝土快速筑坝技术[M].北京:中国水利水电出版社,2010.

[3] 田育功,唐幼平.胶凝砂砾石筑坝技术在功果桥上游围堰中的研究与应用[J].水利规划与设计,2011(1):51-57.

[4] 金峰,安雪晖.堆石混凝土技术[C]//第四届堆石混凝土研讨会资料,2011.

[5] 陈祖荣,等.沙沱水电站施工技术创新[C]//中国碾压混凝土坝筑坝技术 2010.北京:中国水利水电出版社,2010.

[6] 中华人民共和国水利部.混凝土重力坝设计规范:SL 319—2005[S].北京:中国水利水电出版社,2005.

[7] 中华人民共和国国家发展和改革委员会.混凝土重力坝设计规范:DL 5108—1999[S].北京:中国电力出版社,2000.

[8] 中华人民共和国水利部.碾压混凝土坝设计规范:SL 314—2004[S].北京:中国水利水电出版社,2005.

作者简介:

1. 田育功(1954—),陕西咸阳人,教授级高级工程师,副总工程师,主要从事水利水电工程技术和建设管理工作。

2. 党林才(1960—),陕西宝鸡人,教授级高级工程师,副总工程师,主要从事水电水利工程规划设计和审查工作。

水工碾压混凝土定义对坝体
防渗性能的影响分析★

田育功[1]   郑桂斌[2]   于子忠[3]

（1. 汉能控股集团缅甸滚弄水电站筹建处，云南临沧   677000；
2. 中国人民武装警察部队水电指挥部，北京   100000；
3. 水利部建设管理与质量安全中心，北京   100000）

【摘　要】　我国的碾压混凝土坝从数量、类型到高度在世界上均遥遥领先。但近几年来，个别大坝建成后，存在透水率大、蓄水后大坝裂缝较多、渗漏现象等问题，造成上述问题发生的原因，除工程管理方面的因素外，与标准对水工碾压混凝土定义不确切和误解有关。本文主要针对我国采用全断面碾压混凝土快速筑坝技术，坝体防渗依靠自身的特点，对水工碾压混凝土定义内涵与坝体防渗性能影响进行了分析。
【关键词】　水工碾压混凝土；定义；防渗；VC 值；层间结合

1　问题的提出

据不完全统计，截至 2013 年底，我国已建或在建的碾压混凝土坝（包括围堰），已经超过 200 座，碾压混凝土坝的数量、高度、规模均具世界第一。已建成的 167.5 m 万家口子双曲拱坝是目前世界最高的碾压混凝土双曲拱坝，已建成世界最高的 192 m 龙滩、200.5 m 光照碾压混凝土重力坝先后荣获 1997 年、2012 年"国际碾压混凝土工程里程碑奖"。

特别是近几年来，碾压混凝土拱坝得到蓬勃发展，比如山东五莲龙潭沟、陕西西安李家河、四川汉源永定桥、江西萍乡山口岩、上饶伦潭、海南红岭、河南灵宝白虎潭、云南镇康大丫口以及引汉济渭 145 m 三河口等碾压混凝土拱坝。目前，正在建设的 203 m 澜沧江黄登碾压混凝土重力坝、东北丰满水电站重建碾压混凝土重力坝等工程，标志着我国的碾压混凝土筑坝技术已经遥具世界领先水平。

面对碾压混凝土快速筑坝技术在我国取得巨大成就，我们也要清醒地认识到，碾压混凝土快速筑坝技术还存在一定的问题，特别是施工工艺、施工质量等方面的控制管理还需要严格把关，对个别碾压混凝土坝发生的裂缝和渗漏问题需要认真进行总结分析。

近几年来，笔者对部分碾压混凝土坝进行技术咨询、质量巡视监督及蓄水安全鉴定时发现，个别碾压混凝土坝建成后，透水率大、芯样获得率低、层间结合性能较差、大坝裂缝

★本文原载于《中国碾压混凝土筑坝技术2015》，中国环境出版社，2015 年 5 月，2016 年 9 月全国碾压混凝土筑坝技术交流会主旨发言，吉林丰满。

较多,蓄水后坝体存在渗漏现象,不得不进行灌浆和坝面防渗处理,给大坝的质量、整体性、安全运行造成不利,直接影响到大坝按期蓄水和使用效益,需要引起高度重视。造成上述问题的原因,除工程管理方面的问题外,笔者认为主要与对水工碾压混凝土定义内涵认识不确切和误解有直接的关系。

2　水工碾压混凝土定义内涵分析

2.1　"碾压混凝土是干硬性混凝土"定义误解分析

我国的《混凝土重力坝设计规范》(DL 5108)、《碾压混凝土坝设计规范》(SL 314)、《水工碾压混凝土施工规范》(DL/T 5112)、《水工碾压混凝土试验规程》(DL/T 5433)、《水工混凝土配合比设计规程》(DL/T 5330)、《水工混凝土试验规程》(SL 352)等电力及水利行业标准中,均把碾压混凝土定义为:"将干硬性的混凝土拌和料分薄层摊铺并经振动碾压密实的混凝土""碾压混凝土是干硬性混凝土""碾压混凝土是用振动碾压实的干硬性混凝土""碾压混凝土特别干硬"等不确切定义,与我国采用全断面碾压混凝土筑坝技术的实际情况是完全不相符的。

20 世纪 80 年代初,我国的碾压混凝土筑坝技术主要借鉴国外的经验,防渗体系采用"金包银"设计理念,故早期的水工碾压混凝土类似于公路、机场碾压混凝土,采用大的 VC 值[(20±10)s、15~25 s],强度是主要的控制指标,其性能主要用于承载强度荷载,自身不承担防渗任务。由于碾压混凝土承担的任务和用途不同,决定了水工碾压混凝土定义的不同。

1986 年我国的第一座坑口碾压混凝土坝采用"金包银"筑坝技术,即坝体上游面防渗区及坝体外部采用 2~3 m 厚度的常态混凝土,坝体内部采用干硬性碾压混凝土,当对大坝内部碾压混凝土钻孔取芯检查时,其最长芯样不到 1 m。这也是为什么有关标准对水工碾压混凝土定义为"干硬性混凝土""碾压混凝土特别干硬"不确切和误解的原因所在。

2.2　水工碾压混凝土定义内涵本质分析

水工碾压混凝土是指将无坍落度的亚塑性混凝土拌和物分薄层摊铺并经振动碾碾压密实且层面全面泛浆的混凝土。水工碾压混凝土定义为无坍落度的亚塑性混凝土,其内涵与早期碾压混凝土定义为超干硬性或干硬性混凝土定义完全不同,业内一直存在着不同的看法和误区,主要是对全断面碾压混凝土快速筑坝技术的认识还停留在早期的理念上。

1993 年我国普定坝开创了全断面碾压混凝土筑坝技术创新的先河,改变了"金包银"防渗体系,大坝的防渗体系完全靠碾压混凝土自身防渗,这是水工碾压混凝土与公路、机场跑道等工程碾压混凝土的根本区别。此后,我国均采用全断面碾压混凝土快速筑坝技术,这样要求碾压混凝土要有足够长的初凝时间,经振动碾碾压密实后必须是表面全面泛浆、有弹性,保证上层碾压混凝土骨料嵌入已经碾压完成的下层碾压混凝土中,彻底改变碾压混凝土层面多、易形成"千层饼"渗水通道的薄弱层面,所以水工碾压混凝土也从干硬性混凝土逐渐过渡到无坍落度的亚塑性混凝土。

2.3　水工碾压混凝土与常态混凝土性能分析

水工碾压混凝土材料本身符合混凝土水胶比定则,其本体性能具有与常态混凝土强度、耐久性、密度等相同的性能,采用碾压混凝土快速筑坝技术,只是改变了配合比和施工方法的不同而已。与常态混凝土性能相比,水工碾压混凝土配合比设计具有高掺掺和料、高石粉含量、低水泥用量和低 VC 值等特点,掺和料掺量一般占胶凝材料的 50%~65%,水泥用量仅是常态混凝土的 1/3~1/2,在相同设计等级的条件下,碾压混凝土的水泥用量一般为 55~90 kg/m³。

由于水泥用量少,水泥的某些水化产物发生化学反应的活性就缓慢,故掺和料与水泥二次反应也相应缓慢,所以早期碾压混凝土的强度比常态混凝土低,随着龄期的延长,后期(长龄期)强度增长显著,这也是早期碾压混凝土变形性能和耐久性比常态混凝土逊色的主要原因,表现在早龄期的碾压混凝土极限拉伸值和抗冻性能试验结果不如常态混凝土;由于水泥用量少与掺和料二次水化反应慢,所以碾压混凝土绝热温升明显低于常态混凝土,大坝内部碾压混凝土绝热温升一般为 15~18 ℃,对大坝的温控防裂是十分有利的。

水工碾压混凝土与常态混凝土在配合比设计中既有共性又有自身特性。水工碾压混凝土与常态混凝土最主要的区别在于其具有可以承受振动碾碾压的工作度,以及适应于振动碾压的骨料级配和浆体含量。大量试验结果表明:设计龄期的碾压混凝土本体的强度、防渗、抗冻、抗剪等物理力学性能并不逊色于常态混凝土,但碾压混凝土施工采用薄层通仓浇筑,靠坝体自身防渗,配合比设计应完全满足大坝层缝面结合的特性要求,而不仅是满足本体强度、抗渗等性能的要求。

水工碾压混凝土拌和物与常态混凝土拌和物性能差别较大。碾压混凝土骨料用量多、水泥用量少,虽然掺用大量的粉煤灰等掺和料,但胶凝材料用量仍比常态混凝土少,碾压混凝土拌和物不具流动性、黏聚性小,不泌水,碾压混凝土拌和物流动需克服比常态混凝土拌和物大的屈服应力,所以碾压混凝土必须采用振动碾碾压施工;如果配合比设计不当,碾压混凝土石粉含量少、VC 值大,则新拌碾压混凝土摊铺后极易发生骨料分离、碾压后骨料压碎及不易泛浆的现象。

3 提高碾压混凝土坝体防渗性能关键技术

3.1 浆砂比是配合比设计的重要参数之一

水工碾压混凝土经过 30 多年大量的试验研究和筑坝实践,碾压混凝土配合比设计已经趋于成熟,形成了一套比较完整的理论体系,其中浆砂比是碾压混凝土配合比设计的关键技术,已成为配合比设计的重要参数之一。浆砂比(PV 值)从直观上体现了碾压混凝土材料之间的一种比例关系,浆砂比(PV 值)是指碾压混凝土灰浆体积(胶凝材料、水及粒径小于 0.08 mm 微石粉的体积之和)与砂浆体积的比值,是评价碾压混凝土拌和物性能的重要参数,具有与水胶比、砂率、用水量三大参数同等重要的作用,一般要求 PV 值 ≥ 0.42,即浆体的体积要占到砂浆体积的 42% 以上。浆砂体积比大,则碾压混凝土骨料浆体包裹充分、可碾性好、液化泛浆及层间结合良好。

碾压混凝土胶凝材料用量虽然比常态混凝土少,但并非贫胶凝浆体材料,胶凝材料与胶凝浆体是两个不同的概念。要提高碾压混凝土浆砂比 PV 值即提高胶凝浆体体积,最有效的途径是提高碾压混凝土的石粉含量,可以达到事半功倍的效果。由此可见,浆砂比从直观上体现了碾压混凝土材料之间的一种比例关系,是评价碾压混凝土拌和物性能的重要指标。大量的试验研究和工程实践表明,当石粉含量控制在 18% ~ 20% 时可以显著提高浆砂比 PV 值,改善碾压混凝土可碾性、液化泛浆、层间结合质量和坝体防渗性能。

3.2　拌和物性能试验是配合比设计的重点

碾压混凝土与常态混凝土在配合比设计中既有共性又有自身特性。试验表明:碾压混凝土本体的强度、防渗、抗冻、抗剪等物理力学性能并不逊色于常态混凝土。但是碾压混凝土施工采用薄层通仓浇筑,靠坝体自身防渗,配合比设计应完全满足大坝层间结合的特性要求,而不仅是满足本体强度、抗渗等性能的要求,所以碾压混凝土配合比设计试验应以拌和物性能试验为重点,要深化试验研究不同石粉含量、VC 值大小及凝结时间对新拌碾压混凝土性能关系影响,碾压混凝土拌和物在仓面摊铺后经碾压要以全面泛浆为标准。要改变以往常态混凝土配合比设计重视硬化混凝土性能、轻视拌和物性能的设计理念,这是碾压混凝土配合比试验的关键所在。

3.3　石粉的精确含量对新拌碾压混凝土性能的影响

石粉是指颗粒小于 0.16 mm 的经机械加工的岩石微细颗粒,它包括人工砂中粒径小于 0.16 mm 的细颗粒和专门磨细的岩石粉末,在碾压混凝土中,石粉的作用是与水和胶凝材料一起组成浆体,填充包裹细骨料的空隙。

碾压混凝土配合比设计中,石粉含量是按照试验结果进行确定的。碾压混凝土在拌和楼实际的生产过程中,石粉含量总是在不断波动变化,大量的试验研究和工程实践表明:人工砂石粉含量对碾压混凝土用水量、拌和物性能、抗压强度、极限拉伸值、弹性模量均有较大的影响。当石粉含量低于 16% 时,随着石粉含量的降低,碾压混凝土拌和物骨料包裹较差、抗压强度、极限拉伸值也有降低的趋势;当石粉含量高于 20% 时,随着石粉含量的增加,单位用水量明显增加,拌和物骨料包裹充分,但抗压强度、极限拉伸值呈降低的趋势;同时试验结果,一般石粉含量每增加或减少 1%,单位用水量相应增减约 2 kg/m³,石粉含量变化容易引起水胶比波动变化,表明石粉含量的高低对碾压混凝土的性能有很大的影响。所以碾压混凝土在拌和生产过程中,石粉含量必须按照施工配合比规定的范围进行精确控制和及时调整,这是保证新拌碾压混凝土拌和物质量和可碾性的关键。

3.4　VC 值动态控制是保证可碾性的关键

碾压混凝土的工作度 VC 值是衡量碾压混凝土拌和物工作度和施工性能极为重要的一项指标。水工碾压混凝土施工规范经过几次修订,VC 值从早期的 15 ~ 25 s 逐步过渡到 5 ~ 15 s、5 ~ 12 s。2009 年修订颁发的《水工碾压混凝土施工规范》(DL/T 5112—2009)规定:碾压混凝土拌和物的 VC 值现场宜选用 2 ~ 12 s。机口 VC 值应根据施工现场的气候条件变化,动态选用和控制,宜为 2 ~ 8 s。

碾压混凝土现场控制的重点是拌和物 VC 值和初凝时间,VC 值控制是碾压混凝土可碾性和层间结合的关键,根据气温的条件变化应及时调整出机口的 VC 值。近年来的碾压混凝土拌和物 VC 值大都采用低值,VC 值的控制以碾压混凝土全面泛浆并具有“弹性”,经碾压能使上层骨料嵌入下层混凝土为宜。比如百色、龙滩、光照、金安桥等工程,当气温超过 25 ℃时 VC 值大都采用 1 ~ 5 s。由于采用较小的 VC 值,使碾压混凝土入仓至碾压完毕有良好的可碾性,并且在上层碾压混凝土覆盖以前,下层碾压混凝土表面仍能保持良好的塑性。

3.5 及时摊铺碾压是保证层间结合质量的关键

碾压混凝土施工工艺过程是成层结构,其层间缝面容易成为渗漏的通道,碾压混凝土浇筑特点是薄层、通仓摊铺碾压施工。碾压混凝土坝层间结合质量优劣与配合比设计关系密切,精心设计的配合比对层间结合起着举足轻重的作用,优良的施工配合比经振动碾碾压2~5遍,层面就可以全面泛浆。碾压混凝土从拌和到碾压完成,规范要求一般不超过2 h,所以及时碾压是保证层间结合质量的关键,直接关系到大坝防渗性能及整体性能。

喷雾只是改变仓面小气候,达到保湿降温的目的。碾压混凝土液化泛浆是在振动碾碾压作用下从混凝土液化中提出的浆体,这层薄薄的表面浆体是保证层间结合质量的关键所在,液化泛浆已作为评价碾压混凝土可碾性的重要标准。碾压混凝土配合比在满足可碾性的前提下,影响液化泛浆主要因素是入仓后是否及时碾压以及气温导致的VC值经时损失。

3.6 提高碾压层厚减少层缝面技术创新

《水工碾压混凝土施工规范》(DL/T 5112—2009)第7.6.4条规定:施工中采用的碾压厚度及碾压遍数宜经过试验确定,并与铺筑的综合生产能力等因素一并考虑。根据气候、铺筑方法等条件的不同,可选用不同的碾压厚度。碾压厚度不宜小于混凝土最大骨料粒径的3倍。

我国采用全断面碾压混凝土筑坝技术,碾压完成后层间厚度一般为30 cm,如一座100 m高度的碾压混凝土坝,就有333层缝面,这样多的层缝面碾压费时费工,严重制约碾压混凝土快速施工。所以十分有必要对碾压层厚和碾压遍数进行技术创新,研究从传统的30 cm碾压层厚提高至40 cm、50 cm、60 cm的碾压厚度。

由于碾压混凝土本体防渗性能并不逊色于常态混凝土,碾压层厚的提高可以明显加快碾压混凝土筑坝速度。如果采用50 cm碾压厚度,一座100 m高度的碾压混凝土坝,就可以减少到150层缝面,层缝面显著减少,将十分有利于坝体的抗滑稳定、抗渗性能和整体性能的提高。

提高碾压层厚的试验研究国内有关工程已经开展了相关试验研究,比如贵州黄花寨、沙沱、云南马堵山等碾压混凝土坝进行了不同碾压层厚现场对比试验和应用,实际情况是目前碾压大都采用斜层碾压施工,碾压混凝土铺筑层厚往往都超过了30 cm。

碾压层厚的提高,对表观密度检测、模板刚度及稳定性、振动碾质量及激振力相匹配等课题需要深化研究。随着碾压混凝土层厚度的增加,变态混凝土插孔、注浆、振捣将成为施工难点,根据百色、光照、金安桥等碾压混凝土坝的实践经验,采用机拌变态混凝土就可以解决层厚变态混凝土的施工难题。机拌变态混凝土入仓与碾压混凝土入仓方式相同,入仓后混凝土采用振捣器进行振捣,不仅简化了变态混凝土的操作程序,而且对坝体防渗区采用变态混凝土的质量更有保证。

4 结语

水工碾压混凝土是指将无坍落度的亚塑性混凝土拌和物分薄层摊铺并经振动碾碾压密实且层面全面泛浆的混凝土。水工碾压混凝土由于采用全断面筑坝技术,坝体防渗依靠自身完成,这样要求碾压混凝土要有足够长的初凝时间,机口VC值应根据施工现场的气候条件变化动态控制,VC 值的控制以碾压混凝土全面泛浆并具有"弹性",经碾压能使上层骨料嵌入下层混凝土为原则。

水工碾压混凝土材料本身符合混凝土水胶比定则,其本体性能具有与常态混凝土强度、耐久性、密度等相同的性能,采用碾压混凝土快速筑坝技术,只是改变了配合比和施工方法的不同而已。采用全断面碾压混凝土快速筑坝技术,必须紧紧围绕"层间结合、温控防裂"核心技术进行创新研究。

参考文献

[1] 田育功. 碾压混凝土快速筑坝技术[M]. 北京:中国水利水电出版社,2010.

[2] 中华人民共和国国家发展和改革委员会. 混凝土重力坝设计规范:DL 5108—1999[S]. 北京:中国电力出版社,2000.

[3] 中华人民共和国水利部. 混凝土重力坝设计规范:SL 319—2005[S]. 北京:中国水利水电出版社,2005.

[4] 中华人民共和国水利部. 碾压混凝土坝设计规范:SL 314—2004[S]. 北京:中国水利水电出版社,2005.

[5] 中华人民共和国国家能源局. 水工碾压混凝土试验规程:DL/T 5433—2009[S]. 北京:中国电力出版社,2009.

[6] 中华人民共和国国家发展和改革委员会. 水工混凝土配合比设计规程:DL/T 5330—2005[S]. 北京:中国电力出版社,2005.

[7] 中华人民共和国水利部. 水工混凝土试验规程:SL 352—2006[S]. 北京:中国水利水电出版社,2006.

[8] 中华人民共和国国家能源局. 水工碾压混凝土施工规范:DL/T 5112—2009[S]. 北京:中国电力出版社,2009.

作者简介:

1. 田育功(1954—),陕西咸阳人,教授级高级工程师,副主任,主要从事水利水电工程技术和建设管理工作。

2. 郑桂斌(1963—),福建福州人,教授级高级工程师,秘书长,主要从事水电工程技术和建设管理工作。

3. 于子忠(1971—),山东青岛人,教授级高级工程师,秘书长,主要从事水利工程建设和质量安全管理工作。

水利水电工程标准的统一与
走出去战略分析探讨★

田育功[1]　　熊林珍[2]

(1. 汉能控股集团云南汉能投资有限公司,云南　677506;
2. 汉能控股集团汉能发电投资有限公司,北京　100107)

【摘　要】　技术标准是一个国家科技进步的具体体现。中国的水利水电工程技术标准虽然较齐全,但由于电力体制的改革以及标准归属的政府行为,被分为水利 SL 行业标准和电力 DL 行业标准,导致了水利水电工程标准分割的各自为政局面,没有形成合力,与中国水利水电大国的地位和加入 WTO 的要求极不相符,直接关系到水利水电"走出去"战略海外市场的开发。水利水电工程标准的统一要从顶层设计入手,不断深化改革,建立政府行为退出机制,摒弃行业束缚,尽快实现水利水电工程标准的互联互通。要像中国海警合并、南车北车合并一样,把原来各自为政的部门合并为一个,形成可持续发展、和谐发展和维护国家主权利益的合力,将具有极其重要的现实意义和深远意义。

【关键词】　水利 SL 标准;电力 DL 标准;标准统一;强度等级 C;标号 R

1　引言

中国的水能资源得天独厚,截至 2014 年 6 月中国的水电总装机容量已超过 2.9 亿 kW,稳居世界第一。优先发展水电是中国新能源发展的重要方针,中国的《可再生能源中长期规划》明确提出了到 2020 年建成 3 亿 kW 水电装机容量的发展目标。中国的水利水电建设在取得举世瞩目的成就时,也要清醒地认识到与世界发达国家相比,中国的水电开发程度仍然不高。据统计,截至 2013 年,煤炭作为中国的主要能源,产量已经突破 40 亿 t,煤电所占发电量的比例高达 70%;而汽车总保有量将很快突破 2 亿辆,机动车尾气已成为 PM2.5 的最大来源。所以,煤炭发电和尾气排放是导致雾霾产生的两大根本原因。中国的能源结构调整势在必行,必须加大力度压缩煤电,同时优先大力发展水电、核电、风电以及太阳能发电等新能源的开发使用。

近年来,中国的水利水电项目市场开发已经分配完毕,"走出去"战略已成为中国水利水电发展的必然。由于国内市场相对较小,也相对封闭,发展空间有限,而世界的市场不仅广阔,还几乎是开放的,所以中国的水利水电工程标准统一直接关系到"走出去"战略海外市场的开发。

技术标准是一个国家技术进步的具体体现,特别是在当今激烈的市场竞争中,标准的

★本文原载于《水电与抽水蓄能》,2016 年第 6 期。

制定显得尤为重要。正如人们常说的:"一流企业定标准、二流企业卖技术、三流企业做产品",这是经济发展的普遍规律。标准之争的实质是市场之争,谁掌握了标准,就意味着先行拿到市场的入场券,进而从中获得巨大的经济利益,甚至成为行业的定义者。从某种意义上说,如果没有标准就意味着你将永远跟在别人的后面学,而且还要缴纳昂贵的"学费",这方面的经验教训不胜枚举。

中国的水利水电工程技术标准虽然较齐全,但由于条块分割,把各自封闭在自己的小圈子里。与国外先进的欧美国家相比,中国水利水电工程技术标准存在着长期性、连续性、系统性、全面性以及按期修订等方面的明显不足。比如,相同的水利水电工程采用的《混凝土重力坝设计规范》《混凝土拱坝设计规范》《水工混凝土结构设计规范》《水工混凝土试验规程》等被分为水利 SL 标准和电力 DL 标准,其基本的术语符号、混凝土强度符号、设计指标、目次章节等各自为政,给设计、科研、施工及管理带来了许多不便,特别是对"走出去"海外市场的开发影响很大。

2 中国水利水电工程标准的变化

两院院士潘家铮指出:一个国家的技术标准既是指导和约束设计、施工及制造行业的技术法规,也是反映国家科技水平的指标,所以其编制和修订工作至关重要。水电行业既是广义的水利工程的一部分,又和电力行业有紧密的联系。

由于电力体制的改革以及标准归属政府行为,导致了水利水电工程标准的分割。1979 年改革开放初期,第二次成立电力工业部(1979~1982 年)、第三次成立水利电力部(1982~1988 年),水利电力部 1978~1979 年和 1982~1988 年及能源部 1988~1990 年颁发的 SD(水电)和 SDJ(水电建设)近 300 项标准。1988 年水利电力部等部委撤销,组建了能源部,同年成立了水利部;1993 年 3 月,能源部等 7 个部委撤销,组建电力工业部等部委;1997 年 1 月,国家电力公司正式成立;1998 年 3 月,电力工业部撤销,电力行政管理职能移交国家经贸委。

中国水利水电工程标准变化始于 1988 年,水利部首先于 1988 年开始采用了水利行业 SL 标准编号;水电行业也于 1993 年开始采用电力行业 DL 标准编号。同时取代了原水利电力部颁发的水利水电 SD、SDJ 行业标准,开始了水利水电工程 SL、DL 行业标准各自为政的局面。

笔者参加了国内水利水电工程部分标准的制定、修订和审查工作,感慨颇多。中国的水利水电规程规范、标准的制定和修订存在着资金投入少、试验及调研不全面、专家范围面窄等问题,特别是标准修订不及时,往往滞后 5 年。特别是水利水电工程标准条块分割后,技术标准没有集思广益,形成合力,标准与水利水电的可持续发展显得极不协调。

3 欧美等先进国家标准的制定

欧美、日本等国家成为世界发达国家与先进的技术标准分不开,先进的技术标准是工业化、现代化的科学奠石。西方及发达国家无不重视标准的制定和修订,其主要由工业协会、土木学会等组织进行。特别是以美国、德国为首的先进发达国家的标准,具有十分良好的先进性、创新性和可操作性。

美国 ASTM International(美国试验与材料学会国际组织),是世界上最大的制定自愿性标准的组织,成立于 1898 年。美国陆军工程兵团(USACE)成立于 1866 年,是世界最大的公共工程、设计和建筑管理机构,其 USACE 水电工程标准体系在水电工程勘察、设计、施工等各方面研究、开发和应用上均处于世界领先水平。英国 BS 标准是由英国标准学会(Britain Standard Institute,BSI)制订的。BSI 是在国际上具有较高声誉的非官方机构,1901 年成立,是世界上最早的全国性标准化机构,它不受政府控制但得到了政府的大力支持,制定和贯彻统一的英国 BS 标准。法国的 NF 标志是产品认证制度。NF 是法国标准的代号,其管理机构是法国标准化协会(AFNOR),法国 NF 标志于 1938 年开始实行。日本混凝土标准(JIS Concrete standards),均采用 JIS 标准。

德国 DIN 标准的特点是严谨、具体,标准中技术指标、代号、编号明确、详尽,因此无论对生产方还是使用方,在验收和接受产品时双方便于沟通,可操作性强。德国是欧洲标准化委员会 CEN(European Committee for Standardixation)的 18 个成员国之一。德国 DIN 标准在 CEN 中起着重要的作用,CEN 中有 1/3 的技术委员会秘书国由德国担任。在欧洲标准 EN 表决通过时,采用加权票计数,德国拥有 10 票,是 CEN 成员国中拥有加权票数最多的国家之一。1991 年维也纳协定确定了国际标准化组织 ISO(International Organization for Standardixation)和 CEN 之间的技术合作关系及合作内容,作为在 CEN 中起着重要作用的德国当然不容置疑地也在国际标准化中起着重要作用。DIN 是国际标准化组织 ISO 和国际电工组织 IEC 两大国际标准化组织的积极支持者,在 ISO 和 IEC 标准中有不少是 DIN 推荐的,随着欧洲标准不断采用国际标准,也推进了 DIN 标准采用国际标准的工作。

4 中国水利水电工程标准分析

4.1 SL 与 DL 工程标准分析

中国的水利水电工程伴随着电力体制的改革,标准的发布部门政出多门,透露出一种乱象,未有一个长远的规划。在这方面应该向《现代汉语词典》学习,采用拉丁文字母作为现代汉语字词的注音,为计算机信息化数字时代的到来发挥了意想不到的超前作用。水利水电工程行业标准政出多门值得我们反思。

据不完全统计,中国水利水电工程相同的标准达 30 多项,现将部分水利 SL 与电力 DL 相同标准对照列于表 1。

表 1　水利 SL 与电力 DL 工程部分相同标准对照表

序号	水利 SL 标准	电力 DL 标准
1	《混凝土重力坝设计规范》(SL 319—2005)	《混凝土重力坝设计规范》(DL 5108—1999)
2	《混凝土拱坝设计规范》(SL 282—2003)	《混凝土拱坝设计规范》(DL/T 5346—2006)
3	《水工混凝土结构设计规范》(SL 191—2008)	《水工混凝土结构设计规范》(DL/T 5057—2009)
4	《碾压式土石坝设计规范》(SL 274—2001)	《碾压式土石坝施工规范》(DL/T 5129—2013)
5	《混凝土面板堆石坝设计规范》(SL 228—2013)	《混凝土面板堆石坝设计规范》(DL/T 5016—2011)

续表 1

序号	水利 SL 标准	电力 DL 标准
6	《水利水电工程施工组织设计规范》（SL 303—2004）	《水电工程施工组织设计规范》（DL/T 5397—2007）
7	《水工隧洞设计规范》（SL 279—2002）	《水工隧洞设计规范》（DL/T 5195—2004）
8	《混凝土面板堆石坝施工规范》（SL 49—1994）	《混凝土面板堆石坝施工规范》（DL/T 5128—2009）
9	《水利水电工程施工测量规范》（SL 52—1993）	《水利水电工程施工测量规范》（DL/T 5173—2003）
10	《水工混凝土试验规程》（SL 352—2006）	《水工混凝土试验规程》（DL/T 5150—2001）
11	《水利水电建设工程验收规程》（SL 223—1999）	《水电站基本建设工程验收规程》（DL/T 5123—2000）
12	《水电站压力钢管设计规范》（SL 281—2003）	《水电站压力钢管设计规范》（DL/T 5141—2003）
13	《周期式混凝土搅拌楼（站）》（SL 242—2009）	《周期式混凝土搅拌楼》（DL/T 945—2005）
14	《水利水电工程进水口设计规范》（SL 285—2003）	《水电站进水口设计规范》（DL/T 5398—2007）
15	《水利水电工程地质测绘规程》（SL 299—2004）	《水电水利工程地质测绘规程》（DL/T 5185—2004）
16	《水利水电工程天然建筑材料勘察规程》（SL 251—2000）	《水电水利工程天然建筑材料勘察规程》（DL/T 5388—2007）
17	《水工建筑物水泥灌浆施工技术规范》（SL 62—1994）	《水工建筑物水泥灌浆施工技术规范》（DL/T 5148—2001）
18	《水电水利工程水文计算规范》（SL 278—2002）	《水电水利工程水文计算规范》（DL/T 5431—2009）
19	《溢洪道设计规范》（SL 253—2000）	《溢洪道设计规范》（DL/T 5166—2002）
20	《水工混凝土施工规范》（SL 677—2014）	《水工混凝土施工规范》（DL/T 5144—2001）

　　由表 1 可知,水利 SL 与电力 DL 工程标准许多名称是相同的,但由于行业的保护主义,名称相同的标准其主要的术语符号、条款等却不尽相同,给水利水电工程设计、科研、施工、验收及管理等的应用带来许多不便,特别是对"走出去"战略影响极大。由于篇幅所限,仅对坝高划分、混凝土强度等级与标号举例分析。

4.2　SL 标准与 DL 标准坝高划分分析

　　水利水电工程建设中,水工建筑物中最重要的建筑物是挡水建筑物大坝,由于大坝失事后损失巨大和影响十分严重,所以大坝在水工设计中占有极其重要的作用,设计等级是最高的。在坝高的划分上中国原标准（SD、SDJ）与世界通用标准是一致的,即坝高 H 为 30~70 m 为中坝,小于 30 m 为低坝,大于 70 m 为高坝。

但是,采用 SL 标准与 DL 标准,在坝高的划分上就存在不一致,《混凝土重力坝设计规范》《混凝土拱坝设计规范》及《混凝土面板堆石坝设计规范》的坝高划分对照见表2。

表2 重力坝、拱坝及堆石坝的坝高划分对照表

坝高分类	《混凝土重力坝设计规范》		《混凝土拱坝设计规范》		《混凝土面板堆石坝设计规范》	
	SL 319—2005	DL 5108—1999	SL 282—2003	DL/T 5346—2006	SL 228—2013	DL/T 5016—2011
低坝	$H<30$ m	$H<30$ m	$H<30$ m	$H<50$ m	$H<30$ m	$H<30$ m
中坝	$H=30\sim70$ m	$H=30\sim70$ m	$H=30\sim70$ m	$H=50\sim100$ m	$H=30\sim70$ m	$H=30\sim100$ m
高坝	$H>70$ m	$H>70$ m	$H>70$ m	$H>100$ m	$H>70$ m	$H>100$ m

表2坝高划分中表明,《混凝土重力坝设计规范》(SL 319—2005、DL 5108—1999)、《混凝土拱坝设计规范》(SL 282—2003)及《混凝土面板堆石坝设计规范》(SL 228—2013)按其坝高分为低坝、中坝、高坝,坝高 $H<30$ m 为低坝、$H=30\sim70$ m 为中坝、$H>70$ m 为高坝。

而电力 DL 标准《混凝土拱坝设计规范》(DL/T 5346—2006)、《混凝土面板堆石坝设计规范》(DL/T 5016—2011)在坝高的划分上,中坝却分别按照 $H=50\sim100$ m、$H=30\sim100$ m,高坝 $H>100$ m 进行划分,在坝高的划分上明显呈现出一种乱象。

坝高划分的不一致,一是造成大坝混凝土抗压强度比值、防渗和耐久性能标准、大坝抗滑稳定、温度控制及验收等级等标准执行的不一致;二是对海外水利水电市场开发带来很大的负面影响。

4.3 混凝土强度等级 C 与标号 R 之间对应关系

中国的水利水电工程由于执行不同的行业标准,水利 SL 标准大坝混凝土设计指标采用标号 R 表示,电力 DL 标准大坝混凝土设计指标采用强度等级 C 表示。混凝土设计指标采用不同符号表示,一方面容易造成大坝混凝土设计指标的混乱,另一方面对坝体混凝土强度控制指标有一定影响。水工混凝土采用标号 R,与1984年国家颁发的《法定计量单位》、1987年 GBJ 107—87 国标以及 ISO 国际标准的要求不相符。

目前,执行 SL 标准的重力坝、拱坝其混凝土设计指标仍采用标号 R 表示。由于混凝土坝的设计是以强度作为控制指标,混凝土采用强度等级 C 与标号 R 表示,不单纯是一个简单的符号问题,直接关系到混凝土坝体强度设计标准问题。

《混凝土重力坝设计规范》(DL 5108—1999)条文说明第8.4.3条对混凝土抗压强度的标准值采用强度等级及标号进行了分析,大坝常态混凝土强度等级与大坝常态混凝土标号之间的对应关系见表3,大坝碾压混凝土强度等级与大坝碾压混凝土标号之间的对应关系见表4。

表 3　大坝常态混凝土强度等级与常态混凝土标号之间的对应关系

大坝常态混凝土强度等级 C	C7.5	C10	C15	C20	C25	C30
对应的原大坝常态混凝土标号 R	R113	R146	R202	R275	R330	R386

表 4　大坝碾混凝土强度等级与碾压混凝土标号之间的对应关系

大坝混凝土强度等级 C	C5	C7.5	C10	C15	C20
对应的原大坝碾压混凝土标号 R	R106	R154	R200	R286	R368

表 3、表 4 大坝混凝土强度等级与混凝土标号之间的对应关系表明,混凝土强度等级 C 与混凝土标号 R 不是对应的相等关系,对以强度作为控制指标的大坝混凝土有很大影响。在采用水利 SL 标准混凝土标号进行混凝土坝设计时,需要引起高度关注。

4.4　混凝土标号 R 设计指标分析

1987 年之前,中国混凝土抗压强度分级采用"标号 R"表达。1987 年国家标准《混凝土强度检验评定标准》(GBJ 107—87)改以"强度等级 C"表达。此后,工业、民用建筑部门在混凝土设计和施工中均按上述标准执行,以混凝土强度等级 C 替代混凝土标号 R。

《水工混凝土结构设计规范》(DL/T 5057—1996)、《水工建筑物抗冰冻设计规范》(DL/T 5082—1998)、《混凝土重力坝设计规范》(DL 5108—1999)、《水工混凝土施工规范》(DL/T 5144—2001)以及《水工混凝土结构设计规范》(SL 191—2008)等标准,混凝土强度等级采用混凝土(concrete)的首字母 C 表示,如 C20、C30 等,后面数字表示抗压强度为 20 MPa、25 MPa。混凝土采用"强度等级 C"也是国际工程通用做法。

但是 SL 标准在混凝土坝设计规范中仍采用"标号 R",比如《混凝土重力坝设计规范》(SL 319—2005)条款 8.5.3 规定:选择混凝土标号时,应考虑由于温度、渗透压力及局部应力集中所产生的拉应力、剪应力。坝体内部混凝土的标号不应低于 $R_{90}100$,过流表面的混凝土标号不应低于 $R_{90}250$。《混凝土拱坝设计规范》(SL 282—2003)条款 10.1.1 规定:坝体混凝土标号分区设计应以强度作为主要控制指标。坝体厚度小于 20 m,混凝土标号不宜分区。但是《水工混凝土结构设计规范》(SL 191—2008)条款 1.0.2 规定:本标准适用于水利水电工程中的素混凝土、钢筋混凝土及预应力混凝土结构的设计,不适用混凝土坝的设计。

部分工程大坝混凝土标号 R 与强度等级 C 设计指标对照见表 5。

表 5　部分工程大坝混凝土标号 R 与强度等级 C 设计指标对照

SL 标准大坝混凝土设计指标		DL 标准大坝混凝土设计指标	
工程名称	混凝土标号 R	工程名称	混凝土强度等级 C
普定水电站	$R_{90}200S6$	彭水水电站	$C_{90}20W10F150$
	$R_{90}150S4$	景洪水电站	$C_{90}15W8F100$

续表 5

SL 标准大坝混凝土设计指标		DL 标准大坝混凝土设计指标	
汾河二库水库	$R_{90}C20S8D150$	光照水电站	$C_{90}25W8F100$
	$R_{90}C10D50$		$C_{90}20W6F100$
棉花滩水电站	$R_{180}150S4D25$	金安桥水电站	$C_{90}15W6F50$
	$R_{180}200S8D50$		$C_{90}20W6F100$
三峡大坝	$R_{90}150^{\#}D_{100}S_8$		$C_{90}15W6F100$
	$R_{90}200^{\#}D_{250}S_{10}$	龙滩水电站	$C_{90}25W6F100$
	$R_{90}250^{\#}D_{250}S_{10}$		$C_{90}20W6F100$
	$R_{90}300^{\#}D_{250}S_{10}$		$C_{90}15W6F50$
百色水利枢纽	$R_{180}15MPaS6D25$	向家坝水电站	$C_{180}15F100W8$
	$R_{180}20MPaS10D50$		$C_{180}20F150W10$
蔺河口水电站	$R_{90}200S6D50$		$C_{90}25F200W8$
沙牌水电站	$R_{90}200\varepsilon\rho1.05$		$C_{180}45F250W14$
喀腊塑克水利枢纽	$R_{180}20MPaW10F300$	小湾水电站	$C_{180}40F250W14$
	$R_{180}20MPaW6F200$		$C_{180}35F250W12$
	$R_{180}20MPaW4F50$		$C_{180}30F250W10$

表 5 分析表明,执行 SL 标准大坝混凝土设计指标采用标号 R 表示,执行 DL 标准大坝混凝土设计指标采用强度等级 C 表示。三峡大坝设计采用水利 SL 标准,大坝混凝土设计指标采用标号 R 设计。从表 5 中看出,采用标号 R 混凝土设计指标符号较混乱。工程实践表明,大坝混凝土材料及分区采用混凝土标号 R 与强度等级 C 其设计指标内涵意义存在明显差异。由于混凝土标号 R 与混凝土强度等级 C 不是相等关系,即 R150≠C15、R200≠C20、…,采用混凝土标号 R 设计的强度指标将明显低于强度等级 C 设计指标。为此,有的水利工程为了保证大坝混凝土强度,当混凝土设计指标采用标号 R 进行设计时,对标号 R 后面的数据进行修正。

例如:汾河二库大坝混凝土设计指标 $R_{90}C20S8D150$,其中标号 R 后面数据改为 C20,即 90 d 龄期混凝土强度 20 MPa;百色水利枢纽重力坝混凝土设计指标 $R_{180}15MPaS6D25$、$R_{180}20MPaS10D50$,其中标号后面数据直接改为 15 MPa、20 MPa,即 180 d 龄期混凝土强度为 15 MPa、20 MPa;喀腊塑克水利枢纽碾压混凝土重力坝也采用与百色工程相同的设计指标;特别是同一工程,如某水库碾压混凝土双曲拱坝,大坝混凝土设计指标采用 R 表示,而结构混凝土则采用 C 表示,显得十分蹩脚。

5　水利水电标准的统一与走出去战略意义

中国水利水电工程标准各自为政、条块分割的局面,将妨碍和制约水利水电技术进步,与水利水电工程的特点不符。标准的各自为政,一是造成使用混乱和不方便;二是不能全面涵盖水利水电工程技术水平。水利水电工程采用两套标准,许多方面国人都不好理解执行,更不要说标准在国外的执行难度。水利水电工程的不可分割性决定了规范标准的统一性,这也为世界发达的西方先进国家所证明。

在技术标准制定方面,我们可以借鉴欧美等先进国家标准体系制定,这些先进国家的ASTM、USACE、BS、NF、DIN、JIS等技术标准的制定、使用和修订长达100多年,有着十分良好的系统性、长期性和连续性。反观中国的技术标准,特别是水利水电工程技术标准,从SD、SDJ标准到DL、SL标准,没有形成合力,不但系统性、统一性不足,而且还存在相互矛盾的地方。水利水电工程标准统一的问题,不是个单纯的行业问题,它与中国加入WTO和改革开放的方针不符,与中国水电大国、强国的地位不相称,与目前深化改革、互联互通的形势发展格格不入,将严重束缚和制约水利水电工程的技术创新,直接关系到中国水利水电技术进步和"走出去"战略的市场开发。

中国的水利水电标准要成为国际ISO标准的参与者、制定者、修订者,标准的统一至关重要,这是掌握标准话语权和开拓海外市场的必然。笔者于2004年和2005年分别参加国外的埃塞俄比亚泰可泽水电站工程、越南波来哥隆水电站工程,在技术标准的应用中深有体会。

中国的技术标准与先进国家的技术标准最大的区别是政府行为,造成技术标准制定受行业归属变动而发生变化。中国新一届政府明确提出:科学技术创新,政府的退出行为已经到了刻不容缓的地步,改革目前已进入攻坚区、深水区,下一步的改革,不仅是解放思想、更新观念,更多方面的改革是要打破固有利益格局,调整利益预期。这既需要政治勇气和胆识,同时还需要智慧和系统的知识。

中国的水利SL标准与电力DL标准大多为推广标准,并非强制标准,对标准要不断有所突破、有所创新,与时俱进,以改革开放促进水利水电技术创新和可持续发展。随着科学技术进步标准需要不断进行修订,一般先进国家的技术标准修订周期为5年,而中国的技术标准修订往往滞后于5年,加之政府行为,更使技术标准审批发布严重滞后,需要认真研究和反思,为中国水利水电工程标准的统一性、先进性、系统性和及时修订搭建了一个良好的平台。

6　结语

(1)水利水电工程技术标准条块分割、各自为政的局面,给设计、科研、施工及管理等带来诸多不便,对"走出去"和"一带一路"战略带来一定的负面影响,与中国水利水电大国、强国的地位不相符。

(2)水利水电工程不可分割的属性决定了标准的统一性,这也为世界发达的欧美等西方先进国家所证明。

(3)SL标准与DL标准在未统一之前,可先分两步走。首先统一相同标准的术语、基本符号及条款,比如坝高的划分、混凝土强度等级等,使标准尽快形成合力。

(4)水利水电工程标准的统一要不断深化改革,需要从顶层设计改革,建立政府行为的退出机制,摒弃行业束缚,尽快实现水利水电工程标准的互联互通。

(5)水利水电工程标准的统一要像中国海警合并、南车北车合并一样,把原来各自为政的部门合并为一个,形成可持续发展、和谐发展和维护国家主权利益的合力,将具有极其重要的现实意义和深远意义。

参考文献

[1] 中国水利发电工程学会. 中国水力发电年鉴:第十九卷[M]. 北京:中国电力出版社,2016.

[2] 中国电力企业联合会标准化部. 电力工业标准汇编. 水电卷. 施工[M]. 北京:水利水电出版社,1995.

[3] 陶洪辉. 美国陆军工程兵团水电工程标准体系介绍[J]. 红水河,2010,29(2):94-97.

[4] 周建平,党林才. 水工设计手册:第五卷 混凝土坝[M]. 2版. 北京:中国水利水电出版社,2011.

[5] 中国长江三峡工程开发总公司. 水工混凝土施工规范宣贯辅导材料[M]. 北京:中国电力出版社,2003.

[6] 高苏杰. 抽水蓄能的责任[J]. 水电与抽水蓄能,2015,1(1):1-7.

作者简介:

1. 田育功(1954—),陕西咸阳人,教授级高级工程师,总工程师,主要从事水利水电工程技术和建设管理工作。

2. 熊林珍(1964—),高级工程师,副部长,主要从事水电工程合同管理工作。

大坝与水工混凝土关键核心技术综述★

贾金生[1] 田育功[2]

(1. 中国水利水电科学研究院,国际大坝委员会;
2. 中国水力发电工程学会 碾压混凝土筑坝专委会,中国大坝工程学会)

【摘　要】 进入 21 世纪以来,我国的水利水电进入了自主创新、引领发展的新阶段,已经是当之无愧的世界第一。大坝建设是水利水电发展最重要的标志,它对水资源的开发利用发挥着极其重要的作用。水工混凝土作为水工建筑物重要的建筑材料,有着其他材料无法替代的作用。大坝的质量安全、长期耐久性和使用寿命直接关系到社会、经济和环境的发展。本文主要通过水利水电工程标准的统一、大坝混凝土材料及分区、水工混凝土原材料、大坝混凝土施工配合比、提高混凝土耐久性抗冻等级、水工泄水建筑物抗冲磨混凝土、大坝混凝土施工质量与温控防裂、数字大坝与智能大坝建设等关键核心技术论述,为我国水利水电工程建设又好又快的发展提供技术支撑。

【关键词】 大坝;水工混凝土;温控防裂;耐久性;标准统一;设计龄期;极限拉伸值;坝体分区;低热水泥;施工配合比;抗冻等级;HF 混凝土;质量标准;覆盖保温;BIM 技术;数字大坝;智能大坝

1 引言

大坝建设是水利水电发展最重要的标志,它对水资源的开发利用发挥着极其重要的作用。大坝的质量安全、长期耐久性和使用寿命直接关系到社会、经济和环境的发展。影响大坝质量的因素很多,涉及政策、标准、设计、科研、施工、监理和建设管理等诸多方面,其中科学技术作为第一生产力发挥着决定作用。

混凝土坝是水工大体积混凝土的典型代表。水工混凝土工作环境复杂,需要长期在水的浸泡下、高水头压力下、高速水流的侵蚀下以及各种恶劣的气候和地质环境下工作,因而水工混凝土对耐久性能的要求比其他混凝土要高。水工混凝土具有长龄期、大级配、低坍落度、加掺和料和外加剂、水化热低、温控防裂要求严、施工浇筑强度高等特点,其可塑性强、使用方便、经久耐用、适应性强、安全可靠等优势是其他材料无法替代的。

朱伯芳、张超然院士主编的《高拱坝结构安全关键技术研究》中指出:每次强烈地震后,都有不少房屋、桥梁严重受损,甚至倒塌,但除 1999 年中国台湾"9·21"大地震中石冈重力坝由于活动断层穿过坝体而有三个坝段破坏外,至今还没有一座混凝土坝因地震而垮掉,许多混凝土坝遭受烈度Ⅷ、Ⅸ度强烈地震后,损害轻微,可以说在各种土木水利地

★本文原载于《华北水利水电大学学报(自然科学版)》,2018 年 12 月。

面工程中,混凝土坝是抗震能力最强的。

"温控防裂、提高耐久性"是大坝与水工混凝土的关键核心技术。举世瞩目的长江三峡工程建设是大坝与水工混凝土关键核心技术发展的里程碑。大坝与水工混凝土新技术的发展,有力地推动了筑坝技术的发展,加快了建坝速度,缩短了建坝周期。

进入 21 世纪以来,我国的水利水电事业进入了自主创新、引领发展的新阶段。这一阶段,中国更加关注巨型工程和特高坝的安全,注重环境保护,在很多领域居于国际引领地位,同时也全面参与国际水利水电建设,拥有一半以上的国际市场份额。

随着新时代的到来,在保护生态的前提下,推进水资源高质量开发利用及工程的有序建设仍是当前和未来的必然选择。展望"十三五"及未来一个时期,安全发展、智能发展、绿色发展必将成为水利水电发展的主旋律。

2018 年 7 月 13 日,习近平总书记在中央财经委员会第二次会议上发表重要讲话。他强调,关键核心技术是国之重器,对推动我国经济高质量发展、保障国家安全都具有十分重要的意义,必须切实提高我国关键核心技术的创新能力,把科技发展主动权牢牢掌握在自己手里,为我国发展提供有力的科技保障。为此,在水利水电的发展中,必须牢固树立关键核心技术自主创新意识,努力取得重大原创性突破,为我国的水利水电建设又好又快的发展提供技术支撑。

2　水利水电工程标准的统一刻不容缓

技术标准是一个国家技术进步的具体体现,特别在当今激烈的市场竞争中,标准的制定显得尤为重要。"得标准者得天下!"这句话揭示了标准举足轻重的影响力。而在中国企业"走出去"和"一带一路"倡议的过程中,输出"中国标准"一直都被视为最高追求,这方面中国高铁标准已经成为世界标准的主导者。

中国由于电力体制的改革以及标准归属政府行为,取消了原水利电力部颁发的 SD(水利水电)和 SDJ(水利水电建设)近 300 项标准,导致了水利水电工程标准各自为政的局面,被分割为水利行业 SL 标准、电力行业 DL 标准以及近年颁发的能源行业 NB 标准。水利水电工程标准条块分割、各自为政的局面,给设计、科研、施工及管理等方面带来诸多不便,给"走出去"战略、"一带一路"倡议和互联互通带来一定的负面影响,与中国水利水电大国、强国的地位极不相符,严重制约了中国水利水电工程标准成为国际标准的障碍。

水利水电工程不可分割的属性决定了标准的统一性,这也为世界发达的欧美等西方先进国家所证明。欧美、日本等国家成为世界发达国家和强国与先进的技术标准分不开,西方发达国家无不重视标准的制定和修订,其主要由工业协会、土木学会等组织进行。特别是以美国、德国为首的先进发达国家的标准,具有很强的先进性、创新性和可操作性。先进的技术标准是工业化、现代化的科学奠石。已故两院院士潘家铮生前指出:一个国家的技术标准既是指导和约束设计、施工及制造行业的技术法规,也是反映国家科技水平的指标,所以其编制和修订工作至关重要。水电行业既是广义的水利工程的一部分,又和电力行业有紧密的联系。

进入 21 世纪,随着改革开放的不断深化,"一带一路"倡议提出:共商、共建、共享,共创未来,实现全球化、互联互通、建设人类命运共同体的发展方向。开放带来进步、封闭带来落后,一带一路沿线建设,基础设施的能源建设十分重要,也为中国水利水电发展提供了机遇,所以水利水电工程标准的统一、放眼全球是历史的必然。

中国的水利水电工程技术标准虽然齐全,但由于条块分割,把各自封闭在自己的小圈子里。与国外先进的欧美等西方国家相比,中国水利水电工程技术标准存在着长期性、连续性、系统性、全面性以及按期修订等方面的明显不足。比如,相同的水利水电工程采用的《混凝土重力坝设计规范》《混凝土拱坝设计规范》《水工混凝土施工规范》等许多标准,被分为水利行业 SL 标准和电力行业 DL 标准(甚者能源 NB 标准),呈现出一种乱象。水利水电工程标准各自为政,导致标准基本的术语符号、混凝土强度符号、设计指标、目次章节等的不一致,给设计、科研、施工及管理带来了许多不便,直接影响到国家"走出去"战略、"一带一路"倡议的重大方针,与国家全面深化改革的体制极不相符。

2016 年 9 月 12 日第 39 届国际标准化组织(ISO)大会在北京举行。标准是人类文明进步的成果。伴随着经济全球化深入发展,标准化在便利经贸往来、支撑产业发展、促进科技进步、规范社会治理中的作用日益凸显。标准已成为世界"通用语言"。中国将积极实施标准化战略,以标准助力创新发展、协调发展、绿色发展、开放发展、共享发展。中国愿同世界各国一道,深化标准合作,加强交流互鉴,共同完善国际标准体系。世界需要标准协同发展,标准促进世界互联互通。标准助推创新发展,标准引领时代进步。国际标准是全球治理体系和经贸合作发展的重要技术基础。

水利水电工程标准的统一直接关系到国家的战略发展,已经到了刻不容缓的地步,需要从顶层设计入手,不断深化改革。水利水电工程标准的统一要像中国海警合并、南车北车合并一样,把原来各自为政的部门合并为一个,形成可持续发展和维护国家主权利益的合力,要像中国高铁标准一样成为世界标准,水利水电工程标准的统一和成为世界标准将具有极其重要的现实意义和深远意义。

3　大坝混凝土材料及分区关键核心技术

3.1　大坝混凝土设计指标的关键核心技术

(1)设计龄期探讨。相同的大坝采用不同的水利行业或电力行业标准,混凝土的设计龄期则不同。比如碾压混凝土强度等级,采用水利行业标准设计的碾压混凝土坝,其碾压混凝土的抗压强度大都采用 180 d 设计龄期;而采用电力行业标准设计的碾压混凝土坝,其碾压混凝土的抗压强度基本采用 90 d 设计龄期。大坝混凝土设计龄期采用 90 d 或 180 d 不是一个单纯的选用问题,在设计中需要考虑大坝混凝土水泥用量少、掺和料掺量大、水化热温升缓慢、早期强度低等特性,充分利用高掺粉煤灰混凝土后期强度增长率大的特点,有效简化温度控制措施,有利于大坝的温控防裂。从二滩拱坝的建设开始,我国的高拱坝混凝土均采用 180 d 设计龄期。为此笔者建议,大坝混凝土(碾压混凝土)设计龄期采用 180 d 为宜。

(2)设计指标匹配问题。提高大坝混凝土抗裂性能的主要途径是提高混凝土的极限拉伸值。而提高混凝土极限拉伸值,就意味着要降低水胶比、增加胶凝材料用量。但事实证明,这样对极限拉伸值的提高效果并不明显,反而提高了混凝土的强度和弹性模量,增加了水化热温升,对温控和防裂不利。陈文耀等研究指出:混凝土的极限拉伸值与干缩变形的差距大。大坝混凝土的干缩变形一般在 3.00×10^{-4} 左右,而混凝土的极限拉伸值一般在 1.00×10^{-4} 以内,两种变形不相适应,极限拉伸变形无法阻挡由于干缩变形引起的表面裂缝的产生。大量试验结果表明:混凝土每增加 $10\ kg/m^3$ 水泥,其绝热温升增加 $1.0\sim1.5\ ℃$;极限拉伸值每增加 0.1×10^{-4},水泥用量将增加 $20\sim36\ kg/m^3$,混凝土绝热温升将提高 $2\sim5\ ℃$。因此,为了提高混凝土的抗裂性而片面追求极限拉伸值,不但不能提高其抗裂性,反而对混凝土抗裂不利。

3.2 大坝混凝土分区原则

(1)重力坝分区原则。重力坝是依靠自身重量抵御水推力而保持稳定的挡水建筑物,其基本断面为三角形,主要荷载是坝体混凝土自重和上游面的水压力。为了适应地基变形、温度变化和混凝土浇筑能力,重力坝沿坝轴线被横缝分隔成若干个独立工作的坝段,所以重力坝必须建立在岩基上。重力坝坝体的分区设计应充分考虑坝体各部位的工作条件和应力状态,在合理利用混凝土性能的基础上,尽量减少混凝土分区部位,同一浇筑仓面的混凝土材料最好采用同一种强度等级或不超过两种;具有相同或近似工作条件的混凝土尽量采用同一种混凝土设计指标。坝体分区设计优化不但减少了混凝土设计指标,降低了配合比设计试验的工作量,同时可以明显简化施工,提高混凝土拌和生产能力和浇筑强度,加快施工进度,有利于质量控制。

(2)拱坝分区原则。拱坝是一个空间壳体结构,作用在坝上的外荷载通过拱梁的作用传递至两岸山体,依靠坝体混凝土的强度和两岸坝肩岩体的支承,保证拱坝的稳定。拱坝能充分发挥混凝土材料的性能,因而能减小坝身体积,节省工程量。只要两岸坝肩具有足够坚硬、稳定可靠的岩体,拱坝潜在的安全裕度较其他坝型都大,是经济性和安全性都比较优越的坝型。根据近年来的工程实践经验,拱坝坝体混凝土要求具有高强度、中等弹性模量、低热量的特性。最早建成的 240 m 高的二滩薄拱坝根据拱坝静、动应力的大小范围及分布规律,结合坝体附属建筑物布置和结构要求的特点,按照抗压强度等级将拱坝混凝土分成 A、B、C 3 个区,大坝混凝土采用 180 d 龄期设计,85% 的强度保证率。此后的小湾、拉西瓦、溪洛渡、锦屏一级、构皮滩、大岗山、白鹤滩、乌东德等高拱坝的混凝土均采用 180 d 设计龄期,坝体混凝土的强度基本按照下部(A 区)、中部(B 区)及上部(C 区)进行分区。

3.3 大坝混凝土材料及分区新技术发展

截至 2017 年,我国的碾压混凝土坝已超过 300 座。我国碾压混凝土坝的技术特点是采用全断面碾压混凝土筑坝技术,依靠坝体自身防渗。采用碾压混凝土筑坝技术,只是改变了混凝土的配合比和施工工艺而已,设计上并未因是碾压混凝土坝而改变大坝体形,所以碾压混凝土坝的断面与常态混凝土坝的断面相同。由于碾压混凝土坝不分纵缝,横缝采用切缝技术,施工采用大仓面薄层摊铺、通仓碾压;所以,不论是碾压混凝土重力坝,还是碾压混凝土拱坝,其混凝土材料及分区明显有别于常态混凝土坝。碾压混凝土坝的上游迎水面防渗区主要采用二级配碾压混凝土和变态混凝土,坝体内部及下游部位主要采用三级配碾压混凝土。

大坝混凝土材料及分区设计是混凝土坝设计中极为重要的内容之一,其设计合理与否,不仅关系到能否简化施工、加快施工进度,还密切关系到大坝混凝土的温控防裂、整体性能和长期耐久性。大坝混凝土设计指标是水工混凝土原材料选择和配合比设计的重要依据。国内水利水电工程大坝混凝土的材料及分区设计呈现过于复杂和比较混乱的状况,坝体材料分区及混凝土设计指标设计得过细过多,反而对坝体的整体性不利,也不利于大坝快速施工。龙滩、江口、拉西瓦、向家坝、金安桥等工程对大坝体形、混凝土材料及分区进行了设计优化和技术创新,取得了十分显著的技术效益和经济效益。

4　水工混凝土原材料的关键核心技术

4.1　大坝混凝土原材料技术发展

水工混凝土原材料优选,直接关系到水工建筑物的强度、耐久性、整体性和使用寿命。低热水泥、Ⅰ级粉煤灰、各种掺和料、半干式人工砂智能化控制技术、组合骨料、石粉含量、高性能外加剂及 PVA 纤维等原材料新技术在大坝混凝土中的研究与应用,使水工混凝土在施工质量和温控防裂方面的提升有质的飞跃。

水泥是混凝土最重要的原材料。水泥混凝土作为目前用量最大的建筑材料,在人类社会及经济发展过程中起着非常重要的作用。随着混凝土的使用及材料科学与技术的发展,水泥混凝土的耐久性和安全性成为国际上备受关注的焦点。

掺和料是水工混凝土胶凝材料重要的组成部分。随着掺和料技术的不断发展,掺和料种类已经从粉煤灰发展到硅粉、氧化镁、粒化高炉矿渣、磷矿渣、火山灰、石灰石粉、凝灰岩、铜镍矿渣等。为此,有关掺和料的技术标准先后制定、颁发,如《水工混凝土掺用粉煤灰技术规范》(DL/T 5055—2007)、《水工混凝土硅粉品质标准暂行规定》(水规科〔1991〕10 号)、《水工混凝土掺用氧化镁技术规范》(DL/T 5296—2013)、《用于水泥和混凝土中的粒化高炉矿渣粉》(GB/T 18046—2000)、《水工混凝土掺用磷渣粉技术规范》(DL/T 5387—2007)、《水工混凝土掺用天然火山灰质材料技术规范》(DL/T 5273—2012)、《水工混凝土掺用石灰石粉技术规范》(DL/T 5304—2013)等,为水工混凝土掺和料的使用提供了技术保障。

砂石骨料是混凝土的主要原材料,大坝混凝土骨料的最大粒径为 150 mm,骨料占总混凝土质量的 85%~90%。大量工程实践表明,不同品种的岩石骨料、粒形对混凝土的用水量、施工性能和硬化混凝土性能有着很大的影响。特别是粒形好的粗骨料,可以有效减少混凝土的用水量,提高新拌混凝土的和易性、流动性、密实性等,同时也可以提高硬化混凝土的各项性能指标。水工混凝土用的人工砂含有较高的石粉含量,能显著改善水工混凝土的工作性能、抗骨料分离性能以及密实性,同时能提高硬化混凝土的抗渗性、力学指标及断裂韧性,所以合理选择人工砂的加工生产方式尤为重要。半干式人工砂智能化控制技术解决了人工砂在含水率、细度模数及石粉含量方面的难题和半干式制砂工艺中的扬尘环保问题,并已在观音岩水电站工程中大规模成功使用。

近年来,第三代聚羧酸高性能外加剂在水利水电工程中已投入使用。为此,新修订的《水工混凝土外加剂技术规程》(DL/T 5100—2014)规定,高性能减水剂的减水率不小于25%,含气量小于 2.5%,对 1 h 经时变化量提出了更高的标准要求。高性能聚羧酸减水剂在白鹤滩、乌东德泄洪洞、尾水洞工程中大量成功应用,混凝土质量优良,表面无气泡。但聚羧酸高性能减水剂在大坝混凝土中目前还未获得成功应用,还需要不断进行试验研究,使高性能外加剂尽快与大级配、贫胶凝材料的大坝混凝土性能相适应。

4.2 低热硅酸盐水泥是大坝混凝土的关键核心材料

我国大坝混凝土主要以中热硅酸盐水泥为主。从三峡工程开始,对中热硅酸盐水泥的比表面积、MgO 含量、水化热、熟料中的矿物组成等提出了比标准更严格的内部控制指标,但由于以高钙阿利特(Alito,$3CaO \cdot SiO_2$,C_3S)为主导矿物的通用硅酸盐水泥存在难以克服的缺点,如混凝土坍落度损失较大、水化热较高、易产生温差裂缝,干缩大、易产生干缩裂缝,硬化浆体中具有二次反应能力的水化产物多、抗化学侵蚀性能较差等,会对混凝土裂缝、耐久性与安全性产生重要影响。

中国建筑材料科学研究总院在国家"九五"攻关、"十五"攻关期间,联合中国长江三峡集团公司、四川嘉华企业(集团)股份有限公司等成功开发出低热硅酸盐水泥。该成果属国内首创,在国际上也处于领先水平。低热硅酸盐水泥又称高贝利特水泥(High Belite Cement,HBC),其熟料矿物品种与通用硅酸盐水泥相同。其区别于通用硅酸盐水泥的显著特征是:低热硅酸盐水泥的熟料是以硅酸二钙为主导矿物,其含量大于 40%。由于硅酸二钙中 CaO 含量低,故其水化时析出的氢氧化钙比硅酸三钙少,其水化放热仅为硅酸三钙的 40%,且最终强度与硅酸三钙持平或超出,所以低热硅酸盐水泥具备低水化热、后期强度增长率大、长期强度高等特点。低热硅酸盐水泥的研制成功,为开发新型低热高性能大坝混凝土提供了基础保障。

进入 21 世纪以来,低热硅酸盐水泥在大坝建设中逐步得到推广应用,如瀑布沟、深溪沟、向家坝、溪洛渡、泸定、猴子岩、枕头坝等水电站,采用低热硅酸盐水泥均取得了良好的应用效果。从 2016 年开始,乌东德大坝全坝使用低热水泥;白鹤滩大坝全坝、地下发电厂房系统、泄洪洞及尾水等部位的混凝土,全部采用 P·LH 42.5 低热硅酸盐水泥。试验检测结果表明:低热水泥混凝土具有较低的水化热温升和放热速率,其 28 d 绝热温升比中热水泥混凝土低约 6 ℃;低热水泥混凝土的开裂时间延迟,产生的裂纹非常细微,裂缝数目、裂缝平均开裂面积及单位面积上的总裂开面积均远远小于中热水泥混凝土;低热水泥混凝土的后期强度高。低热水泥已成为大坝混凝土原材料优选的关键核心材料。

5 大坝混凝土施工配合比的关键核心技术

5.1 施工配合比设计的关键技术路线

大坝混凝土配合比设计的实质就是对混凝土原材料进行最佳组合。质量优良、科学合理的配合比在水工混凝土快速筑坝中占有举足轻重的作用,具有较高的技术含量,直接关系到大坝质量和温控防裂,可以起到事半功倍的作用,获得明显的技术经济效益。

大坝混凝土施工配合比设计是在施工阶段进行的配合比试验。试验采用的水泥、掺和料、外加剂是通过优选确定的原材料,骨料是砂石系统加工的成品粗、细骨料。配合比试验采用的原材料与工程实际一致,保证了施工配合比参数的可靠与稳定,使新拌混凝土的和易性(坍落度、含气量等)始终控制在设计的范围内,为混凝土拌和控制和施工浇筑提供了可靠的保证。

从三峡大坝建设开始,逐步确立了"三低两高两掺"(低水胶比、低用水量、低坍落度;高掺粉煤灰、较高石粉含量;掺缓凝减水剂、掺引气剂)大坝混凝土施工配合比设计关键技术路线,有效改善了大坝混凝土的性能,提高了其密实性和耐久性,降低了水化热温升,十分有利于大坝温控防裂。

5.2　施工配合比试验的关键核心技术

"温控防裂、提高耐久性"是大坝混凝土施工的关键核心技术。影响大坝混凝土抗裂性能和耐久性的因素十分复杂,但主要有两个关键因素:一是如何提高大坝混凝土自身的抗裂性能和耐久性,二是大坝混凝土的高质量施工和温度控制。提高大坝混凝土自身抗裂性能和耐久性,主要通过混凝土原材料优选和科学合理的配合比设计来实现。这与水泥品种、掺和料品质、骨料粒形级配、外加剂性能以及配合比设计优化有关。目前,大坝混凝土施工配合比设计仍是建立在工程经验的基础上。大坝混凝土施工配合比试验具有周期长 (设计龄期 90 d 或 180 d)、骨料粒径大(最大粒径 150 mm 四级配)、劳动强度高(以人工为主)、试验存在一定误差(如坍落度试验等)等特点。所以,大坝混凝土施工配合比设计试验需要提前一定的时间进行,并要求试验选用的原材料尽量与工程实际使用的原材料相吻合,避免由于原材料"两张皮"现象造成实际施工情况与试验结果存在较大差异。

新拌混凝土的坍落度、含气量、凝结时间、经时损失和施工和易性是其施工配合比质量控制的关键技术参数,也是施工配合比试验的关键技术参数。大坝混凝土施工配合比试验应以新拌混凝土性能试验为重点,要求新拌混凝土具有良好的工作性能,坍落度和经时损失小、含气量稳定、凝结时间满足不同气候条件,满足施工和易性、抗骨料分离、易于振捣和液化泛浆等要求,要改变"重视硬化混凝土性能、轻视拌和物性能"的配合比设计理念。

水胶比、砂率、单位用水量、掺和料掺量是大坝混凝土配和比设计极为重要的参数。配合比设计的关键核心技术是如何有效降低单位用水量,而降低用水量的关键核心技术是外加剂的优选。三峡、构皮滩、拉西瓦、白鹤滩等工程的大坝混凝土施工配合比的单位用水量是较低的。

6　提高混凝土耐久性关键核心技术创新研究

6.1　混凝土耐久性对水工建筑物寿命影响

混凝土耐久性主要包括:抗裂性、抗渗性、抗冻性、抗磨蚀性、抗溶蚀性、抗侵蚀性、抗碳化性、碱-骨料反应等,其中抗冻性能是混凝土耐久性能极为重要的指标之一。冻融是在气候寒冷地区影响混凝土耐久性的主要因素之一,当温度降到足够低时,混凝土内的水分将结冰而产生膨胀内应力,由温度变化引起混凝土内疲劳应力是比较大的,这必将影响到混凝土的耐久性。混凝土产生冻融破坏必须具备两个条件:一是混凝土必须与水接触或混凝土中有一定的含水量,二是混凝土所处的自然环境必须存在反复交替的正负温度。

李文伟、(美)理查德. W. 罗伯斯专著《混凝土开裂观察与思考》指出:《美国坝工登记表》记录 1958 年以前共兴建 2 800 座大坝,其中 32%的坝年久失修,问题严重。据美国专家估计,一个大坝的平均寿命大约为 50 年。对这些年久失修的大坝,如果进行全面的加固维修,所需费用将大得惊人。美国一些州政府从经济、安全和生态诸多方面因素考虑,在 20 世纪 90 年代拆除了一批大坝,今后还将继续拆坝。威斯康星大学的一份研究报告表明,维修大坝的费用远远超过拆除所需的开支。

我国水工混凝土的耐久性问题也是不容乐观。1985年原水电部组织了中国水利水电科学研究院、南京水利科学研究院、长江水利科学研究院等9个单位,对全国32座混凝土高坝和40余座钢筋混凝土水闸等水工混凝土建筑物进行了耐久性和老化病害的调查,并编写了《全国水工混凝土建筑物耐久性及病害处理调查报告》。调查结果表明:中国20世纪五六十年代建成的混凝土坝,都存在不同程度的病害,不少已严重变形,有些存在严重隐患;中国东北地区坝工混凝土建筑物冻融破坏严重,其寿命大致10~40年;华东地区的一些水工建筑物也不理想,有些工程运转了7~25年就出现了严重的腐蚀破坏。综合评估,中国水工混凝土建筑物的寿命大致30~50年。

《水利水电工程结构可靠性设计统一标准》(GB 50199—2013)第3.3.2条规定:1~3级主要建筑物结构的设计使用年限应采用100年,其他的永久性建筑物结构应采用50年。临时建筑物结构的设计使用年限根据预定的使用年限及可能滞后的时间可采用5~15年。《水利水电工程合理使用年限及耐久性设计规范》(SL 654—2014)中规定:根据建筑物级别的不同,水库大坝壅水建筑物的合理使用年限为50~150年。

综上,水电大坝使用年限最长为150年,到达使用年限后,大坝均存在退役、拆除的命运。美国在1997年7月1日,由美国土木工程师协会(ASCE)公布了《大坝及水电设施退役导则》;美国大坝协会2006年编写出版了《大坝退役导则》和《退役坝拆除的科学与决策》;国际大坝委员会于2014年完成了技术公报(编号160)《大坝退役导则》(初稿);中国水利部也颁布了《水库降等与报废管理办法(试行)》(水利部令第18号),并于2003年7月1日起实施,给出了大坝符合降等与报废的条件,为中国水库大坝的退役报废提供了依据。

6.2 中国大坝混凝土耐久性抗冻等级现状

水工混凝土耐久性主要用抗冻等级进行衡量和评价,抗冻等级是水工混凝土耐久性极为重要的控制指标之一,不论是南方、北方或炎热、寒冷地区,水工混凝土的设计抗冻等级大都达到或超过F100、F200,严寒地区的抗冻等级达到F300甚至F400,今后要求会更高。而混凝土含气量与混凝土耐久性能密切相关,但新拌混凝土出机含气量与实际浇筑后的混凝土含气量存在很大差异,反映在硬化混凝土含气量达不到设计要求。

大量的工程实践表明,水工混凝土在拌和楼机口取样成型的试件,经标准养护室养护到设计龄期进行试验,硬化混凝土均能满足设计要求的抗压强度、抗拉强度、抗渗等级、抗冻等级和极限拉伸值等性能。但对大坝混凝土钻孔取芯,芯样的抗冻性能试验结果与机口取样的抗冻性能却存在较大的差异,大部分芯样达不到设计要求的抗冻等级。

影响混凝土抗冻等级的主要因素是浇筑后的大坝混凝土含气量达不到新拌混凝土含气量,这也是浇筑仓面现场取样混凝土进行含气量试验所证明的,由于混凝土生产从拌和、运输、入仓、平仓、振捣或碾压等工序环节,需要一定的时间,导致新拌混凝土出机口坍落度(VC值)与仓面现场混凝土坍落度(VC值)存在着一定的时间差,即经时损失。由于水泥的水化反应,新拌混凝土经时损失不可避免,坍落度(VC值)的大小直接影响含气量,一般坍落度损失20 mm(或VC值增大2 s),混凝土含气量相应降低约1%。加之仓面混凝土在高频振动棒或大型振动碾的振捣下,混凝土含气量急剧损失,由于现场仓面浇筑后的混凝土含气量损失,这是导致原级配大坝混凝土抗冻等级达不到设计要求的主要因素。

6.3　提高混凝土抗冻等级关键核心技术创新研究

大量工程实践表明,原级配大坝混凝土不能满足耐久性指标抗冻等级的现状,通过查阅大量资料和研究分析,2005年中国水利水电第四工程局勘测设计研究院正式提出了"保持混凝土含气量、提高混凝土耐久性"课题立项,课题研究依托黄河拉西瓦水电站高混凝土拱坝。拉西瓦大坝为混凝土双曲拱坝,坝顶高程2 410 m,最大坝高250 m,装机容量4 200 MW,工程地处青藏高原,自然条件十分恶劣,混凝土耐久性抗冻等级设计指标要求很高,不论是大坝外部、内部或水位变化区,混凝土设计指标抗冻等级均为F300。"保持混凝土含气量、提高混凝土耐久性"经过三年多大量探索和试验研究,在不改变试验条件和拌和楼设施的情况下,在混凝土中掺入微量的自主研发的稳气剂WQ-X稳气剂后,硬化混凝土气泡个数明显增多、气泡间距系数变小、平均气泡直径变小,显著改变了硬化混凝土气孔结构,研究成果表明:保持混凝土含气量可以明显改变硬化混凝土气孔结构,抗冻等级成倍提高,同时抗渗性及极限拉伸值也相应提高,有效的改善了新拌混凝土和易性和保塑性,十分有利混凝土施工浇筑。施工现场浇筑表明,掺稳气剂混凝土坍落度、含气量经时损失很小,混凝土入仓经振捣车振捣后,含气量仍能满足设计要求,比不掺稳气剂混凝土的抗冻、抗渗性能大幅度提高,同时抗渗性及极限拉伸值也相应提高,有效的改善了新拌混凝土和易性和保塑性,十分有利混凝土施工浇筑。"保持混凝土含气量、提高混凝土抗冻等级方法"属原始技术创新,研究成果具有非常重要的实际和现实意义。

7　水工泄水建筑物抗冲磨混凝土的关键核心技术

7.1　水工泄水建筑物抗冲磨混凝土的现状分析

水工泄水建筑物是水利水电枢纽工程的重要组成部分,其主要作用为泄洪、排沙、施工期导流及初期蓄水时向下游输水,同时又要兼顾水电站进水口前冲沙、排漂等。近年来的工程实践表明,已建成的水利水电工程的泄洪排沙孔(洞)、挑流坎、溢流表孔、溢洪道、消力池、水垫塘、护坦等泄水建筑物经过一定时期的运行,均出现不同程度的冲刷、磨损和空蚀破坏现象,个别工程的泄水建筑物还发生了结构性冲刷破坏,有的破坏甚至已经危及到水工建筑物的安全。特别是部分工程的泄水消能护面抗冲磨防空蚀混凝土,均发生不同程度的破坏,一些工程在投入运行后的短时间内就发生了严重的破坏,维护修补费用巨大。这反映了水工泄水建筑物抗冲磨混凝土在结构设计、掺气减蚀设施、护面材料选择、施工工艺和质量控制等方面,还存在着较多问题,需要分析研究、总结提升和完善。

我国从20世纪60年代就开始研究应用抗冲磨材料,主要有三类:高强度混凝土、特殊抗冲磨混凝土和表面防护材料。在抗冲耐磨材料的研究中,各种材料相继出现,并应用于水利水电工程中,它们各有优缺点。从工程应用的历史过程看,采用高强度混凝土来提高泄水建筑物的抗冲磨防空蚀能力是一个基本途径。

第一代硅粉混凝土技术始于20世纪80年代,其强度和耐磨性很高,但在应用过程中存在着一定的缺陷。我国在开始应用硅粉混凝土时,采用单掺硅粉,掺量大,一般达10%~15%。由于受当时外加剂性能的制约,硅粉混凝土的用水量大,胶材用量多,新拌混凝土十分黏稠,表面失水很快,收缩大,极易产生裂缝,且不易施工。

第二代硅粉混凝土技术始于 20 世纪 90 年代。聚羧酸等高效减水剂的应用,降低了单位用水量。有的在硅粉混凝土中掺膨胀剂,进行补偿收缩,抗裂性能有所改善。由于膨胀剂必须是在有约束的条件下使用才能发挥效果,所以掺膨胀剂对改善抗磨蚀混凝土的性能并不十分理想。

第三代硅粉混凝土技术始于 21 世纪初。首先降低了硅粉掺量,一般掺量为 5%~8%;复掺 Ⅰ 级粉煤灰和纤维,采用高效减水剂,混凝土的性能得到较大提升。但施工浇筑过程中新拌硅粉混凝土的急剧收缩、抹面困难和表面裂缝等问题还是一直未能很好地解决。

7.2 HF 抗冲耐磨混凝土关键核心技术研究与应用

HF 混凝土是继硅粉混凝土之后开发出的新型抗冲耐磨混凝土护面材料,已经在 300 多个水利水电工程中广泛使用。目前已经被水利和能源两个行业的《水闸设计规范》采纳或推荐,被《水工隧洞设计规范》(SL 265—2016)推荐为多泥沙河流的护面材料。

HF 抗冲耐磨混凝土技术跳出了传统上选择护面混凝土只关注混凝土高强度和耐磨较优的理念和做法,通过对高速水流护面混凝土损坏案例及损坏原因的科学分析,认为高速水流护面问题的解决,在保证一定耐磨强度的情况下,应先解决好混凝土的抗冲损坏问题,而抗冲损坏主要由护面的结构缺陷和材料缺陷决定。因而,只有在结构设计、材料选择、配合比试验及施工质量控制等诸多环节中,消除其可能引起抗冲缺陷的因素,才能可靠地解决好护面混凝土的抗冲问题和耐久性问题。对于空蚀损坏的预防,可提高拌和混凝土的和易性,采用科学合理的施工工艺和质量控制方法,确保混凝土护面达到设计要求的平整度和流线型,避免护面混凝土发生空蚀。同时,通过骨料、配合比以及施工工艺解决好混凝土再生不平整度过大可能引起的空蚀损坏问题。对于推移质磨损破坏问题,HF 抗冲耐磨混凝土是通过合理的结构、满足一定要求的原材料、符合抗磨要求的配合比及合理的施工工艺,使护面抗磨层达到设计要求的使用耐久性,使护面抗冲磨混凝土不维修或少维修。

HF 抗冲耐磨混凝土不仅抗冲、耐磨、防空蚀性能良好,而且其抗裂性能也好,干缩小,水化热温升低。HF 抗冲耐磨混凝土的施工与常态混凝土的施工一样简单易行,尤其在严格按照其抗裂防裂要求施工时,可以避免混凝土出现裂缝。

7.3 新型环氧砂浆护面材料修补技术

水工泄水建筑物在运行过程中需要不断维护,损坏后要及时修补。传统的抗冲磨修补材料主要采用预缩砂浆、环氧树脂砂浆(混凝土)、硅粉混凝土、聚合物水泥砂浆、聚脲等,它们均有各自的优缺点。近年来,一种新型 NE-Ⅱ环氧砂浆及 HG 型环氧胶泥涂层护面材料修补技术在泄水建筑物修补中得到了广泛应用。

NE-Ⅱ型环氧砂浆具有无毒无污染、与混凝土匹配性良好、常温施工、不粘施工器具、与混凝土颜色基本一致、抗冲耐磨强度高、主要力学性能优良等特性。主要用于水工建筑物过流面的抗冲磨损、抗气蚀与抗冻融保护以及损坏后的修补,混凝土建筑物的缺陷修补以及补强与加固处理等。NE-Ⅱ型环氧砂浆及 HG 型环氧胶泥涂层护面材料已成功应用于黄河小浪底、三峡、紫坪铺、二滩、拉西瓦、龙头石、苏丹麦洛维、金安桥、瀑布沟、大岗山等国内外大中型水利水电工程泄水建筑物的抗冲磨保护中,并发挥了重要作用。

8　大坝混凝土施工质量与温控防裂的关键核心技术

8.1　大坝混凝土"一条龙"施工的关键技术

大坝混凝土的施工全过程是从两个同步进行的流程开始的。一个流程是混凝土浇筑的仓面准备,另一个流程是混凝土的生产及运输。当上述两个流程汇集到一起后,便进入了混凝土的浇筑流程。大坝混凝土施工过程主要由四大节点构成,具体如下所述:

节点 1:仓面准备。主要包括测量放样、模板加工、模板安装、钢筋加工、钢筋安装、埋件产品检验、埋件安装、机电预埋件、终检开仓证等。

节点 2:混凝土生产及运输入仓。主要包括砂石料生产、原材料温控、混凝土拌和、预冷混凝土、机口检测、混凝土运输入仓等。

节点 3:混凝土浇筑。主要包括仓面资源配置、混凝土平仓振捣、仓面喷雾保湿、覆盖养护、施工缝面处理(冲毛)等。

节点 4:混凝土温控防裂。主要包括混凝土喷雾养护、覆盖保护、初期通水冷却(消减坝内最高温升)、二期通水冷却、缺陷查处和单元评定等。

上述混凝土"一条龙"施工,以原材料准备→混凝土拌和→运输入仓→平仓振捣→养护覆盖→通水冷却等为主线,但尤为重要的是大坝混凝土仓面的分区规划设计。大坝混凝土仓面的分区规划合理与否,直接关系到混凝土的施工进度、浇筑强度、资源配置等方面的均衡施工,是大坝混凝土施工组织设计极为重要的组成部分。

8.2　大坝混凝土施工质量控制的关键措施

大坝是水工建筑物中最为重要的挡水建筑物。大坝的质量安全,一方面影响到建筑物的安全运行和使用寿命,另一方面直接关系到国家和人民的生命财产安全。因此,大坝混凝土施工质量控制具有十分重要的现实意义。任何大坝混凝土施工都必须强调"百年大计,质量第一",三峡、白鹤滩等大坝更是强调"千年大计,质量第一"。三峡工程开创了现代大坝混凝土施工质量新技术的先河,从组织和技术层面对大坝混凝土施工实行全过程质量控制,建立了全面的、细致的、可操作性的质量保证体系。

组织层面设立了专家技术委员会,现场成立了试验中心、测量中心、安全监测中心等五大中心;委派驻厂监造,从源头上对混凝土最重要的原材料水泥和粉煤灰进行质量控制;发挥监理第一线质量监督的作用,确定了小业主、大监理的地位。

技术层面上,制定了"三峡工程混凝土质量技术标准",以文件形式下发了《混凝土拌和生产质量控制及检验》(TGPS 06—1998)、《混凝土温控技术及质量规定》(TGPS 10—1998)等 11 个质量标准和技术规程,"三峡工程混凝土质量标准"比其他水利水电工程标准要求更高、更严,具有很好的可操作性,在三峡大坝混凝土高质量施工中发挥了积极的保障作用。

此后,拉西瓦、小湾、金安桥、向家坝、溪洛渡、白鹤滩等大型水利水电工程纷纷效仿三峡工程的经验,制定工程内部质量控制标准,建立业主的试验中心,派驻厂监造原材料,对水泥、粉煤灰从源头上进行控制,并根据三峡工程质量控制经验,定期开展水泥、粉煤灰比对试验,为大型水利水电工程的建设提供了可靠的质量保证。

8.3 大坝混凝土温控防裂的关键核心技术

混凝土坝是典型的大体积混凝土,其温控防裂问题十分突出,所谓"无坝不裂"的难题一直是坝工界研究的重点课题。通过不懈努力,在混凝土坝的设计优化、原材料优选、试验研究、精细化施工、质量管理、严格温控措施、数字化智能大坝等方面进行技术创新,有效提高了混凝土坝的抗裂性能,其中三峡三期、二滩、江口、构皮滩、金安桥等大坝也做到了无裂缝或很少裂缝。

无裂缝混凝土坝技术研究是一个系统工程,需要从各方面进行技术创新,从有利和不利两方面进行论证。比如:以提高极限拉伸值来防止裂缝,就必然会缩小混凝土水胶比,这意味着会增加水泥和胶材用量,从而提高了混凝土水化热温升,增加了温控负担,反而对防裂不利;控制混凝土浇筑温度,需要生产预冷温控混凝土,必然增加了拌和系统的复杂性,降低了产量,增加了投入;从大坝温控防裂考虑,温控措施一个都不能少,导致了大坝混凝土施工呈现十分复杂的局面。因此,需要从这些相互制约、相互影响的过程中,寻找到一个最佳的平衡点。

原材料优选和大坝混凝土施工配合比优化是温控防裂十分关键的措施之一。配合比优化可以有效降低大坝混凝土的水化热温升,提高混凝土材料自身的抗裂能力。预冷混凝土主要是对粗骨料采取风冷骨料降温措施,可以有效控制新拌混凝土的出机口温度。仓面喷雾保湿、改变小气候,并及时覆盖,可以有效防止混凝土浇筑后温度回升。通水冷却可以有效降低大坝内部混凝土的温升。高坝混凝土通水冷却分初期、中期及后期 3 个阶段。通水时间、流量和水温应通过计算和试验确定,水温与混凝土温度之差不宜大于 20.0 ℃,重力坝日降温速率不宜超过 1.0 ℃,拱坝日降温速率不宜超过 0.5 ℃。

大坝表面全面保温是防止大坝混凝土裂缝极为重要的关键措施。三峡三期工程吸取了三峡二期工程中的一些经验教训,研究了不同保温材料的保温效果,采用了聚苯乙烯板及发泡聚氨酯两种新型保温材料。最后在大坝混凝土表面没有发现一条裂缝。

9 数字大坝与智能大坝建设新技术创新的探讨

9.1 "数字大坝"工程建设新技术的发展

数字化大坝最早是堆石坝大坝填筑监控信息系统,它是应用 GPS 全球定位系统监控上料、碾压遍数、行走速度等施工过程的新技术。该技术最早在水布垭、瀑布沟等水电站的施工控制中尝试,直到糯扎渡水电站成功应用。

此后,数字化大坝技术不断得到推广应用。特别是在长河坝水电站大坝工程中全面应用数字化、信息化管理技术,融入"互联网+"打造"数字大坝"。"数字大坝"技术如 GPS 数字化质量安全全程监控系统、无人驾驶振动碾技术、自动加水系统实现智能化、现场任何区域利用移动信息设备进行及时信息传递和共享等,在我国水利水电工程建设中发挥了重要作用。

以混凝土无线测温系统、混凝土智能通水冷却控制系统、混凝土智能振捣监控系统、人员安全保障管理系统等为主的智能控制系统相继建成,实现了信息监测和控制的自动化、智能化,完成了"数字大坝"向"智能大坝"的跨越,形成了以智能大坝建设与运行信息化平台(iDam)为智能化平台,以智能温控、智能振捣和数字灌浆等成套设备为智能控制核心装置的大坝智能化建设管理系统。

9.2　溪洛渡水电站大坝实现从"数字大坝"到"智能大坝"的跨越

溪洛渡水电站大坝为混凝土双曲拱坝,最大坝高285.5 m,坝顶中心线弧长698.09 m;左右两岸布置地下厂房,各安装9台单机容量77万 kW 的水轮发电机组,总装机容量1 386万 kW,多年平均发电量625.21亿 kW·h,是已建水电站的中国第二、世界第三大水电站。溪洛渡特高拱坝工程具有高地震区、高拱坝、高水头、大泄流量等特点,其设计、施工、管理面临众多的世界性难题。

三峡集团公司在溪洛渡水电站建设之初,建立了施工全过程数据实时采集、综合分析与施工控制的数字化平台。该平台从2008年上线投入使用,至2014年大坝蓄水,在溪洛渡拱坝施工中得到全面应用。该系统涵盖了混凝土生产、混凝土浇筑质量工艺控制和温度控制、基础灌浆处理、施工配套设备管理等施工过程的数据采集,提供了一套有效的方法来处理施工期的海量数据,提高了施工效率,保证了工程的施工进度和质量。经过技术攻坚和创新,溪洛渡大坝初步实现了从"数字大坝"到"智能大坝"的跨越,形成了大坝智能化建设管理系统平台(iDam)。

自2008年10月拱坝工程的第一仓混凝土开始,至2013年5月蓄水目标的实现,溪洛渡大坝智能化建设管理系统累计处理的数据量超过1亿条,优化后数据总量达10 GB。"300米级溪洛渡拱坝智能化建设关键技术"荣获2015年度国家科技进步二等奖。中国工程院院士张超然解读说:溪洛渡大坝建立了一套全过程、全方位、全时辰、全生命周期的仿真系统,可以通过仿真计算来掌握大坝的生命;智能大坝建设是未来水电发展的大趋势,引领着世界高拱坝的发展方向。

9.3　"智能大坝"建设与技术方案创新探讨

钟登华等研究指出:智慧大坝是以数字大坝为基础,以物联网、智能技术、云计算与大数据等新一代信息技术为基本手段,以全面感知、实时传送和智能处理为基本运行方式,对大坝空间内包括人类社会与水工建筑物在内的物理空间与虚拟空间进行深度融合,建立动态精细化的可感知、可分析、可控制的智能化大坝建设与管理运行体系。

智能大坝主要以建筑信息模型(Building Information Modeling,BIM)技术为主。BIM技术是以建筑工程项目的各项相关信息数据作为模型的基础,建立建筑模型,通过数字信息仿真模拟建筑物所具有的真实信息。它具有信息的可视化、协调性、模拟性、优化性、可出图性、一体化性、参数化性和信息完备性等八大特点。2016年,国家颁发了《建筑信息模型应用统一标准》(GB/T 51212—2016)。该标准是我国第一部有关建筑信息模型应用的工程建设标准,提出了建筑信息模型应用的基本要求,可作为我国建筑信息模型应用及相关标准研究和编制的依据,为智能大坝建设提供了技术保障。

智能大坝建设新技术与实施方案依托白鹤滩水电站工程。白鹤滩水电站是目前全球在建规模最大的水电工程,工程综合技术难度冠绝全球,凝聚了世界水电发展的顶尖成果,堪称水电工程的时代最高点。白鹤滩智能大坝信息管理系统实现了对大坝混凝土浇筑、温控、固结灌浆、帷幕灌浆、接缝灌浆、金属结构制作安装过程等综合数据的数字化管理,并建立了大坝结构设计与工程地质成果、原材料质量监测、安全监测、科研仿真服务等工程施工过程管理服务模块,实现了设计、科研与生产一体化。白鹤滩智能大坝信息管理

系统实现了以下几个建设目标:

(1)建立以 BIM 为核心的智能化管理平台。结合最新的 BIM 应用模式与工业4.0的理念与特点,在 iDam(大坝智能化建设平台)的基础上,完善工程信息模型管理,完善施工过程的智能化管理手段与方法,最终实现设计、施工过程的智能化管理,形成智能工程。

(2)实现科研数据的在线获取和科研成果的及时发布。提升平台的开放性,初步实现统一 BIM 平台+开放接口+面向业务的应用三层架构模式,进一步加强设计、科研、生产一体化的建设模式,实现开放式闭环控制与管理。

(3)实现三维设计成果的继承与应用,更好地服务于数字化施工管理过程。

(4)实现以进度仿真为核心的大坝工程综合进度管控。以大坝进度仿真为突破口,加强综合进度控制与协调,建立整体与单项工程的计划与进度管控体系,实现彼此协调联动。

(5)建立数字化工程综合质量控制体系与平台。以工程质量标准化表格为基础,应用基于智能终端的移动数据采集技术,有效集成施工过程记录、监测、测量、试验、验收等成果,输出各种质量成果表格,促进精细化、标准化的施工过程质量控制。

(6)研发和应用智能化施工生产设备。开展关键施工环节的动态反馈与智能控制体系的研发和应用,实现智能化施工,包括混凝土调度、智能通水、智能灌浆、缆机自动定位等。

(7)实现与工程信息管理平台的集成。建立与 BHTPMS 等系统的接口,实现信息共享,在对施工过程的质量、进度、安全进行综合管理与控制的基础上,为合同结算、工程量统计与分析、工程投资过程的精细化管控提供依据。

(8)建立标准化工艺培训库。利用三维可视化技术,建立数字化模式下的大坝混凝土浇筑、温控、灌浆、开挖等施工工艺标准化培训库,开展相关培训。

10 结语

(1)大坝建设是水利水电发展最重要的标志,它对水资源的开发利用发挥着极其重要的作用。水工混凝土作为水工建筑物重要的建筑材料,有着其他材料无法替代的作用。大坝的质量安全、长期耐久性和使用寿命直接关系到社会、经济和环境的发展。

(2)标准是一个国家科技进步的具体体现。中国水利水电工程标准各自为政、条块分割的局面,将妨碍和制约水利水电技术进步。水利水电工程标准的统一和尽快成为国际标准,已经到了刻不容缓地步,标准的统一需要从顶层设计深化改革,将具有极其重要的现实意义和深远意义。

(3)大坝混凝土材料及分区设计是混凝土坝设计极为重要的内容之一。其设计合理与否,不但关系到能否简化施工、加快施工进度,还密切关系到大坝混凝土的温控防裂、整体性能和长期耐久性。

(4)水工混凝土原材料优选直接关系到水工建筑物的强度、耐久性、整体性和使用寿命,低热水泥、I 级粉煤灰、高性能外加剂及 PVA 纤维等原材料新技术在大坝混凝土中的研究与应用,对提高水工混凝土施工质量和温控防裂是一次质的飞跃。

(5)大坝混凝土施工配合比设计具有一定的技术含量,是大坝混凝土施工中的重要环节。合理的配合比设计可以起到事半功倍的效果,并明显提高技术经济效益。大坝混凝土施工配合比主要采用"三低两高两掺"的技术路线,可有效降低水化热温升,对大坝的温控防裂十分有利。

(6)抗冻等级是混凝土耐久性能极为重要指标之一。提高混凝土抗冻等级技术创新通过改变混凝土内部气孔结构,研究成果表明:硬化混凝土气孔结构明显改变,混凝土抗冻等级可以成倍提高,混凝土其他性能也相应得到提高,提高混凝土抗冻等级原始技术创新具有非常重要的现实意义。

(7)水工泄水建筑物抗冲磨防空蚀混凝土的关键技术是防裂和防止结构性破坏。以硅粉为主,多元复合材料和 HF 混凝土的是抗冲磨混凝土主要护面材料,一种新型 NE-Ⅱ环氧砂浆护面材料修补技术在泄水建筑物修补中得到广泛应用。

(8)三峡大坝混凝土施工质量标准比同类其他规范标准的要求更高、更严,在大坝混凝土高质量施工中发挥了重要的保障作用,实现了无裂缝大坝的成功建设。三峡大坝不仅是一座世界上最宏伟的混凝土重力坝,也是一座质量优良、安全可靠的大坝,达到了"千年大计,国运所系"的要求。

(9)数字大坝、智能大坝建设是未来水利水电工程建设发展的大趋势。智能大坝建设新技术与实施方案依托白鹤滩大坝工程,借鉴溪洛渡水电站从数字大坝到智能大坝的跨越实例,对大坝混凝土的生产、施工过程及温控防裂等智能控制系统与实施方案进行了探讨。

参考文献

[1] 朱伯芳,张超然.高拱坝结构安全关键技术研究[M].北京:中国水利水电出版社,2010.
[2] 潘家铮.电力工业标准汇编.水电卷.施工[M].北京:中国电力出版社,1995.
[3] 陈文耀,李文伟.混凝土极限拉伸值问题思考[J].中国三峡建设,2003(9).
[4] 王显斌,文寨军.低热硅酸盐水泥及其在大型水电工程中的应用[J].冰泥,2014(11):22-25.
[5] 李文伟,[美]理查德·W·伯罗斯.混凝土开裂与思考[M].北京:中国水利水电出版社,2013.
[6] 李金玉,曹建国.水工混凝土耐久性的研究和应用[M].北京:中国电力出版社,2004.
[7] 中国长江三峡工程开发总公司,中国葛洲坝水利水电工程集团公司.水工混凝土施工规范宣贯辅导材料[M].北京:中国电力出版社,2003.
[8] 钟登华,王飞,吴斌平,等.从数字大坝到智慧大坝[J].水利发电学报,2015,34(10):1-13.

作者简介:

1. 贾金生(1963—),河南民权人,教授级高级工程师,中国水利水电科学研究副院长,国际大坝委员会荣誉主席、中国大坝学会常务副理事长兼秘书长。

2. 田育功(1954—),陕西咸阳人,教授级高级工程师,副主任理事,从事水利水电工程技术咨询和质量监督工作。

中国碾压混凝土快速筑坝技术特点★

田育功[1]　于子忠[2]　郑桂斌[3]

(1. 中国水力发电工程学会碾压混凝土筑坝专委会;
2. 中国水利学会碾压混凝土筑坝专委会;
3. 中国水力发电工程学会碾压混凝土筑坝专委会)

【摘　要】　中国自 1986 年建成第一座坑口碾压混凝土坝以来,截至 2018 年底,据不完全统计,30 多年来中国已建、在建的碾压混凝土坝(包括胶凝砂砾坝及围堰)超过 300 座。已建成的 192 m 龙滩、200.5 m 光照、203 m 黄登及正在建设的 215 m 古贤等碾压混凝土大坝,标志着中国碾压混凝土筑坝技术已迈入 200 m 级筑坝水平,充分显示了全断面碾压混凝土筑坝具备技术简单、快速、绿色环保、质量可信、安全可靠的明显优势。本文针对中国碾压混凝土坝采用全断面碾压混凝土筑坝、依靠坝体自身防渗的技术特点,从碾压混凝土坝设计、筑坝材料、配合比设计、施工工艺、变态混凝土、层间结合、温控防裂、质量控制及数字大坝、智能大坝等方面,对碾压混凝土快速筑坝技术特点进行简要阐述,为碾压混凝土快速筑坝技术又好又快发展提供技术支撑。

【关键词】　水工碾压混凝土;芯样;设计指标;石粉含量;浆砂比;VC 值;满管溜槽;斜层碾压;变态混凝土;层间结合;温控防裂;动态控制

1　引言

碾压混凝土筑坝技术是世界筑坝史上的一次重大技术创新。碾压混凝土筑坝技术以其施工速度快、工期短、投资省、质量安全可靠、机械化程度高、施工简单、适应性强、绿色环保等优点,倍受世界坝工界青睐。大量的工程实践证明,碾压混凝土坝已成为最具有竞争力的坝型之一,符合绿色环保和又好又快的发展方向。

中国碾压混凝土筑坝技术研究与应用始于 20 世纪 80 年代初的引进探索期,20 世纪 90 年代的消化过渡期,到 21 世纪初的成熟期,发展到目前的创新领先期。中国自 1986 年建成第一座坑口碾压混凝土坝以来,截至 2018 年底,据不完全统计,30 多年来中国已建、在建的碾压混凝土坝已超过 300 座,超过百米级的碾压混凝土坝已达 60 多座,目前中国最高的碾压混凝土重力坝是在建的古贤 215 m,已建的黄登 203 m、光照 200.5 m、龙滩 192 m,标志着中国碾压混凝土筑坝技术已迈入 200 m 级筑坝水平;最高的碾压混凝土拱坝是万家口子 167.5 m、三河口 145 m、象鼻岭 141.5 m。龙滩、光照和沙牌等碾压混凝土

★本文原载于《中国大坝工程学会 2019 学术年会暨第八届碾压混凝土坝国际研讨会论文集》,为研讨会主旨发言,获评优秀论文,2019 年 11 月,中国昆明。

坝分获 2007 年、2012 年及 2015 年"国际碾压混凝土坝工程里程碑奖"。

"层间结合、温控防裂"是全断面碾压混凝土快速筑坝的核心技术。最能说明的是采用全断面碾压混凝土筑坝技术,碾压混凝土芯样长度记录不断被刷新。1986 年中国第一座坑口碾压混凝土重力坝采用"金包银"防渗体系,芯样最长仅 0.6 m。1993 年普定碾压混凝土拱坝开创了全断面碾压混凝土筑坝技术的先河,此后,碾压混凝土芯样不断被突破,突破 10 m、15 m、20 m 长度的屡见不鲜,如三河口(拱坝二级配 22.6 m)、丰满(三级配 23.18 m)、黄登(二级配 24.6 m)等大坝碾压混凝土特超长芯样记录不断被刷新,这是常态混凝土坝芯样无法与之相媲美的。虽然超长芯样不能完全代表碾压混凝土坝的质量,但从一个侧面反映了全断面碾压混凝土筑坝技术对提高碾压混凝土坝层间结合质量、防渗性能、抗滑稳定和整体性能是十分有利的,这正是全断面碾压混凝土快速筑坝的魅力所在。碾压混凝土超长芯样见图 1。

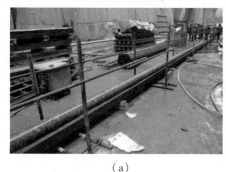

(a)　　　　　　　　　　　　　(b)

图 1　碾压混凝土

全断面碾压混凝土的确切定义为:水工碾压混凝土是指将无坍落度的亚塑性混凝土拌和物分薄层摊铺并经振动碾碾压密实且层面全面泛浆的混凝土。

本文针对中国碾压混凝土坝采用全断面碾压混凝土筑坝技术依靠坝体自身防渗的技术特点,从碾压混凝土坝设计、筑坝材料、配合比设计、施工工艺、变态混凝土、层间结合、温控防裂、质量控制以及数字大坝、智能大坝等方面,对中国碾压混凝土快速筑坝技术特点进行简要阐述,使全断面碾压混凝土快速筑坝技术优势不断得到提升和完善。

2　碾压混凝土坝设计特点

中国碾压混凝土坝设计主要依据《碾压混凝土坝设计规范》(SL 314—2004)进行,其设计特点:

(1)碾压混凝土坝设计特点:中国碾压混凝土坝采用全断面碾压混凝土筑坝技术,依靠坝体自身防渗。碾压混凝土与常态混凝土相比,只是改变了混凝土材料的配合比和施工工艺而已,设计并未因是碾压混凝土而改变坝体体形,所以碾压混凝土坝设计断面与常态混凝土坝相同。

(2)碾压混凝土筑坝核心技术:全断面碾压混凝土筑坝技术,采用薄层摊铺通仓碾压施工技术,其坝体结构特点是层缝结构,为此"层间结合、温控防裂"是碾压混凝土坝的核心技术。

(3)碾压混凝土坝结构设计:碾压混凝土重力坝不设置纵缝,横缝采用切缝技术施工;碾压混凝土拱坝设计横缝、诱导缝及灌浆系统。坝体横缝或诱导缝的上游面、溢流面、下游面最高尾水位以下及坝内和孔洞穿过横缝或诱导缝处的四周等部位均布置止水设施。

(4)碾压混凝土坝防渗设计:碾压混凝土坝防渗区采用二级配碾压混凝土及变态混凝土(加浆振捣混凝土)进行防渗。采用变态混凝土有效简化了碾压混凝土施工,减少了施工干扰,加快了施工进度。

(5)碾压混凝土坝排水设计:碾压混凝土坝坝体内部在上游防渗区下游布置有竖向排水孔,排水孔主要在廊道采用钻孔方式形成。

(6)碾压混凝土设计指标:①大坝内部采用最大骨料粒径80 mm,三级配;防渗区采用最大骨料粒径40 mm,二级配。②碾压混凝土重力坝,内部碾压混凝土设计强度等级C15,上游防渗区设计强度等级C20;200 m级碾压混凝土坝按照坝体下部、中部及上部分区,设计强度等级分别采用C25、C20、C15。③碾压混凝土拱坝的坝体内部及防渗区采用同一设计指标,一般采用C20。高度大于150 m的拱坝,设计强度等级下部采用C25、上部采用C20。④设计龄期:采用水利SL标准,碾压混凝土设计龄期以180 d为主;采用电力DL标准,碾压混凝土设计龄期以90 d为主。

(7)温度控制与防裂设计特点:中国的中、高碾压混凝土坝,一是采用预冷混凝土,控制浇筑温度;二是在坝内埋设冷却水管降低混凝土温度。

3 碾压混凝土材料技术特点

3.1 石粉是原材料不可缺少的组成材料

《水工碾压混凝土施工规范》(DL/T 5112—2009)对碾压混凝土原材料提出了明确要求,要求对水泥、掺和料、外加剂等碾压混凝土原材料应优选通过试验确定。影响碾压混凝土性能主要原材料是人工砂石粉含量,规范DL/T 5112—2009第5.5.9条规定:人工砂的石粉($d \leqslant 0.16$ mm的颗粒)含量宜控制在12%~22%,其中$d < 0.08$ mm的微粒含量不宜小于5%。最佳石粉含量应通过试验确定。大量的工程实践及试验证明,人工砂石粉含量为18%~20%时,能显著改善砂浆及混凝土的和易性、保水性,提高混凝土的匀质性、密实性、抗渗性、力学指标及断裂韧性。石粉可用作掺和料,替代部分粉煤灰。适当提高石粉含量,亦可提高人工砂的产量,降低成本,增加技术经济效益。因此,合理控制人工砂石粉含量,是提高碾压混凝土质量的重要措施之一。

3.2 石粉是提高层间结合质量的关键

石粉是指颗粒小于0.16 mm的经机械加工的岩石微细颗粒,它包括人工砂中粒径小于0.16 mm的细颗粒和专门磨细的岩石粉末。在碾压混凝土中,石粉的作用是与水和胶凝材料一起组成浆体,填充包裹细骨料的空隙。

由于大坝温控防裂要求,在不可能提高胶凝材料用量的前提下,石粉在碾压混凝土中的作用就显得十分重要,特别是粒径小于0.08 mm微石粉,可以起到增加胶凝材料的效果,石粉最大的贡献是提高了浆砂体积比PV值,保证了层间结合质量。

4　碾压混凝土配合比设计特点

4.1　碾压混凝土配合比设计技术路线

中国的碾压混凝土配合比设计技术路线具有"两低、两高和双掺"的特点,即低水泥用量、低 VC 值、高掺掺和料、高石粉含量、掺缓凝减水剂和引气剂的技术路线。由于碾压混凝土设计指标、骨料品种、掺和料品质等因素的影响,对碾压混凝土水胶比影响较大,一般水胶比在 0.50~0.60;砂率(人工骨料)三级配一般为 33%~34%,二级配 36%~38%;用水量三级配一般为 80~95 kg/m³,二级配一般为 88~100 kg/m³;掺和料(主导产品粉煤灰)掺量大坝内部一般为 60%~65%,二级配防渗区一般为 50%~60%;碾压混凝土掺萘系缓凝高效减水剂和引气剂,根据气候条件,掺量采用动态控制,有效改善了碾压混凝土工作性能。

4.2　浆砂比 PV 值是配合比设计重要参数之一

浆砂比(用"PV"表示)是碾压混凝土配合比设计的重要参数之一,具有与水胶比、砂率、用水量三大参数同等重要的作用。灰浆体积(包括粒径小于 0.08 mm 的颗粒体积)与砂浆体积的比值,简称浆砂比。根据全断面碾压混凝土筑坝实践经验,当人工砂石粉含量控制不低于 18%时,一般浆砂比 PV 值不低于 0.42。由此可见,浆砂比从直观上体现了碾压混凝土材料之间的一种比例关系,是评价碾压混凝土拌和物性能的重要指标。

4.3　VC 值与凝结时间

VC 值是碾压混凝土拌和物性能及配合比设计极为重要的参数之一,VC 值的大小对碾压混凝土的性能影响显著。现场仓面控制的重点是 VC 值和初凝时间,VC 值是碾压混凝土可碾性和层间结合的关键,应根据气温和施工条件的变化及时调整出机口 VC 值,对 VC 值实行动态控制。大量的工程实践表明,现场 VC 值控制为 2~5 s 比较适宜,机口 VC 值应根据施工现场的气候条件变化,动态选用和控制,宜为 1~3 s。

凝结时间是碾压混凝土拌和物和可碾性的重要性能,VC 值大小和外加剂掺量对碾压混凝土凝结时间影响极大,碾压混凝土初凝时间一般高温时段不小于 12 h,低温时段不小于 8 h。

5　碾压混凝土快速施工技术特点

5.1　仓面分区设计与快速施工

大坝碾压混凝土施工强度大,工序衔接紧密,施工中需要重点研究和解决混凝土运输的高强度和连续施工问题。碾压混凝土仓面分区原则主要根据大坝结构、布置形式、拌和系统强度、不同的浇筑高程、浇筑设备能力、不同坝段的节点形象要求,以及运输入仓方式进行合理地仓面分区。目前,碾压混凝土摊铺碾压基本采用斜层平推法碾压施工,只要条件允许,尽量把多个仓面合并为一个仓面施工,这样可以有效减少模板量,实现了流水循环作业,均衡施工,极大地提高了碾压混凝土施工效率。例如,金沙江金安桥水电站碾压混凝土重力坝左岸通仓浇筑面积达到 14 000 m²;非洲几内亚苏阿皮蒂大坝左岸最大仓面超过 20 000 m²,碾压混凝土量近 7 万 m³。

5.2 碾压混凝土坝廊道新技术

（1）预制廊道。碾压混凝土坝的坝内廊道和常态混凝土坝的廊道布置基本相同，为了方便碾压混凝土施工，主要采用预制廊道。预制廊道在仓面拼接安装十分快捷、质量有保证，减小了对碾压混凝土快速施工的干扰。但大坝廊道布置过多或过于复杂时，将严重影响碾压混凝土快速施工。

（2）现浇廊道。近年来，随着施工技术的不断创新，碾压混凝土高坝借鉴三峡、小湾、拉西瓦、溪洛渡等工程经验，坝体廊道采用现浇廊道。例如，黄登、大华桥、丰满等碾压混凝土坝采用现浇廊道，现浇廊道采用大型组合钢模板，廊道十分美观，极大提高了廊道施工质量。

（3）矩形廊道。非洲几内亚苏阿皮蒂大坝采用无配筋矩形廊道，施工十分方便。矩形廊道先浇筑底板和排水沟，然后在底板两边按照廊道图纸安装直立模板，然后直接浇筑碾压混凝土，廊道两边碾压混凝土浇筑完成后，在廊道顶部覆盖 C30 钢筋混凝土盖板。无配筋矩形廊道施工简单、快速、经济，美观实用，具有良好的推广价值。三种廊道照片见图 2。

（a）预制廊道　　　　　（b）现浇廊道　　　　　（c）无配筋矩形廊道

图 2　三种廊道

5.3 基础垫层与碾压混凝土同步快速施工技术

大坝的基础在凹凸不平的基岩面上，碾压混凝土铺筑前均设计一定厚度的垫层混凝土，以达到找平和固结灌浆的目的，然后才开始碾压混凝土施工。由于垫层采用常态混凝土浇筑，一是垫层混凝土强度高（一般≥C25），水泥用量大，对基础强约束混凝土温控十分不利；二是垫层混凝土浇筑仓面小，模板量大，施工强度低，浇筑完备后，需要等候一定龄期进行固结灌浆。所以，垫层混凝土的浇筑已成为制约碾压混凝土快速施工的关键因素之一。

为此，《水工碾压混凝土施工规范》（DL/T 5112—2009）第 7.1.4 条规定：基础块铺筑前，应在基岩面上先铺砂浆，再浇筑垫层混凝土或变态混凝土，也可在基岩面上直接铺筑小骨料混凝土或富砂浆混凝土。除有专门要求外，其厚度以找平后便于碾压作业为原则。

近年来的施工实践表明，碾压混凝土完全可以达到与常态混凝土相同的质量和性能，在基岩面起伏不大时，可以直接采用低坍落度常态混凝土找平基岩面后，立即碾压混凝土同步跟进浇筑，可明显加快基础垫层混凝土施工。固结灌浆一般安排在冬季严寒或夏季高温时段不浇筑碾压混凝土时进行。

例如，广西右江百色、几内亚苏阿皮蒂等碾压混凝土重力坝，采用基础垫层与碾压混凝土同步施工技术，有效加快了施工进度，提高了大坝的整体性能。

5.4　汽车+满管溜槽+仓面汽车联合运输新技术

大量的施工实践证明,汽车直接入仓是碾压混凝土快速施工最有效的方式,可以极大地减少中间环节,减少混凝土温度回升,提高层间结合质量,加快施工进度。目前碾压混凝土坝的高度越来越高,上坝道路高差很大,汽车将无法直接入仓,碾压混凝土中间环节垂直运输可以采用满管溜槽进行,即汽车+满管溜槽+仓面汽车联合运输。满管溜槽尺寸的增大,仓外汽车通过卸料斗经满管溜槽直接把料卸入仓面汽车中,倒运十分简捷快速。由于全断面碾压混凝土为高石粉含量、低VC值的亚塑性混凝土,令人担忧的骨料分离问题也迎刃而解。金安桥、大华桥满管溜槽见图3。

（a）金安桥坝顶满管溜槽+仓面汽车　　　（b）大华桥满管溜槽+水平胶带+满管溜槽

图3　满管溜槽

汽车+满管溜槽+仓面汽车联合运输组合方式,有效减少了汽车直接入仓带来的二次污染。汽车入仓洗车可以采用AI自动化洗车设备,通过自动喷水洗车装置,冲掉的泥巴等污染物落入洗车钢桁架下部,清理十分方便。广西瓦村及大古水电站自动洗车装置见图4。

（a）瓦村自动冲洗车　　　　　　（b）大古自动洗车钢桁架

图4　自动洗车装置

5.5　振动碾行走速度及碾压遍数控制

规范DL/T 5112—2009第7.6.3条规定:振动碾的行走速度应控制在1.0~1.5 km/h。碾压施工时振动碾的行走速度直接影响碾压效率及压实质量。采用全断面碾压混凝土筑坝技术,碾压混凝土符合水胶比定则,具有与常态混凝土相同的性能,其实质是振动碾碾压替代了振动棒振捣。目前,新拌碾压混凝土已经成为可振可碾的混凝土,所以必须高度关注振动碾的行走速度。

大量的工程实践,碾压混凝土芯样气孔多和不密实的原因如下:一是施工配合比设计有缺陷或与石粉含量偏低有关;二是拌和时间未按照要求进行拌和,与拌和时间过短有关。但振动碾行走速度过快和碾压遍数不够是导致混凝土气孔过多的主要原因。

5.6 斜层碾压是缩短层间间隔时间的有效措施

斜层碾压的目的主要是减小了铺筑碾压的作业面积,缩短层间间隔时间。斜层碾压显著的优点就是在一定的资源配置情况下,可以浇筑大仓面,把大仓面转换成面积基本相同的小仓面,这样可以极大地缩短碾压混凝土层间间隔时间,提高混凝土层间结合质量,节省机械设备、人员的配制及资金投入。特别是在气温较高的季节,采取斜层碾压效果更为明显。

采用全断面碾压混凝土筑坝技术,由于切缝技术的改进,可以是若干仓位合并为一个大通仓施工,有效减少了横缝模板及工作量,通常碾压仓面的面积达到 5 000~10 000 m²,有的工程已经突破 20 000 m²。采用斜层碾压坡度不应陡于 1:10,坡脚采用铺洒灰浆方式处理尤为重要。碾压混凝土斜层碾压见图5。

(a)金安桥碾压混凝土斜层碾压　　　(b)几内亚苏阿皮蒂碾压混凝土斜层碾压

图5　碾压混凝土斜层碾压

5.7 横缝成缝技术

横缝的成缝方式主要采用切缝机切缝,这种方式不占直线工期,不影响仓内施工,适合于大仓面快速施工。采用大型切缝机具有足够的激振力将切缝时刀片遇到的混凝土中骨料击碎后切入混凝土中,从而按设计线进行成缝,质量有保证。

施工经验表明,"先碾后切"为目前的主流方式,先碾压后切缝再骑缝补碾压的顺序成缝效果良好。特别是斜层碾压完成后,才能进行切缝施工。碾压混凝土横缝缝面位置由测量放样定位,切出宽度为 12 mm 的连续缝隙,横缝成缝面积等于设计成缝面积,缝内按施工图纸要求材料填缝。

6　变态混凝土特点及关键技术

6.1　变态混凝土特点

变态混凝土是在碾压混凝土摊铺施工中,铺洒灰浆而形成的富浆混凝土,使之具有一定的坍落度,采用振捣器的方法振捣密实。变态混凝土主要运用于大坝防渗区表面部位、模板周边、止水、岸坡、廊道、孔洞、斜层碾压的坡脚、监测仪器预埋及设有钢筋的部位等。采用变态混凝土,明显减少了对碾压混凝土施工的干扰。

变态混凝土是中国采用全断面碾压混凝土筑坝技术的一项重大技术创新,其施工质量优劣直接关系到大坝防渗性能,备受人们关注。大量的工程实践表明,目前插孔注浆法已成为主流方式,即加浆振捣混凝土。

变态混凝土具有机动灵活、简化施工的优点。如碾压混凝土的 VC 值超出了规范标准控制范围,已经无法满足碾压施工,针对此情况,不应简单地将这种碾压混凝土作为弃料处理,可将这种碾压混凝土输送摊铺到大坝下游模板、岸坡或廊道等部位的周边,采用变态混凝土施工方式进行处理;采用斜层碾压时,在摊铺上层碾压混凝土之前,可对坡脚碾压混凝土铺洒灰浆,效果很好。

6.2　变态混凝土关键技术

灰浆浓度是变态混凝土关键技术。变态混凝土使用的灰浆在制浆站制好后,通过管路输送到仓面的灰浆车中,由于灰浆材料自身密度不同,灰浆极易产生沉淀,导致灰浆浓度不均匀。所以每次注浆前应先用搅拌器对灰浆进行搅拌,使灰浆浓度均匀,再对已造好孔的碾压混凝土进行注浆。

造孔是变态混凝土关键技术。造孔的深度、间距直接关系到灰浆能否渗透到碾压混凝土中,对变态混凝土即加浆振捣混凝土施工质量影响较大。中国水利水电第七工程局有限公司在变态混凝土施工中,不断进行创新研究,研发了第一代、第二代变态混凝土注浆振捣台车,灰浆的配制、灰浆匀质性、造孔加浆量、混凝土振捣等施工过程中表明,自动注浆振捣一体化台车效果良好。

防渗区和止水部位在施工条件允许时,也可以在拌和楼采用机拌变态混凝土与现场变态混凝土同时交叉施工,效果良好,对防止坝体渗漏十分有利。

7　碾压混凝土"层间结合、温控防裂"核心技术

7.1　碾压混凝土坝结构特点

碾压混凝土浇筑特点是薄层、通仓摊铺碾压施工,容易形成"千层饼",所以碾压混凝土坝是典型的层缝结构,其层缝面极易成为渗漏通道。传统的碾压层厚度一般为 30 cm,坝高 100 m 的碾压混凝土坝,就有 333 层缝面,这样多的层缝面对大坝的防渗性能、层间抗剪强度以及整体性能十分不利。

7.2　碾压混凝土温控特点

碾压混凝土虽然水泥用量少,粉煤灰等掺和料掺量大,极大地降低了混凝土的发热量,但碾压混凝土的水化热放热过程缓慢、持续时间长。碾压混凝土施工采用全断面通仓薄层摊铺、连续碾压上升,且坝体不设纵缝,横缝不形成暴露面,主要靠层面散热,散热过程大大延长。人们曾经一度认为碾压混凝土坝不存在温度控制问题,后来大量的工程实践和研究结果表明,碾压混凝土坝同样存在着温度应力和温度控制问题。

大量的工程实践和研究结果表明,碾压混凝土坝同样存在着温度应力和温度控制问题。碾压混凝土温度控制的目的就是防止大坝内外温差过大引起温度应力造成的裂缝。

7.3　喷雾保湿,降低仓面局部气温

规范 DL/T 5112—2009 第 7.11.4 条规定:高温季节施工,根据配置的施工设备的能力,合理确定碾压仓面的尺寸、铺筑方法,宜安排在早晚夜间施工,混凝土运输过程中,采用隔热遮阳措施,减少温度回升,采用喷雾等办法,降低仓面局部气温。

在高温季节、多风和干燥气候条件下施工,碾压混凝土表面水分蒸发迅速,其表面极

易发白和温度升高。采取喷雾保湿措施,可以使仓面上空形成一层雾状隔热层,这是降低仓面环境温度和降低混凝土浇筑温度回升十分重要的温控措施,可有效降低仓面温度 4~6 ℃,对温控十分有利,一般浇筑温度上升 1 ℃,坝内温度相应上升 0.5 ℃。

喷雾保湿是碾压混凝土层间结合和温度控制极其重要的环节和保证措施,直接关系到大坝防渗性能和温控防裂。

8 碾压混凝土质量控制关键技术

8.1 最佳石粉含量控制技术

碾压混凝土砂中石粉含量研究成果和工程实践表明:当砂中石粉含量控制不低于 18% 时,碾压混凝土拌和物液化泛浆充分、可碾性和密实性好。当石粉含量高于 20% 时,用水量增加较大,一般石粉含量每增加 1%,用水量相应增加约 1.5 kg/m³。最佳石粉含量控制技术工程实例如下:

(1)百色石粉替代粉煤灰技术。百色大坝碾压混凝土采用辉绿岩人工骨料,由于辉绿岩的特性,致使加工的人工砂石粉含量达到 22%~24%,特别是粒径小于 0.08 mm 微粒含量达到石粉含量的 40%。针对石粉含量严重超标的情况,采用石粉替代粉煤灰技术创新,即当石粉含量大于 20% 时,对含量大于 20% 以上的石粉采取替代粉煤灰 24~32 kg/m³ 的技术措施,解决了石粉含量过高和超标的难题,同时也取得了显著的经济效益。

(2)光照粉煤灰代砂技术。光照大坝碾压混凝土灰岩骨料人工砂石粉含量在 15%~16% 波动,达不到最佳石粉含量 18%~20% 的要求。为此,通过粉煤灰 1:2 代砂(质量比)技术措施,有效解决了人工砂石粉含量不足的问题,保证了碾压混凝土施工质量。

(3)金安桥外掺石粉代砂技术。金安桥大坝碾压混凝土采用弱风化玄武岩人工粗细骨料,加工的人工砂石粉含量平均 12.7%,不满足人工砂石粉含量 18%~20% 的设计要求。为此,金安桥大坝碾压混凝土采取外掺石粉代砂技术措施。石粉为水泥厂石灰岩加工,按照 II 级粉煤灰技术指标控制。当人工砂石粉含量达不到设计要求时,以石粉代砂提高人工砂石粉含量,二级配、三级配分别提高石粉含量至 18% 和 19%,有效改善碾压混凝土的性能。

8.2 VC 值与外加剂掺量动态控制技术

VC 值的控制,在满足现场正常碾压的条件下,VC 值可采用低值。大量的工程实践表明,当气温超过 25 ℃ 时 VC 值大都采用 1~5 s。现场 VC 值控制以碾压混凝土全面泛浆并具有"弹性",经碾压能使上层骨料嵌入下层混凝土中,以不陷碾为原则。机口 VC 值动态选用和控制,宜为 1~3 s。

试验研究成果表明:缓凝高效减水剂掺量每增加 0.1%,初凝时间约延长 30 min;VC 值每减小 1 s,碾压混凝土初凝时间相应延长约 20 min。在夏季或高温气候时段,根据不同时段气温选用不同外加剂掺量,保持碾压混凝土配合比参数不变,在提高外加剂掺量减小 VC 值的叠加作用下,延长了碾压混凝土凝结时间,工程实践表明:此方法简单易行,是解决高温气候条件下 VC 值动态控制行之有效的技术措施。

9 碾压混凝土坝智能建设监控技术

2015 年,黄登、丰满等碾压混凝土大坝在建设中,提出了"数字大坝、智能大坝"建设监控技术,运用计算机技术、无线网络技术、物联网、数据库技术、手持数据采集技术等大数据,建立一套具有实时性、连续性、自动化、高精度等特点的大坝施工质量智能控制及管理信息化系统,实现智能拌和、智能碾压、加浆振捣、智能灌浆、智能温控、智能检测、智能验评、进度管控及视频监控等"数字化、信息化、规范化、智能化"工程建设监控技术。

智能建设监控系统采用视频监控全覆盖,建立了混凝土坝施工区域全视频监控技术,实现了施工场地的无死角实时监控。实现了对碾压混凝土碾压条带作业时间和层间覆盖时间的实时在线监控,提供了较完整的碾压混凝土热升层数字化信息;实现了对碾压机具行驶速度、行驶轨迹、碾压遍数、压实厚度及铺料厚度的实时在线监控,形成较完整的混凝土碾压施工质量数字化信息;实现了对骨料温度、出机口温度、入仓温度、浇筑温度、仓面小气候、混凝土内部温度过程、温度梯度、通水冷却进出口水温、通水流量等数据的自动化采集;建立温控信息的评价模型和预警报警模型,实现对最高温度、降温速率、降温幅度等关键温度控制指标实时预警报警信息发布;智能保温根据埋设的温度计及温度梯度观测结果和天气预报,以允许内外温差为目标,及时对可能超标的部位提出预警,提出可靠的保温措施。

智能建设监控系统采用三维可视化模型,对每一个工作单元进行可视化操作,实现仓面设计、浇筑碾压、试验检测、质量验评各环节各专业数据共享、全要素集成、全流程一体化管理与控制,为工程建设管理提供全方位技术支撑,解决传统工程建设信息不及时、不准确、不真实、不系统的问题。

"数字大坝、智能大坝"建设监控技术在黄登、丰满工程的成功应用,实现了工程安全、质量、进度精细化管控,有效提高了工程建设管理水平。

10　结语

(1)中国碾压混凝土坝采用全断面碾压混凝土筑坝技术,依靠坝体自身防渗,与常态混凝土相比,只是改变了混凝土材料的配合比和施工工艺而已,碾压混凝土符合水胶比定则。

(2)"层间结合、温控防裂"是全断面碾压混凝土快速筑坝核心技术,所以设计、试验、施工、质控及管理等必须始终围绕核心技术进行施工。

(3)人工砂石粉含量控制在 18% ~ 20% 时,能显著改善碾压混凝土的工作性、抗渗性和力学指标等性能,石粉最大的贡献是提高了浆砂体积比,保证了层间结合质量。

(4)浆砂比是碾压混凝土配合比设计重要参数之一。VC 值是碾压混凝土可碾性和层间结合的关键,应根据气温和施工条件的变化及时调整出机口 VC 值,对 VC 值实行动态控制。

(5)基岩面垫层采用常态混凝土找平,迅速转入碾压混凝土同步施工,对加快施工进度和提高大坝的整体性能十分有利。

(6)碾压混凝土垂直运输采用汽车+满管溜槽+仓面汽车联合运输是最为有效的方式;控制振动碾行走速度是提高碾压混凝土密实性的关键;斜层碾压可以有效提高混凝土层间结合质量。

(7)变态混凝土实质为加浆振捣混凝土,灰浆浓度和造孔是变态混凝土的关键技术;

防渗区和止水部位在施工条件允许时,可以采用机拌变态混凝土施工。

(8)提高层间结合质量的关键是 VC 值控制和及时碾压,VC 值控制以碾压混凝土全面泛浆和具有"弹性",经碾压能使上层骨料嵌入下层混凝土为宜。

(9)"数字大坝、智能大坝"建设监控技术的成功应用,实现了工程安全、质量、进度等方面的精细化管控,有效提高了工程建设管理水平。

参考文献

[1] 中华人民共和国水利部.碾压混凝土坝设计规范:SL 314—2004[S].北京:中国水利水电出版社,2005.

[2] 中华人民共和国国家能源局.水工碾压混凝土施工规范:DL/T 5112—2009[S].北京:中国电力出版社,2009.

[3] 田育功.碾压混凝土快速筑坝技术[M].北京:中国水利水电出版社,2010.

[4] 田育功,郑桂斌,于子忠.水工碾压混凝土定义对坝体防渗性能的影响分析[C]//中国碾压混凝土筑坝技术 2015.北京:中国环境出版社,2015.

作者简介:

1. 田育功(1954—),陕西咸阳人,教授级高级工程师,副主任,主要从事水利水电工程技术咨询工作。

2. 于子忠(1971—),山东青岛人,教授级高级工程师,秘书长,主要从事水利工程建设和质量安全管理工作。

3. 郑桂斌(1963—),福建福州人,教授级高级工程师,秘书长,主要从事水电工程技术和建设管理工作。

关于取消碾压混凝土表观密度检测的探讨★

田育功[1]　楚跃先[2]　田福文[3]

(1. 中国水力发电工程学会碾压混凝土筑坝专委会;
2. 中国电建集团工程科技部;
3. 中国水利水电第八工程局有限公司)

【摘　要】　早期碾压混凝土坝采用"金包银"(RCD)防渗体系,依据土石坝理念,对现场硬填料碾压混凝土采用核子水分密度仪进行表观密度检测。本文针对现代碾压混凝土坝依靠坝体自身防渗,只是改变了混凝土材料的配合比和施工工艺,坝体工作性态与常态混凝土坝基本相同,但表观密度检测与现代碾压混凝土坝的理念完全不符,取消表观密度检测已经刻不容缓。通过全断面碾压混凝土筑坝核心技术创新探讨,为进一步推动现代碾压混凝土坝的技术进步和高质量发展提供技术支撑。

【关键词】　碾压混凝土;表观密度;层间结合;VC 值;全面泛浆

1　引言

1.1　碾压混凝土坝发展历程

碾压混凝土坝是在常态混凝土坝与土石坝激烈竞争中产生的。混凝土坝的建坝历史,可以认为是力争降低坝体的混凝土水泥用量和改革施工方法的历史,其目的是防止坝体裂缝和缩短工期。长期以来,世界坝工界研究人员都为之努力探索。

1970 年,在美国加州召开了"混凝土快速施工会议"。拉费尔(J. M. Raphael)的论文《最优重力坝》建议使用水泥砂砾石材料筑坝,并用高效率的土石方运输机械和压实机械施工。

1972 年,在美国加州又召开了"混凝土坝经济施工会议"。坎农(R. W. Cannon)的论文《用土料压实方法建造混凝土坝》进一步发展了拉费尔的设想。坎农介绍了用自卸汽车运输、装载机平仓、振动碾压实无坍落度的贫浆混凝土材料筑坝新工艺,大坝上、下游坝面用富浆混凝土并用滑模形成,即"金包银"防渗体系。可以认为从此才真正进入了碾压混凝土筑坝的实践试验阶段。

此后,英国、美国、日本等国相继开始了室内试验及现场应用,中国也于 20 世纪 70 年代末开始了碾压混凝土坝的试验研究工作。中国的碾压混凝土坝是在引进、消化的基础上不断创新发展的,20 世纪 80 年代初碾压混凝土坝主要采用国际上传统的"金包银"

★本文原载于《中国水利学会与中国水力发电工程学会施工专委会、碾压混凝土筑坝专委会 2021 年论文集》,江西南昌,2021 年 9 月。

（RCD）施工工艺。

1993 年中国贵州普定工程开创了现代碾压混凝土坝即全断面碾压混凝土筑坝技术的先河，坝体采用碾压混凝土自身防渗，在国内率先打破碾压混凝土筑坝技术中的"金包银"传统防渗结构习惯，在坝体迎水面使用骨料最大粒径 40 mm 的二级配碾压混凝土作为坝体防渗层，与坝体三级配碾压混凝土同层摊铺，同层碾压。同时在模板边缘、廊道及竖井边墙、岩坡边坡等部位的碾压混凝土中加入适当的灰浆（为混凝土体积的 4%~6%），变成具有坍落度为 2~4 cm 的变态混凝土，再用插入式振捣器振实。变态混凝土的应用结束了碾压混凝土坝"金包银"防渗结构的历史。现今基本上所有碾压混凝土坝上游防渗体系已普遍采用这种变态混凝土与二级配碾压混凝土，在经坝体多年挡水运行实践证明，防渗效果不亚于常态混凝土。这是中国对现代碾压混凝土坝的最大贡献，是中国在碾压混凝土筑坝技术发展上的重大技术创新和具有知识产权的新材料、新工艺、新技术。

进入 21 世纪，国际碾压混凝土坝也逐步采用全断面碾压混凝土筑坝技术和变态混凝土技术，随着现代碾压混凝土快速筑坝技术的不断创新和完善，配合比设计的日趋成熟，碾压混凝土配合比设计采用"两低、两高、两掺"技术路线，即低水胶比、低 VC 值，高掺掺和料（粉煤灰）、高石粉含量，掺缓凝高效减水剂和引气剂的技术路线，碾压混凝土已经成为无坍落度的亚塑性混凝土，可碾性明显得到改善，碾压混凝土层（缝）面的抗滑稳定和防渗问题得到了彻底的解决，施工技术的进步，变态混凝土应用，有效地促进了现代碾压混凝土坝的快速发展。最能反映现代碾压混凝土坝的是超级芯样，超过 20 m 芯样已经屡见不鲜。

1.2 混凝土表观密度

混凝土拌和物的单位体积质量称为表观密度，单位为 kg/m^3。表观密度是混凝土配合比设计计算材料用量的依据，也是检测拌和物质量及含气量的一种手段。而碾压混凝土表观密度也是混凝土坝设计的重要参数，对于依靠重度保持稳定的混凝土重力坝表观密度极为重要，其表观密度亦即重度的取值范围，决定坝体断面尺寸及抗滑稳定，同时表观密度也是评定现场碾压混凝土相对密度的重要指标。

使用骨料密度大、级配良好和最大粒径可以有效增大混凝土的表观密度。当试件的体积无法准确计算出来时，可以用排水法很快求出硬化混凝土的表观密度。大量工程实例表明，碾压混凝土表观密度一般比常态混凝土大，主要是因为碾压混凝土配合比和施工方法与常态混凝土有较大区别。由于碾压混凝土拌和物呈无坍落度的亚塑性混凝土状态，其胶凝材料用量、单位用水量均比常态混凝土少，同时骨料用量却大于常态混凝土，加之碾压混凝土施工为薄层通仓摊铺、采用振动碾进行碾压，其密实性显著优于常态混凝土。

混凝土表观密度大小主要取决于骨料表观密度，一般混凝土表观密度在 2 400~2 450 kg/m^3，但采用辉绿岩、玄武岩骨料的碾压混凝土表观密度可达到 2 600~2 660 kg/m^3，其表观密度差异是很大的。

表观密度对硬化混凝土抗压强度有一定的影响。例如，百色对硬化后的碾压混凝土试件进行抗压强度试验时，对边长为 150 mm 的立方体试件进行称重，结果表明，表观密度增加有利于强度提高，但碾压混凝土强度、耐久性等性能主要取决于水胶比的大小及粉煤灰掺量高低,符合水胶比定则,即保罗米公式。

1.3　表观密度检测背景分析

碾压混凝土表观密度检测主要是依据土石坝理念。早期的碾压混凝土坝为"金包银"(RCD)筑坝理念,坝体为散粒体干硬性碾压混凝土材料,VC 值 15~25 s(国际 VB 值 20~30 s),为了提高坝体干硬性混凝土硬填料的密度,"金包银"碾压混凝土坝借鉴了土石坝坝料采用振动碾碾压的方法,对碾压后的混凝土进行表观密度检测。所以,表观密度检测是建立在土石坝的理论基础上,是"金包银"碾压混凝土筑坝技术历史条件下的产物。

"金包银"碾压混凝土坝防渗体系主要在大坝迎水面采用常态混凝土、沥青混凝土、粘贴土工膜等独立的防渗措施,由于坝面防渗材料存在着与坝体碾压混凝土性能不同、相溶性差的问题,防渗效果和耐久性不能达到令人满意的要求。大坝建成后因"金包银"2~3 m 常态混凝土与碾压混凝土性能存在着较大的差异,两种混凝土强度等级不同,导致混凝土变形、温控、收缩等性能不同,在热约束的作用下,"金包银"常态混凝土更容易开裂,而且坝体上游面的"金包银"常态混凝土与碾压混凝土往往容易形成"两张皮"现象,所以,"金包银"防渗体系更容易形成渗漏。例如,伊朗 2002 年开工建设的 Zirdan 碾压混凝土大坝上游面、下游面采用 2 m 厚常态混凝土(CVC)作为大坝的防渗结构,即"金包银"的防渗体系,实际大坝防渗效果不如想像的那么好,尤其是 2 m 厚的常态混凝土更容易开裂,不能确保大坝水密性能。

此后,随着全断面碾压混凝土筑坝技术的不断创新发展,防渗区采用富浆二级配碾压混凝土和变态混凝土,依靠坝体自身防渗,已成为现代碾压混凝土坝的发展方向。但是,"金包银"碾压混凝土现场质量控制表观密度检测却一直延续下来,与现代碾压混凝土筑坝理念完全不符。

1.4　现代碾压混凝土定义

《碾压混凝土坝设计规范》(SL 314—2018)条文说明:碾压混凝土与常态混凝土相比主要是改变了混凝土材料的配合比和施工工艺,而碾压混凝土重力坝的工作条件和工作状态与常态混凝土重力坝基本相同,因此碾压混凝土大坝下游坝坡可按常态混凝土重力坝的断面选择原则进行优选,但应复核碾压层(缝)面的抗滑稳定。规范明确提出了现代碾压混凝土定义,是中国对现代碾压混凝土坝技术的最大贡献。现代碾压混凝土坝的可贵之处在于具有与常态混凝土坝相同的坝体断面和坝体防渗体系,由于碾压混凝土坝是层缝结构,层缝间的抗滑稳定和防渗问题尤为重要,而并非满足表观密度检测的相对密度设计要求。

值得反思的是:中国在历次水利及电力行业标准及修订中,均把碾压混凝土定义为:"指将干硬性的混凝土拌和料分薄层摊铺并经振动碾压密实的混凝土""碾压混凝土是干硬性混凝土""碾压混凝土是用振动碾压实的干硬性混凝土""碾压混凝土特别干硬"等,这与早期引进国外碾压混凝土坝"金包银"大 VC 值[(20±10)s、15~25 s]的理念有关。虽然中国碾压混凝土坝通过原始自主技术创新,是最先采用全断面碾压混凝土筑坝技术的国家,碾压混凝土也从早期的"金包银"硬填料大 VC 值逐步降低到 5~15 s、5~12 s、2~8 s,但现代碾压混凝土仍采用"干硬性混凝土"定义描述,缺乏自主创新驱动,与实际施工情况不符。

现代水工碾压混凝土应确切定义为：水工碾压混凝土是指将无坍落度的亚塑性混凝土拌和物分薄层摊铺并经振动碾碾压密实且层面全面泛浆的混凝土。

2　取消表观密度检测分析及反思

2.1　表观密度检测不利于及时碾压

《水工碾压混凝土施工规范》（DL/T 5112—2009）现场质量检测规定：表观密度检测采用核子水分密度仪或压实密度计。每铺筑 100～200 m² 至少应有 1 个检测点，每一铺筑层仓面内应不少于 3 个检测点。以碾压完毕 10 min 后的核子水分密度仪测试结果作为表观密度判定依据。核子水分密度仪应在使用前用与工程一致的原材料配制碾压混凝土进行标定。建筑物的外部混凝土相对表观密度不应小于 98%。内部混凝土相对表观密度不应小于 97%。

采用核子水分密度仪对现场碾压混凝土进行表观密度检测，无形增加了施工的复杂性，严重影响滞后碾压混凝土连续施工。按照规范 DL/T 5112—2009 要求，碾压混凝土从拌和加水到碾压完毕的最长允许历时，应根据不同季节、天气条件及 VC 值变化规律，不宜超过 2 h。碾压完毕后的混凝土表面，需进行表观密度检测，以碾压完毕 10 min 后的核子水分密度仪测试结果作为判定依据，还需要得到监理的签字认可，才能进行后续上层碾压混凝土铺筑碾压，无形迟滞了及时摊铺和层面晾晒时间，表观密度检测延缓平仓和碾压 20～30 min，对及时碾压和层间结合十分不利。

2.2　层间结合与表观密度检测关系

"层间结合、温控防裂"是现代碾压混凝土坝的核心技术，采用全断面碾压混凝土筑坝技术，层间结合质量一直为人们所关注。早期的碾压混凝土为超干硬性或干硬性混凝土，拌和物 VC 值很大，层面液化泛浆极差，故早期的层缝面结合技术措施主要依靠铺砂浆（灰浆），防渗主要依靠上游面常态混凝土，即所谓的"金包银"防渗体系。

材料科学是一切科学的基础，20 世纪 90 年代后期随着全断面筑坝技术的快速发展，碾压混凝土材料发生了质的变化，已逐步发展为无坍落度的可振可碾的亚塑性混凝土，用大型振动碾碾压 4～6 遍就可以达到全面泛浆的效果。碾压混凝土液化泛浆是在振动碾碾压作用下从混凝土液化中提出的浆体，这层薄薄的表面浆体是保证层间结合质量的关键所在，液化泛浆是评价碾压混凝土可碾性和层间结合的重要标准。碾压混凝土全面泛浆施工见图 1。

图 1　碾压混凝土全面泛浆施工

大量的工程实践表明,表观密度仅仅起到体现或反映碾压混凝土密实度和强度的作用,其测值大小与层间结合质量、抗滑稳定和防渗性能无关。

例如,某水电站碾压混凝土重力坝,地处西南干热河谷,施工中未针对干热河谷的气候特点,配合比设计未严格遵循"两低、两高、两掺"的技术路线,施工过程未采取提高缓凝高效减水剂掺量、降低 VC 值和延长凝结时间的动态控制技术措施,致使现场碾压混凝土液化泛浆差,达不到全面泛浆和保证上层骨料嵌入下层混凝土中的要求。为了满足碾压后的层面泛浆,采取对振动碾碾砣洒水和在碾压条带喷雾的方法,致使碾压后的混凝土表面产生大量泛浆(浮浆)的假象,在太阳照射和风力作用下,碾压混凝土表面浮浆形成一层有害硬壳,虽然现场表观密度检测和混凝土性能检测结果均满足设计要求,但实际情况是大坝蓄水后坝体渗漏十分严重。碾压后层面未泛浆、千层饼芯样及廊道渗漏见图 2。

图 2　碾压后层面未泛浆、千层饼芯样及廊道渗漏

2.3　常态混凝土表观密度检测反思

进入 21 世纪,中国的水利水电工程实现了跨越式发展,建成了举世瞩目的三峡水利枢纽工程,建成了世界最高的锦屏一级、小湾、溪洛渡、拉西瓦等 300 m 级超高混凝土拱坝。根据 2020 年世界十二大已投产或在建的水电站统计数据,中国占到 5 位,分别是世界第一的三峡、第二的白鹤滩以及乌东德、溪洛渡、向家坝,这些世界级的超级水电站,均为常态混凝土坝。追溯常态混凝土坝的施工,是 1936 年美国胡佛大坝(Hoover Dam)奠定的混凝土施工理论和分层分仓浇筑的施工方法,一直延续至今,而大坝混凝土浇筑从未进行过表观密度检测,需要我们深刻反思。

3　取消表观密度检测自主创新的重要意义

3.1　取消表观密度检测

现代碾压混凝土已经成为可振可碾的亚塑性混凝土,碾压混凝土层间结合难题也迎刃而解,取消表观密度检测已经刻不容缓,条件时机已经成熟,形成中国在现代碾压混凝土坝原始自主创新的碾压混凝土理论和以实践为基础的知识产权。

特别能说明现代碾压混凝土坝依靠坝体防渗的是超级芯样,进入 21 世纪,碾压混凝土坝超过 15 m、20 m、25 m 超长芯样屡见不鲜。2021 年 3 月西藏雅鲁藏布江大古取得 26.2 m 超级芯样,世界纪录不断被刷新。反观常态混凝土超过 15 m 的超长芯样极少,超过 20 m 超级芯样更是无从谈起。

现代碾压混凝土坝即全断面碾压混凝土筑坝技术,大坝内部质量良好,外观质量美观,其质量毫不逊色于常态混凝土坝。碾压混凝土筑坝技术十分细腻,具有条理清晰的规范化施工,施工现场,人员稀少,碾压混凝土从入仓、摊铺、平仓到碾压有条不紊地进行。反观常态混凝土大坝浇筑,由于常态混凝土受浇筑强度、温度控制等因素制约,坝体被横缝、纵缝分为块状,混凝土施工采用柱状浇筑,导致模板工作量大,而且并缝灌浆量大且周期长,大坝施工往往呈现仓面人员繁多且忙乱的景象,缺乏碾压混凝土施工那种条理清晰,特别是碾压混凝土不会发生常态混凝土采用振捣器振捣容易发生漏振的缺陷。为此,表观密度检测已不适用于全断面碾压混凝土筑坝技术。

3.2 取消表观密度检测有利于坝体抗滑稳定和防渗

《水工碾压混凝土施工规范》(DL/T 5112—2009)关于碾压厚度的规定:施工中采用的碾压厚度及碾压遍数宜经过试验确定,并与铺筑的综合生产能力等因素一并考虑。根据气候、铺筑方法等条件,可选用不同的碾压厚度。碾压厚度不宜小于混凝土最大骨料粒径的3倍。规范明确了碾压厚度并非固定的30 cm,而是通过试验确定的。

碾压混凝土本体性能并不逊色于常态混凝土,但碾压混凝土坝是层缝结构,层缝间的抗滑稳定和防渗性能是碾压混凝土坝的薄弱部位。由于表观密度采用核子水分密度仪进行检测,检测深度一般局限于30 cm,受核子水分密度仪检测深度的制约,故一般碾压厚度采用30 cm。取消表观密度核子水分密度仪检测深度的束缚,可以有效提高碾压厚度,减少坝体的层缝面。

常态混凝土浇筑采用振捣器进行密实振捣,振捣层厚一般为50 cm,仓面面积较大时,采用台阶法浇筑,但从未进行表观密度检测。大坝常态混凝土平铺及台阶浇筑见图3。

图3 大坝常态混凝土平铺及台阶浇筑

为此,借鉴常态混凝土浇筑经验,提高碾压厚度至40 cm、50 cm已经迫在眉睫。例如,一个100 m高度的碾压混凝土坝,采用30 cm碾压厚度,就有333个层缝面;采用40 cm碾压厚度,就有250个层缝面;采用50 cm碾压厚度,就有200个层缝面。提高碾压厚度,可以有效减少碾压混凝土坝层缝面数量,有利提高坝体层缝面抗滑稳定,其潜在的渗水通道也大为减少,而且还可以显著提高筑坝效率。近年来,为了加快碾压混凝土施工速度,几个甚至数十个坝段连成一个大通仓,现场碾压施工大多采用斜层碾压,实际斜层碾压早已突破30 cm的碾压厚度,40 cm碾压厚度已经屡见不鲜。

3.3 取消表观密度检测有利于环保和绿色发展

碾压混凝土现场表观密度的检测主要采用核子水分密度仪,以其测试结果作为表观密度判定的依据。核子水分密度仪理论上适用于所有砂、石、土、混凝土、沥青混凝土等建筑材料的压实度,具有快速便捷、数据化、精确度高等特点。

国内外生产的核子水分密度仪,其工作原理都基本一致。密度测量是由放射源所发射出的光子射线穿入被测材料,其中一部分被吸收,而其余部分穿过被测材料,最终到达放射源探测器,在设定的测量时间内,探测器所测取的射线计数来反映材料的密度。而水分测量是采用快中子慢化法,即中子源所发射出的快中子进入被测材料,与被测材料中含有氢物质(如水)的原子核发生多次碰撞后,在设定的测量时间内,热中子探测器所测取的热中子计数来反映材料中的含水率。

根据 DL/T 5112—2009 规定,核子水分密度仪应由受过专门培训的人员使用、维护保养,严禁拆装仪器内放射源,严格按操作规程作业。应进行仪器登记备案,存放在符合安全规定的地方,一旦发生丢失或仪器放射源损坏,应立即采取措施妥善处理,并及时报告有关管理部门。核子水分密度仪的使用应按 SL 275 有关规定执行。

核子水分密度仪采购、检定、使用及退库,均受国家技术监督局,以及当地卫生、公安、环境保护部门登记备案监督管理,人员的培训、上岗、补贴等均存在困难,特别是使用完备后核子密度仪处理难度极大,无形增加了企业负担,极大地束缚了碾压混凝土快速施工,取消表观密度检测已经刻不容缓,符合环保和绿色发展理念。

4　结语

创新是引领发展的第一动力,创新源于好奇心,创新源于想象力,创新源于批判性思维。纵观人类发展历史,创新始终是推动一个国家、一个民族向前发展的重要力量,也是推动整个人类社会向前发展的重要力量。我国在"十四五"高质量发展中提出"加速质量效益型发展转型,着力提升全要素生产率"的目标,取消碾压混凝土表观密度检测,大力推进新技术、新材料、新工艺、新设备的创新研究及应用恰逢其时。

中国采用碾压混凝土筑坝技术已有 35 年,成功的工程案例和已经完成的碾压混凝土坝均居世界之首。要充分发挥碾压混凝土筑坝简单快速、绿色环保、适应性强的优势,需要不断创新,形成具有中国自主知识产权的技术创新。取消碾压混凝土表观密度检测,并非对施工碾压放任自流,而是采用现代化的大数据智能监控技术,对碾压混凝土的平仓、振动碾行走速度及碾压遍数、表观密度进行监控。大数据智能化的碾压质量监控技术已经成功在两河口、双江口、丰满、黄登等工程应用。

取消碾压混凝土表观密度检测是历史的必然,意味着传统的"金包银"碾压混凝土坝时代的结束,现代碾压混凝土坝新时代的开启。

作者简介：

1. 田育功(1954—),陕西咸阳人,教授级高级工程师,中国水力发电工程学会碾压混凝土筑坝专委会副主任,主要从事水利水电工程技术咨询。

2. 楚跃先(1959—),河南洛阳人,教授级高级工程师,中国水力发电工程学会施工专委会副主任、秘书长,主要从事水利水电工程技术与建设管理。

3. 田福文(1974—),陕西渭南人,教授级高级工程师,中国水利水电第八工程局副总工程师,主要从事水利水电工程施工技术与建设管理。

中国碾压混凝土超长超级芯样统计与分析★

田育功[1]　吴金灶[2]　向　前[3]

(1. 中国水力发电工程学会碾压混凝土筑坝专委会,四川成都　611130;

2. 中国水利水电第十六工程局有限公司,福州　350000;

3. 中国水利水电第九工程局有限公司,贵阳　550000)

【摘　要】　本文通过中国碾压混凝土超长超级芯样统计与分析,表明芯样长度的不断增加实质反映了碾压混凝土筑坝技术水平的不断提升,同时表明层间结合质量是影响碾压混凝土获得超长超级芯样长度的关键因素所在。影响层间结合质量的因素很多,但浆砂比 PV 值、掺和料掺量、石粉含量、VC 值、凝结时间等因素直接关系到层间结合质量、防渗性能和超长超级芯样的获得。现代碾压混凝土筑坝技术已经朝着可振可碾的方向发展,为碾压混凝土超级芯样获得提供了强有力的技术支撑,进一步加深了对现代碾压混凝土坝核心技术"层间结合、温控防裂"含义的理解。

【关键词】　碾压混凝土;超级芯样;浆砂比;石粉含量;VC 值;凝结时间;层间结合;可振可碾

1　引言

1.1　碾压混凝土超级芯样

2021 年 3 月 26 日,西藏雅鲁藏布江大古水电站碾压混凝土重力坝钻孔取芯质量检查,取出了世界第一的 26.2 m 碾压混凝土超级芯样,这是继 2019 年乌弄龙 25.9 m、三河口 25.3 m、黄登 24.6 m、丰满 23.8 m 等碾压混凝土超级芯样纪录之后的又一世界级超级芯样纪录的诞生。超级芯样反映了现代碾压混凝土坝即全断面碾压混凝土筑坝技术的优势,表明坝体防渗性能良好,解决了令人担忧的"层间结合"容易形成渗水通道的难题,依靠坝体自身防渗是中国对现代碾压混凝土坝的最大贡献。笔者作为上述碾压混凝土坝主要的技术参与者、咨询者,由衷感到万分高兴,感慨万千,为中国现代碾压混凝土坝即全断面碾压混凝土快速筑坝技术的成功应用喝彩、点赞!

中国的碾压混凝土坝是在引进、消化的基础上不断创新发展的,20 世纪 80 年代初碾压混凝土坝主要采用国际上传统的"金包银"(RCD)施工方式和防渗体系,故碾压混凝土定义为超干硬性或干硬性混凝土,拌和物 VC 值 15~25 s,同时对掺和料特别是对石粉的作用缺乏认识,研究不够,致使碾压混凝土拌和物干涩、骨料分离、黏聚性和可碾性差,碾压后的混凝土层缝面极易形成所谓的"千层饼"现象,曾一度严重制约了碾压混凝土筑坝技术的快速发展。1986 年中国建成首座福建坑口水电站碾压混凝土坝,采用"金包银"筑

★本文原载于《水库大坝和水电站建设与运行管理新进展》2021 年 11 月。

坝技术,钻孔取芯碾压混凝土最长芯样仅 0.6 m;1988 年笔者主持参加的龙羊峡左副坝碾压混凝土坝施工,采用"金包银"碾压混凝土筑坝技术,碾压混凝土最长芯样未超过 1.0 m。由此可见,层间结合质量是影响碾压混凝土获得不同芯样长度的关键因素所在。

1.2　碾压混凝土芯样反思

1993 年中国普定坝开创了全断面碾压混凝土筑坝技术的先河,此后,全断面碾压混凝土筑坝技术在中国和国际上得到广泛应用。科研、设计及工程技术人员通过大量的试验研究与工程实践,改变了传统的"金包银"施工方式,使干硬性碾压混凝土拌和物逐步过渡到无坍落度的亚塑性混凝土,同时配合比设计紧紧围绕拌和物性能进行试验,随着对碾压混凝土材料高掺掺和料(粉煤灰)、高石粉含量以及低 VC 值、超缓凝时间、含气量等性能的深化研究,有效提高了碾压混凝土可碾性、液化泛浆和层间结合质量,使碾压后混凝土表面达到了全面液化泛浆并具有弹性,经碾压能使上层骨料嵌入已经碾压完成的下层混凝土中,令人担忧的层间结合问题也迎刃而解。所以"层间结合、温控防裂"是碾压混凝土核心技术。

回眸碾压混凝土钻孔取芯、现场压水及原位抗剪试验历程,从早期 1986 年坑口钻孔取芯最长 0.6 m 的芯样发展到 2000 年后的 10 m、15 m、20 m 乃至 25 m 超长超级芯样已屡见不鲜。大多数碾压混凝土坝钻孔取芯及压水试验总体评价,透水率小于设计要求,摩擦系数 f' 和黏聚强度 c' 大于设计控制指标,芯样外观光滑、致密、骨料分布均匀,不论是连续摊铺碾压的热层缝或施工冷层缝,其层间结合良好,无明显层缝面,钻孔取芯充分证明了碾压混凝土快速筑坝技术的日臻成熟。虽然芯样的长度不能完全代表碾压混凝土坝的防渗性能质量,但从一个侧面反映了碾压混凝土性能的改变,对提高坝体防渗性能的确是十分有利的。

随着中国碾压混凝土筑坝技术取得巨大成就,我们也要清醒的认识到在碾压混凝土筑坝过程中也暴露出存在的层间结合质量问题和不完善的地方。比如,碾压混凝土高坝,芯样获得率高、长度越来越长,层间结合紧密,压水试验透水率小,但并不能代表所有的芯样和压水试验均是如此。同样的碾压混凝土坝,由于施工工艺的不严谨或施工粗放,表现在钻取的芯样中,同样存在着或多或少的质量问题,有的芯样断口多、气孔多、骨料架空、层缝面黏接不良、压水试验透水率大等现象也是存在的。特别严重的是个别中小型坝,芯样获得率较低,透水率偏大。

比如某碾压混凝土坝,透水率远远大于设计要求的 1 Lu,蓄水后坝体下游面渗水严重,不得不把库水放空,重新进行灌浆处理;又比如某高碾压混凝土坝地处干热河谷,施工过程未对新拌碾压混凝土 VC 值实行动态控制,碾压后达不到层面全面泛浆时,采用在碾压条带上喷雾或依靠振动碾钢轮自动洒水达到层面泛浆的一种假象,当在太阳照射和风力作用下,表面浮浆形成一层硬壳夹层,导致层间结合质量差,致使大坝蓄水后,坝体和廊道渗水严重,花费了大量资金进行渗漏处理。碾压混凝土层间结合质量这方面有着很多教训,需要引起高度重视,值得我们深思。

2 碾压混凝土超长超级芯样统计

2.1 钻孔取芯是评定碾压混凝土质量的综合方法

在混凝土搅拌机机口取样,成型的标准立方体试件,不能反映碾压混凝土出机后一系列施工操作,包括运输、平仓、碾压和养护中所引起的质量差异。现场综合评价碾压混凝土质量目前多采用钻芯取样法。因碾压混凝土层间结合质量极为重要,为能更好地反映层间结合的情况,规范、招标文件及设计对达到龄期的碾压混凝土均提出了钻孔取芯、现场压水及原位抗剪试验的要求。

《水工碾压混凝土施工规范》(DL/T 5112—2009)质量评定中对钻孔取芯做出了具体规定:钻孔取样是评定碾压混凝土质量的综合方法。钻孔取样可在碾压混凝土达到设计龄期后进行。钻孔的部位和数量应根据需要确定。

钻孔取样评定的内容如下:

(1)芯样获得率:评价碾压混凝土的均质性。

(2)压水试验:评定碾压混凝土抗渗性。

(3)芯样的物理力学性能试验:评定碾压混凝土的均质性和力学性能。

(4)芯样断口位置及形态描述:描述断口形态,分别统计芯样断口在不同类型碾压层层间结合处的数量,并计算占总断口数的比例,评价层间结合是否符合设计要求。

(5)芯样外观描述:评定碾压混凝土的均质性和密实性。

碾压混凝土芯样外观评定标准见表1。

表1 碾压混凝土芯样外观评定标准

级别	表面光滑程度	表面致密程度	骨料分布均匀性
优良	光滑	致密	均匀
一般	基本光滑	稍有孔	基本均匀
差	不光滑	有部分孔洞	不均匀

注:本表适用于金钢石钻头钻取的芯样。

2.2 碾压混凝土钻孔取芯情况

1993年在贵州普定混凝土拱坝进行钻孔,芯样总长210 m,芯样获得率达到了98%~99%,最长芯样4个,达到4.2 m。从外观看芯样表面光滑致密,找不到层面。经过试验,容重、抗压、抗拉强度均满足要求,同时抗剪试验中 c' 值达到2.753~3.664 MPa, f' 值达到1.822~1.412(此抗剪断结果与试验方法有关,值得商榷)。剪切破裂面大都不在层面上,反映了层面结合良好。

1997年4月至1999年6月前后三次在江垭也进行了不同直径(150 mm和250 mm)钻孔取芯,芯样总长454.2 m,最长芯样达到6.67 m,同样芯样表面光滑致密,看不清层面位置,缝面出现折断率不到1/10。芯样抗剪试验中 c' 值达到1.27~1.4 MPa, f' 值达到1.03~1.15。

1999年11~12月在汾河二库1#至3#坝段,用直径171 mm钻孔,芯样直径150 mm,总长度76.38 m,芯样获得率99.93%。取样结果证明:芯样表面光滑,结构密实,胶结良好,超过 8 m 的芯样有 5 根,最长芯样达到 8.5 m。其中个别段有直径 2~5 mm 的小气孔,两处有小蜂窝。在 1998~1999 年的冬季停工 4 个月的部位,沿水平层断开有两三处,反映了冬季保护不好,新老混凝土施工缝会形成薄弱层面。

1999 年 10 月至 2001 年 8 月在大朝山先后进行了四次钻孔取芯,芯样获得率 97.9% 以上,孔深总长 1 266.94 m,超过 7 m 芯样有 20 根,其中 10 m 以上芯样 3 根,最长芯样达到 10.47 m,芯样表面光滑致密,分不清层面所在,芯样试验结果满足设计要求,抗剪试验也都达到要求。

2003 年 9 月至 2004 年 9 月百色大坝先后两次钻孔取芯,芯样总长 791.14 m,芯样获得率分别达到 99% 和 96.94%,其中 10 m 以上芯样 3 根,最长芯样达到 11.98 m。百色芯样表面光滑致密,无表面气孔,层缝面结合难于辨认,表明高石粉含量人工砂在碾压混凝土中的作用十分显著。

2.3　碾压混凝土超长超级芯样统计

随着全断面碾压混凝土筑坝技术的深化研究和不断提升,特别是现代碾压混凝土配合比设计采用成熟的"两低、两高、两掺"技术路线,即低水胶比、低 VC 值,高掺掺和料、高石粉含量,掺缓凝高效减水剂和引气剂的技术路线,提高浆砂比 PV 值 $\geqslant 0.42$,使新拌碾压混凝土性能发生了质的变化,有效改善了碾压混凝土施工可碾性,特别是在层面处理工艺上,控制上下层允许间隔时间,保证上层碾压混凝土骨料能嵌入到下层混凝土中,极大地提高了坝体层间结合质量、抗渗性能和抗剪能力。中国部分大坝碾压混凝土超长超级芯样统计见表 2。

表 2　中国部分大坝碾压混凝土超长超级芯样统计

工程名称	最大坝高/m	取芯日期(年-月-日)	取芯总长度/m	芯样直径/mm	级配	最长芯样/m	芯样外观及长度描述	资料文献典型芯样照片
普定	75	1993-06~1993-08	298.39			4.2	芯样外观光滑致密、找不到层面,整根长度大于 4.0 m 的 4 根	
岩滩	110	1996-04	68.59			4.2	22# ~ 23# 坝段,芯样评价:优良 9.5%、一般 69%、差 24.1%	
		2001-12~2002-01	60.86					
江垭	128	1997-08~1999-06	412.57			7.56	芯样外观光滑致密,整根长度大于 6.0 m 共 10 根	

续表2

工程名称	最大坝高/m	取芯日期（年-月-日）	取芯总长度/m	芯样直径/mm	级配	最长芯样/m	芯样外观及长度描述	资料文献典型芯样照片
汾河二库	88	1998-11~1999-12	236.6		二三	8.55	外观光滑致密、胶结良好，整根长度大于7.0 m共16根	2003年百色论文汇编：P93、P100，VC值动态控制
棉花滩	111	1999-07~1999-12	257.26		二三	8.38	整根长度大于7.0 m共6根	2003年百色论文汇编：干法生产人工砂石粉含量石粉18%~22%
大朝山	111	1999-10~2001-08	1 266.94			10.47	外观光滑致密，长度大于10.0 m共3根，大于7.0 m共20根	2002年宜昌论文汇编P271。2003年百色论文汇编PT掺和料研究
高坝洲	57	1999-09~2003-03	798.03			3.35	原因分析：石粉含量偏低、VC值大，浆砂比小于0.42	
石门子	110	2000-04		200	三	3.0	芯样外观基本光滑，表面致密、孔隙很少	2002年宜昌论文集：P184、P212，VC值偏大，应降低VC值
红坡	55.2	2000-07	81.6	220	三	6.3	全坝采用三级配碾压混凝土施工，芯样表明骨料分布均匀，层间结合良好	2003年百色论文汇编：P162，坝体钻孔取芯检测

续表 2

工程名称	最大坝高/m	取芯日期(年-月-日)	取芯总长度/m	芯样直径/mm	级配	最长芯样/m	芯样外观及长度描述	资料文献典型芯样照片
蔺河口	100	2001-12~2003-06	447.76		三	10.57	芯样长度大于8.0 m 共 4 根	2002 年宜昌论文集
沙牌	132	2003-02	70.44		三	13.15	芯样光滑致密,层面结合良好,大于 10.0 m 共 4 根	2003 年百色论文汇编:P81,坝体碾压混凝土钻孔取芯
三峡三期围堰	115	2003-08~2003-09	62.10		三	12.3	芯样长度大于8.0 m 共 3 根	
百色	130	2003-08~2004-09	791.14	210	三	11.98	最大粒径 60 mm,芯样外观光滑致密,层间胶结紧密,整根长度大于 10.0 m 的 5 根	
招来河	107	2004-04	255.6	219	二三	10.43	芯样表面光滑致密,整根长度大于 10.0 m 的共 6 根	2006-06 龙滩,中国碾压混凝土坝 20 年,P427
索风营	115.8	2004-08	78		二	11.16	芯样质量良好,芯样长度超过 10.0 m 的 3 根,8 m 的 2 根	
景洪	108	2004-09~2007-11	1 074.2		三	15.30	天然骨料,TS 双掺料,外观光滑致密,大于 10.0 m 的共 5 根	

续表 2

工程名称	最大坝高/m	取芯日期(年-月-日)	取芯总长度/m	芯样直径/mm	级配	最长芯样/m	芯样外观及长度描述	资料文献典型芯样照片
龙滩	192	2005-01~2007-12	1 168		三	15.03	芯样外观光滑致密,芯样整根长度大于5.0 m占25%,大于10.0 m共4根	
戈兰滩	113	2007-07~2007-08	182.03		三	15.85	芯样外观光滑致密,一孔中取出2根长度大于13 m以上芯样	
光照	200.5	2007-01~2007-12	1 041.42	150	二	15.33	芯样外观光滑致密,骨料均匀,芯样整根长度大于10.0 m的共6根。2008年普洱	
喀腊塑克	121.5	2008-03~2009-05	534.39	171 220	二 三	16.55	芯样表面光滑、致密,骨料均匀,芯样整根长度大于10.0 m的共6根。2008年普洱	
金安桥	160	2008-05~2009-05	791.92	220 150	二 三	15.33 16.49	芯样外观光滑致密,层间结合紧密,芯样整根长度大于10.0 m的共11根	
阿海	132	2000			二	20.5	芯样外观致密,层间结合紧密	

续表 2

工程名称	最大坝高/m	取芯日期（年-月-日）	取芯总长度/m	芯样直径/mm	级配	最长芯样/m	芯样外观及长度描述	资料文献典型芯样照片
亭子口	116	2011-10		219	三	18.88	天然骨料,芯样外观致密、层缝结合良好	2012 年碾压混凝土筑坝技术论文集
向家坝	162	2011-09~2012-02		180	三	18.57 20.27 22.1	芯样表面光滑致密,骨料分布均匀,胶结优良,层间结合密实	
沙沱	101	2010-08~2011-03		197	三二	16.92 17.08	表面光滑致密,骨料分布均匀,层间结合密实	
				219	四	18.54	表面较为光滑,骨料分布均匀,结构密实	
贵州沿河沙头		2012			二	18.0		
官地	168	2013			二	18.28		
鲁地拉	135	2012-11		200	三	20.34	芯样表面致密,骨料分布均匀,层间结合密实	

续表 2

工程名称	最大坝高/m	取芯日期(年-月-日)	取芯总长度/m	芯样直径/mm	级配	最长芯样/m	芯样外观及长度描述	资料文献典型芯样照片
观音岩	159	2013-04		219	三	21.2	芯样表面致密,骨料分布均匀,层间结合密实	
		2013-05		188	三二	21.82 23.15	两根芯样表面光滑、致密,层间结合良好,微观气孔极少	
立洲	132	2014-07		250	二	20.65	芯样表面光滑,结构密实,骨料分布均匀,层间结合良好	
马马岩	109	2014			二	15.1		
洪屏下库	84	2014-09		219	三	22.06	芯样表面光滑,层间结合紧密	溢流坝段取出长22.06 m芯样
大华桥	103	2016-09		195	二	21.1	芯样表面光滑,骨料分布均匀,层间结合紧密	

续表 2

工程名称	最大坝高/m	取芯日期（年-月-日）	取芯总长度/m	芯样直径/mm	级配	最长芯样/m	芯样外观及长度描述	资料文献典型芯样照片
莽山	101.3	2017-05		220	三	20.7	芯样表面光滑,结构密实,骨料分布均匀,层间结合良好。大于 10 m 的 4 根	
丰满	98	2017			二三	22.53 23.18	超过 20 m 芯样 4 根,芯样表面光滑,骨料分布均匀,层间结合紧密	
黄登	203	2016-05-08		219	三	20.6	芯样表面光滑,结构致密,骨料分布均匀,层间结合良好。24.6 m 超级芯样为当时世界最长芯样记录	
		2017-01-10		219	二	24.6		
三河口	145	2018-11-01		219	二	22.6	芯样表面光滑密实,骨料分布均匀,无空隙,层间结合良好。25.2 m 超级芯样为当时拱坝最长芯样世界记录	
		2019-10-17		189	二	25.2		
庄里水库	44.2	2019		219	三	20.32		山东水总施工

续表2

工程名称	最大坝高/m	取芯日期(年-月-日)	取芯总长度/m	芯样直径/mm	级配	最长芯样/m	芯样外观及长度描述	资料文献典型芯样照片
乌弄龙	130.5	2019-05-20		240	三	25.9	芯样表面光滑,结构致密,骨料分布均匀,层间结合良好。25.9 m超级芯样为当时碾压混凝土重力坝三级配世界最长芯样记录	
贵州大竹芒		2019		219	三	20.36		
房县方家畈	58	2019-12		219	三	20.57	芯样表面光滑致密,骨料分布均匀,层间结合完好,质量优良	
安顺坝陵河		2020-06-12		200	三	20.56	芯样表面光滑细密,骨料分布均匀,层间结合完好,质量优良	
平塘擦耳岩					三二	21.23 20.33	芯样表面光滑细密,骨料分布均匀,层间结合完好,质量优良	

续表2

工程名称	最大坝高/m	取芯日期(年-月-日)	取芯总长度/m	芯样直径/mm	级配	最长芯样/m	芯样外观及长度描述	资料文献典型芯样照片
梅州抽蓄二级		2021-04-05			二三	24.13 21.2 20.3 18.85	芯样表面光滑密实,骨料分布均匀,无空隙,层间结合良好	
周宁抽蓄		2021-05-06			二	19.55 21.12	芯样表面光滑密实,骨料分布均匀,无空隙,层间结合紧密	
西藏大古	117	2021-03		219	三二	20.85 21.30	芯样表面光滑,骨料分布均匀,胶结优良,层间结合紧密。26.2 m 超级芯样共贯穿 87 个热升层面,为最长芯样的世界纪录保持者	
		2021-03-26		219	三	26.2		

注:超长超级芯样资料及照片由湖南宁乡水利水电建设总公司张伏祥经理提供。

中国碾压混凝土坝实体质量检测活跃着一支专业的钻孔取芯、压水试验队伍,他们就是"湖南宁乡水利水电建设总公司",从 1996 年汾河二库碾压混凝土坝取芯以来,就是中国钻孔取芯、压水试验的主力军,如汾河二库、棉花滩、江垭、大朝山、景洪、百色、金安桥、光照、向家坝、洪屏、观音岩、丰满、梅州、大古等主要的超长超级芯样均为该公司钻孔取芯获得,为碾压混凝土实体质量检测钻孔取芯做出了重要贡献。

3 碾压混凝土超长超级芯样分析

3.1 超长超级芯样统计分析

从表2超长超级芯样统计表中可以看出,2000年前超过10 m的碾压混凝土芯样几乎没有。2000~2010年这10年期间,是中国碾压混凝土筑坝的高峰期。2000年大朝山首先突破了10 m超长芯样(10.47 m),此后大于10 m的超长芯样不断涌现。2006年开始从龙滩、光照、戈兰滩、景洪等碾压混凝土大坝中分别取出15.03 m、15.33 m、15.85 m、15.30 m等大于15 m的超长芯样;2009年后又分别从金安桥、喀腊塑克大坝中分别取了15.73 m、16.49 m、16.44 m、16.55 m的超长芯样;2011年至今的10年,向家坝、观音岩、丰满、黄登、三河口、乌龙弄、大古等工程先后钻孔取芯获得了大于22.1 m、23.15 m、23.18 m、24.6 m、25.2 m、25.9 m、26.2 m等超级芯样,使碾压混凝土超级芯样世界纪录的不断刷新。

常态混凝土坝钻孔取芯获得的超长芯样不论从数量和长度均比碾压混凝土的少。分析表明,进入21世纪,中国采用全断面碾压混凝土快速筑坝技术日趋成熟,通过大量试验研究、不断的创新探索和工程实践,从现代碾压混凝土定义到材料选择、配合比设计、施工技术、变态混凝土、温控防裂、质量控制等方面的技术不断创新,特别是对高石粉含量的认识,低VC值与外加剂掺量关系研究,有效提高了碾压混凝土浆砂比PV值,保证了层间结合质量。

碾压混凝土通仓施工浇筑与常态混凝土柱状施工浇筑方式完全不同,由于碾压混凝土采用振动碾替代振动棒进行振捣,所以碾压混凝土筑坝显得豪迈大气,没有常态混凝土采用振动棒振捣的漏振现象,混凝土密实性是在振动碾实实在在的碾压下获得的,这是振动棒振捣与振动碾振捣与之无法比拟的,这正是碾压混凝土快速筑坝的魅力所在。超长超级芯样从侧面反映了碾压混凝土坝的防渗性能丝毫不逊色于常态混凝土坝。

有人认为超长超级芯样是钻孔取芯技术水平提高的结果,其实在大坝不同的部位,取出的芯样并非全部是长芯样,有的芯样仍存在着层缝面结合不好和明显不密实的缺陷,说明钻孔取芯水平提高不是取得长芯样的主要因素,芯样长度的不断增加实质上反映了碾压混凝土筑坝技术水平和层间结合质量的不断提升。

3.2 现代碾压混凝土定义的内涵

《碾压混凝土坝设计规范》(SL 314—2004)和最新修订的SL 314—2018明确提出:碾压混凝土与常态混凝土相比主要是改变了混凝土材料的配合比和施工工艺,而碾压混凝土重力坝的工作条件和工作状态与常态混凝土重力坝基本相同,因此碾压混凝土大坝上、下游坝坡可按常态混凝土重力坝的断面选择原则进行优选,但需要复核碾压层面的抗滑稳定。故碾压混凝土坝的坝体断面与常态混凝土坝相同。由于碾压混凝土已经成为无坍落度的半塑性混凝土,其硬化后的性能与常态混凝土性能相同,符合混凝土"水胶比"定则。

值得反思的是:中国在历次水利及电力行业标准及修订中,均把碾压混凝土定义为:"指将干硬性的混凝土拌和料分薄层摊铺并经振动碾压密实的混凝土""碾压混凝土是干硬性混凝土""碾压混凝土是用振动碾压实的干硬性混凝土""碾压混凝土特别干硬"等,这与早期引进国外碾压混凝土坝"金包银"的大 VC 值[(20±10)s,15~25 s]的理念有关,虽然中国通过原始技术创新,是最先采用全断面碾压混凝土筑坝技术的国家,碾压混凝土也从早期的"金包银"硬填料大 VC 值逐步降低到 5~12 s、2~8 s,但现代碾压混凝土定义仍采用"干硬性混凝土"定义描述,与实际施工情况不符。现代水工碾压混凝土应确切定义为:水工碾压混凝土是指将无坍落度的亚塑性混凝土拌和物分薄层摊铺并经振动碾碾压密实且层面全面泛浆的混凝土。

3.3　浆砂体积比 PV 值

浆砂比(浆砂体积比简称、英文缩写 PV 值)是现代碾压混凝土配合比设计极为重要的参数,PV 值是胶凝浆体(总浆)的绝对体积与砂浆的绝对体积 $V_浆/V_砂$ 的比值。PV 值从直观上反映了胶凝浆体与砂浆体积的比值关系。大量工程实践表明,PV 值不得低于0.42。这里需要指出的是,胶凝浆体与胶凝材料含义是不同的,胶凝浆体包含了人工砂 $d<0.08$ mm 微粒含量体积。

碾压混凝土配合比设计浆砂比 PV 值具有与水胶比、砂率、用水量三大参数同等重要的作用。工程实践表明,当人工砂石粉含量控制在 18%~22%,$d<0.08$ mm 微粒不低于8%时,PV 值可达到 0.42~0.45,有效提高了层间结合质量,浆砂比 PV 值是中国具有自主知识产权的对现代碾压混凝土配合比设计的最大贡献。

3.4　VC 值动态选用和控制

《水工碾压混凝土施工规范》(DL/T 5112—2009)条款 6.0.4:碾压混凝土拌和物的VC 值现场宜选用 2~12 s。机口 VC 值应根据施工现场的气候条件变化,动态选用和控制,宜为 2~8 s。条款 6.0.4 中做了进一步阐述:现场控制的重点是 VC 值和初凝时间,VC 值是碾压混凝土可碾性和层间结合的关键,应根据气温条件的变化及时调整出机口VC 值。汾河二库,在夏季气温超过 25 ℃时 VC 值采用 2~4 s;龙首针对河西走廊气候干燥蒸发量大的特点,VC 值采用 0~5 s;江垭、棉花滩、蔺河口、百色、龙滩等工程,当气温超过 25 ℃时 VC 值大都采用 1~5 s。由于采用较小的 VC 值,使碾压混凝土入仓至碾压完毕有良好的可碾性,并且在上层碾压混凝土覆盖以前,下层碾压混凝土表面仍能保持良好的塑性。VC 值的控制以碾压混凝土全面泛浆并具有"弹性",经碾压能使上层骨料嵌入下层混凝土为宜。即 VC 值的控制以不陷碾为原则,有效提高了层间结合质量,这是获得超长超级芯样的关键因素之一。

3.5　缓凝高效减水剂对层间结合质量影响

凝结时间直接关系到碾压混凝土层间结合和连续碾压施工质量,故规范将初凝时间列为控制的重点。根据大量工程实践,中国碾压混凝土控制初凝时间 16~20 h、终凝时间32~36 h;国际现代碾压混凝土控制初凝时间 20~24 h,终凝时间 40~48 h。这是现代碾压混凝土即全断面碾压混凝土高和易性拌和物的典型特征,成功解决了层间结合连续碾压上升的难题,是现代碾压混凝土拌和物的一个重要特性。

碾压混凝土凝结时间与外加剂品质性能有着直接关系。例如,广西瓦村(105 m)、青海黄藏寺(123 m)等碾压混凝土重力坝,初期采用聚羧酸高性能减水剂,由于聚羧酸高性能减水剂的特性,不适应低强度等级、大级配、贫胶凝材料的碾压混凝土,导致碾压混凝土骨料分离严重、凝结时间严重缩短,液化泛浆和层间结合质量差,钻孔取芯的芯样极短,不满足施工和层间结合质量要求。瓦村、黄藏寺初期掺聚羧酸高性能减水剂碾压混凝土芯样见图 1、图 2。

图 1　瓦村初期掺用聚羧酸高性能减水剂碾压混凝土芯样

图 2　黄藏寺工艺试验掺用聚羧酸减水剂碾压混凝土芯样

针对此问题,后续两个工程均采用技术成熟的萘系缓凝高效减水剂和引气剂,有效延长初凝时间,保证了层间结合的连续浇筑质量,大坝钻孔取芯获得了超过 10 m 的芯样,表明外加剂性能对层间结合质量即芯样长度有极大的影响。

3.6　最佳石粉含量控制

碾压混凝土砂中石粉含量研究成果和工程实践表明:当砂中石粉含量控制不低于 18% 时,碾压混凝土拌和物液化泛浆充分、可碾性和密实性好;当石粉含量低于 16% 时,碾压混凝土拌和物较差,强度、极限拉伸值等指标降低;当石粉含量高于 20% 时,随着石粉含量的增加,用水量相应增加,一般石粉含量每增加 1%,用水量相应增加约 1.5 kg/m³。列举几个最佳石粉含量与精确控制技术工程实例。

(1)百色石粉替代粉煤灰技术措施。百色大坝碾压混凝土采用辉绿岩人工骨料,由于辉绿岩岩性的特性,致使加工的人工砂石粉含量达到 22% ~ 24%,特别是粒径小于 0.08 mm 的微粒含量占到石粉的 40%。针对石粉含量严重超标的情况,采用石粉替代粉煤灰技术创新,即当石粉含量大于 20% 时,对石粉含量大于 20% 的采用替代粉煤灰 24~32 kg/m³ 技术措施,解决了石粉含量过高和超标的难题,同时也取得了显著的经济效益。

(2) 光照粉煤灰代砂技术措施。光照大坝碾压混凝土针对灰岩骨料人工砂石粉含量在 15% 左右波动,达不到最佳石粉含量 18% 的要求,采用粉煤灰 1∶2 代砂(质量比)技术措施,该措施操作方便简单,有效解决了人工砂石粉含量不足的问题,保证了碾压混凝土施工质量。

(3) 金安桥外掺石粉代砂技术措施。金安桥大坝碾压混凝土采用弱风化玄武岩人工粗细骨料,加工的人工砂石粉含量平均 12.7%,不满足人工砂石粉含量 16%~22% 的设计要求。为此,金安桥大坝碾压混凝土采取外掺石粉代砂技术措施。石粉为水泥厂石灰岩加工,按照 Ⅱ 级粉煤灰技术指标控制。当人工砂石粉含量达不到设计要求时,以石粉代砂提高人工砂石粉含量,二级配、三级配分别提高石粉含量至 18% 和 19%,有效改善碾压混凝土的性能。

4　工程实例简介

4.1　丰满重建碾压混凝土层间结合关键技术

2017 年 4 月 6~8 日,在 38# 坝段 EL218 越冬层面成功连续取出两根芯样超 20 m,一根 22.53 m,为二级配碾压混凝土,取样高程 192.18~214.71 m,穿越浇筑层 8 层(7 个层间结合),穿越碾压层 75 层(碾压层厚 30 cm);另一根芯样 23.18 m,三级配碾压混凝土,为当时最长的碾压混凝土芯样记录,取样高程 191.34~214.52 m,穿越浇筑层 8 层(7 个层间结合),穿越碾压层 77 层(碾压层厚 30 cm)。两根芯样均完整美观,表面光滑平顺,骨料分布均匀,层间结合良好。

(1) 优化配合比设计:针对丰满高抗冻等级 F300 碾压混凝土,采用相对较低水胶比,采用较小粉煤灰掺灰量,人工砂的石粉含量控制在 16%~20%,石粉不足部分采用 3%~5% 粉煤灰等体积替代人工砂,由此二级配、三级配浆砂体积比 PV 值分别达到 0.42 和 0.45,控制工作度 VC 值 2~5 s,保持含气量 3%~5%,有效提高了碾压混凝土的可碾性、层间结合质量和耐久性能。

(2) 提高仓面施工质量:对仓面碾压混凝土 VC 值采取动态控制技术;采用斜层碾压施工,减小浇筑层摊铺面积,控制摊铺和碾压时间在 2 h 之内;采取喷雾保湿和覆盖保温等措施,使施工仓面形成较为稳定的小气候,降低了碾压混凝土的浇筑温度;采取智能控制技术,控制碾压混凝土的碾压遍数,保证了层间碾压质量。

4.2　西藏大古水电站刷"芯"世界纪录

2021 年 3 月 26 日,西藏大古水电站建设工地成功取出直径 219 mm、长度 26.2 m 的碾压混凝土芯样,经国家权威机构核实,打破了目前碾压混凝土坝保持的 25.9 m 长的芯样世界纪录。钻孔取芯采样是检验混凝土坝施工质量的重要手段,芯样质量直接体现筑坝技术、施工工艺和工程质量标准。本次芯样是继 2021 年 3 月初电站取出 20.85 m 碾压混凝土芯样后,又成功取出的一根优质长芯。经现场检验,芯样表面光滑,骨料分布均匀,胶结优良,层间结合良好,共贯穿 87 个热升层面,反映了大古水电站工程采用可振可碾的碾压混凝土新技术和高质量管控水平,标志着电站碾压混凝土施工质量和工艺达到了国际领先水平,开创了高海拔寒冷地区碾压混凝土筑坝新的里程碑。

(1)优化配合比设计。大古水电站碾压混凝土主要采用花岗闪长岩,砂石粉含量控制在20%±1%,碾压砂中微粒含量(碾压砂中粒径<0.08 mm的微粒含量)控制在10%±1%。经计算,实际浆砂体积比为0.40~0.42。大古水电站主要采用三级配碾压混凝土,粗骨料最大粒径为80 mm,浆砂体积比适中,拌和物VC值较小,现场碾压混凝土有较好的可碾性,泛浆效果佳。

(2)VC值动态控制。VC值极易受高海拔地区特有气候环境影响,大古水电站随每天各个不同时段的温度、湿度、日照、风速等条件对碾压混凝土的VC值进行动态调整。通过在拌和站增加用水量或提高减水剂掺量的方法来对碾压混凝土VC值进行动态控制,保证碾压混凝土在摊铺完成后碾压过程中有良好的可碾性、重塑性及良好的层间结合。实践表明:大古水电站早晨和夜晚温度相对较低,湿度较高,仓面VC值宜控制在1~2 s;当午后气温≥25 ℃,且受太阳直射时,仓面VC值损失较快,初凝时间变短的情况下,VC值宜控制在5 mm(坍落度)~1 s。仓面施工按照不陷碾,VC值取小值的原则控制。

(3)国内外首创大坝混凝土表面压条式保温保湿技术,达到保温保湿兼顾,混凝土内外温差及表面湿度指标始终保证在设计指标值内,极大地推动了大坝混凝土面保温保湿技术革新。大古大坝实现上下游面无裂缝。

大古水电站于2015年12月开工建设,是中央支持西藏经济社会发展的重大项目,是西藏在建装机容量最大的内需电源项目,也是目前世界海拔最高的碾压混凝土坝,已建成世界海拔最高的鱼类增殖站。电站总装机容量66万kW,多年平均发电量为32.05亿kW·h,建成后将有效提高西藏电力保障能力。

5 结语

笔者是中国碾压混凝土超长超级芯样主要的建设者、参与者和技术咨询者,近年来先后在乌龙弄(里底)、三河口、丰满、黄登、瓦村、几内亚苏阿皮蒂、黄藏寺、大古等水电站工程进行了碾压混凝土快速筑坝关键技术讲座,对推动现代碾压混凝土坝即全断面碾压混凝土快速筑坝技术发挥了积极作用。

现代碾压混凝土坝即全断面碾压混凝土筑坝技术得到国际大坝委员会认可,已成为碾压混凝土筑坝的主流方式。国际大坝委员会《碾压混凝土坝》2013年更新的第126号公告和最新发布的第177号公告以及美国陆军工程设计规范《碾压混凝土》(EM 1110-2—2006)等标准,均把全断面碾压混凝土筑坝技术列入公报中。

现代碾压混凝土筑坝技术采用大浆砂比PV值、低工作度VC值,高掺掺和料和高石粉含量,掺缓凝高效减水剂和引气剂,VC值控制以全面泛浆和具有弹性且不陷碾为原则,强化仓面喷雾保湿、覆盖等一系列关键技术措施,成功解决了层间结合和温控防裂难题,碾压混凝土已经朝着可振可碾的方向发展,有力促进了现代碾压混凝土筑坝技术水平的不断创新和高质量发展,为碾压混凝混凝土超长超级芯样的获得和记录不断刷新提供了强有力的技术支撑。

参考文献

[1] 中华人民共和国国家能源局.水工碾压混凝土施工规范:DL/T 5112—2009[S].北京:中国电力出版社,2009.

[2] 田育功.碾压混凝土快速筑坝技术[M].北京:中国水利水电出版社,2010.

[3] 田育功,郑桂斌,于子忠.水工碾压混凝土定义对坝体防渗性能的影响分析[C]//梅锦煜.中国碾压混凝土筑坝技术.北京:中国环境出版社,2015:8-12.

作者简介:

1. 田育功(1954—),教授级高级工程师,副主任,主要从事水利水电工程技术咨询和质量监督工作。

2. 吴金灶(1964—),教授级高级工程师,副总工程师,主要从事水利水电工程技术及管理工作。

3. 向前(1983—),高级工程师,大古项目总工程师,主要从事水利水电工程技术及管理工作。

中国与国际现代碾压混凝土坝技术发展

田育功

(中国水水力发电工程学会碾压混凝土筑坝专委会)

【摘　要】　本文针对中国与国际现代碾压混凝土坝技术发展,依据中国碾压混凝土坝技术标准、国际大坝委员会《碾压混凝土坝》2013年更新的第126号公告和最新发布的第177号公告以及美国陆军工程设计规范《碾压混凝土》(EM 1110-2—2006)等标准,根据大量的工程实践,从现代碾压混凝土定义、材料选择、配合比设计、施工技术、变态混凝土、温控防裂、质量控制等方面对标现代碾压混凝土坝技术发展,取长补短,求同存异,使中国标准成为国际标准的制定者,促进现代碾压混凝土坝技术创新和高质量发展,为"一带一路"倡议和"走出去"战略提供技术支撑。

【关键词】　碾压混凝土;石粉;设计龄期;PV值;VC(VB)值;凝结时间;斜层碾压;变态混凝土(IVRCC)

1　引言

1.1　中国开创了现代碾压混凝土坝技术先河

碾压混凝土(Roller Compacted Concrete,RCC)坝是世界坝工史上的一次重大技术革命和创新,在世纪之交特别是进入21世纪,现代碾压混凝土坝即全断面碾压混凝土筑坝技术在中国和国际得到了广泛应用和快速发展,碾压混凝土坝已成为混凝土坝的主流坝型之一。

中国的碾压混凝土坝是在引进、消化的基础上不断创新发展的,20世纪80年代初碾压混凝土坝主要采用国际上传统的"金包银"(RCD)施工方式。1993年中国普定碾压混凝土坝开创了全断面碾压混凝土筑坝技术的先河,这是中国对现代碾压混凝土坝的最大贡献,是中国在碾压混凝土筑坝技术发展中独具特点和具有知识产权的新材料、新工艺、新技术。

此后,国际碾压混凝土坝也逐步采用全断面碾压混凝土筑坝技术和变态混凝土技术,最能反映现代碾压混凝土坝的是超级芯样,超过20 m芯样屡见不鲜。现代碾压混凝土坝依靠自身防渗,有效提高了坝体的防渗性能,简化了施工,加快了工程进度,缩短了工期,符合现代碾压混凝土坝高质量、短工期和低成本发展的三个主要目标。

30多年来,笔者从20世纪80年代龙羊峡左副坝"金包银(RCD)"坝试验开始,先后参加了国内龙首、百色、光照、喀腊塑克、金安桥、丰满、黄登、大古等,以及越南博莱格隆、赞比亚下凯富峡、几内亚苏阿皮蒂、巴基斯坦达苏、阿扎德帕坦等近百座碾压混凝土坝的建设和技术咨询,历经了"金包银"到全断面碾压混凝土技术发展的过程,对现代碾压混凝土坝技术发展深有感悟。中国要成为现代碾压混凝土坝国际领导者,需要不断技术创新,形成具有完全自主知识产权的中国标准,从碾压混凝土坝标准、碾压混凝土坝定义、材料选择、配合比设计、施工技术、变态混凝土、温控防裂、质量控制等方面对标现代碾压混凝土坝技术发展,取长补短,求同存异,尽快使中国标准成为国际标准的制定者,不断提高碾压混凝土坝关键核心技术创新,为"一带一路"倡议和"走出去"战略提供技术支撑。

1.2　现代碾压混凝土坝发展成就及展望

中国碾压混凝土坝很早就获得了国际好评。1991 年在北京召开的国际碾压混凝土坝会议闭幕后,国际著名的碾压混凝土坝咨询专家英国马尔科姆·登斯坦(M. R. H. Dunstan)率领的参观团,到达福建龙门滩碾压混凝土坝和坑口碾压混凝土坝现场考察,听取介绍且察看了工程后,他无不感慨地说:"看来,未来国际碾压混凝土筑坝技术的带头人将是中华人民共和国"。应该说登斯坦的预言已成为现实。

2019 年 11 月在中国昆明召开的第八届国际碾压混凝土坝研讨会上,英国专家登斯坦先生在《碾压混凝土坝从北京经桑坦德、莎拉戈萨至昆明的研讨之旅》的论文中指出: 1991 年第一届碾压混凝土坝学术研讨会在北京召开时,世界上已经建成的碾压混凝土坝只有 65 座。而目前,已经建成的碾压混凝土坝至少有 825 座,施工方法有了很大的发展。这一数字以每年 35~40 座碾压混凝土坝的速度增加。迄今为止中国完成的碾压混凝土坝数量最多,约 240 座,接近总量的 30%。

2019 年 11 月上旬,笔者与马尔科姆·登斯坦先生在北京对巴基斯坦达苏(DASU) 242 m 碾压混凝土拱形重力坝进行施工咨询;11 月 12 日在昆明第八届国际碾压混凝土坝研讨会上,笔者与登斯坦先生进行了主旨发言交流(见图 1、图 2)。

图 1　北京达苏碾压混凝土坝咨询照　　图 2　第八届国际碾压混凝土坝研讨会交流照

截至 2019 年底,世界已建或在建超过 10 座碾压混凝土坝的国家有中国、巴西、土耳其、日本、美国、摩洛哥、越南、墨西哥、西班牙、南非、埃塞俄比亚、巴基斯坦等。世界已建成前 10 座最高的碾压混凝土坝,分别是埃塞俄比亚 246 m 吉贝Ⅲ(Gibe Ⅲ),中国 203 m 黄登、200.5 m 光照、192 m 龙滩,哥伦比亚 188 m 米尔Ⅰ级(Miel Ⅰ),土耳其 177 m 艾瓦勒(Ayvali),中国 168 m 官地、万家口子 167.5 m(拱坝)、向家坝 162 m、金安桥 160 m。目前正在建设 200 m 级高度的碾压混凝土坝有巴基斯坦巴沙(Basa) 272 m 重力坝,达苏(Dasu) 242 m 拱形重力坝,中国 215 m 古贤重力坝,赞比亚和津巴布韦 196 m 巴图凯(Batuke)拱坝等,这些 200 m 级高碾压混凝土坝充分显示了现代碾压混凝土坝快速、经济、质量可靠的明显优势。

2　现代碾压混凝土坝技术标准

2.1　中国碾压混凝土坝技术标准

中国碾压混凝土坝的研究始于1979年,分别于1981~1985年在龚嘴水电站、厦门机场、铜街子、牛日溪沟、沙溪口以及葛洲坝船闸下导墙等,进行了半生产性试验,为碾压混凝土坝技术打下了基础。1985年11月福建坑口重力坝作为碾压混凝土坝技术工业性试验工程,经过6个多月的碾压施工,高56.8 m的中国第一座碾压混凝土坝于1986年4月建成。

中国对碾压混凝土坝技术标准十分重视,从1986年开始,先后颁发了有关碾压混凝土坝设计、试验、施工等技术标准,为推动和提高碾压混凝土坝技术水平发挥了积极作用。中国先后颁发的碾压混凝土坝主要技术标准如下:

(1)《水工碾压混凝土施工暂行规定》(SDJS 14—86);

(2)《碾压混凝土坝设计导则》(DL/T 5005—92);

(3)《碾压混凝土坝设计规范》(SL 314—2004)、(SL 314—2018);

(4)《水工碾压混凝土施工规范》(SL 53—94);

(5)《水工碾压混凝土施工规范》(DL/T 5112—2000)、(DL/T 5112—2009);

(6)《水工混凝土试验规程》(SL 352—2006);

(7)《水工混凝土配合比设计规程》(DL/T 5330—2015)。

2.2　国际碾压混凝土坝标准及协会

国际大坝委员会(International Commission on Large Dams,ICOLD)是享有很高声誉、在国际坝工技术方面公认的最具权威的国际非政府间的学术组织,成立于1928年,秘书处设在法国巴黎。国际大坝委员会采用国家会员机制,目前共有104个国家会员,涵盖了世界上95%以上水库大坝所在的国家。

现代国际碾压混凝土坝技术发展主要根据2003年国际大坝委员会第126号公告《碾压混凝土坝》,该公报被证明是迄今为止最成功的国际大坝委员会公告,其印刷数量最多,被翻译成的语言数量也最多。国际大坝委员会第126号公告《碾压混凝土坝》出版以来,中国全断面碾压混凝土筑坝技术得到国际上的高度认可,在国际上被广泛推广应用,碾压混凝土坝的尺寸和高度也随之不断增加。

国际现代碾压混凝土坝技术标准主要以国际大坝委员会(ICOLD)2003发布及2013年更新的第126号公告《碾压混凝土坝》和最新发布的第177号公告为主,以美国陆军工程设计规范《碾压混凝土》(EM 1110-2—2006)标准为辅。国际碾压混凝土坝相关的标准协会如下:

(1)International Organization for Standardization 国际标准化协会,缩写:ISO;

(2)International Commission on Large Dams 国际大坝委员会,缩写:ICOLD;

(3)British Standards Institution 英国标准协会,缩写:BSI;

(4)American Society of Civil Engineers 美国土木工程师学会,缩写:ASCE;

(5)American National Standards Institute 美国国家标准协会,缩写:ANSI;

(6)American Society for Testing and Materials 美国材料与试验协会,缩写:ASTM;

（7）American Concrete Institute 美国混凝土协会,缩写:ACI;

（8）United States Army Corps of Engineers 美国陆军工程兵团,缩写:USACE;

（9）Bureau of Reclamation 美国垦务局,缩写:USBR。

3　现代碾压混凝土坝定义内涵

3.1　中国标准碾压混凝土坝定义内涵

中国 2004 年发布实施的《碾压混凝土坝设计规范》(SL 314—2004)条文说明第 4.0.1 条:碾压混凝土与常态混凝土相比主要是改变了混凝土材料的配合比和施工工艺,而碾压混凝土重力坝的工作条件和工作状态与常态混凝土重力坝基本相同,因此碾压混凝土大坝下游坝坡可按常态混凝土重力坝的断面选择原则进行优选,但应复核碾压层(缝)面的抗滑稳定。由于碾压混凝土已经成为无坍落度的半塑性混凝土,其硬化后的性能与常态混凝土性能相同,符合混凝土"水胶比"定则。中国标准明确提出了现代碾压混凝土定义内涵,是中国对现代碾压混凝土坝技术的最大贡献。

3.2　国际标准碾压混凝土坝定义内涵

2013 年国际大坝委员会对第 126 号公告进行了更新修订,更新修订的《碾压混凝土坝》全新定义:高水泥含量、超缓凝、全碾压混凝土坝的建设已经发展出一套成熟的施工方法,保障了高效、快速、低成本和高质量混凝土坝的修建。同时国际大坝委员会最新的第 177 号〔2019〕公告,明确了碾压混凝土中的变态混凝土(IVRCC)、富浆混凝土(GER-CC)、插入式振捣混凝土(可振可碾混凝土)的施工。该公告明确了现代碾压混凝土坝是全碾压混凝土坝的定义内涵。

美国陆军工程设计规范《碾压混凝土》(EM 1110-2—2006)条款 1~4 美国混凝土学会(ACI)将碾压混凝土定义为:一种用碾压方法压实的混凝土,在其未硬化状态,能支撑压实施工时使用的碾压设备(ACI 1990)。硬化后的碾压混凝土与常规浇筑混凝土的特性相似。美国标准明确了碾压混凝土与常态混凝土的相似特性,为现代碾压混凝土坝定义内涵提供了技术支撑。

3.3　碾压混凝土坝定义内涵反思

现代碾压混凝土坝的可贵之处在于具有与常态混凝土坝相同的坝体断面和坝体防渗体系,是现代碾压混凝土坝技术发展的方向。

值得反思的是:中国在历次水利及电力行业标准及修订中,均把水工碾压混凝土定义为:"指将干硬性的混凝土拌和料分薄层摊铺并经振动碾压密实的混凝土""碾压混凝土是干硬性混凝土""碾压混凝土是用振动碾压实的干硬性混凝土""碾压混凝土特别干硬"等,这与早期引进国外碾压混凝土坝"金包银"的大 VC 值[(20±10)s、15~25 s]的理念有关,虽然中国碾压混凝土坝通过原始技术创新,是最先采用全断面碾压混凝土筑坝技术的国家,碾压混凝土也从早期的"金包银"硬填料大 VC 值逐步降低到 5~12 s、2~8 s,但现代碾压混凝土坝定义仍采用"干硬性混凝土"定义描述,与实际施工情况不符。现代碾压混凝土坝应确切定义为:水工碾压混凝土是指将无坍落度的亚塑性混凝土拌和物分薄层摊铺并经振动碾碾压密实且层面全面泛浆的混凝土,碾压混凝土坝依靠坝体自身防渗。

4 现代碾压混凝土材料选择

4.1 碾压混凝土材料标准

在过去 40 年的碾压混凝土坝建设中,已浇筑的大坝碾压混凝土估计超过 3.5 亿 m³。到目前为止,碾压混凝土中最大比例是高浆碾压混凝土(总胶凝含量超过 150 kg/m³),约占 2/3。同样,碾压混凝土坝中超过 2/3 的火山灰是石灰含量低的粉煤灰(ASTMC618F级)。

碾压混凝土坝的最大优势是通过加快施工和降低水泥用量达到降低混凝土坝的成本。国际大坝委员会(ICOLD)最新出版的《碾压混凝土坝》(最新公告第 177 号〔2019〕)中关于材料和配合比的章节包含了一套指南和建议,正确选择材料和配合比对碾压混凝土坝的高效设计和简易施工具有重要意义。

中国对现代碾压混凝土材料高度重视,先后颁发了《水工混凝土砂石骨料试验规程》(DL/T 5151—2014)、《水工混凝土掺用粉煤灰技术规范》(DL/T 5055—2017)、《水工混凝土掺用石灰石粉技术规范》(DL/T 5304—2013)、《水工混凝土掺用天然火山灰质材料技术规范》(DL/T 5273—2012)、《水工混凝土掺用氧化镁技术规范》(DL/T 5296—2013)等有关碾压混凝土材料技术标准,为碾压混凝土材料广泛使用提供了技术支撑。

国际现代碾压混凝土材料主要执行美国 ASTM、ACI、英国 BS、法国 EN 等相关标准。在胶凝材料、掺和料(火山灰)、骨料粒径、石粉含量、外加剂等材料方面与中国标准存在差异。

4.2 胶凝材料

现代碾压混凝土胶凝材料主要指水泥+掺和料(混合料),国际称掺和料为混合料或火山灰。掺和料是现代碾压混凝土胶凝材料的主要组成部分,掺和料(混合料)泛指粉煤灰、火山灰、铁矿渣、磷矿渣、凝灰岩、硅粉、石灰岩等微粒石粉。掺和料主要以粉煤灰为主导,火山灰为辅,掺和料可以单掺,也可以混合复掺。

中国的碾压混凝土掺和料应用技术成熟广泛,掺和料主要以粉煤灰为主,粉煤灰不但掺量大、性能也是掺和料中最优的,其掺量一般高达胶凝材料的 50%~70%。其他掺和料在中国也得到广泛应用,例如大朝山工程,开发出利用磷矿渣(P)与当地的凝灰岩(T)混合磨制成新型掺和料(PT 掺和料),其性能、掺量均与二级粉煤灰相近,使用效果也相似;景洪、戈兰滩、居甫度、土卡河等工程采用锰铁矿渣+石灰岩粉各 50%的复合掺和料,简称SL 掺和料;等壳、腊寨等工程采用火山灰作为掺和料。磷矿渣与凝灰岩(PT)、铁矿渣与石灰岩(SL)、粉煤灰与磷矿渣(FP)混合磨制成以及火山灰单独磨制成的掺和料,工程实践表明,使用效果良好。

美国陆军工程设计规范《碾压混凝土》(EM 1110-2—2006)对掺和料(混合料)定义:在碾压混凝土中掺入火山灰或磨细矿渣有特别的益处,它既是一种矿物填料,又具有胶凝性,并且在碾压混凝土压实过程中能提供一定程度的润滑作用。

国际大坝委员会(ICOLD)2019 年在最新的《碾压混凝土坝》第 177 号公告对胶凝材料定义:"胶凝材料"一词是指水泥或任何一种辅助胶凝材料,包括天然或人工火山灰(粉煤灰、天然火山灰或制成火山灰)。公告提出碾压混凝土坝根据混合料中的胶凝材料含量分为三类：低胶凝（<100 kg/m³）、中胶凝（100~150 kg/m³）和高胶凝（>150 kg/m³）。这是一个更精确的新分类方法，取代了过去使用的传统"高、中、低浆状物含量"的碾压混凝土拌和物。现代碾压混凝土材料的最新发展通常与高胶凝碾压混凝土坝质量的提高有关，特别是碾压混凝土材料细骨料石粉质量的改进也有益于配置某些现代的中胶凝碾压混凝土，以减少水泥或火山灰混合料的含量。

中国的碾压混凝土属于高胶凝材料，坝体内部碾压混凝土三级配，强度等级 C15 胶凝材料为 150~170 kg/m³，其中水泥用量为 55~65 kg/m³。强度等级 C20 胶凝材料为 180~190 kg/m³，其中水泥用量为 70~90 kg/m³；防渗区二级配胶凝材料为 190~220 kg/m³，其中水泥用量为 85~100 kg/m³。胶凝材料用量范围较小，表明中国碾压混凝土配合比设计具有很高水平。

国际现代碾压混凝土胶凝材料用量与设计龄期、骨料最大粒径和掺和料种类有关。例如，巴基斯坦达苏（DASU）碾压混凝土拱形重力坝，由日本公司设计，执行美国《碾压混凝土》（EM 1110-2—2006）标准，大坝上下游面、坝体下部、坝体上部设计强度等级分别为 C30、C25、C20，设计龄期 365 d，骨料最大粒径 50 mm，胶凝材料为波特兰水泥+火山灰掺和料。设计文件推荐的胶凝材料用量分别为：C30 水泥（120~160 kg/m³）+ 火山灰（140~180 kg/m³）；C25 为水泥（120~160 kg/m³）+ 火山灰（95~135 kg/m³）；C20 为水泥（120~160 kg/m³）+ 粉煤灰（50~90 kg/m³）。胶凝材料用量范围宽泛，表明国际与中国在配合比设计中存在一定差异，有所不同。

4.3　骨料

4.3.1　粗骨料

中国碾压混凝土粗骨料最大粒径 80 mm，分小石 5~20 mm、中石 20~40 mm、大石 40~80 mm 三级。坝体内部或下游外部采用骨料最大粒径 80 mm、三级配，坝体上游防渗区采用骨料最大粒径 40 mm、二级配。也有不同的工程采用不同骨料最大粒径，例如，百色工程碾压混凝土采用骨料最大粒径 60 mm、准三级配。施工证明，准三级配碾压混凝土有利于抗骨料分离、可碾性好、液化泛浆快、层间结合紧密，同时降低了弹性模量，提高了抗裂性能，有利于碾压混凝土施工质量；昆明红坡水库碾压混凝土坝采用一种级配，最大粒径 80 mm 碾压混凝土，简化了施工，加快了施工进度；贵州沙沱工程进行了骨料最大粒径 150 mm、四级配碾压混凝土生产性试验，水泥用量降至 45 kg/m³，有利于温控，但骨料分离严重，对坝体防渗反而不利。

根据登斯坦先生的不完全统计，近 10 年来世界范围内竣工的碾压混凝土大坝多数采用一种级配和最大骨料粒为 50 mm（40 mm 或 63 mm）的碾压混凝土进行施工。与早期碾压混凝土采用最大粒径 75 mm 或 80 mm 相比，骨料最大粒径的降低可有效改善碾压混凝土骨料分离，级配良好的粗骨料在碾压混凝土拌和物中很少离析，有效地提高了可碾性和层间结合质量。如近年来的越南博莱格隆、缅甸耶瓦及近期的巴基斯坦达苏（SASU）等工程，碾压混凝土骨料最大粒径采用 50 mm，分为小石 5~12.5 mm、中石 12.5~25 mm、大石 25~50 mm。粗骨料进入拌和楼时，对表面裹粉现象严格控制，将其裹粉含量限制<1%。粗骨料最佳级配通过组合试验，以实现最大密度，从而得到最小的空隙和最佳的级配密实度，此过程应始终采用实际骨料最佳骨料级配，而不是理论方法。

4.3.2 细骨料

细骨料砂是指粒径≤5.0 mm或≤4.75 mm(国际)颗粒。碾压混凝土中细骨料用量占骨料总量的30%以上,特别是人工砂石粉含量直接关系到碾压混凝土的快速施工和经济性。

中国《水工碾压混凝土施工规范》(DL/T 5112—2009)标准细骨料要求:砂料宜质地坚硬,级配良好。人工砂的细度模数(Fineness Modulus,FM)宜为2.2~2.9,天然砂细度模数宜为2.0~3.0。使用细度模数(FM)小于2.0天然砂,应经过试验论证。人工砂的石粉($d<0.16$ mm的颗粒)含量宜控制在12%~22%,其中$d<0.08$ mm(80 μm)的微粒含量不宜小于5%。最佳石粉含量应通过试验确定。

美国《碾压混凝土》(EM 1110-2—2006)标准细骨料要求:碾压混凝土所需粒径小于75 μm(0.075 mm)通过200号筛微粒(石粉)含量8%~18%,细度模数2.10~2.75。增大微粒(石粉)量通常可以增加拌和物中浆体含量,用以充填空隙和增加可压实性。现代碾压混凝土具有高和易性,与变态混凝土(IVRCC)和振捣大体积常态混凝土常用的细骨料不同,主要区别在于非活性细骨料通过ASTM(美国材料与试验协会)的200号筛网(0.075 mm)的微粒含量(石粉)较多,其平均含量12%左右。

中国与国际细骨料粒径(≤5.0 mm与≤4.75 mm)及石粉含量(<0.16 mm与<0.075 mm)标准不同,但均把细骨料$d<0.08$ mm(<0.075 mm)微粒作为碾压混凝土胶凝浆体(与胶凝材料不同)的重要组成部分。中国标准$d<0.08$ mm微粒含量不宜小于5%,美国标准$d<0.075$ mm微粒含量在12%左右,微粒含量中国标准明显低于美国标准。建议今后规范修订时,提高0.08 mm微粒含量不小于10%为宜。

4.4 外加剂

中国碾压混凝土外加剂主要采用缓凝高效减水剂(缓凝剂)+引气剂复合应用,既满足了碾压混凝土大仓面摊铺、高强度施工、连续上升的缓凝要求,又达到了减水和提高耐久性的目的。中国的碾压混凝土不论寒冷、温和和亚热带地区,均设计有抗冻等级,故碾压混凝土均掺引气剂。引气剂掺量是常态混凝土的10~30倍之多。现代碾压混凝土坝对凝结时间高度重视,提出具体要求,控制初凝时间16~20 h、终凝时间32~36 h,成功解决了层间结合连续碾压上升的难题,是现代碾压混凝土拌和物的一个重要特性。

国际现代碾压混凝土初凝时间20~24 h,终凝时间40~48 h,这是现代碾压混凝土高和易性拌和物的典型特征。使用超缓凝碾压混凝土拌和物的目的是延长初凝时间,以便可以在下面的接收层表面开始初凝之前连续浇筑。有了设定的缓凝范围,在插入振动拌和物的区域中,可以将振捣棒插入下层混凝土中,利用该程序可对两个铺筑层进行有效的组合振捣,完全消除接缝处形成软弱面的可能性。每种特定缓凝剂的效率因项目而异,具体取决于各个方面,例如胶凝材料的性质和比例、细骨料中通过筛孔0.075 mm微粒的质量和数量、一般环境条件等,满足典型标准要求的大坝碾压混凝土所需外加剂用量一般在胶凝材料(水泥+火山灰)0.6%~1.5%变化。在寒冷地区混凝土表面暴露于冻融循环中,在富浆碾压混凝土(GERCC)和变态混凝土(IVRCC)中掺用引气剂。

5 现代碾压混凝土配合比设计

5.1 现代碾压混凝土性能特点

碾压混凝土坝最重要的设计问题之一是防渗,碾压混凝土层间结合是碾压混凝土坝主要的潜在性渗漏通道,为此"层间结合、温控防裂"是现代碾压混凝土筑坝的核心技术,配合比必须紧紧围绕核心技术进行精心合理的设计。针对碾压混凝土施工特性,配合比设计应以拌和物性能试验为重点,使新拌碾压混凝土的工作性能(VC 值或 VB 值),满足施工要求的抗骨料分离、可碾性、液化泛浆、层间结合等性能要求,而非在试验室获得的性能。

国际大坝委员会《碾压混凝土坝》2013 年更新的第 126 号公告:"相比于传统大体积混凝土坝,碾压混凝土坝的设计以及碾压混凝土拌和物的优化需要更多的精力和时间。相比于传统大体积混凝土坝的设计,碾压混凝土坝的设计是一个反复迭代的过程。在该设计中,材料设计(水泥和骨料)和结构设计同步进行,以寻找最佳解决方案。在某些情况下,碾压混凝土材料设计很耗费时间,因此在投标前就开始该步骤可能比较有利,这意味着需要提前进行规划。"

碾压混凝土与常态混凝土最主要的区别在于其具有可以承受振动碾碾压的工作度,以及适应于振动碾碾压的骨料级配和浆体含量。大量试验结果表明:碾压混凝土本体的强度、防渗、抗冻、抗剪等物理力学性能并不逊色于常态混凝土,但碾压混凝土施工采用薄层通仓浇筑,依靠坝体自身防渗,配合比设计应完全满足大坝层缝面结合的特性要求,而不仅是满足本体强度、抗渗等性能的要求。这样,要求碾压混凝土必须具有较富裕的胶凝材料浆体,抗骨料分离好,有足够长的初凝时间,经振动碾碾压密实后达到表面全面泛浆,有弹性,保证上层碾压混凝土骨料嵌入已经碾压完成的下层碾压混凝土中,改变碾压混凝土层面多、易形成"千层饼"渗水通道的薄弱层面。

5.2 碾压混凝土设计指标

中国最新修订的《碾压混凝土坝设计规范》(SL 314—2018)对碾压混凝土材料提出了具体要求:碾压混凝土的配合比应由试验确定。碾压混凝土的总胶凝材料用量不宜低于 140 kg/m³。胶凝材料中掺和料所占的重量比,在外部碾压混凝土中不宜超过总胶凝材料的 55%,在内部碾压混凝土中不宜超过总胶凝材料的 65%。坝体碾压混凝土强度应为用标准方法制作养护的边长为 150 mm 的立方体试件、在设计龄期采用标准试验方法测得的 80%保证率的抗压极限强度。碾压混凝土设计龄期宜采用 90 d(180 d)。碾压混凝土中宜掺用满足可碾性、缓凝性和耐久性要求的缓凝减水剂、引气剂等外加剂。坝体碾压混凝土最大水胶比宜小于 0.65。坝体难以碾压的部位,可采用变态混凝土。碾压混凝土高坝坝体混凝土的重度、弹性模量、极限拉伸值、自生体积变形、热学性能以及抗渗、抗冻等性能宜通过试验确定。

国际碾压混凝土配合比设计主要依据美国标准《碾压混凝土》(EM 1110-2—2006):大体积碾压混凝土配合比的合理选择是获得经济、耐久性混凝土的一个重要步骤,应该通过试验室来完成。碾压混凝土强度和耐久性主要取决于水胶比,最大允许水胶比主要根据结构的强度和耐久性要求,按照 EM 1110-2—2006 标准选定。若碾压混凝土规定有含气要求,应在试验室和现场进一步研究和确定所选引气剂的效果和掺量。碾压混凝土的和易性是反映碾压混凝土成功摊铺和压实且不产生有害分离的性能,影响碾压混凝土可压实性的因素主要与骨料级配、颗粒形状、水泥用量、掺和料掺量、外加剂性能等因素有关。对于影响碾压混凝土新拌和硬化性能的浇筑温度,在配合比研究中应尽可能多的考虑这个因素。碾压混凝土抗压强度成型采用ϕ150 mm×300 mm圆柱体试件,设计龄期采用365 d(180 d)。

目前,国际工程混凝土强度试件成型经过协商,也可以采用边长为150 mm的立方体试件,该立方体试件与圆柱体试件抗压强度换算关系为0.8。关于碾压混凝土设计龄期:中国采用180 d或90 d,例如中国的百色180 d、喀腊塑克180 d、金安桥90 d、黄登90 d等大坝碾压混凝土平均抗压强度增长系数分析表明,90 d与28 d相比较,其增长率为150%~170%;180 d与28 d相比较,其增长率为180%~200%。国际碾压混凝土采用365 d或180 d,如巴基斯坦达苏、埃塞俄比亚吉贝Ⅲ、缅甸耶瓦、赞比亚下凯富峡等工程。

5.3 浆砂体积比

浆砂体积比简称浆砂比(PV值),是现代碾压混凝土配合比设计极为重要的参数,PV值是胶凝浆体(总浆)的绝对体积与砂浆的绝对体积$V_浆/V_砂$的比值。

胶凝浆体积:

$$V_浆 = V_水 + V_{水泥} + V_{掺和料} + V_{外加剂} + V_{0.08\ mm微粒}$$

砂浆体积:

$$V_砂 = V_水 + V_{水泥} + V_{掺和料} + V_{外加剂} + V_{0.08\ mm微粒} + V_{砂体积}$$

$$PV\ 值 = V_浆 / V_砂$$

PV值从直观上反映了胶凝浆体与砂浆体积的比值关系。大量工程实践表明,PV值不得低于0.42。这里需要指出的是胶凝浆体与胶凝材料含义是不同的,胶凝浆体包含了细骨料$d<0.08$ mm(0.075 mm)的微粒含量体积。

中国碾压混凝土配合比设计采用"两低、两高、两掺"技术路线,即低水胶比、低VC值,高粉煤灰(掺和料)掺量、高石粉含量,掺缓凝高效减水剂和引气剂的技术路线。其中,PV值具有与水胶比、砂率、用水量三大参数同等重要的作用。工程实践表明,当人工砂石粉含量控制在18%~22%、$d<0.08$ mm微粒不低于8%时,PV值可达到0.42~0.45,有效提高了层间结合质量。浆砂比PV值是中国具有自主知识产权的对现代碾压混凝土配合比设计的最大贡献。

国际大坝委员会2013年更新的《碾压混凝土坝》第126号公告:高水泥含量、高掺和料、超缓凝、全碾压混凝土坝的建设发展促进一种方法的产生,该方法可以保障修建高效、快速、低成本和高质量的碾压混凝土坝。该公告明确了现代碾压混凝土"胶凝浆"和"总浆"内涵,"胶凝浆"是一个重要的配合比参数,用体积表示,相当于水、水泥、掺和料(混合料)、外加剂和1 m³混凝土中的引气体积的累积总和。"总浆"是"胶凝浆"加上细骨料中$d<0.75$ mm(ASTM 200号筛)的微粒体积,即胶凝浆体。在高胶凝浆体碾压混凝土中,总浆体积通常在200~240 L/m³,总浆体积主要受较高细骨料粒径0.075 mm的微粒石粉含量影响。在碾压期间,碾压混凝土连续碾压层的胶凝浆可以很容易地渗透到这种富浆体的表面,经验表明,为充填碾压混凝土骨料空隙,总浆体积/砂浆体积比值应大于0.42。

毋容置疑的是中国与国际在现代碾压混凝土配合比设计中,均把浆砂比 PV 值作为配合比设计的重要参数,要求 PV 值 ≥ 0.42。提高 PV 值的实质就是提高胶凝浆(总浆)体积,意味着增加细骨料 $d<0.08$ mm(0.075 mm)的微粒含量。遗憾的是 2005 年修订《水工碾压混凝土施工规范》(DL/T 5112—2000)时,笔者已经把 PV 值列入到规范中,在审查讨论时,又被取消了,失去了原始创新的机会。建议在今后的规范修订中,把 PV 值列为碾压混凝土配合比设计的重要参数之一。

5.4　VC 值与 VB 值

碾压混凝土的工作度 VC 值或 VB 值是衡量碾压混凝土拌和物工作度和施工性能极为重要的一项指标,以"s"为计量单位。多年来,碾压混凝土 VC(VB)值试验仍主要采用维勃稠度仪进行测定,VC(VB)值测定主要依据国际标准化组织(ISO)《混凝土拌和物维勃稠度仪测定方法》(ISO 4110—1979),该设备振动频率(50±3)Hz,空载振幅(0.5±0.1)mm,名义加速度 $5g$。关于 VC 值与 VB 值之间没有直接的换算关系,这两个指标的试验方法和原理基本相同,唯一不同的是配重质量的大小不同。中国标准配重是 17.5 kg,而国际规范测试 VB 的配重是可以调节的,根据设计要求进行自我调整,最小的用 2.5 kg,最大的可以用到 27.5 kg。目前,工作度 VC(VB)值在某种程度上依然主要凭经验来判断确定,尚没有一种方法能用来评价碾压混凝土拌和物的全部特性。

中国《水工碾压混凝土施工规范》(DL/T 5112—2009)第 6.0.4 条规定:碾压混凝土拌和物的 VC 值现场宜选用 2~12 s。机口 VC 值应根据施工现场的气候条件变化,动态选用和控制,宜为 2~8 s。VC 值的控制以碾压混凝土全面泛浆和具有"弹性",经碾压能使上层骨料嵌入下层混凝土为宜。中国碾压混凝土坝大量的工程实践表明,新拌碾压混凝土已经朝着可振可碾的方向发展,出机口 VC 值 0~2 s,现场仓面碾压前 VC 值控制在 3~5 s,VC 值的控制以不陷碾为原则,实行动态控制,很好地解决了全断面碾压混凝土层间结合质量难题。

国际现代碾压混凝土拌和物 VB 值测定,主要依据美国标准 ASTM C1170 程序 B 总质量 12.5 kg 进行测试。用于高和易性 RCC 拌和物。由于 VB 值固定压强配重比 VC 值配重质量少 5 kg,故拌和物从开始振动至表面泛浆所需时间(以 s 计)比 VC 值时间延长,有利于表面泛浆的观测和测定。过去,低胶凝 VB 值测试获取的和易性范围通常为 20~30 s(VC 值 15~25 s)。现在,高胶凝 RCC 拌和物 VB 值为 8~12 s。国际碾压混凝土坝最近的发展反映在国际大坝委员会(ICOLD)关于碾压混凝土坝的新公报中。使用低 VB 值碾压混凝土拌和物(6~10 s)的经验简化了设计,使碾压混凝土坝的施工更加高效、成本效益更高。插入振动变态碾压混凝土(IVRCC)是高和易性超缓凝碾压混凝土拌和物的优化版本,只需通过对拌和物插入振捣,即可形成碾压混凝土自身整体护面。目标 VB 值随时间可能会有所不同,并且会根据条件而变化,例如白天和晚上的浇筑时间、高温和低温、强风和无风以及小雨期间等。

现代碾压混凝土拌和物是一种无坍落度的半塑性混凝土,坍落度为零,手捏可以形成泥巴团状物。2019 年 11 月笔者在北京与登斯坦先生对巴基斯坦达苏(DASU)碾压混凝土坝进行咨询交流,双方对新拌 RCC 拌和物必须手捏形成泥巴状看法是一致的。新拌碾压混凝土 VC 值试验与 VB 值试验照片见图 3、图 4。

图 3　新拌碾压混凝土 VC 值试验　　图 4　新拌碾压混凝土 VB 值试验

6　现代碾压混凝土快速施工

6.1　碾压混凝土仓面施工分区

碾压混凝土仓面分区设计主要根据大坝结构形式进行,只要条件允许,尽量把若干坝段合并成一个大区仓面进行施工,这样可以有效减少模板量,有利备仓,实现流水作业,循环作业,极大地提高了 RCC 施工效率。例如,金安桥碾压混凝土重力坝按照中孔、坝后发电厂房坝体结构特点,仓面分左岸、右岸两区大通仓浇筑,最大面积达到 14 000 m²;几内亚苏阿皮蒂通仓最大仓面达 21 000 m²,碾压混凝土方量近 7 万 m³。

关于碾压混凝土均衡施工问题,与常态混凝土坝的均衡施工不同,存在很大差别。由于碾压混凝土坝体下部宽度大且构造相对简单,十分有利于碾压混凝土快速施工。随着坝体上升,坝体上部宽度呈现越来狭窄的趋势,且坝体上部泄水建筑物、溢流表孔或坝后厂房引水钢管等建筑物的布置,造成坝体上部构造较为复杂,虽然坝体上部碾压混凝土工程量不大,但反而对碾压混凝土的快速施工十分不利。故碾压混凝土坝均衡施工的工程量不能按月平均进行分配,而是坝体下部碾压混凝土施工强度要比上部大 2 倍以上才行。

国际大坝委员会最新发布的《碾压混凝土坝》第 177 号公告补充修订中纳入了一些新的施工方法,这是新公告中最新的创新内容之一。国际现代碾压混凝土坝主要采用整体法浇筑大坝碾压混凝土,基本上有五种不同的方法,即水平浇筑、斜层浇筑、错层浇筑、分块浇筑、非连续水平浇筑等,分层厚度 1.2~3.0 m。

6.2　基础垫层与碾压混凝土同步浇筑技术

中国《水工碾压混凝土施工规范》(DL/T 5112—2009)关于基础垫层混凝土施工规定:基础块铺筑前,应在基岩面上先铺砂浆,再浇筑垫层混凝土或变态混凝土,也可在基岩面上直接铺筑小骨料混凝土或富砂浆混凝土。除有专门要求外,其厚度以找平后便于碾压作业为原则。

美国《碾压混凝土》(EM1110-2—2006)规定:在坝肩和坝基上,碾压混凝土与岩石接触面应铺设常规混凝土垫层。这种常规混凝土的骨料公称最大粒径应为 19.0 mm 或 37.5 mm,坍落度为 50~80 mm,胶凝材料用量应为 165~250 kg/m³。垫层混凝土拌和物与碾压混凝土拌和物应相互混合。垫层混凝土厚度应足以允许这种混合。基础垫层厚度应根据坝基粗糙度来确定,且应满足充填碾压混凝土与坝基接触面空隙所需的最小厚度要求。

近年来的工程实践表明,碾压混凝土完全可以达到与常态混凝土相同的质量和性能。

例如广西百色、几内亚苏阿皮蒂、黄藏寺等碾压混凝土坝基础垫层，在基岩面起伏不大时，直接采用低坍落度富浆混凝土找平基岩面，立即采用碾压混凝土同步跟进浇筑，明显加快基础垫层混凝土施工。固结灌浆利用仓面分区不浇筑碾压混凝土的时段进行。

6.3　运输入仓

中国标准 DL/T 5112—2009 规定：运输碾压混凝土宜采用自卸汽车、皮带输送机、负压溜槽（管）、专用垂直溜管，也可采用缆机、门机、塔机等设备。大量的施工实践证明，汽车直接入仓是最快速、最有效的施工方式，可以极大地减少中间环节，减少混凝土温度回升，提高层间结合质量。目前，碾压混凝土坝的高度越来越高，上坝道路高差很大，汽车将无法直接入仓，碾压混凝土中间环节垂直运输可以采用满管溜槽进行，即汽车+满管溜槽+仓面汽车联合运输。由于满管溜槽断面尺寸达 800 mm×800 mm，仓外汽车通过卸料斗经满管溜槽直接把料卸入仓面汽车中，倒运十分方便、简捷快速，也减少了汽车直接入仓洗车带来的二次污染，由于现代碾压混凝土为高石粉含量、低 VC 值的亚塑性混凝土，令人担忧的骨料分离问题也迎刃而解，这种方式已成为近年来碾压混凝土运输入仓的主要方式。金安桥、大华桥满管溜槽分别见图 5、图 6。

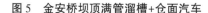

图 5　金安桥坝顶满管溜槽+仓面汽车　　　图 6　大华桥满管溜槽+水平胶带+满管溜槽

美国《碾压混凝土》（EM1110-2—2006）规定：用皮带输送机系统把混凝土从拌和楼运至坝面。在皮带卸料点，用自卸卡车把混凝土运送到坝面各个部位。带式输送机系统管理和运行都良好。带式输送机的基本要求是有足够的宽度和运行速度来满足生产要求，同时又不使拌和物产生分离。混凝土必须有保护措施，以免过量地干燥和被雨淋湿。在评价输送机系统是否合适时，应检查以下几点内容：碾压混凝土的运输和卸料使用自卸卡车，结合推土机再次搅拌和摊铺，实践证明，这是一种经济和有效的碾压混凝土浇筑方法。配合比适当的碾压混凝土，从拌和机到布料点，可以用自卸卡车运输。

6.4　摊铺平仓碾压

现代碾压混凝土拌和物已经成为可振可碾的混凝土，采用振动碾碾压混凝土的实质是替代了振动棒进行振捣，故摊铺平仓是保证碾压质量的关键。碾压混凝土经平仓机摊铺平仓后，条带清晰、表面平整，可以有效提高振动碾的碾压质量。

中国标准 DL/T 5112—2009 规定：碾压混凝土宜采用大仓面薄层连续铺筑，铺筑方法宜采用平层通仓法，也可采用斜层平推法。采用斜层平推法铺筑时，层面不得倾向下游，坡度不应陡于 1:10。振动碾行走速度应控制在 1.0~1.5 km/h。施工中采用的碾压厚度及碾压遍数宜经过试验确定,可选用不同的碾压厚度。坝体迎水面 3~5 m 内,碾压方向应平行于坝轴线方向。碾压混凝土入仓后应尽快完成平仓和碾压,从拌和加水到碾压完毕的最长允许历时,不宜超过 2 h。

国际大坝委员会《碾压混凝土坝》第 177 号公告第 5 章,提出了大坝碾压混凝土浇筑的五种基本方法,控制振动碾行走速度在 2.0 km/h 以内。明确了斜层浇筑法是在坡度低于 1:10 的斜坡上从一侧坝肩到另一坝肩将碾压混凝土按 300 mm(碾压后)分层浇筑,分层厚度 1.2~3.0 m。分层表面按冷接缝或超冷接缝处理,《碾压混凝土坝》第 177 号公告是对中国斜层碾压技术创新的高度认可。

斜层碾压的目的主要是减小铺筑碾压的作业面积,缩短层间间隔时间。斜层碾压的显著优点就是在一定的资源配置情况下,可以浇筑大仓面,把大仓面转换成面积一定的小仓面,这样可以极大地缩短碾压混凝土层间间隔时间,提高混凝土层间结合质量,节省机械设备、人员的配制及大量资金投入。特别是在气温较高的季节,采取斜层碾压效果尤为明显。

6.5 仓面养护

中国标准 DL/T 5112—2009 规定:施工过程中,碾压混凝土的仓面应保持湿润。碾压混凝土终凝后即应开始保湿养护。对水平施工缝,养护应持续至上一层碾压混凝土开始铺筑为止。对永久暴露面,养护时间不应少于 28 d。台阶棱角应加强养护。

美国《碾压混凝土》(EM1110-2—2006):碾压完成后,浇筑仓面应湿润,并应一直保持到下一层碾压混凝土开始摊铺,或所要求的养护期结束。应考虑使用管道系统和带喷雾头的手持软管。最好还是尽快地浇筑碾压混凝土,使每一浇筑仓面干燥前及时覆盖下一层碾压混凝土,或是在冷天和湿润期施工,这期间很少需要洒水喷湿。然而,完全取消表面喷雾的情况是很少的。

中国与国际对碾压混凝土仓面养护要求和常规混凝土一样,在规定的养护期内,碾压混凝土必须持续地保持湿润。

7 变态混凝土(IVRCC)

7.1 变态混凝土施工技术

变态混凝土(IVRCC)是在碾压混凝土摊铺施工中,在其表面打孔注浆而形成的富浆混凝土,使之具有一定的坍落度,采用振捣器的方法振捣密实。变态混凝土主要运用于大坝防渗区表面部位、模板周边、止水、岸坡、廊道、孔洞、斜层碾压的坡脚、监测仪器预埋及设有钢筋的部位等。采用变态混凝土,明显减少了对碾压混凝土施工的干扰。变态混凝土施工主要在摊铺的碾压混凝土表面进行打孔注浆,也可以在拌和楼采用机拌变态混凝土(常态混凝土)直接浇筑。

大量的工程实践表明,目前打孔注浆法已成为主流方式,即加浆振捣混凝土。变态混凝土具有机动灵活、简化施工的优势。如碾压混凝土的 VC(VB)值超出标准控制范围,已经无法满足碾压施工,针对此情况,不应简单地将这种碾压混凝土作为弃料处理,可将这种碾压混凝土输送摊铺到大坝下游模板、岸坡或廊道等部位的周边,采用变态混凝土施工方式进行处理;采用斜层碾压时,在摊铺上层碾压混凝土之前,可对坡脚碾压混凝土铺洒灰浆,效果良好。目前,中国的新拌碾压混凝土已经朝着可振可碾的方向发展,入仓的二级配富浆碾压混凝土在不注浆的情况下,及时振捣就可以达到泛浆的效果,已成功在金安桥、大古、苏阿皮蒂等工程广泛应用。

国际大坝委员会第 126 号公告:全碾压混凝土坝的应用仍在持续增加,其坝面和交界面浇筑 GERCC(富浆碾压混凝土),由顶部注浆的浆液浓缩碾压混凝土,GEVR(由底部灌浆的变态混凝土)和 IVRCC(浸没式振捣碾压混凝土)。GERCC 和 GEVR 是浆液浓缩碾压混凝土的变体,能够使用浸没式振动棒振捣密实的碾压混凝土;IVRCC 是具有足够流动性(和水泥浆)的碾压混凝土,无需添加水泥浆就可通过浸没式振动器压实。根据骨料和碾压混凝土的性质,GERCC 和 GEVR 需要添加 $50\sim80$ L/m³ 水泥浆才能使用浸没式振动器压实。

第 126 号公告明确了 GERCC、GEVR 及 IVRCC 定义内涵和技术方法。中国将 GERCC、GEVR 及 IVRCC 几种类型的注浆碾压混凝土统称为变态混凝土(IVRCC),其已成为现代碾压混凝土坝防渗体系的主要组成部分。

例如,西班牙近年来的很多碾压混凝土坝工程中,采用变态混凝土(IVRCC)对整个区域实行防渗。如今,该技术倾向于坝体仅使用一种碾压混凝土材料,利用一切可能方法来最大限度地减少离析问题。变态混凝土(IVRCC)具有优势有:快速施工,降低成本以及从不同混凝土结合方面看,没有技术问题。在 Puebla de Cazalla 和 Cenza 大坝中,大坝上游面附近浇筑层之间设置了 80 cm 宽的注浆变态混凝土,有效地提高了该区域的抗渗性和层间结合质量。

7.2　变态混凝土施工要点

变态混凝土(IVRCC)已成为现代碾压混凝土坝主要的防渗体系。为此,变态混凝土灰浆浓度、打孔及加浆振捣是变态混凝土施工的关键技术。

变态混凝土(IVRCC)使用的灰浆要求在制浆站拌制,通过管路输送到仓面的灰浆车中,由于灰浆材料自身密度不同,灰浆极易产生沉淀导致灰浆浓度不均匀,所以以每次注浆前应先用搅拌器对灰浆进行搅拌,再对已造好孔的碾压混凝土进行注浆,灰浆的注浆量为混凝土体积的 4%~6%,使碾压混凝土形成坍落度为 20~40 mm 的变态混凝土,再用插入式振捣器振捣密实。

变态混凝土(IVRCC)打孔的深度、间距直接关系到灰浆能否渗透到碾压混凝土中,对变态混凝土即加浆振捣混凝土施工质量影响较大。例如,黄登工程采用冲击钻和固定间距器进行打孔,替代了人工脚踩打孔器的打孔方法,保证了打孔深度和注浆量。中国在变态混凝土施工中,不断进行创新研究,研发了变态混凝土注浆振捣台车,从灰浆的配制、灰浆匀质性、打孔加浆量、混凝土振捣等施工过程中表明,自动打孔注浆振捣一体化台车效果良好。

防渗区和止水部位在施工条件允许时,也可以在拌和楼采用机拌变态混凝土与现场变态混凝土同时交叉施工,效果良好,对防止坝体渗漏十分有利。

8 现代碾压混凝土坝温度控制

8.1 碾压混凝土温度控制措施

中国标准 DL/T 5112—2009 规定:为防止碾压混凝土产生裂缝,应根据设计要求,从原材料选择、配合比设计、施工方案、温度控制、养护和表面保护等方面采取综合措施,使混凝土最高温度控制在设计允许范围内。日平均气温高于 25 ℃时,应缩短层间间隔时间,在运输、摊铺和碾压各环节采取措施,减少混凝土的水分蒸发和温度回升。高温季节施工,在满足碾压混凝土设计指标的前提下,宜采用中(低)热水泥、缓凝高效减水剂,可采取预冷骨料、加冷水拌和、加冰拌和等措施,降低混凝土出机口温度。高温季节施工,根据配置的施工设备的能力,合理确定碾压仓面的尺寸、铺筑方法,宜安排在早晚夜间施工,混凝土运输过程中,采取隔热遮阳措施,减少温度回升,采用喷雾等办法,降低仓面局部气温。必要时采用冷却水管进行初期或中期通水冷却,降低碾压混凝土温度,通水时间由计算确定。在大风和干燥气候条件下施工,应采取专门措施保持仓面湿润。

美国《碾压混凝土》(EM1110-2—2006)温度控制:碾压混凝土温控措施通常与常规混凝土类似。这些措施包括限制放热和浇筑温度,使用隔热设施,在夜间或较冷天气情况下进行浇筑。与常规混凝土相比,碾压混凝土的水泥用量相对较低,或者碾压混凝土仅在较冷天气下浇筑,将会有较低的混凝土峰值温度;因此,在碾压混凝土中与温升有关的收缩和开裂通常也比常规混凝土少。在热天浇筑碾压混凝土时,由于在太阳和高温环境下进行碾压混凝土的薄层摊铺,以及摊铺过程中有较大范围的翻动和调整,已浇筑的碾压混凝土峰值温度较高。降低或限制碾压混凝土峰值温度的最现实和最经济的方法(如果项目区的气候有利于这一措施)是在春天和冬天浇筑碾压混凝土,因为这有助于降低浇筑温度。

8.2 碾压混凝土坝温控防裂反思

中国碾压混凝土坝温控标准十分严格,与常态混凝土坝温控标准基本相同,温控措施十分保守复杂,一个都不少。如预冷混凝土,控制浇筑温度,喷雾保湿,覆盖保护,必要时采用冷却水管进行初期或中期通水冷却,降低碾压混凝土温度。冷却水管埋设温控措施对碾压混凝土快速施工十分不利,背离了碾压混凝土简单、快速施工的原始初衷。

国际碾压混凝土坝温度控制与防裂设计简单,主要控制入仓温度或浇筑温度(一般22 ℃),这与碾压混凝土坝简单快速的施工理念相符。例如,地处热带或亚热带的泰国塔丹、越南博莱格隆、缅甸耶瓦、几内亚苏阿皮蒂、巴基斯坦达苏等国际工程碾压混凝土坝,坝内均不采取埋设冷却水管的温控措施。一般采用单一的强度指标和单一的骨料级配,其骨料最大粒径一般采用40 mm、50 mm 或63 mm。如越南波来哥隆碾压混凝土重力坝,180 d 龄期抗压强度 20 MPa;缅甸耶瓦碾压混凝土重力坝,365 d 龄期抗压强度 20 MPa。这些坝的温控措施及设计理念值得我们学习借鉴和深思。

又比如赞比亚下凯富峡水电站(装机容量 750 MW)碾压混凝土重力坝,原由中国团队设计,碾压混凝土采用 90 d 设计龄期,最大粒径 80 mm,三级配。后经国际项目咨询团队以美国 ASTM、ACI、法国 EM 等标准为依据,取消原设计上游防渗区二级配(最大骨料粒径 37.5 mm)碾压混凝土,优化为全断面一种级配(骨料最大粒径为 63 mm)碾压混凝土,将原强度设计龄期 90 d 优化调整为 365 d,取消原设计大坝埋设冷却水管的温控措施,符合碾压混凝土简单快速筑坝理念。

9　碾压混凝土质量控制关键技术

9.1　提高层间结合质量关键技术

"层间结合、温控防裂"是碾压混凝土快速筑坝的核心关键技术。碾压混凝土本身的物理力学指标并不逊色于常态混凝土,根据已建碾压混凝土坝经验,只要配合比设计合理,施工速度、施工工艺、施工质量控制得到保证,层间结合质量完全能够达到设计要求。现代碾压混凝土配合比设计凸显了拌和物具有富胶凝浆体(高石粉含量、大 PV 值)、低 VC 值和显著缓凝的性能,保证了碾压混凝土能在初凝时间之前完成上一层碾压混凝土的碾压施工。

国际大坝委员会《碾压混凝土坝》2013 年更新的第 126 号公告:尽管人们在早期普遍关注碾压混凝土填筑层之间的明显较低的抗剪强度,但是之后的施工技术发展更注重填筑层之间的高黏合性。但是,需要良好的碾压混凝土拌和物和严格的施工控制来共同确保层间水平拉伸强度超过 1.5 MPa,因此填筑层之间的垂直拉伸强度一直是影响碾压混凝土坝高度的关键限制因素。在碾压混凝土的发展历程中,碾压混凝土已经从一种低强度大体积填充材料演变为一种具备多种性能的材料,既可以是低强度、低变形模量、高蠕变的混凝土,也可以是极高强度、高变形模量、高密度、低蠕变性和抗渗性混凝土。现在生产的碾压混凝土强度范围可介于 2~40 MPa。通过使用合适的施工技术和高和易性高强度碾压混凝土,可以实现填筑层之间的良好黏合,从而实现良好的垂直拉伸强度。因此,碾压混凝土现在用于建造各种碾压混凝土坝,包括低应力柱状重力坝和相对较高的拱坝。

国际大坝委员会第 177 号公告第 5 章指出:碾压混凝土层间的黏结有两种机制:胶凝(化学)黏结以及上层骨料嵌入到下层。随着层间暴露时间的延长,化学黏结逐渐起主要作用,因为骨料嵌入到下层减缓的速度非常快。由于凝结时间随温度而变化,因此需要考虑季节性温度,也可以相应改变缓凝剂的用量,确保全年各个季节热接缝的暴露时间相同。但需要注意的是,试验室砂浆试验(ASTM C403)确定的凝结时间与现场碾压混凝土混合料实际凝结时间之间的差异。

9.2　VC 值动态控制技术

VC 值的控制,在满足现场正常碾压的条件下,VC 值可采用低值。大量的工程实践表明,当气温超过 25 ℃时,出机口 VC 值宜为 0 s 左右,现场仓面宜为 3~5 s。现场 VC 值控制以碾压混凝土全面泛浆并具有"弹性",经碾压能使上层骨料嵌入下层混凝土中,以不陷碾为原则。例如地处青藏高原的黑河黄藏寺碾压混凝土重力坝,由于高原气候特点,蒸发量极大,白天 10:00~17:00,控制出机口碾压混凝土有 1~2 cm 坍落度,由于气候干燥,运输到现场仓面摊铺后的 VC 值急剧损失,VC 值测值达 3~5 s。

降低 VC 值技术措施主要是通过提高缓凝高效减水剂掺量实现,试验研究成果表明:缓凝高效减水剂掺量每增加 0.1%,初凝时间约延长 30 min;VC 值每减小 1 s,碾压混凝土初凝时间相应延长约 20 min。在夏季或高温气候时段,根据不同时段气温选用不同外加剂掺量,保持碾压混凝土配合比参数不变,在提高外加剂掺量减小 VC 值的叠加作用下,延长了碾压混凝土凝结时间。工程实践表明:此方法简单易行,是解决高温气候条件下 VC 值动态控制行有效的技术措施。

例如,百色工程地处亚热带,在高温时段,保持碾压混凝土配合比参数不变,根据不同时段的气温条件选用不同的外加剂掺量,温度大于 25 ℃、28 ℃、30 ℃时,把缓凝高效减水剂掺量从 0.8%分别提高到 1.0%、1.2%、1.5%,有效延缓初凝时间 1~3 h,降低 VC 值 1~3 s,此方案已成为提高碾压混凝土层间结合质量的关键技术措施,已被广泛应用。例如西藏大古现场碾压混凝土采用低 VC 值,碾压后的混凝土全面泛浆并具有"弹性",见图 7。

图 7　西藏大古碾压混凝土全面泛浆有弹性碾压施工照

9.3　石粉含量精确控制

碾压混凝土砂中石粉含量研究成果和工程实践表明:当砂中石粉含量控制不低于 18%时,碾压混凝土拌和物液化泛浆充分、可碾性和密实性好。当石粉含量高于 20%时,用水量增加较大,一般石粉含量每增加 1%,用水量相应增加约 1.5 kg/m³。最佳石粉含量控制技术工程实例如下:

(1)百色石粉替代粉煤灰技术。百色大坝碾压混凝土采用辉绿岩人工骨料,由于辉绿岩岩性的特性,致使加工的人工砂石粉含量达到 22%~24%,特别是 $d<0.08$ mm 的微粒含量达到石粉含量的 40%。针对石粉含量严重超标的情况,采取石粉替代粉煤灰,即当石粉含量大于 20%时,对大于 20%以上的石粉采用替代粉煤灰 24~32 kg/m³ 技术措施,解决了石粉含量过高和超标的难题,同时也取得了显著的经济效益。

(2)光照粉煤灰代砂技术。光照大坝碾压混凝土针对灰岩骨料人工砂石粉含量在 15%~16%波动,达不到最佳石粉含量 18%~20%的要求。为此通过粉煤灰 1:2 代砂(质量比)技术措施,有效解决了人工砂石粉含量不足的问题,保证了碾压混凝土施工质量。

(3)金安桥外掺石粉代砂技术。金安桥大坝碾压混凝土采用弱风化玄武岩人工粗细骨料,加工的人工砂石粉含量平均 12.7%,不满足人工砂石粉含量 18%~20%的设计要求。为此,金安桥大坝碾压混凝土采取外掺石粉代砂技术措施。石粉为水泥厂石灰岩加工,按照 Ⅱ 级粉煤灰技术指标控制。当人工砂石粉含量达不到设计要求时,以石粉代砂提高人工砂石粉含量,二级配、三级配分别提高石粉含量至 18%和 19%,有效改善碾压混凝土的性能。

9.4　钻孔取芯及压水试验

中国的碾压混凝土钻孔取芯是依据《水工混凝土施工规范》(DL/T 5144 或 SL 677)执行的,大坝大体积混凝土每万立方米混凝土应钻孔取芯和压水试验 2~10 m。碾压混凝土钻孔取芯及压水试验遵循规范 DL/T 5112—2009 的规定;钻孔取样是评定碾压混凝土质量的综合方法。钻孔取样评定的内容包括芯样获得率,评定碾压混凝土的均质性;压水试验评定碾压混凝土抗渗性;芯样的物理力学性能,评定碾压混凝土的均质性和力学性能;芯样断口位置及形态描述;芯样外观描述,评定碾压混凝土的均质性和密实性。

最能反映中国现代碾压混凝土坝的是超级芯样,1986 年中国第一座福建坑口碾压混凝土坝(金包银)芯样长度仅 0.6 m,进入 21 世纪,中国碾压混凝土超长芯样突破 10 m、15 m、20 m、25 m。芯样长度记录不断被刷新,2021 年 3 月 26 日西藏大古钻孔取芯获得世界第一长度超级芯样 26.2 m(最大骨料粒径 80 mm、三级配),见图 8。

图 8　西藏大古钻孔取芯获得的超级芯样

国际碾压混凝土坝也进行了钻孔取芯及压水试验,2020 年 4 月 21 日,中国水利水电第八工程局在尼日利亚宗格鲁水电站碾压混凝土大坝 19#坝段,成功取出一根直径 219 mm、长 15.02 m 二级配碾压混凝土长芯。但国际碾压混凝土坝有关芯样报道很少。

中国现代碾压混凝土坝压水试验结果表明,透水率普遍小于设计要求的防渗区小于 0.5 Lu、内部小于 1.0 Lu 的要求,如黄登、丰满、大华桥等压水试验透水率基本为零,表明现代碾压混凝土坝防渗效果优良。

10　结语

(1)中国开创了全断面碾压混凝土筑坝技术的先河,这是中国对现代碾压混凝土坝的最大贡献,中国标准成为国际标准是现代碾压混凝土坝发展的方向。

(2)现代碾压混凝土坝采用全断面碾压混凝土筑坝技术,依靠坝体自身防渗,与常态混凝土相比,只是改变了混凝土材料的配合比和施工工艺,碾压混凝土符合水胶比定则。

（3）石粉含量控制在 18%~22%，$d<0.075$ mm 的微粒含量控制在 10% 左右时，能显著改善碾压混凝土性能。

（4）浆砂比 PV 值是现代碾压混凝土配合比设计极为重要的参数之一，控制浆砂比 PV 值大于 0.42，是可碾性和层间结合质量的关键。

（5）自卸汽车+满管溜槽+皮带机+仓面汽车的联合运输入仓方式，已成为最先进的运输入仓方式，被广泛应用。

（6）变态混凝土（IVRCC）是现代碾压混凝土筑坝技术的一项重大技术创新，大量的工程实践表明，目前插孔注浆法已成为变态混凝土主流方式。

（7）采用 180 d 或 365 d 强度设计龄期，取消碾压混凝土坝埋设冷却水管的温控措施，符合碾压混凝土简单快速的筑坝理念。

（8）VC（VB）值的控制以全面泛浆有弹性，上层骨料嵌入下层碾压混凝土为宜。应根据气温和施工条件的变化及时调整出机口 VC（VB）值，对 VC（VB）值实行动态控制。

参考文献

[1] 田育功.碾压混凝土快速筑坝技术[M].北京:中国水利水电出版社,2010.

[2] Shaw QHW(南非).国际大坝委员会 126 号公告——碾压混凝土坝(2013 年更新版)[C]//第七届国际碾压混凝土坝暨中国大坝工程学会 2015 学术年会论文集.2015.

[3] 马尔科姆·登斯坦.碾压混凝土坝从北京经桑坦德、莎拉戈萨至昆明的研讨之旅[C]//中国大坝工程学会 2019 年学术论文集.北京:中国三峡出版社,2019.

[4] 拉斐尔·伊巴涅斯·阿尔德科亚.碾压混凝土坝施工新趋势[C]//中国大坝工程学会 2019 年学术论文集.北京:中国三峡出版社,2019.

[5] 碾压混凝土:EM 1110-2—2006[S].美国陆军工程兵团工程设计规范,美国,2006.

[6] 奥尔特加.碾压混凝土材料与配合比设计的新进展[C]//中国大坝工程学会 2019 年学术论文集.北京:中国三峡出版社,2019.

[7] 巴基斯坦 DASU 水电站工程大坝碾压混凝土配合比设计咨询会,达苏招标文件 0433 章碾压混凝土(RCC),西安,2018.10.

[8] 邓兆勋,宁顺才,等.赞比亚下凯富峡水电站大坝碾压混凝土配合比设计与研究[C]//中国大坝工程学会 2019 年学术论文集.北京:中国三峡出版社,2019.

作者简介:

田育功(1954—),教授级高级工程师,副主任,主要从事水利水电工程建设及技术咨询工作。

第3篇

水工常态混凝土关键技术与分析

水工抗冲磨防空蚀混凝土关键技术分析探讨★

田育功[1]　杨溪滨[2]　支拴喜[3]

（1.汉能控股集团云南汉能投资有限公司,云南临沧　677506;
2.广西大藤峡水利枢纽开发有限责任公司,江西南宁　530029;
3.甘肃巨才电力技术有限责任公司,甘肃兰州　730050）

【摘　要】　本文主要针对水工泄水建筑物抗冲磨防空蚀混凝土破坏机制分析,从高速水流掺气减蚀、设计龄期、多元复合材料性能、HF 混凝土技术、层间同步浇筑以及施工工艺等关键技术进行分析探讨,对提高水工泄水建筑物抗冲磨混凝土的质量具有十分重要的现实意义。
【关键词】　抗冲磨混凝土;空蚀;裂缝;多元复合材料;HF 混凝土;90 d 龄期;同步浇筑

1　引言

改革开放 30 多年来,我国的水利水电事业得到快速发展,建设了一大批大型水利水电枢纽工程,如三峡、小浪底、洪家渡、水布垭、百色、龙滩、拉西瓦、瀑布沟、光照、小湾、金安桥、糯扎渡、向家坝、溪洛渡、黄登、大藤峡等为代表的工程,这些水利水电工程的挡水建筑物不论是重力坝、拱坝还是堆石坝以及闸坝等,其数量、高度、规模以及泄水量等指标均位居世界前列。举世瞩目的三峡工程已成为中华民族复兴的标志性工程,我国的水利水电工程已成为引领和推动世界水利水电发展的巨大力量。

我国的大型水利水电枢纽工程主要分布在长江、黄河、金沙江、澜沧江、雅砻江、大渡河、珠江流域以及雅鲁藏布江等大江大河上,这些大江大河主要发源于世界屋脊的青藏高原以及云贵高原,河流湍急、落差大、流量大。如二滩坝高 240 m,拉西瓦坝高 250 m,小湾和溪洛渡坝高接近 300 m,锦屏一级坝高达到了 305 m,泄洪水头一般为坝高的 50% ～80%,流速一般达 30～50 m/s;同时流量大,如二滩达 23 900 m³/s,溪洛渡达 43 700 m³/s,三峡通过坝身泄水量达到 102 500 m³/s,大藤峡坝身泄水达 67 400 m³/s,由此引起的脉动振动、空化空蚀、掺气雾化、磨损磨蚀和河道冲刷问题十分突出,给消能防冲设计和施工带来极大的困难,已成为筑坝的关键技术难题之一。

近年来的工程实践表明,已建成的水利水电工程的泄洪排沙孔（洞）、挑坎、溢流表孔、溢洪道、消力池、水垫塘、护坦及尾水等泄水建筑物经过一定时期的运行,均不同程度地出现磨损空蚀破坏现象,个别工程泄水建筑物发生结构性破坏,有的甚至已经危及到水工建筑物的安全。特别是部分工程的泄水消能护面抗冲磨防空蚀（简称抗磨蚀）混凝土,

---

★本文原载于《中国大坝工程学会 2016 学术年会论文集》,2016 年 10 月,交流会主旨发言,获得优秀论文。

均有不同程度的破坏,一些工程在投入运行后的短时间内就发生严重的破坏。反映了水工泄水建筑物抗磨蚀混凝土的结构设计、掺气减蚀设施、护面材料选择、施工工艺和质量控制等方面,还存在着许多问题,值得我们分析研究、总结提升和完善。因此,对水工泄水建筑物抗磨蚀混凝土关键技术进行分析探讨将具有非常重要的现实意义。

2 高速水流对抗磨蚀混凝土的破坏情况

抗冲磨混凝土的表面平整度和裂缝是造成高速水流抗磨蚀混凝土破坏的主要因素之一。水工泄水建筑物表面不平整或在有障碍物的情况下,水流流速较高时很容易遭受空蚀破坏。如施工中由于定线误差,模板接缝不平或未清除残留突起物,抹面工艺差,使过流表面不平整,就会引起局部边界分离,形成漩涡,产生空蚀破坏。施工中由于管理或不可预见因素,使消力池、溢流面等泄水消能建筑物抗冲磨混凝土二次浇筑或间歇时间过长,出现"两张皮"脱空现象,或受强约束发生裂缝,以及止水或排水孔损坏,从而减弱混凝土的抗冲性能,在高速水流引起的磨损冲刷、脉动振动、空化空蚀的作用下,往往把抗冲磨混凝土整块掀掉,形成大面积的水力冲刷破坏。这种破坏国内外的例子很多,如潘家口水库溢流坝、龙羊峡水电站底孔、碧口水电站泄洪洞、新安江水电站厂房顶溢流面、五强溪溢流面、二滩泄洪洞、景洪消力池、金安桥消力池等。这些工程中发生破坏的材料主要包括高等级硅粉混凝土、高强纤维硅粉混凝土以及硅粉+纤维+粉煤灰等复合材料抗磨蚀混凝土。尽管一些工程目前未发生破坏,但护面抗冲耐磨混凝土普遍存在表面裂缝严重、流线型差、平整度不满足要求以及施工缺陷较多等影响工程安全和耐久性的隐患。

比如龙羊峡水电站、李家峡水电站是国内建设较早的高水头建筑物,抗冲磨混凝土分别采用C60、C50硅粉混凝土,该工程在投入运行初期就发生了较为严重的破坏。李家峡2004年检查发现护面层有脱空现象,流水从上游部位裂缝中渗入,从下游部位裂缝渗出,加上冻融作用,裂缝扩展,面层50cm厚的硅粉混凝土与基础混凝土松动。显然,护面层的抗冲稳定性不满足要求,为了防止泄水孔底板被冲,对底板混凝土进行了挖除,重新对抗冲磨混凝土进行维修。但维修后仍然发现底板存在裂缝,并有空鼓现象。

小浪底采用高强度等级硅粉混凝土,溢洪道和泄洪洞抗冲磨防空蚀混凝土设计强度分别为C50、C70。施工过程温控防裂及施工抹面防裂困难极大,尽管采取了一切必要的措施,抗冲磨防空蚀混凝土仍存在裂缝。溢洪道泄槽底板裂缝严重,工程竣工后很少投入使用。

二滩水电站泄洪洞为当时国内最大的泄洪洞。断面高13.5~14.9m、宽13m,最大流速45m/s。泄洪洞抗冲磨防空蚀混凝土采用C50硅粉混凝土,浇筑后硅粉混凝土裂缝严重。竣工后第4年即2002年,洞身护面发生严重破坏。尽管破坏的起因是由于局部空蚀破坏,但存在严重裂缝的抗冲磨防空蚀混凝土表层,因整体性差加重了破坏程度和规模。

景洪水电站最大坝高108m,底板抗冲磨混凝土厚度为1m,采用外掺硅粉8%的C40硅粉混凝土。为了底板的稳定,又布置5Φ36mm间距为6m×6m的锚筋桩,深入基岩的深度7.4m,将底板牢牢地锚固在基岩上。2008年建成后第一年过水,护面抗冲磨混凝土发生了较大面积的破坏,2009年汛前使用环氧砂浆等对破坏面进行修补,接缝采用聚氨酯灌浆封堵。2009 年过水后抽水检查情况:底板中部出现了大面积表面抗冲耐磨层硅粉混凝土和基础混凝土脱开、冲走现象,块体厚度一般约为 1. 0 m,最大块体面积约为 50 m^2,总冲毁面积约为 3 536. 62 m^2,占消力池总面积的 28%。

小湾水电站水垫塘底板使用 $C_{90}60W_{90}10F_{90}150$ 硅粉混凝土,其中分不同区域外掺钢纤维和聚丙烯纤维(二级配),三级配硅粉混凝土只掺聚丙烯纤维。小湾使用高强硅粉钢纤维+聚丙烯纤维,掺加料多、水灰比小、混凝土黏稠,混凝土振捣和抹面非常困难,裂缝和平整度也不易控制,在严格的施工控制下,混凝土质量相对比较好,但裂缝依然存在。在水垫塘第一次充水后,位于其下方的检查廊道漏水严重,后来抽干水对护面抗冲耐磨混凝土的裂缝进行了灌浆处理。

3　掺气减蚀设施在高速水流中的重要作用

高速水流掺气是泄水建筑物混凝土表面减免空蚀的重要措施。1960 年美国首先在大古力大坝泄水孔通气槽取得成功。我国 20 世纪 70 年代初开始该项技术的研究,并不断应用于工程实践。大量工程实践表明,流速大于 30 m/s 的工程部位易发生空蚀破坏。随着我国水利水电建设的高速发展,水利水电工程规模愈来愈大,坝愈来愈高,高速水流问题愈加突出,如掺气、雾化、脉动、诱发振动、空化、空蚀等现象,因此高速水流问题备受重视。

水流在高速运动情况时,由于底部紊流边界层发展到自由表面而开始掺气形成自然掺气。掺气水流使水流的物理特性发生了一些变化,如在水流与固体边界之间强迫掺气可减免空蚀,因而得到广泛应用。二滩泄洪洞的运行为合理设计明流洞洞顶余幅提供了宝贵的经验,我国水工隧洞规范中规定,高流速隧洞在掺气水面以上的净空余幅为隧洞面积的 15%~25%。较长的隧洞除从闸门井通气外,还需要在适当位置补气。经过二滩泄洪洞的运行和原型观测,认为从保证这种超长大型泄洪洞的运行安全角度,水面以上应有足够的空间,至少应取上限值。

刘家峡泄洪洞和龙羊峡底孔泄洪洞是我国 20 世纪 70~80 年代最早一批遭遇空蚀破坏的典型工程实例。刘家峡泄洪洞是在反弧段下游发生空蚀破坏,原因为当时对空蚀破坏认识有限,没有设置通气槽。龙羊峡底孔泄洪洞是在弧门后下游边墙,原因为施工不平整度造成的"升坎"效应。此后,开展了大量的掺气减蚀研究和原型观测,在理论和实践上,取得了重大突破,一大批泄洪洞或溢洪道在采用了掺气减蚀设施后取得了良好的运行效果,我国的水工建筑物抗冲磨防空蚀混凝土技术规范规定,水流空化数小于 0. 30 或流速超过 30 m/s 时,必须设置掺气减蚀设施。

4　抗磨蚀混凝土设计指标分析

4.1　抗磨蚀混凝土的设计龄期

我国的标准《水工建筑物抗冲磨防空蚀混凝土技术规范》(DL/T 5207—2005)规定:抗冲磨防空蚀混凝土强度等级选择,可根据最大流速和多年平均含沙量选择混凝土强度等级,并进行抗冲磨强度优选试验。抗冲磨防空蚀混凝土的强度等级分 $C_{90}35$、$C_{90}40$、$C_{90}45$、$C_{90}50$、$C_{90}55$、$C_{90}60$、$>C_{90}60$ 七级。水工泄水建筑物明确了抗冲磨防空蚀混凝土设计龄期可采用 90 d。设计龄期是抗冲磨防空蚀混凝土十分关键的设计指标,采用不同的设计龄期,将直接关系到抗冲磨防空蚀混凝土掺和料掺量的多少和胶凝材料用量的多少,也直接影响到抗冲磨防空蚀混凝土的温控防裂性能。

近年来,抗冲磨防空蚀混凝土均掺用优质 I 级粉煤灰,为了发挥粉煤灰混凝土后期强度,普遍采用 90 d 龄期抗压强度,对改善高等级抗冲磨防空蚀混凝土的施工工艺和提高抗裂性能效果明显。如小湾、溪洛渡、金安桥、瀑布沟、龙口等工程抗冲磨防空蚀混凝土均采用 90 d 设计龄期。抗冲磨混凝土采用 90 d 龄期,其强度增长率系数一般为 28 d 强度的 1.2~1.25 倍,在相同强度等级、级配、坍落度的情况下,比 28 d 龄期混凝土胶凝材料明显减少,且后期强度增长显著;如设计指标相同的 C50 抗冲磨防空蚀混凝土,90 d 设计龄期比 28 d 设计龄期混凝土节约胶凝材料 50~100 kg/m³,对抗冲磨防空蚀混凝土温控防裂有着十分重要的现实意义。

4.2 糯扎渡溢洪道抗冲磨混凝土 180 d 设计龄期探讨

糯扎渡水电站位于云南省普洱市境内的澜沧江干流上,以发电为主。水库总库容237 亿 m³,装机容量 5 850 MW。枢纽建筑物由拦河大坝、左岸开敞式溢洪道、左岸泄洪洞、右岸泄洪洞、左岸地下引水发电系统等组成。拦河大坝为砾土心墙堆石坝,坝高261.5 m,坝顶长 608.2 m,坝体积 2 794 万 m³。糯扎渡溢洪道布置于左岸平台靠岸边侧(电站进水口左侧)部位,由进水渠段、闸室控制段、泄槽段、挑流鼻坎段及出口消力塘段组成。溢洪道水平总长 1 445.183 m(渠首端至消力塘末端),宽 151.5 m。泄槽段边墙及中隔墙 3 m 高以下部分及底板为抗冲磨混凝土,抗冲磨混凝土设计指标 C₁₈₀55W8F100。溢洪道泄槽底板横缝间距较大(65~128 m),而纵缝间距为 15 m,底板厚度 1 m,底板抗冲磨防空蚀混凝土按限裂设计,底板设计厚度 0.8~1.0 m,双层双向钢筋。糯扎渡溢洪道抗冲磨混凝土采用 180 d 设计龄期值得我们深思探讨。

5 多元复合材料抗磨蚀混凝土

我国从 20 世纪 60 年代就开始进行抗冲磨材料的应用研究,主要有三类:高强混凝土、特殊抗冲磨混凝土和表面防护材料。特殊抗冲磨混凝土包括真空作业混凝土、纤维增强混凝土、聚合物混凝土、聚合物浸渍混凝土、铁矿砂混凝土、刚玉混凝土、铸石混凝土等。在抗冲耐磨材料的发展历史中,各种材料相继出现,并应用于水利水电工程,它们各有优缺点。从应用的历史过程看,工程中普遍认为用高强度混凝土来提高泄水建筑物的抗冲磨防空蚀能力是一个基本途径。

20 世纪 90 年代开始,各种掺和料、纤维及外加剂的广泛研究及应用,在吸收和发展高性能混凝土思路下,科研单位通过大量的试验研究及应用,逐步提出了多元复合材料抗冲磨防空蚀混凝土的新理念。现代的多元复合材料抗冲磨防空蚀混凝土虽属水工混凝土范畴,但其材料组成和性能明显有别于水工大体积混凝土和水工结构混凝土。一是抗冲磨防空蚀混凝土设计强度等级高,一般为 C40~C60;二是抗冲磨防空蚀混凝土材料组成,已经远远超越水工大体积混凝土仅掺单一掺合料(粉煤灰)材料组成的情况;三是为了满足抗冲磨防空蚀混凝土高强度、抗磨性、防裂和韧性的要求,粉煤灰、硅粉、矿渣、纤维、聚羧酸外加剂及铁矿石骨料等组成的多元复合材料在抗冲磨防空蚀混凝土中得到广泛应用,这是常规水工大体积混凝土材料组成中所不具备的。为此,现代的抗冲磨混凝土被称为多元复合材料也就理所当然,其中以硅粉粉体为主的多元复合材料抗磨蚀混凝土优点和缺陷分析如下。

第一代硅粉混凝土技术始于20世纪80年代,其强度和耐磨性很高,但在应用过程中存在着一定的缺陷。我国20世纪80年代开始应用硅粉混凝土时,采用单掺硅粉,掺量大,一般掺量达10%~15%,由于受当时外加剂性能制约,硅粉混凝土用水量大,胶材用量多,新拌混凝土十分黏稠,表面失水很快,收缩大,极易产生裂缝,且不易施工。第二代硅粉混凝土技术从20世纪90年代开始,随着聚羧酸等高效减水剂的应用,降低了单位用水量,有的在硅粉混凝土中掺膨胀剂,进行补偿收缩,抗裂性能有所改善。由于膨胀剂的使用必须是在有约束的条件下才能有效果,掺膨胀剂对抗磨蚀混凝土的使用效果并不十分理想。第三代硅粉混凝土技术从21世纪初开始,首先降低硅粉掺量,一般掺量为5%~8%,复掺Ⅰ级粉煤灰和纤维,采用高效减水剂,其性能得到较大提高,但施工浇筑过程中新拌硅粉混凝土的急剧收缩、抹面困难和表面裂缝等问题还是一直未能很好解决。

纤维被用作防裂措施加入混凝土中,但在应用过程中也存在着一定的缺陷。主要表现为:一是用水量和水泥用量增加较大,对温控防裂不利(需要采用减水率高的外加剂或提高外加剂掺量);二是纤维混凝土拌和时纤维的投料不能采用机械化,拌和时间需要延长才能保证纤维的均匀性;三是施工浇筑时增加了抹面的难度,而且纤维容易外露,对平整度和收面的光洁度影响较大,许多掺纤维的工程,裂缝依然存在。

6　HF混凝土在泄水建筑物中的应用

6.1　HF混凝土

HF混凝土的定义是:由砂石骨料、水泥、粉煤灰(或其他掺和料)和HF外加剂组成,并按一定的要求进行结构设计、抗磨耐久性设计、抗冲设计、防空蚀设计、抗裂设计,按一定的方法进行配合比试验和施工质量控制,按照"六度"控制和施工工法浇筑的混凝土。

HF混凝土技术及其专用HF外加剂为甘肃某电力技术有限责任公司多年来研究成果和推广应用的专利技术,该公司在16类和1类商品申请了以"HF"为主要字母的商标,用以保护其技术知识产权。HF外加剂掺量一般为胶凝材料2%~3%,掺HF外加剂后一般不需要再掺减水剂。由于耐久性抗冻等级要求,掺HF外加剂后需要掺入引气剂使含气量达到3.5%~4.5%。粉煤灰掺量一般为20%~25%,具体由抗磨蚀混凝土的水胶比、单位用水量、胶凝材料用量和强度结果等配合比试验确定。

HF混凝土于1992年开发研究以来,经过近30年的研究并在工程应用中不断完善和提高,已形成一整套解决水工混凝土抗冲、耐磨和防空蚀的系统技术,有50多个技术文件支持。HF混凝土除具有良好的抗冲耐磨防空蚀性能外,还具有抗裂性好、干缩性小、水化热温升小、施工与常态混凝土一样简单易行的优点,尤其在严格按照HF混凝土技术的抗裂防裂要求操作的情况下,可以避免混凝土出现裂缝,经工程考验,其使用效果良好,该项技术得到水利水电工程界的广泛认可和应用。HF混凝土已被《水闸设计规范》(SL 265—2001)、《水工隧洞设计规程》(SL 279—2016)、《混凝土坝养护修理规程》(SL 230—1998)、《混凝土拱坝设计规范》(SL 282—2017)、《水闸设计规范》

（NB/T 35023—2014）等标准推荐为水工抗磨蚀混凝土的护面材料。国内已有 300 多个水利水电工程采用，其中包括洪家渡、光照、瀑布沟、锦屏一级、两河口、丰满重建、牛栏江引水、德泽水库、西安引水金盆水库、黔中水利枢纽等大型水利水电工程（2020 年 HF 混凝土被水利部评为先进成熟技术推广项目）。HF 混凝土以系统的成套技术，打造无缺陷抗冲耐磨混凝土，使工程泄水建筑物不维修或少维修，工程界高度认可并拥有完全的自主知识产权。HF 混凝土在水工泄水建筑物部分工程的应用实例见表1。

HF 混凝土跳出传统的只关注混凝土高强度和耐磨较优的选择护面混凝土的观念和做法，通过对高速水流护面混凝土破坏案例及破坏原因的科学分析，认为高速水流护面问题的解决，从材料方面来讲，在保证一定的耐磨强度的情况下，首先是解决好混凝土的抗冲破坏问题，而抗冲破坏主要由护面的结构缺陷和材料的缺陷决定。在结构设计、材料选择、配合比试验及施工质量控制等诸多环节中，消除其可能引起抗冲缺陷的因素，才能可靠地解决好护面混凝土的抗冲问题和耐久性问题。对于空蚀破坏的预防方面，也是通过研究科学合理的施工工艺和质量控制方法，确保混凝土护面达到设计要求的平整度和流线型，防止护面混凝土引起空蚀问题的发生。同时，通过骨料和配合比以及施工工艺解决好混凝土再生不平整度可能引起的空蚀破坏问题。

根据《水工建筑物抗冲磨防空蚀混凝土技术规范》（DL/T 5207—2005）和大量的工程实践，设计对抗冲耐磨防空蚀混凝土的要求过于简单，建议对抗磨蚀混凝土工程提出以下要求：

（1）按照规范抗磨蚀混凝土设计强度等级为 C30～C50，抗磨蚀混凝土建议采用 HF 混凝土。

（2）除强度等级满足设计要求外，混凝土强度标准差较优良评级值小 20%。

（3）要求抗磨蚀混凝土具有良好的抗裂性能，提高混凝土极限拉伸值达到 1.0×10^{-4} 以上，或大于同等级混凝土极限拉伸值 15% 以上，确保混凝土达到无裂缝、无缺陷和不开裂的技术要求。

（4）抗磨蚀混凝土施工要求，表面平整度达到设计要求 2 m，靠尺平整度误差小于±3 mm；混凝土流线型不出现鼓肚，凹陷不超过±3 mm；满足设计和规范要求的无缺陷抗磨蚀混凝土技术要求。

（5）水下钢球法耐磨强度或工程实际使用耐磨耐久性较同强度等级混凝土提高一倍以上。

（6）作为抗冲耐磨 HF 混凝土，具有行业规范推荐和成熟的质量控制体系。

6.2　HF 混凝土应用工程实例

6.2.1　HF 混凝土在洪家渡泄洪洞应用

洪家渡水电站是中国长江右岸最大支流乌江干流十一个梯级的第一级，是整个梯级中唯一具有多年调节水库的龙头电站，地处贵州省织金县与黔西县交界处。电站枢纽由混凝土面板堆石坝和左岸建筑物组成，左岸建筑物包括洞式溢洪道、泄洪洞、放空洞、发电引水系统和地面厂房等。大坝为混凝土面板堆石坝，坝高 179.5 m。

表 1　HF 混凝土在水工泄水建筑物工程应用的部分实例简介

编号	工程名称	坝高/m	使用部位	实际使用强度	泄洪流量或单宽流量/(m³/s)	流速/(m/s)	泥沙情况及空化数	抗冲磨防空蚀混凝土强度等级
1	洪家渡电站	179	泄洪洞	C$_{90}$45	1 643	38.13		C50
2	光照水电站	201	溢流洞	C$_{90}$45	4 591	35.67		C50
			溢流表孔			40	使用加聚丙烯纤维的 C45HF 混凝土,抗裂性好,和易性好,无裂缝	
3	官地水电站	159	溢流面、水垫塘	C35			HF 混凝土代替硅粉混凝土,2011 年 9 月浇筑结束。HF 混凝土无裂缝产生,硅粉混凝土多裂缝并发生严重破坏	
4	洪口水电站	130	溢流表孔	C$_{90}$50	52.33	42.97		大于 C50
5	贵州双河口水电站	97.5	溢流道	C$_{90}$45		30		C50
			导流泄洪洞	C$_{90}$45		35		C50
6	鱼跳水电站	110	龙抬头泄洪洞	C40		37		C50
			溢流道	C40		37		C50
7	瀑布沟水电站	186	放空洞断面 7 m×11 m	C40	1 500	34(平均)	掺气坎顶的水流空化数 0.28,坎后最小 0.3	C50
8	金盆水库	130	泄洪洞	R50,后改为 R$_{90}$50	10×13	41.71		大于 C60
			溢流洞		10×11.1	40.6		
9	武都水库	130	底中孔及导墙	C$_{90}$50HF	流速:底孔 33 m/s,表孔 25 m/s		原方案为硅粉纤维膨胀剂 C$_{90}$60 混凝土,实际使用 C$_{90}$50HF 至 2011 年 10 月施工,改为 C$_{90}$60 混凝土浇筑完毕,混凝土溢流面无裂缝	C$_{90}$60
10	盘石头水库	102.2	泄洪洞、溢流洞	(2001 年 7 月)原设计使用 C40,C50 泵送硅粉混凝土,无法施工,改为 C$_{90}$50 和 C40HF 混凝土				C40,C50
11	新疆下坂地水电站	78	泄洪洞				坝高 78 m,导流兼泄洪(放空)洞采用 C40HF 混凝土,最大流速 32.36 m/s,2006 年浇筑,至今运用完好	

续表 1

编号	工程名称	坝高/m	使用部位	实际使用强度	泄洪流量或单宽流量	流速/(m/s)	泥沙情况及空化数	抗冲磨防空蚀混凝土强度等级
12	泸定水电站	84	1#、2#导流兼泄洪洞				原设计采用C40硅粉混凝土,后改为C40HF混凝土,2007~2009年施工。施工中因HF混凝土配合比不满足HF混凝土抗裂设计要求,又无温控措施,立墙混凝土产生了较多温度裂缝。1#洞2008年开始导流过水至2011年5月截流,经过检查,导流洞完好,底板均匀磨损,无冲坑破坏	
13	天花板水电站	113	表孔及泄水中孔				天花板水电站是牛栏江梯级水电站的第7级,最大坝高113 m,首部板纽泄洪建筑物包括3个表孔,2个中孔和1个排沙底孔。2009年,使用C35混凝土作为护面抗冲前抗磨材料。混凝土无裂缝产生。至今使用效果好,无破坏	
14	西藏直孔水电站	56	大坝溢流面				直孔水电站,最大坝高56 m,上游坝坡1:1.9,下游坝坡1:2.1。具有气温低,日温差大,年温差小,降水少,蒸发大的高原气候特征。溢流面原设计为C40硅粉混凝土,因浇筑困难,施工中改为C40HF混凝土。混凝土无裂缝	
15	锦屏一级水电站	305	泄洪洞有压段和无压段				无压段最大流速大于50 m/s。有压段为C₉₀40和C₉₀50HF混凝土,无压段为C35HF混凝土,2010年开始施工,已经过水未破坏	
16	两河口水电站	305	导流洞				设计采用C35HF混凝土,2010年6月8日至2011年11月8日已经浇筑约7万 m³ HF混凝土,和易性好,可泵性好,无裂缝产生	
17	桐子林水电站	66.6	导流明渠溢流面面				2010年开始施工至2011年6月导流明渠和坝面浇筑C35HF混凝土,无裂缝产生。已过水,效果好	
18	牛栏江引水德泽水库	142	导流泄洪洞溢洪道				2010年浇筑C₉₀50HF混凝土约15 000 m³,无裂缝产生。过水多年,使用效果好	
19	新疆石门子水库	106	导流兼泄洪洞				C40HF混凝土,2009~2010年泵送浇筑,无裂缝,效果好	
20	大西沟水库	98	溢洪道				设计使用C40HF混凝土,无裂缝产生	
21	斯木塔斯水电站	106	泄洪导流洞				斯木塔斯水电站工程为Ⅱ等,属于(2)型工程,泄水建筑物表孔溢洪道、导流兼深孔泄洪洞,最大坝高106 m,采用C40HF混凝土。施工正常无裂缝产生	
22	克孜加尔	61	导流泄洪洞				2010年施工浇筑C₉₀50HF混凝土,无裂缝产生	
23	大藤峡水利枢纽	80.01	溢流面消力池				抗冲磨混凝土为HF混凝土,2016年4月开始在泄水坝段,和易性好,抗裂性好	

洪家渡水电站泄洪建筑物抗冲耐磨混凝土的设计指标 $C_{90}45W10F100$，二级配，坍落度 5~7 cm，泵送混凝土坍落度 14~16 cm。抗冲磨防空蚀混凝土分别采用 HF 混凝土、硅粉混凝土、铁钢砂混凝土、HLC-Ⅲ 硅粉混凝土等进行对比试验研究。洪家渡 $C_{90}45$ 混凝土抗冲磨性能对比试验结果表明，采用Ⅰ粉煤灰 20%+2%HF 外加剂抗冲磨混凝土，HF 混凝土磨损率 0.055 g/(h·cm²)、抗冲磨强度 18.25 (h·cm²)/g，磨损率和抗冲磨强度优，仅次于掺硅粉 15% 的抗冲磨混凝土，性能明显优于其他几种混凝土。通过对比优选试验，洪家渡洞式溢洪道、泄洪洞选用 HF 混凝土作为抗冲磨护面混凝土。洪家渡泄洪洞水流流速 38.13 m/s，溢洪洞流速 35.67 m/s，2004 年至今，两条使用 HF 混凝土的隧洞 HF 混凝土未发生破坏，使用效果好。

6.2.2　HF 混凝土在锦屏一级水电站工程应用

锦屏一级水电站位于四川省凉山彝族自治州木里县和盐源县交界处的雅砻江大河湾干流河段上，是雅砻江下游从卡拉至河口河段水电规划梯级开发的龙头水库，距河口 358 km，距西昌市直线距离约 75 km。本工程采用坝式开发，主要任务是发电，坝高 305 m，水库正常蓄水位 1 880 m，死水位 1 800 m，正常蓄水位以下库容 77.65 亿 m³，调节库容 49.1 亿 m³，属年调节水库。

泄洪洞洞宽 13.0 m，洞高 17.0 m，泄洪洞水头超过 250 m，设计泄流能力 3 254 m³/s，设计最大流速为 52 m/s，是锦屏一级水电站的主要泄洪设施，泄洪水头、泄洪量、泄洪功率及流速均为国内最高水平。其布置于大坝右岸，由泄洪洞进水塔、有压段、工作闸室、无压上平段、龙落尾段、出口挑坎段组成，采用有压隧洞转弯后接无压隧洞、洞内"龙落尾"的布置形式，将 75% 左右的总水头差集中在占全洞长度 25% 的尾部(龙落尾段)，减少了高流速的范围和掺气减蚀的难度。其中，龙落尾段由奥奇曲线段、斜直段、反弧曲线段以及下平段等组成。龙落尾段平距 434.556 m，高差约 133 m，龙落尾洞线总长为 459.949 m。底板和边墙采用了 $C_{90}50HF$ 混凝土作为护面混凝土。

锦屏水电站砂岩粒型差、裹粉严重，级配变异大，混凝土用水量和胶材用量较高，使用 HF 混凝土较好地解决了按相关规范设计抗冲磨所遇到的混凝土温控难度大的问题。泄洪洞工程如期于 2014 年 5 月 31 日浇筑完成，并于 2014 年 10 月 10 日及 2015 年 9 月 26 日，在水库蓄水至正常蓄水位的情况下，先后经过泄洪洞原型观测试验及泄洪洞事故闸门动水关闭试验，试验中泄洪洞工程护面未发生破坏问题。

7　抗冲磨混凝土施工关键技术分析

7.1　冲刷作用对护面抗冲磨混凝土的破坏机制分析

抗冲磨混凝土的缺陷包括表面平整度、裂缝以及基层混凝土与抗冲磨混凝分开浇筑，是造成高速水流抗冲磨防空蚀混凝土破坏的主要因素之一。施工中由于管理或不可预见因素，使消力池、溢流面等泄水消能建筑物抗冲磨混凝土二次浇筑或间歇时间过长，出现"两张皮"脱空现象，或受强约束发生裂缝，以及止水或排水孔损坏，从而减弱混凝土的抗冲刷性能，在高速水流引起的磨损冲刷、脉动振动、空化空蚀的冲击下，往往把抗冲磨混凝土整块掀掉，形成大面积的水力冲刷破坏。

例如,金安桥水电站消力池底板抗冲磨混凝土大面积破坏。金安桥水电站2011年7月25日蓄水至1 415.00 m,其后库水位在1 415.00~1 418.00 m运行。2011年汛期主要利用溢流表孔下泄汛期洪水,单孔最大下泄流量2 590 m³/s,2012年3月底将消力池抽干后发现:消力池底板及其上游侧1:2斜坡部位1.0 m厚的C₉₀50W8F150二级配抗冲磨硅粉纤维混凝土破损,总损毁面积达到2 600 m²,而基础3.0 m厚C₉₀25三级配混凝土仍保持完好。虽然纤维硅粉混凝土密实性和抗磨性能好,但收缩变形大,新浇筑混凝土的抹面收面困难,平整度不易控制,导致抗冲磨混凝土表面平整度差并产生有害裂缝。同时抗冲磨混凝土与基础混凝土分两次浇筑,层间为新老混凝土结合面,客观原因造成底部基础混凝土与表层抗冲磨混凝土间歇期过长,间歇期为62~697 d,使层间结合薄弱再加上裂缝形成高速水流进入薄弱结合面的通道,在高水头(118 m)、大流量、高流速水流长达1 561 h的持续泄水作用下,造成消力池表层1 m厚抗冲磨混凝土结构性失稳破坏,属水力冲刷破坏。其中,混凝土的裂缝及抗冲磨混凝土与基础混凝土分开浇筑是最主要的原因。

7.2 抗冲磨混凝土与基层混凝土同步浇筑关键技术

抗冲磨混凝土与基层混凝土是否同步浇筑,直接关系到层间结合质量。传统的抗冲磨混凝土施工方法,一般基层混凝土先浇筑,预留0.5~1.0 m厚度的抗冲磨混凝土,再专门进行面层的抗冲磨混凝土浇筑。此方案虽然设计在基层混凝土中采用埋设插筋的技术方案,但往往效果不佳。原因是两种混凝土设计指标、级配、配合比等的不同,其变形、弹模、应力状态均存在很大差异,抗冲磨混凝土与基层混凝土层间的薄弱结合面极容易产生脱空和"两张皮"的现象,对防冲十分不利。因此,泄水建筑物泄槽、边墙等竖立面抗冲磨防空蚀混凝土施工浇筑,基层混凝土与竖立面抗冲磨混凝土层间结合,也必须采用同步浇筑、同步上升的施工方案,这是保证层间结合质量的关键。

比如万家寨水利枢纽泄水消能抗磨蚀混凝土施工。笔者于1996年在万家寨坝身过流面抗冲磨混凝土施工中,针对抗冲磨与基层混凝土层间结合不良的难题,采用抗冲磨硅粉混凝土与基层混凝土一起浇筑的施工方案,很好地解决了基层老混凝土与抗冲磨硅粉混凝土层间结合的难题。基层混凝土与抗冲磨混凝土施工时,最后一个升层按照2~3 m厚度设计,不论是平面按台阶法施工或侧墙立面按一个整仓施工时,首先浇筑基层三级配混凝土,然后同步浇筑50~80 cm厚度的抗冲磨层硅粉混凝土,有效地解决了基层与抗冲磨混凝土层间结合的问题,使用效果良好。但万家寨工程1998年后期消力池抗磨蚀护面材料采用科研单位推荐的硅粉铁钢砂混凝土,由于抗磨蚀护面材料硅粉铁矿砂混凝土与基层混凝土分开浇筑,加之铁矿砂下沉,导致混凝土表面产生大量浮浆,且伴随着大量裂缝的发生,在高速水流的冲刷下造成消力池抗冲磨混凝土大面积破坏。

7.3 抗冲磨混凝土施工浇筑关键技术

7.3.1 尽量采用常态混凝土浇筑方式

抗冲磨防空蚀混凝土施工与常态混凝土基本相同,但弧面、斜面等采用滑模施工较多。抗冲磨防空蚀混凝土应尽量采用常态混凝土浇筑方式,由于常态混凝土坍落度一般采用5~7 cm,用水量和水泥用量较少,对温控防裂有利。采用泵送混凝土浇筑方式对抗冲磨防空蚀混凝土性能影响较大,由于泵送混凝土用水量多,砂率大,干缩也大,不利防裂。特别是泵送抗磨蚀混凝土时,容易形成浆体上浮、骨料下沉的现象,对抗冲耐磨十分不利。

7.3.2　施工振捣及收面的关键技术

抗冲磨防空蚀混凝土平面施工,一般采用人工刮轨施工收面,刮轨的设计、质量、刚度应满足振捣器要求的振动幅度和振动力。首先对入仓的抗冲磨防空蚀混凝土采用振捣棒振捣密实,然后采用刮轨进行振捣收面,保证抗冲磨防空蚀混凝土内实外平。抗冲磨防空蚀混凝土收面,关键是判断抗冲磨防空蚀混凝土凝结时间,特别是初凝时间判定尤为重要。施工收面中,必须杜绝在抗冲磨防空蚀混凝土表面洒水或撒水泥不良现象。模板的光度、平整度和立模精度是保证竖立面抗冲磨防空蚀混凝土外观质量的关键。

7.3.3　养护是防止抗冲磨混凝土裂缝的关键

在振捣收面后,要及时对抗冲磨混凝土表面进行养护,未终凝之前,可采用养护剂喷护养护或采用喷雾器进行表面湿润养护,终凝后如养护边界条件允许,可采用养护材料进行覆盖,竖立面抗冲磨混凝土的养护,模板拆除后,表面同样需要及时覆盖养护材料,始终保持竖立面表面湿润,竖立面在条件允许情况下,可采用挂打眼水管喷淋的养护方法。养护是防止抗冲磨防空蚀混凝土产生裂缝的关键,必须按照设计要求严格执行。

8　结语

(1)水工泄水建筑物冲刷破坏和空蚀破坏是高速水流抗冲磨防空蚀护面混凝土发生破坏的主因,在选择护面抗磨蚀混凝土时应作为重点予以重视。

(2)高速水流掺气是泄水建筑物混凝土表面减免空蚀的重要措施。

(3)抗冲磨防空蚀混凝土采用 90 d 龄期已成为趋势,这样对降低胶凝材料用量、提高掺和料掺量和温控防裂十分有利,具有十分重要的现实意义。

(4)抗冲磨防空蚀混凝土材料的选择对于解决高速水流对护面的破坏问题非常关键。硅粉类混凝土及多元复合材料抗冲磨混凝土施工难度大、抹面困难和裂缝等问题一直未能很好解决,还有待深化研究。

(5)HF 混凝土具有良好的抗冲耐磨及防空蚀性能,尤其是 HF 混凝土施工与常态混凝土一样简单易行,裂缝很少,使用效果良好,已经成为高速水流抗磨蚀护面的主要材料。

(6)抗冲磨混凝土与基层混凝土同步浇筑施工方案,可以很好地解决基层混凝土与抗冲磨防空蚀混凝土的层间结合难题,这是防止层间脱空的关键。

参考文献

[1] 支拴喜,陈尧隆,季日臣.由硅粉混凝土应用中存在的问题论高速水流护面材料选择的原则与要求[J].水力发电学报,2005,24(6):45-48.

[2] 陈涛.小湾水电站水垫塘抗冲耐磨混凝土的施工技术[J].水力发电,2009,35(6):25-27.

[3] 高季章,刘之平,郭军.高坝泄洪消能及高速水流[C]//中国大坝建设 60 年.北京:中国水利水电出版社,2013.

[4] 中华人民共和国国家发展和改革委员会.水工建筑物抗冲磨防空蚀混凝土技术规范:DL/T 5207—2005[S].北京:中国电力出版社,2005.

[5] 林宝玉,吴绍章.混凝土工程新材料设计与施工[M].北京:中国水利水电出版社,1998.

[6]支拴喜. HF 混凝土的性能、机理和工程应用[C]//泄水建筑物安全及新材料新技术应用论文集.
2010.

[7]田育功. 水工泄水建筑物抗磨蚀混凝土关键技术分析[C]//2011 全国水工泄水建筑物安全与病害处理技术应用会刊,2011.

作者简介:

1. 田育功(1954—),陕西咸阳人,教授级高级工程师,总工程师,主要从事水电工程技术和建设管理。

2. 杨溪滨(1961—),陕西商洛人,教授级高级工程师,常务副总经理,主要从事水利水电工程建设管理。

3. 支拴喜(1962—),陕西宝鸡人,博士,总经理,主要从事水利水电工程结构及抗磨蚀混凝土研究。

长江三峡大坝混凝土施工配合比试验研究★

田育功

(中国水利水电第四工程局勘测设计研究院,青海西宁　810007)

【摘　要】　三峡水利枢纽工程混凝土总量 2 794 万 m^3,大坝混凝土 1 635 万 m^3,是世界上混凝土量最多的重力坝,大坝混凝土质量要求高,施工强度大。针对大坝采用花岗岩人工骨料,混凝土用水量大,温控要求严以及耐久性要求高的特点,混凝土配合比设计采用"两掺一低"的技术路线,在三峡总公司试验中心提供的配合比指导下,进行了大量的试验研究,提出满足设计和施工和易性要求的混凝土施工配合比,保证了三峡主体工程大坝混凝土的浇筑质量。

【关键词】　大坝混凝土;试验;水胶比;砂率;单位用水量;Ⅰ级粉煤灰;坍落度;施工配合比

1　三峡工程简介

三峡水利枢纽是治理和开发长江的关键性骨干工程,具有防洪、发电、航运、供水、养殖等巨大综合性效益的特大型水利水电工程。大坝为混凝土重力坝,坝顶轴线全长 2 039.5 m,坝顶高程 185 m,最大坝高 181 m,泄洪坝段位于河床中部,两侧为厂房坝段和非溢流坝段。三峡水电站左、右岸坝后厂房共安装 700 MW×26 台水轮发电机组,右岸扩建的地下厂房安装 700 MW×6 台水轮发电机组,以及电源电站 50 MW×2 台,总装机容量达 22 500 MW,多年平均发电量达 1 000 亿 kW·h。

三峡工程坝址位于湖北省宜昌市三斗坪镇,距下游葛洲坝水利枢纽 38 km,控制流域面积 100 万 km^2,多年平均径流量 4 510 亿 m^3,设计正常蓄水位 175 m,总库容 393 亿 m^3,防洪库容 221.5 亿 m^3。坝址地区气候温和,多年平均气温 16.8 ℃,多年各月平均气温冬季为 4.8~6.8 ℃,夏季为 23.3~28.0 ℃,最高气温 41.4 ℃。

长江三峡水利枢纽大坝和电站厂房二期工程土建与安装施工共分三个标段,各标段为:

第一标段　泄洪坝段标段(TGP/CIV-4-1)

第二标段　左岸厂房坝段标段(TGP/CIV-4-2)

第三标段　左岸电站厂房标段(TGP/CIV-4-3)

三峡水利枢纽工程混凝土总量 2 794 万 m^3,大坝混凝土 1 635 万 m^3,是世界上混凝土方量最多的重力坝,大坝混凝土质量要求高,施工强度大。其中二期工程大坝混凝土 1 238.9 万 m^3,2000 年浇筑混凝土 548 万 m^3,为世界之最。三峡大坝混凝土配合比设计

★本文原载于《2004 水力发电国际研讨会论文集》(中册),2004 年 5 月,湖北宜昌。

至关重要,配合比设计决定了混凝土的各种性能,是混凝土质量控制中的重要依据。三峡大坝建成后,承受最大水头高达113 m,上下游迎水面常年淹没在水下部分维修困难,深孔、表孔和排砂孔等单宽流量大,经常受到水流冲刷,鉴于三峡工程在国民经济中的重要性,对建筑物整体性、混凝土强度、耐久性、抗裂性能提出更为严格的要求。因此,对三峡大坝混凝土配合比进行合理的设计,不仅关系到大坝的质量和安全运行,而且也关系到三峡工程的施工速度和经济性。笔者有幸主持参加了三峡大坝ⅡA标段混凝土施工配合比试验研究工作,感到无比荣幸。由于篇幅原因,本文重点对三峡二期左岸厂房坝段大坝混凝土施工配合比试验研究进行阐述。

2 大坝混凝土的设计主要技术指标

根据《长江三峡水利枢纽大坝和电站厂房二期工程土建与安装施工招标文件》第二卷技术规范和第三卷混凝土标号分区图,三峡二期工程第二标段左岸厂房坝段混凝土标号及主要设计指标见表1。

表1 三峡二期大坝常态混凝土标号及主要设计指标

序号	混凝土标号	级配	抗冻标号	抗渗标号	抗侵蚀	极限拉伸/10^{-4}		限制最大水胶比	最大粉煤灰掺量	保证率 P/%	使用部位	配制强度/MPa
						28 d	90 d					
1	$R_{90}200^{\#}$	三	D150	S10	√	0.80	0.85	0.55	30%	80	基岩面2 m范围内	22.9
2	$R_{90}200^{\#}$	四	D150	S10	√	0.80	0.85	0.55	10%	80	基础约束区	22.9
									25%~30%	80		
3	$R_{90}150^{\#}$	四	D100	S8		0.70	0.75	0.60	15%	80	内部	17.3
									30%~35%	80		
4	$R_{90}200^{\#}$	三、四	D250	S10		0.80	0.85	0.50	25%	80	水上、水下外部	22.9
5	$R_{90}250^{\#}$	三、四	D250	S10		0.80	0.85	0.45	20%	90	水位变化区外部、公路桥墩	32.8

本试验从1997年10月开始,按照招标文件《三峡二期大坝混凝土标号及主要设计指标》《三峡二期工程特种混凝土主要设计指标》及相应施工技术规范,遵循《水工混凝土试验规程》(SD 105—82),在业主试验中心试验成果的指导下,经监理单位批准进行。配合比设计要求满足设计文件和相应施工技术规范中有关混凝土的耐久性、抗渗、强度、抗裂性等要求,同时满足混凝土施工强度保证率、均质性指标及和易性要求。试验先后进行了混凝土原材料试验、外加剂试验、混凝土抗压强度与水胶比关系试验、混凝土拌和物特性试验、力学性能试验、变形性能试验、耐久性性能试验等,通过大量的试验数据以及验证试验,以及混凝土在不同水胶比、不同粉煤灰掺量时混凝土的主要性能参数,对各种混凝土配合比试验结果进行分析,提出满足设计要求的施工混凝土配合比,保证主体工程混凝土的浇筑质量。

3　原材料

3.1　水泥

三峡工程使用的水泥在满足国家标准的条件下,对水泥水化热、碱含量、MgO 含量提出了严格的控制要求,中热水泥 3 d 水化热不得超过 251 kJ/kg,7 d 水化热不得超过 293 kJ/kg;中热水泥熟料中碱含量不得超过 0.5%;水泥中碱含量不得超过 0.6%。中热水泥熟料 MgO 含量控制在 3.5%～5.0%。

三峡二期大坝工程使用的水泥,主要选定葛洲坝水泥厂(荆门中热 525#)、湖特水泥厂(石门中热 525#)、华新水泥厂(华新中热 525#)为主要供应厂家,根据 1998～2002 年 5 年水泥抽样检测结果统计表明,中热水泥 MgO 含量在 3.8%～4.4%,混凝土总碱含量小于 2.5 kg/m^3,强度等检测结果满足规范和三峡内控指标要求,供应的中热水泥质量稳定。

3.2　粉煤灰

粉煤灰工程选用 I 级粉煤灰作为混凝土掺和料。由于三峡大坝混凝土采用花岗岩人工骨料,用水量居高不下,单位用水量与天然骨料混凝土相比约高 30%,较一般的碎石混凝土高 15%～20%。为减少混凝土用水量并提高耐久性,三峡工程通过大量试验研究,选用的 I 级粉煤灰需水量比在 90%～93%,有效地降低了混凝土单位用水量,为此 I 级粉煤灰也被称为固体减水剂功能材料,这是对大坝混凝土的最大贡献。

3.3　骨料

细骨料为人工砂,其母岩为下岸溪鸡公岭矿山的斑状花岗岩,粗晶粒镶嵌结构,主要矿物成分为石英、斜长石、白云母及磁铁矿等,新鲜岩石的表观密度为 2 690 kg/m^3,吸水率为 0.2%,FM 为 2.6～2.7,石粉含量在 7.7%左右;粗骨料采用基础开挖的微新和新鲜闪云斜长花岗岩,粗粒结构,表观密度 2 720 kg/m^3,经大型加工系统破碎筛分为 5～20 mm、20～40 mm、40～80 mm、80～150 mm 四级成品粗骨料。

3.4　外加剂

为适应三峡大坝采用花岗岩人工骨料用水量大,混凝土施工浇筑仓面大、强度高的特点,必须选用具有缓凝、高效减水等综合性能的减水剂;为了确保三峡大坝的耐久性,还需在混凝土中掺用引气剂以引入结构合理的气泡。外加剂的选择是在三峡开发总公司试验中心从 24 个厂家 30 种产品试验的基础上,优选推荐了 ZB-1A、FDN-9001、R561C 三种缓凝高效减水剂和 PC-2 及 DH9 两种引气剂。三种减水剂及引气剂性能试验按照《混凝土外加剂》(GB 8076—1997)进行,经分析比较,优选 ZB-1A 缓凝高效减水剂和 DH9 引气剂为大坝混凝土主用产品。

4　大坝施工混凝土配合比设计

三峡大坝混凝土配合比设计,是在三峡开发总公司提出的二期工程大坝混凝土配合比设计原则的指导下,针对花岗岩骨料混凝土单位用水量高居不下的情况,通过前期大量的试验研究,提出了混凝土配合比设计采用"两低一高和双掺"的技术路线原则,即在混凝土配合比设计中坚持采用低水胶比、低用水量、高掺 I 级粉煤灰、掺缓凝高效减水剂和引气剂的技术路线,同时坚持施工中采用低坍落度混凝土浇筑。在Ⅰ级粉煤灰、缓凝高效减水剂和低坍落度等作用效果的叠加下,这是关键所在,从材料源头上有效提高了三峡大坝混凝土质量。

4.1 配合比设计参数

根据大坝混凝土设计指标、配制强度,按照配合比设计"两掺一低"技术路线,配合比设计参数见表2。

表2 三峡大坝混凝土配合比设计参数

级配	最大粒径/mm	用水量/(kg/m³)	粉煤灰掺量/%	砂率/%	含气量/%	坍落度/cm
四级配	150	85±5	0、20、30、40	25±2	5.0±0.5	3~5
三级配	80	102±5	0、20、30、40	30±2	5.0±0.5	3~5
二级配	40	120±5	0、20、30、	35±2	5.0±0.5	5~7

注:水胶比:通过水胶比与抗压强度关系试验及设计指标,选定水胶比。

砂率:选用最佳砂率,即在满足和易性要求下,用水量最小时对应的砂率。

用水量:在满足和易性条件下,力求单位用水量最小。

坍落度:以出机15 min测值为准,以满足浇筑地点的坍落度检测值。

4.2 水胶比与抗压强度关系试验

按照大坝混凝土配合比设计参数,进行了水胶比与混凝土抗压强度的线性关系和在不同龄期的强度发展系数试验研究,为混凝土施工配合比设计试验提供了科学的依据。

试验条件:荆门525#中热水泥,Ⅰ级粉煤灰掺量0、30%、40%,ZB-1A减水剂和DH9引气剂,水胶比选用0.40、0.45、0.50、0.55、0.60,含气量控制在4.5%~5.5%,采用最优砂率和最佳级配,坍落度二级配控制在5~7 cm,三级配、四级配控制在3~5 cm。试验结果表明,混凝土抗压强度与水胶比和粉煤灰掺量都有较好的相关性,相关系数γ在0.97以上,7 d、14 d、90 d不同龄期与28 d混凝土抗压强度的发展系数经计算如下:

掺粉煤灰0,混凝土7 d、14 d、90 d平均强度发展系数分别是28 d的67%、80%、116%。

掺粉煤灰30%,混凝土7 d、14 d、90 d平均强度发展系数分别是28 d的65%、74%、147%。

掺粉煤灰40%,混凝土7 d、14 d、90 d平均强度发展系数分别是28 d的62%、77%、168%。

试验结果还说明,掺30%、40%的Ⅰ级粉煤灰具有一定的减水作用,分别比不掺粉煤灰的混凝土降低用水量6%和8%,同时混凝土早期强度较低,可以有效降低混凝土水化热温升,粉煤灰混凝土后期强度增进率显著,强度发展系数是28 d的147%~168%。

5 大坝混凝土施工配合比试验研究

5.1 大坝混凝土拌和物性能试验

根据三峡大坝混凝土主要设计指标、配制强度和水胶比与抗压强度关系试验成果,进行了大坝混凝土施工配合比试验研究,大坝混凝土施工配合比试验参数见表3。

表 3　大坝常态混凝土试验配合比及拌和物性能试验结果

试验编号	设计要求	试验配合比								新拌混凝土拌和物性能							
		级配	水胶比	坍落度/cm	用水量/kg	粉煤灰/%	砂率/%	ZB-1A	DH9	坍落度/cm	黏聚性	棍度	含砂	含气量	容重/(kg/m³)	初凝	终凝
T2-1	大坝内部 R$_{90}$150D100S8	三	0.55	3~5	102	40	30	0.5	0.011	6.0	好	上	中	6.2	2446	16:55	25:00
T2-2		四	0.55	3~5	86	40	25	0.5	0.010	4.5	好	中	中	4.3	2462	17:30	23:20
T2-3	大坝基础 R$_{90}$200D150S10	三	0.50	3~5	102	35	30	0.5	0.011	4.7	好	上	中	4.8	2425	17:40	23:15
T2-4		四	0.50	3~5	88	35	25	0.5	0.011	4.5	好	上	中	5.7	2473	16:15	22:40
T2-5	水上水下外部 R$_{90}$200D250S10	三	0.50	3~5	102	25	30	0.5	0.011	4.5	好	中	中	5.3	2430	15:46	21:20
T2-6		四	0.50	3~5	88	25	25	0.5	0.011	4.8	好	中	中	5.2	2468	15:00	20:50
T2-7	水位变化区外部 R$_{90}$250D250S10	三	0.45	3~5	103	20	29	0.5	0.011	4.5	好	中	中	5.4	2447	14:50	19:50
T2-8		四	0.45	3~5	90	20	24	0.5	0.011	5.6	好	上	中	5.0	2475	13:20	21:10
T3-1	大坝内部 R$_{90}$150D100S8	三	0.55	3~5	98	40	30	0.6	0.008	5.1	好	中	中	5.0	2435	17:35	25:50
T3-2		四	0.55	3~5	85	40	25	0.6	0.007	4.8	好	上	中	4.5	2468	18:20	24:20
T3-3	大坝基础 R$_{90}$200D150S10	三	0.50	3~5	100	35	30	0.6	0.008	5.2	好	上	中	4.6	2440	18:20	24:40
T3-4		四	0.50	3~5	86	35	25	0.6	0.008	5.5	好	上	中	4.7	2468	17:05	23:35
T3-5	水上水下外部 R$_{90}$200D250S10	三	0.50	3~5	100	25	30	0.6	0.008	4.4	好	中	中	5.3	2452	16:50	24:00
T3-6		四	0.50	3~5	86	25	25	0.6	0.008	5.5	好	上	中	5.4	2476	16:00	23:20
T3-7	水位变化区外部 R$_{90}$250D250S10	三	0.45	3~5	100	20	29	0.6	0.008	4.6	好	中	中	5.2	2455	15:20	22:30
T3-8		四	0.45	3~5	87	20	24	0.6	0.008	6.8	好	上	中	5.2	2466	14:15	22:35

大坝混凝土拌和物性能试验包括新拌混凝土的坍落度、含气量、温度、容重、泌水率比、凝结时间等。混凝土拌和物各组成材料按一定比例严格配料,采用 150 L 自落式搅拌机拌和,搅拌时间 3 min,新拌混凝土出机翻拌三遍,过湿筛成型,振动时间 30 s,养护室温度(20±3)℃,湿度 95%以上。常态混凝土拌和物性能试验结果见表 3,结果表明:

(1)用水量。由于混凝土粉煤灰、外加剂掺量不同,坍落度在 3~5 cm 时,用水量四级配在 84~88 kg/m³、三级配在 98~102 kg/m³;坍落度要求在 5~7 cm 时,二级配用水量在122~126 kg/m³。

(2)砂率。通过试验确定了最优砂率,砂率随水胶比的增减而增减,最优砂率四级配在(25±1)%,三级配在(30±1)%,二级配在(35±1)%。

(3)和易性。新拌混凝土的和易性一般用坍落度试验评定,观测捣棒插捣是否困难,混凝土表面是否容易抹平,来综合评定混凝土的稠度、含砂情况、析水性和黏聚性等。水工混凝土施工规范规定,坍落度是指混凝土在浇筑地点的坍落度,考虑到新拌混凝土出机后坍落度损失、运输、浇筑以及气温等因素影响,为此坍落度以出机 15 min 测值为准。

(4)含气量。含气量是影响混凝土耐久性的重要指标,试验表明,掺入粉煤灰后,引气剂 DH9 的掺量明显增多,粉煤灰掺量每增加 10%,引气剂 DH9 掺量约增加 0.001%。

(5)凝结时间。三峡工程仓号大,气温较高,施工时间长,因此对混凝土凝结时间要求也更高。一般控制在初凝大于 12 h,终凝小于 24 h。

(6)混凝土温度。混凝土拌和物的温度要求大坝基础混凝土约束区混凝土浇筑温度除 12 月至次年 2 月采取自然入仓外,其他季节不得超过 12~14 ℃(相应出机口温度7 ℃),脱离基础约束区混凝土 11 月至次年 3 月自然入仓,其他季节混凝土浇筑温度不得超过 16~18 ℃(相应出机口温度 14 ℃)。

5.2　力学性能和变形性能试验

混凝土抗压强度和极限拉伸值是混凝土力学性能和变形性能最重要的指标,混凝土抗压强度、劈拉强度、弹性模量、极限拉伸、泊松比等试验结果见表 4,试验结果表明,混凝土力学强度、极限拉伸值均达到设计指标,且有一定的富裕量。同时由于提高了粉煤灰掺量并引入一定的含气量,混凝土弹性模量值相对较低,泊松比一般在 0.18~0.21,28 d 龄期与 90 d 龄期泊松比基本接近。

5.3　抗冻、抗渗耐久性性能试验

三峡大坝混凝土的耐久性日益受到高度关注,全世界因混凝土耐久性问题造成的经济损失和社会影响十分巨大。因此,三峡工程对混凝土耐久性提出了更为严格的要求,抗冻性已不是单纯表示混凝土抗冻性能的指标,而是表示混凝土耐久性能的重要指标。混凝土抗冻性能试验采用快速冻溶法进行,试验结果表明,混凝土采用 90 d 龄期,引入4.5%~5.5%的含气量,加之掺Ⅰ级粉煤灰混凝土的后期强度增进率很高,标号很高的 D200、D250 以及 D300 的混凝土均具有很好的抗冻性能。

6　大坝混凝土施工配合比

根据上述大量的试验研究和复核试验,并经过施工现场的实际应用,大坝常态混凝土

表 4　混凝土力学性能和变形性能试验结果

试验编号	混凝土设计要求	水胶比	抗压强度（MPa）/劈拉强度（MPa）			轴压强度/MPa		轴压弹性模量 $E_n/10^4$ MPa		泊松比 μ		极拉强度/MPa		抗压弹性模量 $E_a/10^4$ MPa		极限拉伸 $\varepsilon_p/10^{-4}$	
			7 d	28 d 压/28 d 劈	90 d	28 d	90 d	28 d	90 d	28 d	90 d	28 d	90 d	28 d	90 d	28 d	90 d
T2-1	大坝内部	0.55	7.3	14.4/1.35	22.1	13.4	23.4	1.86	2.77	0.19	0.19	1.60	2.77	2.17	2.65	0.76	0.86
T2-2	R₉₀150D100S8	0.55	8.7	15.6/1.54	23.6	12.7	22.4	1.94	2.75	0.19	0.21	1.85	2.21	2.28	2.50	0.79	0.85
T2-3	大坝基础	0.50	9.6	18.6/1.74	28.7	17.4	27.5	2.37	2.99	0.15	0.20	1.90	2.79	2.67	3.32	0.82	1.02
T2-4	R₉₀200D150S10	0.50	10.1	20.4/1.79	30.7	23.0	30.8	2.69	3.14	0.20	0.17	2.08	3.26	2.72	3.21	0.87	1.06
T2-5	水上水下外部	0.50	10.6	22.2/1.93	34.1	24.7	34.6	2.67	3.29	0.18	0.19	2.80	3.32	2.90	3.26	0.86	1.01
T2-6	R₉₀200D250S10	0.50	14.0	25.9/2.13	36.4	26.3	37.8	2.89	3.45	0.20	0.18	2.70	3.12	3.04	3.21	0.89	0.99
T2-7	水位变化区外部	0.45	15.2	28.8/2.25	36.3	29.3	45.1	2.91	3.77	0.19	0.21	3.12	3.15	3.01	3.35	0.89	1.09
T2-8	R₉₀250D250S10	0.45	16.4	28.4/2.26	38.8	29.8	46.0	3.38	3.67	0.21	0.18	3.36	3.55	3.05	3.85	0.86	1.11
T3-1	大坝内部	0.55	8.2	18.4/1.32	22.2	—	21.4	—	2.59	—	0.21	—	2.57	—	2.76	—	0.88
T3-2	R₉₀150D100S8	0.55	8.5	16.0/1.28	23.2	—	22.8	—	2.74	—	0.19	—	2.48	—	2.40	—	0.87
T3-3	大坝基础	0.50	9.8	16.9/1.61	27.8	—	25.6	—	3.21	—	0.19	—	2.54	—	2.68	—	0.88
T3-4	R₉₀200D150S10	0.50	10.5	19.8/1.71	29.0	—	27.4	—	3.30	—	0.20	—	3.18	—	2.84	—	0.99
T3-5	水上水下外部	0.50	14.1	23.8/1.93	35.0	—	33.8	—	3.22	—	0.19	—	1.82	—	2.96	—	1.02
T3-6	R₉₀200D250S10	0.50	14.5	25.4/2.37	36.0	—	35.2	—	3.46	—	0.20	—	1.90	—	3.22	—	1.04
T3-7	水位变化区外部	0.45	17.1	31.0/2.20	43.8	—	41.5	—	3.58	—	0.21	—	3.11	—	3.29	—	1.13
T3-8	R₉₀250D250S10	0.45	17.4	29.6/2.32	41.1	—	40.2	—	3.30	—	0.19	—	2.60	—	3.05	—	1.08

施工配合比满足设计和施工和易性要求,三峡大坝常态混凝土施工配合比见表5。从表5
数据分析,可以看出三峡大坝混凝土施工配合比具有以下特点:

表5　三峡二期大坝左厂坝段常态混凝土施工配合比

序号	工程部位设计指标	配合比参数							单位材料用量/(kg/m³)				
		级配	水胶比	砂率/%	粉煤灰/%	ZB-1A/%	DH9/%	坍落度/cm	用水量	水泥	粉煤灰	人工砂	碎石
1	大坝内部	三	0.55	31	40	0.5	0.011	3~5	102	111	74	649	1 493
2	R₉₀150D100S8	四	0.55	26	40	0.5	0.011	3~5	86	94	62	570	1 676
3	大坝基础	三	0.50	31	35	0.5	0.011	3~5	102	133	71	644	1 483
4	R₉₀200D150S10	四	0.50	26	35	0.5	0.011	3~5	88	114	62	564	1 660
5	水上水下外部	三	0.50	31	30	0.5	0.011	3~5	102	143	61	646	1 486
6	R₉₀200D250S10	四	0.50	26	30	0.5	0.011	3~5	88	123	53	565	1 662
7	水位变化区外部	三	0.45	30	30	0.5	0.011	3~5	102	159	68	618	1 491
8	R₉₀250D250S10	四	0.45	25	30	0.5	0.011	3~5	88	137	59	538	1 670
9	大坝内部	三	0.55	31	40	0.6	0.008	3~5	98	107	71	673	1 497
10	R₉₀150D100S8	四	0.55	26	40	0.6	0.008	3~5	85	93	62	570	1 680
11	大坝基础	三	0.50	31	35	0.6	0.008	3~5	100	130	70	647	1 490
12	R₉₀200D150S10	四	0.50	26	35	0.6	0.008	3~5	86	112	60	566	1 666
13	水上水下外部	三	0.50	31	30	0.6	0.008	3~5	100	140	60	648	1 493
14	R₉₀200D250S10	四	0.50	26	30	0.6	0.008	3~5	86	120	52	567	1 588
15	水位变化区外部	三	0.45	30	30	0.6	0.008	3~5	100	155	67	621	1 500
16	R₉₀250D250S10	四	0.45	25	30	0.6	0.008	3~5	87	135	58	540	1 674

注:配合比设计采用绝对体积法计算。

原材料:荆门中热水泥比重 3 200 kg/m³,平圩Ⅰ级粉煤灰比重 2 220 kg/m³,人工砂比重 2 650 kg/m³,碎石比重
2 740 kg/m³。

骨料级配:三级配,大石:中石:小石=40:30:30;四级配,特大石:大石:中石:小石=30:30:20:20。

(1)大坝采用0.55、0.50、0.45三个水胶比,特别是针对混凝土抗冻标号要求不同以
及工程使用部位,采用40%、35%、30%三种粉煤灰掺量,使施工配合比参数简练操做性
强。

(2)配合比中联掺缓凝高效减水剂、引气剂,增大Ⅰ级粉煤灰掺量,有效降低了用水
量,减少了水泥用量,内部四级配混凝土水泥用量93~94 kg/m³,有利地降低了混凝土水
化热温升,技术经济效果显著。

(3)按不同的季节对外加剂的缓凝作用提出专门的要求外,施工配合比中ZB-1A采
用0.5%和0.6%两种掺量,更加灵活地解决了不同时段温度对混凝土凝结时间的要求。

7　结语

三峡二期工程左岸厂房坝段大坝混凝土施工配合比进行了大量的试验研究,配合比设计采用"两掺一低"的技术路线原则,在大坝混凝土中掺Ⅰ级灰粉煤灰是配合比设计的重大突破,也是大体积混凝土在配制高性能混凝土方面重要的技术创新。

提交的三峡二期大坝左岸坝段大坝混凝土施工配合比试验研究报告,1998年9月经专家审查会议确定。三峡二期左岸大坝混凝土施工配合比几年来在左岸厂房坝段现场浇筑应用,无论是混凝土拌和、运输、浇筑、振捣等各个环节,还是混凝土力学性能、极限拉伸、抗冻性能等方面的抽样检测,均表明该配合比具有很高的准确性和可操作性,左非12~18#坝段、左厂1~10#坝段从1997年12月首仓混凝土浇筑至2002年12月,共浇筑混凝土320万 m³,数理统计结果表明,均方差 σ 小于3.5 MPa,离差系数 C_v 在0.09~0.13,保证率 P 在95%~99%,混凝土质量评定优良等级。

参考文献

[1] 长江三峡工程开发总公司试验中心. 长江三峡水利枢纽工程第二阶段混凝土配合比总报告[R]. 1998.

[2] 田育功,张勇. 长江三峡水利枢纽二期工程左岸厂房坝段混凝土配合比试验报告[R]. 1998.

[3] 水工混凝土施工规范(DL/5144—2001)宣贯辅导材料[R]. 2003.

黄河拉西瓦高拱坝混凝土配合比
优化设计试验★

田育功

（中国水利水电第四工程局勘测设计研究院，青海西宁　810007）

【摘　要】 黄河拉西瓦水电站主体工程为混凝土双曲薄壁拱坝，最大坝高 250 m，安装 6 台 700 MW 的水轮机组，是目前中国正在建设的第二高双曲拱坝。拉西瓦水电站地处青藏高原，海拔 2 400 m，属高原寒冷地区，气候恶劣。工程具有冬季施工期长，寒潮出现次数多，日温差大等特点。且坝高库大，因而坝体混凝土具有承载力大、抗裂性能、耐久性能要求高以及工期十分紧张等特点。为了达到上述要求和降低内部温升，经过科学严谨的配合比设计与优化试验，结果表明，优化的拱坝混凝土施工配合比具有单位用水量低、胶凝材料少、绝热温升低、抗冻等级高、抗裂性能良好以及施工性能优越等明显特点，保证了拉西瓦高拱坝混凝土质量和施工进度。

【关键词】 大坝混凝土；优化；配合比；试验；水胶比；胶凝材料；抗冻等级；抗渗等级

1　前言

1.1　引言

进入 21 世纪，中国的高坝建设蓬勃发展，特别是 200 m 高度以上特高坝的建设及安全问题就显得尤为重要，如正在建设的高达 250 m 的拉西瓦、高达 292 m 的小湾以及已建设好的 242 m 的二滩等特高双曲拱坝更应引起人们的高度关注。在大坝建设中，除科学的设计、精心施工外，高坝混凝土的配合比设计直接关系到大坝的质量安全、进度和造价。所以，高坝混凝土配合比设计、优化试验研究就显得极为必要和重要。中国是世界上建设大坝不论在数量上，还是在大坝的高度上以及种类上最多的国家，居世界首位。大坝高度不断增加带来的技术问题始终是工程师面临的挑战，因为高度的增加，难度和复杂性也随之增加，需要从技术上找到解决的方案。对大坝安全的认识还要进一步探讨安全问题的解决方案，所以对工程师来说，技术难题仍是主要问题。

笔者有幸参加了中国 20 多座大坝及国外大坝混凝土配合比设计试验研究。针对拉西瓦高拱坝所处的工作环境恶劣，温度应力对大坝造成的不利，通过配合比优化设计试验，有效降低混凝土温升，防止大坝裂缝，加快施工进度，同时节省投资，取得了良好的技术经济效益，保证了大坝混凝土施工质量。

★本文原载于《水电 2006 国际研讨会论文集》，云南昆明，2006 年 11 月。

1.2　工程概况

黄河拉西瓦水电站位于青海省贵德县与贵南县交界的黄河干流上,是黄河上游龙羊峡至青铜峡河段规划的大中型水电站中紧接龙羊峡水电站的第二个梯级电站。电站距上游龙羊峡水电站 32.8 km,距下游李家峡水电站 73 km。拉西瓦水电站以发电为主,水电站装机容量 4 200 MW(6×700 MW),2006 年 4 月 15 日大坝混凝土正式浇筑,2008 年首台机组投产发电,2011 年工程竣工。

拉西瓦水电站大坝为特高混凝土双曲薄壁拱坝,最大坝高 250 m,最大底宽 49 m,坝顶宽度 10 m,坝顶中心弧线长 459.63 m,水库正常蓄水位 2 452 m,相应总库容 10.29 亿 m³,属Ⅰ等大(1)型工程。主体工程混凝土总量 373.4 万 m³,其中大坝混凝土 253.9 万 m³。拉西瓦水电站为黄河上最大的水电站,其大坝也是国内正在建设的第二高双曲拱坝。

拉西瓦水电站地处青藏高原,坝址区为大陆腹地,为典型的半干旱大陆性气候。一年内冬季长,夏秋季短,冰冻期为 10 月下旬至次年 3 月。坝址多年平均气温 7.2 ℃,月平均最高气温 18.3 ℃,月平均最低气温-6.3 ℃,属高原寒冷地区,气候干燥,年降雨量少,蒸发量大,冬季干冷,夏季光照射时间长(2 913.9 h),辐射热强。工程具有冬季施工期长,寒潮出现次数多,日温差大等特点,且坝高库大,工期十分紧张。

2　拱坝混凝土设计指标优化

黄河拉西瓦水电站拱坝混凝土配合比设计试验于 2003 年开始,拉西瓦工程混凝土配合比试验任务由两个试验科研单位承担,2004 年 9 月业主组织专家对两单位提交的《黄河拉西瓦水电站工程配合比设计试验报告》进行了认真审查。通过对原材料比选试验、混凝土拌和物性能、力学性能、耐久性性能、变形性能、热学性能、全级配混凝土试验以及大坝应力计算等结果分析,专家对原设计的"黄河拉西瓦水电站工程主要混凝土标号设计要求"提出了优化设计意见:

(1)原混凝土设计强度等级 C35 优化为 C32。设计经应力计算 C32 混凝土可以满足拱坝的强度要求。

(2)抗冻等级 F200 全部提高到 F300,抗渗等级 W8 全部提高到 W10。主要是拉西瓦坝高库大、地处青藏高原、气候条件十分恶劣,耐久性指标已成为混凝土设计的主要控制指标。

(3)粉煤灰掺量从原设计规定的 30%掺量提高到 30%及 35%两种掺量。因拉西瓦工程混凝土采用的红柳滩砂砾料场骨料具有潜在碱硅酸反应活性,提高粉煤灰掺量对抑制碱骨料反应是最有效的技术措施。

(4)拱坝混凝土设计标号优化为 4 种。主要是原拱坝混凝土设计标号达 8 种之多,经优化后简化了配合比设计,易于保证混凝土质量和加快施工进度。

优化的拉西瓦拱坝混凝土设计指标 4 种,见表 1。混凝土设计龄期 180 d,设计指标上部和外部 $C_{180}25F300W10$、中部和底部 $C_{180}32F300W10$,采用三级配、四级配,强度保证率 $P=85\%$。不论拱坝的底部、上部、内部和外部,抗冻等级(F300)和极限拉伸值(28 d 为 0.85×10^{-4}、90 d 为 1.0×10^{-4})均采用同一指标。优化的混凝土设计指标对拱坝混凝土的耐久性和抗裂性能提出了更为严格的要求。同时根据第一阶段的试验结果,对混凝土总碱含量以及水胶比、坍落度、含气量等参数也提出了相应的控制指标。

表 1　优化的拉西瓦拱坝混凝土设计指标

编号	混凝土设计指标	级配	水胶比	龄期/d	强度保证率 P/%	粉煤灰掺量/%	极限拉伸/10^{-4}		坍落度/mm
							28 d	90 d	
1	C32F300W10	三	0.40/0.45	180	85	30、35	0.85	≥1.0	40~60
2	C32F300W10	四	0.40/0.45	180	85	30、35	0.85	≥1.0	40~60
3	C25F300W10	三	0.40/0.45	180	85	30、35	0.85	≥1.0	40~60
4	C25F300W10	四	0.40/0.45	180	85	30、35	0.85	≥1.0	40~60

3　原材料优选

3.1　水泥优选

3.1.1　水泥内控指标

根据优化的拉西瓦拱坝混凝土设计指标要求特点,经专家会议论证,同样也对水泥、粉煤灰提出相应的优化指标,即在满足现行标准的前提下,制定了"拉西瓦工程对水泥和粉煤灰的质量要求"的优化控制指标:

水泥:比表面积宜为 250~300 m^2/kg,28 d 抗折强度宜不小于 8.0 MPa,7 d 水化热不大于 280 kJ/kg,氧化镁含量控制在 3.5%~5.0%,碱含量(R_2O)必须不大于 0.6%,矿物成分 C_4AF 宜不小于 16%。

3.1.2　水泥试验

水泥选用两种,即甘肃永登祁连山牌、青海大通昆仑牌 42.5 中热硅酸盐水泥,试验结果表明:

比表面积:永登水泥、大通水泥比表面积分别为 296 m^2/kg 及 302 m^2/kg,接近 300 m^2/kg 上限。

抗折强度:永登水泥、大通水泥抗折强度分别为 8.7 MPa 及 8.1 MPa,不小于 8 MPa。

含碱量:永登水泥、大通水泥含碱量分别为 0.48% 及 0.58%,不大于 0.6%。

氧化镁:永登水泥、大通水泥氧化镁含量分别为 4.74% 及 4.13%,满足 3.5%~5.0%。

水化热:永登水泥、大通水泥 7 d 水化热分别为 262 kJ/kg 及 254 kJ/kg,永登水泥水化热稍大于大通水泥水化热。分析主要是两种水泥矿物成分 C_3A 含量不同,永登、大通水泥的 C_3A 含量分别为 3.18% 及 1.77%,由于永登水泥 C_3A 含量稍大于大通水泥,故永登水泥水化热稍大。但满足 7 d 水化热不大于 280 kJ/kg 内控指标。

上述试验结果均符合国标 GB 200—2003 中热硅酸盐水泥技术指标要求,同时选用的两种水泥也满足"拉西瓦工程对水泥和粉煤灰的质量要求"的内控优选指标。

3.2　粉煤灰优选

粉煤灰选用三种,分别为甘肃平凉Ⅱ级粉煤灰,连城和靖远Ⅰ级粉煤灰,试验结果见

表2,结果表明:

细度:靖远、连城、平凉三种粉煤灰细度分别为5.79%、8.93%、18.89%。

需水比:连城和平凉粉煤灰需水比为88%,靖远为85%。

三氧化硫:三种粉煤灰三氧化硫均不大于3%。

烧失量:三种粉煤灰的化学成分比较接近,烧失量均很低,尤其平凉粉煤灰的烧失量只有0.31%,这样小的烧失量在Ⅰ级灰中也是不多见的。

含碱量:连城及靖远粉煤灰含碱量较小,平凉粉煤灰含碱量为2.39%,超出2.0%要求,但在粉煤灰掺量在30%条件下会对混凝内的碱骨料反应起到一定的抑制作用。

氧化钙:三种粉煤灰的氧化钙含量普遍偏高,均在7%左右,但安定性试验结果表明,粉煤灰掺量为30%、35%时,试件均无裂缝产生,安定性试验合格。

上述试验结果表明,选用的三种粉煤灰除平凉粉煤灰的细度大于Ⅰ级粉煤灰12%的指标外,其他各项指标均符合Ⅰ级粉煤灰指标,而且三种粉煤灰均具有良好的减水效果,堪称固体减水剂。

表2 粉煤灰品质试验结果

试验项目	密度/(g/cm³)	45 μm 筛余量/%	需水量比/%	三氧化硫/%	烧失量/%	含水量/%	安定性试验		等级评定
							F30%	F35%	
平凉粉煤灰	2.47	18.89	88	0.63	0.31	0.03	合格	合格	Ⅱ级
连城粉煤灰	2.39	8.93	88	1.24	1.86	0.05	合格	合格	Ⅰ级
靖远粉煤灰	2.32	5.79	85	1.28	1.03	0.10	合格	合格	Ⅰ级
Ⅰ级(DL/T 5055)	—	≤12	≤95	≤3	≤5	≤1.0	—		—
Ⅱ级(DL/T 5055)	—	≤20	≤105	≤3	≤8	≤1.0	—		—
拉西瓦工程粉煤灰质量要求	—	—	—	—	宜≤3.0	—	CaO≥5.0%做安定性		—

3.3 骨料试验

拉西瓦拱坝混凝土采用坝址下游红柳滩料场砂砾石骨料。细骨料为天然砂属于中砂,砂子品质指标及物理性能试验结果表明,质量较好,但颗粒偏粗,细度模数FM = 2.90~3.1,各项指标均满足规范要求。粗骨料属于天然卵石,将开采的天然混合砂砾石筛分为5~20 mm、20~40 mm、40~80 mm、80~150 mm四级,成品粗骨料控制指标为:超径控制在5%以内,逊径控制在10%以内。粗细骨料品质指标及物理性能检验结果表明各项指标均满足规范要求。

红柳滩料场砂砾石骨料经整体评价可能存在化学反应性能。前期勘察单位进行的岩相分析、化学法和砂浆棒快速法初步鉴定结果表明,拉西瓦工程混凝土采用的红柳滩砂砾料场骨料具有潜在碱硅酸反应活性。碱骨料反应虽然被喻为混凝土的癌症,但通过技术措施可以使活性骨料在混凝土中不产生危害。通常,活性骨料安全使用的技术条件取决于骨料性能、胶凝材料和外加剂性能、混凝土配合比和环境条件,需针对具体工程情况进行活性骨料的安全使用条件进行研究。为此需要对潜在活性骨料的碱活性进一步试验论证,并进行抑制碱骨料反应措施研究。

红柳滩砂砾石料场的砂和砾石组成复杂,砂和砾石中均含有碱活性组分,微晶质至隐晶质石英、微晶石英、波状消光石英或玉髓,因此砂和砾石均具有潜在的碱硅酸反应活性特征。碱骨料反应抑制措施试验,按《水工混凝土砂石骨料试验规程》(DL/T 5151—2001)中"抑制骨料碱活性效能试验"进行试验,粉煤灰选定 15%、20%、30%和 35%掺量下进行抑制碱骨料反应的效能试验。结果表明:随着粉煤灰掺量的增加,试件的膨胀率越来越小,表明粉煤灰对高活性石英玻璃的碱骨料反应膨胀具有明显的抑制作用,粉煤灰掺量 25%以上时可以明显降低碱活性岩石的膨胀率。

3.4 外加剂优选

减水剂优选 ZB-1A、JM-Ⅱ型缓凝高效减水剂,试验结果表明:减水剂掺量 0.5%时,ZB-1A、JM-Ⅱ减水率分别为 20.5%和 21.1%,含气量在 1.5%~2.0%,初凝时间在 9 h 40 min~10 h 9 min,终凝时间在 13 h 20 min~15 h 51 min,3 d、7 d、28 d 龄期混凝土抗压强度比均大于 125%,满足标准要求。

引气剂选用 DH9 引气剂,试验结果表明:掺量 0.007%,减水率为 10.3%,含气量在 4.5%范围,性能优良,满足规范要求。

4 大坝混凝土配合比优化试验

4.1 优化配合比试验参数

4.1.1 配合比设计技术路线

配合比设计的目的是满足混凝土设计强度、耐久性、抗渗性、抗裂性等要求和施工和易性要求的需要。和易性是新拌混凝土的一项重要性能,和易性确定混凝土的拌和、运输、浇筑、捣实和抹面的难易程度。抗冻等级、极限拉伸值是评价混凝土耐久性能和抗裂性能的一项重要控制指标。配合比设计的总目标是在可以供应的材料中选择合适的材料和这些材料的适当的比例,进行综合分析比较,合理地降低水泥用量。针对拉西瓦水电站坝高库大,混凝土设计指标要求很高以及红柳滩料场天然骨料存在潜在的碱骨料活性反应等特性,为此,拱坝混凝土配合比设计采用"两低三掺"的技术路线,两低即采用低水胶比和低用水量,三掺即掺优质Ⅰ级粉煤灰、缓凝高效减水剂和引气剂。

4.1.2 配制强度

根据优化的混凝土设计指标要求,强度保证率 $P=85\%$,经计算大坝混凝土中部、底部 $C_{180}32W300W10$ 配制强度为 36.7 MPa,大坝上部 $C_{180}25F300W10$ 配制强度为 29.2 MPa。

4.1.3 优化配合比试验参数

(1)大坝中部、底部:混凝土设计指标 $C_{180}32W300W10$,水胶比 0.40、粉煤灰掺量 30%、35%,三级配、四级配砂率分别为 29%、25%,单位用水量三级配、四级配分别为 86 kg/m³ 及 77 kg/m³。

(2)大坝上部:混凝土设计指标 $C_{180}25F300W10$,水胶比 0.45,粉煤灰掺量 30%、35%,

三级配、四级配砂率分别为29%、25%,单位用水量分别为86 kg/m³及77 kg/m³。

(3)级配:三级配小石:中石:大石 = 30∶30∶40;四级配小石:中石:大石:特大石 = 20∶20∶30∶30。

(4)坍落度:新拌混凝土出机15 min控制坍落度40~60 mm。

(5)含气量:新拌混凝土出机15 min控制含气量4.5%~5.5%,通过调整引气剂掺量控制含气量。

(6)表观密度:三级配、四级配容重分别按2 430 kg/m³及2 450 kg/m³计算。

(7)凝结时间:初凝控制在12~18 h,在终凝控制在18~28 h。

由于篇幅所限,仅对四级配混凝土优化试验进行阐述。优化配合比试验参数见表3、表4。

4.2　新拌混凝土拌和物性能试验

新拌混凝土性能优劣直接关系到大坝混凝土的施工进度和质量,在施工配合比试验中有着十分重要的作用,是保证混凝土浇筑、加快施工进度和质量控制的重要依据,必须高度重视。为此,要求新拌混凝土拌和物性能试验结果必须和施工现场保持一致。新拌混凝土拌和物性能试验包括新拌混凝土和易性、坍落度、含气量、凝结时间、表观密度等。新拌混凝土拌和物性能试验结果见表3、表4。

新拌混凝土拌和物性能试验按照《水工混凝土试验规程》(DL/T 5150—2001)进行,混凝土配合比计算用表观密度法,采用150 L自落式搅拌机,投料顺序为粗骨料、水泥、粉煤灰、砂、水+外加剂溶液,拌和容量不少于120 L,搅拌时间为180 s,投料顺序、搅拌时间和现场拌和楼相一致。混凝土出机后采用湿筛法将粒径大于40 mm的骨料剔除,然后人工翻拌3次,进行新拌混凝土的和易性、坍落度、温度、含气量、凝结时间、表观密度等试验,新拌混凝土符合要求后,再成型所需试验项目的相应试件。

表3、表4新拌混凝土拌和物性能试验结果表明:

坍落度:新拌混凝土和易性包括流动性、黏聚性及保水性,一般用坍落度试验评定混凝土和易性,要求坍落度控制在设计范围之内,《水工混凝土施工规范》(DL/T 5144—2001)中规定:混凝土坍落度是指浇筑地点的坍落度测值。由于新拌混凝土水泥的水化反应硬化过程、外加剂机制、气候条件、施工运输、浇筑振捣等多方面的因素,新拌混凝土的坍落度损失是不可避免的。大量的施工经验证明,坍落度以出机15 min测值为准,可以满足混凝土入仓浇筑,可使室内标准条件下新拌混凝土坍落度测值和现场仓面要求的坍落度测值相吻合。机口坍落度在15 min损失较快,所以出机坍落度按60~80 mm进行控制,出机15 min后的坍落度测值在40~60 mm设计范围之内。试验表明:新拌混凝土拌和物容易插捣,黏聚性好,无石子离析情况,混凝土表面无明显析水现象,具有良好的施工性能。

含气量:15 min时测试的混凝土含气量控制在4.5%~5.5%。

凝结时间:新拌混凝土初凝时间13~17 h,终凝时间18~22 h。大通水泥混凝土凝结时间比永登水泥混凝土凝结时间稍长,掺两种外加剂混凝土凝结时间相近。

表观密度:与设计的表观密度吻合。新拌混凝土三级配表观密度在2 410~2 430 kg/m³,四级配表观密度在2 430~2 450 kg/m³。

表3 $C_{180}25F300W10$ 四级配配合比试验参数及拌和物性能试验结果

序号	水胶比	水泥品种	粉煤灰		外加剂		胶凝材料/(kg/m³)	拌和物性能						
			品种	掺量/%	掺量/%	DH9		坍落度/mm		含气量/%		凝结时间/(h:min)		容重/(kg/m³)
								出机	15 min	出机	15 min	初凝	终凝	
1	0.45	大通	平凉	30	0.5	0.011	171	88	57	7.5	5.6	13:45	19:00	2 445
2	0.45		平凉	35	0.5	0.013	171	108	64	8.0	5.8	16:40	25:15	2 438
3	0.45		连城	30	0.5	0.011	171	90	62	7.0	5.2			2 440
4	0.45		连城	35	0.5	0.013	171	105	64	7.5	5.8			2 431
5	0.45		靖远	30	0.5	0.011	171	90	62	6.6	5.0	15:50	21:20	2 444
6	0.45		靖远	35	0.5	0.013	171	103	60	6.8	5.3	15:25	21:15	2 453
7	0.45	水登	平凉	30	0.5	0.011	171	88	56	6.3	5.8	13:40	19:45	2 428
8	0.45		平凉	35	0.5	0.013	171	98	65	6.5	4.5	17:12	22:48	2 456
9	0.45		连城	30	0.5	0.011	171	96	56	5.9	5.4	16:30	21:35	2 444
10	0.45		连城	35	0.5	0.013	171	81	42	5.7	5.1			2 435
11	0.45		靖远	30	0.5	0.011	171	82	63	5.8	5.2	14:27	20:30	2 453
12	0.45		靖远	35	0.5	0.013	171	101	66	8.0	6.0	15:45	22:40	2 441

表 4　C$_{180}$32F300W10 四级配试验参数及拌和物性能试验结果

序号	水胶比	水泥品种	粉煤灰		外加剂		胶凝材料/(kg/m³)	拌和物性能						容重/(kg/m³)
			品种	掺量/%	掺量/%	DH9		坍落度/mm		含气量/%		凝结时间/(h:min)		
								出机	15 min	出机	15 min	初凝	终凝	
1	0.40	大通	平凉	30	0.5	0.013	192	100	62	7.0	5.0	15:35	22:00	2 441
2	0.40		平凉	35	0.5	0.011	192	93	61	6.9	4.9	16:05	22:02	2 435
3	0.40		连城	30	0.5	0.013	192	100	65	6.9	5.2			2 436
4	0.40		连城	35	0.5	0.011	192	93	60	6.8	5.4			2 438
5	0.40		靖远	30	0.5	0.013	192	113	61	6.7	5.0	14:02	19:10	2 460
6	0.40		靖远	35	0.5	0.011	192	98	62	6.4	5.4	14:36	20:00	2 448
7	0.40	水登	平凉	30	0.5	0.013	192	87	46	6.0	5.0	13:28	17:40	2 406
8	0.40		平凉	35	0.5	0.011	192	85	60	6.7	6.6	16:12	20:28	2 420
9	0.40		连城	30	0.5	0.013	192	92	53	5.8	5.3	15:10	21:25	2 424
10	0.40		连城	35	0.5	0.011	192	97	43	5.7	5.1			2 442
11	0.40		靖远	30	0.5	0.013	192	98	64	7.6	6.0	13:40	19:35	2 431
12	0.40		靖远	35	0.5	0.011	192	95	61	6.3	5.0	17:15	22:03	2 463

4.3 硬化混凝土性能试验结果

硬化混凝土性能试验结果见表5、表6。

4.3.1 抗压强度试验结果

抗压强度是混凝土极为重要的力学性能指标,以抗压强度作为混凝土主要设计参数,所以混凝土的主要指标常用抗压强度来控制和评定。结果表明:

拱坝上部四级配 C25F300W10,粉煤灰掺 30%平均抗压强度:7 d 13.3 MPa、28 d 26.2 MPa、90 d 35.7 MPa、180 d 41.8 MPa;粉煤灰掺 35%平均抗压强度:7 d 12.5 MPa、28 d 24.9 MPa、90 d 35.0 MPa、180 d 39.6 MPa。劈拉强度平均值 28 d 2.1 MPa、90 d 2.8 MPa、180 d 3.2 MPa。

拱坝中部、底部四级配 C32F300W10,粉煤灰掺 30%平均抗压强度:7 d 16.4 MPa、28 d 31.7 MPa、90 d 41.4 MPa、180 d 47.7 MPa;粉煤灰掺 35%平均抗压强度:7 d 16.2 MPa、28 d 30.7 MPa、90 d 39.8 MPa、180 d 46.0 MPa。劈拉强度平均值 28 d 2.4 MPa、90 d 3.4 MPa、180 d 3.8 MPa。

结果表明:掺 30%粉煤灰比掺 35%粉煤灰的混凝土平均抗压强度高 1~2 MPa,劈拉强度约高 0.5 MPa。混凝土强度增长率:平均抗压强度增长率以 180 d 为 100%,设计等级为 C25F300W10 混凝土 7 d 增长率为 30%,28 d 增长率为 58%、90 d 增长率为 84%;设计等级为 C32F300W10 混凝土 7 d 增长率为 35%,28 d 增长率为 66%,90 d 增长率为 87%。

4.3.2 极限拉伸值

设计指标 C25F300W10 混凝土极限拉伸值 28 d 平均值为 0.87×10^{-4},90 d 平均值为 1.04×10^{-4}。

设计指标 C32F300W10 混凝土极限拉伸值 28 d 平均值为 0.90×10^{-4},90 d 平均值为 1.06×10^{-4}。

4.3.3 弹性模量

混凝土的静力抗压弹性 28 d 平均值为 27.4 GPa,90 d 平均值为 31.4 GPa、180 d 平均值为 33.9 GPa。试验结果表明混凝土弹性模量值与抗压强度规律是吻合的,反映了混凝土强度越高,弹性模量越大。

4.3.4 抗冻性能

抗冻试验龄期为 90 d,采用快速冻融法进行,严格控制混凝土含气量在 4.5%~5.5%,结果表明:试件相对动弹模数在 85.4%以上,重量损失率小于 4.96%,满足 F300 抗冻等级设计要求。

4.3.5 抗渗性

结果表明:混凝土在经历 1.1 MPa 逐级水压后的最大渗水高度为 2.1 cm,说明混凝土抗渗性能具有较高储备,满足混凝土 W10 抗渗的设计要求。

4.3.6 干缩

大坝混凝土的干缩率 28 d 平均值为 187×10^{-6},90 d 平均值为 301×10^{-6}。混凝土的干缩率在 14 d 时发展较快,随着龄期的延长,干缩率逐步增大。总体趋势大坝混凝土的干缩是较小的。

表 5　$C_{180}25F300W10$ 四级配硬化混凝土性能试验结果

序号	抗压强度/MPa				极限拉伸值/10^{-4}			静力抗压弹性模量/GPa			动弹性模量(%)/质量损失(%)		干缩/10^{-4}	
	7 d	28 d	90 d	180 d	28 d	90 d	180 d	28 d	90 d	180 d	F300	抗冻等级	28 d	90 d
1	12.3	25.3	32.3	40.3	0.90	1.16	1.18	28.1	33.9	35.5	91.9/2.86	>300	−197	−298
2	11.5	24.7	31.1	39.5	0.88	1.09	1.16	27.9	28.1	30.7	89.7/3.46	>300	−185	−348
3	11.5	22.1	37.1	43.5	0.84	1.05	1.12	24.5	30.5	34.1	93.1/2.69	>300	−187	−280
4	8.6	19.0	32.4	38.8	0.83	1.04	1.09	22.3	29.1	33.4	85.4/4.77	>300	−187	−269
5	12.5	24.0	33.1	39.1	0.93	1.18	1.26	27.2	33.4	34.3	91.5/1.47	>300	−225	−359
6	12.2	23.5	34.2	38.6	0.95	1.06	1.07	26.9	30.8	34.0	91.7/1.95	>300	−197	−261
7	13.2	25.6	33.8	38.0	0.96	1.18	1.19	28.3	31.2	34.2	93.3/3.69	>300	−176	−265
8	11.4	27.2	34.9	36.9	0.81	1.01	1.06	27.4	28.1	32.7	87.4/4.70	>300	−215	−338
9	15.1	25.4	41.0	46.0	0.88	1.01	1.02	31.6	31.8	32.7	95.0/3.73	>300	−218	−289
10	16.1	26.6	42.6	43.4	0.86	1.00	1.00	27.9	31.0	33.1	89.2/4.56	>300	−196	−308
11	15.3	26.9	36.6	43.6	0.86	1.04		28.2	31.0	32.9	93.5/2.09	>300	−178	−280
12	15.2	26.2	34.4	40.5	0.86	1.02	1.02	27.5	31.9	33.3	88.9/3.33	>300	−196	−300

表 6　$C_{180}32F300W10$ 四级配硬化混凝土试验结果

序号	抗压强度/MPa				极限拉伸值/10^{-4}			静力抗压弹性模量/GPa			动弹性模量(%)/质量损失(%)		干缩/10^{-4}	
	7 d	28 d	90 d	180 d	28 d	90 d	180 d	28 d	90 d	180 d	F300	抗冻等级	28 d	90 d
1	16.5	30.1	39.2	42.5	0.90	1.13	1.08	27.2	29.5	31.6	91.0/2.53	>300	−215	−317
2	17.4	32.6	40.5	41.2	0.96	1.05	1.02	29.6	32.9	29.9	91.9/4.03	>300	−206	−317
3	14.7	31.4	42.9	50.4	0.99	1.21	1.22	26.9	32.1	35.1			−197	−301
4	12.8	29.8	41.1	48.2	0.94	1.09	1.12	25.4	30.6	34.2			−187	−341
5	15.2	29.8	39.4	46.1	0.85	1.16	1.14	28.8	30.5	35.5			−188	−292
6	15.9	31.3	40.5	45.4	0.95	1.09	1.14	31.1	35.3	38.7			−197	−318
7	14.8	29.6	38.0	43.6	0.88	0.99	1.05	31.7	32.0	36.6			−197	−309
8	15.4	30.3	39.7	42.6	0.87	0.98	1.00	30.1	32.8	35.6			−196	−310
9	17.1	33.2	40.5	52.6	0.94	1.08	1.11	30.2	31.0	34.8			−213	−298
10	18.4	34.7	46.1	51.8	1.00	1.15	1.09	30.6	32.5	38.0			−215	−300
11	18.9	30.1	38.7	47.2	0.88	1.05		28.2	31.0	32.6			−178	−251
12	18.4	31.2	40.3	43.7	0.85	1.03	1.06	28.3	32.1	34.6			−186	−290

4.3.7 混凝土绝热温升

水工大体积混凝土因为水泥水化反应时产生显著的温升,对大体积混凝土的性能影响很大。热学性能是坝体温度应力和裂缝控制计算的重要参数,绝热温升是混凝土热学性能最重要的指标。绝热温升与配合比有着密切关系,是混凝土配合比设计的重要依据之一。绝热温升试验结果表明:三级配混凝土绝热温升值较高,28 d 绝热温升为 25.6 ℃,最终绝热温升为 27.2 ℃;四级配混凝土绝热温升值低于三级配,28 d 绝热温升为 21.0 ℃,最终绝热温升为 22.2 ℃。在配合比相同的情况下,两种水泥的绝热温升接近;掺 30% 粉煤灰比掺 35% 粉煤灰的混凝土绝热温升稍高。

5 复核优选的施工配合比

5.1 拱坝混凝土施工配合比

根据拉西瓦拱坝混凝土配合比优化试验结果,从大坝部位工作的重要性考虑:大坝中部、底部混凝土设计指标 $C_{180}32W10F300$,水胶比 0.40,掺粉煤灰 30%。大坝上部混凝土设计指标 $C_{180}25W10F300$,水胶比 0.45,掺粉煤灰 35%。层间铺筑三级配富浆混凝土采用相同水胶比。优选的"黄河拉西瓦水电站拱坝混凝土施工配合比"见表 7。

表 7 优选的"黄河拉西瓦水电站拱坝混凝土施工配合比"

序号	拱坝部位设计指标	级配	水胶比	砂率/%	粉煤灰/%	ZB-1A/%	DH9/%	材料用量/(kg/m³)			
								用水量	水泥	粉煤灰	砂	石
1	拱坝上部 $C_{180}25W10F300$	三	0.45	29	35	0.55	0.011	86	124	67	624	1 528
2		四	0.45	25	35	0.50	0.011	77	111	60	550	1 652
3	拱坝中部、底部 $C_{180}32W10F300$	三	0.40	29	30	0.55	0.011	86	150	65	617	1 511
4		四	0.40	25	30	0.50	0.011	77	135	58	545	1 634

5.2 拉西瓦、小湾、二滩高拱坝配合比对比分析

目前中国在建、已建的最高双曲拱坝为拉西瓦、小湾、二滩,最大坝高分别为 250 m、292 m、240 m,拉西瓦与小湾、二滩高拱坝施工配合比对比见表 8。对比结果分析表明:拉西瓦、小湾、二滩三座拱坝混凝土设计龄期均为 180 d,粉煤灰掺量 30%。三座拱坝数据直观反映了拉西瓦、小湾、二滩工程在坝型,原材料水泥、粉煤灰、外加剂等方面十分相近,但骨料品种不同,区别较大。通过表 8 数据对比,拉西瓦混凝土水胶比、用水量明显低于小湾及二滩拱坝。大量试验结果证明,一般情况下,人工骨料混凝土在相同条件下比卵石混凝土的抗压强度要高 10% 左右,极限拉伸值平均大 5% 左右。分析认为这是由于人工碎石表面粗糙与水泥有很好的黏结力所致,而圆滑的天然卵石与水泥的黏结力就不如人工碎石,同时拉西瓦为满足 F300 特级抗冻等级,混凝土含气量控制在 4.5%~5.5% 的较高范围内,过高的含气量对混凝土的强度、极限拉伸值也有一定的影响。

表 8　拉西瓦、小湾、二滩高拱坝四级配施工配合比对比

工程名称	设计指标工程部位	水胶比	减水剂/%	引气剂/%	材料用量/(kg/m³)					骨料品种
					水	水泥	粉煤灰/%	砂	石子	
拉西瓦	底部、中部 C₁₈₀32W10F300	0.40	ZB-1A 0.50	DH9 0.011	77	135	58/30	545	1 634	天然砂、卵石
	上部 C₁₈₀25W10 F300	0.45	ZB-1A 0.50	DH9 0.011	77	120	51/30	550	1 652	
小湾	A 区 C₁₈₀40W14 F250	0.40	ZB-1A 0.7	FS 0.002	90	158	67/30	524	1 690	黑云母花岗、片麻岩
	B 区 C₁₈₀35W12F250	0.44	ZB-1A 0.7	FS 0.002	90	144	61/30	551	1 682	
二滩	A 区（基础） C₁₈₀35	0.447	ZB-1 0.7	AEA 0.012 0	85	133	57/30	571	1 711	正长岩
	B 区（中部） C₁₈₀30	0.467	ZB-1 0.7	AEA 0.012 0	85	127	55/30	593	1 688	
	C 区（上部） C₁₈₀25	0.489	ZB-1 0.7	AEA 0.012 0	85	123	52/30	618	1 670	

因此,考虑拉西瓦采用卵石骨料混凝土,加之混凝土抗冻等级 F300,所以配合比设计采用"两低三掺"技术路线,就是补偿天然骨料混凝土比人工骨料混凝土性能差的不足,同时有效抑制骨料碱活性反应和提高混凝土耐久性能,体现了优化的拉西瓦配合比设计的先进性。

6　结语

拉西瓦拱坝混凝土配合比设计优化采用"两低三掺"的技术路线,坚持采用低水胶比、低用水量,掺优质Ⅰ级粉煤灰、高效缓凝减水剂和引气剂。

2006 年 4 月 15 日大坝混凝土开始施工浇筑,结果表明:拉西瓦坝混凝土施工配合比具有良好的一致性、可操作性和施工性能,很高的强度、耐久性能、抗裂性能以及较低的绝热温升,满足设计和施工要求。

根据 2006 年 7 月 15 日大坝下部混凝土现场取样强度统计结果,分析表明:设计指标 $C_{180}32W10F300$ 大坝下部混凝土,取样组数 48 组,28 d 平均值 $mf_{cu} = 29.0$ MPa,最大值 $f_{cu,max} = 33.5$ MPa,最小值 $f_{cu,min} = 24.9$ MPa;90 d 平均值 $mf_{cu} = 36.9$ MPa,最大值 $f_{cu,max} = 42.8$ MPa,最小值 $f_{cu,min} = 30.3$ MPa,标准差 $\sigma = 1.90$ MPa,离差系数 $C_v = 0.07$,结果表明 90 d 龄期大坝混凝土抗压强度已达到设计要求,混凝土质量优良。

参考文献

[1] 田育功,张来新,胡红峡,等.黄河拉西瓦水电站工程混凝土配合比设计试验总报告[R].中国水利水电第四工程局试验中心,2004.

[2] 田育功,胡红峡,马成,等.黄河拉西瓦水电站工程大坝混凝土配合比复核试验报告[R].中国水利水电第四工程局试验中心,2006.

[3] 拉西瓦工程红柳滩砂砾石料场骨料碱活性及碱骨料反应抑制措施研究[D].南京:南京工业大学,2005.

[4] 中华人民共和国国家经济贸易委员会.水工混凝土试验规程:DL/T 5150—2001[S].北京:中国电力出版社,2002.

南水北调中线漕河大型渡槽高性能混凝土施工技术研究与应用★

1　概述

1.1　工程概况

南水北调中线总干渠漕河渡槽段是南水北调中线京石段应急供水工程的重要组成部分,是南水北调中线工程总干渠上的一座大型交叉建筑物。工程位于河北省满城县城西约 9 km 的神星镇与荆山村之间,距保定市约 30 km,南水北调中线漕河渡槽见图 1。

图 1　南水北调中线漕河渡槽

★本文摘自《中国水利水电建设集团科技成果鉴定申报材料技术报告》,该项目获 2007 年度中国水利水电建设集团科技进步一等奖。作者系课题负责人和报告撰写人,项目主要人员包括席浩、田育功、刘玉龙、巨克成、胡宏峡、吴恒辉、张来新、宋永杰、胡红军、高居生、马成、牛晓林、周效峰、常学武、欧承奎等。

工程所在区域为暖温带大陆性季风气候区,多年平均气温 12.2 ℃,极端最高气温 40.4 ℃,极端最低气温-23.4 ℃,最大风速 18.0 m/s。年均无霜冻期 191 d。漕河干渠线路总长 9 319.7 m,渡槽全长 2 300 m,设计流量 125 m³/s,加大流量 150 m³/s,地震设计烈度为Ⅵ度,渡槽的建筑物等级为Ⅰ级。

漕河渡槽第Ⅱ标段施工由中国水利水电第四工程局承担,本段工程起点为渡槽进口渐变段,终点为渡槽20 m跨槽身段,全长 1 013.4 m,由进口段、进口连接段、槽身段(包括落地矩形槽段、20 m 跨多侧墙槽段)组成。漕河渡槽最大单跨长度 30 m,底宽 20.6 m,底板厚 50 cm;渡槽槽身为大体积薄壁结构,多侧墙段为三槽一联简支结构预应力混凝土,具有跨度大、结构薄、级配小、等级高的特点;采用 C50F200W6 高性能混凝土施工,槽身钢筋密集,采用最大骨料粒径 25 mm 的骨料。

漕河渡槽长度、跨度及引水流量为目前国内和亚洲最大。输水工程最怕的就是裂缝,按过去的经验,确保渡槽没有裂缝,渡槽的最大极限为 10 m,可是为了保证 150 m³/s 流量的设计要求,漕河渡槽单体长度为 30 m,是极限长度的 3 倍,更困难的是这个超极限长度的渡槽上面还要承担 3 000 多 t 水的荷载。所以,大型渡槽高性能混凝土抗裂防渗性能要求十分严格。

1.2 课题研究的意义

目前,我国已修建了众多的输水工程和跨流域调水工程,其中比较著名的调水工程有引滦入津入唐工程、引大入秦工程、引黄入晋工程。对已建工程的调查研究结果表明,大多数工程存在比较严重的耐久安全性问题,主要表现在混凝土结构裂缝多、渗漏严重等问题,多数工程运行前先修补,运行后每年都要小修,几年就要大修,维护费用耗资巨大,严重影响了供水的可靠性和效益发挥。即使刚建完不久的引黄入晋工程,也因存在严重的耐久安全性问题,开展了大范围的修补工作,影响效益的发挥。

对于以上存在的问题和近年来国家对病险水库加固工程的大量投入以及西部大开发和南水北调工程的实施,设计、施工与建设单位对引水工程混凝土建筑物耐久性问题比以往更加重视。国内许多单位投入资金对引水工程薄壁结构混凝土材料及施工技术进行深入研究,尚没有取得实质性研究成果。由于对该技术领域里许多问题尚缺乏了解,世界各国工程技术人员仍在进一步开展混凝土技术及施工技术的研究。

针对中国水利水电第四工程局承担的南水北调中线工程漕河大型渡槽,其混凝土结构安全性问题更是不容忽视,要求我们研究开发出可用于大型渡槽快速施工的高质量抗裂性能、防渗性能、抗冻性能以及总碱含量低的高性能混凝土;同时研究出一整套适用于大型渡槽施工技术成果,保证高性能混凝土大型渡槽体形美观、内在质量好、结构安全稳定、抗裂防渗性能优、施工效率高、技术经济效益突出的综合施工技术,为今后类似工程积累和提供宝贵的借鉴经验。

1.3 课题研究技术难点内容

课题研究技术难题:大型渡槽的施工技术研究,以整体论方法为指导,系统地解决材料和施工环节中存在的关键难题。在混凝土配合比设计路线和施工技术方案上要有针对性,有所创新,集主动抗裂与被动抗裂于一体,即混凝土自身防裂抗裂设计与施工技术、工艺、抗裂方案于一体,使高性能混凝土与施工技术工艺达到完美统一。

研究以水泥为主体的多种材料不同组合混凝土配合比参数对抗裂性能的关系影响,进而优选满足抗裂性好的高性能混凝土施工配合比,进行现场生产性试验;通过现场高强度施工、温控、养护等防裂技术研究,总结出一整套水工大体积薄壁结构高性能混凝土防裂抗裂施工技术。

课题研究的技术难点是解决大型渡槽薄壁结构高性能混凝土防裂抗裂及耐久性问题,关键是高性能混凝土配合比原材料的优选组合和薄壁结构混凝土施工技术的温控、养护、防裂问题。

高性能混凝土大型渡槽施工技术研究及应用,主要从以下三个方面进行研究:

第一,原材料优选组合及参数关系试验研究。

(1)进行材料优选,确定防裂性能较好的材料,包括水泥、粉煤灰、矿渣微粉、聚羧酸类外加剂、减缩剂、聚炳烯纤维等。

(2)研究多种材料组合的配合比参数与抗裂防裂性能间的关系,优选抗裂性最佳的材料组合。

(3)对多种材料组合的配合比,研究其新拌混凝土性能及硬化混凝土力学指标、变形性能、耐久性,并通过圆环抗裂试验,进一步论证其防裂抗裂性能。

第二,高性能混凝土配合比抗裂防裂研究。

高性能混凝土配合比:通过拌和物性能试验以获得满足混凝土高工作性、高耐久性的配合比参数,如单位用水量、砂率、外加剂掺量等;通过力学性能试验以获得满足混凝土设计强度的配合比参数,如水胶比等;通过极限拉伸和弹性模量试验确定什么样的配合比同时具备高的极限拉伸值和较低的弹性模量,这是保证混凝土具有高抗裂性的必要条件;通过抗冻、抗渗试验来评价混凝土耐久性,从中选择保证混凝土耐久性的原材料和配合比参数,如掺和料的品种和引气剂的掺量等;圆环抗裂、干缩试验是分析、评价混凝土开裂及收缩的非常有效的试验手段和方法,圆环抗裂试验可直接反映不同配合比的混凝土裂缝出现的时间和裂缝发展的速度和程度,干缩反映了混凝土因干燥而收缩的程度和大小,通过圆环抗裂、干缩试验进一步验证和选择混凝土配合比参数,确保混凝土的高抗裂性;在试验研究中,通过优选混凝土原材料和多元胶凝材料复合试验,抑制碱骨料反应效能试验来确定最合适的混凝土配合比参数,使薄壁结构混凝土抗裂性、耐久性和抑制碱骨料反应等综合性能达到最佳。

(1)校核室内试验研究取得的混凝土配合比参数。

(2)通过对室内、拌和站、现场浇筑仓号内进行混凝土拌和物性能试验和硬化混凝土性能试验取得的试验结果进行对比分析,来评价高性能抗裂混凝土对拟使用工程的实用性和存在的风险。

(3)对室内及现场生产性试验成果进行整理、分析、评价,确定漕河大型渡槽高性能混凝土施工配合比。

第三,大型渡槽施工技术研究。

大型渡槽施工技术研究:一是漕河渡槽工期紧、施工技术复杂,混凝土施工浇筑难度大、连续不间断,通过生产性试验研究确定与大型渡槽混凝土浇筑施工相配套的施工工艺,保证浇筑的混凝土内实外光不渗漏;二是北方地区昼夜、季节性温差大,施工中必须解决大型渡槽混凝土的温控问题,施工中采用低温混凝土,在浇筑仓号布设小间距密冷水管,全年对浇筑的槽身混凝土进行外部保温措施,减少混凝土因内外温差引起的温度应力;三是防止和减少混凝土在水化、硬化过程中发生干燥收缩,施工阶段全过程做好对混凝土的养护工作;四是巩固和完善三向预应力施工技术,开发采用新材料、新工艺、新技术,保证渡槽结构混凝土的安全耐久性。

2 原材料优选及参数关系试验研究

2.1 原材料优选

2.1.1 水泥

高性能混凝土试验采用的水泥有青海大通 P·O 42.5 水泥、河北太行 P·O 42.5 水泥和河北鼎鑫 P·O 42.5 水泥,水泥物理力学性能试验和化学成分分析分别按《普通硅酸盐水泥》(GB 175—1999)和《水泥化学分析方法》(GB/T 176—1996)进行检测,检测结果见表1、表2,不同品种水泥胶砂强度对比见图2。

表1 水泥物理性能检验结果

序号	样品名称	细度/%	安定性	标稠/%	密度/(g/cm³)	凝结时间/(h:min) 初凝	凝结时间/(h:min) 终凝	比表面积/(m²/kg)	抗压强度/MPa 3 d	抗压强度/MPa 28 d	抗折强度/MPa 3 d	抗折强度/MPa 28 d	水化热/(kJ/kg) 3 d	水化热/(kJ/kg) 7 d
1	大通普通硅酸盐42.5水泥	4.3	合格	24	3.22	4:50	5:35	313	23.6	50.2	5.1	8.3	—	—
2	太行普通硅酸盐42.5水泥	0.4	合格	28.4	3.09	1:58	3:03	371	39.6	71.4	6.6	9.2	272	314
3	鼎鑫普通硅酸盐42.5水泥	0.7	合格	29.2	3.00	2:52	3:47	337	33.5	63.8	5.8	9.5	260	310
	GB 175—1999普通硅酸盐42.5水泥	≤10.0	合格	—	—	>0:45	<10:00	—	≥16.0	≥42.5	≥3.5	≥6.5	—	—

表2　水泥化学成分检验结果　　　　　　　　　%

序号	样品名称	Fe₂O₃	Al₂O₃	CaO	MgO	SiO₂	烧失量	碱含量	fCaO	SO₃
1	大通普通硅酸盐 42.5水泥	5.24	5.10	58.25	4.09	20.87	2.71	0.68	—	2.32
2	太行普通硅酸盐 42.5水泥	3.44	6.45	59.34	2.67	22.50	2.36	0.37	1.27	2.51
3	鼎鑫普通硅酸盐 42.5水泥	3.75	8.70	54.04	1.52	25.29	1.92	0.43	1.24	2.57
	GB 175—1999 普通硅酸盐42.5水泥	—	—	—	≤5.0	—	≤5.0	—	—	≤3.5

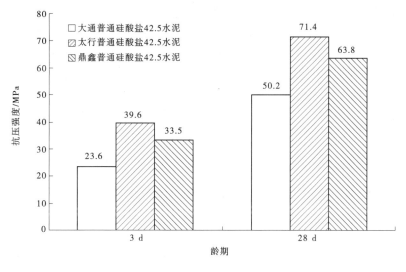

图2　不同品种水泥的强度

　　检测结果表明,3种水泥的物理力学性能和化学成分均符合 GB 175—1999 的要求。同时表明,河北太行 P·O 42.5 水泥和河北鼎鑫 P·O 42.5 水泥的细度很小,均小于 1.0%,比表面积大于青海大通 P·O 42.5 水泥,抗压强度明显高出青海大通 P·O 42.5 水泥 10~20 MPa,由于水泥较细、比表面积较大,相应的需水量比较大。

　　从化学检测结果可以看出,河北太行 P·O 42.5 水泥和河北鼎鑫 P·O 42.5 水泥的碱含量明显低于青海大通 P·O 42.5 水泥,这对抑制骨料碱活性有利。

2.1.2　粉煤灰

　　试验采用甘肃平凉、甘肃连城、河北微水、河北衡水等粉煤灰,依据《水工混凝土掺用粉煤灰技术规范》(DL/T 5055—1996)对其物理性能和化学成分进行了检测,检测结果见表3、表4,不同品种粉煤灰的细度和需水量比见图3、图4。

表3 粉煤灰物理性能检验结果

序号	样品名称	细度/%	需水量比/%	密度/(g/cm³)	说明
1	平凉粉煤灰	18.89	88	2.47	大通 P·O 42.5 水泥
2	连城粉煤灰	8.93	88	2.39	大通 P·O 42.5 水泥
3	微水粉煤灰	9.7	94	2.14	太行 P·O 42.5 水泥
					鼎鑫 P·O 42.5 水泥
4	衡水粉煤灰	28.8	92	2.26	太行 P·O 42.5 水泥
					鼎鑫 P·O 42.5 水泥
DL/T 5055—1996 Ⅰ级灰		≤12	≤95	—	—
DL/T 5055—1996 Ⅱ级灰		≤20	≤105	—	—

表4 粉煤灰化学成分检验结果   %

序号	样品名称	Fe_2O_3	Al_2O_3	CaO	MgO	SiO_2	烧失量	碱含量	SO_3
1	平凉粉煤灰	7.79	26.07	6.82	3.16	50.34	0.31	2.39	0.63
2	连城粉煤灰	6.25	25.31	7.39	3.31	50.30	1.86	1.33	1.24
3	微水粉煤灰	3.97	35.75	2.30	0.38	49.92	2.95	0.79	0.32
4	衡水粉煤灰	4.02	28.97	3.47	0.88	49.21	7.49	1.96	0.38
DL/T 5055—1996 Ⅰ级灰		—	—	—	—	—	≤5.0	—	≤3.0
DL/T 5055—1996 Ⅱ级灰		—	—	—	—	—	≤8.0	—	≤3.0

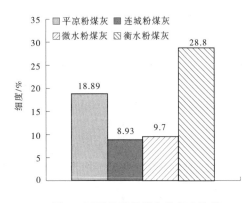

图3 不同品种粉煤灰的细度比较

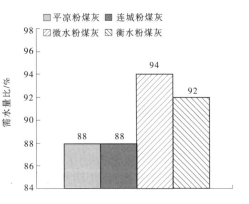

图4 不同品种粉煤灰的需水量比比较

结果表明,4种粉煤灰中只有微水粉煤灰符合 DL/T 5055—1996 中Ⅰ级粉煤灰的要求,其他3种符合Ⅱ级粉煤灰要求。现场粉煤灰品质稳定性应在工程中予以高度关注。

从化学检测结果可以看出,河北微水粉煤灰的碱含量较低,这对抑制骨料碱活性有利。

2.1.3　硅粉

试验采用青海省山川铁合金股份有限公司生产的"山川"牌硅粉和"忻州"牌硅粉,硅粉化学成分按照《水泥化学分析方法》(GB/T 176—1996)进行检测,硅粉火山灰活性指数试验结果和化学成分检测结果见表5、表6,不同品种硅粉的抗压活性指数的比较见图5。

表5　硅粉火山灰活性指数试验结果

硅粉品种	颜色	密度/(g/cm³)	粒度/μm	掺量/%	用水量/g	水胶比	流动度/cm	抗压活性指数/%			抗折活性指数/%			活性指数/%
								3 d	7 d	28 d	3 d	7 d	28 d	
山川	灰白白度大于50	2.27	0.2~0.4	10	220	0.407	120	110	126	128	108	120	120	≥90
忻州	—	2.25	—	10	220	0.407	121	108	125	126	105	116	118	≥90

表6　硅粉化学成分检验结果　　　　　　　　　　　　　%

样品名称	SO₃	SiO₂	烧失量	碱含量	Fe₂O₃	Al₂O₃	CaO	MgO
山川硅粉	1.28	85.50	2.20	2.20	1.51	0.90	1.32	4.38
忻州硅粉	1.74	87.50	3.34	3.03	0.5	0.88	1.0	1.2
水工混凝土硅粉品质标准暂行规定	—	>85	≤6	—	—	—	—	—

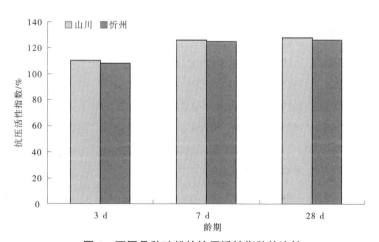

图5　不同品种硅粉的抗压活性指数的比较

结果表明,两种硅粉均满足《水工混凝土硅粉品质标准暂行规定》[水规科(1991)10号]要求,试验研究就近采用青海"山川"硅粉。

2.1.4　矿渣微粉

试验采用山东济南鲁新新型建材有限公司的粒化高炉矿渣粉,粒化高炉矿渣粉化学成分及物理性能按照《水泥化学分析方法》(GB/T 176—1996)和《水工混凝土掺用粉煤灰技术规范》(DL/T 5055—1996)进行检测,检测结果见表7、表8。结果表明,山东济南鲁新粒化高炉矿渣粉满足《用于水泥和混凝土中的粒化高炉矿渣粉》(GB/T 18406—2000)的要求。

表7 矿渣微粉性能检验结果

样品名称	需水量比/%	密度/(g/cm³)	比表面积/(m²/kg)	抗压活性指数/%		抗折活性指数/%		活性指数/%
				7 d	28 d	7 d	28 d	
山东济南矿渣微粉	100	2.87	442	78.0	100.7	80.3	92.8	≥70

表8 矿渣微粉化学成分检验结果 %

样品名称	SO₃	SiO₂	烧失量	碱含量	Fe₂O₃	Al₂O₃	CaO	MgO
山东济南矿渣微粉	0.27	32.06	−0.58	0.79	1.0	15.34	38.85	9.54

2.1.5 骨料

第一阶段采用的替代骨料为拉西瓦工程采用的直岗拉卡料场天然骨料,第二、三阶段试验采用漕河工程现场岭东料场的天然砂和葛洲坝集团生产的槽身人工碎石。砂石料按照《水工混凝土砂石骨料试验规程》(DL/T 5151—2001)进行检测,检测结果分别见表9、表10,结果表明,漕河砂石料满足《水工混凝土施工规范》(DL/T 5144—2001)的要求。

表9 砂料品质检测结果

骨料类别	含泥量/%	泥块含量/%	细度模数	堆积密度(kg/m³)/空隙(%)	表观密度/(kg/m³)	饱和面干表观密度/(kg/m³)	饱和面干吸水率/%	坚固性/%	云母含量/%	有机质含量	SO₃/%	轻物质含量/%
拉西瓦天然砂	1.9	0	2.73	1 600/40	2 660	2 640	1.0	1.26	0.19	合格	0.061	0.30
漕河天然砂	0.9	0	2.73	1 560/42	2 700	2 660	1.1	5	0.3	合格	0.02	0.3

表10 石料品质检测结果

骨料粒径/mm	含泥量/%	泥块含量/%	堆积密度(kg/m³)/空隙(%)	紧密密度/(kg/m³)	表观密度/(kg/m³)	饱和面干表观密度/(kg/m³)	饱和面干吸水率/%	超径/%	逊径/%	针片状/%	坚固性/%	有机质含量	SO₃/%	压碎指标/%
5~20	0.6	0	1 540/43	1 850	2 710	2 700	0.77	3.1	0.4	1.9	1.2	合格	0.034	3.0
5~10	0.9	0	1 480/45	1 760	2 710	2 690	0.58	1.7	25.7	0	2	合格	0.11	6.9
10~25	0.5	0	1 440/45	1 720	2 720	2 700	0.46	5.0	9.6	1.2		合格	0.14	—

为了优选最佳级配,对漕河现场骨料进行了粗骨料不同级配组合试验,试验结果见表11,结果表明:粒径5~10 mm:粒径10~25 mm=30:70,为最佳级配。

表11　粗骨料不同级配组合试验结果

最大粒径	序号	粒径 5~10 mm 颗粒含量/%	粒径 10~25 mm 颗粒含量/%	振实密度/ (kg/m³)	空隙率/ %
二级配(25 mm)	1	20	80	1 730	36.3
	2	25	75	1 740	35.9
	3	30	70	1 750	35.5
	4	35	65	1 730	36.3
	5	40	60	1 720	36.6

2.1.6　外加剂

根据《漕河渡槽 C50 混凝土配合比试验大纲》和《对〈关于Ⅱ标段渡槽 C50 混凝土配合比的报告〉的批复意见》[ZSJL(2005)NSBDCHD-批复Ⅱ-043 号]要求,外加剂选用石家庄长安育才建材有限公司的 GK 系列外加剂和江苏博特公司 JM 系列外加剂进行试验;另根据高性能混凝土特点,选用碱含量低且具有抗裂性能的超塑化工香港有限公司上海分公司生产的 CS-SP1 型第三代聚羧酸高效减水剂和河北外加剂厂生产的 DH9 引气剂及石家庄市中伟建材有限公司生产的 DH9A 引气剂。

混凝土中的气泡,特别是微小气泡是不稳定的,在混凝土搅拌、运输、浇筑过程中极易发生迁移、融合而成大气泡,当混凝土承受外力发生变形时,极易产生应力集中,导致混凝土破坏。含气量越大,这种迁移、融合机会就越高。引气剂是一种表面活性物质,它能使混凝土在搅拌过程中引入大量的不连续的较稳定的小气泡,孔径多为 0.05~0.2 mm,分布均匀,使混凝土中含有一定量的空气,这样能显著提高混凝土的抗冻性和耐久性。

(1)外加剂匀质性。

外加剂匀质性试验结果见表12。

(2)掺外加剂混凝土性能试验。

掺外加剂混凝土性能试验采用:鼎鑫 42.5 普通硅酸盐水泥;岭东料场天然细骨料,细度模数 2.73;葛洲坝集团生产人工破碎粗骨料,二级配(最大粒径 20 mm),采用 (5~10)mm:(10~20)mm=45:55。

试验参数:水泥:330 kg/m³;砂率:掺引气剂为 38%,掺减水剂为 40%;外加剂掺量:根据推荐掺量选取,用水量应使坍落度范围在 70~90 mm。掺外加剂混凝土性能试验结果见表13,结果表明:各种高效减水剂和引气剂性能均满足《水工混凝土外加剂技术规程》(DL/T 5100—1999)的要求。

根据试验结果,第三代聚羧酸高效减水剂(CS-SP1 型)具有较高的减水率,掺 CS-SP1 混凝土和易性很好,同时抗压强度比较高,可以大幅降低高性能混凝土胶材用量和水化热,这对高性能混凝土抗裂性能有利。DH9 和 GK-9A 引气剂性能相近,引气效果均较好,而 DH9A 为 DH9 型引气剂发明人的调整改进产品,引气效果进一步提高,建议在高性能混凝土中推广应用。

表 12　外加剂匀质性试验结果

试验项目	CS-SP1	GK-5A	JM-Ⅱ	DH9	GK-9A	JM-2000(C)
品种	高效减水剂	高效减水剂	缓凝、泵送混凝土高效增强剂	引气剂	引气剂	引气剂
状态	液体	粉状	粉状	液体	液体	粉状
密度/(g/mL)	1.085 8	1.002 3	1.002 7	0.999 2	0.999 8	1.002 5
细度/%	—	1.88	1.68	—	—	0.6
固体含量/%	31.0	93.57	94.0	45.38	45.48	95.0
氯离子含量/%	0.01	0.022	0.023	0.059	0.020	0.01
硫酸盐含量/%	0.76	—	4.38	0.64	—	—
碱含量/%	1.62	6.36	11.72	3.04	3.32	9.56
pH	6.60	8.5	8.98	8.82	8.0	7.26
表面张力/(mN/m)	—	68.5	66.5	—	37.5	—

表 13　掺外加剂混凝土性能试验结果

序号	外加剂 品种	外加剂 掺量/%	用水量/(kg/m³)	坍落度/mm	和易性	减水率/%	含气量/%	泌水率比/%	凝结时间/(h:min) 初凝	凝结时间/(h:min) 终凝	抗压强度(MPa)/抗压强度比(%) 3d	抗压强度(MPa)/抗压强度比(%) 7d	抗压强度(MPa)/抗压强度比(%) 28d
1	基准	—	185	86	较好	—	1.6	100	8:52	12:35	9.8/100	16.5/100	29.0/100
2	CS-SP1	0.8	140	85	好	24.3	1.8	8.4	9:55	13:48	14.5/148	23.5/142	39.8/137
3	CS-SP1	1.0	132	88	好	28.6	1.9	12.2	10:30	14:25	16.6/169	26.8/162	44.2/152
4	JM-Ⅱ	0.5	148	78	好	20.0	2.0	35.4	11:05	15:15	12.8/131	21.4/130	36.8/127
5	JM-Ⅱ	0.7	141	89	较好，微泌水	23.8	2.3	60.8	12:45	16:28	14.4/147	25.6/155	42.6/147
6	GK-5A	0.5	147	83	较好，微泌水	20.5	1.9	41.2	9:30	13:08	13.2/135	22.8/138	38.8/134
7	GK-5A	0.7	139	90	较好，少量泌水	24.9	2.0	69.5	10:45	14:18	13.8/141	25.7/156	44.2/152
8	GK-9A	0.007	172	83	好	7.0	5.2	38.7	9:08	12:58	9.4/96	16.1/98	27.2/94
9	DH9	0.007	172	78	好	7.0	5.3	36.6	9:00	12:45	10.0/102	16.5/100	27.0/93
10	JM-2000	0.007	173	82	较好	6.5	4.8	40.3	9:20	13:28	9.5/97	15.8/96	26.8/92
11	DH9A	0.007	169	83	好	8.6	6.7	35.2	9:05	13:02	10.2/104	16.6/101	27.4/94

为了进一步验证 CS-SP1 减水效果,进行了掺 CS-SP1 减水剂水泥胶砂流动度试验。采用第三代聚羧酸高效减水剂(CS-SP1 型),鼎鑫 42.5 普通硅酸盐水泥,水胶比 0.50,标准砂,灰砂比 1∶2.5 进行试验,试验结果见表 14、表 15。试验发现,在相同流动度时,CS-SP1 可大幅降低用水量;在相同参数条件下,CS-SP1 可大幅增大胶砂流动度;胶砂性能较好,未发现泌水现象。

表 14　掺减水剂水泥胶砂流动度试验结果　　　　　　　　　　　　　　　%

外加剂品种	掺量	减水率
SP-1	0.9	25
SP-1	1.1	30

表 15　掺减水剂净浆流动度对比试验结果

外加剂品种	掺量/%	用水量/g	流动度/mm
CS-SP1	0	87	70.5
CS-SP1	0.9	87	217.5
CS-SP1	1.1	87	222.0
CS-SP1	0	105	91.5
CS-SP1	0.9	105	223.5
CS-SP1	1.1	105	233.0

(3)减缩剂。

混凝土水化过程中,失水是造成干燥收缩的主要原因。干燥理论中,毛细管张力理论较有说服力。该理论认为:混凝土水化物干燥时,毛细管内水分首先蒸发。当混凝土内部湿度下降时,大小为 2.5~50 nm 的毛细管内部随着水分的蒸发,水面下降弯月面的曲率变大,在水的表面张力作用下产生毛细管收缩力,造成混凝土的力学变形——干缩,而当毛细孔大于 50 nm 时,所产生的毛细孔张力可以忽略。

混凝土减缩剂一般不含膨胀组分,是利用化学方法减少混凝土的干缩。掺加减缩剂混凝土内部的毛细管水分,由于是溶解了表面活性剂的水溶液,其表面张力显著降低,混凝土干缩也相应降低。

高性能混凝土抗裂研究选用江苏博特新材料有限公司生产的 JM-SRA 型混凝土减缩剂进行研究。JM-SRA 型混凝土减缩剂性能检测结果见表 16。

表 16　JM-SRA 型混凝土减缩剂性能检测结果

检测项目	表面张力/(mN/m)	胶砂干缩减少率/%	含气量/%
结果	26.8	31	3.0

2.1.7　纤维

为提高混凝土结构抗拉、抗裂、抗冲击性能,实现混凝土高阻裂要求,在混凝土中再掺入聚丙烯纤维,可阻止混凝土塑性开裂和早期微裂纹的产生。千万根纤维分布于混凝土中,可以明显增大混凝土极限拉伸值,增强混凝土抗裂能力,故有"次钢筋"之称。

纤维对水泥基体增强作用理论的学说目前主要有纤维阻裂理论和复合材料理论。

纤维阻裂理论又称"纤维间距理论",早期由 Romualdi、Batson 和 Mandel 提出。这种理论根据线弹性断裂力学来说明纤维对于裂缝发生和发展的约束作用。纤维间距理论认为在混凝土内部存在固有缺陷,如欲提高强度,必须尽可能减小缺陷程度,提高韧性,减低混凝土体内裂缝端部的应力集中系数。

纤维阻裂理论首先假设一混凝土块体当中有许多细纤维沿着拉应力作用方向按棋盘状均匀分布。细纤维的平均中心间距为某一定值 S,由于拉力作用,水泥基体中凸透镜形状的裂缝端部产生应力集中系数 K_0,当裂缝扩展到基体界面时,在界面上会产生对裂缝起约束作用的剪应力并使裂缝趋向于闭合。此时的裂缝顶端会有与 K_0 相反的另一应力集中系数 K_F,于是总的应力集中系数就下降为 K_0-K_F。

根据 Romualdi 等的理论分析,当水泥基体中纤维的平均中心距离小于 7.6 mm 时,纤维混凝土的抗拉或抗弯初裂强度均得以明显提高。Romualdi 等还分别提出了在纤维混凝土中纤维呈三维乱向分布时纤维平均间距的计算公式,如:

$$S = 13.8d/\sqrt{V_f}$$

式中:S 为纤维平均间距(纤维中心间距的平均值),mm;d 为纤维直径,mm;V_f 为纤维体积掺率,%。

关于纤维间距理论或者纤维阻裂理论的通俗解说,即当纤维均匀分布在混凝土块体中时可以起到阻挡块体内微裂缝发展的作用。假定混凝土块体内部存在有发生微裂缝的倾向,当任何一条微裂缝发生,并且可以向任意方向发展时,这条裂缝在最远不超过纤维混凝土块体内纤维平均中心距 S 的路程之内就会遇到横亘在它前方的一条纤维的存在,使微裂缝发展受阻,只能在混凝土块体内形成类似无害空洞的封闭的空腔或者内径非常细小的孔。

目前,混凝土使用的纤维品种较多,常见的有钢纤维和聚丙烯纤维、聚丙烯腈纤维等。玄武岩增强纤维是以玄武岩为原料,经高温熔融提炼、抽丝及表面处理制成的无机矿物纤维。具有优越的耐久性、安全性、耐温变性、耐磨损性、耐酸碱腐蚀性、耐老化性等,被材料学家称为"二十一世纪的新型环保材料"。四川中大新型材料有限公司经销的玄武岩增强纤维,在我国已进入推广使用阶段。由于其具有近似钢纤维的高弹模、高抗拉性能,对混凝土抗裂十分有利;同时玄武岩增强纤维密度与岩石相近,分散后不会产生飘移,耐久性很好。故高性能混凝土采用玄武岩增强纤维与聚丙烯纤维、聚丙烯腈纤维进行比较优选试验。各类纤维性能对比情况见表 17,玄武岩纤维(BF)主要化学成分见表 18。

2.2 原材料不同组合参数性能试验研究

2.2.1 不同胶凝材料组合的胶砂性能

为了比较各种材料的性能、用量以及不同组合情况对混凝土性能影响,采用平行对比和正交设计等方法进行不同材料组合性能研究。

表 17　各类纤维性能对比表

品种	路威 2002-Ⅲ 型聚丙烯腈纤维	华神聚丙烯纤维	中大玄武岩纤维
标称直径/μm	12.7	18~65	12~20
长度/mm	18	19	19
截面形状	圆形或肾形	圆形	圆形
比重/(10^3 kg/m³)	1.18	0.91	2.56~3.05
抗拉强度/MPa	700~900	560~770	1 500
弹性模量/GPa	10~20	3.5	40
断裂伸长率/%	10~13	15~18	2~5
纤维数量/(根/kg)	5.6 亿	—	—
熔点/℃	240	160~170	1 500
燃点/℃	—	590	—
热传导性能/(W/km)	—	低	0.031~0.038
耐碱性	—	—	强

表 18　玄武岩纤维(BF)的主要化学成分　　　　　　　　　　　wt%

名称	SiO_2	Al_2O_3	CaO	MgO	Na_2O+K_2O	TiO_2	Fe_2O_3+FeO	其他
含量	50.0~52.4	14.6~18.3	5.9~9.4	3.0~5.3	3.6~5.2	0.8~2.25	9.0~14.0	0.09~0.13

2.2.2　掺和材料不同掺量的水泥胶砂性能

为了比较粉煤灰、硅粉、矿渣微粉的性能,按《水工混凝土掺用粉煤灰技术规范》(DL/T 5055—1996)进行了掺和材料不同掺量的水泥胶砂性能试验,试验结果见表 19。不同掺量矿渣与大通普通硅酸盐水泥胶砂强度关系、不同掺量矿渣与大通中热水泥胶砂强度关系、不同掺量粉煤灰和同一掺量硅粉与大通中热水泥胶砂强度关系分别见图 6~图 8。结果表明:

大通 P·O42.5 水泥分别不掺矿渣,掺 20%、30%、40%、50%、60%矿渣微粉时,7 d 胶砂抗压强度和抗折强度随矿渣掺量的增加而降低;28 d 胶砂抗压强度和抗折强度则基本无变化。

大通中热 42.5 水泥分别不掺矿渣,掺 30%、40%、50%矿渣微粉时,3 d、7 d 的胶砂抗压强度和抗折强度随矿渣掺量的增加而降低;28 d 胶砂抗压强度和抗折强度则基本无变化。

大通中热 42.5 水泥单掺 7%硅粉时,3 d、7 d、28 d 的胶砂抗压强度和抗折强度均有提高。

在大通中热 42.5 水泥掺 7%硅粉条件下,再分别掺加 25%、35%、45%平凉粉煤灰后,

3 d、7 d、28 d 的胶砂抗压强度和抗折强度随粉煤灰掺量的增加而降低,粉煤灰 45%掺量时,28 d 强度降低幅度明显增大。

表 19　掺和材不同掺量的水泥胶砂性能试验结果

编号	各胶材掺量/%				流动度/	抗压强度(MPa)/抗压强度比(%)			抗折强度(MPa)/抗折强度比(%)		
	水泥	粉煤灰	硅粉	矿渣微粉	mm	3 d	7 d	28 d	3 d	7 d	28 d
1	100 大通 P·O	0	0	0	131	—	37.8	57.9	—	6.70	8.60
2	80 大通 P·O	0	0	20	129	—	33.5	61.5	—	5.82	8.84
3	70 大通 P·O	0	0	30	131.5	—	29.5	58.3	—	5.38	7.98
4	60 大通 P·O	0	0	40	133	—	28.0	59.8	—	5.28	8.32
5	50 大通 P·O	0	0	50	130	—	26.5	58.9	—	5.05	8.45
6	40 大通 P·O	0	0	60	132	—	27.5	59.4	—	4.97	9.22
7	100 大通中热	0	0	0	—	25.8	35.0	64.3	5.60	6.68	8.88
8	70 大通中热	0	0	30	—	18.1	29.5	66.4	4.03	6.13	8.72
9	60 大通中热	0	0	40	—	16.9	30.3	67.0	4.04	6.18	9.12
10	50 大通中热	0	0	50	—	14.4	29.5	65.9	3.72	6.17	9.78
11	93 大通中热	0	7	0	—	28.5	33.5	72.4	6.42	7.78	10.28
12	68 大通中热	25 平凉	7	0	—	15.8	24.0	53.6	3.92	5.32	8.50
13	58 大通中热	35 平凉	7	0	—	11.0	17.2	41.8	2.95	3.87	7.15
14	48 大通中热	45 平凉	7	0	—	7.3	13.3	24.5	2.25	3.00	4.85

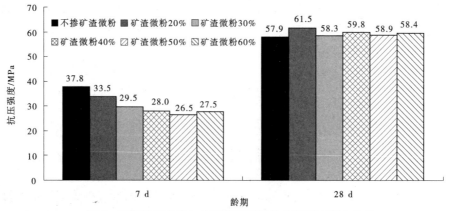

图 6　不同掺量矿渣与大通普通硅酸盐水泥胶砂强度关系

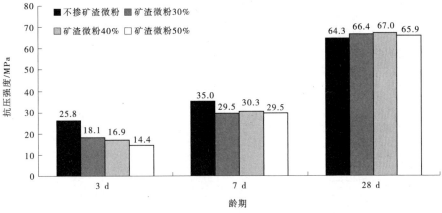

图7　不同掺量矿渣与大通中热水泥胶砂强度关系

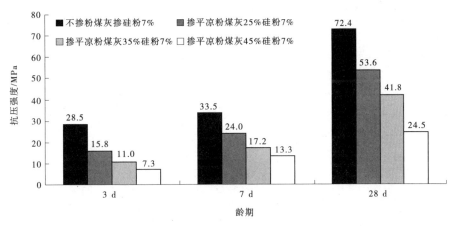

图8　不同掺量粉煤灰和同一掺量硅粉与大通中热水泥胶砂强度关系

2.2.3　胶凝材料不同组合比例的水泥胶砂性能

为了比较粉煤灰、硅粉、矿渣微粉不同组合的性能,按《水工混凝土掺用粉煤灰技术规范》(DL/T 5055—1996)进行了胶凝材料不同组合水泥胶砂强度试验,试验采用大通 P. O42.5 水泥、山川硅粉、平凉粉煤灰、山东鲁新 S400 矿渣微粉;参数为水 238 g,胶材 540 g,标准砂 1 350 g,试验结果见表 20。不同硅粉掺量不同粉煤灰和矿渣微粉与水泥胶砂强度关系见图9~图12。

根据掺和材料不同掺量的水泥胶砂性能试验结果及原材料性能,粉煤灰掺量越高,胶砂强度越低;硅粉有增强作用;矿渣微粉掺量在 10%~30% 时,胶砂强度与基准胶砂强度相近。故胶凝材料不同组合水泥胶砂强度试验结果表现出掺和材料性能叠加效果:随硅粉掺量增加,流动度减小;随粉煤灰掺量增加,流动度增大;矿渣微粉需水量比 100%,对流动度影响不大。掺和材料不同组合的 7 d、28 d、90 d 胶砂抗折强度均降低;掺和材料不同组合的 7 d、28 d(除编号 1 外)胶砂抗压强度均降低,由于后期强度发展,部分组合 90 d 抗压强度有增高趋势。

考虑高性能混凝土设计龄期 28 d,在硅粉、粉煤灰、矿渣微粉均掺时,粉煤灰掺量不宜超过 15%，且粉煤灰加矿渣微粉不宜超过胶材总量的 40%，硅粉掺量不宜超过 8%。

表 20　胶凝材料不同组合水泥胶砂强度试验结果

编号	各胶材掺量/%				流动度/mm	抗压强度（MPa）/抗压强度比（%）			抗折强度（MPa）/抗折强度比（%）		
	水泥	硅粉	粉煤灰	矿渣微粉		7 d	28 d	90 d	7 d	28 d	90 d
0	100	0	0	0	142	50.6/100	70.2/100	73.8/100	7.4/100	8.9/100	10.4/100
1	86	4	10	0	144	43.2/85	70.7/101	75.6/102	6.6/89	8.1/91	9.6/92
2	71	4	15	10	150	35.1/69	66.2/94	71.3/97	5.9/80	8.0/90	8.7/84
3	56	4	20	20	150	26.9/53	58.4/83	65.6/89	4.7/64	6.8/76	8.6/83
4	41	4	25	30	152	22.8/45	47.1/67	59.1/80	4.3/58	6.4/72	8.1/76
5	74	6	10	10	140.5	38.0/75	66.5/95	75.4/102	5.8/78	8.4/94	10.4/100
6	79	6	15	0	142	38.1/75	63.1/90	74.9/101	5.8/78	7.8/79	9.9/95
7	44	6	20	30	150	27.8/55	53.0/75	68.3/93	5.0/68	6.9/78	8.6/83
8	49	6	25	20	157	25.1/50	48.4/69	55.9/76	4.5/61	6.4/72	8.0/77
9	62	8	10	20	138	37.6/74	66.5/95	74.2/101	5.9/80	7.6/85	9.4/90
10	47	8	15	30	140.5	31.5/62	59.3/84	66.6/90	5.5/74	7.2/81	8.8/85
11	72	8	20	0	136	34.6/68	61.0/87	66.0/89	5.8/78	7.3/82	9.1/88
12	57	8	25	10	147	27.2/54	49.4/70	58.0/76	4.9/66	6.5/73	—
13	50	10	10	30	128	34.6/68	60.1/86	70.2/95	5.8/78	7.0/79	—
14	55	10	15	20	134	34.8/69	60.0/85	71.1/96	5.6/76	7.0/79	—
15	60	10	20	10	132	33.6/66	57.7/82	65.0/88	5.5/74	7.6/85	—
16	65	10	25	0	133.5	31.0/61	54.6/78	61.0/83	5.1/69	7.3/82	8.4/81

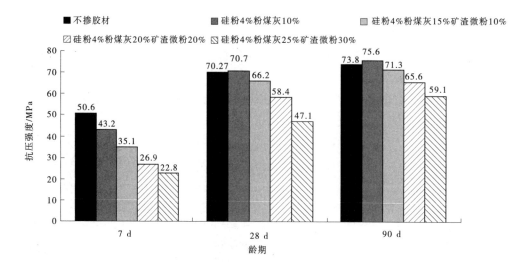

图 9　硅粉为 4%不同粉煤灰和矿渣微粉与水泥胶砂强度关系

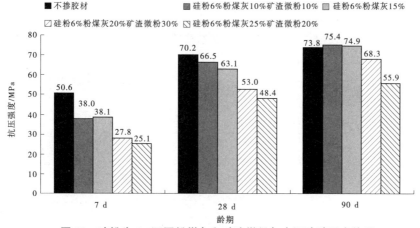

图 10　硅粉为 6% 不同粉煤灰和矿渣微粉与水泥胶砂强度关系

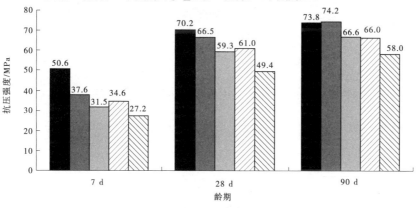

图 11　硅粉为 8% 不同粉煤灰和矿渣微粉与水泥胶砂强度关系

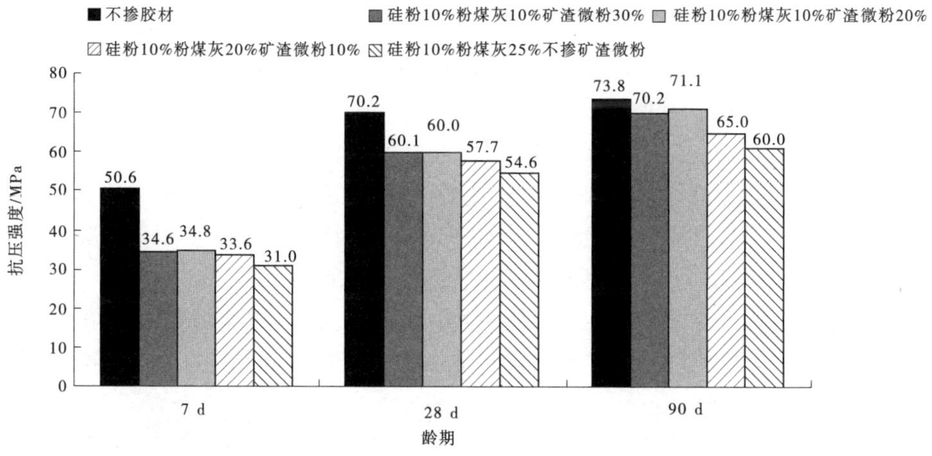

图 12　硅粉为 10% 不同粉煤灰和矿渣微粉与水泥胶砂强度关系

3 高性能混凝土配合比试验研究

3.1 高性能混凝土设计指标及配合比设计技术路线

3.1.1 高性能混凝土设计指标

依据"南水北调中线京石应急供水工程漕河渡槽 C50 混凝土设计指标",高性能薄壁结构混凝土抗裂性能设计指标见表 21。

表 21 高性能混凝土设计指标

项目	C50 高性能混凝土设计要求的指标	本课题所研究混凝土预期达到的目标
强度保证率	95%	—
强度等级	C50	≥ 59.1 MPa
抗冻等级	F200	$\geq$F200
抗渗等级	W6	$\geq$W8
弹性模量	$\geq 3.45 \times 10^4$ MPa	$\geq 3.45 \times 10^4$ MPa
轴压强度	≥ 32.0 MPa	≥ 32.0 MPa
轴心抗拉强度	≥ 2.75 MPa	≥ 3.5 MPa
极限拉伸值	—	$\geq 1.0 \times 10^{-4}$
干缩变形	—	$\leq 350 \times 10^{-6}$

其中,混凝土配制强度按照《水工混凝土施工规范》(DL/T 5144—2001)中混凝土配制强度公式计算。

混凝土配制强度公式为

$$f_{cu,o} = f_{cu,k} + 1.65\sigma$$

式中:$f_{cu,o}$ 为混凝土配制强度,MPa;$f_{cu,k}$ 为设计的混凝土强度标准值,MPa;t 为保证率系数,混凝土按 95%保证率,$t = 1.65$;σ 为施工的混凝土强度标准差,混凝土强度等级$\geq$C50 时,σ 取 5.5 MPa。

经计算,高性能混凝土配制强度为 59.1 MPa。

3.1.2 高性能混凝土配合比设计技术路线

(1)从减少混凝土收缩的角度考虑,遵循混凝土中骨料体积含量的最大化原则。

(2)从提高混凝土综合性能和抑制碱骨料反应、减少混凝土收缩的角度考虑,对水泥和掺和料进行优选,选择抗裂性能较好的水泥及其掺和料,并实现多元化设计,形成以优质水泥为中心的多元胶凝体系,使水泥和各种掺和料性能得到互相补充。

(3)从提高混凝土保坍性,减少混凝土碱含量方面考虑,在减水剂的选用上主要考虑新一代聚羧酸类高效减水剂,在常规的掺量范围内不仅可以起到高减水和高增强效果,还可以降低混凝土的收缩。

(4)为了防止混凝土在水化硬化过程中发生干燥收缩,在混凝土中掺加混凝土减缩剂,以降低混凝土的干燥收缩。

（5）为了提高混凝土结构抗拉、抗裂、抗冲击性能，实现混凝土高韧性、高阻裂、高耐久、高体积稳定性的要求，在混凝土中掺入聚丙烯纤维，以阻止混凝土塑性开裂和早期产生的微裂纹。

3.2　高性能混凝土参数选择试验

3.2.1　单位用水量

高性能混凝土设计坍落度为120~180 mm，在原材料未正式确定情况下，采用替代材料进行了用水量选择试验。考虑施工中各种因素的波动情况，试验坍落度按上限控制。

原材料：青海大通 P·O42.5 水泥，甘肃平凉粉煤灰，青海山川厂的硅粉，黄河直岗拉卡料场骨料，FM=2.73，最大粒径20 mm，第三代聚羧酸高效减水剂为上海的 SP-1，河北外加剂厂 DH9 型引气剂，四川华神股份有限公司的聚丙烯纤维。

用水量选择试验见表22，结果表明：混凝土和易性均较好；用水量在140~145 kg/m³ 时，替代材料新拌混凝土出机坍落度及15 min 坍落度满足设计坍落度上限要求，同时和易性较好，可作为替代材料混凝土单位用水量。

表22　高性能混凝土用水量选择试验初步结果

试验编号	级配	水胶比	用水量/(kg/m³)	粉煤灰/%	硅粉/%	纤维/%	砂率/%	减水剂SP-1/%	引气剂DH9/%	设计容重/(kg/m³)	坍落度/mm		
											设计	出机	15 min
GB-1	I	0.33	140	25	8	0.9	38	1.0	0.008	2 420	120~180	205	178
GB-2	I	0.33	135	25	8	0.9	38	1.0	0.008	2 420	120~180	195	166
GB-3	I	0.33	130	25	8	0.9	38	1.0	0.008	2 420	120~180	121	98
GB-31	I	0.33	130	25	8	0.9	38	1.1	0.008	2 420	120~180	142	120
GB-4	I	0.33	140	15	6	0.9	38	1.0	0.008	2 420	120~180	180	158
GB-5	I	0.33	140	15	6	0.9	38	0.9	0.008	2 420	120~180	141	125
GB-6	I	0.30	140	15	6	0.9	37	1.0	0.008	2 420	120~180	133	108
GB-7	I	0.30	140	15	6	0.9	36	1.0	0.008	2 420	120~180	130	110
GB-8	I	0.30	140	25	8	0.9	36	1.0	0.008	2 420	120~180	160	133
GB-9	I	0.30	150	15	6	0.9	36	1.0	0.008	2 420	120~180	200	171
GB-10	I	0.30	145	15	6	0.9	36	1.0	0.008	2 420	120~180	175	159
GB-11	I	0.30	145	25	8	0.9	36	1.0	0.008	2 420	120~180	183	156
GB-12	I	0.36	140	15	6	0.9	38	1.0	0.008	2 420	120~180	180	155
GB-13	I	0.36	140	25	8	0.9	38	1.0	0.008	2 420	120~180	190	172

3.2.2　砂率

砂率对混凝土和易性、力学性能、耐久性和抗裂性能有较大影响，故对高性能混凝土砂率进行了选择试验。试验采用大通 P·O42.5 水泥，连城粉煤灰，西宁山川铁合金厂硅粉，山东鲁新矿渣微粉，拉西瓦工程直岗料场天然骨料，FM=2.73，四川华神聚丙烯纤维。

高性能混凝土砂率选择试验参数见表23,试验结果见表24、表25,砂率对混凝土抗压强度的影响关系见图13。结果表明:设计坍落度180~220 mm,砂率从37%增加至40%、43%、46%时,高性能混凝土的坍落度呈减小趋势,容重呈下降趋势,含气量呈递增趋势,和易性逐步改善,强度、极限拉伸值、弹性模量均呈增大趋势;但砂率在40%、43%时,混凝土干缩率较小。从防裂抗裂角度考虑,坍落度180~220 mm,砂率43%最优;随设计坍落度降低,混凝土最优相应减小。

表 23　高性能混凝土砂率选择试验参数

编号	水胶比	砂率/%	用水量/(kg/m³)	SP-1/%	DH9/%	JM-SAR/%	硅粉/%	粉煤灰/%	矿渣微粉/%	纤维 品种	纤维 掺量/(kg/m³)	混凝土容重/(kg/m³)	坍落度/cm
BB11-1	0.3	37	140	1	0.2	1	7	20	15	聚丙烯	0.9	2 420	18~22
BB11-2	0.3	40	140	1	0.2	1	7	20	15	聚丙烯	0.9	2 420	18~22
BB11-3	0.3	43	140	1	0.2	1	7	20	15	聚丙烯	0.9	2 420	18~22
BB11-4	0.3	46	140	1	0.2	1	7	20	15	聚丙烯	0.9	2 420	18~22

表 24　高性能混凝土砂率选择试验成果

序号	拌和物性能									抗压强度/MPa			劈拉强度/MPa		
	混凝土温度/℃	容重/(kg/m³)	含气量/%	坍落度/mm 出机	坍落度/mm 15 min	棍度	黏聚性	含砂	泌水	7 d	14 d	28 d	7 d	14 d	28 d
BB11-1	18	2 457	2.7	207	196	上	较好,少量泌浆	少	少量	31.2	42.6	48.7	2.29	2.56	2.90
BB11-2	18	2 429	3.0	201	204	上	较好,少量泌浆	中	少量	31.2	43.4	49.1	2.06	2.70	3.20
BB11-3	18	2 400	3.6	203	203	上	好	中	少量	32.3	43.3	49.7	2.25	3.40	3.48
BB11-4	18	2 400	4.0	186	179	上	好	多	无	35.2	49.5	57.6	2.17	3.29	3.88

表 25　高性能混凝土砂率选择试验极限拉伸值、干缩率成果

序号	极限拉伸值			干缩率/10⁻⁶					
	轴拉强度/MPa	抗拉弹性模量/GPa	极限拉伸值/10⁻⁶	3 d	7 d	14 d	28 d	60 d	90 d
BB11-1	3.34	34.2	101	−10	−58	−77	−135	−222	−260
BB11-2				0	−48	−115	−144	−211	−211
BB11-3	3.99	35.3	125	0	−19	−106	−125	−164	−183
BB11-4	4.41	35.5	134	−10	−87	−106	−164	−222	−241

3.2.3　粉煤灰掺量

根据掺和料胶砂性能试验结果,对粉煤灰掺量进行混凝土性能选择试验。试验原材

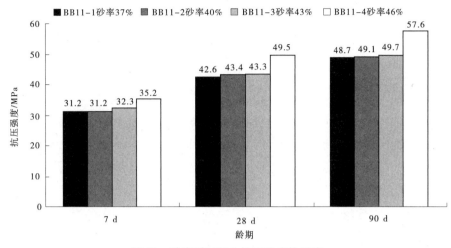

图 13　砂率对混凝土抗压强度的影响

料为:青海大通 P·O42.5 水泥,甘肃平凉粉煤灰,青海山川厂的硅粉,黄河直岗拉卡料场骨料,FM＝2.73,最大粒径 20 mm,第三代聚羧酸高效减水剂为上海的 SP-1,四川华神股份有限公司的聚丙烯纤维。试验结果见表 26、表 27,粉煤灰掺量对混凝土 7 d 和 28 d 抗压强度的影响关系见图 14、图 15。结果表明:

粉煤灰掺量 25%、35%、45%时,随粉煤灰掺量增加,混凝土坍落度呈增大趋势。

在水胶比 0.27~0.33、硅粉掺量 7%时,掺 25%粉煤灰混凝土的强度基本满足 59.1 MPa 的配制强度要求;而掺 35%、45%粉煤灰的混凝土强度大幅降低,不能满足配制强度要求,故 C50 高性能混凝土粉煤灰掺量不宜大于 25%。

水胶比 0.30、硅粉掺量 7%时,随粉煤灰掺量增加,混凝土强度相应降低,干缩值减小,极限拉伸值相应减小,极限拉伸值满足 $100×10^{-6}$ 的设计要求。

表 26　掺粉煤灰混凝土强度试验结果

试验编号	设计等级	级配	水胶比	用水量/(kg/m³)	砂率/%	掺和料/%				坍落度/mm	强度/MPa		
						SP-1	纤维/(kg/m³)	粉煤灰/%	硅粉/%		7 d 压	28 d 压	28 d 拉
GFBI-1	C50F200	I	0.27	140	38	1.0	0.9	25	7	180	38.9	67.9	4.54
GFBI-2	C50F200	I	0.27	140	38	0.9	0.9	35	7	185	29.8	54.7	4.38
GFBI-3	C50F200	I	0.27	140	38	0.8	0.9	45	7	190	28.3	52.8	3.78
GFBI-4	C50F200	I	0.3	140	38	1.1	0.9	25	7	190	30.2	58.7	4.30
GFBI-5	C50F200	I	0.3	140	38	1.0	0.9	35	7	200	26.8	52.6	3.94
GFBI-6	C50F200	I	0.3	140	38	0.9	0.9	45	7	200	20.0	43.9	3.51
GFBI-7	C50F200	I	0.33	140	38	1.0	0.9	25	7	185	29.3	57.7	3.92
GFBI-8	C50F200	I	0.33	140	38	0.9	0.9	35	7	190	18.6	48.9	1.88
GFBI-9	C50F200	I	0.33	140	38	0.8	0.9	45	7	192	13.3	40.1	1.62

表 27　掺粉煤灰混凝土极限拉伸值、干缩率试验结果

试验编号	设计等级	级配	水胶比	用水量/(kg/m³)	砂率/%	SP-1/%	纤维/(kg/m³)	粉煤灰/%	硅粉/%	坍落度/mm	干缩率/10⁻⁶ 7 d	28 d	90 d	极限拉伸/10⁻⁴ 28 d
GFBI-5	C50F200	I	0.3	140	38	1.0	0.9	35	7	200	155	360	415	1.44
GFBI-6	C50F200	I	0.3	140	38	0.9	0.9	45	7	200	140	230	290	1.12

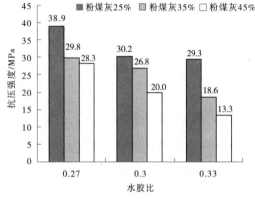

图 14　粉煤灰掺量对混凝土 7 d
抗压强度的影响

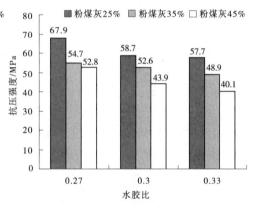

图 15　粉煤灰掺量对混凝土 28 d
抗压强度的影响

3.2.4　矿渣微粉掺量

　　根据掺和料胶砂性能试验结果,对矿渣微粉掺量进行混凝土性能选择试验。试验原材料为:青海大通 P·O42.5 水泥,山东济南鲁新新型建材有限公司的粒化高炉矿渣粉,黄河直岗拉卡料场骨料,FM=2.73,最大粒径 20 mm,第三代聚羧酸高效减水剂为上海的 SP-1,四川华神股份有限公司的聚丙烯纤维。试验结果见表 28、表 29,矿渣微粉掺量对混凝土 7 d 和 28 d 抗压强度的影响关系见图 16、图 17。结果表明:

　　矿渣微粉掺量 30%、40%、50%时,随矿渣微粉掺量增加,混凝土坍落度呈增大趋势。

　　在水胶比 0.27~0.30 时,掺 30%矿渣微粉混凝土的强度基本满足 59.1 MPa 的配制强度要求;而掺 40%、50%矿渣微粉的混凝土强度不能满足配制强度要求。

　　矿渣微粉掺量 30%、40%、50%时,混凝土强度随矿渣微粉掺量的增加而降低,混凝土极限拉伸值相应减小,但极限拉伸值均满足 100×10⁻⁶ 的设计要求;随矿渣微粉掺量的增加,混凝土干缩值增大,特别是矿渣微粉掺量超过 40%时,干缩值急剧增大。故 C50 高性能混凝土矿渣掺量不宜大于 30%。

表28　掺矿渣微粉混凝土强度试验结果

试验编号	设计等级	水胶比	用水量/(kg/m³)	砂率/%	掺和料掺量			坍落度/(mm)	强度/MPa		
					SP-1/%	矿渣微粉/%	纤维/(kg/m³)		7 d 压	28 d 压	28 d 劈
GWBI-1	C50F200	0.27	140	38	0.9	30	0.9	165	42.0	59.8	4.46
GWBI-2	C50F200	0.27	140	38	1.0	40	0.9	185	38.0	57.9	4.74
GWBI-3	C50F200	0.27	140	38	1.1	50	0.9	180	38.2	55.7	4.53
GWBI-4	C50F200	0.3	140	38	0.9	30	0.9	170	36.9	57.5	4.43
GWBI-5	C50F200	0.3	140	38	1.0	40	0.9	170	33.3	56.9	4.40
GWBI-6	C50F200	0.3	140	38	1.1	50	0.9	200	19.5	45.3	4.31
GWBI-7	C50F200	0.33	140	38	0.9	30	0.9	178	32.8	56.0	4.07
GWBI-8	C50F200	0.33	140	38	1.0	40	0.9	185	31.5	51.8	4.39
GWBI-9	C50F200	0.33	140	38	1.1	50	0.9	190	26.8	47.3	4.09

表29　掺微粉混凝土极限拉伸值、干缩率试验结

试验编号	设计等级	水胶比	用水量/(kg/m³)	砂率/%	掺和料掺量			坍落度/mm	干缩率/10⁻⁶			极限拉伸/10⁻⁴
					SP-1/%	矿渣微粉/%	纤维/(kg/m³)		7 d	28 d	90 d	28 d
GWBI-4	C50F200	0.3	140	38	1.3	30	0.9	170	60	430	440	1.35
GWBI-5	C50F200	0.3	140	38	1.4	40	0.9	170	150	340	625	1.34
GWBI-6	C50F200	0.3	140	38	1.5	50	0.9	200	150	570	670	1.32

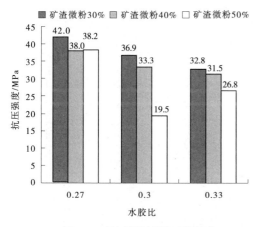

图16　矿渣微粉掺量对混凝土7 d
抗压强度的影响

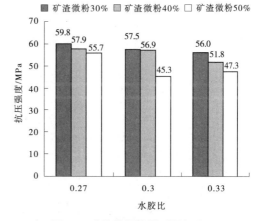

图17　矿渣微粉掺量对混凝土28 d
抗压强度的影响

3.2.5　减缩剂掺量

为检验减缩剂对混凝土性能影响,进行减缩剂不同掺量与高性能混凝土性能关系试

验。试验采用青海大通 P·O42.5 水泥,甘肃平凉粉煤灰,青海山川厂的硅粉,山东鲁新矿渣微粉,黄河直岗拉卡料场天然骨料,FM＝2.73,最大粒径 20 mm,第三代聚羧酸高效减水剂为上海的 SP-1,河北外加剂厂 DH9 型引气剂,四川华神股份有限公司的聚丙烯纤维,砂率 36%,设计容重 2 420 kg/m³,含气量按 4.0%±1.0% 控制。试验参数见表 30,试验结果见表 31~表 33。结果表明:随着减缩剂掺量的增加,新拌混凝土含气量显著降低,坍落度也有减小趋势,相应的混凝土强度呈提高趋势;混凝土的弹性模量、极限拉伸值影响不明显;混凝土的干缩率显著降低。减缩剂掺量 1.0% 时,混凝土各项性能指标均较好,故选择 1.0% 为高性能混凝土减缩剂掺量。

表 30　减缩剂掺量与高性能混凝土性能关系试验参数

试验编号	水胶比	用水量/(kg/m³)	砂率/%	减水剂 SP-1/%	引气剂 DH9/%	减缩剂/%	矿渣微粉/%	粉煤灰/%	纤维/(kg/m³)	硅粉/%	设计坍落度/mm
BB9-1	0.30	145	36	1.0	0.006	0		25	0.9	8	180~220
BB9-2	0.30	145	36	1.0	0.006	0.5		25	0.9	8	180~220
BB9-3	0.30	145	36	1.0	0.006	1.0		25	0.9	8	180~220
BB9-4	0.30	145	36	1.0	0.006	1.5		25	0.9	8	180~220
BB9-5	0.30	145	36	1.0	0.006	2.0		25	0.9	8	180~220
BB10-1	0.30	145	36	1.0	0.006	0	20	25	0.9	8	180~220
BB10-2	0.30	145	36	1.0	0.006	0.5	20	25	0.9	8	180~220
BB10-3	0.30	145	36	1.0	0.006	1.0	20	25	0.9	8	180~220
BB10-4	0.30	145	36	1.0	0.006	1.5	20	25	0.9	8	180~220
BB10-5	0.30	145	36	1.0	0.006	2.0	20	25	0.9	8	180~220

表 31　减缩剂掺量与高性能混凝土性能关系试验结果

试验编号	水胶比	用水量/(kg/m³)	坍落度/mm 设计	出机	15 min	含气量/% 15 min	抗压强度/MPa 7 d	14 d	28 d	劈拉强度/MPa 14 d	28 d
BB9-1	0.30	145	180~220	220	203	5.4	30.9	38.5	44.9	3.51	3.81
BB9-2	0.30	145	180~220	209	198	3.0	28.4	46.9	59.3	3.36	4.42
BB9-3	0.30	145	180~220	201	201	3.4	37.5	51.3	58.8	3.87	4.35
BB9-4	0.30	145	180~220	208	201	3.0	25.5	46.0	57.0	3.35	4.23
BB9-5	0.30	145	180~220	213	203	4.5	25.6	43.5	51.3		4.02
BB10-1	0.30	145	180~220	217	207	5.4	26.9	40.0	43.6	3.08	3.41
BB10-2	0.30	145	180~220	210	207	2.9	29.6	42.6	48.7	3.06	4.07
BB10-3	0.30	145	180~220	213	213	2.9	29.7	42.3	51.6	3.18	3.77
BB10-4	0.30	145	180~220	217	209	3.8	28.3	38.2	50.4	2.91	3.71
BB10-5	0.30	145	180~220	218	212	3.6	27.5	35.5	46.4	2.79	3.41

表 32 减缩剂掺量与高性能混凝土弹性模量、极限拉伸关系试验结果

试验编号	轴压强度/MPa	静压弹性模量/GPa	极拉强度/MPa		抗拉弹性模量/GPa		极限拉伸值/10^{-6}	
	28 d	28 d	28 d	90 d	28 d	90 d	28 d	90 d
BB9-1	35.8	31.1	4.71	4.74	34.1	34.4	149	153
BB9-2			4.48	5.18	36.0	39.0	136	148
BB9-3	41.8	31.6	4.69		37.3		134	
BB9-4			4.66	4.96	37.3	38.4	134	140
BB9-5			4.67		37.6		138	
BB10-1	30.3	30.8	4.10	4.07	32.7	35.4	132	128
BB10-2			3.76	4.76	35.4	37.4	120	135
BB10-3	34.7	30.6	4.07	4.81	34.2	38.1	129	143
BB10-4			4.20	4.42	32.2	35.5	138	140
BB10-5	32.8	30.2	4.17	4.74	33.2	36.3	136	139

表 33 减缩剂掺量与高性能混凝土干缩关系试验结果

试验编号	水胶比	用水量/(kg/m³)	砂率/%	干缩值/10^{-6}						
				3 d	7 d	14 d	28 d	60 d	90 d	180 d
BB9-1	0.30	145	36	-136	-174	-193	-300	-367	-466	-589
BB9-2	0.30	145	36	-49	-96	-212	-318	-375	-404	-558
BB9-4	0.30	145	36	-106	-135	-135	-222	-299	-308	-424
BB9-5	0.30	145	36	-39	-39	-39	-77	-155	-155	-271
BB10-1	0.30	145	36	-77	-154	-202	-222	-250	-270	-385
BB10-2	0.30	145	36	-107	-146	-185	-242	-242	-349	-349
BB10-3	0.30	145	36	-38	-96	-115	-154	-173	-173	-288
BB10-4	0.30	145	36	-87	-174	-222	-241	-299	-299	-395
BB10-5	0.30	145	36	+19	-115	-153	-153	-192	-192	-307

3.3 多元复合材料高性能混凝土配合比试验参数

多元复合材料高性能混凝土配合比试验参数见表 34,水胶比 0.28、0.3、0.33、0.35 四种,砂率 39%~46%,用水量为 150 kg/m³,粉煤灰掺量 10%、15%、20%、25%,硅粉 0、5%、7%、8%,矿渣微粉 0、10%、15%、20%,聚羧酸高效减水剂 CS-SP1 掺量 1.0%,引气剂 DH9 掺量 0.015%,掺聚丙烯纤维或玄武岩纤维 0.9 kg/m³,减缩剂 JM-SRA 掺量 0.8%,控制坍落度 140~180 mm,含气量控制在 2.5%~4.0%。

表 34　多元复合材料高性能混凝土配合比试验参数

试验编号	水胶比	砂率/%	水/(kg/m³)	粉煤灰/%	硅粉/%	矿渣微粉/%	减水剂CS-SP1/%	引气剂DH9/%	减缩剂JM-SAR/%	纤维	
										纤维品种	掺量/(kg/m³)
CH1-1	0.28	39	150	10	8	20	1.0	0.015	0.8	聚丙烯	0.9
CH1-2	0.28	42	150	15	7	15	1.0	0.015	0.8	玄武岩	0.9
CH1-3	0.28	44	150	20	5	10	1.0	0.015	0.8	聚丙烯	0.9
CH1-4	0.28	46	150	25	0	0	1.0	0.015	0.8	玄武岩	0.9
CH1-5	0.3	39	150	20	7	0	1.0	0.015	0.8	聚丙烯	0.9
CH1-6	0.3	42	150	25	8	10	1.0	0.015	0.8	玄武岩	0.9
CH1-7	0.3	44	150	10	0	15	1.0	0.015	0.8	聚丙烯	0.9
CH1-8	0.3	46	150	15	5	20	1.0	0.015	0.8	玄武岩	0.9
CH1-9	0.33	39	150	25	5	15	1.0	0.015	0.8	聚丙烯	0.9
CH1-10	0.33	42	150	20	0	20	1.0	0.015	0.8	玄武岩	0.9
CH1-11	0.33	44	150	15	8	0	1.0	0.015	0.8	聚丙烯	0.9
CH1-12	0.33	46	150	10	7	10	1.0	0.015	0.8	玄武岩	0.9
CH1-13	0.35	39	150	15	0	10	1.0	0.015	0.8	聚丙烯	0.9
CH1-14	0.35	42	150	10	5	0	1.0	0.015	0.8	玄武岩	0.9
CH1-15	0.35	44	150	25	7	20	1.0	0.015	0.8	聚丙烯	0.9
CH1-16	0.35	46	150	20	8	15	1.0	0.015	0.8	玄武岩	0.9

3.3.1　拌和物性能试验结果分析

拌和物性能试验结果见表 35,结果表明:

硅粉、矿渣微粉对拌和物影响:由于采用了最大粒径 25 mm 的人工碎石骨料以及多元复合材料的不同组合,在采用相同水胶比及单位用水量的条件下,混凝土拌和物随硅粉掺量与矿渣微粉掺量的降低,砂率相应从 39% 增加至 46%,反映了硅粉、矿渣粉颗粒十分微细,比表面积很大,掺加硅粉、矿渣微粉组合的新拌混凝土和易性好,流动度大,无泌水,坍落度损失小。

粉煤灰对拌和物影响:单掺粉煤灰混凝土拌和物和易性不如掺硅粉与矿渣微粉组合的混凝土。由于粉煤灰密度小,表现为骨料下沉,混凝土易粘地板,表面出现较多的泌浆现象。

其他材料对拌和物影响:掺减缩剂与粉煤灰掺量较大时,含气量降低显著,新拌混凝土含气量在 2.1%~3.9%。

3.3.2　混凝土力学性能、变形性能结果分析

混凝土力学性能、变形性能试验结果见表 35,结果表明:

强度:掺硅粉、矿渣微粉及玄武岩纤维对混凝土增强效果显著。水胶比为 0.28 的28 d 龄期抗压强度达到 63.7~75.6 MPa,水胶比为 0.30 的 28 d 龄期抗压强度达到 64.3~

表 35　多元复合材料高性能混凝土拌和物性能及强度试验结果

| 试验编号 | 拌和物性能 | | 力学性能（28 d） | | | | 变形性能/10⁶ | | 圆环抗裂结果 | | |
	坍落度/mm	含气量/%	抗压强度/MPa	轴压强度/MPa	轴拉强度/MPa	弹性模量/GPa	极限拉伸（28 d）	干缩率（60 d）	初始/d	开裂/d	裂缝/mm
CH1-1	175	3.0	72.3	52.7	4.97	38.3	122	−192	16	30	0.485
CH1-2	200	2.1	74.1	55.9	5.11	39.7	128	−202	16	30	1.281
CH1-3	208	3.5	75.6	50.7	5.05	36.5	128	−134	22	30	0.470
CH1-4	190	3.6	63.7	40.6	4.23	36.5	121	−153	41	30	0
CH1-5	207	2.8	67.8	36.0	5.18	36.8	134	−154	22	30	0.341
CH1-6	218	2.4	64.3	47.0	5.15	38.7	134	−173	17	30	0.450
CH1-7	222	2.9	68.4	39.9	4.85	39.5	126	−173	32	30	0
CH1-8	207	2.8	66.0	47.3	5.12	38.6	133	−193	23	30	0.325
CH1-9	165	2.5	60.8	38.0	4.83	35.1	126	−183	24	30	0.205
CH1-10	195	2.7	61.2	34.2	4.08	36.2	126	−193	33	30	0
CH1-11	156	2.8	71.1	47.8	4.98	36.1	137	−203	20	30	0.235
CH1-12	190	3.9	77.0	53.7	5.18	38.0	140	−231	15	30	1.021
CH1-13	157	3.8	57.4	32.9	4.14	34.8	118	−203			
CH1-14	151	2.6	61.7	43.8	4.85	39.7	122	−193			
CH1-15	142	3.6	61.2	33.0	4.76	34.6	131	−212			
CH1-16	189	2.7	63.2	43.5	4.83	36.5					

68.4 MPa，水胶比为 0.33 的 28 d 龄期抗压强度达到 60.8～77.0 MPa，水胶比为 0.35 的 28 d 龄期抗压强度达到 57.4～63.2 MPa。各种水胶比轴拉强度 4.08～5.18 MPa，大于 2.75 MPa 设计要求。随水胶比增大，强度呈下降趋势。由于太行 P·O42.5 水泥强度高，采用人工碎石，除水胶比 0.35 不掺硅粉混凝土强度稍低外，混凝土均达到 59.1 MPa 配制强度。

极限拉伸值：28 d 龄期混凝土极限拉伸值在 121×10⁻⁶～140×10⁻⁶，掺玄武岩纤维混凝土比聚丙烯纤维混凝土极限拉伸值约大 10×10⁻⁶，多元复合材料高性能混凝土的极限拉伸值较大，掺纤维对提高混凝土极限拉伸值作用明显。

弹性模量：28 d 龄期混凝土抗压弹性模量在 34.6～39.7 GPa，大于 34.5 GPa 设计要求，弹性模量适宜。同时由于胶材总量较少，以及混凝土掺加纤维等多元复合材料的特性，对降低混凝土弹性模量是比较有利的。

干缩率：60 d 龄期混凝干缩率在 134×10⁻⁶～231×10⁻⁶，说明高性能混凝土多元复合材料干缩率较小，对混凝土抗裂是有利的。

3.3.3　抗冻、抗渗结果分析

混凝土抗冻、抗渗试验结果见表 36，结果表明：

抗冻性:漕河渡槽混凝土抗冻等级设计指标为 F200,试验采用 DR-2 型混凝土快速冻融试验机,混凝土中心冻融温度为(-17±2)~(18±2)℃,一个冻融循环过程为 2.5~4 h。抗冻指标以相对动弹模数和重量损失两项指标评定,以混凝土试件的相对动弹模数低于60%或重量损失率超过 5%时即可认为试件已达破坏。多元复合材料高性能混凝土抗冻试验结果表明:F200 抗冻试验结果相对动弹模数都在 92.8%以上,重量损失率小于1.1%,具有良好的抗冻性能。

抗渗性:漕河渡槽混凝土抗渗设计指标为 W8,试验采用逐级加压法,试验时水压从0.1 MPa 开始,以后每隔 8 h 加压 0.1 MPa 水压,试验达到预定水压力后,卸下试件劈开,测量渗水高度,取 6 个试件渗水高度的平均值。多元复合材料高性能混凝土抗渗试验结果表明,混凝土在经历 1.1 MPa(W11 抗渗等级)逐级水压后的最大渗水高度为 0.8 cm,说明混凝土抗渗性能具有很高储备,完全满足混凝土 W8 抗渗等级的设计要求。

表36　多元复合材料高性能混凝土抗冻、抗渗试验结果

编号	设计等级	最大粒径/mm	水灰比	含气量/%	快速冻融 N 次相对动弹模量(%)/重量损失(%)				抗冻等级	最大水压力/MPa	渗水高度/cm	抗渗等级
					50	100	150	200				
CH1-5	C50F200W8	25	0.30	3.6	98.8/0.04	98.4/0.07	97.1/0.10	95.5/0.18	>200	0.9	0.7	>W8
CH1-6	C50F200W8	25	0.30	2.8	98.6/0.06	98.3/0.08	97.0/0.13	96.1/0.19	>200	0.9	0.4	>W8
CH1-7	C50F200W8	25	0.30	2.4	98.7/0.04	98.0/0.06	97.0/0.09	94.2/0.16	>200	0.9	0.6	>W8
CH1-8	C50F200W8	25	0.30	2.0	98.9/0.03	97.9/0.05	97.1/0.08	95.6/0.2	>200	0.9	0.5	>W8
CH1-9	C50F200W8	25	0.33	2.8	99.6/0.01	98.2/0.04	97.4/0.08	92.0/0.32	>200	0.9	0.8	>W8
CH1-10	C50F200W8	25	0.33	2.0	99.1/0.05	98.5/0.09	97.3/0.14	94.6/0.66	>200	0.9	0.5	>W8
CH1-11	C50F200W8	25	0.33	2.7	98.9/0.04	98.1/0.08	96.6/0.16	92.8/0.45	>200	0.9	0.7	>W8
CH1-12	C50F200W8	25	0.33	2.0	97.9/0.09	97.1/0.10	96.2/0.15	94.6/0.70	>200	0.9	0.6	>W8

3.3.4　高性能混凝土抗裂性能研究

圆环抗裂试验是为更好地比较混凝土的抗裂性能,采用较直观的圆环抗裂法进行试验。圆环抗裂试验的试模为内径 275 mm、外径 375 mm、高 148 mm 的环状试模,成型时,从新拌高性能混凝土中筛取砂浆(过 5 mm 筛)装模。圆环抗裂试验结果见表35 及图18,结果表明:试验编号 CH1-4、CH1-7、CH1-10 分别掺煤灰 25%、10%、20%,均不掺硅粉,混凝土圆环抗裂 30 d 龄期时未开裂;掺粉煤灰对防止混凝土的开裂是十分有利的。这也表明了混凝土中掺用粉煤灰后,可提高混凝土的抗渗性、耐久性,减少收缩,降低胶凝材料体系的水化热,提高混凝土的抗拉强度,抑制碱骨料反应,这些诸多好处均将有利于提高混凝土的抗裂性能。

图18 高性能混凝土圆环抗裂试验

试验编号 CH1-2、CH1-12 等掺硅粉 5%~8% 与掺矿渣粉 10%~20% 组合时,混凝土圆环抗裂初始 15~16 d 开裂,30 d 龄期裂缝开度分别达到 1.281 mm、1.021 mm,同时干缩率也大,结果表明掺硅粉和矿渣粉组合对混凝土抗裂不利,特别是掺硅粉对减小混凝土的干缩不利,说明不同的掺和料对混凝土抗裂性能影响显著。

混凝土圆环抗裂试验结果直观地反映了混凝土的抗裂情况,当采用相同的单位用水量及外加剂掺量时,较大水胶比和低砂率的混凝土开裂趋势明显减小,再次论证了小水胶比和高砂率对混凝土抗裂是不利的。

3.4 高性能混凝土复核试验研究

根据对高性能混凝土抗裂试验结果,优选出初步的高性能混凝土配合比,对优选的高性能混凝土复核试验配合比设计了以下 3 种方案。

3.4.1 方案一

原材料:采用漕河太行 42.5P·O 水泥,微水粉煤灰,天然砂和人工碎石。试验编号 CH-6 为最大粒径 40 mm 骨料,其余为最大粒径 25 mm 骨料。编号 CH-5 和 CH-6 坍落度 7~9 cm,其余均为 12~18 cm。

配合比参数:水胶比 0.32,砂率 42%,用水量 145 kg/m^3,掺粉煤灰、硅粉分别为 20% 和 5%,掺减缩剂 0 和 0.8%,纤维为聚丙烯纤维和玄武岩纤维,掺量为 0.9 kg/m^3。

高性能混凝土复核试验配合比参数及拌和物性能试验结果见表37,高性能混凝土力学、变形及抗裂复核试验结果见表38。结果表明:

表 37 高性能混凝土复核试验配合比参数及拌和物性能试验结果

编号	水胶比	粉煤灰/%	硅粉/%	砂率/%	SP-1/%	DH9A/%	减缩剂/%	纤维/(kg/m³)	容重/(kg/m³)	胶材/(kg/m³)	水/(kg/m³)	混凝土温度/℃	出机坍落度/mm	15 min坍落度/mm	含气量/%	密度/(kg/m³)	初凝/(h:min)	终凝/(h:min)	泌水率/%	稠度	含砂	黏聚性	析水情况	外观
CHS-1	0.32	20	5	42	0.9	0.015	0.8	0.9 海川聚丙烯	2 400	453	145	14	180	181	3.6	2 371	12:45	15:52	0.10	中下	中	较好	少量泌浆	较好
CHS-2	0.32	20	5	42	0.9	0.004	0	0.9 海川聚丙烯	2 400	453	145	14	190	203	6.1	2 357	12:30	15:28	0.18	中	中	好	无	较好
CHS-3	0.32	20	5	42	0.9	0.015	0.8	0.9 玄武岩	2 400	453	145	15	135	121	3.7	2 357	13:05	15:40	0.10	中	中	好	无	较好
CHS-4	0.32	20	5	42	0.9	0.004	0	0.9 玄武岩	2 400	453	145	15	167	150	5.4	2 329	12:15	15:32	0.16	中	中	好	无	较好
CHS-5	0.32	20	5	38	0.9	0.015	0.8	0.9 海川聚丙烯	2 420	406	130	15	81	57	4.8	2 343				中	中	好	无	好
CHS-6	0.32	20	5	34	0.9	0.015	0.8	0.9 海川聚丙烯	2 450	375	120	15	90	60	4.5	2 393				中	中	好	无	好

表 38 高性能混凝土力学、变形及抗裂复核试验结果

编号	抗压强度/MPa			劈拉强度/MPa			轴拉强度/MPa		抗拉弹性模量/GPa		极限拉伸值/10^{-6}		轴压强度/MPa	抗压弹性模量/GPa	干缩率/10^{-5}				开裂		
	7 d	14 d	28 d	7 d	14 d	28 d	7 d	28 d	7 d	28 d	7 d	28 d	28 d	28 d	3 d	7 d	14 d	28 d	初始	龄期	裂缝开度/mm
CHS-1	50.6	62.2	65.3	3.05	3.84	4.36	3.72	4.64	32.8	38.1	118	128	44.2	34.4	0	-78	-164	-241	12 d	28 d	1.195
CHS-2	49.8	58.4	70.2	3.43	3.72	4.55	4.09	5.24	36.0	45.4	126	130	53.8	37.6	-10	-39	-116	-183	16 d	28 d	1.050
CHS-3	46.2	69.3	73.0	3.37	4.49	5.24	3.98	5.28	35.7	46.6	118	122	39.5	41.8	-19	-39	-96	-154	16 d	28 d	0.760
CHS-4	40.1	56.1	62.0	2.67	3.19	4.11	3.35	4.92	30.2	36.5	116	146	36.6	34.0	-19	-58	-183	-241	15 d	28 d	0.761
CHS-5	47.4	61.1	65.3	3.40	3.91	4.69	3.56	4.66	34.0	41.2	110	113	46.9	37.0	-19	-48	-154	-202	12 d	28 d	0.790
CHS-6	48.2	64.4	70.3	3.39	3.73	5.38	3.6	5.16	38.9	45.3	97	126	39.6	40.0	-29	-58	-164	-193	9 d	28 d	1.203

（1）经前期优选,复核试验配合比新拌混凝土和易性良好。混凝土经翻拌,坍落度有增大现象;坍落度在 18~20 cm 时,坍落度损失较小;坍落度在 15 cm 以下时,坍落度损失较大。

（2）掺减缩剂后,引气剂掺量成倍增加,但含气量不大;掺减缩剂后,坍落度降低。

（3）DH9A 引气剂与漕河工程原材料有很好的适应性。不掺减缩剂条件下,掺 0.004% 的 DH9A 时,含气量在 5%~6%;而掺 0.001 5% 的 DH9 时,含气量在 3%~4%。

（4）凝结时间:初凝 12~13 h,终凝 15~16 h,满足施工要求。

（5）强度:复核试验 28 d 抗压强度在 62.0~73.0 MPa,劈拉强度 4.11~5.38 MPa。

（6）弹性模量:复核试验 28 d 弹性模量在 36.5~46.6 GPa,与强度规律相符。

（7）极限拉伸值:复核试验 28 d 极限拉伸值在 $113 \times 10^{-6} \sim 146 \times 10^{-6}$。

（8）干缩率:复核试验 28 d 干缩率在 $154 \times 10^{-6} \sim 241 \times 10^{-6}$。

（9）掺玄武岩纤维与聚丙烯纤维混凝土性能均满足要求;前期试验结果表明,掺玄武岩纤维的混凝土极限拉伸值比掺聚丙烯纤维大 10×10^{-6} 左右。

3.4.2　方案二

在方案一的基础上,对配合比参数进行了微调,水胶比 0.33,砂率 42%,用水量 145 kg/m³,掺粉煤灰、硅粉分别为 20% 和 5%,不掺减缩剂,纤维为聚丙烯纤维和玄武岩纤维,掺量分别为 0、0.6 kg/m³、0.9 kg/m³。经计算,胶材为 439 kg/m³,其中水泥 329 kg/m³,粉煤灰 88 kg/m³,硅粉 22 kg/m³,C50 高性能混凝土整体胶材用量较低,这与第三代聚羧酸高效减水剂的高减水率、高增强效果及水泥较高的富余强度是分不开的。高性能混凝土调整配合比试验参数及拌和物性能试验结果见表 39,参数调整高性能混凝土力学、变形及抗裂复核试验结果见表 40。结果表明:

（1）新拌混凝土和易性很好。

（2）强度:28 d 抗压强度在 59.2~62.5 MPa,劈拉强度在 3.59~4.75 MPa。

（3）弹性模量:28 d 抗压弹性模量在 35.4~36.9 GPa,与强度规律相符。

（4）极限拉伸值:28 d 极限拉伸值在 $119 \times 10^{-6} \sim 142 \times 10^{-6}$。

（5）干缩率:28 d 干缩率在 $164 \times 10^{-6} \sim 288 \times 10^{-6}$,干缩率较小。

（6）轴压强度:28 d 轴压强度在 34.1~43.0 MPa。

（7）轴拉强度:28 d 轴拉强度在 3.97~4.52 MPa。

以上结果均满足设计要求,并达到本研究课题的预期目标。推荐 CHK-3 作为施工配合比。

3.4.3　方案三

根据高性能混凝土圆环抗裂试验结果,单掺粉煤灰高性能混凝土抗裂性能最优。为此,对单掺粉煤灰高性能混凝土配合比再次进行复核试验。试验参数为:水胶比 0.30,砂率 42%,用水量 145 kg/m³,单掺粉煤灰 20%,纤维为聚丙烯纤维和玄武岩纤维,掺量 0、0.9 kg/m³。经计算,胶材为 483 kg/m³,其中水泥 386 kg/m³,粉煤灰 97 kg/m³。单掺粉煤灰高性能混凝土试验参数及拌和物性能试验结果见表 41,单掺粉煤灰高性能混凝土力学、变形及抗裂复核试验结果见表 42。结果表明:

表 39　高性能混凝土调整配合比试验参数及拌和物性能试验结果

编号	水胶比	粉煤灰/%	硅粉/%	砂率/%	SP-1/%	DH9A/%	纤维/(kg/m³)	水/(kg/m³)	容重/(kg/m³)	坍落度/mm	混凝土温度/℃	出机坍落度/mm	15 min坍落度/mm	含气量/%	密度/(kg/m³)	初凝/(h:min)	终凝/(h:min)	泌水率/%	稠度	含砂	黏聚性	析水情况	外观
CHK-1	0.33	20	5	42	0.9	0.003	0	145	2 400	120~180	15	223	211	4.6	2 350	9:58	14:28	0.4	中	中	一般	一定量泌浆	较差,泌浆,骨料下沉
CHK-2	0.33	20	5	42	0.9	0.003	0.6聚	145	2 400	120~180	15	183	203	6.5	2 307	14:10	17:42	0	中	中	好	无	好
CHK-3	0.33	20	5	42	0.9	0.003	0.9聚	145	2 400	120~180	15	180	124	6.3	2 321	13:56	17:22	0	中	中	好	无	好
CHK-4	0.33	20	5	42	0.9	0.003	0.6玄	145	2 400	120~180	15	196	178	3.7	2 371			0	中	中	好	无	好
CHK-5	0.33	20	5	42	0.9	0.003	0.9玄	145	2 400	120~180	16	199	200	6.4	2 343	14:10	18:15	0	中	中	好	无	好

表 40　参数调整高性能混凝土力学、变形及抗裂核试验结果

编号	抗压强度/MPa			劈拉强度/MPa			轴拉强度/MPa		抗拉弹性模量/GPa		极限拉伸值/10^{-6}		轴压强度/MPa		抗压弹性模量/GPa		干缩率/10^{-5}			
	3 d	7 d	28 d	3 d	7 d	28 d	7 d	28 d	7 d	28 d	7 d	28 d	7 d	28 d	7 d	28 d	3 d	7 d	14 d	28 d
CHK-1	28.4	42.2	62.2	2.05	2.72	4.25	3.56	4.52	28.3	39.2	102	119	28.2	38.4	31.5	36.9	-58	-96	-135	-173
CHK-2	25.1	42.6	59.2	1.92	2.91	3.96	3.24	4.43	30.5	35.1	114	138	25.6	43.0	29.6	35.4	-38	-173	-249	-288
CHK-3	26.9	42.1	61.1	2.02	2.97	4.75	3.34	4.08	29.7	37.2	115	140	25.0	42.2	28.4	35.5	-58	-96	-153	-173
CHK-4	28.4	42.8	61.9	1.81	2.11	3.79	3.34	4.25	31.0	36.5	113	135	23.4	42.7	30.0	35.8	-19	-58	-108	-164
CHK-5	26.8	42.7	62.5	2.09	2.95	3.59	3.28	3.97	31.5	35.4	117	142	24.9	34.1	30.6	36.3	-38	-77	-134	-173

表 41　单掺粉煤灰高性能混凝土试验参数及拌和物性能试验结果

编号	水胶比	粉煤灰/%	砂率/%	SP-1/%	DH9A/%	纤维/(kg/m³)/%	水/(kg/m³)	容重/(kg/m³)	坍落度/mm	混凝土温度/℃	出机坍落度/mm	15 min 坍落度/mm	含气量/%	密度/(kg/m³)	初凝/(h:min)	终凝/(h:min)	泌水率/%	稠度	含砂	黏聚性	析水情况	外观
CHF-1	0.3	20	42	0.9	0.003	0	145	2 400	120~180	16	198	223	2.2	2 336	12:00	15:45	0.75	下	中	好	泌浆严重	骨料下沉干湿,大流动性,粘地
CHF-2	0.3	20	42	0.9	0.003	0.9聚	145	2 400	120~180	16	156	169	2.7	2 407	6:18	13:15	3.38	下	中	好	一定量泌浆	骨料下沉干湿,大流动性,粘地
CHF-3	0.3	20	42	0.9	0.003	0.9玄	145	2 400	120~180	16	204	192	1.8	2 436	7:00	12:56	2.15	下	中	好	一定量泌浆	骨料下沉干湿,大流动性,粘地

表 42　单掺粉煤灰高性能混凝土力学、变形及抗裂复核试验结果

编号	抗压强度/MPa			劈拉强度/MPa			轴拉强度/MPa		抗拉弹性模量/GPa		极限拉伸值/10^{-6}		轴压强度/MPa		抗压弹性模量/GPa		干缩率/10^{-5}			
	3 d	7 d	28 d	3 d	7 d	28 d	7 d	28 d	7 d	28 d	7 d	28 d	7 d	28 d	7 d	28 d	3 d	7 d	14 d	28 d
CHF-1	37.1	50.4	60.0	2.89	3.28	4.87	4.02	4.56	41.2	44.0	111	114	35.8	36.2	32.4	40.8	−39	−77	−116	−155
CHF-2	37.7	52.1	67.3	2.72	3.57	4.27	3.24	4.34	39.8	41.2	95	122	28.6	36.6	37.0	36.4	−58	−96	−154	−212
CHF-3	36.9	51.7	67.2	2.46	3.40	3.71	3.54	3.97	39.5	40.8	101	110	34.4	34.0	37.4	39.5	−77	−96	−135	−193

单掺粉煤灰高性能混凝土,在不掺硅粉的情况下,拌和物黏稠、流动性大、扩散快,但容易泌浆粘地板,表面气泡上浮,粉煤灰容易飘移,但对温控和抗裂十分有利。

3.5 高性能混凝土施工配合比复核试验

3.5.1 施工配合比复核试验结果

根据多元复合材料高性能混凝土耐久性试验研究结果,特别是圆环抗裂性能试验结果,施工配合比优选出 3 种方案的高性能混凝土配合比进行了复核试验研究。复核配合比试验参数:水胶比 0.30、0.33,砂率 43%、42%,用水量 145 kg/m³,掺粉煤灰 20%,掺硅粉 0、3%,掺聚丙烯纤维、玄武岩纤维 0.9 kg/m³,减水剂 CS-SP1 掺量 1.1%,引气剂 DH9A 掺 0.003%,高性能混凝土复核试验结果见表 43。

表 43 高性能混凝土复核试验结果

试验编号	配合比主要参数				拌和物性能		力学性能（28 d）				变形性能/10⁻⁶	
	水胶比	粉煤灰/%	硅粉/%	纤维/(kg/m³)	坍落度/mm	含气量/%	抗压强度/MPa	轴压强度/MPa	轴拉强度/MPa	弹性模量/GPa	极限拉伸(28 d)	干缩率(28 d)
CHF-1	0.30	20	0	0	226	3.0	61.1	3.97	40.8	36.4	110	-155
CHF-2	0.33	20	0	0.9（玄武岩纤维）	200	3.1	64.3	4.34	41.2	39.5	114	-193
CHF-3	0.33	20	3	0.9（聚丙烯纤维）	218	2.5	67.2	4.56	44.0	42.8	122	-212

结果表明:新拌混凝土和易性良好,坍落度在 218~226 mm,扩散度大于 550 mm,保坍性良好,含气量在 2.5%~3.1%,单掺粉煤灰混凝土初凝时间 12 h,掺纤维、掺硅粉混凝土初凝时间 6 h 18 min~7 h,说明掺纤维、掺硅粉对混凝土凝结时间影响较大。28 d 龄期的抗压强度为 61.1~67.2 MPa,弹性模量为 36.4~42.8 GPa,大于 34.5 GPa 的设计要求,极限拉伸值 110×10⁻⁶~122×10⁻⁶,干缩率 155×10⁻⁶~212×10⁻⁶,掺玄武岩纤维比掺聚丙烯纤维的混凝土极限拉伸值约大 9×10⁻⁶。结果表明高性能混凝土复核试验结果满足施工和设计要求。

3.5.2 高性能混凝土施工配合比现场验证

2006 年 2 月验收组专家在漕河工地试验室对提交的渡槽槽身 C50 高性能混凝土配合比进行了验证试验。根据提交的配合比,采用编号 CHF-1 单掺粉煤灰 20%、试验编号 CHF-3 掺粉煤灰 20% 与 3% 硅粉(不掺纤维)2 种配合比方案进行了现场验证试验。

试验条件:太行 P·O 42.5 水泥,微水 I 级粉煤灰,山川牌硅粉,漕河现场天然砂、人工碎石最大粒径 25 mm,上海淘正 CS-SP1 聚羧酸高效减水剂及引气剂 DH9A。

结果表明,单掺粉煤灰 20%、掺粉煤灰 20% 与 3% 硅粉的 C50 高性能配合比和易性、力学性能等各项指标与研究结果十分吻合。粉煤灰对降低高性能混凝土干缩、抑制开裂十分有利,根据大量研究资料,粉煤灰掺量 20% 以上时,对抑制骨料碱活性作用明显,考虑大型渡槽 C50 混凝土预应力要求,为防止徐变过大,粉煤灰掺量以 20% 为宜。根据高性能混凝土圆环抗裂试验结果,单掺粉煤灰高性能混凝土抗裂性能最优,但单掺粉煤灰高性能混凝土在不掺硅粉情况下,新拌混凝土流动性大、扩散快,同时存在粗骨料容易下沉、易板结等现象。根据高性能混凝土复核试验研究及现场验证试验结果,从技术经济方案比较,南水北调漕河大型渡槽工程Ⅱ标槽身 C50F200W6 混凝土施工配合比见表 44。

表 44　漕河大型渡槽Ⅱ标槽身 C50F200W6 混凝土施工配合比

序号	配合比参数						材料用量/(kg/m³)						
	水胶比	砂率/%	粉煤灰/%	硅粉/%	CS-SP1/%	DH9A/%	W	C	F	Si	S	G	
												5~10 mm	10~25 mm
1	0.30	43	20	0	1.1	0.004	145	386	97	0	760	359	666
2	0.33	42	20	3	1.1	0.004	145	338	88	13	761	368	682

4　大型渡槽混凝土施工技术研究与应用

4.1　渡槽槽身特点

渡槽槽身的高性能预应力混凝土结构是 20 m 多侧墙渡槽段,全长 710 m,共 35 跨。中心线长 339.85 m 的范围为弯道段,转变半径第一段为 530.946 m,中心角 21.574°,第二段为 482.897 m,中心角 23.721°。渡漕槽身单跨达 20 m,宽度 22 m,高 7.7 m,第 34 跨(槽墩编号 34#~35#)由于跨越铁路,该跨布置为 30 m 跨多侧墙槽身。槽身为三槽一联多侧墙简支梁结构形式。

槽身底部由底板、纵梁、横梁三部分组成。槽身底板厚 50 cm;纵梁顺槽身水流方向布置 4 根,间距 5.3 m,纵梁结构尺寸为 1.3(1.4)m×1.8 m(宽×高);横梁垂直槽身方向布置,间距 2 m,共 8 根,结构尺寸为 0.5 m×0.9 m(宽×高);槽身中间隔墙厚 70 cm,两边墙厚 60 cm,边墙外侧设置侧肋,侧肋间距 2 m,共 8 根,结构尺寸为 0.5 m×0.7 m(宽×高);槽身顶部设连系梁,间距 2.2 m,共 8 根,结构尺寸为 0.3 m×0.7 m(宽×高)。结构断面图见图 19。

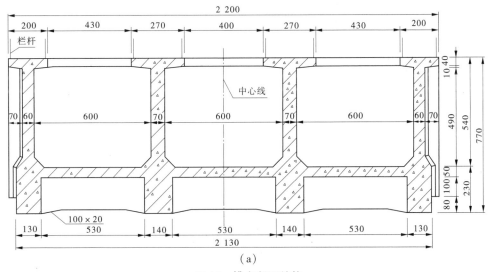

(a)

图 19　槽身断面结构

(b)

续图 19

4.2　渡槽施工特点

（1）渡槽槽身为大体积薄壁结构,多侧墙段为三槽一联简支结构预应力混凝土,具有跨度大、结构薄、级配小、等级高的特点。最大单跨长度 30 m,底宽 20.6 m,底板厚 50 cm;漕河渡槽大体积薄壁结构,采用 $C_{28}50F200W6$ 高性能混凝土施工,槽身钢筋密集,采用最大骨料粒径 25 mm 的骨料。渡槽槽身采用了高强度等级混凝土,隔墙厚度为 60~70 cm,现场使用的水泥为河北太行生产厂家生产的 P·O42.5,细度小、比表面积大,相应的需水量比较大,这对混凝土温控防裂施工工艺提出了很高的要求。

（2）为使渡槽混凝土表面(尤其是过流面)光洁、无气泡,内部密实,不仅要求混凝土具有很好的和易性,对混凝土施工工艺提出了更高的技术要求,而且对模板的制作工艺提出了更高的要求。

（3）漕河渡槽Ⅱ标基础分部工程包括灌注桩基础和扩大基础(明挖)两种形式,其中灌注桩基础为端承桩,共计 25 个;每个端承桩基础下设 8 根桩(34#、35#端承桩基础下设12 根桩),桩径 1.5 m,共 208 根。扩大基础(明挖)形式 10 个,为 1#、15#~17#、24#、27#~31#墩。本工程槽身底部处于谷坡及二级阶地,阶地均被黄土状壤土覆盖且分布复杂、疏密不均,黄土状壤土显湿陷性。原状土存在沟槽、坑洞、坟墓等造成地基差异较大,且原状土在施工中易发生破坏并产生沉降,因此槽身底部的基础处理对槽身支撑架的稳定起着非常重要的关系。

（4）三向预应力施工:本标段包括 20 m 跨和 30 m 跨,其中 20 m 跨渡槽预应力锚索孔道 116 个,30 m 跨渡槽预应力锚索孔道 186 个。波纹管安装时按照设计图纸上每个孔道坐标在模板上标出的断面及矢高控制,坐标尺寸量测允许误差在±5 mm。张拉顺序按照纵、横、竖分布总循环的顺序进行。张拉时要同步、同时、对称。首先纵向张拉,由两边梁至两中纵梁,由顶至底板到"马蹄"。张拉采用应力控制和伸长值控制的双指标控制,即用油压表读数控制应力,用实际伸长值与理论伸长值比较的控制办法。理论伸长值与实际伸长值的相比误差不能大于理论伸长值±6%。

(5)槽身后浇带预留的施工空间是 1.1 m,施工空间狭小,并且设置橡胶止水带、遇水膨胀止水条、可更换止水带。可更换止水带安装前,根据设计图纸要求,提前将定位螺栓埋入混凝土中,因此为保证后浇带在施工缝和结构缝不发生渗水,施工缝的凿毛、止水条的安装、可更换止水带的安装等每道施工工艺必须严格按照技术要求进行施工。

4.3　渡槽施工难点

(1)混凝土养护:混凝土浇筑完毕后,及时进行养护,以保持混凝土表面经常湿润,不发生干裂现象。考虑到本工程槽身结构的特殊性,槽身底板及侧墙养护较困难。因此,在第一层底板浇筑完毕后,槽身底板顶面覆盖塑料薄膜,保温养护,侧边及外侧涂养护剂;第二层浇筑完毕后人行道板及内侧面铺设塑料膜养护,槽身外侧面采用喷涂混凝土养护剂养护。

(2)漕河大型渡槽最大单跨长度 30 m,最大引水流量达 150 m^3/s,不论是跨度和引水流量均为目前国内、亚洲最大的;特别是槽身钢筋密集、体形外观要求十分严格;由于防渗抗冻等耐久性要求,高性能混凝土温控防裂要求尤为突出;漕河渡槽段是南水北调中线京石段应急供水工程的重要组成部分(必须保证 2008 年供水要求),设计工期:2006 年 3 月初至 2007 年 10 月完成渡槽施工,2006 年完成 18 跨。一跨施工从开始到完工共 83 d,8 d进行预应力张拉,混凝土达到设计强度80%,即 40 MPa。

(3)工期要求十分紧张,除 1~2 月严寒时期外,必须全天候施工才能保证进度要求。每月必须完成 3 跨渡槽施工任务才能满足工期要求。所以,三槽一联薄壁结构大型渡槽预应力高性能混凝土施工面临着极大的挑战。

(4)槽身混凝土总碱含量设计要求为 1.8 kg/m^3,这就要求外加剂的碱含量非常低,并且减水效果非常好。

针对大型渡槽槽身特点和施工难题,需要对漕河大型渡槽槽身施工技术进行研究,以保证渡槽质量和施工进度。

4.4　渡槽施工技术研究的重点

(1)从加强混凝土温控的角度考虑,使用低温混凝土施工技术,采用小间距密冷水管降温技术。

(2)为了减少混凝土内外温差引起的温度应力,全年对浇筑的混凝土进行外部保温措施。

(3)为了防止混凝土在水化、硬化过程中发生干燥收缩,施工阶段全过程做好对混凝土的覆盖养护工作。

(4)由于渡槽长度长、跨度大、引水流量大,属国内外罕见,需要慎重策划和研究包括三向预应力技术工艺在内的大型渡槽综合施工技术。

4.5　渡槽槽身支撑排架技术研究

4.5.1　支撑排架基础处理

本工程槽身底部排架将支撑整个槽身混凝土浇筑施工中的所有荷载并保证施工全过

程中槽身整体结构的稳定性,控制其沉降及挠曲变形。因此,碗扣架地基处理的好坏对槽身混凝土浇筑质量有着非常重要的关系。

基础面要求开挖到原状土,由于基础的黄土状壤土具湿陷性,且各部位及同一部位不同点的地基承载力相差较大,因此防止施工过程中的降雨及施工用水对基础的破坏和影响以及减少可能的不均匀沉降是基础处理的首要重任。通过对多种方案的经济技术比较,决定采用石碴进行部分基础换填,表层浇筑垫层混凝土的方法进行基础处理。一方面,换填石碴可提高基础的承载能力并最大程度地消除产生不均匀沉降的可能,并且能减少开挖的工程量;另一方面,顶面的垫层混凝土能够有效地防止水流进入到基础面。换填的厚度根据实际的工程地质条件确定,厚度 50~200 cm。将两个槽墩支撑基础部位用推土机推平整,宽度按 32 m 进行控制(2 m 的脚手架,3 m 的临时车道),在两侧开挖宽高25 cm×30 cm 的排水沟。承受荷载的23 m 分层回填石碴,回填要求为孔隙率不大于20%,压缩模量大于 50 MPa,容重 2.2 t/m³;承载力在 0.24 kPa 以上;然后在石碴顶面浇筑 10 cm的 C20 混凝土垫层,向两侧形成 0.5% 的坡度;剩余的两侧各 4.5 m 回填 0.2 m 厚的碎石层。石碴换填完成后在浇筑垫层混凝土前须进行承载试验,确定承载力满足要求且沉降量小于 2 cm。实际施工中采取了叠放混凝土块的方法,即把 0.9 m×1.2 m×0.9 m(长×宽×高)的混凝土块 4 块叠放至少 3 d,检查沉降情况,合格后进行混凝土垫层施工。

根据实际施工中对基础垫层混凝土面的沉降观测,在混凝土浇筑前后都没有明显的变化。另外在进行基础处理的过程中,必须要安排好前后的施工顺序,严禁在槽身混凝土浇筑完成后 15 d 之内在其附近 100 m 范围内进行振动碾作业。图20 为对换填的石碴进行碾压作业。

图20　对换填的石碴进行碾压作业

4.5.2　支撑排架布置技术研究

支撑排架考虑了多种方案,从施工技术的可行性和经济性进行了综合比较,同时考虑了施工材料的及时周转和拆卸运输方便以及施工中部分模板需提前拆除以便预应力筋张拉、后期回收利用等因素,排除了全钢桁架梁支撑、钢桁架立柱和型钢横梁结合等方案采用碗口式钢脚手架管和 [10 槽钢及 10# 工字钢相结合的方案作为模板支撑方案。

碗扣式钢管脚手架。用碗扣式钢管脚手架作为槽身底部支撑排架,纵梁、横梁和板的支撑架管的步高保持一致,以保证施工方便和整个排架的整体性,间排距由各自的荷载值进行确定。根据施工经验,参考相关资料和类似支撑结构,经计算比较,选定支撑结构的步高确定为 1.2 m,纵梁的间排距均为 0.3 m ×0.6 m(153 根立杆),横梁的间排距均为 1.2 m ×0.6 m(30 根立杆),板的间排距均为 1.2 m ×1.2 m(10 根立杆);顺水流方向由于支墩的影响,长度按 15 m 进行计算,这样共计立杆约 1 140 根。

碗扣支架立杆底部垫 [10 槽钢,凹面朝上。为便于高度调节,每根立杆顶部配可调顶托,可调范围 0~60 cm,见图 21。

图 21　脚手架布置图

在纵梁底部顺水流方向铺设 10# 工字钢,用顶托支撑,排距 30 cm,工字钢上面水平垂直铺设 [10 槽钢,凹槽向下。每个纵梁下面铺设 6 道工字钢,一跨槽身下面共计 24 道工字钢。支撑设计的基本原则是纵梁、横梁和板的荷载分别由各自的支撑单独受力,并以纵、横梁支撑为主。由于槽身纵横梁的支撑必须要等张拉灌浆完成且达到强度后方可拆除,因此支撑纵、横梁的荷载在计算时包括了上部槽身的所有荷载。由于槽身结构为三向预应力结构,张拉结构在整个槽身混凝土浇筑完成后方可进行。如图 22 所示为槽身支撑立杆布置图。

4.5.3　支撑排架设计与计算

(1)支架槽钢荷载分析。

①槽钢 [10 设计与验算:

钢筋混凝土的荷载 $P_1 = 2.6 \times 9.8 \times 2.3 = 58.60 (kN/m^2)$。

模板荷载(恒载) $P_2 = 5.9 \ kN/m^2$。

人群和施工器具荷载(活载) $P_3 = 2.5 \ kN/m^2$。

冲击荷载(活载) $P_4 = 1.0 \ kN/m^2$。

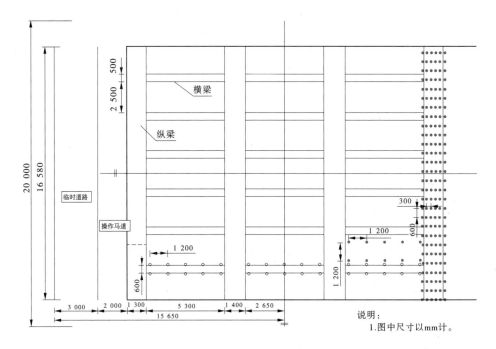

图 22   槽身支撑立杆布置

②强度验算：

槽钢布置间距顺水流方向为 60 cm，槽钢的抗弯截面模量 $W_x = 39.7\ \text{cm}^3$，$q = [1.2(P_1 + P_2) + 1.4(P_3 + P_4)] \times 0.6 = 57.12\ (\text{kN/m})$，$\sigma = M_{max}/W_x = 2.5 \times 10^3/39.7 = 64.7\ (\text{MPa}) < [\sigma_0] = 200\ \text{MPa}$ 强度满足设计要求。

（2）工字钢强度计算。

R（槽钢对工字钢的压力）$= 57.12 \times 0.3/2 = 8.56\ (\text{kN})$，强度验算 $M_{max} = RL \times 2/2 = 2.568\ \text{kN} \cdot \text{m}$，$\sigma = M_{max}/W_x = 2.568 \times 10^3/39.7 = 64.6\ (\text{MPa}) < [\sigma_0] = 200\ \text{MPa}$ 强度满足设计要求。

根据对支架槽钢和工字钢强度验算，说明支撑模板材料的槽钢、工字钢的规格、型号和间排距是合理的，满足施工要求。

（3）碗扣架强度设计与验算。

①单根纵梁的荷载标准值：

钢筋混凝土荷载（恒载）按 2.6 t/m³，$P_1 = 2.6 \times 9.8 \times 2.3 = 58.604\ (\text{kN/m}^2)$。

人群和施工器具荷载（活载）$P_2 = 2.5\ \text{kN/m}^2$。

冲击荷载（活载）$P_3 = 1.0\ \text{kN/m}^2$。

模板荷载（恒载）$P_4 = 5.9\ \text{kN/m}^2$。

集中荷载 $P_5 = 2.6 \times 9.8 \times 5.4 = 137.6\ (\text{kN/m}^2)$。

$q = 1.2 \times (58.604^2 + 137.6 + 5.9^2) + 1.4 \times 3.5 = 246.9\ (\text{kN/m}^2)$，每根立柱承受荷载力 $P = 246.9 \times 0.3 \times 0.6 = 44.44\ (\text{kN/根})$。

立杆为 ϕ 48×3.5 钢管,查阅材料力学可知:钢管的截面面积 $A=4.89\ \mathrm{cm}^2$。

钢管截面惯性矩 $I_{\min}=\pi d^4/32=3.14×40^4/32=251\ 200(\mathrm{mm}^4)$。

钢管的回转半径 $R_{\min}=\sqrt{I_{\min}/A}=22.92\ \mathrm{mm}$。

立杆细长比为钢管的长细比 $\lambda=600/R_{\min}=600/22.92=26.17$,设计规范得轴心受压的稳定系数 $\psi=0.957$。

则: $\sigma=P/(\psi A)=44.4/(0.957×4.89)=94.8(\mathrm{MPa})<[\sigma_0]=215\ \mathrm{MPa}$。

说明纵梁支撑的间排距和步距选择合理,结构安全和稳定。

②单根横梁的荷载标准值:

钢筋混凝土荷载(恒载)2.6 t/m³, $P_1=2.6×9.8×1.4=35.60(\mathrm{kN/m}^2)$。

人群和施工器具荷载(活载) $P_2=2.5\ \mathrm{kN/m}^2$。

冲击荷载(活载) $P_3=1.0\ \mathrm{kN/m}^2$。

模板荷载(恒载) $P_4=5.9\ \mathrm{kN/m}^2$。

$q=1.2×(35.60+5.9)+1.4×3.5=54.7(\mathrm{kN/m}^2)$,每根立柱承受荷载力 $P=54.7×0.6×1.2=39.38(\mathrm{kN/根})$。

则: $\sigma=P/(\psi A)=39.38/(0.957×4.89)=83.9(\mathrm{MPa})<[\sigma_0]=215\ \mathrm{MPa}$。

说明纵梁支撑的间排距和步距选择合理,结构安全和稳定。

③单块板的荷载标准值:

钢筋混凝土荷载(恒载)按 2.6 t/m³, $P_1=2.6×9.8×0.5=12.74(\mathrm{kN/m}^2)$。

人群和施工器具荷载(活载) $P_2=2.5\ \mathrm{kN/m}^2$。

冲击荷载(活载) $P_3=1.0\ \mathrm{kN/m}^2$。

模板荷载(恒载) $P_4=1.2\ \mathrm{kN/m}^2$。

$q=1.2×13.94+1.4×3.5=21.628(\mathrm{kN/m}^2)$,每根立柱承受荷载力 $P=21.628×1.2×1.2=31.14(\mathrm{kN})$。

立杆细长比为钢管的长细比 $\lambda=1\ 200/R_{\min}=1\ 200/22.92=52.35$,由《材料力学》(天津大学出版社)查得轴心受压的稳定系数 $\psi=0.853$。

则: $\sigma=P/(\psi A)=31.14/(0.853×4.89)=74.6(\mathrm{MPa})<[\sigma_0]=215\ \mathrm{MPa}$。

说明板支撑的间排距和步距选择合理,结构安全和稳定。

4.5.4　支撑排架整体性剪刀撑设置

由于槽身高度较高,为加强其支撑构架的整体刚度,需要设置剪刀撑。剪刀撑设置基本原则如下:

(1)立杆定位后,底部设置纵横向的扫地杆和水平剪刀撑,然后按步高进行搭设,搭设完后在顶部(纵梁的底部以下)亦设置一层水平剪刀撑;立杆接长时,接头应互相交错布置,两个相邻立杆的接头不应设置在同步内。

(2)纵横梁底部支撑架的两侧和中间设置竖向剪刀撑。水平向的剪刀撑设置基本原则,立杆总数的 1/4 用剪刀撑连接即可。竖向剪刀撑设置的基本原则,立面两侧的框格 1/3 用剪刀撑连接即可,中间部位每各 6~8 排设置一道剪刀撑,剪刀撑从上到下全部连通。

(3)剪刀撑采用扣件式钢管,水平和竖向剪刀撑均与立杆用扣件连接牢固。

4.6 地基承载稳定变形设计研究

4.6.1 地基容许承载力

地基设计主要是控制施工施加于地基的荷载,即不让地基产生剪切破坏(地基稳定),又不让地基产生过量的变形。可用两种方式对地基承载力进行计算,荷载按纵梁的单根立杆44.4 kN,根据混凝土轴心抗压强度概念,基础面积按0.3 m×0.6 m计算。

查阅《建筑施工手册——地基与基础工程》规范,老黏土地基的容许承载力$[R]$=430~530 kPa,密实碎石基础(容重≥2.4 t/m³)的容许承载$[R]$=700~900 kPa;中密碎石基础(容重≥2.1 t/m³)的容许承载力$[R]$=400~700 kPa;如基础按0.3 m×0.6 m计算,基础实际荷载为246.6 kPa,满足地基容许承载力,同时也使得C20混凝土垫层不会发生剪切破坏。

4.6.2 地基稳定和沉降变形计算

根据《土力学》和《建筑施工计算手册》可知:地基极限承载力,由以下公式进行确定

$$P = CN_c + N_q Q + 0.5N_r B\gamma$$

式中:N_c、N_q、N_r分别为和土的内摩擦角有关的承载力因数,无量纲;P为垂直向极限荷载,kPa;C为土的黏聚力,kPa;Q为基础两侧基底以上的旁侧荷载,kPa;B为基础的宽度,m;γ为基底以下基土的容重,kN/m³。

本计算中碎石的内摩擦角根据《建筑施工手册》(第四版)可按30°考虑,相应的N_c、N_q、N_r分别为30.15、18.4、18.1。C=0,Q=15.6 kPa(深度按0.6 m计算),γ=18 kN/m³。

将数值代入上述公式中计算:

极限承载力P=50.6×0+30.15×15.6+0.5×18.1×0.3×18=519.17(kPa)。

取安全系数F=2,则

地基稳定的承载力P_1=P/F=259.5 kPa。

地基实际承受的最大压力:

P_2=P_3/S(单根立杆最大为44.4 kN,基础面积0.3 m×0.6 m计)。

P_2=44.4/0.3×0.6=246(kPa)。

P_1=259.5 kPa大于P_2=246 kPa,说明地基稳定,基础不发生剪切破坏。

4.7 渡槽槽身高性能混凝土施工技术

4.7.1 槽身混凝土施工工序

渡槽槽身混凝土按单跨分段、分部位进行施工,槽身施工顺序为先底板后侧墙,共分两层浇筑,分层部位为渡槽槽身底板过水底面75 cm处。第一层混凝土为渡槽槽身底板过水底面75 cm处以下,第二层混凝土为渡槽槽身侧墙从过水底面75 cm处以上进行施工。槽身混凝土施工分层见图23。

4.7.2 仓面特性

槽身顺水流方向长度为19.96 m,横向长度为21.30 m,仓面最大浇筑面积为402 m²。槽身混凝土单跨共分两层施工,第一层混凝土分层为距离渡槽底板75 cm处,最大浇筑层高3.05 m,共计508 m³。第二层为隔墙,最大浇筑层高4.65 m,浇筑方量为326 m³,单跨合计834 m³。

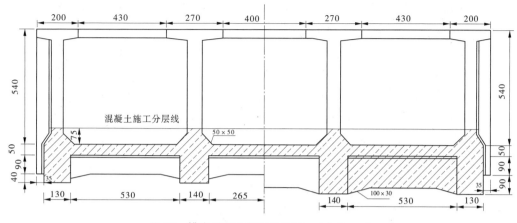

图23　槽身混凝土施工分层图　（单位：cm）

槽身单跨钢筋总重量为 110 t，第一层钢筋总重量为 60.5 t；单跨钢绞线 12.53 t。单跨钢绞线孔道个数为 116 个，第一层孔道个数为 112 个。

4.7.3　预应力钢绞线预留孔道

预应力钢绞线预留孔道的施工过程与钢筋工程同步进行。

（1）波纹管安装。

波纹管安装待底网钢筋及侧向钢筋绑扎好后进行。安装时应按图纸上每个孔道坐标在模板上标出断面及矢高控制，坐标尺寸量测允许误差±5 mm，用架立钢筋将波纹管固定在箍筋上，并控制好波纹管的左右位置，架立钢筋与箍筋焊接，防止波纹管位置偏移或上浮；安装中波纹管接长应采用专用波纹管接头，在搭接波纹管外缘用密封胶布缠紧。波纹管安装见图24。

（2）张拉端锚垫板安装。

波纹管安装就位后，将锚垫板颈部套在波纹管上，波纹管与锚垫板的搭接长度不得小于 30 mm，搭接处外缘用胶布缠紧，并用软钢丝绑扎在固定锚垫板上。在安装前应将螺旋筋套入，安装锚具后，螺旋筋紧贴锚垫板固定在钢筋上，锚垫板的孔道出口端必须与波纹管中心线垂直，其端面的倾角必须符合设计要求。对于下卧式张拉端，应在结构物表层下按设计图纸预留锥形凹槽。在端面模板立好后，用螺栓将锚垫板固定在模板上。

（3）固定端圆 P 型锚具安装。

固定端圆 P 型锚具安装应在钢绞线穿束前装配完毕。圆 P 型锚具装配是将固定端的钢绞线穿过锚垫板及锚板的小孔做挤压套、封压板。当张拉端穿钢绞线束时后，将固定端圆 P 型锚垫板的小孔端套在波纹管上，并将螺旋筋套入圆 P 型锚具的颈部。装配好的圆 P 型锚具安装到位，用钢筋架固定在附近的钢筋上。

（4）预留孔道保护。

当波纹管绑扎就位之后，其他作业十分谨慎，在钢筋绑孔过程中应小心操作，精心保护好预留孔道位置、形状及外观，在电气焊操作时，严禁电气为花触及波纹管及胶带，焊渣不得堆落在波纹管表面。预留孔道保护见图25。

图 24　波纹管安装

图 25　预留孔道保护

4.7.4　混凝土入仓浇筑

根据仓号特征,槽身第一层混凝土最大浇筑强度为 30 m³/h,水平运输配置 3 辆 6 m³ 搅拌车,采用 3 台 60 泵相互配合入仓。同时备用 1.5 m³ 罐。混凝土浇筑的时间为 18~22 h。

施工方法:3 台混凝土泵放置槽身左右侧,每台混凝土泵负责浇筑一槽,并且相互作为补充,在混凝土出料口接软管,以便控制混凝土下料均匀。历时 18~20 h 将仓号浇筑完成。

混凝土浇筑方向为从槽身下游向上游侧进行,3台混凝土泵同时进行浇筑,混凝土下料先从纵梁开始,浇筑按照由低到高,先主、次梁、后板的顺序进行,保持水平分层厚度25~35 cm,段长保持6~8 m,层间的时间间隔不大于5 h。混凝土浇筑采用平铺法,第一层浇筑时,70 cm的次梁浇筑高程为超过八字部位10 cm,50 cm的次梁浇筑高程为与八字部位平齐。第二层铺料厚度为30 cm,混凝土料由主梁向次梁方向移动,第三层、第四层…第八层,铺料厚度为25~35 cm。在浇筑第八层时,先要浇筑底板部分,再浇筑纵梁,纵梁浇筑时段滞后于底板;间隔一段时间后,再浇筑第九层,铺料厚度为40 cm,这样避免了在浇筑时,底板混凝土会返浆;最后浇筑到分层高程。为了保证4道侧墙浇筑结构体形准确,在每槽底板腋角模板上每隔2.0 m设置了一道槽钢。渡槽混凝土浇筑见图26。

图26　渡槽混凝土浇筑

混凝土浇筑时,施工人员由队长统一指挥,每槽每班有一个负责人指挥施工,每槽至少有10~12人,施工人员分工明确,混凝土下料点每道梁布置4~5个,入仓后先平仓后振捣,混凝土振捣主要选用6个ϕ40振捣棒和6个ϕ50振捣棒,振捣棒插入点距离波纹管及模板不少于20 cm,以防止波纹管及模板发生变形移位。作业时要求振捣器插入点整齐排列,依序进行,振捣棒尽可能垂直插入混凝土中,快插慢拔,方向角度保持一致。同时注意防止过振、漏振。为保证混凝土振捣充分,减少气泡的产生,对已振捣完的混凝土在40~60 min内要求再复振一次。

第二层混凝土施工方法:两台混凝土泵同时浇筑,浇筑时先进行2#、3#隔墙(中间70 cm槽身隔墙),再进行1#、4#外墙(两边60 cm槽身边墙)混凝土浇筑。混凝土水平分层为40~50 cm,为了保证混凝土施工质量,振捣人员克服了高达5.4 m、槽身钢筋密集、冷却水管多以及预应力孔道等不利因素,进入狭窄的、复杂的槽身仓面进行混凝土振捣。

混凝土浇筑完后12~18 h进行混凝土养护。板的表面覆盖塑料薄膜和麻袋片并蓄水。其他不便于洒水或覆盖麻袋片的部位在拆模后及时涂刷养护剂。第一层的外侧面和第二层的立墙主要是涂刷三遍养护剂。图27为混凝土养护的照片。

图27 混凝土养护

4.7.5 沉降观测

为了保证槽身预应力混凝土的质量,有效地控制槽身底部基础及支撑排架和模板的沉降问题,本工程在每跨槽身底部混凝土基础面均埋设固定的观测点,在底部支撑材料和模板的固定位置也设置固定的观测点。测量人员定期对上述观测点进行观测,并详细记录每次观测数据,随时掌握基础的沉降值。根据实测,槽身沉降在0~3 mm。

4.7.6 槽身模板

底部模板及支架的设计均考虑在槽底的工作条件均为人工操作,所有构件必须能分解成适合人工搬运的小件,故底部模板全部以 P6015、P3015、P1015 散装钢模并辅以异型钢模组合而成,底部支承平台以上的模板支承系统为钢 DN50 脚手架管结构,利于安装加固和拆除。

上部结构侧墙侧模板分两部分。三孔槽内侧模分别以 3 套钢模运输台车及配套钢模形成;两侧外模用大块定型钢模,保证外观效果。模板采用86 钢模板,保证刚度。

钢模台车:台车主要是解决槽身内无法用吊车吊运的模板,为穿行式钢模运输台车,台车与侧面模板相分离,只是在立面钢模板定位、拆模及运输时使用。台车主梁骨架由桁架拼接而成。主梁之上设置上下两排可伸缩机械挑梁以悬挂两面的侧模。内模分节每节长 5 m,与外模分节相对应。主梁底部设置行走轮。下设枕木及准轨(采用了 10# 槽钢)。台车必须在该跨槽身底部混凝土达到规定强度之后方可投入运行。台车由手动机械系统进行模板定位及脱模,人工推动行走。

严格模板质量控制与检查,对变形及不适用的模板及时撤换。采用定型组合模板,尽可能少用散模,节约施工时间。混凝土收面一定要精细使过流面的平整度得到更有效的控制。图 28 为槽身的外侧模板。

图 28　槽身的外侧模板

4.7.7　预应力施工技术研究

当混凝土结构的强度达到设计强度的 80% 时张拉。张拉千斤顶和压力表进行配套率定,压力表的精度在 ±2% 的范围之内,列表每孔的张拉油压、理论伸长值指导和监督检查实际的张拉施工。张拉顺序按照纵、横、竖分步总循环的顺序进行。张拉时要同步、同时、对称。首先纵向张拉,由两边梁至两中纵梁,有顶至地板到"马蹄"。其次横向张拉,每个横肋及底板的 3 个孔道为一组同时张拉,由两端向中间推进。最后竖向张拉,以侧肋为单元分组同时张拉,由两端向中间推进。预应力锚索张拉控制应力 σ_{con} 为 1 302 MPa。

预应力锚索张拉时应力增加的速率控制在 100 MPa/min 以下,共分四步张拉,分步如下:

第一步:预紧,应力由 $0\sigma_{con} \rightarrow 15\%\sigma_{con}$,单根张拉,记录伸长值。

第二步:应力由 $15\%\sigma_{con} \rightarrow 30\%\sigma_{con}$,钢绞线依次逐束张拉,记录本段伸长量并作为 $0 \rightarrow 15\%\sigma_{con}$ 的伸长量。

第三步:第二步持荷 5 min 后,可进行第三步 $30\%\sigma_{con} \rightarrow 60\%\sigma_{con}$ 张拉。

第四步:第三步完成后进行第四步 $60\%\sigma_{con} \rightarrow 103\%\sigma_{con}$ 张拉。张拉后测量锚具回缩量。

张拉采用应力控制和伸长值控制的双向控制法。即用油压表读数控制应力;用实际伸长值与理论伸长值比较的控制办法。理论伸长值与实际伸长值的相比误差不能大于理论伸长值的 ±6%。

张拉完成之后,将多余钢绞线切除后留 30 mm,在工作锚与锚垫板之间涂抹水泥浆,将锚具密封密实准备灌浆。灌浆前用高压风清孔。灌浆采用真空辅助灌浆工艺,即一端灌浆另一端抽真空。灌浆前将排气孔关闭抽真空,孔内大气压应保持在 -0.085 ~ -0.1 MPa。浆液充满孔道后,将排气孔依次放开,当排气孔稀浆流尽,并流出 30~50 mL 浓浆时关闭排气孔,然后继续压至 0.5~0.6 MPa,维持 20~30 s 后,将灌浆孔用木塞堵住。灌浆时,每个班留取不少于 3 组试样,作为评定水泥质量的依据。灌浆后将锚头、施工缝的连接钢板及周边冲洗干净。张拉端槽身截面的混凝土凿毛,即可进入后浇带施工阶段。对于浅埋式张拉端(指横向、竖向预应力钢束),在封锚前按上述要求完成后,将面层钢筋复原,回填二期同等级的混凝土。预应力孔道锚索张拉见图29。

图29　预应力孔道锚索张拉

4.7.8 孔道灌浆

(1)渡槽槽身采用后张法施工的预应力混凝土,在张拉前应用水冲洗和空气清扫,套管或孔洞中应无水、无污垢和其他异物。所有套管或孔洞在张拉完毕后都应及时进行压力灌浆。

(2)灌浆的浆液用原525R普通硅酸盐水泥配制成0.4:1的纯水泥浆,外加高效减水剂UNF-5及复合膨胀剂UEA,要求R28≥50 MPa。灌浆采用BW-100灌浆机和自动灌浆记录仪,并记录整个灌浆过程的流量、压力、水灰比等参数。

(3)灌浆采用真空辅助灌浆工艺。如钢束为两端张拉,孔道为单一圆弧形,可采用一端压浆另一端抽真空的方法;当孔道为峰谷形曲线,除按上述方法施工外,峰顶增设排气孔,配合排气。如钢束为一端张拉,另一端固定,则由张拉端灌浆孔压浆,固定端设排气孔抽真空。

(4)压浆应缓慢、均匀,不得中断,将所有最高点的排气孔依次放开或关闭,压浆前应将排气孔关闭抽真空,孔内大气压应保持在6 kPa以下,浆液充满孔道后,将排气孔依次放开,排气孔内出现浓浆后关闭,然后继续加压,直至灌满。较集中的孔道尽量连续压浆完成。压浆过程中及压浆后48 h内,结构混凝土的温度不得低于5 ℃,否则应采取保温措施。当气温高于35 ℃时,压浆宜在夜间进行。

(5)灌浆后24 h内,预应力混凝土结构上下不得放置或施加其他荷载。

4.7.9 施工缝面处理

渡槽槽身施工缝面处理主要包括施工缝面、永久缝面等的处理。施工缝面采用高压水冲毛,局部面积较小或者钢筋密集部位及边角部位采用人工凿毛或风镐凿毛,清除缝面上所有浮浆、松散物料及污染体,以微露粗砂粒或小石为准。永久缝面处理主要为割除过缝拉杆,人工或压力水清除表面附着的灰浆和其他杂物,洗净缝面,按设计要求涂刷沥青和粘贴泡沫板。基岩面和新老混凝土施工缝面,在浇筑第一层混凝土前,铺小级配混凝土或同强度等级的富砂浆混凝土。铺设施工工艺应保证混凝土与基岩结合良好。

4.8　槽身混凝土温度控制施工技术

4.8.1　混凝土养护

漕河渡槽面对从未有过的长度和荷载,工程人员进行了上百次的创新性试验,解决裂缝问题的关键在于改变传统的对混凝土的使用方法。对浇筑完备的渡槽混凝土的表面保温像对待婴儿一样仔细,严格混凝土温度控制。

渡槽槽身混凝土浇筑完毕后,及时进行养护,以保持混凝土表面经常湿润,不发生干裂现象。考虑到渡槽槽身结构的特殊性,槽身底板及侧墙养护较困难。因此,在第一层底板浇筑完毕后底部表面覆盖塑料薄膜,靠混凝土自身水化产生的热量养护底板;侧边包裹土工膜不间断洒水养护;第二层浇筑完毕后人行道板同样铺设塑料膜养护;槽身底板顶面采用洒水养护,混凝土浇筑完毕后 6~18 h 内开始,在炎热、干燥的气候条件下应提前到混凝土浇筑后 2~3 h,其表面要遮盖湿润的草袋或麻袋片、两膜一布的不透气土工膜等,混凝土表面经常保持湿润,连续养护时间不少于 28 d。

4.8.2　夏季混凝土施工温控措施

(1)合理优化混凝土配合比,降低胶凝材料水化热。在满足施工图纸要求的混凝土强度、耐久性和和易性的前提下,改善混凝土骨料级配、掺优质的掺和料和外加剂以适当减少单位水泥用量。

(2)水泥和粉煤灰罐淋水降温和遮阳措施以降低水泥和粉煤灰的温度。

(3)模板面贴保温板:主梁和次梁钢模板表面粘贴 0.50 cm 厚的塑料保温板进行保温,底层墙体侧面等部位也沿用 0.50 cm 厚的塑料板保温,边墙肋板表面不保温。上层墙体钢模板表面仍然粘贴 1.00 cm 厚塑料板,保温范围至墙体高度的 3.30 m 处,高出顶层水管位置 30 cm。

(4)槽身内预埋冷却水管:用铁质水管,内径 4.00 cm,外径 4.60~4.80 cm,壁厚 3~4 mm。

①主梁水管布置:在 20 m 跨长渡槽主梁内,竖向布置 4 层水管即可,第 1 层水管距梁底面 0.50 m,层距为 0.40 m,第 4 层水管距底板表面 0.10 m。

②次梁水管布置:在每道次梁中布置两层水管,第一层水管距次梁底面 0.40 m,第二层水管距离第一层水管 0.55 m,距离底板表面 0.45 m。考虑到混凝土水化热量大,水管不能过长,应控制在 200 m 左右。两根水管以槽段跨中为分界线,每根串联 4 道次梁中的水管,两套冷却管路由布置在底板面上的一根主管提供冷却水,并通过独立安装在每根水管上的流量控制阀来随时控制每根水管所需的流向和流量。

③上层边墙和中隔墙水管布置形式:在上层施工的边墙和中隔墙中均只布置一道竖向 6 层分布的冷却水管,在高度方向这些墙体结构中的水管的层距均为 0.50 m,第一层水管距离上下层混凝土施工界面为 0.50 m,各层水管交替地布置在墙体预应力波纹管的

左右两侧,紧贴波纹管,尽可能居中。

(5)加强混凝土养护和表面保护:仓面收盘 12~16 h 内白天用保温材料覆盖,晚上揭开进行洒水或流水养护。保持混凝土面呈湿润状态,防止出现干燥、龟裂,进而发展成深层裂缝。

(6)通过 17~18 ℃井水一次喷淋料堆和 5 ℃以下的冰水二次冷却,可将骨料的温度降低到 15 ℃以内。

4.8.3 冬季混凝土施工温控措施

(1)加强气象预测,确保寒流来临前的准备工作。在连续 5 d 以上日平均气温稳定在 5 ℃以下时按低温季节施工措施进行施工。

(2)已浇筑混凝土外露面挂保温片保护。10 月至次年 4 月浇筑的混凝土永久暴露面,拆模后立即设永久保护层,对当年 5~9 月浇筑的混凝土在 10 月初设永久保护层。加强测温工作,根据测温数据所反映出的保温效果,调整或加强保温措施;切实注意及控制气温骤降对混凝土的影响,确保混凝土施工免受寒潮侵袭。

(3)新浇混凝土日平均气温在 2~3 天内连续下降超过 6~8 ℃时,对基础约束区及特殊要求结构部位龄期 3 d 以上,一般部位龄期 5 d 以上,中、后期混凝土遇气温骤降,基础约束区长期暴露的顶、侧面均应进行保温。

(4)如遇霜冻天气,浇筑前清除基岩或工作缝面上的霜或冰渣。混凝土浇筑前如果基岩面或老混凝土面表层温度为负温,在表面覆盖保温材料使之变成正温。

(5)混凝土浇筑停歇期间或浇筑完毕后,应立即用保温片材覆盖。

(6)混凝土运输机械覆盖保温材料进行保温。

(7)加强混凝土内部及表面温度的监测及资料整理工作。

4.9 槽身充水试验

输水工程最怕的就是裂缝,根据运行工况,对槽身第 3 跨、第 4 跨分中槽充水试验、两个边槽同时充水试验及三槽同时充水试验 3 种方式进行。在设计水深 4.15 m、加大水深 4.792 m、满槽水深 5.4 m 时,根据现场充水试验进行观测,槽身没有发现渗水现象,槽身内部施工质量好。充水试验见图 30。

4.10 槽身裂缝

对已浇筑完成的槽身进行裂缝检查,截至目前,还没有发现裂缝。

4.11 渡槽单跨槽身主要工程材料计划表

4.11.1 渡漕 20 m 槽身单跨主要工程量

渡漕 20 m 槽身单跨主要工程量见表 45。

4.11.2 架空渡槽槽身模板及支撑材料计划表

漕河架空渡槽槽身底部排架将支撑整个槽身混凝土施工浇筑中的所有荷载并保证施工全过程中槽身整体结构的稳定性,控制其沉降及挠曲变形。根据渡槽工程施工的实际情况,渡槽槽身模板支撑材料经研究分析,选用碗扣式钢管脚手架进行支撑。

图 30　充水试验

表 45　渡漕 20 m 槽身单跨主要工程量

序号	工程项目	单位	工程量	说明
1	混凝土 C50W6F200	m³	29 323	二级配
2	钢筋制安 单跨槽身钢筋质量为 109.7 t	t	9.48	φ 10
3		t	6.73	φ 12
4		t	48.4	φ 14
5		t	19.34	φ 20
6		t	12.16	φ 25
7	钢筋制安	t	8.4	φ 28
8	钢绞线	t	12.53	公称直径 φ 15.2
9	波纹管 单跨槽身	m	472	φ 90 mm 内径
10		m	38	φ 80 mm 内径
11		m	234	φ 70 mm 内径
12		m	599	φ 55 mm 内径
13		m	226	φ 50 mm 内径

为便于计算和施工方便,纵梁、横梁和板的支撑材料步高一致,间排距由各自的荷载值进行确定;根据施工计算分析,支撑结构的步高初步确定为1.2 m,纵梁的间排距均为0.3 m×0.6 m(单跨153根立杆),横梁的间排距均为1.2 m×0.6 m(单跨30根立杆),板的间排距均为1.2 m ×1.2 m(单跨10根立杆);顺水流方向由于支墩的影响,计算长度按15 m进行考虑(单跨约1 140根立杆)。架空渡槽槽身模板及支撑材料计划见表46。

表46　架空渡槽槽身模板及支撑材料计划

序号	名称	单位	规格型号	数量	套数	说明
1	平面模板	t	P1015～P6015	21.12	9	槽身第一层
2	平面模板	t	P1015～P6016	90.5	3	槽身第二层
3	阳角模板	t	Y0515、Y1011	2.93	3	槽身第一层
4	阴角模板	t	E1015	0.52	3	槽身第一层
5	八字模板	t	B101004、B101015	2.5	3	槽身第一层
6	碗扣架支撑材料	t	0.3～6.0 m	58.1	16	槽身底部支撑
7	钢管	t	ϕ 48 mm,δ=3.5 mm	8	16	槽身剪刀撑和马道
8	钢管	t	ϕ 48 mm,δ=3.5 mm	6.2	16	纵、横梁模板侧面围檩
9	可调顶托座	个		1 062	16	碗扣架支撑材料用
10	扣件	个	直角/旋转	1 600	16	槽身剪刀撑和马道
11	槽钢	t	[10	3.84	16	纵、横梁模板支撑底部
12	槽钢	t	[10	3.84	16	U形托顶部使用
13	工字钢	t	10#	10.2	16	U形托顶部使用

4.12　大型渡槽施工质量控制

高性能混凝土施工配合比经现场65个仓号应用,施工表明该配合比具有很好的吻合性和良好的施工性能,正如混凝土浇筑形象比喻为"混凝土是雕塑"的理念,充分说明了混凝土配合比和模板在混凝土工程中的重要作用。

4.12.1　原材料质量控制

(1)水泥:使用河北太行水泥股份有限责任公司生产的"太行山"牌42.5R普通硅酸盐水泥。主要检测指标为细度、标稠、凝结时间、安定性、比重、抗压强度、抗折强度及碱含量等,检测结果汇总见表47。从表中可以看出水泥强度不太稳定。

表 47　水泥检测结果汇总

项目	细度/%	标稠/%	凝结时间/(h:min)		安定性	密度/(g/cm³)	抗折强度/MPa		抗压强度/MPa		碱含量/%
			初凝	终凝			3 d	28 d	3 d	28 d	
检测次数	155	155	155	155	155	154	155	155	155	155	8
最大值	3.4	29	3:01	4:12	合格	3.11	6.5	9.5	36.0	65.0	0.50
最小值	0.5	27	1:50	2:36	—	3.06	4.6	7.6	24.1	49.1	0.32
平均值	0.9	29	2:22	3:30	—	3.09	5.2	8.6	27.6	56.9	0.40
GB 175—1999 现场内控指标技术要求	≤10	—	≥0:45	≤10:00	合格	—	≥4.0	≥6.5	≥21.0	≥42.5	≤0.6

（2）粉煤灰：采用河北微水电厂生产的 I 级粉煤灰。主要检测指标为细度、含水率、需水量比、碱含量、烧失量等，检测汇总结果见表 48。结果表明粉煤灰符合 I 级灰标准。

表 48　粉煤灰检测结果汇总

项目	细度/%	含水率/%	需水量比/%	烧失量/%	碱含量/%	SO_3/%	评定等级
检测次数	30	30	30	5	6	5	—
最大值	10.0	0.2	95	4.48	0.91	0.37	I
最小值	3.8	0.1	92	1.98	0.43	0.05	I
平均值	6.9	0.1	94	3.45	0.58	0.15	I
DL/T 5055—1996 及现场内控指标技术要求	≤12	≤1.0	≤95	≤5	≤1.5	≤3.0	I

（3）骨料：所有进场砂石骨料都进行了常规检测，检测结果有不符合要求的一律做退场处理。每个仓号开盘前对使用的骨料均进行质量检测，针对检测结果开具配料单，并在浇筑过程中严格控制出机拌和物的各项性能。

①细骨料。为天然砂，主要检测细度模数、含水率、含泥量、泥团。检测汇总结果见表 49。现场试验数据与科研报告数据基本一致。

表49 细骨料检测结果统计

项目	砂			
	含水率/%	泥团	细度模数	含泥量/%
检测次数	359	143	157	160
最大值	6.4	0	2.99	1.5
最小值	2.2	0	2.60	0.8
平均值	4.1	0	2.82	1.3
DL/T 5144—2001 及现场内控指标技术要求	≤6	0	2.2~3.0	≤1.6

注:现场内控指标技术要求砂子含泥≤1.6%。

②粗骨料:为人工碎石。主要检测含泥量、超逊径等,检测汇总结果见表50。结果表明,粗骨料满足要求。

表50 粗骨料检测结果统计

项目	小石(5~10 mm)					中石(10~25 mm)				
	含泥量/%	泥团	超径/%	逊径/%	针片状/%	含泥量/%	泥团	超径/%	逊径/%	针片状/%
检测次数	132	118	132	132	124	132	118	132	132	124
最大值	0.9	0	10.1	9.0	8.2	0.9	0	8.2	9.9	10.4
最小值	0.2	0	2.3	1.6	0.3	0.2	0	1.4	0.9	0.5
平均值	0.5	0	4.6	4.3	2.9	0.5	0	3.8	4.6	5.5
DL/T 5144—2001	≤1.0	0	≤5.0	≤10.0	≤15.0	≤1.0	0	≤5.0	≤10.0	≤15.0

(4)外加剂:采用上海陶正化工有限公司生产第三代聚羧酸超塑化剂 CS-SP1,主要检测净浆流动度、固含量、氯离子含量、碱含量、减水率等,检测汇总结果见表51。

表51 CS-SP1 外加剂品质检测结果

项目	固含量/%	氯离子含量/%	碱含量/%	pH	水泥净浆流动度/mm	减水率/%
检测次数	21	4	4	4	21	14
最大值	31.01	0.016	1.99	6.8	312	29.7
最小值	27.0	0.010	1.62	6.5	213	25.6
平均值	28.6	0.012	1.68	6.6	286	26.9
GB/T 8077—2000	—	—	—	—	—	≥15

4.12.2　高性能混凝土质量控制

漕河现场采用1.5 m³强制拌和机进行拌和,经试验确定拌和时间为90 s,设计要求坍落度为12~18 cm,在混凝土拌和过程中,试验人员对混凝土拌和物进行机口控制,根据《水工混凝土施工规范》(DL/T 5144—2001)要求严格控制,检查拌和时间是否满足规定要求,待混凝土出机后进行常规性能检测,即坍落度、混凝土温度、混凝土和易性等,满足要求后方可入仓,对不符合质量要求的混凝土,试验质控人员立即进行调整,直至符合要求。

(1)混凝土拌和物检测:单掺粉煤灰20%高性能混凝土、联掺粉煤灰硅粉混凝土拌和物性能检测结果见表52、表53,结果表明,混凝土拌和物满足施工要求。

(2)混凝土强度检测:高性能混凝土28 d平均抗压强度大于59.1 MPa配制强度,满足设计要求。结果见表54。

表52　单掺粉煤灰混凝土拌和物性能检测结果

项目	拌和物性能						
	混凝土温度/℃	气温/℃	坍落度/cm	密度/(kg/m³)	含气量/%	凝结时间	和易性
组数	571	571	571	108	128	初凝12 h 50 min 终凝16 h 30 min	较好、大流动性、有骨料下沉现象
最大值	30	38	18.6	2 486	5.8		
最小值	8	-5	14.0	2 340	2.5		
平均值	22	19	17.3	2 402	4.2		

表53　联掺粉煤灰硅粉混凝土拌和物性能检测结果

拌和物性能									
气温/℃	混凝土温度/℃	密度/(kg/m³)	含气量/%	出机坍落度/cm	棍度	凝结时间	黏聚性	含砂	泌水
27	28	2 404	3.8	17.8	上	初凝13 h 10 min 终凝17 h 5 min	好、流动性大、黏稠、无泌浆	中	无

表54　混凝土抗压强度统计

混凝土强度等级	龄期/d	检测组数	最大值/MPa	最小值/MPa	平均值/MPa	均方差/MPa	离差系数	保证率/%	质量等级
单掺粉煤灰C50F200W6	3	3	34.1	31.7	33.2	—	—	—	—
	7	19	47.8	39.6	44.5	—	—	—	—
	28	239	65.8	54.7	59.4	3.84	0.07	98.1	优良
	28(劈拉)	10	4.53	3.42	4.08	—	—	—	—
联掺粉煤灰、硅粉C50F200W6	3	3	—	—	32.1	—	—	—	—
	7	3	—	—	46.9	—	—	—	—
	28	3	—	—	59.7	—	—	—	—

（3）混凝土力学及变形试验：高性能混凝土 7 d 静力弹性模量大于 34.5 GPa，满足设计要求；极限拉伸值大于 $110×10^{-6}$，满足设计要求，结果见表 55。

表 55　混凝土力学及变形试验结果

类别	龄期/d	轴压强度/MPa	抗压弹性模量/GPa	轴拉强度/MPa	抗拉弹性模量/GPa	极限拉伸值/10^{-6}
单掺粉煤灰	7	38.8	35.6	3.01	34.8	101
	28	46.2	38.6	3.92	38.8	114
联掺粉煤灰硅粉	7	40.3	35.8	3.10	34.8	107
	28	46.8	37.6	4.15	38.4	125

（4）混凝土耐久性试验：设计强度等级 C50F200W6，共检测 4 组，检测结果满足设计 C50F200W6 的要求，结果见表 56。结果表明高性能混凝土具有很高的抗冻、抗渗性能。

表 56　混凝土抗冻、抗渗检测结果统计

设计等级	检测项目	50 次	100 次	150 次	200 次	W6
C50F200W6	平均质量损失/%	0.36	0.91	1.64	2.35	—
	平均相对冻弹模量/%	98.83	96.19	93.23	86.23	—
	渗水情况	—	—	—	—	试件均无渗水情况

注：表中所有数据为现场实际检测结果。

4.12.3　预应力混凝土浇筑质量控制

（1）在预应力混凝土浇筑构件内的钢筋绑扎以及波纹套管等各类预埋件埋设就位固定完毕后，经监理工程师检查合格后，进行预应力混凝土浇筑。

（2）预应力混凝土结构的模板安装、钢筋绑扎、混凝土浇筑及养护均执行《水工混凝土施工规范》（DL/T 5144—2001）及《漕河渡槽混凝土施工技术要求》。

（3）预应力混凝土浇筑应连续进行，不允许产生混凝土冷缝。

（4）新拌混凝土入仓时，不得对准波纹管；振捣混凝土时不得冲击预留孔道及锚具，同时要严防波纹管及锚具周边漏振。施工中随时检查预留孔道，确保孔道畅通。

（5）新拌混凝土振捣以 $\phi50$ 振捣棒为主，局部位置采用 $\phi80$ 振捣棒进行振捣。

（6）混凝土在生产、运输、浇筑全过程中严格进行温度控制，运输车辆采取保温措施，仓面也采取遮盖等温控措施。严格控制混凝土出机口温度，以满足技术条款要求。

4.12.4　接缝止水施工质量控制

（1）对已预埋在先浇块混凝土内的止水带，在续浇以前需要安妥保护，以免在施工过程中遭到人为破坏。对于有遇水膨胀线的止水带，防止水流提前浸润膨胀。

（2）对于橡胶止水带材料，应仔细检查、检测其规格型号、材料性能，合格以后才能使用。对于已老化、有孔洞或强度和防渗性能受损伤的止水带，不应使用。止水带应在材料仓库分类存放、避免受阳光直接照射。

（3）橡胶止水带应按设计图纸要求的部位和高程安装，将止水带牢靠地夹在模板中。止水带的中间空腔体应安装在接缝处，其空腔体中心线与接缝线偏差要满足规范要求。不允许在止水带上任意钉钉子或穿孔。为防止混凝土振捣时止水带受振时发生定位、翘曲等问题，应每隔1 m左右用铅丝将止水带固定在钢筋上。

（4）连接前先将止水带的油污和泥土等清洗干净，并将两端削成台阶状。橡胶止水带的连接用硫化器热粘接，静置冷却后即可形成一条整体的防渗止水带。橡胶止水带的熔接既要材料充分熔化，又不要烧焦发黄。熔接处要密实，没有气泡或漏焊的地方。

（5）止水带的防渗效果与混凝土浇筑有密切关系。对于垂直方向上的止水带，应在止水带两侧均匀地浇筑混凝土。对于水平或倾斜方向止水带，在浇下部混凝土时宜先将止水带稍加翻起，混凝土浇满并排气后放下止水带，再浇上面的混凝土，以免气泡和泌水聚集在其背面。

5　混凝土抗裂性能探讨

5.1　漕河渡槽输水特点

输水工程最怕的就是裂缝，按过去的经验，要确保渡槽没有裂缝，渡槽的单跨最大极限为10 m，可是为了保证150 m³/s流量的设计要求，漕河渡槽单体最长长度为30 m，是极限长度的3倍，更困难的是这个超极限长度的渡槽上面还要承担3 000 t水的荷载。3 000 t的水荷载是什么概念呢？就相当于在渡槽单跨600 m²的面积上有100多辆载重卡车压在上面。

5.2　混凝土开裂与收缩

在工程中，混凝土裂缝是造成混凝土结构耐久安全性隐患所在。混凝土裂缝过宽，会对钢筋混凝土结构正常使用带来以下问题：裂缝影响结构的整体性，裂缝导致结构使用功能的降低，裂缝引起结构耐久性的降低，缩短使用年限，裂缝有碍美观，往往给人以不安全感。

人们对混凝土的收缩给予了很大的关注，但引人关注的并不是收缩本身，而是由于它会引起开裂。混凝土的收缩现象有好几种，比较熟悉的是干燥收缩、温度收缩及塑性收缩等问题。

自身收缩与干缩一样，是由于水的迁移而引起的。但它不是由于水向外蒸发散失，而是因为水泥水化时消耗水分造成凝胶孔的液面下降，形成弯月面，产生所谓的自干燥作用，混凝土体的相对湿度降低，体积减小。水灰比的变化对干燥收缩和自身收缩的影响正相反，即当混凝土的水灰比降低时干燥收缩减小，而自身收缩增大。如当水灰比大于0.5时，其自干燥作用和自身收缩与干缩相比小得可以忽略不计；但是当水灰比小于0.35时，体内相对湿度会很快降低到80%以下，自身收缩与干缩则接近各占一半。这也是高性能混凝土在满足设计指标要求下，尽量选择较大水胶比的原因。为此，必须从混凝土组成材料上进行研究，选择最佳的多元胶凝材料组合以及与之相适应的外加剂。

自身收缩在混凝土体内均匀发生，并且混凝土并未失重。此外，低水灰比混凝土的自身收缩集中发生于混凝土拌和物的初龄期，因为在这以后，由于体内的自干燥作用，相对湿度降低，水化就基本上终止了。换句话说，在模板拆除之前，混凝土的自身收缩大部分已经产生,甚至已经完成,而不像干燥收缩,除未覆盖且暴露面很大的面积外,许多构件的干缩都发生在拆模以后,因此对拆模以后的混凝土必须及时对表面进行覆盖,这是防止混凝土不发生干缩的重要措施。

混凝土塑性收缩,在水泥活性大、混凝土温度较高,或者水灰比较低的条件下也会加剧引起开裂。因为这时混凝土的泌水明显减少,表面蒸发的水分不能及时得到补充,这时混凝土尚处于塑性状态,稍微受到一点拉力,混凝土的表面就会出现分布不规则的裂缝。出现裂缝以后,混凝土体内的水分蒸发进一步加快,于是裂缝迅速扩展。所以,在上述情况下混凝土浇筑后必须及时进行保湿养护。

5.3 对收缩、开裂的评价方法

正确地检测与评价混凝土的收缩与开裂趋势,是采取措施有效地减少或避免开裂的前提。在积累了浇筑水工大坝这类大体积结构混凝土的经验基础上,建立的防止混凝土早期产生温度裂缝的检测与评价方法,是通过测定绝热温升、水泥水化热等参数以选择原材料、确定配合比,并采取预冷拌和物和埋设冷却水管等措施来控制内外允许温差,总之是局限于尽量降低最大温升的办法预防开裂。但实际上并不是温度变化本身造成开裂,开裂是由于应力超过材料的强度所引起的,因此除温度变化外,所有影响应力和强度发展的因素,尤其是弹性模量、热膨胀系数以及松弛能力,包括它们在初期的变化都必须考虑在内。

混凝土由于温度升高而在早期易于开裂的问题,在于当温度开始上升时混凝土的弹性模量还非常小,因此只有一小部分热膨胀转化为压应力,这一阶段还很大的松弛能力则进一步使预压力减小,而随后的冷却过程中,弹性模量增大和松弛作用减小导致大得多的拉应力产生。

此外,由于混凝土水灰比(水胶比)的降低,干燥收缩和自身收缩相对大小变化,因此再用测定干缩的方法来评价混凝土,主要是低水灰比混凝土的收缩就不适宜了(待试件成型 1 d 或 2 d 后拆模测零点时,混凝土的自身收缩已经大半完成),这也是许多近年研究高强混凝土的课题得出收缩减小的结论,而用于工程开裂现象却比较严重的重要原因。当然,高强混凝土的抗压强度虽然大幅度增长,抗拉强度增长幅度相对要小得多,而且混凝土的弹性模量随之快速增长、松弛作用减小,因此总收缩值即使不变,甚至减小的情况下,受约束产生的拉应力则要大得多,也是单纯测定收缩难以评价混凝土开裂趋势另外一个重要的原因。

本文研究采用圆环抗裂法进行抗裂试验,直观地表明了各种材料组合的高性能混凝土的抗裂情况。

5.4 减少或防止混凝土开裂的措施

混凝土在各种不同情况下的开裂有着相当复杂的、多方面的原因。例如,因为自身收缩的上述特点,所以高强混凝土在浇筑后需要及早开始湿养护,尤其当混凝土温度、环境温度较高时更要注意。现行规范中对普通混凝土加强养护的措施,对高强混凝土就要理解为早养护,而不是延长养护时间。为了开始湿养护,就需要拆除模板,至少要松动,而这在工程中往往难以实现,于是刚一拆模就发现裂缝的现象就屡见不鲜了。所以,及早加强养护这也是混凝土采取被动防裂的重要措施。

不同水泥厂生产的同一品种水泥,只要是技术指标符合国家标准,通常就认为品质是一样的,其实水泥对开裂的敏感性差别悬殊,特别是粉磨细度大、C_3S 矿物含量高的早强水泥,这些水泥生产中存在的问题,是导致混凝土开裂非常重要的原因。

5.5　结构混凝土掺粉煤灰的探讨

在一定范围里,结构混凝土掺粉煤灰,决定因素是混凝土的水胶比,而不是粉煤灰的掺量决定使用效果。由于粉煤灰表观密度约只有水泥的 2/3,优质的Ⅰ级粉煤灰需水量比小,堪称固体减水剂,可以明显起到降低混凝土水胶比和改善性能的作用。有关研究资料表明当水胶比降低到 0.35 时(取决于水泥与粉煤灰的需水量),当采用 P·O42.5 水泥,粉煤灰掺量可以突破规范 25%限制,则 28 d 强度可以达 40 MPa 以上,优于纯水泥混凝土。

掺粉煤灰混凝土拌和物性能要显著大于相近水灰比的纯水泥混凝土拌和物,在泵送混凝土中,由于粉煤灰颗粒的滚珠润滑作用,表现为泵送压力低、易于成型密实。

大掺量粉煤灰混凝土的抗裂性能优异无可怀疑,同时混凝土结构的耐久性可以得到显著改善,粉煤灰的高值利用也将为环境保护、可持续发展带来益处。

6　结语

(1)漕河大型渡槽是南水北调中线工程总干渠上的一座大型交叉建筑物,渡槽长度、跨度、规模、引水流量及荷载均为目前国内和亚洲最大的。漕河渡槽体形结构复杂,抗裂性能要求高,施工工期紧张,所以三槽一联薄壁结构大型渡槽预应力高性能混凝土施工技术面临着许多技术难题和挑战。

(2)针对大型渡槽的特征,材料措施仍是最有效、最重要的抗裂手段。大型渡槽高性能混凝土配合比设计通过大量的试验,利用多种材料性能互补原理,研究不同组合对混凝土抗裂性能影响。采用低碱含量的绿色环保第三代聚羧酸高效减水剂,优选了抗裂性能好的高性能混凝土组合方案。现场施工表明:高性能混凝土施工配合比和易性好、可泵性强,有利于混凝土抗裂性能提高,满足设计和施工要求。特别是 C50 高性能混凝土采用适宜的水胶比,单位用水量和胶材用量与同等级的高性能混凝土相比,施工配合比达到了国内领先和国际先进水平。

(3)大型渡槽多侧墙段为三槽一联简支结构预应力混凝土,采用后张法施工工艺,由于受渡槽结构、温度控制、张拉孔道等施工干扰的影响,给预应力施工增加了极大的难度。采用高压空气输入到预应力孔道,排除潮气和杂物,进一步提高了锚索的抗腐蚀能力和渡槽的稳定性。预应力后张法张拉精度静荷载试验达到了国内先进水平,填补了国内特大渡槽预应力施工技术的空白,创造了大型渡槽空前的施工记录和先例,实现了主动防裂与被动防裂于一体的完美结合。

(4)漕河大型渡槽施工始终坚持把"精品工程、雕塑工程"的理念贯彻在混凝土施工全过程中,对渡槽槽身模板支撑进行了科学慎密的计算,极大地提升了混凝土浇筑的技术含量,有效防止了渡槽混凝土浇筑工程中产生的错台、漏浆、麻面等常见的质量缺陷,从根本上提高了渡槽槽身的防裂防渗效果,渡槽达到了内实外光、体形美观的先进水平。对已浇筑完成的槽身进行裂缝检查,截至目前,还没有发现裂缝。

（5）漕河大型薄壁结构渡槽是具有国际级水平等级的引水工程，其渡槽体形之复杂、施工难度之大、技术含量之高、工艺要求之严均超过以往引水工程的施工。渡槽面对从未有过的长度和荷载，防裂抗裂面临着极大的挑战，工程人员通过施工技术创新，有效提高了渡槽抗裂防渗等耐久性能，有利于渡槽使用寿命的延长。充水试验结果表明渡槽防渗效果良好。

中国水利水电第四工程局

二〇〇七年九月

参考文献

[1] 南水北调中线京石段应急供水工程漕河渡槽 C50 混凝土配合比试验大纲冀漕 Ⅱ Ⅲ 试第 2 号[Z].

[2] 南水北调中线干线工程建设管理局文件中线局工〔2005〕8 号关于印发《预防混凝土工程碱骨料反应技术条例》实行的通知[Z].

[3] 南水北调中线干线工程建设管理局漕河项目建设管理部文件中线局漕河技〔2006〕4 号关于印发《南水北调中线干线漕河项目混凝土碱活性反应预防及抑制措施》的通知[Z].

[4] 水工混凝土建筑物检测与修补[C]//第七届全国水工混凝土建筑物修补加固技术交流会论文集. 2003.

大坝混凝土材料及分区技术创新实践浅析★

田育功

（汉能控股集团金安桥水电站有限公司,云南丽江　674100）

【摘　要】 本文主要针对水利(SL)与电力(DL)工程标准对大坝混凝土材料及分区设计的影响,根据混凝土坝设计及施工规范,结合拉西瓦混凝土拱坝、向家坝常态(碾压)混凝土重力坝以及金安桥碾压混凝土重力坝等工程实例,从大坝混凝土设计指标、原材料新技术发展、坝体混凝土分区优化等方面对大坝混凝土材料及分区技术创新实践进行浅析,为大坝混凝土温控防裂提供经验借鉴和技术支撑。

【关键词】 大坝混凝土;温控防裂;标准统一;设计龄期;材料分区

1　引言

近年来,我国已建和在建的高坝大库中主要以混凝土坝为主,混凝土重力坝以举世瞩目的三峡及龙滩、光照、向家坝、官地、金安桥等 200 m 级的重力坝为代表,混凝土拱坝以锦屏一级、小湾、溪洛渡、拉西瓦、二滩等 250~300 m 级的拱坝为代表,突显了混凝土坝以其布置灵活、安全可靠的优势,在高坝、大库挡水建筑物中的重要作用。

混凝土坝是典型的大体积混凝土,温控防裂问题十分突出,所谓“无坝不裂”的难题一直困扰着人们,“温控防裂”已成为制约混凝土坝技术快速发展的瓶颈。为此,有关混凝土坝设计规范或混凝土施工规范均把“温度控制及坝体防裂”列为最重要的章节之一,几十年来大坝的温度控制与坝体防裂一直是坝工界所关注和研究的重大课题。科学地进行无裂缝混凝土坝的技术创新研究,是混凝土坝研究的一个重要方向。大坝混凝土材料及分区设计的科学合理与否将直接关系到混凝土大坝的温控防裂,而大坝混凝土材料及分区设计与执行不同的水利(SL)和电力(DL)工程标准密切相关。

潘家铮院士指出[1]:“一个国家的技术标准既是指导和约束设计、施工及制造行业的技术法规,也是反映国家科技水平的指标,所以其编制和修订工作至关重要。水电行业既是广义的水利工程的一部分,又和电力行业有紧密的联系。”中国的水利水电工程技术标准虽然较齐全,但由于电力体制的改革以及标准归属的政府行为,被分为水利(SL)和电力(DL)行业标准,导致了水利水电工程标准分割的各自为政局面,没有形成合力,与我国水利水电大国的地位和加入 WTO 的要求极不相称,也影响到“走出去”战略海外市场的开发。特别是技术标准的修订往往滞后于 5 年,需要认真研究和反思。水利水电工程水

★本文原载于《第四届水库大坝新技术推广研讨会论文集》,技术研讨会主旨发言,2015 年 5 月,云南丽江。

利(SL)与电力(DL)标准的互联互通和标准统一,要从顶层设计深化体制机制改革,从国家战略定位出发,与《中国制造 2025》同步,为水利水电工程技术创新和可持续发展提供新的驱动力。

本文主要针对水利(SL)与电力(DL)工程标准对大坝混凝土材料及分区设计的影响,根据混凝土坝设计及施工规范,结合拉西瓦混凝土拱坝、向家坝常态(碾压)混凝土重力坝以及金安桥碾压混凝土重力坝等工程实例,从大坝混凝土设计指标、原材料新技术发展、坝体混凝土分区优化等方面对大坝混凝土材料及分区技术创新实践进行浅析,为大坝混凝土温控防裂提供经验借鉴和技术支撑。

2 大坝混凝土设计指标分析

2.1 大坝混凝土强度等级 C 与标号 R 分析

1987 年之前,我国的混凝土抗压强度分级指标采用"标号 R"表达。1987 年国家标准《混凝土强度检验评定标准》(GBJ 107—1987)改以"强度等级 C"表达。此后,工业、民用建筑部门在混凝土的设计和施工中均按上述标准,以混凝土强度等级 C 代替混凝土标号 R。水工混凝土为了与国际标准协调,将原规范的混凝土标号改为混凝土强度等级。混凝土强度等级均采用混凝土(concrete)的首字母 C 表示,如 $C_{90}15$、$C_{90}20$、$C20$、$C30$ 等,脚标表示设计龄期为 90 d,无脚标的表示设计龄期为 28 d,后面数字表示抗压强度为 15 MPa、20 MPa、30 MPa。

但是水利(SL)标准在混凝土坝设计规范中水工混凝土强度仍采用标号 R 表示,标号 R 的单位为"kg/cm^2",特别需要说明的是"kg/cm^2"强度单位为非国际计量单位。水利标准《混凝土重力坝设计规范》(SL 319—2005)条款 8.5.3 规定:"选择混凝土标号时,应考虑由于温度、渗透压力及局部应力集中所产生的拉应力、剪应力。坝体内部混凝土的标号不应低于 $R_{90}100$,过流表面的混凝土标号不应低于 $R_{90}250$"。《混凝土拱坝设计规范》(SL 282—2003)条款 10.1.1 规定:"坝体混凝土标号分区设计应以强度作为主要控制指标。"

大坝混凝土抗压强度采用强度等级 C 和标号 R 符号的不统一,一方面与我国计量法和"走出去"的战略不相符,另一方面也严重制约束缚了水工混凝土技术创新发展。比如某水利工程,大坝为碾压混凝土拱坝,采用水利(SL)标准,大坝碾压混凝土设计指标 $R_{90}150$、$R_{90}200$,而常态混凝土设计指标采用 $C_{90}20$ 或 $C20$ 强度等级,在一个工程中混凝土设计指标采用两种符合标示,显得格格不入和十分蹩脚。同时混凝土强度等级与标号并非相等关系,《混凝土重力坝设计规范》(DL 5108—1999)在条文说明中对此做了很好的诠释,分析表明,大坝混凝土强度等级 C 与原大坝常态(碾压)混凝土标号 R 并非对应关系,即 $C_{90}15(MPa) \neq R_{90}150$。按照国际标准化组织《混凝土按抗压强度的分级》(ISO 3893—1977)的规定,应取消水利(SL)标准大坝混凝土标号 R,大坝混凝土应采用统一的强度等级 C 表示,如 $C_{90}15$、$C_{90}20$、$C_{180}20$、$C_{180}30$ 等。

2.2 大坝混凝土采用 180 d 设计龄期分析

大坝混凝土是最典型的大体积混凝土,温控防裂始终是混凝土坝设计、科研试验、施工技术及质量控制的关键和核心技术。近年来,大坝内部常态混凝土粉煤灰掺量高达 30%~40%,碾压混凝土粉煤灰掺量高达 60%以上,有效延缓了大坝混凝土水化热温升。

由于大坝混凝土掺用大量的粉煤灰,早期混凝土强度很低,但后期强度增长显著。大量试验结果表明,一般大坝常态混凝土 28 d、90 d、180 d 龄期的抗压强度增长率大致为 1:(1.3~1.5):(1.6~1.8)。

纵观大坝混凝土设计龄期,由于采用不同的水利(SL)或电力(DL)标准,大坝混凝土设计龄期则完全不同。例如,相同的碾压混凝土坝,采用水利(SL)标准设计的碾压混凝土坝,碾压混凝土抗压强度均采用 180 d 设计龄期,比如棉花滩、百色、喀腊塑克、武都水库等。反观电力(DL)标准设计的碾压混凝土坝,碾压混凝土抗压强度基本采用 90 d 设计龄期,比如大朝山、蔺河口、沙牌、龙滩、光照、金安桥等。20 世纪 90 年代,我国二滩高拱坝混凝土开始采用 180 d 设计龄期,近年来的特高拱坝混凝土抗压强度均采用 180 d 设计龄期,比如拉西瓦、小湾、溪洛渡、锦屏一级等特高拱坝,坝高分别达到 250 m、292 m、278 m、305 m。目前已建成的光照 200.5 m、龙滩 196 m、三峡 181 m 等混凝土重力坝,其最大坝高均未超过拱坝,但大坝混凝土抗压强度均采用 90 d 设计龄期。

大坝混凝土抗压强度设计龄期采用 90 d 或 180 d 不是一个简单的选用问题,大坝混凝土采用不同的设计龄期将直接关系到大坝温控防裂性能和经济性。设计需要针对大坝混凝土水泥用量少、掺和料掺量大、水化热温升缓慢、早期强度低等特点,应充分利用水工混凝土后期强度,可以有效简化温度控制措施。比如金沙江向家坝水电站重力坝,装机 6 400 MW,坝高 162 m,虽然设计单位采用电力(DL)标准,但通过技术创新,大坝下部、内部常态混凝土和碾压混凝土设计龄期均采用 180 d 抗压强度。大坝混凝土采用 180 d 设计龄期是混凝土坝温控防裂十分关键的技术,具有十分重要的现实意义。

3 大坝混凝土材料新技术发展

3.1 标准对大坝混凝土材料要求

《混凝土重力坝设计规范》(SL 319 或 DL 5108)、《碾压混凝土坝设计规范》(SL 314)对大坝混凝土材料规定:大坝混凝土(碾压混凝土)所用的水泥、骨料、活性掺和料、外加剂和拌和用水应符合现行的国家标准及有关行业标准的规定。《混凝土拱坝设计规范》(DL/T 5346)对坝体混凝土材料规定:高拱坝混凝土应优先选用中热硅酸盐水泥或发热量较低的硅酸盐水泥,并应外掺粉煤灰、减水剂和引气剂,以满足混凝土温控和耐久性要求。外掺粉煤灰的等级、品质要求应符合《水工混凝土掺用粉煤灰技术规范》(DL/T 5055)的规定,并保证混凝土有足够的早期强度。《水工混凝土施工规范》(DL/T 5144—2001)、《水工碾压混凝土施工规范》(DL/T 5112)对水工混凝土所用的材料品种、品质、掺量、使用方法等提出了更为具体的要求。

水工混凝土是典型的多相非均质体材料。水工混凝土原材料质量稳定与否,直接关系到混凝土配合比试验数据的可靠性、使用的吻合性以及拌和物质量的稳定控制。合理的原材料选择和产量的保障供应,是保证水工混凝土质量和快速施工的关键,必须引起高度重视。

3.2 大坝混凝土对水泥内控指标要求

《通用硅酸盐水泥》(GB 175—2007)(简称普通水泥)标准中,取消了普通水泥强度等级 32.5 和 32.5R;《中热硅酸盐水泥、低热硅酸盐水泥、低热矿渣硅酸盐水泥》(GB

200—2003)标准中,对中热硅酸盐水泥规定其强度等级仅 42.5 一种等级。

大量的试验研究成果和工程实践表明:水泥细度与混凝土早期发热快慢有直接关系,水泥细度越小,即比表面积越大,混凝土早期发热越快,不利于温度控制;适当提高水泥熟料中的氧化镁含量可使混凝土体积具有微膨胀性能,部分补偿混凝土温度收缩;为了避免产生碱-骨料反应,水泥熟料的碱含量应控制在 0.6% 以内,同时考虑掺和料、外加剂等原材料的碱含量,规范要求控制混凝土总碱含量小于 3.0 kg/m³。由于散装水泥用水泥罐车运至工地的温度是比较高的,规范规定"散装水泥运至工地的入罐温度不宜高于 65 ℃"。

举世瞩目的三峡工程开创了中国乃至世界许多水利水电工程的第一。三峡大坝混凝土为了降低水泥的水化热,对中热硅酸盐水泥的矿物组成提出了具体的内部控制指标要求:要求中热水泥硅酸三钙(C_3S)的含量在 50% 左右,铝酸三钙(C_3A)含量小于 6%,铁铝酸四钙(C_4AF)含量大于 16%。由于硅酸三钙(C_3S)和铝酸三钙(C_3A)含量降低,水化较为平缓,对坝体混凝土防裂十分有利。同时三峡工程针对使用中热硅酸盐水泥供应厂家多达 3~4 家的情况,为此严格限定了每一个厂家供应的水泥所使用的工程范围和部位,保证了大坝混凝土质量和外观颜色的一致;要求中热水泥比表面积控制在 280 ~ 320 m²/kg、熟料 MgO 含量指标控制在 3.5%~5.0%、进场水泥的温度要求不允许超过 60 ℃,控制混凝土总碱含量小于 2.5 kg/m³。

近年来,大型水利水电工程纷纷效仿三峡工程的做法,大坝混凝土对水泥的比表面积、氧化镁、三氧化硫、碱含量、水化热、抗压强度、抗折强度以及铝酸三钙(C_3A)、铁铝酸四钙(C_4AF)和进场工地水泥温度等指标,提出了严格的控制指标要求,有效降低了混凝土水化热温升并控制了水泥质量波动。比如拉西瓦、小湾、溪洛渡、锦屏、金安桥等工程,根据工程具体情况,对中热水泥提出了特殊的内控指标要求,并派驻厂监造监理,从源头上保证了水泥出厂质量。

3.3 大坝混凝土掺和料研究与应用

掺和料是水工混凝土胶凝材料重要的组成部分,近年来先后制定颁发了水工混凝土掺用掺和料技术标准,比如《水工混凝土掺用粉煤灰技术规范》(DL/T 5055—2007)、《水工混凝土掺用磷渣粉技术规范》(DL/T 5387—2007)、《水工混凝土掺用天然火山灰质材料技术规范》(DL/T 5273—2012)、《水工混凝土掺用石灰石粉技术规范》(DL/T 5304—2013)等标准,为水工混凝土掺和料应用提供了技术支持。掺和料最大的贡献是微骨料作用,掺和料的掺用有效改善了混凝土拌和物的和易性,增加内聚力,减少离析;延缓水泥水化热温峰出现时间,降低水化热,减少大体积混凝土的温升值,与水工大体积混凝土强度发展规律相匹配,对减少温度裂缝十分有利;特别是在碾压混凝土中掺和料有效提高了浆砂体积含量,对提高碾压混凝土可碾性、液化泛浆、层间结合质量十分关键。

目前,大坝混凝土掺和料仍主要以粉煤灰为主,粉煤灰不但掺量大、应用广泛,其性能也是掺和料中最优的。比如三峡大坝,掺用优质的 I 级粉煤灰,其需水量比小于 95%,堪称固体减水剂,为此,大坝内部混凝土 I 级粉煤灰掺量达到胶凝材料的 35%~40%。碾压混凝土主要以 II 级粉煤灰为主,但对其需水量比提出不宜大于 100% 的要求,从而保证了 II 级粉煤质量,粉煤灰掺量一般高达胶凝材料的 50%~65%。

近年来,水电工程所处的地理位置十分偏远,距离粉煤灰货源越来越远。为此,水工混凝土掺和料品种范围不断扩大,掺和料逐步发展到磨细的粒化高炉矿渣、磷矿渣、火山灰、凝灰岩、石灰岩、铜镍矿渣等活性掺和料。比如,大朝山碾压混凝土采用磷矿渣+凝灰岩各 50% 的复合掺和料,简称 PT 掺和料;景洪、戈兰滩、居甫渡、土卡河等工程采用铁矿渣+石灰石粉各 50% 的复合掺和料,简称 SL 掺和料;龙江、等壳、腊寨等工程采用天然火山灰质掺和料;藏木、大华桥等工程采用石灰石粉作掺和料;新疆冲乎尔采用铜镍矿渣等掺和料。上述掺和料的性能、掺量均与 II 级粉煤灰相近,使用效果较好,但后期强度增长幅度较小。

3.4　砂石骨料新技术实践分析[3]

砂石骨料是混凝土的主要原材料,规范对其有严格的质量要求,骨料的质量和数量决定工程能否顺利施工且关系到工程的经济性。一般骨料约占到水工混凝土体积的 80% ~ 85%,因此必须通过严密的勘探调查、系统的物理力学性能试验及经济比较,正确地选择料场。水工混凝土配合比设计和拌和质量控制中,骨料均采用饱和面干状态进行计算,这是水工混凝土与普通混凝土在配合比设计中的最大区别。

3.4.1　人工砂石粉含量控制技术分析

《水工混凝土施工规范》(DL/T 5144—2001)、《水工碾压混凝土施工规范》(DL/T 5112—2009),分别对人工砂石粉含量控制指标范围进行了修订,提高常态混凝土人工砂石粉含量为 6% ~ 18%,碾压混凝土人工砂石粉含量为 12% ~ 22%。大量的工程实践及试验证明,人工砂中含有较高的石粉含量,能显著改善混凝土性能,石粉最大的贡献是提高了混凝土浆体含量,有效改善了混凝土的施工性能和抗渗性能。特别是碾压混凝土用的人工砂中含有较高的石粉含量,可以显著改善碾压混凝土的工作性、抗骨料分离、液化泛浆、可碾性、密实性以及层间结合质量等,同时提高了硬化混凝土抗渗性能、力学指标及断裂韧性。石粉可作掺和料,替代部分粉煤灰。适当提高石粉含量,亦可提高人工砂的产量,降低成本,增加了技术经济效益。因此,合理控制人工砂石粉含量,是提高混凝土质量的重要措施之一。

比如,百色工程采用辉绿岩人工骨料干法生产,石粉含量高达 20% 左右,且人工砂小于 0.08 mm 微粉占石粉含量的 30% 左右,为此采用小于 0.08 mm 微石粉替代部分粉煤灰,碾压混凝土可碾性、液化泛浆和层间结合质量得到显著提高;金安桥大坝为碾压混凝土重力坝,骨料为弱风化玄武岩人工骨料,由于弱风化玄武岩骨料特点,加工的人工砂石粉含量较低,为此采用外掺石粉代砂技术,有效地改善了新拌碾压混凝土工作性能,提高了层间结合质量。

3.4.2　施工缝面富砂浆混凝土替代铺筑砂浆技术创新

《水工混凝土施工规范》(DL/T 5144—2001)条款 7.3.5 规定:基岩面和新老混凝土施工缝面在浇筑第一层混凝土前,可铺水泥砂浆、小级配混凝土或同强度等级的富砂浆混凝土,保证新混凝土与基岩或新老混凝土施工缝面结合良好。近年来,大坝混凝土施工缝面采用富砂浆混凝土替代铺筑砂浆技术创新得到广泛应用,基岩面和新老混凝土施工缝面从原来一级配富浆混凝土已经发展到目前的三级配富浆混凝土。比如:三峡大坝普遍采用同标号富砂浆混凝土作为接缝混凝土,混凝土厚度为 20 ~ 40 cm[4];拉西瓦拱坝基岩面采用三级配同标号富砂浆混凝土作为接缝混凝土,混凝土厚度为30~50 cm。大坝新老混凝土层缝面采用富浆混凝土替代铺筑砂浆,很好地解决了因为施工缝面铺筑砂浆与混凝土浇筑不同步、砂浆失水干燥易形成夹层的问题。

3.4.3 粗骨料最大粒经与级配技术创新

《水工混凝土施工规范》(DL/T 5144—2001)规定:粗骨料按粒经范围确定原则,分为小石(5~20 mm)、中石(20~40 mm)、大石(40~80 mm)、特大石(80~150 mm)4 种。粗骨料按最大粒径确定原则分成下列几种级配:

(1)一级配:5~20 mm,最大粒径为20 mm。

(2)二级配:分成5~20 mm 和20~40 mm,最大粒径为40 mm。

(3)三级配:分成5~20 mm、20~40 mm 和40~80 mm,最大粒径为80 mm。

(4)四级配:分成5~20 mm、20~40 mm、40~80 mm 和80~150 mm(或120 mm),最大粒径为150 mm(或120 mm)。

近年来,大坝混凝土骨料最大粒径与级配进行了不同技术创新。比如昆明红坡水库碾压混凝土重力拱坝采用三级配全断面碾压混凝土施工,即取消了坝体上游面防渗区二级配碾压混凝土,实现了坝体全断面三级配碾压混凝土自身防渗,有效简化了施工,加快了施工进度;百色碾压混凝土重力坝内部采用 $R_{180}15W4F25$ 一种标号,针对辉绿岩骨料表观密度大,弹性模量高的特点,百色碾压混凝土采用骨料最大粒经60 mm,准三级配,有效降低了碾压混凝土弹性模量,提高了大坝的抗裂性能,同时也提高了碾压混凝土抗骨料分离能力和施工质量;沙沱碾压混凝土重力坝,坝体内部采用 $C_{90}15$ 四级配碾压混凝土,设计总量15.7 万 m³。四级配碾压混凝土技术创新,有效降低了水泥用量,增加了碾压层厚度,减少了施工层缝面,把三级配碾压混凝土30 cm 层厚提高到45 cm 层厚,不但加快了施工进度,而且减少了水泥水化热温升,简化了温控措施,具有较大的经济效益。国外的缅甸耶瓦、泰国、越南等碾压混凝土坝一般采用一种设计指标、一种级配(最大粒径50 mm或40 mm)。三峡三期围堰二级配、三级配碾压混凝土采用一种 $R_{90}15W8F50$ 设计指标。在粗骨料最大粒经与级配上还需要不断进行技术创新研究。

3.5 外加剂技术发展

当代大体积水工混凝土外加剂主要采用缓凝高效减水剂和引气剂。由于水泥硬化所需水量一般只为水泥或胶凝材料质量的20%左右,混凝土拌和水中其余水量在蒸发散失过程中极易形成连通的毛细孔道,造成混凝土缺陷。采用高效减水剂减少拌和用水对改善混凝土微观结构,提高强度、抗渗、抗冻、抗裂等多种性能作用显著。近年来,水利水电工程不论是常态混凝土还是碾压混凝土,设计对其耐久性均提出了更高的要求。抗冻等级是耐久性极为重要的指标,不论是寒冷地区或南方温和炎热地区,还是大坝外部、内部,混凝土均设计有抗冻等级。所以,大坝混凝土主要使用缓凝高效减水剂和引气剂,这两种外加剂复合使用,要求其具有较高的减水率和缓凝效果,且保持一定的含气量,使混凝土拌和物满足施工要求的工作性、层间结合和耐久性等质量要求。《水工混凝土施工规范》(DL/T 5144—2001)规定:"外加剂应配制成水溶液使用。配制溶液时应称量准确,并搅拌均匀。"

减水率是评价外加剂性能的主要技术指标,《水工混凝土外加剂技术规程》规定:缓凝高效减水剂减水率大于 15%,引气剂减水率大于 6%。随着对水工混凝土质量要求的提高,对减水剂的减水率等质量要求也越来越高,大型水利水电工程为了有效降低混凝土单位用水量,保证大坝混凝土质量稳定,对使用的外加剂减水率提出了具体的内部指标要求。比如,如二滩、三峡、拉西瓦、小湾等大型水利水电工程大量应用的萘系缓凝高效减水剂,要求其减水率大于 18%。百色、金安桥工程针对碾压混凝土分别采用辉绿岩、玄武岩硬质骨料的特性,导致混凝土单位用水量高、凝结时间短、液化泛浆差等施工难题,需要大幅度减少混凝土单位用水量,特别是用水量居高不下时,不但要求缓凝高效减水剂的减水率高,同时还采用提高外加剂掺量的技术路线,使辉绿岩、玄武岩骨料常态(碾压)混凝土性能和施工性能得到明显改善。

4　大坝混凝土分区技术创新与工程实践

4.1　大坝混凝土分区设计分析

大坝混凝土分区科学合理与否,对坝体混凝土温控防裂、快速施工、整体性能和经济性有着十分重要的现实意义。

(1)重力坝混凝土分区。《混凝土重力坝设计规范》(SL 319 与 DL 5108)对大坝混凝土材料及分区规定:坝体常态混凝土应根据不同部位和不同条件分区。根据坝体混凝土分区图和大坝混凝土分区特性表,重力坝常态混凝土分为六区:Ⅰ区——上游、下游水位以上坝体外部表面混凝土;Ⅱ区——上游、下游水位变化区的坝体外部表面混凝土;Ⅲ区——上游、下游最低水位以下坝体外部表面混凝土;Ⅳ区——坝体基础混凝土;Ⅴ区——坝体内部混凝土;Ⅵ区——抗冲刷部位的混凝土(例如溢流面、泄水孔、导墙和闸墩等)。

(2)拱坝混凝土分区。《混凝土拱坝设计规范》(SL 282)对坝体混凝土规定:坝体混凝土标号分区设计应以强度为主要控制指标。混凝土的其他性能指标应视坝体不同部位的要求作校验,必要时可提高局部混凝土性能指标,设不同标号分区。高拱坝拱冠与拱端坝体应用相差较大时,可设不同标号区。坝体厚度小于 20 m 时,混凝土标号不宜分区。同一层混凝土标号分区最小宽度不宜小于 2 m;《混凝土拱坝设计规范》(DL/T 5346)对坝体混凝土分区规定:坝体混凝土可根据应用分布情况或其他要求,设置不同混凝土分区。当坝体厚度不大时,同一浇筑层混凝土不宜分区。混凝土拱坝坝体分区采用水利(SL)或电力(DL)不同标准,其规范条款描述是不尽相同的。

国内在大坝混凝土材料及分区设计与国外类似工程相比,呈现过于复杂的状况。比如国内有的碾压混凝土重力坝,其高度、坝型基本相同,其高度远非与龙滩、光照可比,并非 200 m 等级的高坝,但在坝体材料及分区上仍采用下部、中部、上部 3 种设计指标,对施工不利。

4.2　拉西瓦混凝土拱坝分区优化技术创新

拉西瓦水电站大坝为混凝土双曲拱坝,最大坝高 250 m,水库正常蓄水位 2 452 m,安装 6 台 70 万 kW 的水轮机组,总装机 420 万 kW,主体工程混凝土总量 373.4 万 m³,其中坝体混凝土 253.9 万 m³,为黄河上最大的水电站。坝址区为高原寒冷地区,气候干燥,冬季干冷,夏季光照射时间长。工程具有冬季施工期长、寒潮出现次数多、日温差大等特点,且坝高库大,对混凝土质量要求十分严格。

拉西瓦拱坝原设计坝体混凝土分区为下部、中部及上部三区,坝体相应混凝土设计指标上部 $C_{180}35F300W10$、中部 $C_{180}30F300W10$ 及上部 $C_{180}25F300W10$。2004 年 9 月业主组织专家对两单位提交的《黄河拉西瓦水电站工程配合比设计试验报告》进行了认真审查。通过对原材料比选试验、混凝土拌和物性能、力学性能、耐久性性能、变形性能、热学性能、全级配混凝土试验以及大坝应力计算等结果分析,专家对原设计的"黄河拉西瓦水电站工程主要混凝土标号设计要求"提出了优化设计意见:

(1)原混凝土设计强度等级优化为 C32,设计经应力计算 C32 混凝土可以满足拱坝的强度要求。

(2)抗冻等级 F200 全部提高到 F300,抗渗等级 W8 全部提高到 W10。主要是拉西瓦坝高库大、地处青藏高原、气候条件十分恶劣,耐久性指标已成为混凝土设计的主要控制指标。

(3)粉煤灰掺量从原设计规定的 30% 掺量提高到 30% 及 35% 两种掺量。因拉西瓦工程混凝土采用的红柳滩砂砾料场骨料具有潜在碱硅酸反应活性,提高粉煤灰掺量对抑制碱骨料反应是最有效的措施。

通过混凝土设计指标优化,拱坝混凝土分区也相应简化为二区。优化后拱坝上部和外部混凝土设计指标 $C_{180}25F300W10$、中部和底部 $C_{180}32F300W10$,采用三级配、四级配,强度保证率 $P=85\%$。不论拱坝的底部、上部、内部和外部,抗冻等级(F300)和极限拉伸值(28 d 为 $0.85×10^{-4}$,90 d 为 $1.0×10^{-4}$)均采用同一指标。优化的混凝土设计指标对拱坝混凝土的耐久性和抗裂性能提出了更为严格的要求,分区也更为简单科学合理。同时根据第一阶段的试验结果,对混凝土总碱含量以及水胶比、坍落度、含气量等参数也提出了相应的控制指标。拉西瓦拱坝混凝土设计指标及分区优化为拱坝快速施工和温控防裂发挥了积极作用。

4.3 向家坝重力坝混凝土设计龄期及分区优化

向家坝水电站主坝为混凝土重力坝,坝顶高程 384.00 m,最大坝高 162 m,坝顶长度 909.26 m;泄水坝段位于河床中部略靠右岸,泄洪采用表孔、中孔联合泄洪的方式,中表孔间隔布置,共布置 10 个中孔及 12 个表孔。升船机坝段位于河床左侧,由上游引航道、上闸首、塔楼段、下闸首和下游引航道等 5 部分组成,全长 1 260 m。发电厂房分设于右岸地下和左岸坝后,各装机 4 台,单机容量均为 800 MW,总装机容量 6 400 MW。主体及导流工程混凝土总量约 1 369 万 m^3。

根据 2007 年 12 月 27 日在成都召开的《研究向家坝水电站左岸大坝混凝土施工方案及截流时段专题会议》(2008 年第 6 期)精神,向家坝工程截流时段选择在 2008 年 12 月中旬。为了加快左岸大坝主体混凝土施工进度,确保截流目标的实现,将左岸主体工程冲沙孔~左非 1$^\#$坝段高程 222~253 m 部位改为采用碾压混凝土施工。参照向家坝工程建设部《向家坝工程试验检测工作月例会纪要》(2009 年第 242 期)中"关于统一二期工程混凝土配合比主要参数",开展室内混凝土拌和物性能试验,混凝土配合比的计算采用绝对体积法。

向家坝二期工程Ⅱ标段常态混凝土分区及设计指标:基础 $C_{180}25W10F150$、坝体内部 $C_{180}15W8F150$ 及水上、水下外部 $C_{180}20W10F150$。同时,对坝体坝基齿槽及内部坝、缺口坝段等部位分区优化为碾压混凝土,有效加快了施工进度。大坝碾压混凝土设计指标:三级配 $C_{180}25W8F100$、二级配 $C_{180}25W10F150$,设计龄期 180 d。向家坝混凝土重力坝虽然采用电力(DL)标准,但通过技术创新,大坝混凝土抗压强度采用 180 d 设计龄期,破除了电力(DL)标准大坝混凝土抗压强度采用 90 d 设计龄期的行业规定。

4.4　金安桥重力坝碾压混凝土分区优化

金安桥水电站是金沙江中游河段"一库八级"水电规划的第五级电站,电站装机 2 400 MW。工程枢纽主要由碾压混凝土重力坝、溢流表孔及其消能设施、右岸泄洪冲沙底孔、左岸冲沙底孔、电站进水口及坝后厂房等建筑物组成,坝顶高程 1 424 m,最大坝高 160 m,工程混凝土总量 629.62 万 m^3。

4.4.1　非溢流坝段坝体碾压混凝土分区优化

金安桥大坝原设计非溢流坝段 1 413 m 高程以下分区为碾压混凝土,1 413 m 高程以上至坝顶 13 m 原坝体混凝土分区为常态混凝土,设计指标三级配 $C_{90}15F50W8$。针对非溢流坝段至坝顶上部为常态混凝土分区情况,2008 年 6 月业主和设计进行协商,对坝体非溢流坝段上部常态混凝土分区进行优化。将原设计文件招标图《混凝土分区图》,通过实施文件:0#~5#坝段(左岸非溢流坝段)混凝土分区图、16#~20#坝段混凝土分区图优化为碾压混凝土,碾压混凝土分区范围从 1 413 m 高程提高至 1 422.5 m 高程,即把碾压混凝土分区提高 9.5 m,置换常态混凝土 3.33 万 m^3。金安桥大坝利用碾压混凝土快速坝技术,采用相同设计指标的 $C_{90}15F50W8$ 三级配碾压混凝土置换常态混凝土,常态混凝土胶凝材料用量 200 kg/m^3(水泥用量 120 kg/m^3),碾压混凝土胶凝材料用量 160 kg/m^3(水泥用量 63 kg/m^3),采用碾压混凝土替代常态混凝土,节约水泥 57 kg/m^3,有效降低混凝土水化热温升 6~9 ℃,十分有利于大坝温控防裂,有效加快了施工进度,取得了良好的技术经济效益。

4.4.2　右冲底孔泄槽基础碾压混凝土分区优化

金安桥泄水建筑物原设计右冲底孔泄槽基础为三级配 $C_{90}15W6F100$ 常态混凝土。针对右冲底孔泄槽基础混凝土工期严重滞后的情况,2008 年 3 月业主和设计单位进行了协调,将右冲底孔泄槽基础三级配常态混凝土优化为设计指标相同的三级配碾压混凝土。原设计文件:《右岸泄洪冲沙底孔泄槽混凝土分区图》;实施文件:设计通知(第 2008-04 号 总第 180 号)、金电技 2008-32-32 号运作通知。施工时根据现场实际情况,1 290 m 高程以上范围混凝土按照优化分区进行了施工,共计优化碾压混凝土 17.01 万 m^3。金安桥右泄基础采用碾压混凝土快速筑坝技术,把耽误的工期按期追赶回来,不但保证了右泄泄槽施工进度,而且取得了良好的技术经济效益。

5　结语

(1)水利水电工程标准统一,要从顶层设计深化体制机制改革,从国家战略定位出发,与《中国制造 2025》同步,互联互通,形成合力,为水利水电工程技术创新和可持续发展提供新的驱动力。

（2）按照国际标准化组织《混凝土按抗压强度的分级》（ISO 3893—1977）的规定，应取消水利（SL）大坝混凝土标号 R，大坝混凝土应采用统一的国际标准强度等级 C 表示。

（3）大坝混凝土抗压强度采用 180 d 设计龄期是混凝土坝温控防裂十分关键的技术措施，具有十分重要的现实意义。

（4）科学合理的原材料选择和严格的质量控制指标以及产量的保障供应，是保证大坝混凝土质量和快速施工的关键，必须引起高度重视。

（5）大坝混凝土材料及分区技术创新应借鉴拉西瓦、向家坝及金安桥工程经验，对坝体混凝土温控防裂、快速施工、整体性能和经济性有着十分重要的现实意义。

参考文献

［1］潘家铮. 电力工业标准汇编·水电卷序［M］. 北京：水利电力出版社，1995.

［2］陈文耀，李文伟. 三峡工程混凝土试验研究及实践［M］. 北京：中国电力出版社，2005.

［3］田育功. 碾压混凝土快速筑坝技术［M］. 北京：中国水利水电出版社，2010.

［4］中华人民共和国国家经济贸易委员会. 水工混凝土施工规范：DL/T 5144—2001［S］. 北京：中国电力出版社，2002.

高混凝土坝温控防裂关键技术综述★

田育功[1]　党林才[2]　佟志强[1]

(1. 汉能控股集团云南汉能投资有限公司,云南丽江　674100;
2. 中国电建集团水电水利规划设计总院,北京　100000)

【摘　要】 混凝土坝是典型的大体积混凝土,裂缝是混凝土坝最普遍、最常见的病害之一,几十年来大坝的温度控制与防裂一直是坝工界所关注和研究的重大课题。本文针对高混凝土坝温控防裂因素,从坝体混凝土裂缝机制、温控设计、构造分缝、材料分区、原材料控制、配合比设计优化、施工技术创新、温控防裂措施、温度自动化监测等关键技术进行较为系统的阐述,分析表明混凝土坝裂缝的产生不是由单一因素造成的,它的形成往往是由多种因素共同作用的结果,所以混凝土坝的温控防裂是一项系统工程。

【关键词】 混凝土坝;温度;裂缝;分缝;配合比;风冷骨料;浇筑温度;通水冷却;表面保温

1　引言

截至 2014 年底,我国水电总装机容量达到 3.018 亿 kW,占世界的 27%[1]。水电是最清洁的绿色能源,优先发展水电已成为国际共识。以举世瞩目的三峡工程为代表的水利水电建设,已成为中华民族复兴的标志性工程(见图 1),中国水电已成为引领和推动世界水电发展的巨大力量。

我国具有得天独厚的水利资源,水电站大坝不论是重力坝、拱坝,还是堆石坝等方面,其数量、高度均居世界第一。进入 21 世纪,我国的水利水电工程建设全面提速,我国已建或在建的高混凝土重力坝以三峡、黄登、龙滩、光照、向家坝、官地、金安桥、观音岩等 150~200 m 级的重力坝为代表,高混凝土拱坝以锦屏一级、小湾(见图 2)、白鹤滩、溪洛渡、乌东德、拉西瓦、二滩等 250~300 m 级的拱坝为代表,突显了混凝土坝以其布置灵活、安全可靠的优势在高坝大库挡水建筑物中的重要作用。

朱伯芳、张超然院士主编的《高拱坝结构安全关键技术研究》中指出:每次强烈地震后,都有不少房屋、桥梁严重受损,甚至倒塌,但除 1999 年我国台湾"9·21"大地震中石冈重力坝由于活动断层穿过坝体而有三个坝段破坏外,至今还没有一座混凝土坝因地震而垮掉,许多混凝土坝遭受烈度Ⅷ、Ⅸ度强烈地震后,损害轻微,可以说在各种土木水利地面工程中,混凝土坝是抗震能力最强的。

★本文原载于《第二届全国高坝安全学术会议暨中国水力发电工程学会水工及水电站建筑物专委会论文集》,交流会主旨发言,2016 年 6 月,四川成都。

图1 长江三峡重力坝

图2 小湾特高拱坝

　　裂缝是混凝土坝最普遍、最常见的病害之一,所谓"无坝不裂"的难题长期困扰着人们。混凝土坝是典型的大体积混凝土,由于大体积混凝土本身与周围环境相互作用的复杂性,混凝土坝裂缝的产生不是由单一的因素造成的,它的形成往往是由多种因素共同作用的结果,所以混凝土坝的温控防裂是一项系统工程。长期以来人们对混凝土坝的防裂、抗裂采取了一系列措施,从坝体构造设计、原材料选择、配合比设计优化、施工技术创新、温控防裂措施、大坝安全监测乃至信息化全面管理等方面,始终围绕着混凝土坝"温控防裂"核心技术进行研究,但实际情况仍然是不发生裂缝的大坝极少。

混凝土坝温度控制费用不但投入大,而且已经成为制约混凝土坝快速施工的关键因素之一。我国自 20 世纪 50 年代兴建了一批 100 m 级高混凝土坝以来,经过半个世纪的工程实践,在混凝土坝温度控制方面积累了丰富的经验。特别是从三峡工程开始,水利(SL)或电力(DL)行业有关《混凝土重力坝设计规范》《混凝土拱坝设计规范》《碾压混凝土坝设计规范》《水工混凝土施工规范》《水工碾压混凝土施工规范》等标准中均把温度控制与防裂列为最重要的章节之一,建立了行之有效的温度控制与防裂设计和施工标准。所以,几十年来大坝的温度控制与防裂一直是坝工界所关注和研究的重大课题。通过人们不懈的努力和大量的试验研究、技术创新、科学管理,有效提高了混凝土大坝的抗裂性能,其中有的大坝也做到了不裂缝或极少裂缝的情况,例如三峡三期重力坝、金安桥碾压混凝土重力坝、江口拱坝、构皮滩拱坝、沙牌碾压混凝土拱坝等,这些不裂缝或极少裂缝的高混凝土坝需要我们认真进行总结和反思,为高混凝土坝温控防裂提供宝贵的经验借鉴和技术支撑。

2　混凝土坝温控防裂设计关键技术[2]

2.1　混凝土坝裂缝

混凝土坝的裂缝大多数是表面裂缝,在一定条件下,表面裂缝可发展为深层裂缝,甚至成为贯穿性裂缝。混凝土重力坝设计规范对坝体混凝土的裂缝不同可分为以下三类:

(1)表面裂缝。缝宽小于 0.3 mm,缝深不大于 1 m,平面缝长小于 5 m,呈规则状,多由于气温骤降期温度冲击且保温不善等形成,对结构应力、耐久性和安全运行有轻微影响。需要注意的是,表面裂缝会像楔子一样,可能会发展为深层裂缝或贯穿性裂缝。

(2)深层裂缝。缝宽不大于 0.5 mm,缝深不大于 5 m,缝长大于 5 m,呈规则状,多由于内外温差过大或较大的气温骤降冲击且保温不善等形成,对结构应力、耐久性有一定影响,一旦扩大发展,危害性更大。

(3)贯穿裂缝。缝宽大于 0.5 mm,缝深大于 5 m,侧(立)面缝长大于 5 m,平面上贯穿全仓或一个坝块,主要是由于基础温差超过设计标准,或在基础约束区受较大气温骤降冲击产生的裂缝在后期降温中继续发展等原因形成,使结构应力、耐久性和安全系数降到临界值或其下,结构物的整体性、稳定性受到破坏。

2.2　坝体分缝分块设计与技术创新

2.2.1　坝体分缝分块设计

大坝是水工建筑物中最为重要的挡水建筑物,坝体合理分缝分块是设计控制温度应力和防止坝体裂缝发生极为关键的技术措施之一。

(1)重力坝分缝分块。混凝土重力坝设计规范规定:重力坝的横缝间距一般为 15 ~ 20 m。横缝间距超过 22 m(24 m)或小于 12 m 时,应做论证。纵缝间距一般为 15 ~ 30 m。块长超过 30 m 应严格温度控制。高坝通仓浇筑应有专门论证,应注意防止施工期和蓄水以后上游面产生深层裂缝。碾压混凝土重力坝的横缝间距可较常态混凝土重力坝的横缝间距适当加大。

常态混凝土重力坝采用柱状浇筑方式施工,为此,常态混凝土重力坝设计有施工纵缝。

纵缝设置将坝体施工分割成许多块状,对坝体整体性是不利的。所以,重力坝坝体分缝规定,地震设计烈度在 Ⅷ度以上或有其他特殊要求,需将大坝连接成整体,提高大坝的抗震性能。

例如三峡大坝为常态混凝土重力坝,针对其底宽很大的特点,为此,坝体设计两条施工纵缝,分别距上游面35 m、70 m,将坝体分成甲、乙、丙坝块柱状浇筑。三峡大坝在坝体的施工过程、纵缝灌浆和后期蓄水过程中[3],对坝体进行温度场、温度应力及纵缝开度三维接触非线性仿真计算,结果表明:纵缝张开度受年气温变化、通水冷却、上游面荷载作用以及施工过程等多种因素影响。其中,由年气温引起的缝面开度变化是造成施工期纵缝灌浆后重新张开的主要因素。

(2)拱坝分缝。《混凝土拱坝设计规范》(SL 314)规定:混凝土拱坝必须设置横缝,必要时亦可设置纵缝。横缝位置和间距的确定,除应研究混凝土可能产生裂缝的坝基条件、温度控制和坝体内应力分布状态等有关因素外,还应研究坝身泄洪孔口尺寸、坝内孔洞等结构布置和混凝土浇筑能力等因素。横缝间距(沿上游坝面弧长)宜为15~25 m。拱坝厚度大于40 m时,可考虑设置纵缝。当施工有可靠的温控措施和足够的混凝土浇筑能力时,可不受此限制。拱坝的横缝和纵缝都必须进行接缝灌浆。灌浆时坝体温度应降到设计规定值。缝的张开度不宜小于0.5 mm。

我国的二滩、溪洛渡、拉西瓦、小湾、锦屏一级、大岗山、构皮滩等高拱坝,由于施工能力的提高,其底部厚度大于40 m时,均未设计纵缝。例如,锦屏一级超高混凝土双曲拱坝,最大坝高305 m,拱冠梁顶厚16 m,拱冠梁底63 m,厚高比0.207,顶拱中心线弧长552.23 m。大坝设置25条横缝,分为26个坝段,横缝间距20~25 m,施工不设纵缝。

(3)碾压混凝土坝分缝。我国的碾压混凝土坝采用全断面筑坝技术,大坝采用通仓薄层连续碾压施工,坝体依靠自身防渗。《碾压混凝土坝设计规范》(SL 314)规定:碾压混凝土重力坝不宜设置纵缝,根据工程具体条件和需要设置横缝或诱导缝。其间距宜为20~30 m。碾压混凝土拱坝设计应研究拱坝横缝或诱导缝的分缝位置、分缝结构和灌浆体系。为此,碾压混凝土坝的构造分缝简单,坝体只设横缝,一般分缝间距比常态混凝土大,这对坝体整体性有利。

2.2.2 坝体短缝设计技术创新

碾压混凝土重力坝横缝间距一般较大,为防止坝体发生贯穿裂缝或上游坝面遇库水冷击出现劈头裂缝,近年来,设计通过技术创新,当横缝超过25 m时,在大坝上游迎水面两横缝中间设置一条深3~5 m的短缝,很好地防止了坝体劈头裂缝的发生。

例如,金安桥碾压混凝土重力坝短缝设计技术创新。金安桥大坝共分21个坝段。除少数坝段外,一般为30 m左右,厂房坝段为34 m,为避免上游坝面出现劈头裂缝,对横缝间距≥30 m时,在各坝段上游坝面的中心线处设置一条3~5 m深的垂直短缝,起到了很好的防裂效果(短缝止水设施仍按原横缝两铜一橡胶止水设计)。使得蓄水前的横河向和铅直向最大拉应力降幅达0.56 MPa、0.22 MPa,蓄水期分别降0.43 MPa、0.27 MPa,横河向应力值降低幅度达20%~38%。说明坝体上游面设置短缝对降低横河向拉应力预防劈头裂缝的效果非常明显,是一项行之有效的温控防裂措施。

近年来,大朝山、百色、龙滩、景洪等碾压混凝土重力坝,在大坝上游面当横缝间距大于25 m时设置短缝,实践证明效果良好。

2.3　坝体材料分区及设计指标关键技术

2.3.1　大坝混凝土材料分区设计优化[4]

《混凝土重力坝设计规范》(SL 319—2005 或 DL 5108—1999)标准对混凝土材料及分区规定:坝体常态混凝土应根据不同部位和不同条件分区。根据坝体混凝土分区图和大坝混凝土分区特性表,重力坝常态混凝土一般分为六区。《混凝土拱坝设计规范》(SL 282)标准对坝体混凝土规定:坝体混凝土标号分区设计应以强度为主要控制指标。混凝土的其他性能指标应视坝体不同部位的要求做校验,必要时可提高局部混凝土性能指标,设不同标号分区。高拱坝拱冠与拱端坝体应力相差较大时,可设不同标号分区。坝体厚度小于20 m时,混凝土标号不宜分区。例如,在材料分区上,拉西瓦、向家坝及金安桥高混凝土坝,进行了不同的优化和技术创新。

(1)拉西瓦高拱坝材料分区优化。拉西瓦水电站大坝为混凝土双曲拱坝,最大坝高250 m。拱坝原设计坝体混凝土分区为下部、中部及上部三区,坝体相应混凝土设计指标上部C_{180}35F300W10、中部C_{180}30F200W8 及上部C_{180}25F300W8。2004 年9月业主组织专家对设计和施工两单位提交的《黄河拉西瓦水电站工程配合比设计试验报告》进行了认真审查。通过对混凝土性能试验以及大坝应力计算等结果分析,对原设计的"黄河拉西瓦水电站工程主要混凝土标号设计要求"进行了优化:拱坝混凝土分区简化为下部、上部两区,相应的上部混凝土设计指标为C_{180}25F300W10、中部和底部为C_{180}32F300W10。不论拱坝的底部、上部、内部和外部,抗冻等级和抗渗等级均提高到F300 和W10,极限拉伸值均采用28 d 0.85×10^{-4}、90 d 1.0×10^{-4} 同一指标。优化后的坝体混凝土分区及设计指标更趋简单、科学合理,为拱坝快速施工和温控防裂发挥了积极作用。

(2)向家坝重力坝材料分区及设计龄期优化。向家坝水电站主坝为混凝土重力坝,最大坝高162 m。向家坝工程截流时段选择在2008 年12月中旬,为了确保截流目标的实现,将左岸主体工程冲沙孔~左非1#坝段高程222~253 m部位改为碾压混凝土施工,碾压混凝土设计指标:三级配C_{180}25W8F100、二级配C_{180}25W10F150。同时常态混凝土也采用180 d 设计龄期。向家坝混凝土重力坝虽然采用电力(DL)标准,但通过技术创新,大坝混凝土采用180 d 设计龄期,突破了电力(DL)标准大坝混凝土90 d 设计龄期的规定。设计需要针对大坝混凝土水泥用量少、掺和料掺量大、水化热温升缓慢、早期强度低等特点,充分利用水工混凝土后期强度,简化温控措施,大坝混凝土采用180 d 设计龄期对混凝土坝温控防裂具有十分重要的现实意义。

(3)金安桥碾压混凝土重力坝材料分区优化。①非溢流坝段材料分区优化。大坝原设计非溢流坝段1 413 m 高程以下分区为碾压混凝土,1 413 m 高程以上至坝顶1 424 m 高程为常态混凝土,设计指标三级配C_{90}15F50W8。2008 年6月业主和设计单位进行协商,对坝体非溢流坝段上部常态混凝土分区进行优化,即将碾压混凝土分区范围从1 413 m 高程提高至1 422.5 m 高程,置换常态混凝土3.33 万m^3。采用碾压混凝土替代常态混凝土,每方节约水泥57 kg,有效降低混凝土水化热温升6~9 ℃,十分有利于大坝温控防裂。②右冲底孔泄槽基础碾压混凝土分区优化。金安桥泄水建筑物原设计右冲底孔泄槽

基础为三级配 $C_{90}15W6F100$ 常态混凝土。针对右冲底孔泄槽基础工期严重滞后的情况，2008 年 3 月业主和设计单位进行了协调，将右冲底孔泄槽基础三级配常态混凝土优化为设计指标相同的三级配碾压混凝土，共计优化碾压混凝土 17.01 万 m^3，保证了右泄泄槽施工进度。

2.3.2 混凝土坝温度控制设计

混凝土坝温度控制标准及措施与坝址气候等自然条件密切相关，必须认真收集坝址气温、水温和坝基地温等资料，并进行整理分析，作为大坝温度控制设计的基本依据。此外，影响水库水温的因素众多，关系复杂，上游库水温度一般可参考类似水库水温确定。坝体混凝土温度标准按照规范及温度控制设计仿真计算结果，确定坝体不同部位的稳定温度，以此作为计算坝体不同部位的温度控制标准。坝体温度控制标准主要是基础温差控制、新老混凝土温差控制、坝体混凝土内外温差控制、容许最高温度控制以及相邻块高差控制等。

基础温差是控制坝基混凝土发生深层裂缝的重要指标。由于基础容许温差涉及因素多，混凝土重力坝、混凝土拱坝以及碾压混凝土坝具有各自不同的特点，而且各工程的水文气象、地形地质等条件也很不一样，鉴于基础容许温差是导致大坝发生深层裂缝的重要指标，故高混凝土坝、中坝的基础容许温差值应根据工程的具体条件，必须经温度控制设计后确定。混凝土的浇筑温度和最高温升均应满足设计规定的要求。在施工中应通过试验建立混凝土出机口温度与现场浇筑温度之间的关系，同时还应采取有效措施减少混凝土运送过程中的混凝土温升。

3 大坝混凝土配合比设计关键技术

3.1 大坝混凝土配合比设计技术路线

水工混凝土配合比设计其实质就是对混凝土原材料进行的最佳组合。质量优良、科学合理的配合比在水工混凝土快速筑坝中占有举足轻重的作用，具有较高的技术含量，直接关系到大坝质量和温控防裂，可以起到事半功倍的作用，获得明显的技术经济效益。

水工混凝土除满足大坝强度、防渗、抗冻、极限拉伸等主要性能要求外，大坝内部混凝土还要满足必要的温度控制和防裂要求。为此，我国的大坝混凝土配合比设计技术路线具有"三低两高两掺"的特点，即低水胶比、低用水量和低坍落度（低 VC 值），高掺粉煤灰和较高石粉含量，掺缓凝减水剂和引气剂的技术路线。

"温控防裂"是混凝土坝的核心技术。大坝混凝土配合比设计必须紧紧围绕核心技术进行精心设计。大坝混凝土施工配合比设计应以新拌混凝土和易性和凝结时间为重点，要求新拌混凝土具有良好的工作性能，满足施工要求的和易性、抗骨料分离、易于振捣或碾压、液化泛浆好等性能，要改变配合比设计重视硬化混凝土性能、轻视拌和物性能的设计理念。

水胶比、砂率、单位用水量是混凝土配合比设计的三大参数，"浆砂比"是碾压混凝土配合比设计中不可缺少的重要参数之一。大坝混凝土设计龄期 90 d 或 180 d，故配合比设计周期相应较长。所以，大坝混凝土配合比设计试验需要提前一定的时间进行。同时要求试验选用的原材料尽量与工程实际使用的原材料相吻合，避免由于原材料"两张皮"

现象,造成试验结果与实际施工存在较大差异的情况发生。

3.2　大坝混凝土施工配合比分析

已建和在建部分典型高重力坝及高拱坝混凝土施工配合比分别见表 1、表 2。

表 1　已建或在建部分典型高重力坝混凝土施工配合比

工程名称及坝高	设计指标	配合比参数						材料用量/(kg/m³)			表观密度/(kg/m³)	说明
		级配	水胶比	砂率/%	粉煤灰/%	外加剂/%		用水量	水泥	粉煤灰		
						减水剂	引气剂					
三峡（二期）181 m	R₉₀250D250S10	四	0.45	25	30	0.5	0.011	86	134	57	2 452	花岗岩
	R₉₀200D250S10	四	0.50	26	30	0.5	0.011	86	120	52	2 442	
	R₉₀200D150S10	四	0.50	26	35	0.5	0.011	85	110	60	2 425	
	R₉₀150D100S8	四	0.55	26	40	0.5	0.011	88	96	64	2 442	
光照 200.5 m	C₉₀25F100W8	三	0.45	34	50	0.7	0.004	78	83	83+14	2 483	RCC灰岩煤灰代砂
	C₉₀20F100W6	三	0.50	34	55	0.7	0.004	78	70	86+21	2 483	
	C₉₀15F50W6	三	0.55	35	60	0.7	0.004	78	57	85+22	2 496	
龙滩 192 m	C₉₀25F100W6	三	0.41	33	55	0.6	0.002	79	85	108	2 465	RCC灰岩
	C₉₀20F100W6	三	0.45	33	61	0.6	0.002	78	67	106	2 455	
	C₉₀15F50W6	三	0.48	34	66	0.6	0.002	79	56	109	2 455	
官地 168 m	C₉₀25F100W6	三	0.45	55	32	0.8	0.012	92	92	112	2 660	RCC玄武岩骨料
	C₉₀20F100W6	三	0.48	60	33	0.8	0.012	92	67	106	2 660	
	C₉₀15F100W6	三	0.51	65	34	0.8	0.012	92	56	109	2 660	
向家坝 162 m	C₁₈₀25F100W8	三	0.43	60	34	0.7	0.017	78	73	109	2 460	RCC灰岩
	C₁₈₀25F150W10	二	0.43	60	38	0.7	0.012	90	84	126	2 425	
金安桥 160 m	C₉₀20F100W8	二	0.47	37	55	0.8	0.20	100	96	117	2 600	RCC玄武岩
	C₉₀20F100W6	三	0.47	33	60	0.8	0.025	90	76	115	2 630	
	C₉₀15F50W6	三	0.53	33	63	0.8	0.015	90	53	107	2 630	
百色 130 m	R₁₈₀15D25S6	三	0.60	34	63	0.8	0.004	96	59	101	2 650	RCC辉绿岩
	R₁₈₀20D50S10	二	0.50	38	58	0.8	0.007	106	89	123	2 630	
喀腊塑克 121.5 m	R₁₈₀20 F200W6	三	0.45	32	50	0.9	0.010	90	100	100	2 400	花岗岩粗骨料+天然砂
	R₁₈₀15 F50W4	三	0.56	30	62	0.9	0.006	90	61	100	2 400	
	R₁₈₀20 F300W10	二	0.45	35	40	1.0	0.012	98	131	87	2 370	

表 2　已建或在建部分典型高拱坝混凝土施工配合比

工程名称及坝高	设计指标	配合比参数						材料用量/（kg/m³）			表观密度/（kg/m³）	说明
		级配	水胶比	砂率/%	粉煤灰/%	外加剂/%		用水量	水泥	粉煤灰		
						减水剂	引气剂					
小湾 305 m	$C_{180}40F250W14$	四	0.40	23	30	0.7	0.01	90	157	68	2 510	片麻花岗岩
	$C_{180}35F250W12$	四	0.45	24	30	0.7	0.01	90	140	60	2 520	
	$C_{180}30F250W10$	四	0.50	25	30	0.7	0.01	90	126	54	2 510	
溪洛渡 285.5 m	$C_{180}40F300W15$	四	0.41	22	35	0.5	0.003 8	80	127	68	2 654	玄武岩粗骨料+灰岩细骨料
	$C_{180}35F300W14$	四	0.45	23	35	0.5	0.003 8	80	116	62	2 650	
	$C_{180}30F300W13$	四	0.49	24	35	0.5	0.003 8	82	109	58	2 645	
拉西瓦 250 m	$C_{180}32F300W12$	四	0.40	25	30	0.5	0.011	77	135	58	2 450	天然砂砾石
	$C_{180}25F300W10$	四	0.45	25	35	0.5	0.011	77	111	60	2 450	
构皮滩 232.5 m	$C_{180}35F200W12$	四	0.45	24	30	0.6	0.008	85	132	57	2 550	灰岩
	$C_{180}30F200W12$	四	0.50	25	30	0.6	0.008	85	119	51	2 547	
	$C_{180}25F200W12$	三	0.50	31	30	0.6	0.008	96	134	58	2 515	
万家口子 167.5 m	$C_{180}25F100W8$	二	0.47	38.5	55	0.8	0.003	96	94	110	2 445	RCC 灰岩
	$C_{180}25F100W6$	三	0.48	34	60	0.8	0.003	88	75	108	2 458	
江口 140 m	$C_{90}30F50W8$	四	0.48	24	30	0.5	0.003	84	123	52	2 490	灰岩
	$C_{90}25F50W8$	四	0.52	25	35	0.5	0.003	84	105	57	2 490	
沙牌 132 m	$R_{90}200$	三	0.50	33	50	0.75	0.001	93	93	93	2 480	RCC 花岗岩
	$R_{90}200$	二	0.53	37	40	0.75	0.002	102	115	77	2 482	
蔺河口 100 m	$R_{90}200D50S6$	三	0.47	34	62	0.7	0.002	81	66	106	2 460	RCC 灰岩
	$R_{90}200D100S8$	二	0.47	37	60	0.7	0.002	87	74	111	2 440	

大坝混凝土施工配合比表分析表明：

（1）重力坝混凝土配合比。由于重力坝与拱坝的工作性态完全不同，所以重力坝与拱坝在混凝土设计指标有很大区别。近年来高重力坝除三峡大坝外，主要以碾压混凝土高重力坝为主。碾压混凝土筑坝技术的最大优势是快速，碾压混凝土既有混凝土的特性，符合水胶比定则，同时又具有土石坝快速施工的特点，所以重力坝采用碾压混凝土筑坝技术具有明显优势，碾压混凝土坝已成为最具有竞争力的坝型之一。

（2）高拱坝混凝土配合比。高拱坝具有材料分区简单，混凝土设计指标明显高于混凝土重力坝，混凝土抗压强度、抗拉强度、抗冻等级、抗渗等级及极限拉伸值等指标要求很高，特别是混凝土采用 180 d 设计龄期，利用混凝土后期强度，提高了粉煤灰掺量，降低了胶凝材料用量，对温控防裂十分有利。

（3）施工配合比参数。大坝配合比设计采用"三低两高两掺"的技术路线，其主要参数水胶比、单位用水量、砂率明显降低，对大体积混凝土温控防裂发挥了重要作用。从施工配合比表中还可以看出，骨料品种和粒形对混凝土用水量、外加剂掺量和表观密度影响极大。例如百色采用辉绿岩骨料，金安桥、官地、溪洛渡等采用玄武岩骨料，其混凝土拌和物表观密度达到 2 630～2 660 kg/m³。喀腊塑克、溪洛渡、锦屏等工程采用组合骨料，有效地提高了混凝土的各种性能。骨料对混凝土性能影响需要不断深化研究，由于篇幅所限，不再赘述。

4　混凝土施工温控防裂关键技术

4.1　原材料控制关键技术

4.1.1　大坝混凝土对水泥内控指标要求[5]

大量的试验研究成果和工程实践表明：水泥细度与混凝土早期发热快慢有直接关系，水泥细度越小，即比表面积越大，混凝土早期发热越快，不利于温度控制；适当提高水泥熟料中的氧化镁含量可使混凝土体积具有微膨胀性能，部分补偿混凝土温度收缩；为了避免产生碱–骨料反应，水泥熟料的碱含量应控制在 0.6% 以内，同时考虑掺和料、外加剂等原材料的碱含量，规范要求控制混凝土总碱含量小于 3.0 kg/m³。由于散装水泥用水泥罐车运至工地的温度是比较高的，规范规定"散装水泥运至工地的入罐温度不宜高于 65 ℃"。

例如，三峡大坝混凝土为了保证水泥质量，降低水泥的水化热，对中热水泥提出了具体的内部控制指标：要求中热水泥硅酸三钙（C_3S）的含量在 50% 左右，铝酸三钙（C_3A）含量小于 6%，铁铝酸四钙（C_4AF）含量大于 16%，中热水泥比表面积控制在 280～320 m²/kg，熟料 MgO 含量指标控制在 3.5%～5.0%，进场水泥的温度要求不允许超过 60 ℃，控制混凝土总碱含量小于 2.5 kg/m³。

近年来，大型水利水电工程纷纷效仿三峡工程的做法，例如拉西瓦、小湾、溪洛渡、锦屏、金安桥等工程，根据工程具体情况，对中热水泥提出了特殊的内控指标要求，并派驻厂监造监理，从源头上保证了水泥出厂质量。

4.1.2　粉煤灰已成为重要的功能材料

高坝混凝土掺和料主要以粉煤灰为主，粉煤灰不但掺量大、应用广泛，其性能也是掺和料中最优的。例如三峡大坝,掺用优质的Ⅰ级粉煤灰,其需水量比小于95%,堪称固体减水剂,为此,大坝内部混凝土Ⅰ级粉煤灰掺量达到胶凝材料的35%~40%。碾压混凝土主要以Ⅱ级粉煤灰为主,粉煤灰掺量高达胶凝材料的50%~65%。为了控制Ⅱ级粉煤灰质量过大波动,对其需水量比的控制要求比规范更严,要求不大于100%。

4.1.3 砂石骨料控制重点

(1)人工砂石粉含量。水工混凝土施工规范及水工碾压混凝土施工规范,分别对人工砂石粉含量进行了修订,提高常态混凝土人工砂石粉含量6%~18%,碾压混凝土人工砂石粉含量12%~22%。大量的工程实践及试验证明,人工砂中含有较高的石粉含量能显著改善混凝土性能,石粉最大的贡献是提高了混凝土浆体含量,有效改善了混凝土的施工性能和抗渗性能。特别是碾压混凝土中人工砂石粉已成为重要的组成材料。因此,合理控制人工砂石粉含量,是提高混凝土质量的重要措施之一。

(2)最大粒经及粒形对用水量影响。大坝混凝土应优先选用最大粒径的级配组合,可以有效降低混凝土单位用水量和胶凝材料用量,有利于大坝温控防裂。例如沙沱碾压混凝土重力坝,坝体内部采用 $C_{90}15$ 四级配碾压混凝土,设计总量15.7万 m^3,采用四级配碾压混凝土技术创新,有效降低水泥用量至48 kg/m^3,降低水化热温升2~3℃。

同时,工程实践证明,粗细骨料粒形对混凝土用水量和性能有很大影响,需要引起高度重视,采取切实可行的技术措施,提高骨料品质是降低混凝土用水量、和易性、密实性和质量的前提。

4.1.4 外加剂是改善混凝土性能的有效措施

近年来,不论是寒冷地区或温和炎热地区,大坝外部、内部混凝土均设计有抗冻等级。提高混凝土抗冻等级主要技术措施是采用缓凝高效减水剂和引气剂复合使用。减水率是评价外加剂性能的主要技术指标,《水工混凝土外加剂技术规程》规定:缓凝高效减水剂减水率大于15%,引气剂减水率大于6%。大型水利水电工程为了有效降低混凝土单位用水量,对使用的外加剂减水率提出了内部指标要求。例如,三峡、拉西瓦、小湾、金安桥等大型工程大量使用萘系缓凝高效减水剂,要求其减水率大于18%,有效降低混凝土单位用水量。

4.2 风冷骨料是控制出机口温度的关键

高混凝土坝对混凝土浇筑温度要求越来越严,一般出机口温度由现场允许浇筑温度确定,即出机口温度比浇筑温度低4~5℃。例如,三峡、小湾、溪洛渡、拉西瓦等高坝坝基约束区混凝土出机口温度和浇筑温度分别控制在7℃和12℃。又例如,锦屏一级305 m超高双曲拱坝,混凝土浇筑采用4.5 m升层施工技术,混凝土允许最高温度为27℃,出机口温度为5~7℃,浇筑温度为9~11℃,层间间歇期按10~14 d控制。

为保证高温期混凝土浇筑温度满足要求,必须严格控制混凝土出机口温度。降低混凝土出机口温度最有效的措施就是降低骨料温度,因为骨料约占混凝土质量的80%以上,粗骨料约占60%以上。对骨料进行降温主要采取风冷骨料措施,即一次风冷、二次风冷,可将骨料温度降到0℃左右,效果十分明显。风冷骨料与加冰拌和是最有效的预冷混凝土措施,可以有效地控制新拌混凝土的出机口温度。

例如,三峡左岸98.7 m高程混凝土生产系统[6],于1995年10月至2004年4月安全运行 9 年,共生产混凝土 585 万 m³,其中预冷混凝土(出机口温度<7 ℃)385 万 m³。混凝土预冷主要对粗骨料冷却采取两次风冷工艺,一次风冷后粗骨料综合平均温度降至 4.2 ℃,以环境初温 28.7 ℃计,则降温幅度达 24.5 ℃。粗骨料二次风冷降温,在拌和楼料仓进行,二次风冷设计粗骨料降温幅度为 10 ℃,粗骨料最终降温应为 0 ℃左右。粗骨料通过两次风冷,降温效果十分明显。预冷混凝土主要采取"两次风冷+片冰+补充冷水拌和",保证混凝土出机口温度稳定在 7 ℃以下。

4.3　控制浇筑温度主要技术措施

4.3.1　混凝土运送入仓温度回升控制

混凝土运送主要采用自卸汽车或输送带,控制新拌混凝土特别是预冷混凝土温度回升十分必要。采用自卸汽车运送混凝土,根据金安桥的测温结果,在自卸汽车顶部设置遮阳篷,混凝土温度回升一般为 0.4~0.9 ℃,可以很好控制温度回升。同样,未采用遮阳篷的自卸汽车运送混凝土,在太阳照射下,混凝土温度回升达 2~5 ℃。自卸汽车运送混凝土空车返回拌和楼时,在拌和楼前对自卸汽车进行喷雾降温十分必要,喷雾不但给车箱降温,而且雾状环境可避免阳光直射车箱,对防止混凝土温度回升起到了很好效果。

4.3.2　喷雾保湿、改变仓面小气候

仓面采取喷雾保湿措施,可以使仓面上空形成一层雾状隔热层,使仓面混凝土在浇筑过程中减少阳光直射强度,是降低仓面环境温度和降低混凝土浇筑温度回升十分重要的温控措施。一般浇筑温度上升 1 ℃,坝内温度相应上升 0.5 ℃。采用喷雾保湿可有效降低仓面温度 4~6 ℃,是对控制浇筑温度回升十分重要的措施。混凝土浇筑仓面喷雾保湿不是一个简单的质量问题,直接关系到大坝温控防裂,决不能掉以轻心。

4.3.3　及时覆盖是防止混凝土温度回升的关键

混凝土浇筑完成后,白天太阳照射下,混凝土温度回升很快,所以新浇混凝土仓面及时覆盖是防止温度回升的关键。许多工程实测资料统计表明,温度回升值随混凝土入仓到上层覆盖新混凝土的时间长短而不同,一般间隔 1 h 回升率 20%,间隔 2 h 回升率 35%,间隔 3 h 回升率 45%。所以,仓面铺设保温被是控制混凝土温度回升的一种方便有效的措施之一。

三峡大坝曾在夏季通过实测,新混凝土盖保温被与不盖保温被相比在 10 cm 深处混凝土的温度,间隔 1 h 低 5 ℃,间隔 2~3 h 低 5.5 ℃,间隔 4.5 h 低 6.75 ℃。由此可知,在太阳直射、气温为 28~35 ℃时,盖保温被可使浇筑温度降低 5~6 ℃。

例如金安桥工程,15:00 对碾压完后的混凝土进行测温,混凝土入仓温度 17 ℃,仓面未进行喷雾和覆盖,当时太阳照射强烈,气温 30 ℃,到 16:00 时即 1 h 后继续进行测温,仅 1 h 混凝土温度很快上升到 22 ℃,温度回升高达 5 ℃。测温结果表明,碾压完毕后的混凝土如果不及时进行表面覆盖,对控制浇筑温度回升十分不利。

4.3.4　及时养护是防止表面裂缝的必要措施

水工混凝土应按设计要求或适用于当地条件的方法组合进行养护。水工混凝土连续养护时间不宜少于设计龄期的时间 90 d 或 180 d,使水工混凝土在一定时间内保持适当的温度和湿度,造成混凝土良好的硬化条件,是保证混凝土强度增长,不发生表面干裂的必要措施。

混凝土浇筑完毕后,对混凝土表面及所有侧面应及时洒水养护,以保持混凝土表面经常湿润。表面流水养护是降低混凝土最高温度的有效措施之一,采用表面流水养护可使混凝土早期最高温度降低 1.5 ℃左右。混凝土浇筑完毕后,早期应避免日光曝晒,混凝土表面宜加遮盖保护。一般应在混凝土浇筑完毕 12~18 h 内即开始养护,但在炎热、干燥气候情况下应提前养护。

对于顶部表面混凝土,在混凝土能抵抗水的破坏之后,立即覆盖持水材料或用其他有效方法使混凝土表面保持潮湿状态。模板与混凝土表面在模板拆除之前及拆除期间都应保持潮湿状态,水养护应在模板拆除后继续进行,永久暴露面采用长期流水养护,混凝土养护应保持连续性,养护期内不得采用时干时湿的养护方法。

4.4 通水冷却是控制坝体最高温升关键措施

2009 年 7 月,谭靖夷院士在"水工大坝混凝土材料与温度控制学术交流会"上的发言指出[7]:由于混凝土抗裂安全系数留的余地较小,而且混凝土抗裂方面还存在一些不确定的因素,因此还应在施工管理、冷却制度、冷却工艺等方面采取有效措施,以"小温差、早冷却、慢冷却"为指导思想,尽可能减小冷却降温过程中的温度梯度和温差,以降低徐变应力。此外,还要加强表面保温,使大坝具有较大的实际抗裂安全度。

坝体内部混凝土中埋设冷却水管的主要作用:削减混凝土浇筑块一期水化热温升,降低越冬期间混凝土内部温度,以利于控制混凝土最高温度和基础温差,且减小内外温差,改变坝体施工期温度分布状况。国内大量的温度控制仿真计算及工程通水冷却结果表明,在坝体内部埋设冷却水管,一般内部水管水平间排距 1.5 m×1.5 m,上下层垂直间距 3 m,混凝土浇筑完 1 d 后通水,通水历时一般 20 d 左右,根据通水温度的不同,可有效地控制坝体最高温度,通水冷却来低降低坝体内部温度是十分有效的措施。

例如,三峡二期工程左岸厂房坝段采用 1 in(1 in=2.54 cm)黑铁管作为冷却水管[8],通水冷却分为三个阶段,即初期、中期及后期冷却。初期冷却即一期冷却,以削减新浇筑混凝土水化热温升,每年 4~9 月浇筑的混凝土,通 6~8 ℃制冷水进行冷却,其他季节通江水冷却,将混凝土最高温升控制在 37 ℃以下;中期冷却以降低坝体内外温差,使大坝混凝土能顺利过冬,每年 10 月开始,对当年 4~10 月浇筑的混凝土通江水进行中期冷却,将坝体温度冷却到 20~22 ℃为准;后期冷却即二期冷却,在设计稳定温度基础上超冷 2 ℃,虽增加了投资,但保证了接缝灌浆质量。

4.5 三峡三期工程大坝混凝土表面保温

三峡大坝混凝土表面进行了全面保温,有效防止了坝体裂缝产生。三峡三期工程在大坝混凝土表面保温方面,吸取了三峡二期工程中的一些经验教训,注重研究不同保温材料的保温效果。从 2002 年开始,对几种不同的保温材料进行试验,选择了合适的保温材料。根据试验结果和经济技术比较,三峡三期工程施工中,首次采用聚苯乙烯板(EPS,简称"保温板")及发泡聚氨酯(简称"聚氨酯")两种新型保温材料。

为验证大坝混凝土采用保温板保温的效果,经业主、设计单位、监理单位、施工单位三次联合分别在右厂 24#-2~26#-1 甲、22#-1 甲、安Ⅲ-1 甲上游面拆除部分保温板;在右安Ⅲ~右厂 26#坝段、右非坝段高程 165.0 m 以下大面积抽条(横向、竖向结合)检查,右厂23#坝段加密检查,混凝土表面未发现裂缝,一致认为上述部位的保温板的粘贴质量及保温效果均良好。右岸三期工程的大坝采用聚苯乙烯板及发泡聚氨酯两种新型保温材料,没有发现一条裂缝,这是一个奇迹。这一实践证明,大坝确实可以做到不裂,充分说明表面保护是防止大坝裂缝极为重要的关键措施。

5　温度自动监测控制系统及温度反馈分析

5.1　温度自动化监测和控制系统

如果只有温控措施,没有必要的测温及监测手段,对于温控的效果就无从评价,也不便于分析发生裂缝的原因。因此,应对混凝土施工全过程进行温度观测,对所采取的温控措施进行监测,以及对已浇筑混凝土的内部状况进行观测。温度观测分为施工过程中的温度观测、混凝土最高温度观测、坝体内部温度变化过程观测。混凝土最高温度观测可利用预先在坝体内埋设的仪器进行,温度仪器主要采用差组式温度计测温、光纤测温,若预先在坝体内埋设的仪器不足时,可在浇筑混凝土的过程中埋入钢管,待收仓后在钢管内放入温度仪进行观测,观测至下一仓混凝土浇筑前。

例如,锦屏一级超高拱坝采用混凝土温度自动监测系统。通过基于温度传感器的大坝混凝土温度自动监测和控制系统,在大坝温控自动化和混凝土防裂中的应用,降低工人采集数据时的劳动强度,大幅提高大坝混凝土温控质量和效率。

5.2　混凝土坝温度反馈分析

混凝土坝温度反馈分析研究目的:围绕防止蓄水期与运行期坝体裂缝产生、现有裂缝成因和混凝土坝体施工等问题进行温控防裂研究以及温控反馈分析。主要包括:混凝土的绝热温升,通水参数等;选取典型坝段进行从施工到蓄水以及运行期的全过程仿真分析,研究大坝混凝土温度及温度应力的变化过程,分析现有裂缝产生的原因;研究运行期的温度场和温度应力场,分析温度应力对大坝运行的影响,研究大坝在运行期可能出现裂缝的区域,提出运行期防裂措施,以此指导坝体的安全运行。混凝土坝温度反馈分析已经在多个高坝工程中应用。

例如,金安桥碾压混凝土重力坝温度控制反馈结论及评价表明:金安桥碾压混凝土坝高温一般出现在水化热较大的常态混凝土部位以及碾压混凝土坝坝体内部水化热难以消散的部位,在混凝土水化热作用下温度达到极值后缓慢降低并逐渐趋于稳定。坝体内部温度变化较为稳定,温度梯度较小,靠近坝体表面温度梯度相对较大。上游面设置短缝明显地减小了施工期上游面的拉应力,有利于上游面混凝土的防裂。蓄水期开始至运行期,库水水温对坝体上游侧混凝土温度场影响较大,而对坝体内部混凝土影响较小,运行期坝体内部温度场趋于稳定,最高温度在 26 ℃左右,满足设计要求温度控制标准。

6　结语

(1)混凝土坝是典型的大体积混凝土,裂缝是混凝土坝最普遍、最常见的病害之一,几十年来大坝的温度控制与防裂一直是坝工界所关注和研究的重大课题。

(2)混凝土坝的裂缝大多数是表面裂缝,在一定条件下,表面裂缝可发展为深层裂缝,甚至成为贯穿性裂缝。

(3)大坝是水工建筑物中最为重要的挡水建筑物,坝体合理分缝分块是设计控制温度应力和防止坝体裂缝发生极为关键的技术措施之一。

（4）横缝间距超过 25 m 时，坝体上游面设置短缝对防止坝体劈头裂缝效果明显，是一项行之有效的温控防裂措施。

（5）科学合理的坝体混凝土材料分区设计优化，是温控防裂和快速施工的关键技术之一，可以取得明显的技术经济效益。

（6）我国的大坝混凝土配合比设计采用"三低两高两掺"技术路线，是保证混凝土坝质量的基础，具有较高的技术含量。

（7）大型工程对混凝土原材料提出了比规范更严的内控指标，从源头上对混凝土温控防裂控制发挥了积极作用。

（8）风冷骨料是控制混凝土出机口温度的重要措施。通水冷却是控制坝体最高温升的关键措施，通水冷却要遵循"小温差、早冷却、慢冷却"的指导思想，尽可能减小冷却降温过程中的温度梯度和温差。

（9）三峡大坝采用聚苯乙烯板及发泡聚氨酯两种新型保温材料，有效地防止了坝体裂缝，充分说明坝体表面保护是防止大坝裂缝极为重要的措施。

参考文献

[1] 刘辉.中华人民共和国国家能源局副局长刘琦在2015世界水电大会开幕式致辞[EB].(2015-05-19)[2015-05-19].新华网.
[2] 田育功.水工碾压混凝土快速筑坝技术[M].北京:中国水利水电出版社,2010.
[3] 崔建华,苏海东.三峡工程厂房坝段纵缝接触问题研究 C//中国水力发展工程学会.水工大坝混凝土材料和温度控制研究与进展.北京:中国水利水电出版社,2009.
[4] 田育功,付波,杨溪滨,等.大坝混凝土材料与分区创新综述[J].水利水电施工,2015(4).
[5] 陈文耀,李文伟.三峡工程混凝土试验研究及实践[M].北京:中国电力出版社,2005.
[6] 李裕营.三峡工程左岸98.7 m高程混凝土预冷系统风冷粗骨料运行情况简析[C]//中国水力发电工程学会.水工大坝混凝土材料和温度控制研究与进展.北京:中国水利水电出版社,2009.
[7] 谭靖夷院士在"水工大坝混凝土材料与温度控制学术交流会"上的发言[A].水工大坝混凝土材料和温度控制研究与进展[C].北京:中国水利水电出版社,2009.11.
[8] 席浩,郭建文.三峡二期工程ⅡA标段左岸厂房坝段混凝土温控及防裂技术[J].青海电力,2009,28(S1):19-24.

作者简介：

1. 田育功(1954—),陕西咸阳人,教授级高级工程师,汉能控股集团云南汉能投资有限公司总工程师,主要从事水电工程技术和建设管理工作。

2. 党林才(1960—),陕西宝鸡人,教授级高级工程师,中国电建集团水电水利规划设计总院副总工程师,主要从事水电工程规划设计和咨询审查。

3. 佟志强(1961—),北京人,教授级高级工程师,汉能控股集团汉能发电集团有限公司副总裁兼总工程师,主要从事水电工程开发和技术管理工作。

黄河拉西瓦高拱坝全级配混凝土试验研究★

田育功

(中国水利水电第四工程局有限公司,青海西宁　810007)

1　引言

1.1　工程概况

拉西瓦水电站主体工程为混凝土双曲拱坝,最大坝高 250 m,最大底宽 49 m,坝顶宽度 10 m,坝顶中心弧线长 459.63 m,水库正常蓄水位 2 452 m,相应总库容 10.29 亿 m³,安装 6 台 70 万 kW 的水轮机组,总装机容量 420 万 kW,属Ⅰ等大(1)型工程。主体工程混凝土总量 373.4 万 m³,其中坝体混凝土 253.9 万 m³。拉西瓦水电站为黄河上最大的水电站,其大坝也是国内在建的第二高双曲拱坝。

坝址区为大陆腹地,中纬度内陆高原,为典型的半干旱大陆性气候。一年冬季长,夏秋季短,冰冻期为 10 月下旬至次年 3 月。坝址多年平均气温 7.2 ℃,月平均最高气温 18.3 ℃,月平均最低气温-6.3 ℃,属高原寒冷地区。气候干燥,年降雨量少,蒸发量大;冬季干冷,夏季光照射时间长(2 913.9 h),辐射热强。工程具有冬季施工期长、寒潮出现次数多、日温差大等特点,且坝高库大,对混凝土质量要求十分严格。

因而坝体混凝土具有承载力大、抗裂性能、耐久性能要求高等特点。为了达到上述要求和降低内部温升,通过科学的、合理的、严格的大坝混凝土配合比复核试验,使大坝混凝土具有高强度、高极限拉伸值、适宜弹性模量、抗裂性好、微膨胀性和耐久性等优良性能。

1.2　大坝全级配混凝土试验目的

根据《关于明确拉西瓦水电站工程大坝混凝土全级配复核试验所用材料的通知》(拉建司质安字〔2005〕54 号)要求,对拉西瓦水电站大坝混凝土四级配进行全级配复核试验,骨料最大粒径 150 mm,龄期 180 d。国内外试验结果均表明,全级配混凝土试件的强度比试验室内采用的标准试件(骨料粒径超过 40 mm,采用湿筛法剔除,按标准方法制作的边长为 150 mm 立方体试件)的强度要小,这是由于试件尺寸效应和骨料粒径的影响所致。另外,由于圆柱体和立方体试件的形状不同,即使在配合比相同的条件下,其强度也不一样。

全级配的试件(边长为 450 mm 的立方体及 φ450 mm×900 mm 的圆柱体)能较真实地反映大体积混凝土的性能,但全级配试件需耗用大量的材料,试件质量大(边长 450 mm

---

★本文摘自《黄河拉西瓦水电站工程大坝混凝土配合比复核试验报告》,2006 年 3 月,青海西宁。

的立方体质量超过 240 kg），需要配置 1 000 t 的大吨位试验压力机，而且给成型及试验带来极大的不便。故《水工混凝土试验规程》(DL/T 5150—2001) 规定:全级配混凝土的试验结果,主要供大型混凝土坝的设计复合,不作为现场混凝土质量控制的依据。拉西瓦双曲拱坝高达 250 m,其重要性不言而喻。因此,有必要对拉西瓦大坝混凝土强度的尺寸效应进行试验研究,以便对拱坝混凝土的设计强度进行全面校核。同时,通过试验确定出全级配试件与标准试件之间的强度关系,不仅可以较方便地用小试件的强度值进行施工质量控制,而且可以预测大体积混凝土的强度。

2 大坝混凝土配合比试验要求

2.1 大坝混凝土配合比试验要求

黄河拉西瓦水电站工程大坝混凝土配合比复核试验根据《关于进行拉西瓦水电站工程大坝混凝土配合比复核试验的通知》(拉建司质安字〔2005〕49 号)、《关于明确主坝混凝土原材料(水泥、外加剂、粉煤灰)生产厂家及品种的通知》(拉建司工字〔2005〕223 号)及拉建司质安字《关于明确拉西瓦水电站工程大坝混凝土全级配复核试验所用材料的通知》(拉建司质安字〔2005〕54 号)进行,大坝混凝土设计指标见表1。

表 1 大坝混凝土设计指标

编号	设计等级	级配	水胶比	龄期/d	强度保证率 P/%	粉煤灰掺量/%	胶材用量/(kg/m³)	极限拉伸/10^{-4}		坍落度/mm
								28 d	90 d	
1	C32F300W10	三	0.40/0.45	180	85	30、35		0.85	≥1.0	40~60
2	C32F300W10	四	0.40/0.45	180	85	30、35		0.85	≥1.0	40~60
3	C25F300W10	三	0.40/0.45	180	85	30、35		0.85	≥1.0	40~60
4	C25F300W10	四	0.40/0.45	180	85	30、35		0.85	≥1.0	40~60

注：1. 砂率、减水剂、引气剂掺量可根据现场试验情况进行微调整。
2. 骨料级配小石:中石:大石:特大石,三级配为 3:3:4,四级配为 2:2:3:3。
3. 三级配容重为 2 430 kg/m³,四级配容重为 2 450 kg/m³。

大坝混凝土配合比复核试验从 2005 年 8 月下旬开始,由于采用两种水胶比、两种水泥、三种粉煤灰掺量,加之原材多,导致混凝土配合比组合多,按任务书要求,混凝土配合比组合要达到 110 组之多,致使配合比工作量大,将无法保证试验按期完成。为此对配合比组合进行了认真的分析,提出了具有代表性的混凝土配合比进行复核试验。大坝混凝土配合比复核试验主要进行了混凝土原材料试验检测,新拌混凝土性能试验,常规混凝土力学、变形、耐久性、热学等性能试验,全级配力学、弹性模量试验,层间铺筑富浆混凝土、砂浆、保持含气量稳定性配合比等试验。试验期间,监理工程师两次到西宁试验中心对试验进行了见证。

2.2 全级配混凝土配合比试验参数

按照复核试验通知的要求,对设计指标为 $C_{180}32F300W8$、$C_{180}25F300W10$ 的四级配混凝土进行了全级配试验,试验内容为全级配混凝土抗压强度试验、劈裂抗拉强度试验、静力抗压弹性模量试验,全级配试件与标准试件试验结果对比分析等。

全级配混凝土试验参数按照复核配合比参数进行,选用试验编号为 SQPZ-3、SKPZ-8、SKPZ-3、SKPJ-4、SKPJ-7、SQLZ-3 的六组配合比,全级配试验配合比参数见表 2。

表 2　全级配混凝土复核试验参数

序号	试验编号	设计标号	水胶比	粉煤灰掺量/%	砂率/%	外加剂/%				材料用量/（kg/m³）	
						减水剂	掺量	引气剂	掺量	水	胶材
1	SQPZ-3	C25F300W10	0.45	30	25	ZB-ⅠA	0.5	DH9	0.011	77	171
2	SKPZ-8	C32F300W10	0.40	35	25	ZB-ⅠA	0.5	DH9	0.011	77	192
3	SKPZ-3	C25F300W10	0.45	30	25	ZB-ⅠA	0.5	DH9	0.011	77	171
4	SKPJ-4	C25F300W10	0.45	35	25	JM-Ⅱ	0.5	DH9	0.013	77	171
5	SKPJ-7	C32F300W10	0.40	30	25	JM-Ⅱ	0.5	DH9	0.013	77	192
6	SQLZ-3	C25F300W10	0.45	30	25	ZB-ⅠA	0.5	DH9	0.011	77	171

3　全级配混凝土力学试验

全级配混凝土试验按照《水工混凝土试验规程》(DL/T 5150—2001)有关试验方法进行。为了便于分析全级配试件与标准试件的强度关系,在成型全级配抗压、劈拉试件(边长 450 mm 立方体)同时,成型和全级配试件龄期(28 d、90 d、180 d)相对应的标准试件(边长 150 mm 立方体)两组。由于实验室标准养护间面积条件有限,所以对全级配试件进行非标准养护间养护,试件每天至少洒水养护 4 次,洒水后试件表面用塑料薄膜整体包裹,保持温度(20±3)℃,湿度大于 95%。一组标准试件与全级配试件在同一条件下陪同养护,简称陪养试件。另一组标准试件在标准养护间养护,简称标养试件。全级配混凝土力学性能试验结果见表 3、表 4。

试验结果表明:

(1)28 d、90 d、180 d 全级配试件与陪养试件抗压强度比值平均值分别约为 94%、95%、98%,28 d 劈拉强度比值平均值分别约为 90%、91%、85%。分析认为,在冬季同条件养护情况下,由于标准试件温度很低,造成标准试件强度下降幅度较大,但温度对全级配大试件影响没有标准试件大。

(2)28 d、90 d、180 d 全级配试件与标养试件强度比值平均值分别约为 88%、79%、80%,28 d 劈拉强度比值平均值分别约为 82%、71%、71%。

全级配试件与标养试件强度比值结果可以看出,全级配大试件强度明显低于标准试件抗压强度,与 2004 年 8 月中国水利水电第四工程局试验中心提交的《黄河拉西瓦水电站工程混凝土配合比设计试验总报告》全级配结果发展趋势基本相同。同时,全级配试件实测抗压强度满足设计强度。

表 3　全级配混凝土力学性能试验结果（陪养试件与全级配试件）

试验编号	设计等级	水胶比	抗压强度（MPa）/（f_{450}/f_{150}）（%）						劈拉强度（MPa）/（f_{450}/f_{150}）（%）					
			28 d		90 d		180 d		28 d		90 d		180 d	
			陪养试件（150 mm×150 mm×150 mm）	全级配试件（450 mm×450 mm×450 mm）	陪养试件（150 mm×150 mm×150 mm）	全级配试件（450 mm×450 mm×450 mm）	陪养试件（150 mm×150 mm×150 mm）	全级配试件（450 mm×450 mm×450 mm）	陪养试件（150 mm×150 mm×150 mm）	全级配试件（450 mm×450 mm×450 mm）	陪养试件（150 mm×150 mm×150 mm）	全级配试件（450 mm×450 mm×450 mm）	陪养试件（150 mm×150 mm×150 mm）	全级配试件（450 mm×450 mm×450 mm）
SQPZ-3	C25F300W10	0.45	23.3/100	20.0/86	29.1/100	29.9/103	33.2/100	31.3/94	2.01/100	1.41/70	2.37/100	2.30/97	2.84/100	2.25/79
SKPZ-8	C32F300W10	0.40	23.8/100	23.3/98	34.2/100	31.4/92	37.3/100	36.6/98	2.30/100	2.17/94	2.45/100	2.38/97	3.21/100	2.85/89
SKPZ-3	C25F300W10	0.45	21.2/100	19.9/94	28.5/100	26.5/93	32.2/100	31.9/99	1.53/100	1.46/95	2.12/100	2.11/99	2.67/100	2.45/92
SKPJ-4	C25F300W10	0.45	20.6/100	19.8/96	26.2/100	25.6/97	30.9/100	31.2/101	1.62/100	1.48/91	2.11/100	1.68/80	2.51/100	2.04/81
SKPJ-7	C32F300W10	0.40	23.2/100	21.6/93	31.6/100	31.3/99	38.8/100	40.1/103	2.16/100	1.98/92	2.36/100	2.19/93	3.02/100	2.78/92
SQLZ-3	C25F300W10	0.45	20.4/100	19.7/97	27.6/100	26.4/96	33.6/100	32.7/97	1.55/100	1.55/100	2.18/100	1.75/80	2.46/100	1.87/76
比值平均值/%			100	94	100	95	100	98	100	90	100	91	100	85

表 4　全级配混凝土力学性能试验结果（标养试件与全级配试件）

试验编号	设计等级	水胶比	抗压强度（MPa）/（f_{450}/f_{150}）（%）						劈拉强度（MPa）/（f_{450}/f_{150}）（%）					
			28 d		90 d		180 d		28 d		90 d		180 d	
			标养试件（150 mm×150 mm×150 mm）	全级配试件（450 mm×450 mm×450 mm）	标养试件（150 mm×150 mm×150 mm）	全级配试件（450 mm×450 mm×450 mm）	标养试件（150 mm×150 mm×150 mm）	全级配试件（450 mm×450 mm×450 mm）	标养试件（150 mm×150 mm×150 mm）	全级配试件（450 mm×450 mm×450 mm）	标养试件（150 mm×150 mm×150 mm）	全级配试件（450 mm×450 mm×450 mm）	标养试件（150 mm×150 mm×150 mm）	全级配试件（450 mm×450 mm×450 mm）
SQPZ-3	C25F300W10	0.45	24.6/100	20.0/81	34.7/100	29.9/86	42.4/100	31.3/74	2.20/100	1.41/64	3.10/100	2.30/74	3.29/100	2.25/68
SKPZ-8	C32F300W10	0.40	25.6/100	23.3/91	41.0/100	31.4/77	46.8/100	36.6/77	2.48/100	2.17/88	3.13/100	2.38/76	4.01/100	2.85/71
SKPZ-3	C25F300W10	0.45	23.1/100	19.9/86	35.6/100	26.5/74	40.9/100	31.9/78	1.74/100	1.46/84	2.82/100	2.11/75	3.15/100	2.45/78
SKPJ-4	C25F300W10	0.45	21.1/100	19.8/94	32.9/100	25.6/78	45.3/100	31.2/69	1.66/100	1.48/89	2.79/100	1.68/60	3.20/100	2.04/64
SKPJ-7	C32F300W10	0.40	24.0/100	21.6/90	39.6/100	31.3/79	45.4/100	40.1/88	2.32/100	1.98/85	2.96/100	2.19/74	3.21/100	2.78/87
SQIZ-3	C25F300W10	0.45	23.1/100	19.7/85	33.5/100	26.4/79	37.1/100	32.7/96	1.86/100	1.55/83	2.59/100	1.75/68	3.24/100	1.87/58
比值平均值/%			100	88	100	79	100	80	100	82	100	71	100	71

4 全级配抗压弹性模量

全级配混凝土抗压弹性模量试验结果见表 5。

表 5 全级配混凝土静力抗压弹性模量试验结果

试验编号	试件尺寸/mm	轴压强度/MPa			静力弹性模量（GPa）（全/标）		
		28 d	90 d	180 d	28 d	90 d	180 d
SQPZ-3	φ 150×300	18.2	27.3	32.8	26.6/100	30.8/100	33.7/100
	φ 450×900	20.0	25.8	27.6	29.3/1.10	31.8/1.03	35.6/1.06
SKPZ-8	φ 150×300	21.5	37.2	45.5	28.8/100	32.5/100	35.6/100
	φ 450×900	20.4	29.6	28.4	32.7/1.14	36.1/1.11	36.6/1.03
SKPZ-3	φ 150×300	17.5	30.3	39.0	24.1/100	31.3/100	34.4/100
	φ 450×900	14.4	20.7	26.4	28.0/1.16	30.6/0.98	35.1/1.02
SKPJ-4	φ 150×300	13.5	23.9	33.2	24.6/100	29.4/100	34.1/100
	φ 450×900	13.4	24.8	25.7	30.2/1.23	33.4/1.14	34.7/1.02
SKPJ-7	φ 150×300	18.6	34.1	42.6	28.2/100	31.4/100	32.7/100
	φ 450×900	18.6	26.9	29.3	28.0/0.99	34.2/1.09	35.4/1.08
SQLZ-3	φ 150×300	17.3	28.9	35.1	21.2/100	25.2/100	28.6/100
	φ 450×900	17.2	25.8	29.8	28.9/1.36	33.4/1.33	34.6/1.21
比值平均值					1.16	1.11	1.07

试验结果表明：

（1）全级配混凝土圆柱体试件（φ 450 mm×900 mm）大部分轴压强度值小于标准试件（φ 150 mm×300 mm）轴压强度值，轴压强度随龄期增长而增大。

（2）全级配试件、标准试件弹性模量值随龄期增长而增大。

（3）C25F300W10 全级配混凝土圆柱体试件（φ 450 mm×900 mm）在龄期 28 d、90 d、180 d 抗压弹性模量分别在 28.0 ~ 30.2 GPa、30.6 ~ 33.4 GPa、34.6 ~ 35.6 GPa，C32F300W10 全级配混凝土圆柱体试件（φ 450 mm×900 mm）在龄期 28 d、90 d、180 d 抗压弹性模量分别在 28.0~32.7 GPa、34.2~36.1 GPa、35.4~36.6 GPa。

（4）C25F300W10 标准试件（φ 150 mm×300 mm）在龄期 28 d、90 d、180 d 抗压弹性模量分别在 21.2 ~ 26.6 GPa、25.2 ~ 31.3 GPa、28.6 ~ 34.4 GPa，C32F300W10 标准试件（φ 150 mm×300 mm）在龄期 28 d、90 d、180 d 抗压弹性模量分别在 28.2 ~ 28.8 GPa、31.4~32.5 GPa、32.7~35.6 GPa。

（5）28 d、90 d、180 d 全级配试件与标准试件弹性模量比值平均值分别约为 1.16、1.11、1.07，平均为 1.08，全级配抗压弹性模量值比标准试件的抗压弹性模量值要高。

全级配试件抗压弹性模量比标准试件抗压弹性模量高的原因是与骨料的粒径有关

系,全级配的粒径比标准试件的粒径要大,这就说明了骨料含量越高,骨料自身的弹性模量越大,则混凝土弹性模量越大。

5　结语

(1)黄河拉西瓦水电站工程大坝混凝土配合比复核试验,是根据《关于明确拉西瓦水电站工程大坝混凝土配合比复核试验的通知》(拉建司质安字〔2005〕54 号)的要求,从 2005 年 8 月下旬开始,试验人员按照《水工混凝土试验规程》(DL/T 5150—2001)科学地、合理地、严格地进行了试验。

(2)拉西瓦水电站工程大坝混凝土配合比复核试验最终结果表明,混凝土拌和物的和易性良好,满足施工要求;混凝土的力学性能、变形性能、耐久性能以及热学性能等均满足设计要求。

(3)全级配混凝土复核试验结果与标准试件试验结果具有较好的相关关系。由于试件体积与混凝土骨料级配的关系,全级配混凝土强度低于标准试件,而弹性模量高于标准试件。

参考文献

[1] 田育功,胡红峡,马成.黄河拉西瓦水电站工程大坝混凝土配合比复核试验报告[R].中国水利水电第四工程局试验中心,2006.

黑泉水库面板混凝土施工配合比试验研究

田育功

(中国水利水电第四工程局有限公司,青海西宁　810007)

1　工程概况

　　黑泉水库枢纽工程,位于青海省大通县境内湟水河的支流宝库河上,距离西宁 75 km,是一座大型综合利用的水利枢纽工程,水利枢纽主要由面板堆石坝、溢洪道、发电厂房、导流洞、供水系统和送变电等工程组成。

　　工程位于青藏高原高寒地区,全年寒冷期长,气温变化大,年平均气温 2.8 ℃,极端最低气温-33.1 ℃,极端最高气温 29.3 ℃,平均风速 2.4 m/s,最大风速 17 m/s,最大冻土深度 1.06 m。在这样的气候条件下,对混凝土工程提出了更高的要求,特别是混凝土面板是大坝极为重要的防渗体系工程,必须确保面板混凝土具有良好的和易性、长面板混凝土的抗裂性、高水头作用下的防渗性以及长期运行的安全耐久性。要满足这些要求,必须选定合理的原材料及混凝土配合比。

2　混凝土设计指标

　　根据青设〔1997〕019 号及青泉建技字(97)003 号文,不同高程施工部位的面板混凝土设计指标见表1。中国水利水电第四工程局试验中心按照设计要求于 1997～1999 年进行了黑泉水库混凝土施工配合比试验研究。

表 1　黑泉水库工程面板混凝土设计要求

序号	施工部位	强度等级	抗渗标号	抗冻标号	极限拉伸	保证率 P/%	离差系数 C_v	保证强度/MPa
1	高程 2 480 m 以上	C30	S8	D300	$1.00×10^{-4}$	95	0.13	38
2	高程 2 480 m 以下	C30	S8	D250	$1.00×10^{-4}$	95	0.13	38

3　原材料试验

3.1　水泥

　　以往的施工经验表明,硅酸盐水泥和普通硅酸盐水泥拌制的混凝土保水性好、泌水性小、黏聚性好,适用于浇筑面板混凝土。《混凝土面板堆石坝施工规范》(SL 49—1994)规定,面板混凝土的水泥品种"宜优先选用硅酸盐水泥和普通硅酸盐水泥,其标号不低于425 号"。结合中国水利水电第四工程局有限公司在西北各水电工程混凝土施工的经验,面板混凝土选用甘肃永登水泥厂生产的 525# 中热硅酸盐水泥。水泥的化学成分试验结果见表 2,水泥的物理力学性能试验结果见表 3。

表 2　水泥的化学成分试验结果　　　　　　　　　　　　%

SiO₂	Al₂O₃	Fe₂O₃	CaO	SO₃	MgO	烧失量
22.7	4.5	4.41	60.1	1.4	2.8	1.17
GB 200—89 中热硅酸盐水泥					≤5	

表 3　水泥的物理力学性能试验结果

密度/ %	安定性	细度/ %	凝结时间/(h:min)		抗压强度/MPa			抗折强度/MPa		
			初凝	终凝	3 d	7 d	28 d	3 d	7 d	28 d
3.15	合格	6.80	2:17	4:41	24.4	39.8	57.3	4.4	7.2	8.7
GB 200—89 中热硅酸盐水泥	≤12	≥1 h	≤12 h	≥20.6	≥31.4	≥52.5	≥4.1	≥5.3	≥7.1	

结果表明,永登 525# 中热硅酸盐水泥矿物成分氧化钙含量高达 60.1%,氧化镁含量 2.8%,有利于混凝土强度、补偿收缩和抗裂性能的提高。28 d 的抗压强度 57.3 MPa、抗压强度 8.7 MPa,水泥强度富余量较大,性能优良。

3.2　粉煤灰

优质粉煤灰具有呈球形微粒的形态效应,与 Ca(OH)₂ 反应的火山灰活性效应和填充空隙的微集效应。因此,优质粉煤灰在混凝土中可以改善和提高诸多物理化学性能,可以减水增强、化解水泥可能存在的不安定性、显著改善和易性、降低泌水性、减少水化热和干缩率,提高抗裂性、密实度,增加抗渗性,并能显著提高抗溶蚀性以及抑制碱骨料反应等。试验选用的粉煤灰为山西神头二电生产的 I 级粉煤灰,该粉煤灰为三峡工程使用产品,粉煤灰品质试验结果见表 4。结果表明,神头二电生产的 I 级粉煤灰需水量比 92.3%,烧失量 0.14%,细度、三氧化硫、含水率等指标优良,符合《用于水泥和混凝土中的粉煤灰》(GB 1596—1991)国家标准。

表 4　粉煤灰品质试验结果

项目	需水量比/ %	烧失量/ %	细度/ %	SO₃/ %	含水率/ %	有机质/ %	相对密度/ (g/cm³)
实测	92.3	0.14	3.56	2.8	0.3	合格	2.31
GB 1596—1991	≤95	≤5	≤12	≤3	≤1	—	—

3.3　硅粉

黑泉水库工程地处青藏高原高海拔地区,由于特殊气候自然环境,面板混凝土的耐久性抗冻标号为 D300、D250,设计指标要求很高,在同类工程中是少有的。为了满足抗冻性能要求,根据龙羊峡、李家峡抗冲磨硅粉混凝土及小干沟面板硅粉混凝土使用经验及实际效果,考虑在面板混凝土掺入硅粉进行比选试验。试验选用的硅粉为青海民和硅铁厂生产的硅粉,其质量品质试验见表5。结果表明,民和硅粉二氧化硅含量达 92.87%,品质优良,各项指标符合技术要求。

表5　硅粉的品质试验结果 %

成分	SiO_2	Al_2O_3	Fe_2O_3	CaO	MgO	烧失量
实测	92.87	0.63	0.35	1.17	0.14	3.91

3.4　骨料

3.4.1　天然砂

细骨料为黑泉工地寺塘料场的天然砂。天然砂饱和面干相对密度为 2.69、干吸水率为 1.0%,砂料的饱和面干相对密度较大、吸水率较小,说明砂料质地较好。砂细度模数 FM=3.3,其中 $P<0.3$ mm 的颗粒在 2.0% 左右,砂料偏粗。由于面板混凝土采用滑模浇筑,溜槽入仓,故砂率选用要比普通混凝土增加 3%~6%,根据以往的施工经验,砂率选用 36%~40%,以保证混凝土的施工和易性和溜槽顺利入仓,同时不影响混凝土的其他性能。

3.4.2　粗骨料

粗骨料为黑泉工地寺塘料场的天然砾石料。粗骨料检验表明,小石的饱和面干相对密度为 2.7、吸水率为 0.57%;中石的饱和面干相对密度为 2.72、吸水率为 0.55%,砾石性能良好。面板混凝土骨料最大粒径 40 mm,二级配,进行了不同骨料级配试验,根据容重较大、孔隙率较小以及混凝土和易性最优的原则,二级配最优级配选定小石:中石 = 55:45。

3.5　外加剂及用水

外加剂选用江苏江都外加剂厂的 FDN 高效减水剂和石家庄外加剂厂生产的 DH9 引气剂(为三峡工程应用产品)。FDN 为非引气型减水剂,主要成分为萘磺酸甲醛缩合物和多元醇合物。

混凝土拌和用水为宝库河河水,试验结果表明河水符合拌和用水的技术要求。

4　面板混凝土配合比试验研究

4.1　配合比参数及拌和物性能试验

根据《黑泉水库大坝工程招标及合同文件》(合同编号 HQ-DE-18 土建工程第 Ⅱ 卷技术规范),结合黑泉工程的实际情况,参考国内面板混凝土配合比参数,配合比设计选用单掺外加剂混凝土、掺硅粉混凝土、掺粉煤灰混凝土 3 种方案组合进行试验。

水胶比选用:单掺外加剂混凝土水胶比 0.38~0.40,掺硅粉混凝土水胶比 0.35~0.45,掺粉煤灰混凝土水胶比 0.35~0.38。砂率根据混凝土和易性及坍落度范围选定,砂率初选 36%~40%。用水量按照入仓口坍落度 4~6 cm 要求确定,含气量控制在 4.5%~5.5%。骨料级配小石:中石 = 55:45;外加剂提前配置成溶液掺用,混凝土采用 150 L 自落式搅拌机进行拌和试验。

面板混凝土配合比采用 0.45、0.40、0.38、0.35 四个水胶比,试验龄期 3 d、7 d、28 d,

共选定 10 组配合比进行试验。按照配合比设计参数,通过大量的试拌试验,确定了 10 组面板混凝土试验配合比参数,详见表 6。

表 6　面板混凝土配合比参数及拌和物性能试验结果

| 试验编号 | 水胶比 | 砂率/% | 水/(kg/m³) | 水泥/(kg/m³) | 外加剂 | | 粉煤灰/% | 硅粉/% | 坍落度/cm | 含气量/% |
					FDN/%	DH9/%				
M-1	0.38	39	136	358	0.6	0.006	—	—	4.9	5.8
M-2	0.40	40	135	338	0.6	0.006	—	—	4.9	5.1
M-3	0.38	39	136	358	0.6	0.004	—	—	4.6	4.5
M-4	0.40	41	136	340	0.6	0.004	—	—	6.0	4.6
M-5	0.35	35	128	348	0.6	0.008		5	4.7	5.8
M-6	0.40	36	128	304	0.6	0.008		5	5.8	4.6
M-7	0.45	37	128	270	0.6	0.008		5	5.1	4.7
M-8	0.35	36	128	348	0.6	0.005		5	4.1	4.6
M-9	0.35	37	123	298			15		6.3	4.6
M-10	0.38	38	123	275	0.6	0.008	15		6.5	4.4

表 6 中配合比参数表明:M-1~M-4 为单掺外加剂混凝土配合比,为满足和易性要求,砂率较大,故用水量偏高;M-5~M-8 为掺 5%硅粉混凝土配合比,由于硅粉比表面积高达 2 000 m²/kg,故砂率比单掺外加剂混凝土低 2%~4%,试验表明砂率每增减 1%,用水量相应约增减 2 kg/m³;M-9、M-10 为掺 15%Ⅰ级粉煤灰混凝土配合比,由于Ⅰ级粉煤灰颗粒十分细小,且需水量比 92.3%,堪称固体减水剂,虽然粉煤灰混凝土采用的水胶比较小,单位用水量和水泥用量仍是最低的,对改善混凝土施工和易性和温控防裂是十分有利的。

表 6 中拌和物性能试验结果表明:混凝土坍落度满足 4~6 cm 施工要求,这里特别需要说明的坍落度测值是室内试验按照出机口 15 min 时所测的坍落度。根据大量的工程实践,出机口 15 min 时的坍落度,能够满足浇筑地点溜槽入口时坍落度 4~6 cm 要求,有效防止了出机口坍落度急剧损失的不利情况,已为大量工程实践所证明。含气量测值 4.4%~5.8%,满足 D300 抗冻指标要求的含气量。

4.2　抗压强度、劈裂强度试验

混凝土抗压强度试验结果见表 7。结果表明:随水胶比的降低,混凝土抗压强度增高,且随龄期的延长,抗压强度也随之增加;当掺 5%硅粉混凝土水胶比从 0.45 降低至 0.35,28 d 抗压强度也相应从 35.9 MPa 提高到 50.2 MPa。7 d 抗压强度约是 28 d 抗压强度的 80%;掺粉煤灰混凝土早期强度较低,但后期强度增长显著,在水胶比 0.38 的情况下,28 d 抗压强度抗压满足设计强度,亦即掺 15%粉煤灰取代水泥不会降低混凝土的抗压强度。掺硅粉混凝土抗压强度增长明显。

混凝土抗拉强度采用劈裂法进行试验,试验结果见表7。结果表明:单掺外加剂混凝土及掺硅粉混凝土的抗拉强度较高,掺粉煤灰混凝土抗拉强度较低,这与粉煤灰混凝土早期强度较低有关。在面板抗裂计算中,依靠混凝土抗拉强度防止面板不发生裂缝或少裂缝,只是其中抗裂设计的因素之一。因为面板的裂缝主要是大坝主堆体厘米级沉降与混凝土微米级变形不在一个量级上,故面板裂缝的发生主要是在水库蓄水后,大坝主堆体沉降造成的面板脱空及趾板周边缝撕裂结构性破坏,已为大量工程所证明。

表7 不同水胶比混凝土抗压强度、劈拉强度试验结果

| 试验编号 | 水胶比 | 水泥/(kg/m³) | 外加剂 | | 粉煤灰/% | 硅粉/% | 抗压强度/MPa | | | 劈拉强度/MPa |
			FDN/%	DH9/%			3 d	7 d	28 d	
M-1	0.38	358	0.6	0.006	—	—	24.5	31.3	38.6	3.3
M-2	0.40	338	0.6	0.006	—	—	23.5	30.3	34.5	3.0
M-3	0.38	358	0.6	0.004	0	—	25.6	32.5	39.0	3.2
M-4	0.40	340	0.6	0.004	—	—	22.4	31.1	36.1	3.1
M-5	0.35	348	0.6	0.008	—	5	26.4	34.3	48.9	3.5
M-6	0.40	304	0.6	0.008	—	5	22.4	31.3	38.3	3.3
M-7	0.45	270	0.6	0.008	—	5	24.6	30.2	35.9	2.8
M-8	0.35	348	0.6	0.005	—	5	28.1	36.5	50.2	3.7
M-9	0.35	298	0.6	0.008	15	—	18.4	26.1	35.3	2.5
M-10	0.38	275	0.6	0.008	15	—	17.4	25.3	32.5	2.2

4.3 极限拉伸和弹性模量试验

混凝土极限拉伸和弹性模量是反映混凝土变形能力的两种主要性能,两者都随混凝土抗拉强度的提高而增加,但两者增加的速率是不同的。影响此两种性能的主要因素是骨料和水泥石的弹性模量及骨料和水泥浆体之间的比例。

混凝土极限拉伸和弹性模量试验见表8。试验结果表明:混凝土极限拉伸值与抗拉强度呈现较密切直线关系,试验编号 M-1~M-8 配合比,极限拉伸值大于 1.0×10^{-4},抗拉强度也相应大于 3.0 MPa。单掺粉煤灰混凝土极限拉伸值为 $(0.95 \sim 0.94) \times 10^{-4}$,主要是粉煤灰混凝土采用 28 d 龄期,早期强度发展缓慢,由于粉煤灰混凝土主要利用后期强度,其极限拉伸值随龄期的增长会相应增加,可以满足设计要求。

试验结果同时表明,混凝土弹性模量在 30.2~33.9 GPa,弹性模量适宜,表明混凝土应力不大,对混凝土自身抗裂是有利的。

4.4 抗冻试验和抗渗试验

混凝土抗冻、抗渗试验结果见表9。混凝土抗冻试验采用快速法进行,混凝土抗冻性能与水胶比大小、特别是含气量大小对抗冻性能影响极大。在水胶比相同的情况下,掺硅粉混凝土抗冻性能明显优于不掺硅粉的混凝土。

混凝土抗冻试验结果表明,混凝土经过 300 次的冻融循环,相对动弹模量在 87.0%~96.4%,重量损失率在 3.2%~1.4%,表明混凝土具有良好的抗冻性能,抗冻标号大于 D300 设计要求。

表 8　混凝土极限拉伸和弹性模量试验结果

试验编号	水胶比	水泥/(kg/m³)	外加剂		粉煤灰/%	硅粉/%	极限拉伸值/10⁻⁴	弹性模量/GPa	抗拉强度/MPa
			FDN/%	DH9/%					
M-1	0.38	358	0.6	0.006	—	—	1.05	31.8	3.3
M-2	0.40	338	0.6	0.006	—	—	1.01	31.2	3.0
M-3	0.38	358	0.6	0.004	—	—	1.07	32.2	3.2
M-4	0.40	340	0.6	0.004	—	—	1.00	32.4	3.1
M-5	0.35	348	0.6	0.008	—	5	1.18	33.9	3.5
M-6	0.40	304	0.6	0.008	—	5	1.10	31.7	3.3
M-7	0.45	270	0.6	0.008	—	5	1.06	30.5	2.8
M-8	0.35	348	0.6	0.005	—	5	1.26	32.7	3.7
M-9	0.35	298	0.6	0.008	15	—	0.95	31.7	2.5
M-10	0.38	275	0.6	0.008	15	—	0.94	30.2	2.2

混凝土抗渗试验采用一次加压法，一次加压至 0.8 MPa，并在此压力下恒压 24 h 将试件劈开量测渗水高度，计算相对系数，结果表明抗渗标号均大于 S8 设计要求。

表 9　混凝土抗冻、抗渗试验结果

试验编号	水胶比	试验项目	混凝土冻融次数							含气量/%	抗渗
			50	100	150	200	250	275	300		
M-1	0.38	相对动弹模量/%	98.8	98.0	97.6	96.9	95.1	94.2	93.0	5.8	>8
		重量损失率/%	0.2	0.4	0.6	0.9	1.2	1.2	1.7		
M-2	0.40	相对动弹模量/%	98.4	97.9	97.5	96.9	95.2	93.4	92.5	5.1	>8
		重量损失率/%	0.2	0.5	0.8	1.0	1.2	1.5	1.8		
M-3	0.38	相对动弹模量/%	98.7	98.0	97.6	97.0	96.5	93.9	87.7	4.5	>8
		重量损失率/%	0.1	0.2	0.3	0.6	0.9	1.2	1.6		
M-4	0.40	相对动弹模量/%	98.6	97.8	97.1	95.1	92.9	85.8	83.2	4.6	>8
		重量损失率/%	0.4	0.5	0.9	1.3	1.9	2.3	2.8		
M-5	0.35	相对动弹模量/%	98.8	98.6	98.1	97.8	97.6	96.3	96.1	5.8	>8
		重量损失率/%	0.3	0.4	0.7	0.8	1.1	1.3	1.6		
M-6	0.40	相对动弹模量/%	99.0	99.0	98.9	98.5	98.0	96.9	95.8	4.6	>8
		重量损失率/%	0.2	0.3	0.4	0.6	0.9	1.1	1.4		
M-7	0.45	相对动弹模量/%	98.2	97.5	95.1	92.0	90.6	88.3	87.0	4.7	>8
		重量损失率/%	0.2	0.5	0.9	1.2	1.8	2.6	3.2		
M-8	0.35	相对动弹模量/%	98.2	98.5	98.3	97.3	96.7	95.6	94.4	4.6	>8
		重量损失率/%	20.2	0.5	0.9	1.3	1.8	2.1	2.5		
M-9	0.35	相对动弹模量/%	99.5	99.2	98.9	98.6	98.5	97.7	96.4	4.6	>8
		重量损失率/%	0.1	0.4	0.7	1.0	1.3	1.6	2.1		
M-10	0.38	相对动弹模量/%	98.6	98.2	96.8	93.2	90.1	88.6	87.7	4.4	>8
		重量损失率/%	0.5	0.8	1.4	1.8	2.0	2.5	2.9		

4.5 干缩性能试验

混凝土干缩试验按照《水工混凝土试验规程》(SD 105—82)进行试验。试件尺寸为 100 mm×100 mm×500 mm,试验室相对湿度 50%左右,成型后养护 2 d 测定基长,不同龄期测定其长度,相比得出不同龄期的干缩率值。干缩试验选用 5 组配合比进行 3 d、7 d、28 d、60 d、90 d、180 d 六个龄期的干缩试验,试验结果见表 10。

表 10　混凝土干缩率性能试验结果

试验编号	水胶比	粉煤灰/%	硅粉/%	干缩率/10^{-6}						
				3 d	7 d	14 d	28 d	60 d	90 d	180 d
M-1	0.38	—	—	80	250	320	480	580	590	620
M-2	0.40	—	—	70	220	290	340	460	500	530
M-5	0.35	—	5	180	370	380	500	560	590	630
M-6	0.40	—	5	140	270	290	620	670	690	720
M-9	0.35	15	—	50	80	200	290	390	400	410

试验结果表明,混凝土干缩率 28 d 在(290~620)×10^{-6}、90 d 在(400~690)×10^{-6}、180 d 在(410~720)×10^{-6}。掺粉煤灰混凝土干缩率最小,其 28 d、90 d 及 180 d 的干缩率分别为 290×10^{-6}、400×10^{-6} 及 410×10^{-6}。掺硅粉混凝土干缩率最大,其 28 d、90 d 及 180 d 的干缩率分别为 620×10^{-6}、690×10^{-6} 及 720×10^{-6}。说明不同掺和料对混凝土干缩率影响极大,硅粉混凝土干缩率过大,极易引起混凝土表面干缩裂缝,对防裂是不利的。粉煤灰混凝土干缩率最小,对防裂有利,已为大量工程实践证明。

5　面板混凝土施工配合比选定

1993 年 3 月,黑泉水库建设管理局对提交的黑泉水库面板混凝土施工配合比进行了专家审查。

黑泉水库面板混凝土配合比设计,通过大量的试验研究,结合黑泉工程高寒地区的气候特点和混凝土骨料的实际情况,试验结果表明,在面板混凝土中掺入高效减水剂和引气剂,有效提高了混凝土抗冻性能和抗渗性能;在混凝土掺入Ⅰ级粉煤灰 15%,降低了混凝土用水量和水泥用量,有效改善了混凝土施工和易性,减小了混凝土收缩变形,十分有利于温控防裂;针对天然砂偏粗的特点,增加砂率,改善了混凝土拌和物的和易性,保证了混凝土溜槽入仓浇筑。

根据面板混凝土设计指标 C30S8D300,设计龄期 28d,极限拉伸值 1.0×10^{-4},强度保证率 95%。通过试验结果分析比较,最终优选出面板混凝土配合比参数为:水胶比 0.35,砂率 37%,高效减水剂 FDN 掺量 0.6%,引气剂 DH9 掺量 0.008%,控制浇筑地点溜槽入仓口坍落度 40~60 mm。每立方米混凝土材料用量为:水 123 kg,水泥 298 kg,粉煤灰 53 kg,砂 719 kg,小石 674 kg,中石 551 kg,混凝土密度 2 420 kg/m³。从有利于提高面板混凝土的耐久性抗裂考虑,抗冻等级均按 D300 进行设计,控制含气量在 4.5%～5.5%,保证了混凝土耐久性能提高。从防止骨料分离考虑,提高小石比例至 55%,有效提高了新拌混凝土和易性。工程实际使用的面板混凝土施工配合比见表 11。

表 11　选定的面板混凝土施工配合比

设计指标	配合比参数					材料用量/(kg/m³)					密度/(kg/m³)
	水胶比	粉煤灰/%	砂率/%	减水剂/%	引气剂/%	用水量	水泥	粉煤灰	砂	骨料	
C30S8D300	0.35	15	37	0.6	0.008	123	298	53	719	1 225	2 420

注:二级配,小石:中石 = 55:45,控制出机口含气量在 4.5%～5.5%,控制浇筑地点入仓口坍落度在 40～60 mm。

6　结语

黑泉面板混凝土配合比是根据青海省黑泉水库大坝工程招标合同文件(技术卷)及有关文件提出的技术要求,参考国内有关面板混凝土配合比经验,按照《水工混凝土试验规程》(SD 105—82)进行试验,结果表明:面板混凝土配合比设计合理,在混凝土中掺入高效减水剂和引气剂,有效地提高了混凝土抗冻性能;混凝土掺 I 级粉煤灰,降低了用水量和水泥用量,减少了混凝土收缩变形,十分有利于温控防裂;针对天然砂偏粗的特点,增加砂率,改善混凝土的和易性。

1999 年 6 月 28 日,黑泉水库面板混凝土首仓混凝土开始浇筑,面板混凝土施工应用表明,提交的面板混凝土施工配合比,具有良好的施工和易性,满足溜槽和滑模施工浇筑,同时具有较高的强度和较好的抗裂性,优良的抗冻耐久性和抗渗性能,满足设计和施工要求。

参考文献

[1] 田育功,张华臣,蔡光年,等.青海黑泉水库工程混凝土面板堆石坝面板混凝土配合比试验报告[R].中国水利水电第四工程局试验中心,1999.

黄河公伯峡面板混凝土配合比防裂试验研究

田育功

(中国水利水电第四工程局有限公司,青海西宁 810007)

1 引言

1.1 工程概述

公伯峡水电站位于青海省循化县与化隆县交界处的黄河干流上,坝址距西宁市153 km,上游76 km为已建的李家峡水电站,下游148 km为已建的刘家峡水电站。水库正常蓄水位2 005.00 m,校核洪水位2 008.00 m,总库容6.2亿 m^3 ,为日调节水库。电站总装机容量1 500 MW(5台×30 MW),多年平均发电量51.4亿 kW·h。

公伯峡水电站是国家实施西部大开发的重点标志性工程,也是"西电东送"的启动工程。枢纽建筑物由大坝、引水发电系统及泄水系统三大部分组成。大坝为混凝土面板堆石坝,坝顶高程2 010.00 m,最低建基面高程1 871.00 m,最大坝高139 m,坝顶长度429 m,顶宽10 m。坝体填筑量472.32万 m^3 ,堆石坝混凝土面板采用一次性拉模施工,建设总工期为6年半。公伯峡水电站导流洞工程于2000年7月开工,主体工程于2001年8月正式开工。2004年8月8日顺利实现下闸蓄水,9月23日第一台机组提前一年投产发电,标志中国水电装机容量于此时突破1亿 kW。

公伯峡水电站工程混凝土配合比试验和混凝土质量控制由中国水利水电第四工程局(简称水电四局)试验中心承担,现场试验室对导流洞工程和主体工程混凝土配合比进行了大量的试验研究工作,提出了满足设计和施工要求的各类混凝土配合比。

1.2 面板混凝土防裂试验研究背景

2002年9月初公伯峡专家组咨询意见及黄河水电公司建设分公司有关会议精神,拟在进行面板混凝土施工时不再设1 946 m高程水平施工缝,即面板混凝土由原设计的两期施工改为一次性施工,采用滑动模板一次拉至2 005.5 m高程。2003年1月14日黄河水电公司建设公司同意"一次性拉面板专题审查会"意见,要求面板混凝土应具有较强的抗裂性能,还要满足面板施工过程中一次拉模220 m超长溜槽中,混凝土易下滑、不离析、入仓后不泌水、易振实,初凝时间不宜过长、出模后不流淌、不拉裂、不鼓包、易于滑模滑升等施工工艺研究。

前期水电四局试验中心根据专家推荐的华东院面板混凝土配合比经验,在面板混凝土中掺入聚丙烯纤维,达到提高抗裂的目的。为此,试验工作重点进行了聚丙烯纤维选型,研究掺聚丙烯纤维混凝土的各项性能指标。试验结果表明,混凝土中掺加适量的聚丙烯纤维后,有助于提高混凝土的极限拉伸值和劈裂强度,但是混凝土的单位用水量增加

10 kg/m³、干缩变形比基准混凝土大,纤维混凝土拌和物流动性一般,特别是在公伯峡气候十分干燥、蒸发量很大的情况下,导致新拌混凝土坍落度急剧损失,无法满足超长面板溜槽的施工。犹如"橘生淮南则为橘,生于淮北则为枳"的道理一样,存在着严重的水土不服,不能满足 220 m 超长溜槽的施工。试验结束后,水电四局设计院公伯峡试验室于 2003 年 6 月向建设分公司提交《公伯峡水电站面板混凝土配合比试验阶段报告》。

2003 年 7 月 28 日黄河水电公司建设分公司召开面板混凝土配合比专题会议,下发了《面板混凝土配合比专题会议纪要》(建司工字〔2003〕81 号),提出面板混凝土施工配合比需要进一步试验,试验由建设分公司中心试验室负责,西北院工科院和水电四局公伯峡试验室三方共同完成面板混凝土配合比防裂试验研究。

试验分为两个阶段,第一阶段进行 7 d、14 d 的混凝土早期各种性能试验,提交初步试验成果报告。2003 年 9 月 4 日,第二阶段,建设分公司再次召开专题会议,根据第一阶段试验成果,决定面板混凝土中不掺聚丙烯纤维,面板混凝土配合比试验继续使用 SP-1、JM-A(非引气型)和减缩剂 JM-SRA 进行。根据建设分公司要求,待试验完成后在右岸面板混凝土施工中进行现场生产性试验。针对时间紧、任务重,在短短的 4 个月时间内完成了面板混凝土施工配合比防裂试验研究,保证了公伯峡面板一次拉模施工浇筑。

2　面板混凝土配合比防裂设计

公伯峡水电站面板最长 218 m,厚度在 30~70 cm,施工中采用溜槽入仓,因此要求面板混凝土除要具有较好的和易性、满足设计要求的强度和耐久性外,还应具有较高的防裂性能。因此,如何提高面板混凝土的防裂性能是本次面板混凝土配合比试验研究工作的重点。

2.1　裂缝分类、成因分析及裂缝的预防

混凝土裂缝可分为结构性裂缝和非结构性裂缝,其中非结构性裂缝又分为收缩裂缝、温度裂缝和化学裂缝。收缩裂缝再分为凝缩、干缩和冷缩。凝缩是由混凝土凝结硬化引起的,与混凝土的胶材用量有关;干缩是由于混凝土内部失去水分引起的;冷缩则是由温度变形引起的。当混凝土在外界和自身因素作用下发生收缩时,受到周边和内部约束的限制,在面板内部将出现与收缩方向相反的拉应力,当拉应力超过混凝土自身的极限抗拉强度时,就会产生裂缝。

混凝土裂缝的预防有两个方法:抗裂和防裂。抗裂是提高混凝土物理力学性能及变形性能,增加混凝土的抗裂性能;防裂是根据混凝土裂缝成因,主动采取相应的预防措施,防止裂缝的发生。

2.2　面板混凝土配合比防裂设计

针对面板混凝土裂缝发生的原因,采取抗裂和防裂双管齐下的预防方法,在面板混凝土配合比设计中采用下列方法:

(1)使用水化热低的水泥,降低混凝土水化温升。

(2)在面板混凝土中掺用一定量的粉煤灰,对降低水泥用量、改善混凝土热学性能和变形性能、减少混凝土收缩有良好效果。

(3)最少胶材用量,在保证面板混凝土和易性基础上,使用尽可能少的胶凝材料。

(4)使用优质外加剂,降低混凝土单位用水量,降低混凝土干缩变形,改善混凝土和

易性。

(5)混凝土具有较高的抗拉强度和极限拉伸值。

3 面板混凝土配合比设计

3.1 面板混凝土设计指标

根据有关专题会议咨询意见及建设分公司要求,面板混凝土设计要求和混凝土配合比试验参数确定如下:

(1)设计标号 C25F200W12,最大粒径 40 mm,二级配。

(2)配制强度:根据《水工混凝土施工规范》(DL/T 5144—2001)规定,概率度系数 t 值选用 1.65,混凝土强度标准差 σ 选用 4.5,面板混凝土配制强度值为 32.4 MPa。

3.2 原材料选用

(1)水泥:永登中热 525$^\#$硅酸盐水泥。经检测,氧化镁含量 1.83%,细度 5.2%,28 d 抗压强度 65.5 MPa,28 d 抗折强度 9.2 MPa,强度富余量较大。

(2)粉煤灰:平凉粉煤灰经检测细度 14%,需水量比 87%,烧失量 1.3%,三氧化硫 0.69%,仅细度大于Ⅰ级灰 12%要求,故评定为Ⅱ级粉煤灰,掺量 20%。

(3)外加剂。

①SP-1 和 JM-A(非引气型)减水剂,掺量均为 0.6%。经检测,减水率大于 20%,坍落度损失小,28 d 抗压强度比为 145%,性能优良。

②减缩剂品种为 JM-SRA 型,掺量为 1.5%。

③引气剂品种为 GK-9A(含气量控制在 4%~6%)。

(4)骨料:工程骨料筛分系统生产的天然骨料。细骨料为天然砂,细度模数 FM = 2.8,属中砂区,颗粒级配合理;粗骨料为天然卵石,颗粒光滑,质地坚硬。经检测,粗、细骨料品质符合规范要求。

3.3 面板混凝土试验配合比

根据面板混凝土的设计指标、原材料选用及前期大量面板混凝土配合比试验研究成果,提出面板混凝土试验配合比参数,见表 1。

表 1　面板混凝土试验配合比参数

试验编号	设计指标	配合比参数							材料用量/(kg/m³)						容重/(kg/m³)
		水胶比	砂率/%	煤灰/%	减水剂/%	GK-9A/%	减缩剂 JM-SRA/%	坍落度/cm	水	水泥	粉煤灰	天然砂	卵石	减缩剂 JM-SRA	
0.40J	C25 F200 W12	0.40	34	20	JM-A 0.6	0.006	—	7~9	110	220	55	685	1 329	—	2 400
SP-基		0.40	36	20	SP-1 0.6	0.005	—	7~9	100	200	50	738	1 321	—	2 400
SP-J		0.40	35	20	SPJ 0.6	0.005	1.5	7~9	100	200	50	716	1 330	3.75	2 400

注:二级配,小石:中石 = 50:50。

4　面板混凝土防裂试验研究

4.1　试验方法及内容

面板混凝土配合比的试验主要内容为新拌混凝土拌和物性能试验；混凝土 7 d、14 d 和 28 d 力学性能试验；混凝土 28 d 抗冻、抗渗性能试验以及 1 d、3 d、7 d、14 d 和 28 d 的干缩变形试验。为检测掺入 JM-SRA 减缩剂后混凝土各种性能的变化情况，特使用 SP-1 减水剂进行基准混凝土和同时混合掺用减水剂与 JM-SRA 两种配合比进行对比试验。

4.2　拌和物性能试验结果

混凝土拌和物性能主要进行新拌混凝土的和易性、含气量、坍落度损失、凝结时间等性能试验，试验按照《水工混凝土试验规程》（DL/T 5150—2001）进行。混凝土拌和物性能试验结果见表 2。

表 2　混凝土拌和物性能试验结果

试验编号	水胶比	用水量/（kg/m³）	减缩剂JM-SRA/%	坍落度/cm		含气量/%	和易性				凝结时间/（h:min）	
				出机	30 min		棍度	含砂	黏聚性	析水	初凝	终凝
SP-基	0.40	100	—	10.5		6.9	上	中	好	无	8:41	12:35
SP-1	0.40	100	1.5	8.7	5.3	6.4	上	中	好	无	8:24	12:41
0.40J	0.40	100	—	11.8		5.5	上	中	好	无		

从试验结果分析：

（1）和易性：混凝土拌和物浆体丰富、黏聚性好、易于插捣、无泌水，具有良好的和易性，掺入减缩剂 JM-SRA 后混凝土相同用水量情况下坍落度变化不大，减缩剂对混凝土和易性无不良影响。

（2）掺减缩剂后混凝土 30 min 后坍落度损失约为 40%，损失率与基准混凝土基本相同。

（3）基准混凝土和掺入减缩剂 JM-SRA 混凝土的初凝时间都为 8~9 h，满足公伯峡气候干燥、蒸发量大的施工条件。

4.3　混凝土强度及极限拉伸试验结果

试验按照《水工混凝土试验规程》（DL/T 5150—2001）有关规定进行，为掌握混凝土在不同龄期时的力学性能，混凝土抗压强度、抗拉强度及极限拉伸试验均成型 7 d、14 d 和 28 d 龄期试件。混凝土的抗压强度、抗拉强度试验结果见表 3，极限拉伸试验结果见表 4。

表3　混凝土抗压、抗拉强度试验结果

试验编号	水胶比	用水量/(kg/m³)	减缩剂JM-SRA/%	坍落度/cm	用水量/(kg/m³)	抗压强度/MPa			抗拉强度/MPa		
						7 d	14 d	28 d	7 d	14 d	28 d
SP-基	0.40	100	—	7~9	100	22.7	26.7	34.8	1.83	2.07	2.94
SP-1	0.40	100	1.5	7~9	100	37.9	46.6	55.4	2.62	3.26	3.80
0.40J	0.40	110	—	7~9	110	28.1	34.1	40.8	1.74	2.00	2.50

表4　混凝土极限拉伸试验结果

试验编号	水胶比	减缩剂JM-SRA/%	7 d			14 d			28 d		
			极限拉伸值/10^{-4}	轴心抗拉强度/MPa	抗拉弹性模量/(10^4 MPa)	极限拉伸值/10^{-4}	轴心抗拉强度/MPa	抗拉弹性模量/(10^4 MPa)	极限拉伸值/10^{-4}	轴心抗拉强度/MPa	抗拉弹性模量/(10^4 MPa)
SP-基	0.40	—	0.81	2.46	3.09	1.02	2.86	3.55	1.06	3.02	4.08
SP-J	0.40	1.5	0.84	2.79	3.47	0.96	2.93	3.68	1.21	3.17	4.19
0.40J	0.40	—	0.91	2.86	3.57	0.96	2.94	3.84	1.01	3.10	4.21

从混凝土强度试验结果分析:基准混凝土与掺减缩剂 JM-SRA 混凝土的抗压强度均达到配制强度要求。掺减缩剂 JM-SRA 混凝土的抗压强度、抗拉强度和极限拉伸值均超过基准混凝土,且增幅较大。

4.4　混凝土干缩变形试验结果

试验按照《水工混凝土试验规程》(DL/T 5150—2001)进行,混凝土拌和物用湿筛法剔除大于 30 mm 骨料后成型,立即送至养护室,48 h 后拆模,测试后记录初长,随后进行 1 d、3 d、7 d、14 d 和 28 d 龄期的干缩试验检测。为观察早期干缩情况,加测 5 d 和 11 d 龄期。混凝土干缩变形试验结果见表5。

表5　混凝土干缩变形试验结果

编号	设计标号	减缩剂JM-SRA/%	平均干缩率/10^{-4}						
			1 d	3 d	5 d	7 d	11 d	14 d	28 d
SP-基	C25F200 W12	—	0.138 3	−1.253 1	−1.594 5	−2.183 9	−2.686 7	−3.505 1	−3.574 1
SP-1		1.5	−0.190 2	−1.127 7	−1.335 4	−1.638 4	−2.165 8	−2.454 6	−2.526 3
0.40J		—	−0.249 6	−0.728 0	—	−1.816 6	—	−3.723 4	−3.878 4

表 5 中编号 SP-1 为掺 JM-SRA 减缩剂混凝土,编号 SP-基和 0.40J 为不掺 JM-SRA,试验结果表明:混凝土中掺入减缩剂后,干缩率明显降低,掺 JM-SRA 减缩剂 3 d、7 d、28 d 干缩率分别为 $-1.127\ 7\times10^{-4}$、$-1.638\ 4\times10^{-4}$ 及 $-2.526\ 3\times10^{-4}$,与不掺减缩剂编号 SP-基和 0.40J 相比,干缩率降幅在 25% ~ 35%,表明 JM-SRA 减缩剂具有较好地防止混凝土收缩的效果。

4.5　混凝土耐久性能试验

混凝土的耐久性试验主要对混凝土的抗冻、抗渗性能进行检测。混凝土的抗冻、抗渗试验按照《水工混凝土试验规程》(DL/T 5150—2001)有关规定进行,成型抗冻试件时剔除混凝土拌和物中大于 30 mm 粒径的骨料,成型抗渗试件时剔除混凝土拌和物中大于 40 mm 粒径的骨料。混凝土的抗冻试验采用快冻法,以相对动弹模量降低值(≥60%)和试件重量损失率(≤5%)来评定混凝土的抗冻标号;抗渗试验采用逐级加压法,评定指标为:每组 6 个试件经逐级加压至抗渗标号加 1 的水压时,其中 4 个试件仍未出现渗水,表明该混凝土达到了设计抗渗标号的要求。试验结果表明:基准混凝土与掺 JM-SRA 混凝土的耐久性能均满足设计要求。混凝土抗冻、抗渗试验结果见表 6。

表 6　混凝土抗冻、抗渗试验成果

试验编号	设计指标	龄期/d	水胶比	减缩剂 JM-SRA/%	快速冻融 n 次相对动弹模量(%)/重量损失(%)				抗冻等级	抗渗等级
					50	100	150	200		
SP-基	C25W6F200	28	0.40	—	99.1/0	97.6/0	95.3/0.2	91.8/0.6	>F200	>W12
SP-J	C25W6F200	28	0.40	1.5	98.6/0	98.1/0	96.0/0	94.3/0.1	>F200	>W12
0.40J	C25W6F200	28	0.40	—	98.3/0	97.1/0	95.0/0	92.3/0.1	>F200	>W12

5　面板混凝土现场生产性试验

根据以上室内试验结果,初选面板混凝土配合比于 2003 年 11 月 2 ~ 20 日期间先后在右岸混凝土防渗面板⑥、④、⑤、③块进行生产性试验。4 块防渗面板中⑥和③使用 SP-1 减水剂、④和⑤使用 JM-A(非引气型)减水剂,4 块防渗面板中均使用 JM-SRA 减缩剂。防渗面板混凝土在拌和系统生产,使用 6 m³ 混凝土搅拌车运输至浇筑现场,采用 1:1.75 的溜槽入仓。浇筑完毕后混凝土表面保温采用一层塑料薄膜、两层聚乙烯卷材覆盖。生产性试验的主要内容有两种面板混凝土配合比的拌和物性能、施工性能;混凝土的力学性能和耐久性能;面板混凝土的防裂性能等。生产性试验结果如下。

5.1　防面板混凝土拌和物性能试验

防渗面板⑥浇筑采用 70 ~ 90 mm 的坍落度,④、⑤、③均采用 50 ~ 70 mm 的坍落度。生产性试验的混凝土拌和物性能在出机口和浇筑现场分别进行,新拌混凝土和仓面混凝土的坍落度、含气量的检测结果见表 7。

表 7　面板混凝土拌和物性能试验结果

部位	面板⑥、③				面板④、⑤			
检测项目	机口坍落度/cm	现场坍落度/cm	含气量/%	成型试件	机口坍落度/cm	现场坍落度/cm	含气量/%	成型试件
组数	24	17	16	强度试件8组、抗冻抗渗试件各1组	23	13	13	强度试件9组、抗冻抗渗试件各1组
平均值	5.81	5.52	4.37		5.63	4.22	4.68	
最大值	8.7	7.6	5.3		7.5	7.5	5.8	
最小值	4	2.6	3.4		3.2	3	3.5	
级差	4.7	5	1.9		4.3	4.5	2.3	

5.2　面板混凝土施工性能试验

施工性能检测主要针对混凝土在溜槽中的下滑情况、混凝土入仓后的振捣难易程度、滑模提升速度等项目进行。2003 年 11 月 2~20 日进行了面板混凝土浇筑,面板混凝土施工性能检测结果见表8。

表 8　面板混凝土施工性能检测结果

部位	面板长度/m	浇筑时段（月-日）	施工历时/h	模板滑升速度/(m/h)		溜槽下滑情况	环境条件/℃			
				最大	平均		浇筑温度	最低气温	最大温差	养护温度
面板⑥	62.46	11-02~11-05	72	1.77	0.88	易	12.5~15	3	15	9~14
面板④	69.68	11-08~11-10	51	2.27	1.37	易	9.5~13	−2	15	9~14
面板⑤	66.07	11-12~11-14	47	—	1.41	易	—	−4	14	—
面板③	73.29	11-18~11-20	48	—	1.53	易	—	−3	15	—

5.3　面板混凝土力学性能及耐久性能试验结果

面板混凝土浇筑期间,试验质控人员共计机口混凝土取样 17 组、现场取样 6 组抗压强度试件,机口混凝土取样抗冻、抗渗试件各 2 组。面板混凝土强度和耐久性试验结果见表 9,试验结果表明,混凝土强度和抗渗满足设计要求,抗冻结果待龄期到后试验再上报。

5.4　面板混凝土裂缝检查

面板混凝土浇筑结束后,立即使用一层塑料薄膜、两层聚乙烯卷材覆盖进行保温。由于气温较低,施工部门未采取洒水养护措施。截至 2003 年 11 月 30 日,在防渗面板混凝土养护期间,现场的气温在−10~12 ℃,最大日温差为 16 ℃左右。

表 9　面板混凝土强度、抗渗试验结果

成型日期 (年-月-日)	工程部位	设计要求	水胶比	28 d 抗压强度/ MPa	抗渗标号
2003-11-02	面板⑥	C25F200W12	0.40	23.6(R7)	
2003-11-02	面板⑥(现场取样)	C25F200W12	0.40	41.5	
2003-11-02	面板⑥	C25F200W12	0.40	41.2	
2003-11-03	面板⑥(现场取样)	C25F200W12	0.40	42.4	
2003-11-03	面板⑥	C25F200W12	0.40	47.5	>12
2003-11-03	面板⑥	C25F200W12	0.40	48.2	
2003-11-05	面板⑥	C25F200W12	0.40	46.3	
2003-11-08	面板④	C25F200W12	0.40	43.7	
2003-11-08	面板④	C25F200W12	0.40	35.7	
2003-11-08	面板④	C25F200W12	0.40	39.6	>12
2003-11-09	面板④	C25F200W12	0.40	26.0(R7)	
2003-11-09	面板④	C25F200W12	0.40	35.1	
2003-11-08	面板④	C25F200W12	0.40	43.7	
2003-11-08	面板④	C25F200W12	0.40	35.7	
2003-11-08	面板④(现场取样)	C25F200W12	0.40	39.6	

2003 年 11 月 12 日由水电四局第一施工局质量安全办公室和 CⅣ标监理工程师对面板⑥进行 7 d 龄期的裂缝检查,未发现裂缝;11 月 19 日对面板④进行裂缝检查,未发现裂缝。

防渗面板⑥为第一块试生产的面板混凝土,尚属摸索阶段,故各个施工环节联系不紧凑,模板滑升速度受到影响,其余 3 块速度均有所提高。从现场试生产的总体情况来看,面板混凝土的出机坍落度控制在 5~7 cm,即可满足现场 3~5 cm 坍落度的要求。混凝土在溜槽内下滑顺利,模板提升速度在 1~2 m/h。混凝土的各项性能指标满足设计要求,进一步验证了室内试验结果。通过对混凝土的裂缝检查,面板混凝土在无水养护和温差较大的情况下,没有出现裂缝,说明混凝土具有良好的抗裂性能,表明面板混凝土配合比防裂设计是成功的。

6　推荐的面板混凝土施工配合比

从上述室内和现场试验结果看,掺减缩剂 JM-SRA 后混凝土的各种性能均能满足设计和施工要求,混凝土强度高,抗裂性好,为此在面板混凝土配合比中均掺用减缩剂 1.5%。推荐的面板混凝土施工配合比见表 10。

表 10   推荐的面板混凝土施工配合比

设计指标	配合比参数							材料用量/(kg/m³)						容重/(kg/m³)
	水胶比	粉煤灰/%	砂率/%	减缩剂JM-SRA/%	减水剂/%	引气剂GK-9A/%	坍落度/cm	用水量	水泥	粉煤灰	砂	卵石	减缩剂	
C25F200 W12	0.40	20	34	1.5	JM-A 0.6	0.006	7~9	110	220	55	684	1 327	4.1	2 400
	0.40	20	35	1.5	SP-1 0.6	0.005	7~9	100	200	50	716	1 300	4.1	2 400

注:1. 水泥品种为永登中热 525# 硅酸盐水泥,粉煤灰为平凉 Ⅱ 级灰。

2. 减水剂使用 SP-1 和 JM-A 非引气型、引气剂使用 GK-9A 型、减缩剂使用 JM-SRA 型。

3. 细骨料天然砂,砂细度模数 2.8;粗骨料卵石,二级配,小石:中石 = 50:50。

7   结语

(1)前期根据专家推荐的面板混凝土配合比经验,在面板混凝土中掺入聚丙烯纤维,达到提高抗裂的目的。试验结果表明,掺聚丙烯纤维有助于提高混凝土的极限拉伸值和劈裂强度,但是混凝土的单位用水量增加 10 kg/m³,干缩变形比基准混凝土大,纤维混凝土拌和物流动性降低。特别是在公伯峡气候十分干燥、蒸发量很大的条件下,原推荐的面板混凝土无法满足超长面板溜槽的施工浇筑。

(2)公伯峡面板混凝土由原设计的两期施工改为一次性施工,面板施工过程中一次拉模 218 m 的超长溜槽中,要求面板混凝土应具有良好的易下滑、不离析、入仓后不泌水、易振实和易性,新拌混凝土初凝时间不宜过长、出模后不流淌、不拉裂、不鼓包、易于滑模滑升等,同时要求面板混凝土具有较强的抗裂性能。根据有关面板混凝土专题会议,立即进行了面板混凝土施工配合比抗裂试验研究。

(3)面板混凝土施工配合比抗裂试验研究历时 4 个多月,在业主和专家组的指导下,根据混凝土裂缝产生的原因分析、针对面板混凝土的特性,采取"三掺(粉煤灰、减水剂、减缩剂)两高(高强度和高极限拉伸值)"的配合比技术路线,通过室内对混凝土拌和物性能、混凝土力学性能、耐久性能及变形等性能进行全面系统试验,结合右岸防渗面板试生产验证结果,提出满足设计和施工要求的推荐施工配合比。

(4)面板混凝土施工配合比抗裂室内和现场试验结果表明,使用 SP-1 高效减水剂和 JM-A(非引气型)高效减水剂减水率高,对降低混凝土单位用水量效果明显,显著降低了胶凝材料用量。推荐的两种面板混凝土配合比均掺减缩剂 JM-SRA,切实可行。相对而言,使用 SP-1 高效减水剂的配合比更经济一些,在今后的施工过程中,还应根据施工情况对配合比进行相应的调整和进一步完善,确保面板混凝土施工顺利进行。

参考文献

[1] 田育功,马伊民,靳谋,等.黄河公伯峡水电站工程混凝土面板堆石坝试验汇总报告[R].中国水利水电第四工程局勘测设计研究院公伯峡试验室,2005.

高强钢纤维混凝土在三峡
EL120 m 栈桥中的试验研究与应用★

刘瑞源　田育功

（中国水利水电第四工程局有限公司,青海西宁　810007）

【摘　要】　EL120 m 栈桥是三峡大坝混凝土浇筑和金属结构安装的重要手段,也是沟通大坝施工的重要通道。根据设计提出的 EL120 m 栈桥钢纤维混凝土技术要求,经过室内试验研究,配制出满足设计要求抗折强度≥7.5 MPa,轴拉强度≥4.0 MPa,抗剪强度≥11.0 MPa,抗磨度≥300 h/cm,抗压强度≥60 MPa 的高强钢纤维混凝土。通过在 EL120 栈桥桥面的施工应用,两年以来工程质量良好,满足设计指标。

【关键词】　钢纤维混凝土;EL120 栈桥;试验研究;强度

1　引言

钢纤维混凝土(SFRC)是我国近年来发展起来的新材料,它具有耐磨、抗拉和抗剪的优点,因此可以广泛用于道路桥梁工程、机场跑道、水工和港口工程、铁路工程以及工业与民用建筑中的刚性屋面、抗震节点和厂房地面。钢纤维混凝土作为一种新型复合材料,以其卓越的性能,在国内外得到了迅速的发展。

与常规混凝土相比,其抗拉、抗剪、抗折强度和抗裂、抗磨、抗冲击、抗疲劳、抗震、抗爆等性能都有很大的提高,由于大量的钢纤维均匀地分布在混凝土中,钢纤维与混凝土接触面很大,因而在所有方向上都使混凝土强度得到提高,既具有各向同性的增强,极大地改善了混凝土的各项性能。

三峡二期工程左厂坝段 EL120 m 栈桥是三峡大坝混凝土浇筑及巨型引水钢管和金属结构安装的重要手段,也是沟通大坝施工的重要通道。EL120 m 栈桥布置在左非 17#~10#下游坝段,栈桥全长 461.53 m,桥面高程 122.5 m,栈桥宽度为 19.0 m。起重机为MQ2000,轨距 13.5 m,轨道上游 3.5 m 为混凝土侧卸车车道,下游侧设 1.4 m 人行道。栈桥跨度为 17.1 m、21.2m、23.5 m 三种,共 24 跨。

栈桥施工分两个阶段:第一阶段左非 17#~6#-1 坝段,施工时间 1998 年 12 月 1 日至1999 年 10 月 1 日。第二阶段左厂 6#-2 至左厂 10#坝段,施工时间 1999 年 10 月 1 日至2000 年 10 月 1 日。钢纤维混凝土主要应用于栈桥桥面,钢纤维混凝土施工浇筑于 2000年 2 月开始至 2000 年 3 月结束,共浇筑钢纤维混凝土 869.07 m³。

★本文原载于《青海水力发电》2001 年第 4 期,青海西宁。

根据长江水利委员会设计院提出的《EL120 栈桥钢纤维混凝土技术要求》,中国水利水电第四工程局试验中心进行了钢纤维混凝土试验研究与施工应用。

2 原材料

2.1 混凝土原材料

水泥:葛洲坝水泥厂 525# 中热硅酸盐水泥。

粉煤灰:安徽平圩 I 级粉煤灰。

外加剂:浙江龙游 ZB-1A 高效减水剂和北京翰宛公司 SF 泵送剂。

骨料:三峡人工砂石骨料,粗骨料最大粒径 20 mm,一级配。细料采用三峡下岸溪斑状花岗岩人工砂,细度摸数 2.7。

2.2 钢纤维品种

钢纤维选用以下 4 种:

(1)上海哈瑞克斯公司生产的 SF01-32 铣削片状钢纤维。

(2)江苏武进市南宅钢纤维厂生产的波纹形钢纤维。

(3)武汉武钢科技产业公司钢纤维厂生产的弓形钢纤维。

(4)武汉汉森钢纤维有限责任公司生产的剪切型钢纤维。

对选用的 4 种钢纤维进行了品质检验,按照《钢纤维混凝土结构设计与施工规程》(CECS 38—1992)附录一要求,对选用的 4 种钢纤维进行了品质检验,检验结果见表 1。

表 1 钢纤维品质检验结果

钢纤维品种	长度/ mm	等效直径/ mm	长径比	抗拉强度/ (N/mm²)	弯至 90 ℃
铣削形钢纤维	32	0.80	40	≥700	未断裂
波纹形钢纤维	34	0.90	38	≥480	未断裂
弓形钢纤维	32	0.56	57	≥418	未断裂
剪切型钢纤维	32	0.56	57	≥418	未断裂

结果表明,选用的 4 种钢纤维的长度值的分度值在 30~35 mm,长度偏差不超过长度公称值±5%的相应规定;直径或等效直径应在 0.3~0.8,长径比在 40~100,抗拉强度大于 380 N/mm²。检验结果表明:除波纹形钢纤维的等效直径和长径比稍有差别外,4 种钢纤维的品质合格。

3 钢纤维混凝土配合比设计

3.1 钢纤维混凝土技术要求

钢纤维混凝土的强度等级应按立方体抗压强度标准值确定,钢纤维混凝土的强度等级不宜低于 CF20,并应满足结构设计对强度等级和抗压强度等级与抗折强度的要求。钢

· 346 ·

纤维混凝土采用的粗骨料粒径不宜大于 20 mm 和钢纤维长度的 2/3。钢纤维混凝土的钢纤维体积率不应小于 0.5%。

根据长江水利委员会设计院 1998 年 9 月 4 日提出的《EL120 栈桥钢纤维混凝土技术要求》，钢纤维混凝土设计指标：强度等级 CF50，要求 28 d 抗折强度 ≥7.5 MPa、轴拉强度 ≥4.0 MPa、抗剪强度 ≥11.0 MPa、抗磨度 ≥300 h/cm 的高强钢纤维混凝土。

3.2　钢纤维混凝土配合比设计参数

钢纤维混凝土配合比设计按照《钢纤维混凝土结构设计与施工规范》（CECS 38—1992）及《EL120 栈桥钢纤维混凝土技术要求》进行设计，配合比设计应满足设计要求的抗压强度与抗拉强度等指标以及施工要求的和易性。根据三峡大坝常规混凝土配合比的试验结果，参照有关钢纤维混凝土资料，CF50 钢纤维混凝土配合比设计参数为：

（1）水灰比：0.33。

（2）砂率：45%。

（3）用水量：160 kg/m³。

（4）钢纤维：掺量为混凝土体积的 0.6%、0.8%、1.0%、1.5%。

（5）外加剂：ZB-1A 或 SF，掺量 1.2%。

（6）粉煤灰：等量取代 10% 的水泥。

（7）坍落度：30~50 mm。

（8）粗骨料最大粒径 20 mm，一级配。

钢纤维混凝土配合比设计方法按绝对体积法进行计算。

3.3　钢纤维混凝土试验结果研究分析

钢纤维混凝土试验按照《钢纤维混凝土试验方法》（CECS13:89）和《水工混凝土试验规程》（SD 105—82）进行。试验对不同品种的钢纤维分别按 0.6%、0.8%、1.0%、1.5% 掺量进行了试验研究，共进行了 14 组钢纤维混凝土配合比试验。钢纤维混凝土试验配合比及拌和物性能见表 2，钢纤维混凝土物理力学性能试验结果见表 3。

3.3.1　不同品种钢纤维及掺量对钢纤维混凝土和易性的影响

从表 2 的试验结果可以看出：4 种不同品种钢纤维掺量在 1.5%、1.0%（试验编号 S-1~S-4、S-5~S-8）、0.8% 及 0.6% 时，其余参数相同，水灰比 0.33，用水量 160 kg，砂率 45%，坍落度 3~5 cm，拌制的钢纤维混凝土和易性良好。试验表明，不同品种的钢纤维及掺量对钢纤维混凝土的用水量及和易性影响较小。

3.3.2　不同品种钢纤维及掺量对钢纤维混凝土力学性能的影响

从表 3 试验结果可以看出，钢纤维掺量分别掺 0.6%、0.8%、1.0%、1.5% 时，随钢纤维掺量的增加，钢纤维混凝土的抗压强度、劈拉强度、轴拉强度、抗折强度、初裂强度、抗剪强度、抗拉弹性模量、抗折弹性模量及抗磨度等性能指标依次呈上升趋势，说明在钢纤维体积率采用的范围内，随钢纤维掺量的增加，钢纤维混凝土各项物理力学性能相应提高。

试验结果表明：不同品种类型（铣削片状、波纹形、弓形、剪切型）的钢纤维混凝土，波纹形钢纤维混凝土的物理力学性能较优，但其余 3 种钢纤维混凝土也满足设计指标要求。

表2 钢纤维混凝土试验配合比及拌和物性能

试验编号	水胶比	砂率/%	粉煤灰/%	钢纤维		减水剂		用水量/(kg/m³)	水泥/(kg/m³)	粉煤灰/(kg/m³)	混凝土和易性				
				品种	掺量/%	品种	掺量/%				坍落度/cm	黏聚性	棍度	含砂	析水
S-1	0.33	45		铣削	1.5	ZB-1A	1.2	160	485		3.0	好	中	中	少
S-2	0.33	45		波纹	1.5	ZB-1A	1.2	160	485		3.8	好	中	中	少
S-3	0.33	45		弓形	1.5	ZB-1A	1.2	160	485		2.9	好	中	中	少
S-4	0.33	45		剪切	1.5	ZB-1A	1.2	160	485		2.5	好	中	中	少
S-5	0.33	40		铣削	1.0	ZB-1A	1.2	160	485		2.6	好	中	中	少
S-6	0.33	45		波纹	1.0	ZB-1A	1.2	160	485		3.6	好	中	中	少
S-7	0.33	45		弓形	1.0	ZB-1A	1.2	160	485		3.8	好	中	中	少
S-8	0.33	45		剪切	1.0	ZB-1A	1.2	160	485		3.0	好	中	中	少
S-9	0.33	45		波纹	1.5	SF	1.2	160	485		4.0	好	中	中	少
S-10	0.33	45		波纹	1.5	ZB-1A	1.2	160	485		3.8	好	中	中	少
S-11	0.33	40	10 (+5)	波纹	1.5	ZB-1A	1.2	160	436.5	48.5 (+38)	3.8	好	中	中	无
S-12	0.33	40	10 (+10)	波纹	1.5	ZB-1A	1.2	158	431	48 (+48)	4.9	好	中	中	无
S-13	0.33	45		剪切	0.8	ZB-1A	1.2	160	485		2.6	好	中	中	少
S-14	0.33	45		波纹	0.6	ZB-1A	1.2	160	485		2.5	好	中	中	少

3.3.3 掺粉煤灰对钢纤维混凝土的影响试验

S-11和S-12的配合比掺用10%的平圩Ⅰ级粉煤灰取代10%的水泥,同时掺用5%和10%的粉煤灰分别取代5%及10%的砂,其目的在于增加胶砂对钢纤维的握裹力和摩阻力,改善和易性。试验结果表明,在钢纤维混凝土中掺入Ⅰ级粉煤灰,可以极大地改善钢纤维混凝土的和易性,方便施工,随龄期的延长,钢纤维混凝土的各项物理力学性能指标还将得到进一步的提高。

3.3.4 外加剂品种对钢纤维混凝土的性能影响

外加剂质量的优劣直接影响钢纤维混凝土拌和物的性能,在混凝土拌和物中掺入钢纤维,由于钢纤维相互架立,坍落度值明显下降,但经振捣后其和易性却与未掺钢纤维时不相上下。说明钢纤维混凝土拌和物坍落度与和易性之间的关系不同于普通混凝土。为此钢纤维混凝土必须选用质量好的高效减水剂,本次试验选用ZB-1A和SF高效减水剂,掺量1.2%,结果表明,选用的外加剂品质优良,减水率高,加之掺量较大,显著改善了钢纤维混凝土拌和物坍落度与和易性,有效地降低了用水量。CF50 钢纤维混凝土的用水量降至 160 kg/m³,水灰比 0.33,由于降低了用水量,采用了较大的水灰比,水泥用量仅为 485 kg/m³,但配置的钢纤维混凝土的抗压强度大于 60 MPa 以上,各项指标达到设计要求。

表 3　钢纤维混凝土物理力学性能试验结果

试验编号	抗压强度 $f_{fc,cu}$/MPa			劈拉强度 $f_{fc,spi}$/ MPa	轴拉强度 $f_{sf,t}$/ MPa	抗折强度 $f_{fc,m}$/ MPa	初裂强度 $f_{fc,cra}$/ MPa	抗剪强度 $f_{fc,v}$/ MPa	抗拉弹性模量 $E_{fc,c}$/ 10^4 MPa	抗折弹性模量 $E_{fc,m}$/ 10^4 MPa	抗磨度/ (h/cm)
	3 d	7 d	28 d								
S-1	41.9	51.8	65.3	4.94	4.56	8.14	7.82	13.58	3.82	3.65	357
S-2	42.1	52.6	64.7	4.88	4.42	8.27	7.62	12.46	4.02	3.79	345
S-3	42.0	52.9	64.2	4.63	4.26	8.11	7.16	11.86	3.92	3.89	345
S-4	36.6	52.5	62.2	4.58	4.31	8.14	7.60	11.77	3.79	3.74	341
S-5	39.8	50.6	61.9	4.52	4.36	7.82	7.28	11.92	3.62	3.27	332
S-6	37.5	52.1	62.0	4.46	4.21	7.69	7.12	11.29	3.72	3.64	333
S-7	38.4	51.1	61.8	4.44	4.17	7.51	7.02	11.22	3.81	3.63	341
S-8	32.4	49.8	61.7	4.50	4.10	7.56	7.06	11.16	3.92	3.71	330
S-9	42.0	52.9	60.1	4.63	—	—	—	—	—	—	338
S-10	41.7	52.6	63.8	4.65	—	—	—	—	—	—	342
S-11	—	—	67.1	4.97	4.41	8.21	7.68	12.23	3.91	3.69	341
S-12	38.9	56.8	63.8	4.65	—	—	—	—	—	—	—
S-13	27.2	43.9	53.4	3.8	—	—	—	—	—	—	—
S-14	42.0	52.9	69.7	4.45	—	7.21	6.78	—	—	3.46313	

选用的两种外加剂通过试验比较(试验编号 S-9、S-10),均满足要求,但 ZB-1A 性能优于 SF。

4　高强钢纤维混凝土施工配合比

根据以上试验结果:铣削片状、波纹形、弓形、剪切型等 4 种钢纤维掺量分别在 1.5% 及 1.0% 时,水灰比 0.33,用水量 160 kg/m³,砂率 45%,ZB-1 掺量 1.2%,配置的钢纤维混凝土均满足设计和施工要求。从技术经济效益综合因素考虑,EL120 栈桥钢纤维混凝土使用的钢纤维,选用武汉汉森钢纤维有限责任公司生产的剪切型钢纤维(报价最底),掺量 1.0%(78 kg/m³)。EL120 栈桥钢纤维混凝土施工配合比见表 4。

表 4　EL120 栈桥钢纤维混凝土施工配合比

强度等级	水灰比	砂率/%	钢纤维/%	减水剂ZB-1A/%	坍落度/cm	材料用量/(kg/m³)					
						水	水泥	钢纤维	砂	碎石	ZB-1A
CF50	0.33	45	1.0	1.2	3~5	160	485	78	772	965	5.82

注:采用绝对体积法计算。

5　高强钢纤维粉煤灰混凝土的施工应用

2000 年 2~3 月,青云公司在三峡二期工程左厂坝段 EL120 m 栈桥桥面进行了钢纤维混凝土施工,共浇筑钢纤维混凝土 869.07 m³。钢纤维混凝土在 EL120 拌和楼采用自落式搅拌机拌和,投料按碎石、水泥、粉煤灰、钢纤维、人工砂次序进行,同时开动搅拌机干拌 1 min,加入 ZB-1A 外加剂溶液和水搅拌 3 min,拌和容量 3 m³。EL120 拌和楼计算机控制,称量准确,拌和的钢纤维混凝土和易性良好,钢纤维在混凝土中分布均匀,易于振捣密实和抹面,钢纤维混凝土初凝后及时进行覆盖洒水养护。现场取样试件在标养室养护至 28 d,钢纤维混凝土抗压强度结果均大于 60 MPa,满足 CF50 设计要求。EL120 m 栈桥桥面高强钢纤维混凝土经过近两年的使用,质量良好,保证了大坝混凝土的浇筑及巨型引水钢管和金属结构安装的进度,确保了三峡工程按期发电目标的实施。

6　结语

高强钢纤维混凝土在三峡 EL120 m 栈桥工程的应用成功,是在室内大量试验研究的基础上取得的。在钢纤维混凝土中掺用高效减水剂,降低了混凝土的单位用水量,减少了水泥用量,极大地改善了钢纤维混凝土的和易性,提高了钢纤维混凝土的各项物理力学性能指标,技术经济效益显著,为今后高强钢纤维混凝土的应用提供了宝贵资料。

参考文献

[1] 田育功,张勇.长江三峡水利枢纽二期工程左岸厂房坝段混凝土配合比试验报告[R].1998.
[2] 杨松玲,等.三峡 EL.120 栈桥钢纤维混凝土物理力学性能试验报告[R].1999.

第4篇

水工碾压混凝土关键技术与分析

温度、VC 值及外加剂对碾压混凝土
凝结时间影响探讨★

田育功

（中国水利水电第四工程局勘测设计研究院，青海西宁　810007）

【摘　要】　针对百色气温高，大坝采用辉绿岩骨料，石粉含量大等特点，研究温度等因素对碾压混凝土凝结时间的影响，进行了不同的气温条件、VC 值及外加剂掺量对凝结时间的关系试验研究。

【关键词】　RCC；VC 值；温度；凝结时间；外加剂

1　概况

百色水利枢纽工程地处广西右江主干流上，大坝为碾压混凝土重力坝，最大坝高 130 m，坝顶长 720 m，主坝混凝土约 260 万 m³。百色因地处亚热带，高温期长，碾压混凝土不可避免的要在高温条件下进行施工，为了解决辉绿岩砂石粉含量高和气候炎热对碾压混凝土凝结时间造成的不利影响，需要进一步拓宽外加剂的种类，优选适应高石粉含量辉绿岩砂和满足高温条件碾压混凝土施工的缓凝高效减水剂，以保证工程进度和质量。2002 年进行了百色辉绿岩人工骨料碾压混凝土温度、VC 值及外加剂对凝结时间影响试验，研究优选的外加剂品种见表 1。

表 1　外加剂品种

品种	性能	产地或用地
木质磺酸盐类	木钙	东北开山屯
萘系复合类	ZB-1$_{RCC15}$	浙江龙游
	JM-Ⅱ	江苏建科院
	MTG	云南绿色
密胺类	BD-Ⅴ	福建三明
聚丙烯酸类	X404	意大利马贝公司
高温缓凝剂	WG	龙滩 RCC 高温试验用

★本文原载于《广西水利水电》2004 年增刊，2004 年 5 月，广西南宁；2003 年 12 月全国碾压混凝土筑坝技术交流会主旨发言。

2 掺外加剂混凝土性能试验

掺外加剂混凝土性能试验按照《混凝土外加剂》(GB 8076—1997)进行。试验条件:田东 525# 中热水泥,曲靖 II 级粉煤灰,辉绿岩粗细骨料,辉绿岩砂 FM＝2.8,石粉含量 22.5%。试验参数:水泥 330 kg/m³,砂率 38%,骨料粒径 5~20 mm,减水剂掺量分别采用 0.8%,用水量应使坍落度达到 7~9 cm,容重按 2 500 kg/m³ 计算。

掺外加剂混凝土性能试验结果见表 2,从表中数据看出,基准混凝土用水量高达 224 kg/m³,比国内其他人工骨料用水量(一般为 195~205 kg/m³)多 20 kg/m³ 以上,反映了辉绿岩粗细骨料需水比是很大的。同时试验结果表明:

表 2 掺外加剂混凝土性能试验结果

| 编号 | 外加剂 | | 用水量/(kg/m³) | 坍落度/cm | 混凝土温度/℃ | 含气量/% | 减水率/% | 泌水率比/% | 凝结时间差/min | | 拉压强度比/% | | |
	品种	掺量/%							初凝	终凝	3 d	7 d	28 d
KV-0	—	—	224	8.3	21	0.9	0	100	0	0	100	100	100
KV-1-1	ZB-1$_{RCC15}$	0.8	173	8.2	21	1.1	23.2	6.2	+990	+1 053	172	210	169
KV-2-1	JM-II	0.8	174	8.2	21	1.1	23.1	93.8	+1 478	+1 447	28	179	166
KV-3-1	MTG	0.8	176	8.8	20	1.2	21.4	93.0	+1 213	+1 170	176	198	145
KV-4-1	WG	0.8	188	7.7	20	1.0	16.1	47.2	+108	-65	206	204	139
KV-5-1	BD-V	1.0(液体)	187	8.0	20	1.0	16.5	67.5	+243	+200	154	157	131
KV-6-1	SR2	0.8	192	7.5	20	1.0	14.3	59.5	+113	+90	172	174	129
KV-7-1	木钙	0.8	206	8.2	23	1.3	8.2	72.8	+975	+1 040	55	88	92
GB 8076—1997	—	—	—	8±1	—	<4.5	>15	≤100	>+90	>+90	>125	>125	>120

减水率从大到小依次为:ZB-1$_{RCC15}$>JM-II>MTG>WG>BD-V>SR2>木钙;泌水率比从优到差依次为:ZB-1$_{RCC15}$>WG>SR2>BD-V>木钙>MTG>JM-II;缓凝时间从长到短依次为:JM-II>MTG>ZB-1$_{RCC15}$>木钙>BD-V>SR2>WG;抗压强度比从高到低依次为:ZB-1$_{RCC15}$>JM-II>MTG>WG>BD-V>SR2>木钙。上述结果分析比较,ZB-1$_{RCC15}$ 性能优,JM-II 次之。虽然 JM-II、MTG、木钙初凝时间差较长,但泌水率比大,泌水过大时,可以较大的延缓凝结时间。

3 外加剂优选

为了满足碾压混凝土高温气候条件施工要求,对提供研究的 7 种不同种类外加剂,进行了碾压混凝土凝结时间外加剂优选试验研究。试验条件:田东 525# 中热水泥,曲靖 II 级粉煤灰,辉绿岩粗细骨料,辉绿岩砂 FM＝2.8,石粉含量 22.5%。二级配碾压混凝土,水胶比 0.50,粉煤灰掺量 58%,砂率 38%,VC 值 3~8 s,容重 2 600 kg/m³,试验温度 24~26 ℃。

掺不同种类外加剂碾压混凝土凝结时间优选试验结果见表3,表中数据中可以看出:

当外加剂掺量在0.8%时,碾压混凝土初凝时间大于6 h的外加剂有:ZB-1$_{RCC15}$(7 h 55 min)、JM-Ⅱ(6 h 45 min)、木钙(7 h 50 min);当外加剂掺量在1.0%时,碾压混凝土初凝时间延长,ZB-1$_{RCC15}$(10 h 10 min)、JM-Ⅱ(8 h 55 min)、木钙(9 h 35 min)分别比掺量0.8%初凝时间延长约2 h。虽然木钙凝结时间较长,但木钙外加剂用水量大,强度很低。

同时进行了高温缓凝剂WG+ZB-1$_{RCC15}$复合掺1.2%,初凝时间仅达到5 h 45 min,而且用水量偏大为115 kg/m^3,说明高温缓凝剂与辉绿岩的适应性很差。

表3　不同种类外加剂碾压混凝土凝结时间优选试验结果

| 试验编号 | 外加剂 | | | 引气剂 | 用水量/ | VC值/s | 凝结时间/(h:min) | | 说明 |
	种类	品种	掺量/%	DH9/%	(kg/m^3)		初凝	终凝	
KN1-0	不掺	—	—	—	128	5	1:54	8:15	
KN1-1	萘系	ZB-1$_{RCC15}$	0.8	0.015	108	6	7:55	19:12	初凝长
KN1-2	萘系	JM-Ⅱ	0.8	0.015	108	6	6:45	26:40	有泌水
KN1-3	萘系	MTG	0.8	0.015	110	5	4:22	14:26	
KN1-4-1	高温缓凝剂	WG	0.8	0.015	119	6	2:08	9:30	
KN1-4-2	高温缓凝剂	WG+ZB-1$_{RCC15}$	0.4+0.8	0.015	115	5	5:45	12:50	
KN1-5	嘧胺	BD-V	1.0(液体)	0.015	115	5	2:15	8:12	
KN1-6-1	丙烯酸	SR1	0.6(液体)	0.015	115	6	0:32	7:00	
KN1-6-2	丙烯酸	SR2	0.6(液体)	0.015	115	6	2:33	8:08	
KN1-7	木钙	木钙	0.8	0.015	118	5	7:50	17:45	强度低
KN2-1	萘系	ZB-1$_{RCC15}$	1.0	0.015	104	6	10:10	22:55	初凝长
KN2-2	萘系	JM-Ⅱ	1.0	0.015	104	4	8:55	20:50	有泌水
KN2-3	萘系	MTG	1.0	0.015	108	5	5:15	15:48	
KN2-4	高温缓凝剂	WG	1.0	0.015	115	6	2:15	9:25	
KN2-5	嘧胺	BD-V	1.4(液体)	0.015	112	5	4:15	14:55	
KN2-7	木钙	木钙	1.0	0.015	114	6	9:35	23:35	强度低

上述试验结果说明,辉绿岩骨料的碾压混凝土掺不同种类外加剂,凝结时间、减水率等是不同的。经过分析研究,从满足高温气候碾压混凝土凝结时间、减水率、工作性等综合性能比较,缓凝高效减水剂ZB-1$_{RCC15}$掺0.8%时,可以满足施工要求。同时进一步说明了辉绿岩骨料是影响外加剂性能的主要因素。

4　外加剂掺量与凝结时间的关系

为了确定高温气候条件下,满足施工要求的凝结时间外加剂掺量,对优选的外加剂ZB-1$_{RCC15}$进行了掺量与凝结时间关系试验,辉绿岩砂石粉按20%配置,凝结时间试验按

室内 21~31 ℃,室外自然条件 21~31 ℃进行,外加剂掺量与凝结时间关系试验结果见表 4,试验结果表明:

掺 $ZB-1_{RCC15}$ 0.8%,碾压混凝土二级配、三级配初凝时间室内分别为 6 h 40 min、5 h 50 min,室外分别为 4 h 45 min、5 h 56 min。

掺 $ZB-1_{RCC}$ 1.0%,碾压混凝土二级配、三级配初凝时间室内分别为 8 h 11 min、7 h 10 min,室外分别为 6 h 50 min、6 h 3 min。

掺 $ZB-1_{RCC}$ 1.2%,碾压混凝土三级配初凝时间室内为 8 h 34 min,室外为 7 h 58 min。

表 4　外加剂掺量与凝结时间关系试验结果

| 试验编号 | 水胶比 | 级配 | 外加剂 | | VC 值/s | 初凝历时/(h:min) | | 水泥品种 |
			品种	掺量/%		室内(18~22 ℃)	自然(21~31 ℃)	
NR11-6-2	0.5	二	$ZB-1_{RCC}$	0.8	6	6:40	4:45	525 中热
NR11-7-2	0.5	二	$ZB-1_{RCC}$	1.0	6	8:11	6:50	525 中热
NR11-1-2	0.6	三	$ZB-1_{RCC}$	0.8	6	5:50	5:56	525 中热
NR11-2-2	0.6	三	$ZB-1_{RCC}$	1.0	6	7:10	6:03	田东 525 中热
NR11-5-2	0.6	三	$ZB-1_{RCC}$	1.2	5	8:34	7:58	田东 525 中热

试验数据表明:在外加剂相同掺量的情况下,碾压混凝土二级配比三级配初凝时间延长约 50 min;随外加剂掺量增加,初凝时间延长,当外加剂掺量从 0.8%增加到 1.0%时,初凝时间约延长 1 h,即外加剂每增加 0.1%,碾压混凝土初凝时间约延长 30 min。

5　VC 值与凝结时间的关系

当外加剂掺量不变,气温相同条件下,采用较小 VC 值时,可延长初凝时间。VC 值与凝结时间的关系试验结果见表 5,表中数据表明,当温度在 19~20 ℃,VC 值为 5.0 s、6.0 s、7.0 s 时,初凝时间分别为 5 h 30 min、4 h 52 min、4 h 39 min,VC 值增大 2 s,初凝时间缩短约 1 h。结果说明:在气温相同的条件下,减小碾压混凝土的 VC 值,可以相应延长初凝时间,即 VC 值每减小 1 s,初凝时间约延长 30 min。

表 5　VC 值与凝结时间关系试验结果($ZB-1_{RCC}$ 0.8%)

| 试验编号 | 石粉含量/% | $ZB-1_{RCC}$/% | DH9/% | 用水量/(kg/m³) | VC 值/s | 气温/℃ | 混凝土温度/℃ | 凝结时间/(h:min) | | | |
								条件	温度/℃	初凝	终凝
KF1-7	24	0.8	0.015	106	5.0	23	24	室内	19~20	5:30	18:08
								自然	17~30	4:33	15:27
KF1-8	24	0.8	0.015	103	6.0	22	23	室内	19~20	4:52	12:54
								自然	20~33	4:35	9:25
KF1-9	24	0.8	0.015	100	7.0	23	24	室内	19~20	4:39	11:10
								自然	26~33	4:15	8:30

6　温度、外加剂掺量与凝结时间的关系

为了研究温度、外加剂掺量与凝结时间的关系,根据不同的气温条件进行了外加剂掺量与凝结时间关系的试验研究,试验结果见表 6、表 7,试验结果表明:

试验编号 1-1~1-8,当 ZB-1$_{RCC}$ 掺量 0.8%,气温分别在 21 ℃、25 ℃、29 ℃、33 ℃、37 ℃时,碾压混凝土初凝时间对应为 5 h 30 min、4 h 25 min、3 h 25 min、3 h 15 min、2 h 30 min,即气温上升 16 ℃,初凝时间缩短约 3 h。

试验编号 2-1~2-5,当 ZB-1$_{RCC}$ 掺量 1.0%,气温分别在 21 ℃、24 ℃、27 ℃、29 ℃、33 ℃时,碾压混凝土初凝时间对应为 8 h 15 min、6 h 45 min、6 h 5 min、5 h 40 min、5 h 10 min,即气温上升了 12 ℃,初凝时间缩短约 3 h 5 min。

试验编号 3-1~3-7,当 ZB-1$_{RCC}$ 掺量 1.5%,气温分别在 19 ℃、21 ℃、24 ℃、27 ℃、29 ℃、30 ℃、35 ℃时,碾压混凝土初凝时间对应为 14 h 55 min、9 h 30 min、7 h 53 min、7 h 30 min、6 h 25 min、6 h、5 h 48 min,即气温上升 16 ℃,初凝时间缩短约 9 h。

表 6　温度与凝结时间、外加剂掺量关系试验结果

序号	试验时间	ZB-1$_{RCC}$/%	DH9/%	VC 值/s	温度/℃	平均温度/℃	凝结时间/(h:min)	
							初凝	终凝
1-1	14:00	0.8	0.015	3	23~20	21	5:30	16:32
1-2	9:00	0.8	0.015	3	19~23	21	5:00	12:25
1-3	10:00	0.8	0.015	3	22~28	25	4:25	10:20
1-4	15:00	0.8	0.015	3	20~28	25	4:42	11:42
1-5	9:00	0.8	0.015	8	27~31	28	4:04	11:10
1-6	9:00	0.8	0.015	7	25~32	29	3:25	9:40
1-7	15:00	0.8	0.015	3	33~32	33	3:15	8:20
1-8	16:00	0.8	0.015	7	37~36	37	2:30	6:46
2-1	8:00	1.0	0.015	3	19~23	21	8:15	16:50
2-2	8:30	1.0	0.015	3	21~28	24	6:45	12:00
2-3	14:00	1.0	0.015	3	28~24	27	6:05	16:10
2-4	8:00	1.0	0.015	3	25~33	29	5:40	11:48
2-5	9:00	1.0	0.015	4	27~37	33	5:10	10:30

表 7　温度与凝结时间、外加剂掺量关系试验结果

序号	试验时间	ZB-1$_{RCC}$/%	DH9/%	VC 值/s	温度/℃	平均温度/℃	凝结时间/(h:min)	
							初凝	终凝
3-1	14:00	1.5	0.015	3	23~17	19	14:55	30:25
3-2	8:00	1.5	0.015	3	19~23	21	9:30	18:30
3-3	8:00	1.5	0.015	3	21~28	24	7:53	15:53
3-4	14:00	1.5	0.015	3	28~24	27	7:30	17:30
3-5	8:00	1.5	0.015	3	25~33	29	6:25	15:46
3-6	14:00	1.5	0.015	3	34~26	30	6:00	15:52
3-7	14:00	1.5	0.015	4	37~30	35	5:48	19:08

综上所述,碾压混凝土拌和物 VC 值基本相同的情况下,当外加剂掺量不同时,随着温度升高,碾压混凝土凝结时间相应缩短,上午随气温逐步升高,初凝时间缩短较快,下午随气温逐步下降,初凝时间缩短较慢;外加剂掺量增加,凝结时间延长,同时说明当气温大于 25 ℃且小于 30 ℃时,ZB-1$_{RCC}$ 掺量从 0.8%提高到 1.0%,可以满足该高温时段碾压混凝土凝结时间施工要求。

温度、外加剂掺量与凝结时间的关系表现为:外加剂 ZB-1$_{RCC}$ 掺 0.8%时,气温每升高 1 ℃,初凝时间缩短约 11 min;外加剂 ZB-1$_{RCC}$ 掺 1.0%时,气温每升高 1 ℃,初凝时间缩短约 15 min;外加剂 ZB-1$_{RCC}$ 掺 1.5%时,气温每升高 1 ℃,初凝时间缩短约 34 min。

7 结语

(1)辉绿岩骨料的碾压混凝土掺不同种类外加剂,凝结时间、减水率等是不同的,研究表明,缓凝高效减水剂 ZB-1$_{RCC}$ 掺 0.8%时,可以满足凝结时间施工要求。

(2)在外加剂相同掺量的情况下,碾压混凝土二级配比三级配初凝时间有所延长,随外加剂掺量增加,初凝时间延长;当外加剂掺量每增加 0.1%,初凝时间约延长 30 min。

(3)在气温相同的条件下,减小碾压混凝土的 VC 值,可以相应延长凝结时间,即 VC 值每减小 1 s,初凝时间约延长 30 min。

(4)外加剂 ZB-1$_{RCC}$ 掺 0.8%时,气温每升高 1 ℃,初凝时间缩短约 11 min;同时说明当气温大于 25 ℃时,ZB-1$_{RCC}$ 掺量从 0.8%提高到 1.0%,就可以满足高温碾压混凝土施工要求。

(5)根据上述结论,高温气候,保持配合比参数不变,只增加外加剂掺量,达到减小 VC 值,延长凝结时间的作用,此方法简单易行,便于操作。当气温低于 25 ℃时,ZB-1$_{RCC}$ 采用 0.8%掺量;当气温大于 25 ℃小于 30 ℃时,ZB-1$_{RCC}$ 掺量从 0.8%提高 1.0%,就可以满足高温碾压混凝土施工要求。

后记:GK 外加剂与 VC 值动态控制工程实例

1 引言

1.1 工程概况

西藏大古水电站位于西藏自治区山南地区雅鲁藏布江干流加查峡谷河段,是雅鲁藏布江中游水电规划沃卡河口—朗县县城河段 8 级开发方案中的第 2 级。大古水电站水库正常蓄水位 3 447.00 m,多年平均流量 1 010 m³。电站枢纽建筑物由挡水建筑物、泄洪消能建筑物、引水发电系统及升压站等组成。拦河坝为碾压混凝土重力坝,坝顶高程 3 451.00 m,最大坝高 113.0 m,坝顶长 371.0 m。水电站总装机容量为 660 MW,多年平均发电量 32.045 亿 kW·h。大古水电站所处西藏高原温带季风半湿润气候,每年 11 月至次年 4 月为旱季,5~10 月为雨季。加查气象站(坝址下游约 35 km,测站高程 3 260 m)多年平均气温 9.3 ℃,极端最高、最低气温分别为 32.5 ℃和-16.6 ℃,多年平均降水量 527.4 mm,多年平均蒸发量为 2 084.1 mm,多年平均相对湿度为 51%,多年平均气压为

685.5 hPa,多年平均风速为 1.6 m/s,历年最大定时风速为 19.0 m/s,多年平均日照时数为 2 605.7 h,历年最大冻土深度为 19 cm。

1.2　咨询情况

2019 年 7~8 月作者受中国水利水电第九工程局大古项目部邀请,到西藏大古对大坝碾压混凝土施工进行咨询。通过对现场仓面碾压混凝土施工查看,发现新拌碾压混凝土骨料分离严重,液化泛浆差,层间结合不好。主要是新拌碾压混凝土工作性不好,VC 值偏大,施工单位在仓面还专门安排人工将集中的、分离的或滚落到条带外的粗骨料采用铁锹捡起扔在碾压条带上,碾压混凝土施工仍停留在过去传统的大 VC 值、干硬性混凝土的理念中。

作者首先在大古项目进行了《现代碾压混凝土关键技术》讲座培训,统一了对现代碾压混凝土筑坝技术的认识。现代水工碾压混凝土即全断面碾压混凝土筑坝技术,依靠坝体自身防渗,"层间结合、温控防裂"是现代碾压混凝土核心技术。VC 值和凝结时间是碾压混凝土拌和物极为重要的控制指标,直接关系到碾压混凝土的可碾性、液化泛浆和层间结合质量,同时 VC 值对硬化混凝土的强度、抗冻、抗渗、极限拉伸等性能也有一定影响。现代水工碾压混凝土已经朝着可振可碾的方向发展,VC 值的控制以全面泛浆并具有"弹性",保证上层骨料嵌入下层混凝土为宜,以不陷碾为原则。

针对西藏大古地处高海拔地区,具有日照强、气压低、昼夜温差大、蒸发量大等高原气候特点,碾压混凝土 VC 值极容易受气候环境影响。为此,作者立即进行了碾压混凝土施工配合比优化调整,通过高海拔地区碾压混凝土外加剂掺量与 VC 值动态控制研究,并取得一定的经验和成果。碾压混凝土拌和生产中,根据不同的时段和气候条件,通过不同外加剂掺量方法,实现了对碾压混凝土 VC 值和凝结时间的动态控制,为高海拔地区复杂多变气候环境条件下的碾压混凝土施工提供科学依据,也为以后类似工程提供了宝贵的经验参考。

2　碾压混凝土配合比优化调整

2.1　碾压混凝土设计指标及原材料

大古大坝碾压混凝土设计指标:大坝内部、$C_{90}15W6F100$、三级配,大坝防渗区及外部、$C_{90}20W8F200$、二级配,碾压混凝土耐久性抗冻等级指标高。

大坝碾压混凝土原材料:水泥为中热硅酸盐 PMH42.5 水泥;Ⅱ级粉煤灰;骨料为花岗闪长岩。人工骨料加工系统采用智能化生产,实现了人工砂细度模数、石粉含量及含水率的有效控制,控制砂石粉含量在 20%±1%,小于 0.08 mm 微粒含量在 10%±1%,有效提高了碾压混凝土浆砂比 PV 值,为碾压混凝土可碾性、液化泛浆和层间结合质量提供了保障。

外加剂已成为除水泥、掺和料、粗细骨料和水以外的第五种必备材料,外加剂虽然用量少但直接关系到混凝土性能。大古大坝混凝土外加剂采用长安育才建材有限公司 GK-4A 缓凝高效减水剂和 GK-9 引气剂。GK-4A 缓凝高效减水剂具有减水率高,兼有缓凝和保塑等功能,特别适用于有缓凝和低水化热要求的大体积混凝土以及水工常态混凝土、碾压混凝土。减水率可达到 18% 以上,有效改善了新拌混凝土的工作性能、和易性,避免新拌混凝土泌水,同时具有经时损失小,不降低混凝土最终强度等优点。GK-9A 混凝土引气剂具有良好引气和稳气性能,可提高混凝土的抗冻与抗渗性能,对改善混凝土的和易性有显著效果。

2.2 碾压混凝土配合比优化及工艺试验

根据咨询意见和建议,大古项目部试验室立即对碾压混凝土施工配合比进行优化调整。大量工程试验结果表明,VC 值每增减 1 s,用水量相应增减约 1.5 kg/m³。但如果只单纯地依靠增加用水量来调整 VC 值的大小,会对碾压混凝土水胶比产生影响,继而对碾压混凝土的强度及耐久性等产生影响。根据百色等工程经验,高温时段在保证碾压混凝土配合比参数不变的情况下,通过提高缓凝高效减水剂掺量达到改变碾压混凝土 VC 值大小和延长凝结时间,同时控制现场碾压混凝土 VC 值经时损失。

浆砂比 PV 值已成为碾压混凝土配合比设计的重要参数,PV 值一般不小于 0.42。大古碾压混凝土配合比通过优化调整,经计算浆砂比 PV 值在 0.42~0.44。由于新拌碾压混凝土采用较小的 VC 值,现场碾压混凝土具有良好的可碾性和液化泛浆,振动碾碾压 2~3 遍即可达到全面泛浆的效果,犹如做好饭有利于食用的道理一样。大古碾压混凝土配合比优化调整试验见图 1、图 2,调整后的碾压混凝土生产性工艺试验在大坝左坝头进行,见图 3、图 4。

图 1

图 2

图 3

图 4

3 不同气候、时段、气温条件下的 VC 值动态控制

3.1 碾压混凝土 VC 值经时损失统计

根据大古气候条件,出机口 VC 值按照 0~3 s 控制,不同时段、不同气温碾压仓面实

测 VC 值及 VC 值经时损失情况见表 1。

表 1　不同时段、气温环境条件下经 1 h VC 值经时损失统计

时段	气温/℃	RCC 卸料一定时间后的 VC 值/s					1 h VC 值经时损失/s
		0 min 出机口	15 min	30 min	45 min	60 min	
早	6~14	2.0	2.3	2.9	3.6	4.5	2.5
中	≥25	0.7	1.6	2.8	4.1	5.5	4.8
晚	12~20	1.8	2.5	3.2	4.1	5.0	3.2

表 1 数据表明,西藏大古水电站所特有的强日照、低气压、昼夜温差大、蒸发量大等恶劣环境下,碾压混凝土 VC 值在每天不同时段及不同气温下 VC 值的损失有较大的差异,对于碾压混凝土的 VC 值控制不能采用同一个标准对待,否则将不利于碾压混凝土的质量控制。根据每天不同时段的温度、湿度等气候条件,对碾压混凝土 VC 值实行动态控制,早晨和夜晚温度相对较低、湿度较大,VC 值经时损失较慢的情况下,出机口 VC 值宜控制在 1~2 s;当中午气温 ≥25 ℃时,VC 值损失较快,初凝时间变短的情况下,出机口 VC 值宜控制在 5 mm(坍落度)~1 s(VC 值)。通过对碾压混凝土 VC 值的动态控制,有效保证碾压混凝土在摊铺完成后具有良好的可碾性、重塑性及良好的层间结合质量。

3.2　GK-4A 缓凝高效减水剂对 VC 值及初凝时间的影响

根据百色等工程碾压混凝土研究结果表明,在气温相同的条件下,减小碾压混凝土的 VC 值,可以延长碾压混凝土凝结时间,VC 值每减小 1 s,碾压混凝土初凝时间相应约延长 20 min;当气温高于 25 ℃时,适当增加减水剂的掺量,就可以满足高温气候碾压混凝土初凝时间要求,缓凝高效减水剂每增加 0.1%,VC 值约减小 2 s,初凝时间约延长 30 min。

结合大古高原特殊气候环境和工程实际情况,进行了 GK-4A 缓凝高效减水剂掺量对 VC 值及初凝时间的影响试验研究,试验采用 $C_{90}15W6F100$ 三级配碾压混凝土配合比进行,VC 值及凝结时间随减水剂掺量增加变化试验结果见表 2。

表 2　VC 值及凝结时间随减水剂掺量增加变化试验结果

GK-4A 掺量/%	0.8	0.9	1.0	1.1	1.2
VC 值/s	8.1	6.2	4.3	2.3	0.3
初凝时间/(h:min)	8:30	8:50	9:20	9:45	10:15

表 2 试验结果表明,采用相同的原材料,保持配合比参数不变,仅提高 GK-4A 减水剂掺量从 0.8% 至 1.2% 的情况下,随减水剂掺量的增加,减水效果更加明显,减水剂掺量每增加 0.1%,VC 值即减小约 2 s;同时试验结果表明,当 GK-4A 缓凝高效减水剂掺量每提高 0.1%,碾压混凝土初凝时间延长约 25 min。

通过提高减水剂掺量对 VC 值实行动态控制的叠加作用,不仅具有明显的减水作用,降低了 VC 值,延长了凝结时间,而且还可以增强表面活性,促使胶材颗粒润滑分散、流化等作用,从而有效地提高现场碾压混凝土拌和物的重塑性、可碾性和抑制 VC 值的损失,

有效保证层间结合质量。

4 结语

《温度、VC 值及外加剂对碾压混凝土凝结时间影响》一文在 2003 年 12 月百色全国碾压混凝土筑坝技术交流会主旨发言,并于 2004 年在《广西水力水电》增刊发表之后,对推动全断面碾压混凝土快速筑坝核心技术"层间结合、温控防裂"发挥了至关重要的作用,有效地解决了碾压混凝土坝层缝结构多、易形成"千层饼"和渗漏的难题。最能说明的是碾压混凝土芯样,从最初 0.6 m、几米到大于 10 m、15 m、20 m 乃至大于 25 m 芯样已经屡见不鲜,特别是西藏大古于 2021 年 3 月钻孔取了一根长度达 26.2 m 完整超级芯样,开创了新的碾压混凝土芯样世界纪录。

大古大坝廊道渗水量极小,廊道基本干燥,特别是超级芯样的取得涉及的因素很多,大古结合百色等工程对 VC 值的动态控制经验,从碾压混凝土配合比设计重要参数浆砂比 PV 值控制,GK-4A 缓凝高效减水剂掺量与 VC 值、凝结时间的关系试验研究,对 VC 值的动态控制又有了全新的认识,这是保证碾压混凝土"层间结合、温控防裂"核心技术的关键所在。

参考文献

[1] 田育功.碾压混凝土 VC 值的讨论与分析[J].水力发电,2007(2):46-48.
[2] 中华人民共和国国家能源局.水工碾压混凝土施工规范:DL/T 5112—2009[S].北京:中国电力出版社,2009.
[3] 田育功.碾压混凝土快速筑坝技术[M].北京:中国水利水电出版社,2010.
[4] 路明,周兴朝.高海拔地区碾压混凝土 VC 值动态控制[C]//中国大坝工程学会.国际碾压混凝土坝技术进展与水库大坝高质量建设管理——中国大坝工程学会 2019 年学术年会论文集.北京:中国三峡出版社,2019:353-358.

石粉在碾压混凝土中的作用★

田育功

(中国水利水电第四工程局有限公司,青海西宁　810007)

【摘　要】　碾压混凝土自身特点是水泥用量低,掺和料掺量大,掺和料一般占胶凝材料的比例高达 50%~70%。石粉已成为碾压混凝土掺和料不可缺少的组成部分,石粉的最大贡献是提高了碾压混凝土浆砂体积比 PV 值,显著改善了碾压混凝土可碾性、液化泛浆和层间结合质量。通过石粉在碾压混凝土中的作用机制研究,对石粉作为掺和料的品质、特性、用途等有了更系统全面的认识,为石粉在碾压混凝土中的应用提供了科学依据和技术支撑。

【关键词】　碾压混凝土;石粉;水胶比;浆砂比 PV 值;VC 值;可碾性;层间结合

1　引言

我国自 1986 年建成第一座坑口碾压混凝土重力坝以来,截至 2005 年底,在建、已建的碾压混凝土坝(包括围堰等临时工程)已达 150 座之多,特别是近十年来碾压混凝土筑坝技术在我国越来越成熟,世界公认中国已成为碾压混凝土筑坝技术的领先国家。目前,正在建设的高达 216.5 m 的龙滩、200.5 m 的光照以及装机 240 万 kW 的金安桥等水电站工程,坝高库大,混凝土量巨大,主坝采用碾压混凝土全断面筑坝技术,充分体现了我国碾压混凝土筑坝技术的更高水平。

二十年来,我国的碾压混凝土筑坝技术得到了长足的发展,形成了具有知识产权的全断面碾压混凝土筑坝技术特点,随着先进的设计理念,深入的试验研究和大量的碾压混凝土坝施工实践,全断面碾压混凝土筑坝技术日趋成熟,大量工程实践证明,碾压混凝土筑坝技术质量可信、安全可靠。我国的碾压混凝土配合比设计采用"两低、两高和两掺"的技术路线,即低水泥用量和低 VC 值、高掺掺和料和高石粉含量、掺缓凝高效减水剂和引气剂的技术路线,有效地改善了碾压混凝土拌和物的性能,十分有利于碾压混凝土可碾性、液化泛浆、密实性和层间结合质量的提高。

近年来,碾压混凝土中掺用不同品种的掺和料(粉煤灰、磷矿渣、凝灰岩、铁矿渣、辉绿岩、石灰石等微粉),极大地促进了碾压混凝土掺和料的应用范围。在碾压混凝土掺和料性能研究与应用方面,粉煤灰作为掺和料始终占主导地位,所以粉煤灰在碾压混凝土中的作用机制研究是深化的,应用是成熟的。石粉(粒径小于 0.016 mm 的颗粒)作为掺和料在碾压混凝土中的作用越来越受到人们的重视,石粉已成为碾压混凝土掺和料不可缺

★本文原载于《中国碾压混凝土坝 20 年》(中国水利水电出版社),2006 年 6 月,广西龙滩。

少的组成部分,石粉含量的高低直接影响碾压混凝土的工作性能。在普定、汾河二库、江垭、大朝山、棉花滩、蔺河口、沙牌、百色、索风营、龙滩等碾压混凝土坝中人们对人工砂石粉含量的认识也越来越重视,石粉含量在18%~20%时,碾压混凝土拌和物性能明显得到改善。特别是近十年来人工砂采用干法生产,比如棉花滩、蔺河口、百色等工程采用干法制砂,有效地提高了人工砂石粉含量,研究结果表明,石粉含量可以进一步提高到22%,甚至可以突破22%的上限制。石粉中特别是粒径小于0.08 mm的微粒石粉在碾压混凝土中的作用十分显著,工程实践证明,粒径小于0.08 mm的微粒石粉已成为碾压混凝土掺和料的重要组成部分。

随着碾压混凝土快速筑坝技术的不断发展,与常态混凝土相比,碾压混凝土具有以下明显特点:一是碾压混凝土配合比设计,具有水泥用量低,掺和料掺量大,石粉含量高,掺用缓凝高效减水剂和引气剂,用水量少,绝热温升低;二是碾压混凝土拌和物VC值小,具有明显的半塑性混凝土特点,符合混凝土水胶比定则;三是采用全断面碾压混凝土筑坝技术,其进度、质量、安全、经济等方面效益显著,已成为混凝土重力坝的主流坝型。

2 石粉对碾压混凝土性能的影响

2.1 石粉作用

碾压混凝土灰浆含量远低于常态混凝土,为保证其可碾性、液化泛浆、层间结合、密实性及其他一系列性能,提高砂中的石粉(粒径$d<0.16$ mm的颗粒)含量是非常有效的措施。《水工碾压混凝土施工规范》(DL/T 5112—2000)规定人工砂石粉($d \leqslant 0.16$ mm 颗粒)含量宜控制在10%~22%,最佳石粉含量应通过试验确定。近年来大中型工程碾压混凝土试验研究及应用证明,人工砂石粉含量的高低直接影响碾压混凝土的工作性能和施工质量,由于碾压混凝土胶凝材料和单位用水量少,当人工砂中含有适宜的石粉含量,特别是人工砂石粉提高到18%以上时,可以有效提高碾压混凝土浆砂比PV值,显著改善碾压混凝土均质性、可碾性、液化泛浆、层间结合、密实性、抗渗性,降低了绝热温升,提高了断裂韧性等性能。近年来细骨料人工砂大都采用干法生产,十分有利于提高人工砂石粉含量和产量,降低了生产成本。但干法生产粉尘易造成对环境的污染。目前,人工砂干法制砂,采取绿色环保法措施进行生产,即半干半湿法已成功运用到干法生产中,解决了污染问题。如蔺河口半干半湿法、索风营绿色环保法都成功地解决了干法生产的粉尘污染难题。

人工砂中石粉的含量和粒径分布与制砂设备、工艺和岩石种类性能密切相关。目前,大多数工程采用的骨料主要岩石种类有:石灰岩、凝灰岩、花岗岩、辉绿岩、白云质灰岩、玄武岩等。不同种类的岩石生产的人工砂石粉含量也是不同的。同时,它们的化学成分也各不相同,多为非活性材料。虽然有的石粉也具有一定的活性,参与了胶凝材料水化反应,但是其活性是很低的。石粉活性与粉煤灰、粒化高炉矿渣、磷矿渣等活性掺和材料相对比其火山灰活性效应不大。但是,石粉能发挥微骨料作用,具有填充密实作用,增加了胶凝材料体积。同时,经破碎有棱角的人工砂,其石粉的型貌是多角型颗粒,在水化早期,当网络状水化硅酸钙胶凝(C-S-H)大量生成时,石粉的支点咬合作用,有利于水化产物的生成。因此,石粉最大的贡献是提高了碾压混凝土浆砂比PV值,明显改善了碾压混凝土的可碾性和层间结合。

2.2　碾压混凝土浆砂比 PV 值

早期碾压混凝土配合比设计的特征值主要参考国外经验,一般采用 α、β 和 PV 值。α 是灰浆填充系数,反映水、水泥、掺和料三者填充砂空隙的情况;β 是砂浆填充系数,反映水、水泥、掺和料、砂四者填充粗骨料空隙的情况;PV 值是灰浆体积(包含粒径 ≤0.08 mm 颗粒体积)与砂浆体积的比值。近年来随着人们对石粉含量的研究和深化认识,在碾压混凝土配合比设计中对浆砂比 PV 值越来越重视。浆砂比 PV 值即灰浆(水+胶凝材+ 0.08 mm 微粒石粉)体积与砂浆体积比值,根据近年来全断面碾压混凝土筑坝实践经验, 当人工砂石粉含量控制在 18% 以上时,一般浆砂比 PV 值不会低于 0.42,石粉最大的贡献 是提高了浆砂比 PV 值。由此可见,PV 值从直观上体现了碾压混凝土材料之间的一种比 例关系,PV 值已成为碾压混凝土配合比设计的重要参数之一,是评价碾压混凝土拌和物 性能的重要指标。

石粉含量对碾压混凝土浆砂比 PV 值影响很大,碾压混凝土浆砂比 PV 值的大小直接 关系到碾压混凝土的层间结合质量、防渗性能和整体性能,一般要求浆砂比 PV 值不宜低 于 0.42。当碾压混凝土采用天然砂或人工砂石粉含量偏低时以及低等级贫水泥用量的 碾压混凝土,可通过提高人工砂石粉含量或提高掺和料掺量途径达到提高碾压混凝土浆 砂比 PV 值、改善拌和物性能的目的。下面就几个工程石粉含量与浆砂比 PV 值关系影响 情况分析如下:

(1)大朝山工程:采用玄武岩人工砂石骨料,人工砂中石粉含量在大朝山碾压混凝土 中显得尤为重要,根据专家咨询意见并通过试验论证,$d \leqslant 0.15$ mm(旧标准)石粉含量必 须达到 15% 以上,$d \leqslant 0.08$ mm 必须达到 8% 以上,前期石粉含量偏低,后期生产系统增加 石粉回收设施,取得了较好的成效,石粉含量显著提高,对个别未达到设定值石粉含量指 标且低于 7% 时,采用 PT(磷矿渣与凝灰岩混磨)掺和料进行超量取代,经计算浆砂比 PV 值提高到 0.43,保证了 PT 掺和料碾压混凝土拌和物具有良好的工作性能。

(2)棉花滩工程:采用粗粒黑云母花岗岩骨料,人工砂石骨料采用全干法生产,系统 的主要破碎设备采用瑞典斯维达拉公司设备,该系统产量高、骨料粒形好,石粉含量高,省 水等优点。由于采用干法生产,避免了砂中大量的石粉流失,砂中石粉平均在 17% 以上, 微细颗粒($d \leqslant 0.08$ mm)占石粉的 30% 左右。经计算浆砂比 PV 值在 0.42~0.45。工艺 试验表明,巴马克制砂石粉含量的高低与开度、转速有关,通过调整转速可以调整人工砂 石粉含量。

(3)蔺河口工程:采用石灰岩人工砂石骨料,人工砂石粉含量的合理是影响碾压混凝 土品质的关键因素之一。在砂石骨料生产系统运行初期,经螺旋洗砂机水洗的粒径小于 20 mm 的骨料直接进入巴马克进行石打石干式制砂,造成石粉包裹,干砂中石粉含量波动 较大,且影响制砂产量。经组织专题技术研究,首先对水洗的粒径小于 20 mm 的骨料在 料堆脱水后再进入巴马克,经过上述工艺调整,解决了生产过程中石粉包裹的问题,石粉 含量基本控制在 15%~22%,经计算二级配、三级配碾压混凝土浆砂比 PV 值在 0.44~ 0.45。由于配合比设计确定了合理的胶材用量,采用了富含石粉的细骨料,2001 年 12 月 23 日蔺河口主坝碾压混凝土正式浇筑,现场的施工表明,由于人工砂石粉含量高,高掺粉煤灰胶凝材体积较大,蔺河口碾压混凝土的可碾性、液化泛浆、层间结合、抗骨料分离等都取得了非常好的效果。

(4)光照工程:碾压混凝土重力坝为200.5 m的世界级高坝,碾压混凝土采用石灰岩人工砂石骨料,由于工期安排十分紧张,2005年8月下旬在进行碾压混凝土工艺试验时,采用了常态混凝土用砂,人工砂石粉含量仅为7%~13%。由于人工砂采用湿法生产,致使宝贵的0.08 mm以下微粒石粉大量随水流失。在进行第一次碾压混凝土工艺试验时,采用碾压混凝土配合比为:大坝防渗区二级配$C_{90}25F100W10$、水胶比0.45、水86 kg/m³、粉煤灰45%;大坝内部三级配$C_{90}20F100W10$、水胶比0.48、水77 kg/m³、粉煤灰50%、骨料级配小石:中石:大石=30:35:35。由于采用了常态混凝土用砂,配合比设计不很合理,且人工砂石粉低,经计算碾压混凝土浆砂比PV值仅为0.35。同时人工砂含水率大大超过6%的控制指标。因此,第一次现场工艺试验的碾压混凝土拌和物严重泌水、骨料分离、可碾性、层间结合很差。第一次碾压混凝土90 d龄期时进行钻孔取芯,芯样蜂窝麻面,层间结合部位断层明显,芯样质量很差,造成第一次碾压混凝土工艺试验失败。

为此,2005年12月中旬又进行了第二次碾压混凝土工艺试验。试验之前,对第一次碾压混凝土工艺试验失败存在的问题进行了认真分析。首先对碾压混凝土配合比进行了调整,在保持原有配合比、水胶比不变,大坝防渗区和内部碾压混凝土粉煤灰掺量分别提高到50%和55%,针对采用常态混凝土用砂石粉偏低的情况,采用粉煤灰代砂4%方案,骨料级配调整为小石:中石:大石=30:40:30,调整后的二级配、三级配实际用水量分别为96 kg/m³和86 kg/m³,VC值控制在3~5 s,并严格把砂的含水率控制在3%以内。这样把碾压混凝土的浆砂比PV值从原来的0.35提高到0.44,第二次碾压混凝土工艺试验十分成功,仓面碾压混凝土液化泛浆充分,可碾性、层间结合良好。碾压混凝土10 d龄期即进行了钻孔取芯,碾压混凝土芯样表面光滑致密,层间结合无法辨认,得到咨询专家的一致好评认可,保证了光照大坝碾压混凝土按期施工浇筑。

国内外大量碾压混凝土筑坝技术实践证明,碾压混凝土强度几乎全部超过设计的配制强度,且富裕量较大,这样提高了混凝土弹性模量,增加了坝体的温度应力,反而对抗裂不利。实际情况碾压混凝土质量控制最为重要的是拌和物性能、施工性能,这些性能都与碾压混凝土浆砂比PV值大小直接有关。所以,在配合比设计中必须对浆砂比PV值高度关注。作者认为,碾压混凝土配合比设计应把浆砂比PV值列为与水胶比、砂率、用水量同等重要的参数之一。

3 石粉在碾压混凝土中的作用研究

3.1 辉绿岩石粉

一般来说,人工砂中石粉含量控制在18%~20%为宜,但粒径小于0.08 mm的微粒石粉对碾压混凝土性能影响显著。如广西百色水利枢纽碾压混凝土主坝工程采用辉绿岩骨料,辉绿岩骨料密度达3.1 g/cm³,且硬度大、弹性模量高、加工难。由于辉绿岩骨料自身特性和采用巴马克干法生产,致使辉绿岩人工砂级配不连续,粒径小于0.16 mm石粉含量占20%~24%,石粉中粒径小于0.08 mm微粒石粉占40%左右,2.5 mm以上粗颗粒多达35%左右。在主坝工程碾压混凝土配合比试验研究中发现:碾压混凝土的用水量、凝结时间、工作性、强度、弹性模量和干缩等性能与其他碾压混凝土有很大的差异,特别是碾压混凝土凝结时间严重缩短,这在国内已建、在建的碾压混凝土工程中是前所未有的。

百色碾压混凝土主坝工程施工三年,通过对辉绿岩人工砂检测统计结果,辉绿岩人工砂采用干法筛析检测,即按照《水工混凝土砂石骨料试验规程》(DL/T 5151—2001)标准,石粉含量在 16%~20%,FM=2.7~3.0;辉绿岩人工砂采用湿法筛析检测,即将烘干称量好的 500 g 辉绿岩人工砂先采用 0.16 mm 筛经水筛析,然后再烘干检测,所得石粉含量在 20%~24%,石粉含量超标。而且粗细颗粒两极分化,具有明显的两头翘特点,级配不在颗粒级配曲线范围内。如果按照设计技术指标和规范要求,这样的砂是不合格的。现有的砂试验标准中对天然砂、人工砂颗粒级配采用同一标准,并没有考虑岩石性能的影响,事实上人工砂最重要的特征是它的颗粒形状,几乎不能用任何试验标准来归纳。但施工实践证明,石粉含量超过标准,突破了以往的经验和标准,但高石粉含量人工砂拌制的碾压混凝土质量优良。从人工砂颗粒级配、石粉检测方法以及高石粉含量在碾压混凝土中的作用,需要提出新的观点予以重新认识。由于辉绿岩骨料在大体积碾压混凝土中的应用,无论在国际,还是在国内,百色工程均属首例,无经验可供借鉴,因此有必要对辉绿岩人工砂高石粉含量在碾压混凝土中的作用进行深入的研究探讨。

3.2　辉绿岩石粉研究

3.2.1　辉绿岩物理性能及主要矿物成分

辉绿岩母岩取自人工骨料中的准大石(40~60 mm),呈灰绿色块状,辉绿岩物理力学性能试验结果见表 1。显微镜鉴定辉绿岩主要由斜长石与辉石及其蚀变物绿泥石、黝帘石等矿物组成。显微镜观察所得辉绿岩主要矿物成分见表 2。

表 1　辉绿岩物理力学性能试验结果

试验状态	受力方向	抗拉强度/MPa	抗压强度/MPa	软化系数	天然含水率/%	吸水率/%	压入硬度值/MPa	普氏硬度等级	密度/(g/cm³)
风干	任意	6.9	65.2	0	0.12	0.26	6 925	11	3.10
饱和	任意	5.1	51.4	79					

表 2　显微镜观察所得主要矿物成分

样品	矿物名称	含量/%	样品	矿物名称	含量/%
辉绿岩骨料准大石 60 mm	斜长石	39	辉绿岩骨料准大石 60 mm	磁铁矿	0.1
	普通辉石	35		白钛石	0.3
	绿泥石	14		黑云母	≤0.1
	角闪石	2		方解石	0.2
	黝帘石	6		褐铁矿、赤铁矿	0.2
	钛铁矿	2		磷灰石	<0.1
	绢云母	1		—	—

X 射线衍射鉴定:图 1 为辉绿岩的 X 射线衍射图,主要矿物为普通辉石、钠长石、钾长石、角闪石、透闪石、云母和绿泥石等。

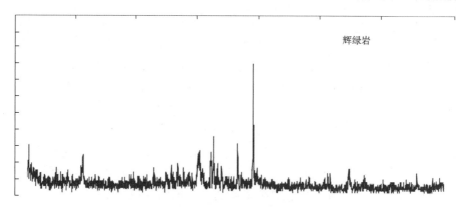

图 1　辉绿岩的 X 射线衍射图

3.2.2　化学成分及颗粒分布

（1）辉绿岩石粉的化学成分见表 3。结果表明，辉绿岩中的 SiO_2、Al_2O_3、Fe_2O_3、CaO 含量总计达 84.21%，化学成分有别于其他种类岩石。

表 3　辉绿岩化学成分

样品名称	化学成分/%									
	烧矢量	SiO_2	Al_2O_3	Fe_2O_3	CaO	MgO	SO_3	K_2O	Na_2O	R_2O
辉绿岩	2.00	45.31	14.80	14.62	9.48	6.29	0.14	0.95	2.82	3.45

注：碱含量 $R_2O = Na_2O + 0.658K_2O$。

（2）颗粒分布。用筛析法测得的辉绿岩石粉颗粒分布见表 4。同时对室内磨细的辉绿岩石粉和人工砂辉绿岩石粉，采用曲靖、盘县二级粉煤灰以及右江 525# 中热水泥，用 X 激光粒度测试仪进行比较，测得辉绿岩石粉、粉煤灰和水泥等颗粒重量频度分布见表 5，重量累积分布见表 6，对应的图见图 2 和图 3。结果表明，辉绿岩石粉颗粒十分细小，多数为微米级，2~60 μm 颗粒重量累积约占 87%。

表 4　用筛析法测得的颗粒分布

筛孔尺寸/mm	0.16	0.125	0.10	0.08	0.061	0.045	0.038	0.031	<0.031
分计筛余/%	0	1.2	3.7	9.7	15.6	10.2	9.1	8.8	41.7
累计筛余/%	0	1.2	4.9	14.6	30.2	40.4	49.5	58.3	100

表 5　用 X 激光粒度测试仪测得的颗粒重量频度分布

粒径范围/μm	重量频度分布/%				
	曲靖二级粉煤灰	盘县二级粉煤灰	右江 525# 中热水泥	磨细辉绿岩石粉	辉绿岩石粉
0.50	1.79	2.04	2.07	4.50	3.14
1.60	4.67	5.28	5.22	11.48	8.15

续表 5

粒径范围/μm	重量频度分布/%				
	曲靖 二级粉煤灰	盘县 二级粉煤灰	右江 525# 中热水泥	磨细 辉绿岩石粉	辉绿岩石粉
2.38	5.67	6.55	5.72	12.25	8.56
3.53	7.59	9.11	6.45	12.60	7.94
5.24	11.44	13.82	8.83	15.94	8.25
7.78	14.19	16.75	10.99	17.96	7.53
11.55	14.91	17.02	13.30	15.53	7.12
17.15	13.98	15.02	15.74	8.14	7.94
25.46	11.56	10.22	15.46	1.60	8.79
37.79	8.29	3.76	10.88	0.00	9.73
56.09	4.57	0.44	4.63	0.00	10.08
83.26	1.28	0.01	0.70	0.00	7.67
123.59	0.07	0.00	0.00	0.00	3.69
183.44	0.00	0.00	0.00	0.00	1.29
272.31	0.00	0.00	0.00	0.00	0.12

表 6　用 X 激光粒度测试仪测得的颗粒重量累积分布

粒径范围/μm	重量累积分布/%				
	曲靖 二级粉煤灰	盘县 二级粉煤灰	右江 525# 中热水泥	磨细辉绿岩 石粉	辉绿岩石粉
0.50	1.79	2.04	2.07	4.50	3.14
1.60	6.46	7.32	7.29	15.98	11.29
2.38	12.13	13.87	13.01	28.23	19.85
3.53	19.72	22.98	19.46	40.83	27.79
5.24	31.16	36.80	28.29	56.77	36.04
7.78	45.35	53.55	39.28	74.73	43.57
11.55	60.26	70.57	52.58	90.26	50.69
17.15	74.24	85.59	68.32	98.40	58.63
25.46	85.80	95.81	83.78	100	67.42
37.79	94.09	99.57	94.66	100	77.15
56.09	98.66	100	99.29	100	87.23
83.26	99.94	100	100	100	94.90
123.59	100	100	100	100	98.59
183.44	100	100	100	100	99.88
272.31	100	100	100	100	100.00

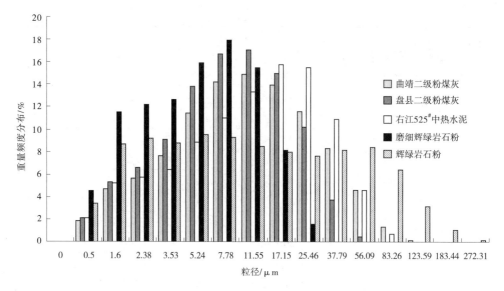

图 2 用 X 激光粒度测试仪测得的颗粒重量频度分布

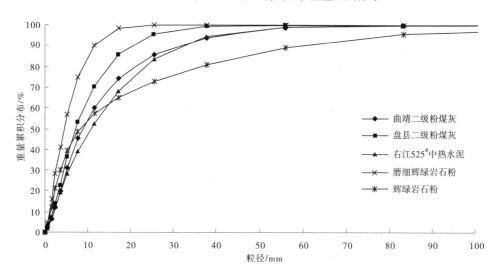

图 3 用 X 激光粒度测试仪测得的颗粒重量累积曲线（局部）

为便于比较,同时对右江中热水泥、辉绿岩人工砂石粉、石灰岩人工砂石粉和花岗岩人工砂石粉进行扫描电镜(SEM)下的形貌照片分析(由于篇幅所限 SEM 照片略),这四种微粉均为多角形粒状。辉绿岩石粉、石灰岩石粉和水泥三种颗粒形态相近,花岗岩石粉棱角最分明。从显微照片看,辉绿岩石粉颗粒十分细小,多数为微米级。原始状态下筛得的辉绿岩石粉,由于受表面分子作用力(范德华力)或静电作用力(生产过程中产生的电荷)的影响,有相互吸引黏结的倾向。经水润湿后筛得的辉绿岩石粉,极细小的多角形微粉颗粒,在空气中极易黏结成团。由于外部机械作用,颗粒间产生分子黏结力、毛细管黏结力和内摩擦力,黏成球粒,说明辉绿岩的化学成分和石灰岩、花岗岩等人工骨料的化学成分有很大差异。辉绿岩石粉遇水后形成胶状,晒干后的石粉,具有一定的强度,手掰、脚踩均不能破碎,这也是辉绿岩人工砂不能采用湿法生产的直接原因。而石灰岩石粉和花岗岩石粉则无此现象。

4　结语

(1)石粉特别是粒径小于 0.08 mm 的微粒石粉在碾压混凝土中的作用十分显著,工程实践证明,粒径小于 0.08 mm 的微粒石粉已成为碾压混凝土掺和料的重要组成部分。石粉能发挥微骨料作用,具有填充密实作用,增加了胶凝材料体积,明显改善了碾压混凝土可碾性和层间结合。

(2)石粉含量的高低对碾压混凝土浆砂比 PV 值影响很大,碾压混凝土浆砂比 PV 值大小直接关系到碾压混凝土的层间结合、防渗性能和整体性能,一般浆砂比 PV 值不宜低于 0.42。当碾压混凝土采用天然砂或人工砂石粉含量偏低时,可通过提高人工砂石粉含量或提高掺和料掺量途径达到提高碾压混凝土浆砂比 PV 值和改善拌和物性能的目的。

(3)辉绿岩石粉颗粒十分细小,多数为微米级。其特有的现象是原始状态下筛得的石粉,由于受表面分子作用力(范德华力)或静电作用力(生产过程中产生的电荷)的影响,有相互吸引黏结的倾向。研究分析表明:石粉颗粒在胶砂中的作用主要是微骨料填充作用,同时在水化硅酸钙凝胶(C–S–H)的延伸过程中起支点作用。

(4)石粉含量的高低对碾压混凝土质量产生极大影响,在水电富矿的西南地区,粉煤灰资源十分紧缺,加之运输困难、成本高,十分有必要对石粉在碾压混凝土中的作用进行研究,不论从技术上、经济上,特别是质量上都显得尤为重要。

参考文献

[1] 田育功,程国银,朱国伟等.辉绿岩人工砂石粉在 RCC 中的利用研究[Z].2005 年度中国电力科学技术奖获奖项目,2005.

[2] 龙继海,龚永生,印大秋.大朝山水电站筑坝技术[J].水利水电技术,2000(11):15-19.

[3] 田育功.VC 值与碾压混凝土性能分析研究[C]//中国水力发电工程学会.2005 年度碾压混凝土材料及质量检测专题会议论文汇编.2005:59-65.

碾压混凝土 VC 值的讨论与分析★

田育功

（中国水利水电第四工程局勘测设计研究院，青海西宁　810007）

【摘　要】　大量工程实践证明，VC 值对碾压混凝土的性能有着显著的影响。碾压混凝土 VC 值从早期参照国外照搬的探索期，发展到现在的创新成熟期，VC 值逐渐从大变小，碾压混凝土拌和物也从干硬性混凝土逐渐过渡到半塑性混凝土，改变了传统的"金包银"施工方式和防渗结构。通过 VC 值与碾压混凝土的性能分析研究，为碾压混凝土快速筑坝技术的发展提供了更加广阔的前景，使其更具生命力。

【关键词】　碾压混凝土；VC 值；PV 值；层间结合；防渗；芯样

1　前言

随着碾压混凝土筑坝技术先进的设计理念、深入的试验研究和大量的施工实践经验，碾压混凝土的 VC 值（工作度）从早期参照国外照搬的探索期，发展到现在的创新成熟期，碾压混凝土筑坝技术的发展是一个深化认识创新的提升过程。碾压混凝土的工作度即 VC 值是碾压混凝土拌和物性能极为重要的一项指标，碾压混凝土的 VC 值逐渐从大变小，改变了传统的"金包银"施工方式和防渗结构，碾压混凝土也从干硬性混凝土逐渐过渡到半塑性混凝土，给碾压混凝土筑坝技术带来了巨大变化。施工实践证明，由于采用小的 VC 值，极大地改善了碾压混凝土拌和物的黏聚性、骨料分离、凝结时间、液化泛浆和可碾性，加快了施工进度，解决了碾压混凝土在原材料方面以及高温、严寒、干燥等气候条件下对碾压混凝土产生的各种不利影响，提高了层间结合、抗渗性能和整体性能。通过 VC 值与碾压混凝土的性能分析研究，使我们对碾压混凝土性能有了更深刻完善的认识。

2　早期的 VC 值与规范修订

20 世纪 80 年代初，日本以岛地川工程为代表的 10 余座碾压混凝土坝，其碾压混凝土工作度 VC 值规定在（20±10）s，详见表 1。中国的碾压混凝土始于 20 世纪 80 年代初，尚处在早期的探索阶断，VC 值基本参照日本、美国等国家的规定，所以中国早期工程碾压混凝土的 VC 值一般在（20±5）s，且波动范围大，详见表 2。由于早期的 VC 值很大，故碾压混凝土定义为超干硬性或干硬性混凝土。过大的 VC 值导致碾压混凝土拌和物松散无黏性，碾压混凝土在拌和、卸料、运输和摊铺过程中，骨料十分容易产生分离和大粒径骨料

★本文原载于《水力发电》2007 年第 2 期，北京；2005 年 11 月全国碾压混凝土筑坝材料交流会主旨发言，2005 年 11 月，南京。

集中现象。同时碾压混凝土拌和物粘聚性、液化泛浆、可碾性和层间结合很差,层间十分容易形成渗水通道,即所谓的"千层饼"现象。所以碾压混凝土的防渗一直为人们所关注,早期的碾压混凝土防渗结构大都采用外包比碾压混凝土等级高的常态混凝土,既所谓的"金包银"防渗结构。

表 1　日本部分工程碾压混凝土配合比与 VC 值

工程名称	最大粒径/mm	水胶比	粉煤灰/%	砂率/%	VC 值/s	材料用量/(kg/m³)						骨料品种
						W	C	F	S	G	外加剂	
岛地川上部	80	0.81	30	34	20±10	105	91	39	749	1 476	0.325	人工
岛地川下部	40	0.88	30	34	20±10	105	84	36	752	1 482	0.30	人工
玉川坝	150	0.73	30	30	20±10	95	91	39	657	1 544	0.325	人工
大川坝	80	0.85	20	32	20±10	102	96	24	686	1 500	0.3	人工
新中野	80	0.79	30	34	20±10	95	84	36	723	1 415	0.3	人工
美利河	80	0.75	30	30	20±10	90	84	36	668	1 588	0.3	天然
真野坝	80	0.85	20	32	20±10	102	96	24	726	1 552	0.3	人工
旭日小川	80	0.85	20	32	20±10	102	96	24	706	1 500	0.3	人工
境川	80	0.88	30	34	20±10	105	84	36	752	1 582		人工

表 2　中国早期部分工程碾压混凝土配合比与 VC 值

工程名称	水胶比	粉煤灰/%	砂率/%	外加剂/%	VC 值/s	材料用量/(kg/m³)					骨料品种	建成年份
						W	C	F	S	G		
龚嘴进厂公路	0.55	0	29			108	196	0	637	1 560	天然	1981
铜街子左岸坝	0.60	50	28	木钙 0.38	15±5	90	76	76	635	1 633	天然	1983
沙溪口挡墙	0.50	56	28	木钙 0.25	8~30	80	70	90	636	1 636	天然	1985
葛洲坝船闸	0.45	70	28		20±5	75	50	114	631	1 620		1985
坑口大坝	0.70	57	37	木钙 0.28	6~24	98	60	80	798	1 370	人工	1986
坑口大坝	0.58	67	30	木钙 0.36	7~25	104	60	120	617	1 474	天然	1986
隔河岩围堰	0.53	40	45		10~16	95	95	85	640	1 575	天然	1988
天生桥二级	0.59	61	35	DH4 0.50	10±5	83	85	85	756	1 466	人工	1988
岩滩围堰	0.56	69	34	TF 0.25	5~15	85	45	105	633	1 642	人工	1988
龙门滩大坝	0.64	67	29	木钙	13~25	92	64	86	773	1 281	人工	1988
龙羊峡左副坝	0.47	50	32	RC 0.22 松聚 0.02	15~20	80	85	85	654	1 526	天然	1991

注:骨料最大粒径均为 80 mm,三级配。

我国《水工碾压混凝土施工规范》经过三次修订,直接反映了碾压混凝土的 VC 值变化过程。《水工碾压混凝土施工暂行规定》(SDJ—86)规定 VC 值为(20±5)s;《水工碾压混凝土施工规范》(SL 53—94)规定:机口 VC 值宜在 5~15 s 范围内选用;《水工碾压混凝土施工规范》(DL/T 5112—2000)规定:碾压混凝土拌和物的设计工作度(VC 值)可选用 5~12 s,机口 VC 值应根据施工现场的气候条件变化,动态选用和控制,机口值可在 5~12 s 范围内选用。

DL/T 5112—2000 不仅将 VC 值控制范围缩小,更重要的是对 VC 值实行了动态控制,使 VC 值更为机动灵活,接近实际。

3 VC 值与碾压混凝土性能分析研究

3.1 VC 值的动态控制

1993 年贵州普定碾压混凝土拱坝的建成,开创了全断面碾压混凝土筑坝技术的先河,该坝体采用碾压混凝土自身防渗,在国内最先打破碾压混凝土筑坝技术中的"金包银"传统防渗结构习惯,是中国在碾压混凝土筑坝技术上的一项重大技术创新。在坝体迎水面使用骨料最大粒径 40 mm 的二级配碾压混凝土作为坝体防渗层,与坝体三级配碾压混凝土同时填筑,同层碾压。经坝体多年挡水运行实践证明,防渗效果不亚于常态混凝土。20 世纪 90 年代后期至今修建的碾压混凝土坝,基本全部采用全断面碾压混凝土施工技术,VC 值也随着碾压混凝土筑坝技术的发展而逐渐减小。

笔者对国内 20 世纪 90 年代后期至今主要工程碾压混凝土配合比与 VC 值进行了统计,详见表 3,表中碾压混凝土的 VC 值明显低于 DL/T 5112—2000 的 5~12 s 的规定,VC 值明显减小,但各工程控制范围不尽相同,分析研究认为:中国是一个区域性差异很大的国家,造成了工程所处地区的高温、高寒、潮湿多雨和干燥少雨等气候条件的多样性,施工过程中的气温、日照、风速等对碾压混凝土的 VC 值都有着极大的影响。碾压混凝土施工必须根据工程所处的地理位置、气候因素、原材料(如掺和料、骨料岩性、石粉含量)等实际情况,对 VC 值实行值动态控制。

表 3 中国 20 世纪 90 年代后期主要工程碾压混凝土配合比与 VC 值

工程名称	碾压混凝土等级	水胶比	粉煤灰/%	砂率/%	减水剂/%引气剂/%	VC 值/s	材料用量/(kg/m³)					骨料品种	建成年份
							W	C	F	S	G		
普定	$R_{90}150$	0.55	65	34	三复合 0.55	10±5	84	54	99	768	1 512	人工	1993
汾河二库	$R_{90}C20$	0.50	45	35.5	H_{2-2} 0.6DH9 0.15	3~15	94	103	85	780	1 442	人工	1999
大朝山	$R_{90}150$	0.50	65	35	$FDN_4$0.7	3~10	87	67	PF107	839	1 466	人工	2000
江垭	$R_{90}150$	0.58	60	33	木钙 0.4	7±4	93	64	96	738	1 520	人工	1999
棉花滩	$R_{90}150$	0.60	65	34.5	BD-V 0.6	3~8	88	51	96	765	1 459	人工	2000
龙首	$C_{90}20$	0.48	65	30	NF-A0 0.9NF-F 0.05	0~5	85	62	115	623	1 525	卵石天然砂	2001
沙牌	$C_{90}20$	0.50	50	33	TG-2 0.75TG-1 0.01	2~8	93	93	93	730	1 470	人工	2002

续表 3

工程名称	碾压混凝土等级	水胶比	粉煤灰/%	砂率/%	减水剂/%引气剂/%	VC 值/s	材料用量/(kg/m³)					骨料品种	建成年份
							W	C	F	S	G		
蔺河口	C₉₀20	0.47	62	34	JM-2 0.7 DH9 0.02	3~5	81	66	106	750	1 456	人工	2003
三峡三期围堰	R₉₀150	0.50	55	34	ZB-1R 0.8 AIR202 0.01	1~5	83	75	91	717	1 391	人工	2003
百色	C₁₈₀15	0.60	63	34	ZB-1R 0.8	1~5	96	59	101	814	1 579	人工	在建
索风营	C₉₀15	0.55	60	32	QH-R 0.8 DH9 0.012	3~8	88	64	95+5	702	1 525	人工	在建
景洪	C₉₀15	0.5	50	33	GM₂₆0.6 ZB-G0.02	3~7	78	78	78	715	1 497	卵石天然砂	在建
招徕河	C₉₀20	0.48	55	34	GK-4A 0.6 GK-9A 0.15	3~5	75	70	86	742	1 464	人工	在建
龙滩	C₉₀25	0.41	56	34	ZB-1R 0.6 ZB-G 0.02	3~5	79	85	108	751	1 458	石灰岩人工	在建
	C₉₀20	0.45	61	33		3~5	78	67	106	736	1 493		
	C₉₀15	0.48	66	34		3~5	79	56	109	760	1 476		
光照	C₉₀20	0.45	55	34	HLC-N 0.7 HJAE 0.015	3~5	75	75	92+15	735	1435	灰岩人工	在建

注:为坝址地区常温条件下的坝体三级配碾压混凝土配合比与 VC 值。

碾压混凝土现场控制的重点是拌和物 VC 值和初凝时间, VC 值控制是碾压混凝土可碾性和层间结合的关键, 根据气温的条件变化应及时调整出机口 VC 值。比如汾河二库, 在夏季气温超过 25 ℃时 VC 值采用 2~4 s; 龙首针对河西走廊气候干燥蒸发量大的特点, VC 值采用 0~5 s; 江垭、棉花滩、蔺河口、百色等工程, 当气温超过 25 ℃时 VC 值大都采用 0~5 s。由于采用远低于 DL/T 5112—2000 规定的 VC 值 5~12 s 的要求, 使碾压混凝土入仓至碾压完毕有良好的可碾性, 并且在下一层碾压混凝土覆盖以前碾压混凝土表面能保持良好塑性, 以混凝土全面泛浆和具有"弹性"为标准。

3.2　工程实例

(1)沙牌工程地处低温潮湿多雨的四川阿坝地区, 采用的碾压混凝土仓面 VC 值为 9~12 s 最佳, 一般为(10±5)s, 遇雨天和夏天阳光照射时, VC 值分别向规定值范围的上限或下限靠近。VC 值的控制是碾压混凝土经过碾压后表面形成一层薄薄的浆体又略有弹性为原则, 同时要保证在初凝前摊铺上一层碾压混凝土, 使上层碾压混凝土碾压振动时, 浆体、骨料能嵌入下层, 使上、下层碾压混凝土相互渗透交错、形成整体。

(2)百色工程碾压混凝土采用辉绿岩骨料, 人工砂石粉含量高, 造成碾压混凝土凝结时间严重缩短, 而该工程又地处亚热带、高温期长, 不可避免地要在高温条件下施工的难题。为此, 对高温条件下的辉绿岩骨料碾压混凝土凝结时间进行了课题研究, 优选了适应辉绿岩骨料碾压混凝土的 ZB-1$_{RCC15}$ 缓凝高效减水剂。研究结果表明, 在气温相同的条件下, 减小碾压混凝土的 VC 值, 可以延长凝结时间, VC 值每减小 1 s, 碾压混凝土初凝时间相应延长约 20 min; 当气温大于 25 ℃时, 适当增加外加剂掺量, 就可以满足高温气候碾压混凝土的凝结时间要求,即外加剂每增加 0.1%,VC 值减小 2 s,初凝时间延长约 30 min。在高温时段,保持碾压混凝土配合比参数不变,根据不同时段的气温选用不同的外加剂掺量,保证了百色工程碾压混凝土主坝高强度施工。

3.3 影响 VC 值波动的因素

影响 VC 值波动的因素有:

(1)用水量。用水量对 VC 值有很大影响,大朝山、江垭、棉花滩、蔺河口、百色等工程试验结果表明,VC 值每增减 1 s,用水量相应增减约 1.5 kg/m³。但如果单纯依靠增加用水量来调整 VC 值的大小,会对碾压混凝土水胶比和强度产生影响,如果配合比不合理,特别是在细骨料石粉含量偏低的情况下,就容易引起仓面泌水。

(2)浆砂比 PV 值:浆砂比 PV 值是指碾压混凝土中灰浆(水+水泥+掺和材+0.08 mm 石粉)与砂浆的体积比值,PV 值是碾压混凝土配合比设计中十分关键的参数,PV 值大小对碾压混凝土的可碾性、液化泛浆和层间结合量影响很大,碾压混凝土的浆砂比 PV 值一般不宜低于 0.42。百色工程由于辉绿岩特性,致使人工砂石粉含量大,石粉含量为 20%~24%,其中 0.08 mm 以下微石粉含量高达 40%~60%,这对提高碾压混凝土浆砂比作用十分明显,经计算实际浆 PV 值为 0.45~0.47。由于百色主坝碾压混凝土采用准三级配,骨料最大粒径 60 mm,人工砂石粉含量高,碾压混凝土拌和物 VC 值小,浆砂比大,黏聚性好,骨料分布均匀,液化泛浆快,可碾性好且无泌水,即现在常说的穿着雨鞋进仓号,说明了仓面泛浆充分,反映了碾压混凝土具有良好的层间结合。

(3)外加剂。通过调整外加剂掺量改变 VC 值的大小,可达到改善碾压混凝土拌和物性能,能满足不同气候、温度时段条件下碾压混凝土的施工。如广东山口、棉花滩、蔺河口、百色等工程,在高温时段保持碾压混凝土配合比参数不变,通过调整外加剂掺量达到了改变 VC 值大小的目的。

3.4 调整 VC 值的措施

调整 VC 值的方法有:①在拌和楼直接加水;②在仓面直接洒水;③调整外加剂掺量。前两种方法容易改变碾压混凝土水胶比,拌和物容易离析泌水,层间结合也不理想。

由于混凝土施工配合比是在试验规程要求的温度和湿度标准条件下进行的,但施工现场情况千差万别,为了保证碾压混凝土在高温、干燥、蒸发量大等不利自然气候条件下顺利施工,必须对配合比进行动态控制和调整,一般采取的措施有两个:①保持配合比参数不变,适当调整缓凝高效减水剂的掺量,达到延缓初凝时间和降低 VC 值的目的;②通过喷雾和碾辊洒水等措施改善仓面小气候,达到降温、保持碾压混凝土表面湿度和减少 VC 值损失的作用。

4 VC 值与芯样的关系

早期国内的碾压混凝土施工大都采用"金包银"方式,碾压混凝土工程量小,VC 值过大,层间结合差,钻孔取芯、压水试验情况很不理想。20 世纪 90 年代后期至今,我国已建或在建工程,如大朝山、江垭、汾河二库、棉花滩、龙首、石门子、蔺河口、沙牌、百色、景洪、索风营、龙滩、光照等碾压混凝土大坝,均采用全断面碾压混凝土施工,VC 值普遍较小,上下游坝面、廊道周遍、边坡等部位采用变态混凝土,简化了施工,加快了施工进度,发挥了碾压混凝土筑坝技术的优势。国内 20 世纪 90 年代后期部分主要工程碾压混凝土大坝芯样检测结果见表 4。

由表 4 可知,碾压混凝土芯样获得率为 96.4%~98%,最长的芯样长度为 6.67~13.15 m,芯样外观表面光滑、致密,骨料分布均匀,层间结合无法辨认;渗透率小于设计要求,碾压混凝土芯样检测结果明显优于常态混凝土。

表 4　主要工程碾压混凝土大坝芯样检测结果

坝名	坝型坝高/m	RCC方量/万 m³	芯样直径/mm	取芯长度/m	芯样获得率/%	最长芯样长度/m	透水率/Lu	抗剪断指标		说明
								f	C'/MPa	
普定	拱坝 75	10.3		210	99.0	4.7	0.22	1.822	2.753	1993 年取芯
江垭	重力坝 131	111.0	φ 150 φ 250	454.2	96.4	6.67	0.26	1.27	1.15	1997~1999 年取芯 大于 6 m 10 根
汾河二库	重力坝 88	36.2	φ 150 φ 171	310	97.76	8.53	0.01	>1.0	>0.79	1998~1999 年取芯 大于 7 m 24 根
大朝山	重力坝 111	75.7	φ 220 φ 276	1 266.94	97.8	10.47	<1.0	1.88	3.50	1999~2001 年取芯 大于 7 m 14 根
棉花滩	重力坝 115	54	φ 150 φ 250	252.02	97.96	8.38	0.156	1.20	2.80	1999 年取芯
蔺河口	拱坝 100	22.9		251.6	98.29	10.57	0.24			2003 年取芯 大于 8 m 3 根
沙牌	拱坝 130	36.5		90.44	99.7	13.15	0.16			2003 年取芯
三峡三期围堰	重力坝 115		φ 150	62.1		12.3				2003 年取芯 大于 8 m 5 根
百色	重力坝 130	211.6	φ 150 φ 250		98.0	12.1				2003~2004 年取芯 大于 10 m 6 根

5　结语

大量的工程实践证明,碾压混凝土采用全断面筑坝技术、选用小 VC 值,根据气温变化,可对 VC 值实行动态控制,可适应不同自然气候条件下的碾压混凝土施工,极大地改善了碾压混凝土拌和物性能,降低骨料分离、延缓凝结时间,使液化泛浆充分,层间结合良好,缩短碾压时间,加快施工进度。通过对碾压混凝土 VC 值的讨论与分析研究,使我们对碾压混凝土筑坝技术有了更深刻的认识。

参考文献

[1] 能源部、水利部碾压混凝土筑坝推广领导小组. 碾压混凝土筑坝——设计与施工[M]. 北京:电子工业出版社,1990.

[2] 中华人民共和国水利部. 水工碾压混凝土施工规范:SL 53—94[S]北京:中国水利水电出版社,

1994.

[3] 中国水利水电工程总公司. 水工碾压混凝土施工规范:DL/T 5112—2000[S]. 北京:中国电力出版社,2001.

[4] 田育功. 温度、VC 值及外加剂对碾压混凝土凝结时间影响探讨[J]. 广西水利水电, 2004(S1): 60-63.

[5] 梅锦煜,郑桂斌. 中国碾压混凝土筑坝技术发展及特点[C]//中国碾压混凝土筑坝 20 年. 北京:中国水利水电出版社,2006.

[6] 田育功. 碾压混凝土掺合料性能研究与应用[C]//中国碾压混凝土筑坝 20 年. 北京:中国水利水电出版社, 2006.

[7] 潘罗生. 龙滩水电工程施工管理及新技术应用[C]//中国碾压混凝土筑坝 20 年. 北京:中国水利水电出版社, 2006.

中国 RCC 配合比设计试验特点分析★

田育功

(中国水利水电第四工程局勘测设计研究院,青海西宁　810007)

【摘　要】　中国是一个地域辽阔,自然、气候条件差异性很大的国家,RCC 不可避免地要适应各种环境条件下的施工,特别是 RCC 配合比设计试验在施工中占有举足轻重的作用,质量优良的配合比可以起到事半功倍的作用,获得明显的技术经济效益。本文通过对中国主要工程 RCC 配合比设计试验特点分析,研究了 RCC 设计指标、骨料品种、掺和料掺量、浆砂比、石粉作用、VC 值、层间结合等参数与 RCC 性能关系,使 RCC 优势和特点得到更加充分的发挥,为 RCC 快速筑坝技术的不断创新提供科学的理论基础。

【关键词】　配合比;试验;浆砂比;石粉;VC 值

1　中国 RCC 筑坝技术发展水平

RCC 筑坝技术是世界筑坝史上的一次重大创新。中国 RCC 筑坝技术从 20 世纪 80 年代初开始的探索期发展到目前的成熟期,RCC 在大坝工程建设筑坝技术方面,取得了令人瞩目的进展和成就,积累了宝贵的经验,形成了一整套具有中国特点的 RCC 筑坝技术。

自 1986 年中国建成第一座坑口 RCC 重力坝以来,截至 2006 年底,在建、已建的 RCC 坝(包括围堰等临时工程)已达 130 座之多。特别是近十年来 RCC 筑坝技术在中国越来越成熟,目前,正在建设的高达 216.5 m 的龙滩、200.5 m 的光照以及装机 2 400 MW 的金安桥等水电站工程,坝高库大,混凝土量巨大,主坝采用 RCC 全断面筑坝技术,标志着中国 RCC 筑坝技术已跨进 200 米级水平,充分体现了 RCC 筑坝技术的更高水平。中国 20 世纪 90 年代部分主要已建和在建的 RCC 坝见表 1。

中国在 RCC 筑坝技术应用过程中,通过大量的试验研究,不论是在配合比设计、掺和料的应用、石粉的利用研究、VC 值的动态控制、抗骨料分离、可碾性、层间结合、斜层碾压、变态混凝土、耐久性,还是在不同地域、自然环境、施工条件下的快速施工等方面都进行了研究,掌握了在高温、严寒、潮湿、干燥等任何地域修建 RCC 坝的技术,显示了中国 RCC 筑坝技术的特色和强大的生命力,大量工程实践证明,RCC 筑坝技术质量可信、可靠。

★本文原载于《中国水利》2007 年 21 期;第五届碾压混凝土坝国际研究会主旨发言,优秀论文,2007 年 11 月,中国贵阳。

表1 中国部分主要已建和在建的 RCC 坝

工程名称	地点	河流	坝高/m	坝长/m	坝型	底宽/m	顶宽/m	坝体积/万 m³ 碾压	坝体积/万 m³ 总量	库容/亿 m³	装机/MW	建成年份
普定	贵州普定	三岔河	75	171	拱坝	28.2	6.3	10.3	13.7	3.77	75	1993
汾河二库	山西太原	汾河	88	228	重力坝	62	7.5	36.2	44.5	1.33	96	1999
江垭	湖南慈利	娄水	131	367	重力坝	105	12	99	135	17.5	300	1999
棉花滩	福建永定	汀江	111	302	重力坝	90	7	51	61	2.04	600	2001
石门子	新疆	玛西河	110	178	拱坝	30	5	19	21	0.8	—	2001
大朝山	云南云县	澜沧江	118	480	重力坝	83	16	89	150	8.9	1 350	2001
龙首	甘肃张掖	黑河	80	217	拱坝	13.5	5	18.4	35.9	0.132	48	2001
沙牌	四川汶山	草坡河	130	258	拱坝	28	9.5	36.5	39.2	0.18	36	2002
蔺河口	陕西皋岚	岚河	100	311	拱坝	27.2	6	22.5	30	1.47	72	2003
三峡三期围堰	湖北宜昌	长江	115	572	重力坝	—	8	110.6	167	147	—	2003
百色	广西百色	右江	130	734	重力坝	113	12	215	269	56	540	2005
索风营	贵州修文	乌江	116	164	重力坝	97	8	42.7	55.5	2.01	600	2006
大花水	贵州遵义	清水江	134	306	拱坝	25	7	55	65	2.765	180	2006
景洪	云南景洪	澜沧江	108	433	重力坝	—	—	120	360	11.4	1 500	在建
龙滩	广西天峨	红水河	192	849	重力	168	37	446	665	272	6 300	在建
光照	贵州关岭	北盘江	200.5	410	重力坝	159	12	241	280	31.35	1 040	在建
思林	贵州思南	乌江	117	316	重力坝	82	20	82	114	12.05	1 000	在建
戈兰滩	云南思茅	李仙江	113	466	重力坝	—	10	90.3	120	4.09	450	在建
金安桥	云南丽江	金沙江	160	640	重力坝	146	17	240	450	8.47	2 400	在建

全断面 RCC 筑坝技术和变态混凝土是中国在 RCC 筑坝技术上的一项重大技术创新,是中国在 RCC 筑坝技术发展中独具特点和具有知识产权的新材料、新工艺。1993 年中国贵州普定工程开创了全断面 RCC 筑坝技术的先河,坝体采用 RCC 自身防渗,在国内最先打破 RCC 筑坝技术中的"金包银"传统防渗结构习惯,在坝体迎水面使用骨料最大粒径 40 mm 的二级配 RCC 作为坝体防渗层,与坝体三级配 RCC 同时填筑,同层碾压。同时在模板边缘、廊道及竖井边墙、岩坡边坡等部位的 RCC 中加入适当的灰浆(4%~6%),即变态混凝土,改变成坍落度为 2~4 cm 的常态混凝土,再用插入式振捣器振实。现今基本上所有 RCC 坝上游面已普遍采用这种变态混凝土与二级配 RCC 共同形成防渗体。在经坝体多年挡水运行实践证明,其防渗效果不亚于常态混凝土。进入 20 世纪 90 年代后期至今,RCC 坝基本采用全断面筑坝技术和变态混凝土,极大地简化了施工,加快了工程进度,缩短了工期,使 RCC 筑坝技术优势得到了充分发挥。

20 多年来,笔者先后参加了多座工程大坝的 RCC 试验研究和应用,掌握了大量丰富的第一手 RCC 研究与应用的宝贵资料,深深感到 RCC 筑坝技术还需要不断地进行创新研究。

2　中国 RCC 配合比设计特点分析

2.1　RCC 配合比设计特点

材料科学是现代科学技术的重要基础,大坝的质量最终反映在筑坝材料上。RCC 配合比设计在施工中占有举足轻重的作用,质量优良、科学合理的配合比可以保证 RCC 筑坝质量、加快施工进度,获得明显的技术经济效益,起到事半功倍的作用。中国的 RCC 配合比设计特点:低水泥用量、高掺掺和料、中胶凝材料、高石粉含量、掺缓凝减水剂和引气剂、采用小 VC 值的技术路线,改善了 RCC 拌和物性能,使 RCC 的可碾性、液化泛浆、层间结合、密实性、抗渗等性能得到了极大的提高。

2.2　RCC 配合比参数分析

中国的 RCC 配合比设计伴随着全断面 RCC 筑坝技术发展而不断地创新完善。RCC 配合比在选定三大参数水胶比、砂率、单位用水量的前提下,对掺和料、外加剂与 RCC 适应性试验研究越来越成熟,特别是拌和物性能受到人们的高度重视。中国 20 世纪 90 年代后期至今部分主要已建、在建大坝内部三级配及防渗区二级配的 RCC 配合比见表 2 和表 3。

表 2　中国部分主要大坝内部三级配 RCC 配合比

工程名称	RCC设计指标	水胶比	用水量/（kg/m³）	掺和料掺量/%	砂率/%	胶凝材料用量/（kg/m³）		减水剂/%	引气剂/%	VC值/s	骨料品种	说明
						水泥	掺和料					
普定	$R_{90}150S4$	0.55	84	F65	34	54	99	0.85	—	10±5	人工灰岩	
江垭	$C_{90}15W8F50$	0.58	93	F60	33	64	96	0.4	—	7±4	人工灰岩	
棉花滩	$C_{180}15W4F25$	0.60	88	F65	34.5	51	96	0.6	—	3~8	人工花岗岩	
石门子	$C_{90}15W6F100$	0.49	84	F64	30	62	110	0.95	0.04	1~10	卵石天然砂	

续表 2

工程名称	RCC设计指标	水胶比	用水量/(kg/m³)	掺和料掺量/%	砂率/%	胶凝材料用量/(kg/m³) 水泥	胶凝材料用量/(kg/m³) 掺和料	减水剂/%	引气剂/%	VC值/s	骨料品种	说明
大朝山	C₉₀15W4F25	0.50	87	PT60	34	67	107	0.75	—	3~10	人工玄武岩	磷矿渣与凝灰岩
龙首	C₉₀20W6F100	0.48	85	F65	30	62	115	0.7	0.07	1~6	卵石天然砂	外掺MgO
沙牌	R₉₀200ερ1.05	0.50	93	F50	33	93	93	0.75	0.01	2~8	人工花岗岩	石粉含量12~19%
蔺河口	R₉₀200S6D50	0.47	81	F62	34	66	106	0.7	0.02	3~5	人工灰岩	
三峡三期围堰	R₉₀150W6F50	0.50	83	F55	34	75	91	0.8	0.01	1~5	人工花岗岩	
百色(准三级)	R₁₈₀15S6D25	0.60	96	F63	34	59	101	0.8	0.004	1~5	人工辉绿岩	
索风营	C₉₀15W6F50	0.55	88	F60	32	64	95+5	0.8	0.012	3~5	人工石灰岩	
大花水	C₉₀15W6F50	0.55	87	F55	33	71	87	0.7	0.02	3~5	人工	
景洪	C₉₀15W6F50	0.50	75	MH60	33	60	90	0.5	0.01	3~5	天然骨料	矿渣石粉双掺料
景洪	C₉₀15W6F50	0.50	80	F50	35	80	80	0.5	0.025	3~5	人工	矿渣石粉双掺料
龙滩 下部	C₉₀25W6F100	0.41	79	F56	34	85	108	0.6	0.02	3~5	人工灰岩	石粉含量18%~20%
龙滩 中部	C₉₀20W6F100	0.45	78	F61	33	67	106	0.6	0.02	3~5	人工灰岩	石粉含量18%~20%
龙滩 上部	C₉₀15W6F100	0.48	79	F66	34	56	109	0.6	0.02	3~5	人工灰岩	石粉含量18%~20%
光照 下部	C₉₀20W6F100	0.50	75	F55	34	68	82+21	0.7	0.015	3~5	人工灰岩	粉煤灰代砂3%
光照 上部	C₉₀15W6F50	0.55	75	F60	35	55	82+22	0.7	0.015	3~5	人工灰岩	粉煤灰代砂3%
思林	C₉₀15W6F50	0.50	83	F60	33	66	100	0.6	0.02	3~5	人工	
戈兰滩	C₉₀15W4F50	0.50	83	KS60	38	66	100	0.8	0.04	3~8	人工灰岩	矿渣石粉双掺料
金安桥 下部	C₉₀20W6F100	0.47	90	F60	33	76	115	1.0	0.3	1~5	人工玄武岩	石粉代砂8%~10%
金安桥 上部	C₉₀10W6F100	0.50	90	F60	34	72	108	1.0	0.3	1~5	人工玄武岩	石粉代砂8%~10%

注: 表中 F 表示粉煤灰,PT 表示磷矿渣与凝灰岩,MH 表示锰铁矿渣与石灰石粉,KS 表示矿渣与石粉,余同。

表 3　中国部分主要大坝防渗区二级配 RCC 配合比

工程名称	RCC 设计指标	水胶比	用水量/（kg/m³）	掺和料掺量/%	砂率/%	胶凝材料用量/（kg/m³） 水泥	掺和料	减水剂/%	引气剂/%	VC 值/s	骨料品种	说明
普定	R₉₀200S6	0.50	94	55	38	85	103	0.85	—	10±5	人工灰岩	
江垭	C₉₀20W12F100	0.53	103	55	36	87	107	0.50	—	7±4	人工灰岩	
棉花滩	C₁₈₀20W8F50	0.55	100	55	38	82	100	0.6	—	3~8	人工花岗岩	
石门子	C₉₀20W8F100	0.50	95	55	31	86	104	0.95	0.01	1~10	卵石天然砂	
大朝山	C₉₀20W8F50	0.50	94	PT50	37	94	94	0.70	—	3~10	人工玄武岩	磷矿渣与凝灰岩
龙首	C₉₀20W8F300	0.43	91	F53	32	100	112	0.7	0.45	1~6	卵石天然砂	外掺 MgO
沙牌	R₉₀200εₚ1.1	0.53	102	F40	37	115	77	0.75	0.02	2~8	人工花岗岩	石粉12%~19%
蔺河口	R₉₀200S8D100	0.47	87	F63	37	68	117	0.7	0.07	3~5	人工灰岩	
三峡三期围堰	R₉₀150W6F50	0.50	93	F55	39	84	102	0.8	0.01	1~8	人工花岗岩	
百色	R₁₈₀20S10D50	0.50	106	F58	38	89	123	0.8	0.07	1~5	人工辉绿岩	
索风营	C₉₀20W8F100	0.50	94	F50	38	94	94	0.8	0.012	3~5	人工石灰岩	
大花水	C₉₀20W8F100	0.50	98	F50	38	98	98	0.7	0.02	3~5	人工	
龙滩	C₉₀25W6F100	0.40	87	F55	38	98	119	0.6	0.02	3~5	人工灰岩	砂石粉18%~20%
光照 下部	C₉₀25W12F150	0.45	83	F55	39	92	92+23	0.7	0.015	3~5	人工灰岩	粉煤灰代砂3%
光照 上部	C₉₀20W10F100	0.50	83	F55	39	75	91+23	0.7	0.015	3~5	人工灰岩	粉煤灰代砂3%
思林	C₉₀20W8F100	0.48	95	F55	39	89	109	0.6	0.02	3~5	人工	
戈兰滩	C₉₀20W8F100	0.45	93	KS55	34	93	114	0.8	0.05	3~8	人工灰岩	矿渣石粉双掺料
金安桥	C₉₀20W8F100	0.47	100	F55	37	96	117	1.0	0.3	1~5	人工玄武岩	石粉代砂8%

参数分析如下：

水胶比:表2、表3结果表明,大坝内部三级配 RCC 水胶比一般在 0.47~0.60,坝面二级配防渗区水胶比一般在 0.42~0.55。由于 RCC 也符合水胶比定则,从保证混凝土耐久性的需要考虑,RCC 水胶比不宜大于 0.65。影响水胶比大小选择的主要因素与 RCC 设计指标、设计龄期、抗冻等级、极限拉伸值和掺和料品质掺量等有关。

砂率:砂率大小直接影响 RCC 的施工性能、强度及耐久性。表 2、表 3 砂率统计表明,人工骨料三级配砂率在 32%~34%,二级配砂率在 36%~38%。影响砂率的主要因素是骨料的品质,砂的颗粒级配、粒型、石粉含量。大量工程实践证明,砂中的石粉含量对 RCC 性能影响显著。

单位用水量:单位用水量的选定与混凝土的可碾性及经济性直接相关。RCC 的单位用水量三级配在 75~106 kg/m^3、二级配在 83~106 kg/m^3。影响单位用水量的主要因素:骨料种类、颗粒级配、石粉含量,掺和料品质、细度、需水量比,VC 值的大小,以及自然气候条件等。

掺和料:在 RCC 掺和料研究与应用方面,粉煤灰作为 RCC 掺和料始终占主导地位,所以粉煤灰在 RCC 的作用机制研究是深化的,应用是成熟的。少数工程采用了磷矿渣与凝灰岩混磨掺和料(PT)、锰铁矿渣与石粉掺和料(MH)、矿渣与石粉掺和料(SK)等。中国 20 世纪 90 年代后期主要工程部分大坝内部三级配及防渗区二级配 RCC 掺和料应用情况由表 2、表 3 可知,大坝内部三级配粉煤灰掺量基本在 55%~65%,大坝防渗区二级配粉煤灰掺量基本在 50%~55%。影响粉煤灰掺量的主要因素是 RCC 设计指标、龄期、粉煤灰品质等,特别是抗冻等级、极限拉伸值与强度等级不相匹配,同时设计龄期大多采用 90 d(少数工程采用 180 d),这样制约了粉煤灰混凝土后期强度的利用,增加了大坝的温控负担,限制了粉煤灰掺量。

外加剂:外加剂在 RCC 中的作用越来越受到人们的重视。外加剂是改善混凝土性能最主要的措施之一,可以有效地改善混凝土的和易性和施工性能,降低单位用水量,减少胶材用量,有利于温控和提高耐久性能。中国的 RCC 均掺外加剂,一般主要以萘系缓凝高效减水剂和引气剂为主,近年来随着 VC 值的减小,减水剂掺量也相应提高,这样一方面有利于降低用水量和提高 RCC 施工性能,另一方面有利于降低混凝土温升。一般减水剂掺量在 0.7%~1.0%,引气剂掺量根据抗冻等级要求的含气量进行确定。由于在 RCC 中掺用强缓凝高效减水剂,可以明显地延缓 RCC 凝结时间,提高 RCC 液化泛浆、可碾性及层间结合,有利于加快施工速度。

胶凝材料用量:RCC 工程所用的水泥一般主要为 42.5 中热硅酸盐水泥和 42.5 普通硅酸盐水泥,少数工程使用 32.5 普通硅酸盐水泥。重力坝内部胶凝材料一般在 150~170 kg/m^3,其中水泥用量 50~70 kg/m^3;防渗区二级配胶凝材料一般在 190~220 kg/m^3,其中水泥用量 85~100 kg/m^3。结果同时表明拱坝内部胶凝材料比重力坝用量高。影响胶凝掺量用量多少的主要因素包括地域自然条件、设计指标(特别是抗冻等级、极限拉伸值)、骨料种类、掺和料品质等。

3 RCC 试验研究分析

3.1 试件成型振动时间

大量的试验研究以及笔者多年参加配合比设计试验的实际经验,RCC 成型振动时间应以试件表面全面泛浆为原则,并未按标准规定的2~3倍VC值时间进行控制。究其原因,由于试验是模拟现场施工实际的一种研究技术措施,必须是试验与实际结果相吻合,为工程的质量和施工提供科学依据。

RCC采用全断面筑坝技术,原材料控制满足要求后,RCC从拌和、运输、入仓、平仓摊铺、碾压、喷雾养护等过程进行现场施工,对碾压完成后的RCC质量评定是:碾压完后的RCC层面必须是全面泛浆,有一层薄薄的浆体,人走在上面感觉有弹性,保证上层RCC骨料嵌入下层已碾压好的混凝土中,从而保证了RCC层间结合、提高抗渗性能。即人们常说的穿着雨靴进仓面,说明全断面RCC是完全泛浆的。所以,当碾压混凝土试件采用2~3倍VC值时间振动成型是不适宜的,不论是强度、抗渗、抗冻,还是极限拉伸、弹性模量、含气量、表观密度等均不适宜。那么值得置疑的是,RCC在进行VC值试验时,在很短的时间就全面泛浆了,为什么成型时采用2~3倍的VC值时间满足不了全面泛浆的要求呢?

原因分析认为:主要是VC值试验时,采用的维勃稠度仪和振捣台是固定在一起形成了整体。进行RCC试件成型时,虽然也在试模上加设了配重,但由于试模与振动台是分离的,振动频率、振幅与VC值试验采用维勃稠度仪固定在一起完全不同。大量的试验证明,试模成型时,采用2~3倍VC值时间进行控制,RCC拌和物不能达到表面全面泛浆,这与施工现场实际碾压是不符的。

同时由于RCC拌和物成型时受边界条件的影响,比如拌和物表面失水,VC值经时损失等因素的影响,按2~3倍VC值时间进行振动时,也是影响试件表面不能完全泛浆的原因之一。为此,RCC在进行成型时,振动控制时间应以试件表面全面泛浆为标准。

3.2　抗渗试验研究分析

在推广应用RCC筑坝技术初期,中国部分学者对层间结合、坝体防渗等怀有疑虑和争论,曾一度减缓了RCC筑坝技术的应用进程。出现了坝体外部为常态混凝土防渗保护,内部为RCC填筑的日本"金包银"模式。从普定工程采用全断面二级配RCC自身防渗开始,特别是工程施工中变态混凝土的应用和施工工艺及材料的不断改进,RCC筑坝技术彻底消除了层间结合问题的顾虑。

但是RCC抗渗试验采用常态混凝土试验方法,笔者认为是不科学的,不符合大坝防渗的实际情况。

RCC抗渗性能试验,按《水工碾压混凝土试验规程》(SL 48)及《水工混凝土试验规程》(SL 352)进行,试件制作容易,但混凝土层面的渗水压力与RCC坝的渗流特性有一定的差异。有关试验结果表明,沿RCC层面切相与法相的渗透系数的各向异性比达3~4个数量级。

RCC本体只要按《水工碾压混凝土试验规程》(SL 48—1994)进行振动密实,本体的抗渗都没有问题,RCC薄弱环节是层面结合。如何进行层面结合的抗渗性能研究需要对试验方法进行改变,改变传统的切相抗渗试验方法为法相抗渗试验方法,对RCC层面结合进行深入研究。

4 RCC 浆砂比

4.1 RCC 浆砂比的重要性

浆砂比是 RCC 配合比设计的重要参数之一,浆砂比具有与水胶比、砂率、单位用水量等参数同等重要的作用。在 RCC 配合比设计中浆砂比(PV 值)越来越受到人们的重视。浆砂比是灰浆体积(包括粒径小于 0.08 mm 的颗粒体积)与砂浆体积的比值,即浆砂体积比。根据近年来全断面 RCC 筑坝实践经验,当人工砂石粉含量控制在 18% 左右时,一般浆砂比值不会低于 0.42。由此可见,浆砂比从直观上体现了 RCC 材料之间的一种比例关系,是评价 RCC 拌和物性能,即可碾性、液化泛浆、层间结合、抗骨料分离等重要的施工性能指标。

早期 RCC 配合比设计的特征值主要采用 α、β 特征值。α 为灰浆填充系数,是灰浆体积与砂浆孔隙体积之比,反映水、水泥、掺和料三者填充砂空隙的情况;β 为砂浆填充系数,是砂浆体积与骨料孔隙体积之比,反映水、水泥、掺和料、砂四者填充粗骨料空隙的情况。由于 α、β 特征值受砂颗粒级配、石粉含量、骨料粒径等因素影响,计算条件复杂,导致 α、β 特征值变幅较大,评价不直观。所以,近年来浆砂比已成为配合比设计及评价 RCC 性能的重要指标。

4.2 浆砂比计算分析

RCC 的浆砂比在认识过程中人们也产生过一些误区。早期一般采用浆砂质量比进行计算,由于 RCC 胶凝材料用量在一定范围内波动,影响浆砂比大小的主要因素是石粉含量。随着人们对 RCC 浆砂比的深化认识,发现采用质量比计算浆砂比误差较大。采用体积比进行浆砂比计算时,考虑了材料单位体积密度的不同因素,体积比更容易直观地表示灰浆占砂浆体积的比值关系。但在浆砂体积比的计算中也产生过差异,主要是含气量对浆砂比的影响因素,考虑含气量进行浆砂体积比计算,比不考虑含气量的浆砂体积比值大。笔者认为浆砂体积比宜采用绝对体积比计算为好,即在浆砂比的计算中可以不考虑含气量因素。原因是 RCC 为无坍落度的半塑性混凝土,一是拌和物含气不容易引入,二是含气量也极不稳定;同时 RCC 通过振动碾碾压后含气量急剧损失,不考虑含气量因素采用绝对体积法进行计算比较切合施工实际。

4.3 影响浆砂比的主要因素

4.3.1 石粉含量对浆砂比的影响

砂中的粒度小于 0.16 mm 的石粉含量对 RCC 浆砂体积比影响很大,直接关系到 RCC 的层间结合、防渗性能和整体性能。由于 RCC 胶凝材料用量一般在大坝内部为 150~170 kg/m³,在大坝外部为 190~210 kg/m³,如果不考虑石粉含量,经计算浆砂比仅有 0.33~0.37,将无法保证 RCC 施工质量。RCC 采用通仓薄层浇筑,坝体不分纵缝或横缝很少,由于温控要求,所以在不可能提高胶凝材料用量的前提下,石粉在 RCC 中的作用就显得十分重要,特别是小于 0.08 mm 的微石粉,可以起到增加胶凝材料的一部分。如果砂中的石粉含量达到 18%~22%,其中小于 0.08 mm 微石粉含量占石粉的 50% 左右时,经计算浆砂比一般不低于 0.42。

多年研究结果表明,石粉含量进一步扩大到 22%,仍可满足 RCC 的力学指标要求。

当砂中石粉含量较低时,浆砂比达不到 0.42 比值要求时,一般采用外掺石粉代砂或粉煤灰代砂方案,使砂中石粉含量或细粉含量达到 18%左右,可以显著改善 RCC 施工质量。

4.3.2　石粉在 RCC 中的作用

大量 RCC 筑坝技术实践证明,RCC 强度几乎全部超过设计的配制强度,且富裕量较大,这样提高了混凝土弹性模量,增加了坝体的温度应力,对抗裂是不利的。实际情况 RCC 质量控制最为重要的是拌和物性能、施工性能,这些性能都与 RCC 浆砂比大小直接有关。所以,在配合比设计中必须对浆砂比高度关注。

笔者对于 RCC 用砂采用传统的湿法生产工艺需要提出新的观点,早期人工砂主要供应常态混凝土,对石粉的认识还缺乏深化研究,人工砂制砂大多采用传统湿法生产,然后再增加石粉回收设施。随着 RCC 筑坝技术的蓬勃发展,石粉在 RCC 中的作用越来越显著,现在骨料采用干法生产,人工砂石粉含量高,特别适应 RCC 施工。对 RCC 用的人工砂其最重要的控制指标是石粉含量,这是 RCC 与常态混凝土在人工砂控制指标上的最大区别。

由于 RCC 灰浆含量远低于常态混凝土,为保证其可碾性、液化泛浆、层间结合、密实性及其他一系列性能,提高砂中的石粉含量是非常有效的措施。近年来大中型工程 RCC 试验研究及应用证明,人工砂石粉含量的高低直接影响 RCC 的工作性和施工质量。由于 RCC 中胶凝材料和水的用量较少,当人工砂石粉提高到 18%左右时,可以显著改善 RCC 工作性能、降低绝热温升、有利于大坝抗渗整体性能的提高。

人工砂中的石粉含量和粒径分布与制砂设备、工艺和岩石种类性能密切相关。目前,大多数工程采用的骨料主要岩石种类有石灰岩、凝灰岩、花岗岩、辉绿岩、白云质灰岩、玄武岩等。不同种类的岩石生产的人工砂石粉含量也是不同的。同时,它们的化学成分也各不相同,多为非活性材料。但是,石粉能发挥微骨料作用,具有填充密实作用,增加了胶凝材料体积。因此,石粉最大的贡献是提高了 RCC 浆砂体积比,明显改善了 RCC 的可碾性和层间结合。

5　VC 值与 RCC 性能影响分析

5.1　VC 值对 RCC 的性能影响

VC 值的大小对 RCC 的性能有着显著的影响,近年来大量工程实践证明,RCC 拌和物采用小的 VC 值,并实行动态控制,出机 VC 值一般控制在 1~5 s,现场 VC 值一般控制在 3~8 s 比较适宜,在满足现场正常碾压的条件下,现场 VC 值可采用低值。RCC 现场控制的重点是拌和物 VC 值和初凝时间,VC 值控制是 RCC 可碾性和层间结合的关键,根据气温的条件变化应及时调整出机口 VC 值。

工程实例:金安桥水电站地处云贵高原,坝址区小气候炎热干燥,对 RCC 施工十分不利。根据大坝 RCC 生产性试验全过程施工实际情况,参照龙滩、光照、百色、蔺河口等 RCC 工程的成功应用实例,根据不同时段气温,采用调整外加剂掺量,对 VC 值实行动态控制,保证了高温气候条件下的 RCC 的施工和质量。为此对金安桥水电站大坝 RCC 施工配合比进行调整如下:

当气温小于 28 ℃时,缓凝高效减水剂掺量为 1.0%,当气温大于 28 ℃时,缓凝高效减水剂掺量为1.2%;RCC中人工砂的石粉含量按18%~20%控制,外掺石粉掺量根据人工砂石粉中0.08 mm含量高低进行确定;对RCC的VC值实行动态控制,出机VC值控制以仓面可碾性好、液化泛浆充分为原则。夜晚控制出机VC值2~5 s,出机按下限控制;白天控制出机VC值1~3 s,仓面VC值按3~5 s控制;小雨(雨强<3 mm/h)仓面VC值控制在5~9 s。

5.2 影响VC值波动的因素

用水量:用水量对VC值有很大影响,根据大朝山、江垭、棉花滩、蔺河口、百色、龙滩、金安桥等工程试验结果,VC值每增减1 s,用水量相应增减约1.5 kg/m³。如果单纯依靠增加用水量来调整VC值的大小,会对RCC水胶比和强度产生影响,如果配合比不合理,特别是在细骨料石粉含量偏低的情况下,就容易引起仓面泌水。

外加剂:首先要选择与本工程RCC性能相适应的外加剂,通过调整外加剂掺量改变VC值的大小,达到改善RCC拌和物性能,满足不同气候、温度时段条件下的RCC施工。比如:广东山口、棉花滩、蔺河口、百色、金安桥等工程,在高温时段保持RCC配合比参数不变,通过调整外加剂掺量达到改变VC值大小的目的。

5.3 工程实例

百色工程RCC采用辉绿岩骨料,人工砂石粉含量高,造成RCC凝结时间严重缩短,针对百色工程地处亚热带、高温期长,RCC不可避免地要面临在高温条件下进行施工的难题,因此对高温条件下的辉绿岩骨料RCC凝结时间进行了课题研究,优选了适应辉绿岩骨料RCC的缓凝高效减水剂。研究结果表明:在气温相同的条件下,减小RCC的VC值,可以延长凝结时间,即VC值每减小1 s,RCC初凝时间相应延长约20 min;当气温大于25 ℃时,适当增加外加剂掺量,就可以满足高温气候RCC的凝结时间要求,既外加剂每增加0.1%,VC值减小2 s,初凝时间延长约30 min。在高温气候时段,保持RCC配合比参数不变,根据不同时段的气温选用不同的外加剂掺量,由于提高了外加剂掺量并减小了VC值,在叠加作用下,延长了RCC凝结时间,此方法简单易行,便于操作,保证了百色工程RCC主坝高强度施工。

6 结语

RCC配合比设计在施工中占有举足轻重的作用,质量优良、科学合理的配合比可以保证RCC筑坝质量、加快施工进度,获得明显的技术经济效益,起到事半功倍的作用。

大量的试验研究表明,RCC成型振动时间应以试件表面全面泛浆为原则;抗渗试验需要把传统的切相抗渗试验方法改为法相抗渗试验方法,更加切合实际研究层面结合的防渗性能。

浆砂比已成为RCC配合比设计重要的参数之一,浆砂比的大小直接关系到RCC的层间结合、防渗性能和整体性能,一般浆砂体积比(PV值)不宜低于0.42。

石粉最大的贡献是提高了RCC浆砂体积比,明显改善了可碾性和层间结合;石粉能发挥微骨料作用,具有填充密实作用,增加了胶凝材料体积;当浆砂比较低时,一般采用外掺石粉代砂或粉煤灰代砂方案,使砂中石粉含量或细粉含量达到18%左右,可以显著改善RCC施工质量。

　　VC 值的大小对 RCC 的性能有着显著的影响,VC 值可实行动态控制,在满足现场正常碾压的条件下,VC 值可采用小值;RCC 现场控制的重点是拌和物的 VC 值和初凝时间,VC 值控制是 RCC 可碾性和层间结合的关键,根据气温的条件变化应及时调整出机口 VC 值。

　　通过对中国大坝 RCC 配合比设计试验特点分析研究,使 RCC 配合比设计更趋科学合理,为 RCC 快速筑坝提供了有利的技术支持。

参考文献

[1] 中华人民共和国国家经济贸易委员会.水工碾压混凝土施工规范:DL/T 5114—2000[S].北京:中国电力出版社,2001.

[2] 中华人民共和国水利部.碾压混凝土坝设计规范:SL 314—2004[S].北京:中国水利水电出版社,2005.

[3] 中国人民共和国国家发展和改革委员会.水工混凝土配合比设计规程:DL/T 5330—2005[S].北京:中国电力出版社,2006.

[4] 中华人民共和国水利部.水工混凝土试验规程:SL 352—2006[S].北京:中国水利水电出版社,2006.

[5] 张严明,王圣培,潘罗生.中国碾压混凝土坝 20 年[M].北京:中国水利水电出版社,2006.

[6] 田育功.碾压混凝土 VC 值的讨论与分析[J].水力发电,2007(2):46-48.

金安桥水电站玄武岩骨料碾压
混凝土特性研究★

李苓宏[1]　田育功[2]

(1. 中国水利水电第四工程局有限公司,青海西宁　810006;

2. 汉能控股集团金安桥水电站有限公司,云南丽江　674100)

【摘　要】　针对金安桥水电站大坝玄武岩骨料碾压混凝土特性,通过对玄武岩微观分析和碾压混凝土特性研究分析,配合比设计采用外掺石粉代砂、低 VC 值、提高外加剂掺量的技术路线,有效改善玄武岩骨料碾压混凝土工作性能、耐久性能及抗裂性能,保证了金安桥大坝碾压混凝土的质量和快速施工。

【关键词】　玄武岩;碾压混凝土;用水量;密度;金安桥水电站

1　引言

　　金安桥水电站位于云南省丽江地区境内的金沙江中游河段上,是金沙江中游河段规划的"一库八级"梯级水电站中的第五级电站,工程以发电为主,装机 2 400 MW,计划 2009 年 12 月蓄水发电。金安桥水电站枢纽工程拦河坝为碾压混凝土重力坝,最大坝高 160 m,坝顶长 640 m,大坝混凝土 392 万 m³,其中碾压混凝土 253 万 m³。2007 年 5 月 2 日大坝碾压混凝土开始浇筑,至 2008 年 12 月已浇筑碾压混凝土 228 万 m³。

　　金安桥水电站工程料场为玄武岩和弱风化玄武岩,大坝、泄水、厂房等主体工程混凝土总量 528 万 m³,所需砂石骨料约 1 180 万 t。前期设计单位、有关科研单位以及施工单位在混凝土配合比试验中均发现:金安桥工程混凝土使用的玄武岩骨料,密度大、硬脆、弹性模量高,由于玄武岩骨料自身特性,导致混凝土用水量急剧增加。特别是碾压混凝土不但单位用水量高,而且液化泛浆慢,三级配、二级配的表观密度分别达到 2 630 kg/m³ 和 2 600 kg/m³,混凝土密度之大是少有的。加之金安桥工程地处云贵高原,具有典型的高原气候特点,昼夜温差大、光照强烈、气候干燥多风、蒸发量大,对碾压混凝土施工不利。

　　针对玄武岩骨料特性以及气候条件等不利因素,通过对玄武岩微观分析和碾压混凝土试验研究对比特性分析,配合比设计采用外掺石粉代砂、低 VC 值、提高外加剂掺量的技术路线,有效改善了玄武岩骨料碾压混凝土的拌和物性能、耐久性能及抗裂性能,保证了金安桥大坝碾压混凝土的质量和快速施工。

★本文原载于《水利水电技术》2009 年第 5 期,2009 年 5 月,北京。

2　碾压混凝土原材料

2.1　水泥

金安桥主坝混凝土水泥使用云南丽江永保42.5级中热水泥,水泥物理力学性能及化学成分检测结果表明:水泥28 d抗压强度45~51 MPa、抗折强度7.6~8.2 MPa,氧化镁3.8%~4.4%,碱含量平均0.54%,7 d水化热小于270 kJ/kg,水泥物理和化学指标符合《中热硅酸盐水泥 低热硅酸盐水泥 低热矿渣硅酸盐水泥》(GB 200—2003)标准要求和金安桥工程内控指标要求。

2.2　粉煤灰

主坝混凝土使用四川攀枝花利源粉煤灰公司Ⅱ级粉煤灰,粉煤灰品质检测结果表明:细度在16%~18%,需水量比98%~100%,品质稳定,属Ⅱ级粉煤灰。

2.3　骨料

金安桥工程混凝土所用粗、细骨料为玄武岩人工骨料,骨料品质试验结果见表1、表2,试验结果表明:人工砂细度模数2.78~2.9,石粉含量11.8%~14.6%,表观密度2 930 kg/m³,粗骨料饱干密度达到2 940~2 980 kg/m³。检测结果表明,玄武岩骨料密度是很大的,明显有别于其他岩石骨料。

表1　玄武岩人工砂物理品质试验结果

砂品种	细度模数	石粉含量/%	堆积密度/(kg/m³)	紧密密度/(kg/m³)	表观密度/(kg/m³)	饱干密度/(kg/m³)	吸水率/%	坚固性/%
碾压砂	2.78~2.9	11.8~14.6	1 690	1 870	2 930	2 880	1.1	2
DL/T 5112—2000	2.2~2.9	10~22	—	—	—	—	—	—

表2　玄武岩粗骨料物理品质试验结果

骨料粒径/mm	表观密度/(kg/m³)	堆积密度/(kg/m³)	紧密密度/(kg/m³)	饱干密度/(kg/m³)	吸水率/%	针片状/%	压碎指标/%	坚固性/%
5~20	2 970	1 540	1 720	2 940	0.56	7.4	3.9	3
20~40	2 990	1 530	1 680	2 960	0.43	3.3	—	2
40~80	2 990	1 520	1 620	2 970	0.32	6.8	—	0
80~150	2 990	1 470	1 570	2 980	0.10	4.9	—	0
DL/T 5144—2001	≥2 550	—	—	—	≤2.5	≤15	≤13	≤5

2.4　外加剂

缓凝高效减水剂和引气剂采用浙江龙游外加剂有限责任公司产品 ZB-1$_{RCC15}$ 及ZB-1G,试验结果表明,外加剂性能质量优良,满足标准和碾压混凝土性能要求。

2.5 灰岩石粉

由于玄武岩人工砂石粉含量低,为保证碾压混凝土施工要求,采用外掺石粉代砂方案,经选择石粉采用丽江永保水泥厂及六德水泥厂加工的灰岩石粉,灰岩石粉细度按0.08 mm筛余量不超过20%标准控制。

3 玄武岩品质微观分析

3.1 玄武岩化学成分

玄武岩是由火山喷发出的岩浆冷却后凝固而成的一种致密状或泡沫状结构的岩石。金安桥工程玄武岩骨料的颜色主要为暗灰色,质地致密、硬脆,相对密度2.98,比一般花岗岩、灰岩、砂岩、页岩密度都大。玄武岩化学分析采用对比方法,采用玄武岩石粉、永保灰岩石粉及攀枝花Ⅱ级粉煤灰进行对比分析,试验结果见表3,结果表明:玄武岩化学成分明显有别于灰岩石粉,玄武岩主要化学成分 SiO_2、Al_2O_3、Fe_2O_3 含量分别达到45.09%、12.39%及13.83%,其中 SiO_2 含量最多,占45%。同时微观分析表明,玄武岩主要矿物组成为绿泥石、云母、石英、长石、方解石。

表3 玄武岩粉、灰岩石粉及粉煤灰化学成分 %

掺和料	SiO_2	Al_2O_3	Fe_2O_3	MgO	CaO	Na_2O	K_2O	TiO_2	P_2O_5	MnO	SO_3	烧失量
玄武岩粉	45.09	12.39	13.83	4.05	7.97	2.41	1.80	2.52	0.55	0.30	0.69	8.40
灰岩石粉	4.38	1.56	0.76	0.49	48.00	0.03	0.14	0.08	0.03	0.02	0.39	44.17
Ⅱ粉煤灰	52.25	26.39	5.91	3.15	3.24	0.23	3.40	1.52	0.21	0.05	0.41	3.34

3.2 玄武岩、灰岩石粉及粉煤灰颗粒形貌

玄武岩粉、灰岩石粉及粉煤灰扫描电镜下的颗粒形貌如图1所示,扫描电镜照片显示,这3种微粉颗粒形貌区别很大,玄武岩石粉呈多棱角形粒状,比灰岩石粉颗粒明显粗糙,粉煤灰呈空心球状。

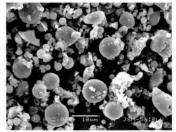

(a)玄武岩粉　　　　　　　(b)灰岩石粉　　　　　　　(c)粉煤灰

图1 SEM照片

3.3 玄武岩粉矿物组成

玄武岩粉、灰岩石粉及粉煤灰矿物组成见表4,从表4中可以看到,玄武岩主要矿物组成为绿泥石、云母、石英、长石、方解石。

表4 玄武岩粉、灰岩石粉及粉煤灰矿物组成

掺和料	主要矿物组成
玄武岩粉	绿泥石、云母、石英、长石、方解石
石灰石粉	方解石、石英
粉煤灰	莫来石、石英

3.4 激光粒度仪分析

采用激光粒度仪分析玄武岩粉、灰岩石粉及粉煤灰颗粒分布,3种掺和料颗粒质量频度分布及通过的颗粒质量累计分布表明,细度以玄武岩石粉的颗粒最粗,根据30 μm以下颗粒所占的比例,它们从细到粗的顺序是:粉煤灰(96.31%)、灰岩石粉(87.00%)、玄武岩粉(76.95%)。

4 玄武岩骨料碾压混凝土特性分析

4.1 碾压混凝土用水量与外加剂掺量关系分析

在进行碾压混凝土水胶比与抗压强度试验过程中发现,由于玄武岩骨料密度大等自身特性,导致碾压混凝土用水量急剧增加,明显有别于其他骨料碾压混凝土。碾压混凝土用水量与外加剂掺量的关系试验结果(见表5)表明:当不掺外加剂时,三级配、二级配碾压混凝土单位用水量分别达到127 kg/m³及137 kg/m³,用水量是很高的;当掺 ZB-1$_{RCC15}$减水剂0.5%、1.0%和 ZB-1G 引气剂0.25%~0.3%时,三级配用水量分别从127 kg/m³降低到106 kg/m³和95 kg/m³,二级配用水量分别从137 kg/m³降低到116 kg/m³和105 kg/m³;当 ZB-1$_{RCC15}$ 掺量提高到1.0%时,胶凝材料从不掺外加剂的231 kg/m³、254 kg/m³、274 kg/m³ 分别降至173 kg/m³、190 kg/m³、210 kg/m³,胶凝材料降低幅度达58 kg/m³、64 kg/m³、64 kg/m³。

表5 碾压混凝土用水量与外加剂掺量关系试验

试验编号	级配	试验参数						胶材用量/(kg/m³)		试验结果			
		水胶比	粉煤灰/%	砂率/%	用水量/(kg/m³)	ZB-1$_{RCC15}$/%	ZB-1G/(1/万)	胶材总量	水泥	减水率/%	VC值/s	含气量/%	密度/(kg/m³)
WR-1	三	0.55	65	35	127	—	—	231	81	—	4.6	1.4	2 601
WR-2		0.55	65	35	106	0.5	25	193	68	16.5	4.9	3.8	2 611
WR-3		0.55	65	35	95	1.0	25	173	61	25.2	4.5	3.5	2 614
WR-4	三	0.50	60	34	127	—	—	254	102	—	4.3	1.8	2 624
WR-5		0.50	60	34	106	0.5	30	212	85	16.5	4.2	3.4	2 619
WR-6		0.50	60	34	95	1.0	30	190	76	25.2	4.3	3.9	2 625
WR-7	二	0.50	55	38	137	—	—	274	123	—	4.6	1.5	2 617
WR-8		0.50	55	38	116	0.5	30	232	104	15.3	4.1	4.1	2 611
WR-9		0.50	55	38	105	1.0	30	210	94	23.4	5.5	3.8	2 604

上述结果充分说明,提高外加剂掺量是降低玄武岩碾压混凝土单位用水量及胶凝材料用量最有效的技术措施,对降低大坝温控、提高抗裂性能有十分重要的意义。

4.2 石粉含量对碾压混凝土性能影响分析

试验同时发现玄武岩骨料碾压混凝土拌和物性能很差,液化泛浆慢,主要原因是人工砂石粉含量偏低所致。由于碾压混凝土灰浆含量远低于常态混凝土,为保证其可碾性、液化泛浆、层间结合、密实性及其他一系列性能,提高砂中的石粉(粒径<0.16 mm 的颗粒)含量是非常有效的措施。近年来大中型工程碾压混凝土试验研究及实践证明,人工砂石粉含量的高低直接影响碾压混凝土的工作性和施工质量。由于碾压混凝土中胶凝材料和水的用量较少,当人工砂中含有适宜的石粉含量,特别是人工砂石粉提高到18%左右时,可以显著改善碾压混凝土的工作性能、降低绝热温升、有利于大坝防渗和整体性能的提高。

由于金安桥玄武岩人工砂石粉含量远低于设计指标15%~22%的要求,为了研究不同石粉含量对碾压混凝土性能影响,采用石粉代砂方案进行研究。石粉含量对碾压混凝土性能影响试验结果见表6,结果表明,当砂中石粉含量控制在18%~20%时,经计算碾压混凝土浆砂体积比(浆砂比)可以达到0.44以上,碾压混凝土拌和物液化泛浆明显加快,VC 值测试完成后的试体表面光滑、密实、浆体充足。结果同时表明,随人工砂石粉含量的增加,用水量呈规律性的增加,即石粉含量每增加1%,用水量相应增加约 1 kg/m³。

表6 石粉含量对碾压混凝土性能影响试验结果

试验编号	石粉含量/%	用水量/(kg/m³)	ZB-1$_{RCC15}$/%	ZB-1G/(1/万)	VC 值/s	含气量/%	拌和物性能	抗压强度/MPa			
								7 d	28 d	60 d	90 d
RSF2-1	12	97	1.0	30	3.5	4.2	骨料包裹差、试体粗涩	12.8	16.0	18.2	22.5
RSF2-2	14	100	1.0	30	3.8	3.8	骨料包裹较差、试体粗涩	12.3	16.3	22.0	23.5
RSF2-3	16	102	1.0	30	4.2	3.5	骨料包裹一般、试体表面较密实	11.6	16.4	20.7	23.1
RSF2-4	18	103	1.0	30	4.2	3.4	骨料包裹较好、试体表面光滑、密实	11.8	17.0	21.9	24.0
RSF2-5	20	105	1.0	30	3.8	3.2	骨料包裹好、试体表面光滑、密实	12.4	18.7	21.8	24.3
RSF2-6	22	107	1.0	30	3.8	3.0	骨料包裹好、试体表面光滑、密实	11.2	15.8	18.6	22.0

4.3　玄武岩骨料与灰岩骨料碾压混凝土对比试验

4.3.1　碾压混凝土拌和物性能对比试验

　　玄武岩骨料与灰岩骨料碾压混凝土拌和物性能对比试验结果见表 7,结果表明:采用相同的配合比参数,玄武岩骨料碾压混凝土单位用水量高于灰岩骨料碾压混凝土,但 VC 值、含气量和凝结时间与石灰岩骨料相差不大,因灰岩骨料密度相对较小,其混凝土的密度也较小。试验再次论证了密度大的玄武岩骨料(百色工程使用的辉绿岩骨料也是如此)是导致混凝土用水量增加的主要原因。

表 7　玄武岩与灰岩碾压混凝土对比试验参数

岩石种类	级配	水胶比	粉煤灰/%	砂率/%	用水量/(kg/m³)	VC 值/s	含气量/%	凝结时间/(h:min)		密度/(kg/m³)
								初凝	终凝	
玄武岩	三	0.50	60	34	90	3.5	4.2	11:52	20:18	2 625
石灰岩	三	0.50	60	33	87	3.9	4.2	12:08	20:32	2 436
玄武岩	二	0.47	55	37	100	3.5	4.5	13:10	22:35	2 552
石灰岩	二	0.47	55	36	97	3~5	4.6	13:25	22:30	2 393

4.3.2　抗压、劈拉强度对比试验

　　玄武岩骨料与灰岩骨料碾压混凝土抗压、劈拉强度对比试验结果见表 8,结果表明:玄武岩骨料碾压混凝土各龄期的抗压强度高于灰岩骨料碾压混凝土抗压强度;其劈拉强度却低于灰岩骨料碾压混凝土。研究分析认为,这与玄武岩骨料密度大、弹性模量高以及玄武岩骨料表面与浆体的黏结力界面效应差等特性相关。

表 8　玄武岩与灰岩碾压混凝土力学性能对比试验结果

试验编号	级配	岩石种类	抗压强度/MPa				劈拉强度/MPa		
			7 d	28 d	60 d	90 d	28 d	60 d	90 d
KDB-1	三	玄武岩	12.5	21.7	29.2	32.3	1.53	2.18	2.46
KDB-2	三	石灰岩	11.3	18.4	27.2	30.7	1.55	2.22	2.50
KDB-3	二	玄武岩	14.4	24.1	31.7	35.4	1.56	2.26	2.52
KDB-4	二	石灰岩	12.4	22.4	29.4	33.5	1.70	2.32	2.61

4.3.3　极限拉伸、弹性模量及抗冻性能对比试验

　　玄武岩与灰岩骨料碾压混凝土极限拉伸和静力抗压弹性模量对比试验结果见表 9,试验结果表明:玄武岩骨料碾压混凝土三级配和二级配,28 d 和 90 d 极限拉伸值比灰岩骨料碾压混凝土极限拉伸值相应低 $7×10^{-6}$、$11×10^{-6}$ 和 $9×10^{-6}$ 和 $12×10^{-6}$;而静力抗压弹性模量高于灰岩骨料碾压混凝土 2~3 GPa。再次论证了玄武岩骨料密度大、硬脆、弹性模量高的自身特性。

表9 玄武岩与灰岩RCC极拉、弹性模量性能对比试验结果

试验编号	级配	岩石种类	极限拉伸/10⁻⁶		静力抗压弹性模量/GPa	
			28 d	90 d	28 d	90 d
KDB-1	三	玄武岩	59	78	29.6	38.6
KDB-2	三	石灰岩	66	89	27.5	35.9
KDB-3	二	玄武岩	63	80	31.2	41.0
KDB-4	二	石灰岩	72	92	29.1	38.8

4.3.4 抗冻与抗渗性能对比试验

玄武岩与灰岩骨料碾压混凝土抗冻、抗渗性能对比试验结果见表10,试验数据表明:玄武岩和灰岩骨料碾压混凝土抗冻、抗渗性能均满足设计要求,但经过100次冻融循环后,玄武岩骨料碾压混凝土的相对动弹模量下降和质量损失率均逊于灰岩骨料碾压混凝土。

表10 玄武岩与灰岩RCC抗冻、抗渗性能对比试验结果

试验编号	级配	岩石种类	含气量/%	相对动弹模量/%		质量损失/%		抗冻等级	抗渗等级
				50 次	100 次	50 次	100 次	90 d	90 d
KDB-1	三	玄武岩	4.2	90.4	70.8	0.9	2.7	>F100	>W6
KDB-2	三	石灰岩	4.2	95.1	80.6	0.4	1.8	>F100	>W6
KDB-3	二	玄武岩	4.5	92.4	74.5	0.7	2.3	>F100	>W8
KDB-4	二	石灰岩	4.6	96.8	82.2	0.3	1.5	>F100	>W8

5 玄武岩骨料碾压混凝土配合比

金安桥大坝玄武岩骨料碾压混凝土配合比经过反复大量的试验研究以及现场生产性试验,针对玄武岩密度大、骨料粒形较差以及弹性模量高等自身特性,导致碾压混凝土用水量高,骨料与浆体的界面效应差等不利因素。碾压混凝土配合比设计采用适宜的水胶比,采用外掺石粉代砂技术方案,控制人工砂石粉含量至18%~20%,碾压混凝土的VC值实行动态控制,出机口VC值控制以仓面可碾性好为原则,白天控制出机口VC值1~3 s,仓面VC值按3~5 s控制;夜晚控制出机口VC值2~5 s,出机按下限控制;当气温小于25℃时,减水剂掺量为1.0%,当气温大于25℃,缓凝高效减水剂掺量为1.2%。金安桥大坝碾压混凝土施工配合比见表11。

表11　金安桥大坝碾压混凝土施工配合比

设计指标	配合比参数							材料用量/(kg/m³)				
	级配	水胶比	粉煤灰/%	砂率/%	用水量/(kg/m³)	ZB-1$_{RCC15}$/%	引气剂ZB-1G/(1/万)	水泥	粉煤灰	人工砂	碎石	表观密度
C$_{90}$20W6F100	三	0.47	60	34	90	1.0/1.2	20	76	115	775	1 574	2 630
C$_{90}$15W6F100	三	0.53	63	33	90	1.0/1.2	15	63	107	782	1 588	2 630
C$_{90}$20W6F100	二	0.47	55	37	100	1.0/1.2	20	96	117	846	1 441	2 600

　　2007年5月2日金安桥水电站大坝首仓碾压混凝土浇筑出色完成。首仓大坝碾压混凝土施工浇筑时,金安桥地区正处于气候干燥少雨、高温多风、光照强烈（白天温度达30～34 ℃)时期,碾压混凝土VC值实行动态控制,混凝土从拌和、运输、入仓、摊铺、碾压及喷雾保湿等全过程反映,碾压混凝土浆体充足、可碾性良好、骨料不分离、表面液化泛浆充分、有弹性,使上层骨料能够嵌入下层已碾压完的碾压混凝土中,保证了碾压混凝土层间结合质量。

6　结语

　　金安桥水电站工程使用的玄武岩骨料其物理性能、化学成分明显有别于其他岩石骨料,针对玄武岩骨料自身特性,配合比设计采用适宜的水胶比,采用外掺石粉代砂、提高外加剂掺量、低VC值的技术路线,解决了玄武岩骨料碾压混凝土用水量高、可碾性差、极限拉伸值低、抗冻性能不利等技术难题,有效改善了碾压混凝土液化泛浆和层间结合质量,加快了施工进度,提高了大坝的防渗性能和整体性能。

　　2008年5月和12月两次对大坝碾压混凝土进行了钻孔取芯及压水试验质量检测。检测结果表明,大坝碾压混凝土芯样获得率99.45%,大于10 m的长芯样共计9根,其中取出了15.73 m的国内第二超长芯样,芯样外观光滑致密、骨料分布均匀,层间接合良好,芯样长度和获得率属国内前列。压水试验表明,混凝土最小透水率为0.017 8 Lu,最大透水率为0.899 Lu,满足设计要求。

参考文献

[1] 田育功,高琚生.辉绿岩准三级配碾压混凝土配合比设计[J].广西水利水电,2004(S1):73-78.

[2] 田育功.中国碾压混凝土配合比设计试验特点分析[J].中国水利,2007(21):29-31.

金安桥大坝碾压混凝土快速施工关键技术★

田育功　冯美升

（汉能控股集团金安桥水电站有限公司,云南丽江　674100）

【摘　要】　金安桥水电站大坝工程规模大,工期紧,技术复杂,施工强度高。针对金安桥玄武岩骨料碾压混凝土特性、坝体布置设计复杂以及立体气候条件明显等诸多不利碾压混凝土施工的难题,通过配合比设计、入仓方案、仓面分区、层间结合、温控防裂等关键技术的优化和技术创新,保证了碾压混凝土快速施工和度汛等重大节点工期目标的按期实现。

【关键词】　碾压混凝土;玄武岩骨料;仓面分区;满管溜槽;层间结合

1　工程概况

金安桥水电站位于云南省丽江地区境内的金沙江中游河段上,是金沙江中游河段规划的"一库八级"梯级水电站中的第五级电站,电站总装机 2 400 MW。金安桥水电站拦河坝为碾压混凝土重力坝,坝顶高程 1 424 m,最大坝高 160 m,坝顶长度 640 m。拦河坝共计 21 个坝段,从左到右依次为 0 号键槽坝段、1 号~5 号左岸非溢流坝段、6 号左岸冲沙底孔坝段、7 号~11 号厂房坝段、12 号右岸泄洪兼冲沙底孔坝段、13 号~15 号右岸溢流表孔坝段及 16 号~20 号右岸非溢流坝段。金安桥水电站全貌见图1,大坝碾压混凝土施工见图2。

图1　金安桥水电站全貌

图2　大坝碾压混凝土施工

大坝混凝土设计总量 360 万 m³,其中碾压混凝土 240 万 m³,常态混凝土 120 万 m³。

★本文原载于《中国碾压混凝土筑坝技术 2010 论文集》,技术交流会主旨发言,2010 年 10 月,贵州贵阳。

大坝混凝土在电站进水口、拦污栅墩、门槽、闸墩等区域为常态混凝土,其他部位为碾压混凝土。大坝碾压混凝土分区以 1 350 m 高程为界,下部为 $C_{90}20$ 三级配碾压混凝土,上部为 $C_{90}15$ 三级配碾压混凝土。坝体上游面防渗层为 $C_{90}20$ 二级配碾压混凝土,厚度为 3~5 m。大坝碾压混凝土从 2007 年 5 月 2 日开始浇筑,截至 2009 年 12 月底已浇筑大坝碾压混凝土 241.7 万 m^3,大坝常态混凝土 70.2 万 m^3。

2　施工特点

(1)金安桥水电站大坝具有工程规模大、技术复杂、影响因素多等施工特点。针对玄武岩骨料特性,首先需要解决碾压混凝土可碾性差的难题。

(2)本工程所在流域气候特征差异较大,大坝坝址区立体气候明显,碾压混凝土施工需要解决昼夜温差大、高温、干燥、雨量集中等气候因素带来的难题。

(3)坝身孔口多(12 个)。大坝布置了 5 孔泄洪表孔、3 孔冲沙泄洪底孔、4 孔厂房进水口。

(4)坝体廊道多。大坝布置了 5 层廊道,纵横交错,廊道累计长度超过 5 000 延米。应尽量简化坝体廊道结构,以充分体现碾压混凝土快速施工的优越性。

(5)坝体不分纵缝,碾压混凝土采取通仓薄层摊铺浇筑,浇筑仓面大。做好碾压混凝土"层间结合、温控防裂",也是大坝施工的重点。

(6)工期紧迫。大坝碾压混凝土原计划于 2006 年 11 月浇筑,由于坝址地质条件复杂等因素的影响,实际上于 2007 年 5 月初开始碾压混凝土施工,延期了 6 个月。需要高强度、连续施工,以满足 2008 年 5 月底坝体达到 1 350 m 挡水高程的安全度汛要求。

3　配合比设计与优化

配合比设计在碾压混凝土筑坝中占有举足轻重的作用,是快速筑坝最为关键的技术之一,关系到快速筑坝的成功与否,科学合理的配合比是保证碾压混凝土快速施工和工程质量的基础。

金安桥工程采用玄武岩人工骨料,骨料密度大、表面粗糙,具有很强的吸附性。玄武岩骨料特性导致混凝土用水量急剧增加,单位用水量比一般灰岩骨料碾压混凝土用水量高 20~30 kg/m^3。而且碾压混凝土表观密度大,三级配、二级配的表观密度分别达到 2 630 kg/m^3 和 2 600 kg/m^3。经过反复大量试验,初选的碾压混凝土配合比主要控制指标为:石粉含量 16%~20%,出机口 VC 值 3~5 s,缓凝高效减水剂掺量 1.0%,引气剂掺量 25/万~30/万。初期现场施工发现:新拌碾压混凝土的可碾性较差、液化泛浆不充分、碾压后的表面经常发生麻面现象,影响层间结合,质量波动较大,仓面补救处理工作量大。

针对玄武岩骨料碾压混凝土可碾性差的情况,必须对碾压混凝土配合比进行优化调整,主要从以下几个方面进行优化调整:①石粉含量低通过外掺石粉代砂技术方案解决,通过试验确定了碾压混凝土石粉含量, $C_{90}20$ 三级配石粉含量为 18%、 $C_{90}15$ 三级配石粉含量为 19%。②针对 VC 值经时损失情况,调整出机口 VC 值 1~3 s,出机口 VC 值控制以仓面可碾性好为原则。③针对玄武岩骨料碾压混凝土用水量高、液化泛浆差的特性,提高缓凝高效减水剂的掺量,解决了液化泛浆差的难题。④优化 $C_{90}15$ 三级配碾压混凝土,水泥用量从 72 kg/m³ 降至 63 kg/m³,有效降低了水化热温升。配合比通过优化后,碾压混凝土拌和物性能明显改善,消除了碾压后混凝土表面容易产生麻面的现象,显著提高了碾压混凝土层间结合质量。金安桥大坝碾压混凝土施工配合比见表1。

表 1 金安桥大坝碾压混凝土配合比

设计指标	配合比参数						材料用量/(kg/m³)				
	级配	水胶比	粉煤灰/%	砂率/%	用水量/(kg/m³)	ZB-1$_{RCC15}$/%	引气剂 ZB-1G/(1/万)	水泥	粉煤灰	砂	石	表观密度
C$_{90}$20W6F100	三	0.47	60	33	90	1.2	20	76	115	775	1 574	2 630
C$_{90}$15W6F100	三	0.53	63	33	90	1.2	15	63	107	782	1 588	2 630
C$_{90}$20W8F100	二	0.47	55	37	100	1.2	20	96	117	846	1 441	2 600

4 坝体材料分区优化

坝体材料分区对碾压混凝土快速筑坝、温控防裂有较大的影响。具备碾压混凝土施工条件的部位尽量按碾压混凝土设计,对快速筑坝有利。常态混凝土从温控防裂角度力求降低水泥用量、提高粉煤灰掺量、减少混凝土水化热。本工程主要坝体材料分区优化如下:①设计调整非溢流坝段碾压混凝土分区范围从 1 413 m 高程提高至 1 422.5 m 高程,碾压混凝土分区提高 9.5 m,碾压混凝土置换了常态混凝土 3.5 万 m³。②原设计 7 号~10 号进水口坝段的碾压混凝土分区到 1 366 m 高程,设计调整碾压混凝土施工到 1 367.8 m 高程,汽车入仓方式,减轻了大坝常态混凝土的浇筑压力。③原设计 7 号~10 号进水口坝段高程 1 367.8~1 424 m 为 C$_{28}$25W8F100 二级配常态混凝土,混凝土胶材用量 300 kg/m³。设计对 1 384 m 高程以上常态混凝土分区进行调整,各坝段左右两侧各 10 m 宽调整为 C$_{90}$30W8F100 三级配混凝土,坝段中间 14 m 宽的门槽区域仍为原设计 C$_{28}$25W8F100 二级配,这样采用 90 d 的三级配常态混凝土,强度有保证,主要是粉煤灰掺量大、对温控有利。

5 仓面施工分区设计

碾压混凝土仓面施工分区原则主要根据大坝结构布置、拌和能力、入仓方式、浇筑强度等要求,合理地进行仓面分区,解决混凝土运输的高强度和连续性的问题。

针对本工程的入仓方案,大坝高程 1 350 m 以下以汽车直接入仓为主,采用大仓面连续快速浇筑;高程 1 350 m 以上碾压混凝土以箱式满管溜槽入仓为主,由于厂房坝段、溢流坝段等布置,上部碾压混凝土按左岸、右岸分区施工。本工程采用斜层平推碾压法、流水作业、均衡施工,尽量把多个仓面合并为一个大区施工,提高了碾压混凝土施工效率,横缝模板量大大减少,充分发挥碾压混凝土快速施工的优势。本工程碾压混凝土仓面分区见表2。

表 2　大坝碾压混凝土仓面分区及入仓手段

序号	仓面分区	入仓手段
（1）	7 号~11 号坝段高程 1 330 m 以下	汽车直接入仓
（2）	12 号~15 号坝段高程 1 330 m 以下	汽车直接入仓
（3）	5 号~6 号坝段高程 1 313.8~1 324 m	汽车直接入仓
（4）	5 号~11 号坝段高程 1 330~1 348 m	汽车直接入仓
（5）	12 号~17 号坝段高程 1 330~1 348 m	汽车直接入仓
（6）	5 号~18 号坝段高程 1 348~1 354 m	利用 4 号坝段的满管溜槽入仓
（7）	6 号~11 号坝段高程 1 354~1 367.8 m	汽车直接入仓
（8）	12 号~18 号坝段高程 1 354~1 375 m	利用 19 号高程 1 400 m 处的满管溜槽入仓
（9）	2 号~11 号坝段高程 1 422.5 m	利用 1 号坝段的满管溜槽入仓
（10）	11 号~19 号坝段高程 1 422.5 m	利用 20 号坝段的满管溜槽入仓

6　运输入仓方案优化

6.1　入仓方案的优化

碾压混凝土入仓运输历来是制约快速施工的关键因素之一。实践证明,碾压混凝土采用汽车运输直接入仓是最有效的运输方式,减少了中间环节,有效控制了混凝土温度回升。

本工程原入仓方案是采用皮带机供料线和负压溜槽等入仓方式,投入大、布置繁杂、干扰大、费时费工,实际施工确定了"自卸汽车直接入仓、汽车+满管溜槽"的方案。大坝下部(高程 1 348 m 以下)采用自卸汽车直接入仓方式、大坝上部采用"自卸汽车+满管溜槽(溜槽)+仓面汽车"联合运输方案。这样充分利用了自卸汽车运输机动性强、满管溜槽效率高、仓面汽车入仓灵活的优势,满足了大坝碾压混凝土高强度快速施工要求。

6.2　箱式满管溜槽

在岸坡地形搭设满管溜槽是解决碾压混凝土垂直运输的新型手段,适合大坝上部或汽车无法直接入仓的仓位,可替代传统的负压溜槽运输方案。箱式满管溜槽以岸坡地形为依托进行布置。在 20 号坝段、1 号坝段的坝顶高程布置箱式满管,满管结构布置见图 3、图 4。

图 3　右岸 20 号坝段满管溜槽

图 4　左岸 1 号坝段满管溜槽

本工程采用 800 mm×800 mm 箱式满管溜槽,下倾角 40°~50°,受料斗容积约 20 m³。仓外自卸汽车运输 9 m³ 碾压混凝土通过满管溜槽卸入仓面自卸汽车中,一般用时为 15~25 s,十分简捷快速,单条箱式满管设计输送能力为 500 m³/h。由于近年来的碾压混凝土均为高石粉含量、低 VC 值的半塑性混凝土,令人担忧的骨料分离问题也迎刃而解。箱式满管运输的 VC 值损失小,对提高层间结合十分有利,满管运行状态平稳。金安桥大坝采用箱式满管输送混凝土约 70 万 m³,输送强度和质量令人满意。

7　层间结合控制

7.1　层间结合处理

层间结合质量在碾压混凝土施工中尤为重要,关系到大坝防渗、抗滑稳定和整体性能,是现场施工的质量控制重点。

碾压混凝土施工中,上下层碾压层间间隔时间越短,连续铺筑层面(热缝)的层间结合质量和层间的黏聚力越好。层间间隔时间主要控制上下层直接铺筑允许时间,即层间(热缝)铺筑时间小于初凝时间,使碾压后的混凝土表面全面泛浆、有弹性,保证上层骨料嵌入已碾压完成的下层碾压混凝土中,可以有效提高层间结合质量和抗滑稳定性能。碾压混凝土液化泛浆是在振动碾的振动碾压作用下从混凝土液化中提出的浆体,这层薄薄的表面浆体是保证层间结合质量的关键所在,液化泛浆已作为评价碾压混凝土可碾性的重要标准。值得注意的是开仓前的缝面冲毛、第一坯碾压混凝土摊铺前要均匀刮铺一层 1.5 cm 砂浆层(砂浆提高一个强度等级),清除仓面积水、杂物等,对新老混凝土的层间结合有利。

碾压层混凝土按规定的碾压参数进行控制,及时检测,并根据混凝土表面泛浆情况和核子密度仪检测结果决定是否增加碾压遍数,对于碾压层出现的不泛浆、麻面、骨料集中、冷缝等情况及时采取清除、加浆补碾措施进行处理,确保碾压混凝土的层间结合质量。

7.2　VC 值的控制是可碾性的关键

VC 值的大小对碾压混凝土的性能有着显著的影响,碾压混凝土拌和物现场控制的重点是 VC 值和初凝时间,VC 值动态控制是保证碾压混凝土可碾性和层间结合的关键。金安桥碾压混凝土 VC 值根据不同季节、时段、气温变化随时调整,如白天控制出机口 VC 值 1~3 s(仓面 VC 值按 3~5 s 控制),夜晚控制出机口 VC 值 2~5 s,确保仓面可碾性。针对玄武岩骨料碾压混凝土液化泛浆较差的情况,在保持配合比参数不变的条件下,提高外加剂掺量,在外加剂减水和缓凝的双层叠加作用下,降低了 VC 值,延缓了凝结时间,有效提高碾压混凝土可碾性、液化泛浆和层间结合质量。

7.3　斜层碾压

金安桥大坝主要采用斜层平推法碾压。斜层碾压的坡度控制在 1:10~1:12,升程高度为 3 m,斜层的长度为 30~36 m,斜层面积一般控制在 2 000 m² 内。斜层碾压的优点很多,如摊铺面积小、层间结合好;仓面施工协调作业、资源配置合理经济;浇筑面积小,仓面喷雾保温等措施容易实施,对高温季节施工具有良好的适应性;在多雨季节施工时斜面便于排水,浇筑面积小易于处理,降低了降雨的影响范围和程度,故也适合在多雨天气施工。

8　温控防裂技术

金安桥工程地处云贵高原,坝址区海拔高,具有典型的高原气候特点,昼夜温差大、光照强烈、多风、蒸发量大,近几年来极端最高气温为 40 ℃,极端最低气温为-6.2 ℃,冬、春季寒潮降温频繁,对温控防裂影响较大。在施工期间必须对混凝土采取严格的温度控制措施,保证坝体安全。

8.1　温控设计要求

金安桥大坝碾压混凝土分了 13 个温控区,各区控制要求略有不同,按内外温差、允许浇筑温度、容许最高温度等进行控制,简述如下:①碾压混凝土内外温差控制不超过 15 ℃。②基础强约束区 4~9 月高温期允许浇筑温度 17~18 ℃,基础弱约束区 18~20 ℃,非约束区 20~22 ℃。③在高温期 4~9 月,碾压混凝土容许最高温度为:强约束区 27 ℃,弱约束区 28.5~29.5 ℃,非约束区 30.5~33 ℃。

8.2　降低混凝土水化热温升

碾压混凝土配合比设计采用高掺粉煤灰、高掺外加剂,低用水量、低 VC 值和石粉代砂的技术路线。$C_{90}20$ 及 $C_{90}15$ 三级配碾压混凝土粉煤灰掺量分别提高至 60%和 63%,提高外加剂掺量至 1.2%,把原三级配用水量从 100 kg/m³ 降低到 90 kg/m³,出机口 VC 值从 3~5 s 降至 1~3 s,同时采用外掺石粉代砂技术方案,有效降低了碾压混凝土水化热温升,改善混凝土性能。

此外,把好原材料进场关,如水泥和粉煤灰质量指标、含水率等,从源头上控制水化热温升。

8.3　控制出机口温度

拌和系统预冷设施按碾压混凝土出机口温度不大于 12 ℃、常态混凝土不大于 10 ℃进行了配置。根据外界气温及混凝土出机口温度要求,可选取骨料一次风冷、二次风冷、加冷水、加冰等不同的组合方式,满足预冷混凝土出机口温度要求。

8.4　控制浇筑温度

严格控制碾压混凝土浇筑温度。本工程以汽车直接入仓为主,混凝土从出机口至碾压完成的温度回升一般不大于 5 ℃,浇筑温度满足设计要求。主要措施如下:①自卸汽车运混凝土时在车厢顶部设置了可以滑动的遮阳苫布,防止曝露。②加快仓面碾压速度,从出机口到碾压完毕一般控制在 4 h 以内。③喷雾降温保湿。白天干燥或高温时段用喷雾枪喷水雾,改善仓面小气候,降低仓面温度 4~6 ℃,也起到保湿作用。④覆盖洒水养护。对刚收仓的混凝土面覆盖聚氯乙烯卷材。对已终凝混凝土进行不间断洒水养护保持仓面潮湿。

8.5　通水冷却

本工程冷却水管采用专用 HDPE 塑料水管,间距一般为 1.5 m(防渗区的水平间距加密到 1 m),冷却水管铺设顺碾压条带进行,单根管路总长不大于 300 m。一期通水冷却是削减混凝土水化热温升的有效措施之一。一期通水时间为 20 d 左右,一般可以削减 2~4 ℃最高温度峰值。根据实测资料,碾压混凝土最高温度出现在混凝土浇筑后第 4 天至第 9 天。

加强通水冷却的日常管理十分重要,必须确保通水的有效性。为了及时监测坝内混凝土最高温度还埋设了必要的电子测温计,对大坝内部混凝土进行了有效的监测控制。

9 结语

(1)金安桥大坝充分利用碾压混凝土快速施工技术优势,对快速施工关键技术进行科学合理的优化和技术创新,保证了度汛等重大节点工期目标的按期实现。

(2)针对玄武岩骨料特性,碾压混凝土配合比设计优化技术路线正确,有效地降低了混凝土水化热温升,明显改善了碾压混凝土的工作性能。

(3)坝体合理的材料分区可以充分发挥碾压混凝土快速施工优势,有利于温控防裂,且技术经济效益显著。

(4)自卸汽车+满管溜槽+仓面汽车运输方案,是最快捷、高效、灵活的运输方式,有效减少混凝土温度回升,加快了施工进度。

(5)金安桥的施工经验,只要条件允许,尽量把若干坝段并成一个大仓面,可以实现流水作业,循环作业,均衡施工,提高了碾压混凝土的施工效率。

(6)碾压混凝土现场质量控制关键是层间结合,应严格控制出机 VC 值,及时碾压,采用斜层碾压有效缩短层间间隔时间,减少仓面的资源配置,对提高层间结合质量和层间结构性能十分有利。

(7)"层间结合、温控防裂"是碾压混凝土快速筑坝的核心技术,直接关系到大坝的防渗、抗裂等整体性能。温控防裂的关键是要保证大坝最高温度不得超过设计要求的容许最高温度,防止大坝产生裂缝。

参考文献

[1] 中华人民共和国国家经济贸易委员会.水工碾压混凝土施工规范:DL/T 5112—2001[S].北京:中国电力出版社,2001.

[2] 田育功.碾压混凝土快速筑坝关键技术分析[C]//中国水力发电工程学会.2008 年碾压混凝土筑坝技术交流研讨会论文集.北京:中国电力出版社,2008.

[3] 汉能控股集团金安桥水电站有限公司.金安桥大坝碾压混凝土配合比优化及混凝土质量评定意见[R].2009.

胶凝砂砾石筑坝技术在功果桥上游围堰中的研究与应用★

田育功[1]　唐幼平[2]

(1. 汉能控股集团金安桥水电站有限公司, 云南丽江　674100;
2. 中国水电四局有限公司功果桥试验室, 云南云龙　672700)

【摘　要】　本文针对功果桥水电站上游围堰采用胶凝砂砾石(CSG)筑坝技术, 通过 CSG 配合比设计、性能试验研究、现场工艺试验及应用, 有效加快了上游围堰的施工进度、保证了围堰质量、提高了过流标准, 为胶凝砂砾石筑坝技术的推广应用提供了第一手宝贵的参考资料。

【关键词】　胶凝砂砾石; VC 值; 压实度; 容重

1　引言

1.1　胶凝砂砾石筑坝技术

胶凝砂砾石(Cemented Sand and Gravel, CSG) 筑坝技术(简称 CSG 筑坝技术)与碾压混凝土筑坝技术基本相同, 主要区别是设计指标、防渗性能和配合比材料组成不同。CSG 筑坝技术最早是法国于 1970 年提出来的, 它是一种新型筑坝技术。它的设计理念与施工方法介于混凝土面板堆石坝和碾压混凝土坝之间, CSG 坝是碾压混凝土筑坝技术的一种延伸, 其最大优势是拓宽了骨料使用范围, 尽可能利用当地材料, 如天然砂砾石混合料、开挖弃料或一般不用的风化岩石; 且胶凝材料用量少, 一般水泥用量为 50 kg/m³ 以下, 胶凝材料总量不超过 100 kg/m³; 通过 CSG 配合比设计, 经拌和、运输、入仓、摊铺碾压胶结成具有一定强度的干硬性坝体。CSG 筑坝技术的目标是实现零弃料(在坝址区不产生弃料)。这种坝型对软弱地基通常是经济的, 从环境影响角度看是有好处的。

CSG 坝设计断面大都采用上下游相同坡度对称的坝, 这是对称 CSG 坝与传统重力坝的基本区别, 这对弹性模量较低的岩基尤其重要。因此, 当基础岩石较软弱时, 在不适宜修建传统重力坝的地方, 可以修建这种 CSG 坝。CSG 筑坝技术粗骨料最大粒径可以达到 250 mm 或 300 mm, 其压实层厚一般可达 40~60 cm, 可以显著加快碾压速度。采用 CSG 坝的主要优势是放宽了许多施工要求。

(1)层面处理可降至最低限度, 因只有抗剪切摩擦要求, 不论是层间或施工缝均不进行任何特殊处理就可浇筑下一层。

★本文原载于《水利规划与设计》2011 年第 1 期, 2011 年 1 月, 北京。

（2）现场碾压可不考虑骨料分离带来的危害，因整体强度和防渗性能要求比较低。

（3）水平层间缝的渗透不会危害到坝体的整体稳定，因为 CSG 坝与混凝土面板堆石坝类似，CSG 坝的上、下游通常采用常态混凝土护面，因此在施工缝面和坝体上游区域施工面上不需铺设垫层料。

（4）模板简单。由于不需要设置施工收缩缝，当上、下游坝面坡比较大时，上、下游面可采用混凝土预制模板或可移动的钢筋混凝土预制模板（面板堆石坝采用的移动式挤压边墙钢筋混凝土预制模板）。

（5）不需要温度控制。由于 CSG 水泥用量很低，其温升也很低。温度应力主要取决于筑坝材料的绝热温升与弹性模量，因此 CSG 坝比碾压混凝土坝的温度应力要低，不需要横缝设置和进行温控控制。

（6）CSG 围堰优点。一般工程导截流时，混凝土和砂石料系统大都还没有投入使用，由于围堰的防渗要求较低，采用 CSG 坝施工省去了砂石料筛分系统、简化了拌和工艺、施工速度快、投资省。CSG 坝抗冲能力强，透水性相对较大。因此，CSG 坝尤其适合于在围堰工程中应用。

1.2　我国 CSG 筑坝技术发展情况

CSG 筑坝技术最早在日本的一些临时工程中得到应用，第一个工程是 1991 年修建的 Nagashima 坝的上游围堰（坝高 14.9 m，采用胶凝砂砾石 22 900 m^3），第一座采用胶凝砂砾石筑坝技术的永久性建筑物是 Nagashima 水库上游的拦沙坝，坝高 34 m，于 2000 年建成。

我国采用 CSG 筑坝技术始于 2004 年福建街面水电站下游量水堰和洪口水电站上游围堰，通过对这两个工程胶凝砂砾石筑坝技术的研究，从 CSG 配合比、材料强度特性、拌和物拌制及碾压工艺等，率先在国内将研究成果应用于工程实践，迈出了国内 CSG 筑坝新技术的第一步，积累了宝贵的经验，为新坝型的进一步推广应用打下了基础。

2009 年 3 月云南澜沧江功果桥水电站上游围堰采用了 CSG 筑坝技术。功果桥水电站是澜沧江中下游河段梯级开发的最上游一级电站，电站位于云南省云龙县大栗树西侧。工程以发电为主，水库正常蓄水位 1 307 m，相应库容 3.16 亿 m^3，调节库容 0.49 亿 m^3，为日调节水库。电站装机容量 900 MW，年发电量 40.41 亿 kW·h。功果桥水电站大坝为碾压混凝土重力坝，最大坝高 105 m，大坝上游围堰采用 CSG 筑坝技术，CSG 围堰断面为梯形设计，最大高度 50 m，围堰顶长度 130 m，上游面坡比为 1∶0.4，下游面坡比为 1∶0.7，CSG 围堰上游面采用常态混凝土防渗，总方量 9 万 m^3。功果桥上游 CSG 围堰于 2009 年 5 月建成，当年 8 月 5 日围堰经过 10 年一遇的洪水过流考验，安然无恙，见图 1。

2　原材料

2.1　胶凝材与外加剂

功果桥上游围堰 CSG 材料，水泥采用三江水泥厂生产的石林牌 P·O 42.5 级普通硅酸盐水泥；粉煤灰采用昆明二电厂生产的二级灰；减水剂选用江苏博特新材料有限公司生产的 SBTJM-Ⅱ型高效缓凝减水剂，主要用于改善混凝土性能，以满足缓凝、减水、和易性等要求。水泥、粉煤灰、外加剂品质检测结果表明，各项指标均满足标准和规范要求。

图 1　功果桥水电站上游 CSG 围堰

2.2　粗细骨料

上游围堰 CSG 粗细骨料为河床开挖天然砂砾骨料,检测的内容主要有颗粒级配、表观密度、针片状含量、含泥量、压碎指标等,检测结果表明,天然砂砾石粗细骨料品质满足《水工混凝土施工规范》(DL/T 5144—2001)对砂料的质量要求。

3　CSG 配合比设计

3.1　CSG 材料设计指标

功果桥水电站上游过水围堰借鉴洪口水电站上游围堰 CSG 施工工艺,功果桥水电站上游围堰 CSG 材料设计指标见表 1。

表 1　上游围堰 CSG 材料设计指标

设计强度等级	最大粒径	设计龄期	抗渗等级	抗剪强度	容重/(kg/m³)	相对密实度
≥C7.5 P≥80%	≤250 mm	28 d	>W4	f'>0.8 c'>0.5 MPa	≥2 300	≥96%

3.2　配合比设计原则及配制强度

根据 CSG 配合比设计指标及河床天然砂砾石资源天然分布的实际情况,从以下两个方面考虑进行 CSG 配合比设计。

(1)从设计最大干容重和控制 CSG 压实度的角度进行配合比设计。

(2)从获得 CSG 碾压最佳工作性和控制压实容重的角度进行配合比设计。

在胶凝材的选择上,按掺 30% 粉煤灰及不掺粉煤灰两种情况进行试验;为了获得 CSG 碾压最佳工作性,采用适宜的用水量和掺入减水剂,使 CSG 配合比控制在适当的拌和物 VC 值范围内。

根据《功果桥水电站上游围堰 CSG 材料技术要求》,上游围堰 CSG 混凝土设计强度7.5 MPa,龄期 28 d,配制强度按照《水工混凝土施工规范》(DL/T 5144—2001),取 σ = 3.5 MPa,则配制强度 10.44 MPa。

3.3　CSG 击实试验

试验条件:采用河床天然砂砾石,剔除其中大于 250 mm 的超径大骨料后的砂砾石作为配合比试验的骨料,胶材用量按 100 kg/m³ 计取,将上述材料混合后在不同含水率条件下进行击实试验,以确定 CSG 材料的最大干容重和最佳含水率。

结合室内的具体条件,再剔除其中粒径大于 40 mm 骨料后进行击实试验,根据 40 mm 以下 CSG 材料击实试验确定的最大干容重和最优含水率进行配合比试验,或者换算成 250 mm 以下 CSG 材料最大干容重和最优含水量进行配合比试验。

试验结果表明:

粒径≤40 mm 的单掺水泥 CSG 材料最优含水率为 7.25%,最大干容重为 2.16 g/cm³,换算成粒径≤250 mm 砂砾料时最优含水率为 3.50%,最大干容重为 2.41 g/cm³。

按最大干容重状态计算,每方粒径≤250 mm 的砂砾料总含水量约 85 kg/m³,另外根据不同粒径砂砾料吸收率计算粒径≤250 mm 的砂砾料平均吸水率为 0.82%,则总吸水量为 19 kg/m³,这样能够与胶凝材料结合的有效水量为 66 kg/m³ 左右,计算水胶比为 0.66。

3.4 CSG 拌和物 VC 值试验

试验条件:采用河床天然砂砾石,剔除其中大于 250 mm 的超径大骨料后的砂砾石作为配合比试验的骨料,胶材用量按 100 kg/m³ 计取,将上述材料混合后在不同含水率条件下进行 VC 值试验,以确定 CSG 材料的 VC 值在 5~10 s 条件下的含水率。

VC 值测试按照《水工混凝土试验规程》(SL 352—2006)中有关碾压混凝土 VC 值测定方法进行。CSG 混凝土 VC 值试验结果见表 2。

表 2   CSG 拌和物 VC 值试验结果

试验编号	砂砾料/(kg/m³)	水/(kg/m³)	水泥/(kg/m³)	粉煤灰/(kg/m³)	外加剂		VC 值/s	实测容重/(kg/m³)	有效用水量/(kg/m³)	计算水胶比
					品种	掺量/%				
VC-1	2 300	100	100	—	—	—	14.2	2 420	81	0.81
VC-2	2 300	108	100	—	—	—	10.0	2 420	89	0.89
VC-3	2 300	115	100	—	—	—	5.6	2 410	96	0.96
VC-4	2 300	100	70	30	—	—	13.9	2 420	81	0.81
VC-5	2 300	108	70	30	—	—	10.1	2 410	89	0.89
VC-6	2 300	115	70	30	—	—	5.4	2 410	96	0.96
VC-7	2 300	80	100	—	JM-Ⅱ	0.8	15.1	2 420	61	0.61
VC-8	2 300	86	100	—	JM-Ⅱ	0.8	10.7	2 430	67	0.67
VC-9	2 300	92	100	—	JM-Ⅱ	0.8	6.0	2 420	73	0.73
VC-10	2 300	80	70	30	JM-Ⅱ	0.8	14.8	2 420	61	0.61
VC-11	2 300	86	70	30	JM-Ⅱ	0.8	10.3	2 420	67	0.67
VC-12	2 300	92	70	30	JM-Ⅱ	0.8	6.5	2 410	73	0.73

从 CSG 拌和物 VC 值试验结果可以看出,粒径≤250 mm 的 CSG 材料不掺减水剂的适宜用水量为 115 kg/m³ 左右,计算有效水量为 96 kg/m³ 左右,则水胶比为 0.96;掺 0.8% 减水剂的适宜用水量为 92 kg/m³ 左右,计算有效水量为 73 kg/m³ 左右,则水胶比为 0.73。

3.5 CSG 水胶比与强度关系试验

根据上述 CSG 材料击实试验和 VC 值试验所取得的基本参数基础上,进行不同条件下水胶比与强度关系试验。试验仍然采用河床天然砂砾石,剔除其中大于 250 mm 的超径大骨料后的砂砾石作为配合比试验的骨料,每种组合采用的含水率均为该条件下确定的最优含水率或适宜含水率,胶凝材料用量按 90 kg/m³、100 kg/m³、110 kg/m³ 分别进行强度试验。

在试验过程中,CSG 混凝土强度试件成型按照碾压混凝土试件成型的方法和有关规定进行成型和养护,到达龄期后进行强度试验。

试验结果见表 3。

表 3　CSG 水胶比与抗压强度关系试验结果

试验编号	砂砾料/(kg/m³)	水/(kg/m³)	水泥/(kg/m³)	粉煤灰/(kg/m³)	外加剂 品种	外加剂 掺量/%	VC 值/s	水胶比	抗压强度/MPa 14 d	抗压强度/MPa 28 d
CSG-1	2 300	85	90	—	—	—	—	0.73	7.2	9.1
CSG-2	2 300	85	100	—	—	—	—	0.66	8.5	12.4
CSG-3	2 300	85	110	—	—	—	—	0.60	9.9	14.8
CSG-4	2 300	87	63	27	—	—	—	0.76	5.2	8.0
CSG-5	2 300	87	70	30	—	—	—	0.68	6.3	10.2
CSG-6	2 300	87	77	33	—	—	—	0.62	7.8	12.3
CSG-7	2 300	115	90	—	—	—	7.5	1.07	6.0	8.4
CSG-8	2 300	115	100	—	—	—	6.4	0.96	7.3	10.5
CSG-9	2 300	115	110	—	—	—	7.7	0.87	8.8	12.1
CSG-10	2 300	115	63	27	—	—	6.9	1.07	5.6	7.2
CSG-11	2 300	115	70	30	—	—	6.2	0.96	6.4	9.0
CSG-12	2 300	115	77	33	—	—	7.6	0.87	8.1	11.1
CSG-13	2 300	92	90	—	JM-Ⅱ	0.8	8.1	0.81	7.0	11.8
CSG-14	2 300	92	100	—	JM-Ⅱ	0.8	6.8	0.73	7.9	13.5
CSG-15	2 300	92	110	—	JM-Ⅱ	0.8	7.3	0.66	10.1	15.6
CSG-16	2 300	92	63	27	JM-Ⅱ	0.8	6.7	0.81	6.5	10.0
CSG-17	2 300	92	70	30	JM-Ⅱ	0.8	6.4	0.73	8.1	12.4
CSG-18	2 300	92	77	33	JM-Ⅱ	0.8	7.0	0.66	9.7	14.3

4　CSG 配合比试验

4.1　CSG 试验配合比

根据 CSG 水胶比与抗压强度关系试验结果和设计要求,确定了 6 个不同原材料组合和不同施工条件下的 CSG 试验配合比,见表 4。

表 4 CSG 试验配合比

试验编号	砂砾料/(kg/m³)	水/(kg/m³)	水泥/(kg/m³)	粉煤灰/(kg/m³)	外加剂		容重/(kg/m³)	有效水量/(kg/m³)	实际水胶比
					品种	掺量/%			
CSG-19	2 220	90	100	—	—	—	干 2 410 湿 2 490	72	0.72
CSG-20	2 290	90	77	33	—	—	干 2 400 湿 2 490	71	0.65
CSG-21	2 217	92	70	30	JM-Ⅱ	0.8	2 410	74	0.74
CSG-22	2 227	92	90	—	JM-Ⅱ	0.8	2 410	74	0.82
CSG-23	2 195	115	100	—	—	—	2 410	97	0.97
CSG-24	2 185	115	77	33	—	—	2 410	97	0.88

4.2 CSG 施工性能试验

CSG 材料的施工性能主要进行了 VC 值和容重试验,并对编号为 CSG-23 的配比进行了凝结时间测试,室内测试初凝时间为 9 h 30 min,终凝时间为 22 h,室外测试初凝时间为 7 h 30 min,终凝时间为 14 h 20 min;力学性能进行了 14 d 及 28 d 龄期抗压强度试验,试验结果见表 5。可以看出,配合比各项性能能够满足施工需要及设计提出的强度等级要求。

表 5 CSG 配合比施工性能与强度试验结果

试验编号	砂砾料/(kg/m³)	水/(kg/m³)	水泥/(kg/m³)	粉煤灰/(kg/m³)	外加剂		VC 值/s	湿容重/(kg/m³)	含水率/%	干容重/(kg/m³)	抗压强度/MPa	
					品种	掺量/%					14 d	28 d
CSG-19	2 220	90	100	—	—	—	—	2 490	3.60	2 400	8.8	12.6
CSG-20	2 290	90	77	33	—	—	—	2 480	3.70	2 390	6.6	11.5
CSG-21	2 217	92	70	30	JM-Ⅱ	0.8	6.1	2 410	—	—	7.1	10.6
CSG-22	2 227	92	90	—	JM-Ⅱ	0.8	8.1	2 420	—	—	7.3	10.8
CSG-23	2 195	115	100	—	—	—	7.5	2 410	—	—	6.9	11.2
CSG-24	2 185	115	77	33	—	—	5.9	2 400	—	—	7.2	12.3

4.3 抗剪断强度

为了了解 CSG 材料的抗剪断性能,对编号为 CSG-22 配比成型了 150 mm×150 mm×150 mm 立方体抗剪试件,进行了抗剪断强度试验,试验结果见表 6。结果表明,f' 达到 1.240,c' 达到 2.215 MPa,抗剪强度满足设计要求。

表6　CSG 抗剪强度试验结果

试验编号	砂砾料/(kg/m³)	水/(kg/m³)	水泥/(kg/m³)	外加剂		峰值强度		残余强度	
				品种	掺量/%	f'	c'/MPa	f	c/MPa
CSG-22	2 227	92	90	JM-Ⅱ	0.8	1.240	2.215	0.964	0.160

4.4　CSG 抗渗性

根据设计要求,对设计的 CSG 材料进行抗渗性试验,试验结果表明,设计的 6 个 CSG 配合比抗渗等级均大于或等于 W4,满足设计要求。

4.5　CSG 施工配合比

根据设计要求,对功果桥上游围堰部位 CSG 材料进行配合比设计,提出了满足设计及施工要求的 CSG 材料施工配合比,其配合比见表7。

表7　功果桥水电站上游围堰 CSG 施工配合比

序号	设计强度及抗渗等级	水胶比	粉煤灰/%	砂率/%	JM-Ⅱ/%	工作度 VC 值/s	材料用量/(kg/m³)				容重/(kg/m³)
							用水量	水泥	粉煤灰	砂砾料	
1		0.72	—	20	—	控制最大干容重	72	100	—	2 238	干 2 410 湿 2 490
2		0.65	30	20	—	控制最大干容重	71	77	33	2 309	干 2 400 湿 2 490
3	C₂₈7.5 W4	0.74	30	20	0.8	5~10	74	70	30	2 235	2 410
4		0.82	—	20	0.8	5~10	74	90	—	2 245	2 410
5		0.97	—	20	—	5~10	97	100	—	2 213	2 410
6		0.88	30	20	—	5~10	97	77	33	2 203	2 410
M-1		0.55	30	—	0.5	—	636	810	347	根据层间结合浆体厚度≤30 mm	
M-2		0.60	—	—	0.5	—	656	1 094	—		

注:1. 采用河床天然砂砾石,剔除大于 250 mm 的砂砾石,平均吸水率为 0.82%,水泥 P·O 42.5 级,Ⅱ级粉煤灰。

2. 1#及 2#配比适用于按面板堆石坝施工方法施工,3#~6#配比适用于按碾压混凝土方法施工。

5　现场 CSG 碾压工艺试验

5.1　碾压工艺试验内容

上游围堰 CSG 碾压工艺试验采用河床天然骨料,最大粒径 250 mm,摊铺厚度分别为 80 cm、50 cm、40 cm,试验按照设计要求和提交的施工配合比,分别检测 CSG 拌和物凝结时间、均匀性、VC 值损失以及碾压遍数、压实厚度及压实度,并对 CSG 材料进行取样,检测其抗压强度。

通过 CSG 碾压工艺试验确定施工参数,振动碾行走速度、最佳压实遍数、铺筑厚度及层间允许间隔时间,为施工提供第一手施工技术参数。

5.2　天然骨料试验检测

拌和前对河床天然骨料品质、骨料级配及含砂情况进行了试验检测,检测结果见表8。

表 8　河床开挖天然砂砾骨料颗粒级配检测结果

骨料粒径/mm	取样质量/kg	各筛筛余质量/kg	分计筛余百分率/%	>250 mm骨料级配分布/%	>250 mm骨料分布比例 粒径范围/mm	分布比例/%	累计筛余百分数/%
>250		252	20				20
250~150		136	11	13			31
150~80		211	16	20	250~40	41	47
80~40	1 292	80	6	8			53
40~20		90	7	9			60
20~5		214	16	20	40~5	29	76
<5		309	24	30	<5	30	100

5.3　投料顺序

2009 年 3 月 4 日进行了 CSG 碾压工艺试验。根据现场施工的实际情况,采用反铲进行拌和,拟定的投料顺序为:天然砂砾料→水泥→外加剂→水。通过在现场拌和,对这种投料顺序所生产的 CSG 拌和物进行外观和均匀性的测试,现场观察可碾性。

测试表明这种投料顺序拌和的 CSG 碾压混凝土拌和物颜色一致、骨料挂浆,拌和物性能较好。

5.4　拌和方法

拌和前采用锥体的堆料方式,在堆体的四周开出小坑,加水泥,有效地防止加水后水泥浆的流失。拌和方法是采用反铲,先干拌 2 遍,后加水拌和 4 遍的拌和方法。在确定了投料顺序后,通过对相同配比、不同拌和遍数条件下,对 CSG 拌和物进行均匀性对比试验。由试验得出 CSG 碾压混凝土拌和遍数为先干拌 2 遍,后加水拌和 4 遍时均匀性较好;当拌和遍数为先干拌 2 遍,后加水拌和 3 遍时均匀性较差。

通过现场拌和试验,确定反铲拌和,先干拌 2 遍,后加水拌和 4 遍的拌和方法进行拌和。

5.5　CSG 拌和物检测

5.5.1　VC 值损失

CSG 碾压混凝土工艺试验,VC 值控制在 5~10 s,根据现场运输时间、天气及气温状况,测试混凝土 VC 值的损失情况。碾压工艺试验时,天气晴朗,反铲、装载机从现场拌和场地运至碾压现场平均所用时间约为 30 min。最高气温在 26 ℃,最低气温为 6 ℃时,入仓时的 VC 值损失平均约为 1.8 s;施工过程中的气温、日照、风速等对 CSG 的 VC 值都有着极大的影响。施工必须根据工程所处的位置、气温因素、原材料等实际情况,对 VC 值实行动态控制。

凝结时间分别在室内、室外进行,室外凝结试样用塑料布覆盖,于仓面施工同步进行,可指导仓面施工中的间隔时间,以确定层间结合的最佳时间。

5.5.2　CSG 拌和物均匀性

匀致性是拌和物至关重要的环节,直接影响拌和物的可碾性、层间结合、密实度及防渗效果等,现场控制的重点是拌和物 VC 值和初凝时间,VC 值控制是碾压混凝土可碾性和层间结合的关键,根据气温的条件变化应及时调整出机口 VC 值,CSG 施工配合比见表 9。

表 9　CSG 施工配合比用量

| 强度等级 | 水胶比 | 砂率 | VC 值/s | 材料用量/(kg/m³) | | | 容重/(kg/m³) |
				用水量	水泥	砂砾料	
C7.5W4	0.72	20	5~10	72	100	2 238	干 2 410,湿 2 490

CSG 拌和物均匀性检测,在反铲拌和好的料堆两端进行取样,分别取样为 150 kg,进行强度试验与砂浆密度偏差试验,见表 10。

表 10　CSG 拌和物均匀性检测

| 序号 | 取样部位 | VC 值/s | 混凝土抗压强度/MPa | | | 砂浆密度偏差/% |
| | | | 14 d | | 28 d | |
			300 mm×300 mm×300 mm	150 mm×150 mm×150 mm		
1	料堆前	3.2	2.6	4.6	—	1.00
2			2.2		—	
3	料堆后	5.6	3.9	5.2	—	1.02
4			4.3		—	

成型 150 mm×150 mm×150 mm 试件时,剔出大于 40 mm 粒径的骨料,成型 300 mm×300 mm×300 mm 试件剔出大于 150 mm 但含 100 mm 以下的骨料。

从试验结果来看,拌和的料不是很均匀,料堆后的混凝土强度要高于料堆前的,VC 值也有一定的偏差,在实际施工中先干拌 2 遍,后加水拌和 4 遍的拌和方法还不是很均匀。不论是采用什么拌和方法,重要的是将料堆中间的料翻拌上来。

5.6　碾压遍数与压实度

5.6.1　碾压遍数(厚度 80 cm)

按照设计要求,试验人员在碾压现场分别对振动碾速度为 1.0 km/h、1.1 km/h、1.2 km/h、1.3 km/h、1.4 km/h、1.5 km/h 时 6 种行走速度进行测试,进行无振碾压 2 遍+有振 2 遍、4 遍、6 遍、8 遍的组合碾压遍数试验,试验时现场拌和 VC 值全部控制在 3~7 s。试验结果见表 11。

表 11　碾压遍数与压实度

序号	碾压速度	VC 值/s	静碾 2 遍+有振碾压 2 遍压实度/%	静碾 2 遍+有振碾压 4 遍压实度/%	静碾 2 遍+有振碾压 6 遍压实度/%	静碾 2 遍+有振碾压 8 遍压实度/%	泛浆情况
1	1.0 km/h	4.6	91.7	93.7	—	99.6	完全泛浆
2	1.1 km/h		90.3	96.4	—	99.0	大部分泛浆
3	1.2 km/h	3.3	93.4	96.8	99.8	—	完全泛浆
4	1.3 km/h		93.8	96.2	99.3	—	完全泛浆
5	1.4 km/h	6.7	91.2	95.8	99.0	99.8	完全泛浆
6	1.5 km/h		92.2	94.9	97.1	99.6	大部分泛浆
	摊铺厚度		80 cm				

根据表 11 数据,在满足碾压混凝土相对压实度的基础上,为保证层间结合质量,应使碾压混凝土表面完全泛浆。建议采用振动碾行走速度为 1.0~1.4 km/h,最佳碾压遍数为静碾 2 遍+有振碾压 6 遍,现场 VC 值较大时,应增加碾压遍数。

5.6.2 上游围堰 CSG 筑坝技术应用

上游围堰 CSG 摊铺分三个条带,A、B、C,分别为 80 cm、50 cm、40 cm,进行碾压试验,根据碾压遍数与压实度,检测摊铺厚度为 80 cm、碾压遍数 6~8 遍。由于摊铺厚度为 80 cm,核子水分密度仪检测深度为 30 cm,故在碾压 80 cm 厚度的条带上,先检测 30 cm 深度的压实度,再下挖 30 cm 后用核子水分密度仪检测深度到 60 cm 处的检测压实度,压实度检测结果见表 12。

表 12　静碾 2 遍+有振碾压 8 遍压实度检测结果

序号	碾压速度/（km/h）	VC 值/s	检测深度 30 cm	检测深度 60 cm	泛浆情况
			静碾 2 遍+有振碾压 8 遍压实度/%	静碾 2 遍+有振碾压 8 遍压实度/%	
1	1.0	3.6	99.7	97.1	完全泛浆
2	1.3	4.7	98.0	97.1	大部分泛浆
3	1.5	5.3	99.2	96.7	完全泛浆

检测结果表明 60 cm 处的压实度在表层已扰动后,不能反映真实的压实度,代表性不强。

6　结语

(1)CSG 筑坝技术是一种新型的筑坝技术,它的设计理念与施工方法介于混凝土面板堆石坝和碾压混凝土之间,是利用当地的天然砂砾石混合料,掺入少量胶凝材料,胶结成具有一定强度的干硬性坝体,这种筑坝技术具有施工快捷、安全环保、投资经济的优越性。

(2)通过 CSG 配合比设计试验,提交的 CSG 施工配合比满足设计要求。

(3)CSG 材料碾压工艺试验,对 CSG 筑坝技术施工工艺加深了了解,为上游围堰采用 CSG 筑坝技术提供了技术支撑。

(4)CSG 筑坝技术成功的应用于功果桥上游围堰,围堰经洪期过流表明,CSG 围堰满足设计要求。

参考文献

[1] 国际大坝委员会技术公报 126.碾压混凝土坝发展水平和工程实例[M].贾金生,陈改新,马锋玲,等译.北京:中国水利水电出版社,2006.

[2] 何光同,李祖发,俞钦.胶凝砂砾石新坝型在街面量水堰中的研究和应用[C]//中国碾压混凝土坝20 周年.北京:中国水利水电出版社,2006.

[3] 陈振华,林胜柱,王建亮,等.洪口碾压贫胶砂砾料筑坝施工技术实验研究[C]//中国水利学会中国水力发电工程学会中国大坝委员会.第五届碾压混凝土坝国际研讨会论文集(下册).2007.

[4] 中国水利水电第四工程局试验中心功果桥试验室.云南澜沧江功果桥水电站上游围堰胶凝砂砾石(CSG)配合比及工艺试验报告[R].2009.

作者简介:

1. 田育功(1954—),陕西咸阳人,教授级高级工程师,副总工程师,主要从事水利水电技术及建设管理工作。

2. 唐幼平(1962—),河北唐山人,工程师,功果桥试验室主任,主要从事水电工程混凝土试验工作。

《水工碾压混凝土施工规范》 (DL/T 5112—2009) 要点分析 *

田育功

(中国水力发电工程学会碾压混凝土筑坝委员会,云南丽江 674100)

【摘　要】 我国的碾压混凝土坝采用全断面碾压混凝土筑坝技术,依靠坝体自身防渗,所以"层间结合、温控防裂"是碾压混凝土坝的核心技术。本文针对部分碾压混凝土坝施工过程中存在的层间结合质量较差、裂缝较多、透水率偏大、蓄水后坝体存在渗漏等现象,通过对《水工碾压混凝土施工规范》(DL/T 5112—2009)的要点内涵和关键核心技术对标分析,为全断面碾压混凝土快速筑坝技术不断创新发展提供技术支撑。

【关键词】 碾压混凝土大坝;质量问题;对标规范;要点分析;技术支撑

1 引言

《水工碾压混凝土施工规范》(DL/T 5112—2009)(简称《规范》)于 2009 年发布实施,距今已经 10 个年头了,对促进全断面碾压混凝土快速筑坝技术迅速发展发挥了积极作用,改变了人们对全断面碾压混凝土筑坝技术的全新认识,确立了全断面碾压混凝土筑坝技术依靠坝体自身防渗的特性,这与初期引进国外"金包银"碾压混凝土筑坝技术理念有着本质区别。我国的碾压混凝土筑坝技术是一个引进、消化、不断创新发展的过程,自 1986 年第一座坑口碾压混凝土坝建成以来,至 2017 年不完全统计,碾压混凝土坝已经达到 300 多座。2007 年龙滩(192 m)、2012 年光照(200.5 m)和 2015 年沙牌(拱坝 132 m)分别获得"国际碾压混凝土坝里程碑奖"。2018 年 203 m 黄登碾压混凝土重力坝全面建成,标志着我国的碾压混凝土坝在数量、类型、高度方面均遥具世界领先水平。

随着全断面碾压混凝土快速筑坝技术在我国取得巨大成就的同时,也存在一定的质量问题,如个别碾压混凝土坝存在着施工质量达不到设计要求、不按规范要求施工等现象,特别是层间结合质量差,温控不达标,造成大坝建成后,裂缝较多、透水率大、芯样获得率低,蓄水后坝体存在渗漏现象,不得不进行灌浆和坝体防渗处理,给大坝的质量、整体性、安全运行造成不利,直接影响到大坝按期下闸蓄水和使用效果。上述问题发生的主要原因,笔者分析认为,除与工程建设管理、施工队伍、监理单位等经验缺乏有关外,主要是认识水平一直停留在早期施工规范照抄西方"金包银"碾压混凝土筑坝的理念上,对《规

★本文原载于《水利水电施工》2019 年第 1 期;2018 年 10 月全国碾压混凝土筑坝技术交流会主旨发言,云南丽江。

范》要点内涵理解不确切和误解有关,对全断面碾压混凝土筑坝技术"层间结合、温控防裂"核心技术掌握的不全面、不系统,以及认识模糊有关。当然也与个别企业一味追求利润,"节省"投资,盲目减少施工投入,不科学的缩短施工工期有关。为此,十分有必要对规范的要点内涵进行对标分析,用以提高参建各方的质量意识和技术水平。

2 要点一:人工砂的石粉含量控制

2.1 《规范》对人工砂石粉含量控制的规定

《规范》5.5.9 条文规定:"人工砂的石粉($d \leq 0.16$ mm 的颗粒)含量宜控制在 12%～22%,其中 $d<0.08$ mm 的微粒含量不宜小于 5%。最佳石粉含量应通过试验确定。"

《规范》对人工砂石粉含量在条文说明 5.5.9 中做了进一步阐述:"通过工程实践及试验证明,人工砂中适当的石粉含量,能显著改善砂浆及混凝土的和易性、保水性,提高混凝土的匀质性、密实性、抗渗性、力学指标及断裂韧性。石粉可用作掺合料,替代部分粉煤灰。适当提高石粉含量,亦可提高人工砂的产量,降低成本,增加技术经济效益。因此,合理控制人工砂石粉含量,是提高碾压混凝土质量的重要措施之一。掺加石粉含量 17.6%的石灰岩人工砂、石粉含量 15%的花岗岩人工砂、石粉含量 20%的白云岩人工砂,碾压混凝土的各项性能均较优,说明不同岩性人工砂的石粉较佳含量有差异,从通用性看,碾压混凝土石粉含量宜控制在 12%～22%之间。不同工程使用的人工砂的最佳石粉含量应通过试验确定。研究证实,石粉中小于 0.08 mm 的微粒有一定的减水作用,同时可促进水泥的水化且有一定的活性。在实际生产中石粉中小于 0.08 mm 的微粒含量难以超过10%,根据龙滩、百色、大朝山等工程的生产实际,石粉中小于 0.08 mm 的微粒含量可以达到 5%以上,故规定不宜小于 5%。"

2.2 石粉含量是提高可能性和层间结合质量的关键

石粉是指粒径小于 0.16 mm 的经机械加工的岩石微细颗粒,它包括人工砂中粒径小于 0.16 mm 的细颗粒和专门磨细的岩石粉末,其呈不规则的多棱体。在碾压混凝土中,石粉的作用是与水和胶凝材料一起组成浆体,填充包裹细骨料的空隙。

"浆砂比"(用"PV"表示)是碾压混凝土配合比设计重要参数之一,具有与水胶比、砂率、用水量三大参数同等重要的作用。浆砂比是灰浆体积(包括粒径小于 0.08 mm 的颗粒体积)与砂浆体积的比值,简称"浆砂比"。根据全断面碾压混凝土筑坝实践经验,当人工砂石粉含量控制不低于 18%时,一般浆砂比 PV 值不低于 0.42。由此可见,浆砂比从直观上体现了碾压混凝土材料之间的一种比例关系,是评价碾压混凝土拌和物性能的重要指标。

大坝内部 $C_{90}15$($C_{180}15$)三级配碾压混凝土胶凝材料用量一般在 150～160 kg/m³,大坝外部防渗区 $C_{90}20$($C_{180}20$)二级配在 190～200 kg/m³ 范围,如果不考虑石粉含量,经计算浆砂比 PV 值仅为 0.33～0.35,将无法满足碾压混凝土层面泛浆和防渗性能。由于大坝温控防裂要求,在不可能提高胶凝材料用量的前提下,石粉在碾压混凝土中的作用就显得十分重要,特别是粒径小于 0.08 mm 的微石粉,可以起到增加胶凝材料的效果,石粉最大的贡献是提高了浆砂体积比,保证了层间结合质量。

针对全断面碾压混凝土筑坝技术特点和大量的工程实践,建议规范下一步修订时,将人工砂石粉最低含量从 12% 提高到 16%，即"人工砂的石粉（$d \leqslant 0.16$ mm 的颗粒）含量宜控制在 16%~22%，其中 $d < 0.08$ mm 的微粒含量不宜小于 5%。最佳石粉含量应通过试验确定"。

2.3 最佳石粉含量与控制技术措施

碾压混凝土砂中石粉含量研究成果和工程实践表明：当砂中石粉含量控制不低于 18% 时，碾压混凝土拌和物液化泛浆充分、可碾性和密实性好；当石粉含量低于 16% 时，碾压混凝土拌和物较差，强度、极限拉伸值等指标降低；当石粉含量高于 20% 时，随着石粉含量的增加，用水量相应增加，一般石粉含量每增加 1%，用水量相应增加约 1.5 kg/m³。仅举几个最佳石粉含量与精确控制技术工程实例。

（1）百色石粉替代粉煤灰技术措施。百色大坝碾压混凝土采用辉绿岩人工骨料，由于辉绿岩岩性的特性，致使加工的人工砂石粉含量达到 22%~24%，特别是粒径小于 0.08 mm 的微粒含量占到石粉的 40%（即 $d < 0.08$ mm 的微粒含量达到 10% 左右）。针对石粉含量严重超标的情况，采用石粉替代粉煤灰技术创新，即当石粉含量大于 20% 时，对大于 20% 以上的石粉采用替代粉煤灰 24~32 kg/m³ 技术措施，解决了石粉含量过高和超标的难题，同时也取得了显著的经济效益。百色石粉替代粉煤灰技术即"辉绿岩人工砂石粉在 RCC 中的利用研究"课题项目荣获 2015 年度中国电力科学技术三等奖。

（2）光照粉煤灰代砂技术措施。光照大坝碾压混凝土针对灰岩骨料人工砂石粉含量在 15% 左右波动，达不到最佳石粉含量 18% 的要求，采用粉煤灰 1:2 代砂（质量比）技术措施，该措施操作方便简单，有效解决了人工砂石粉含量不足的问题，保证了碾压混凝土施工质量。

（3）金安桥外掺石粉代砂技术措施。金安桥大坝碾压混凝土采用弱风化玄武岩人工粗细骨料，加工的人工砂石粉含量平均 12.7%，不满足人工砂石粉含量 16%~22% 的设计要求。为此，金安桥大坝碾压混凝土通过外掺石粉代砂技术措施。石粉为水泥厂石灰岩加工，石粉按照 Ⅱ 级粉煤灰技术指标控制。当人工砂石粉含量达不到设计要求时，以石粉代砂提高人工砂石粉含量，二级配、三级配分别提高石粉含量至 18% 和 19%，有效改善碾压混凝土的性能。同时对外掺石粉代砂进行精确控制，即在碾压混凝土拌和生产时，对当班实际检测的人工砂石粉含量与石粉控制指标的差额确定石粉的代砂量，避免了人工砂石粉含量的波动。

3 要点二：碾压混凝土拌和物 VC 值动态选用和控制

3.1 《规范》对 VC 值动态选用和控制要求

《规范》6.0.4 条文规定："碾压混凝土拌和物的 VC 值现场宜选用 2 s~12 s。机口 VC 值应根据施工现场的气候条件变化，动态选用和控制，宜为 2 s~8 s。"

《规范》对 VC 值动态选用和控制在条文说明 6.0.4 中做了进一步阐述："VC 值的大小对碾压混凝土的性能有着显著的影响，本条根据近年来大量工程实践，现场 VC 值在 2 s~12 s 比较适宜，参见表 1（指 DL/T 5112—2009 条文说明 P38 表 1），在满足现场正常碾压的条件下，VC 值可采用低值。现场控制的重点是 VC 值和初凝时间，VC 值是碾压混凝土可碾性和层间结合的关键，应根据气温条件的变化及时调整出机口 VC 值。汾河二库,在夏季气温超过 25 ℃时 VC 值采用 2 s~4 s;龙首针对河西走廊气候干燥蒸发量大的特点,VC 值采用 0~5 s;江垭、棉花滩、蔺河口、百色、龙滩等工程,当气温超过 25 ℃时 VC 值大都采用 1 s~5 s。由于采用较小的 VC 值,使碾压混凝土入仓至碾压完毕有良好的可碾性,并且在上层碾压混凝土覆盖以前,下层碾压混凝土表面仍能保持良好塑性。VC 值的控制以碾压混凝土全面泛浆和具有'弹性',经碾压能使上层骨料嵌入下层混凝土为宜。"

3.2　碾压混凝土 VC 值历次修改情况

20 世纪 80 年代初我国引进碾压混凝土筑坝技术时,同时引进了国外"金包银"大 VC 值的碾压混凝土筑坝技术理念,也就是 VC 值采用(20±5)s。我国的全断面碾压混凝土筑坝技术是建立在引进、消化、发展、创新的基础上,经过多年的研究和工程实践,对 VC 值的选用和控制不断进行修改。1986 年《水工碾压混凝土施工暂行规定》(SDJ 14—86)中规定:VC 值以 15~25 s 为宜;1994 年《水工碾压混凝土施工规范》(SL 53—94)中明确为:机口 VC 值宜在 5~15 s 内选用;在 2000 版《水工碾压混凝土施工规范》(DL/T 5112—2000)中进一步修改为:碾压混凝土拌和物的设计工作度(VC 值)可选用 5~12 s,机口 VC 值应根据施工现场的气候条件变化,动态选用和控制,机口值可在 5~12 s 内;第四次修编的 2009 版《水工碾压混凝土施工规范》(DL/T 5112—2009)规定:碾压混凝土拌和物的 VC 值现场宜选用 2 s~12 s。机口 VC 值应根据施工现场的气候条件变化,动态选用和控制,宜为 2~8 s。应该说四次修改,一次比一次更体现了水工碾压混凝土的特性,突出了全断面碾压混凝土筑坝技术的特点。

3.3　水工碾压混凝土定义的内涵

我国的历次水利及电力行业标准中,均把碾压混凝土定义为:"指将干硬性的混凝土拌和料分薄层摊铺并经振动碾压密实的混凝土""碾压混凝土是干硬性混凝土""碾压混凝土是用振动碾压实的干硬性混凝土""碾压混凝土特别干硬"等,这与早期引进国外碾压混凝土坝"金包银"的大 VC 值[(20±10)s,15~25 s]的理念有关。

我国采用全断面碾压混凝土筑坝技术,碾压混凝土配合比设计技术路线具有"两低、两高、双掺"的特点,即低水泥用量、低 VC 值、高掺掺和料、高石粉含量、掺缓凝高效减水剂和引气剂的技术路线,显著改善了碾压混凝土拌和物的性能。对新拌碾压混凝土拌和物进行初步判定,通常采用手捏或脚踩是否能形成泥团状,是判定拌和物液化泛浆最简单易行之有效的测试方法,现场碾压以层面全面泛浆且不陷碾为原则(陷碾与骨料品种有关)。可以说,碾压混凝土拌和物 VC 值的修改集中反映了多年来全断面碾压混凝土施工实践成果,所以,水工碾压混凝土应确切定义应为:"碾压混凝土是指将无坍落度的亚塑性混凝土拌和物分薄层摊铺并经振动碾碾压密实且层面全面泛浆的混凝土"。水工碾压混凝土定义的内涵对提高碾压混凝土坝的防渗性能、抗滑稳定和整体性能具有十分重要的现实意义。

针对全断面碾压混凝土筑坝技术特点和大量的工程实践,建议规范下一步修订时,进一步降低 VC 值范围,即碾压混凝土拌和物的 VC 值现场宜选用 2~8 s。机口 VC 值应根据施工现场的气候条件变化,动态选用和控制,宜为 1~5 s。

4 要点三：基岩面上直接铺筑小骨料混凝土或富砂浆混凝土

4.1 《规范》对垫层混凝土的施工要求

《规范》7.1.4条文规定："基础块铺筑前，应在基岩面上先铺砂浆，再浇筑垫层混凝土或变态混凝土，也可在基岩面上直接铺筑小骨料混凝土或富砂浆混凝土。除有专门要求外，其厚度以找平后便于碾压作业为原则。"

《规范》对垫层混凝土的施工在条文说明7.1.4中做了进一步阐述："在凹凸不平的基岩面上，不便于进行碾压混凝土的铺筑和碾压施工，因此应浇筑一定厚度的垫层混凝土或变态混凝土，达到找平的目的。近年来的施工实践表明，碾压混凝土完全可以达到与常态混凝土相同的质量和性能，因此找平层不宜太厚，以迅速转入碾压混凝土施工，对温控和施工进度都有利。"

这方面的施工技术主要是引进常态混凝土大坝的施工经验，例如最新修订的《水工混凝土施工规范》（DL/T 5144—2015 或 SL 677—2014）规定：新浇筑混凝土与基岩或混凝土施工缝面应结合良好，第一坯层可浇筑强度等级相当的小一级配混凝土、富浆混凝土或铺设高一强度等级的水泥砂浆。从三峡工程大坝开始，基岩面垫层料基本采用二级配、三级配富浆混凝土，已经在拉西瓦、向家坝、小湾、溪洛渡、白鹤滩等大坝工程中普遍应用。

4.2 垫层与碾压混凝土同步快速施工技术

大坝的基础在凹凸不平的基岩面上，碾压混凝土铺筑前均设计一定厚度的垫层混凝土，达到找平和固结灌浆的目的，然后才开始碾压混凝土施工。由于垫层采用常态混凝土浇筑，一是垫层混凝土强度高（一般不小于 C25），水泥用量大，对基础强约束混凝土温控十分不利；二是垫层混凝土浇筑仓面小，模板量大，施工强度低，浇筑完备后，需要等候一定龄期，然后继续固结灌浆。所以，垫层混凝土的浇筑已成为制约碾压混凝土快速施工的关键因素之一。

近年来的施工实践表明，碾压混凝土完全可以达到与常态混凝土相同的质量和性能，在基岩面起伏不大时，可以直接采用低坍落度常态混凝土找平基岩面后，立即采用碾压混凝土同步跟进浇筑，可明显加快基础垫层混凝土施工。一般基础垫层混凝土大都选择冬季或低温时期浇筑，取消基础垫层常态混凝土，在低温时期采用垫层混凝土与碾压混凝土同步快速浇筑技术，可以有效控制基础温差，加快固结灌浆进度，对温控和施工进度十分有利。

例如，百色碾压大坝基础采用垫层与碾压混凝土同步施工技术。2002 年 12 月 28日，百色碾压混凝土重力坝基础垫层采用常态混凝土找平后，碾压混凝土立即同步跟进浇筑，由于碾压混凝土高强度快速施工，利用了最佳的低温季节很快完成基础约束区垫层混凝土浇筑，温控措施大为简化。基础固结灌浆则安排在 6~8 月高温期大坝碾压混凝土不施工的时段进行，仅仅只是增加了部分钻孔费用。2003 年 8 月钻孔取芯样至基岩，芯样中基岩、常态混凝土、碾压混凝土层间结合紧密，强度满足设计要求。

同样，几内亚苏阿皮蒂碾压混凝土重力坝基岩面，验收合格后，针对较平整的基岩面，直接铺筑常态混凝土后，碾压混凝土立即跟进铺筑，有效加快了施工进度，提高了大坝的整体性能。

5　要点四:斜层碾压是缩短层间间隔时间的有效措施

5.1　斜层碾压《规范》规定

《规范》7.5.1条文规定:"碾压混凝土宜采用大仓面薄层连续铺筑,铺筑方法宜采用平层通仓法,也可采用斜层平推法。铺筑面积应与铺筑强度及碾压混凝土允许层间间隔时间相适应。"

《规范》7.5.2条文规定:"采用斜层平推法铺筑时,层面不得倾向下游,坡度不应陡于1:10,坡脚部位应避免形成薄层尖角。施工缝面在铺浆(砂浆、灰浆或小骨料混凝土)前应严格清除二次污染物,铺浆后应立即覆盖碾压混凝土。"

《规范》7.5.3条文规定:"碾压混凝土铺筑层应以固定方向逐条带铺筑。坝体迎水面3 m~5 m范围内,平仓方向应与坝轴线方向平行。"

以上3条《规范》规定的平仓碾压方法是保证全断面碾压混凝土质量的关键措施。

5.2　斜层碾压的要点

采用斜层碾压的目的主要是减小铺筑碾压的作业面积,缩短层间间隔时间。斜层碾压显著的优点就是在一定的资源配置情况下,可以浇筑大仓面,把大仓面转换成面积基本相同的小仓面,这样可以极大地缩短碾压混凝土层间间隔时间,提高混凝土层间结合质量,节省机械设备、人员的配制及大量资金投入。特别是在气温较高的季节,采取斜层碾压施工方法效果更为明显。同时也有利于雨季、次高温施工,可以把碾压混凝土层间间隔时间始终控制在允许的范围内。

根据江垭、百色、龙滩、光照、金安桥、瓦村、苏阿皮蒂等多个工程的实践,斜层坡度控制在1:10~1:15时,即每层铺筑时水平面碾压混凝土摊铺延伸不得小于3 m,这样斜层坡度不会小于1:10。坡度过陡,不易保证铺料厚度均匀和碾压质量,而且振动碾上坡时必须加快速度,否则容易打滑、陷碾导致上坡困难,碾压质量不易保证。

6　要点五:振动碾行走速度、碾压厚度及碾压遍数

6.1　《规范》对振动碾行走速度要求

《规范》7.6.3条文规定:"振动碾的行走速度应控制在1.0 km/h~1.5 km/h。"

《规范》对振动碾行走速度在条文说明7.6.3中进一步阐述:"碾压施工时振动碾的行走速度直接影响碾压效率及压实质量。行走速度过快压实效果差,过慢振动碾易陷碾并降低施工强度。适当增加碾压遍数时,速度可提至1.5 km/h。"

采用全断面碾压混凝土筑坝技术,其实质只是改变了碾压混凝土配合比和施工工艺,碾压混凝土符合水胶比定则,具有与常态混凝土相同的性能,由于碾压混凝土是无坍落度的亚塑性混凝土,采用振动碾对碾压混凝土进行碾压密实,其实质是振动碾碾压替代了振动棒振捣。目前新拌碾压混凝土已经成为可振可碾的混凝土,所以必须高度关注振动碾的行走速度,振动碾的行走速度应严格控制在1.0~1.5 km/h。大量工程实践表明,振动碾行走速度过快,对混凝土密实性影响极大。

根据大量的工程实践,导致碾压混凝土芯样气孔多和不密实的原因:一是料源有问

题,施工配合比设计有缺陷或与石粉含量偏低有关;二是拌和时间未按照要求进行拌和,与拌和时间过短有关;但振动碾行走速度过快和碾压遍数不够也是导致混凝土气孔过多的主要原因。这里需要说明的是,目前碾压混凝土大都采用大通仓斜层碾压,斜层碾压振动碾上坡时,行走速度必须加快,有时还需要曲线上坡,故对行走速度不作要求。但下坡碾压时,振动碾应严格控制在 1.0~1.5 km/h,以保证混凝土密实性。

这方面犹如大坝常态混凝土浇筑主要采用振动棒或振捣机(振捣台车)进行振捣一样,水工混凝土施工规范规定:常态混凝土振捣时间以混凝土粗骨料不再显著下沉并开始泛浆为准,避免漏振、欠振或过振。采用振捣机振捣时,振捣棒组应垂直插入混凝土中,振捣完毕应慢慢拔出。同理,振动碾对碾压混凝土进行碾压振捣,严格控制行走速度,碾压后的混凝土应全面泛浆并具有弹性,经碾压能使上层骨料嵌入到下层混凝土为宜,以保证层间结合质量。

6.2 《规范》对碾压厚度及碾压遍数要求

《规范》7.6.4 条文规定:"施工中采用的碾压厚度及碾压遍数宜经过试验确定,并与铺筑的综合生产能力等因素一并考虑。根据气候、铺筑方法等条件,可选用不同的碾压厚度。碾压厚度不宜小于混凝土最大骨料粒径的 3 倍。"

《规范》对碾压厚度及碾压遍数在条文说明 7.6.4 中进一步阐述:"不同振动碾所能压实的厚度不同,同一配合比的拌和物对于不同振动碾所需的压实遍数也不同。碾压厚度和碾压遍数可通过现场试验并结合生产系统的综合生产能力确定,施工中根据条件采用不同的碾压厚度,有利于满足对层间间隔时间的要求。碾压厚度若小于最大骨料粒径的 3 倍,则最大粒径骨料将影响压实效果,骨料易被压碎。"

6.3 提高碾压层厚度技术创新探讨

碾压混凝土筑坝技术特点与常态混凝土柱状浇筑方式完全不同。碾压混凝土施工采用通仓薄层摊铺碾压的浇筑方式,碾压层厚度一般每 30 cm 一层,这样一个 100 m 高度的碾压混凝土坝,就有 333 个层缝面,这样众多的层缝面极易形成渗水通道,所以"层间结合、温控防裂"是全断面碾压混凝土筑坝的核心技术。采用全断面碾压混凝土施工,往往几个甚至数十个坝段连成一个大仓面,碾压混凝土摊铺碾压基本采用斜层法碾压施工,实际斜层碾压摊铺往往突破 30 cm 层厚,40~50 cm 层厚已经屡见不鲜。如果提高碾压层厚度至 40 cm 或 50 cm,这样一个 100 m 高度的碾压混凝土坝,其层缝面就可以降低到 250 个或 200 个,施工层缝面的显著减少,可以有效减少薄弱的层缝面渗水通道,同时也明显加快碾压混凝土施工速度。所以,随着碾压工艺的提高,模板质量的加强,对传统的 30 cm 碾压层厚要有所创新、有所突破,积极探索。

例如沙沱四级配碾压混凝土工程实例。2010 沙沱在坝体内部采用四级配碾压混凝土增厚铺层试验,碾压层厚为 40 cm、50 cm、60 cm。试验结果表明:碾压层厚可以提高至 40 cm、50 cm、60 cm,甚至层厚更厚,均可达到设计要求。碾压层厚可以按照大坝的下部、中部、上部实行不同的碾压厚度,提高碾压厚度试验为探讨突破 30 cm 碾压层厚提供技术支撑。碾压层厚的提高,对模板刚度及稳定性、振动碾质量及激振力、核子密度仪检测深度等相匹配课题需要配套进行深化研究,取得可靠成果后方可推广使用。

7　要点六:"变态混凝土"实质是"加浆振捣混凝土"

7.1　变态混凝土定义与防渗区施工

采用全断面碾压混凝土筑坝技术,大坝防渗区部位、模板周边、岸坡、廊道、孔洞及设有钢筋的部位,这些部位摊铺的碾压混凝土由于振动碾无法直接碾压施工,为此这些部位的碾压混凝土通常采用加浆振捣的方式进行施工,即通过在碾压混凝土中加入灰浆,将其改变为常态混凝土,然后采用振捣器进行振捣施工,这样可以明显减少对碾压混凝土施工干扰。

所以,《规范》7.10.1条文规定:"变态混凝土应随碾压混凝土浇筑逐层施工,铺料时宜采用平仓机辅以人工两次摊铺平整,灰浆宜洒在新铺碾压混凝土的底部和中部。也可采用切槽和造孔铺浆,不得在新铺碾压混凝土的表面铺浆。变态混凝土的铺层厚度宜与平仓厚度相同,用浆量经试验确定。"

《规范》对变态混凝土在条文说明7.10.1中做了进一步阐述:"变态混凝土是在碾压混凝土摊铺施工中,铺洒灰浆而形成的富浆碾压混凝土,可以用振捣的方法密实,应随着碾压混凝土施工逐层进行。变态混凝土已获得广泛应用,效果都比较好。根据施工实践,铺洒灰浆的碾压混凝土的铺层厚度可以与平仓厚度相同,以减少人工作业量,提高施工效率。为保证变态混凝土的施工质量,可以通过人工辅助,两次铺料。加浆量应根据具体要求经试验确定,与VC值大小有关,一般灰浆加浆量为混凝土量的5%~7%。"

大坝上游坝面防渗区受模板拉筋的制约影响,高坝横缝止水一般为"两铜一橡胶",致使变态混凝土施工区域宽度往往大于设计要求的宽度。实际施工中变态混凝土的灰浆浓度、加浆方式、振捣方式主要依靠人工进行施工,控制难度极大,质量难以保证。特别是灰浆的加浆量要求为50~60 L/m³,人工为了振捣,实际加浆量只会多不会少,灰浆加多极易引起坝面表面裂缝的发生。止水部位采用变态混凝土施工,一是容易造成止水位移过大,二是止水部位变态混凝土不易振捣密实,三是不经济。止水部位采用变态混凝土施工往往是坝体渗漏的主要原因之一。实际工程中已经在防渗区采用常态混凝土与碾压混凝土同步施工技术,即在拌和楼采用机拌变态混凝土与现场变态混凝土同时交叉施工。

7.2　变态混凝土实质是加浆振捣混凝土

变态混凝土是中国采用全断面碾压混凝土筑坝技术的一项重大技术创新。变态混凝土是在碾压混凝土摊铺施工中,铺洒灰浆而形成的富浆混凝土,采用振捣器的方法振捣密实,所以变态混凝土应确切定义为"加浆振捣混凝土"。

关于全断面碾压混凝土筑坝技术中的变态混凝土,早期又称为改性混凝土,不易理解,而且极易造成误解。虽然变态混凝土列入了规范条文,按照实际施工情况变态混凝土应确切定义为加浆振捣混凝土,原因有二:一是与英文对应,去掉变态这一个负面词;二是变态混凝土定义为加浆振捣混凝土,表述直观,切合实际,用词准确。变态混凝土定义为"加浆振捣混凝土"对提高防渗区质量和"走出去"战略有着重要的现实意义。

8　要点七:"层间结合、温控防裂"是碾压混凝土筑坝关键核心技术

8.1　《规范》目次施工章节分析

《规范》目次"7 施工"章节包括:7.1 铺筑前准备;7.2 拌和;7.3 运输;7.4 模板;7.5

卸料和平仓;7.6 碾压;7.7 成缝;7.8 层、缝面处理;7.9 异种混凝土浇筑;7.10 变态混凝土浇筑;7.11 高温干燥季节施工;7.12 低温季节施工;7.13 雨季施工;7.14 埋件施工;7.15 养护。从《规范》目次7施工可以看出,施工章节包括了高温干燥季节施工和低温季节施工,而极其关键的核心技术"碾压混凝土温度控制"和"低温季节施工"未单独成章。

早期碾压混凝土坝大多为高度较低的中低坝,施工充分利用低温季节和低温时段,大都不采取温控措施。但是近年来,由于碾压混凝土坝高度和体积的增加,为了赶工或缩短工期,高温季节、高温时段或低温季节连续浇筑碾压混凝土已成惯例。这样碾压混凝土温度控制技术路线与常态混凝土温度控制措施基本相同,已经和常态混凝土坝没有什么区别。

采用全断面碾压混凝土筑坝技术,依靠坝体自身防渗,碾压混凝土符合水胶比定则,其性能与常态混凝土相同。为此建议《规范》下一步修订时,碾压混凝土层间结合、温度控制、低温季节施工等应单列成章,具体章节可参考《水工混凝土施工规范》(SL 677—2014 和 DL/T 5144—2015)目次。

8.2 碾压混凝土温控特点分析

碾压混凝土虽然水泥用量少,粉煤灰等掺和料掺量大,极大地降低了混凝土的发热量,但碾压混凝土的水化热放热过程缓慢、持续时间长。碾压混凝土施工采用全断面通仓薄层摊铺、连续碾压上升,且坝体不设置纵缝,横缝不形成暴露面,主要靠层面散热,散热过程大大延长。人们曾经一度认为碾压混凝土坝不存在温度控制问题,后来大量的工程实践和研究结果表明,碾压混凝土坝同样存在着温度应力和温度控制问题。

混凝土是一种不良导温材料,水泥水化热产生的热量增加速率远远大于热扩散率,因此混凝土内部温度升高。由于材料的热胀冷缩性质,内部混凝土随时间逐渐冷却而收缩。但这种收缩受到周围混凝土的约束,不能自由发生,从而产生拉应力,当这种拉应力超过混凝土的抗拉强度时,就产生裂缝。因此,为了减少混凝土中的温度裂缝,必须控制坝体内部混凝土的最高温升。大量的试验研究结果表明,混凝土浇筑温度越高,水泥水化热化学反应越快,温度对混凝土水化热反应速率的影响进一步加重了温度裂缝问题的严重性。所以,温度是导致大坝混凝土产生裂缝的主要原因。

另外,气温年变化和寒潮也是引起大坝裂缝的重要原因,它们对碾压混凝土和常态混凝土的影响是相同的,实际上我国已建成的碾压混凝土坝中也出现了裂缝。因此,防止环境温度变化和内外温差过大产生表面裂缝,是碾压混凝土坝防裂的一个核心问题。

碾压混凝土温度控制的目的,就是为了防止大坝内外温差过大引起的温度应力造成的裂缝。因为大坝是重要的挡水建筑物,不允许渗漏,裂缝对大坝的安全性和长期耐久性将产生十分不利的影响。

8.3 降低仓面局部气温的要点分析

《规范》7.11.4 条文规定:"高温季节施工,根据配置的施工设备的能力,合理确定碾压仓面的尺寸、铺筑方法,宜安排在早晚夜间施工,混凝土运输过程中,采用隔热遮阳措施,减少温度回升,采用喷雾等办法,降低仓面局部气温。"

《规范》在条文说明 7.11.4 中又做了进一步阐述:"仓面喷雾是降低仓面局部气温、保持湿度的有效措施,要注意雾化效果,不能形成水滴。"不能形成水滴的目的是不能改变混凝土的配合比,降低混凝土的质量。

在高温季节、多风和干燥气候条件下施工,碾压混凝土表面水分蒸发迅速,其表面极易发白和温度升高。采取喷雾保湿措施,可以使仓面上空形成一层雾状隔热层,让仓面混凝土在浇筑过程中减少阳光直射强度,是降低仓面环境温度和降低混凝土浇筑温度回升十分重要的温控措施。仓面喷雾保湿不但直接关系到碾压混凝土可碾性、层间结合,最主要的是可以改变仓面小气候,可有效降低仓面温度 4~6 ℃,对温控十分有利。一般浇筑温度上升 1 ℃,坝内温度相应上升 0.5 ℃。

喷雾可以采用人工喷雾,也可以采用喷雾机。不论是人工或机械喷雾,要求喷出的雾滴一般为 40~100 μm,保证仓面形成白色雾状。采用喷毛枪代替喷雾枪喷雾,仓面极容易形成下雨现象,混凝土表面易形成积水(喷雾不是下小雨)。如果要采用喷毛枪进行喷雾,需要对喷毛枪的喷嘴进行改装,安装喷雾喷嘴即可代替喷毛枪进行喷雾。这里需要注意的是:正在碾压的混凝土,不允许对其碾压条带进行喷雾,更不允许在振动碾的碾碾上喷水。碾压混凝土全面泛浆是指振动碾碾压后从混凝土中提出的一层浆液,这是评价层间结合质量的关键所在。

比如金安桥大坝碾压混凝土施工观测资料表明:白天 14:00 入仓的预冷碾压混凝土,入仓温度经检测未超过 17 ℃,但未进行喷雾保湿,在阳光的照射下,1 h 之后碾压混凝土经测温温度上升至 23 ℃,即浇筑温度比入仓温度增加了 6 ℃。测温结果表明,入仓后的碾压混凝土如果不及时进行喷雾保湿覆盖,在高温时段经太阳暴晒的碾压混凝土蓄热量很大,导致预冷碾压混凝土浇筑温度上升很快,严重超标。观测数据显示,超过浇筑温度的碾压混凝土坝内温度比低温时期或喷雾保湿后的碾压混凝土温度高出 3~5 ℃,对大坝温控是十分不利的。

喷雾保湿是碾压混凝土层间结合和温度控制极其重要的环节和保证措施,决不能掉以轻心。在施工过程中,由于个别施工单位质量意识淡薄,监理工程师监督放任自流,致使仓面喷雾保湿不到位,大坝蓄水后坝体层面渗漏严重,在这方面的教训是惨痛的。

8.4 "温控防裂"关键核心技术分析

碾压混凝土坝与常态混凝土坝的温度荷载有所不同,碾压混凝土坝的温度荷载对设计具有复杂性。由于碾压混凝土坝采用全断面薄层通仓摊铺、连续碾压上升,施工期碾压混凝土水化热温升所产生的温度应力因坝体温降过程漫长,将长期影响碾压混凝土坝的应力状态。温度荷载是大坝温度变化引起的一种特殊荷载。温度荷载、水(沙)压力、自重、渗透压力以及地震力是坝体的五种主要荷载。温度荷载具有一些特殊性:一方面是混凝土因温度压力过大而裂开后,约束条件就改变,温度应力也就消除或松弛;另一方面是温度应力取决于很多因素,尤其是碾压混凝土施工中的许多因素,例如浇筑时段、施工进度、温控措施、施工工艺等。所以,设计计算得到的温度应力与实际施工中的温度控制效果存在着一定差异。

碾压混凝土温度控制费用不但投入大,而且已经成为制约碾压混凝土快速施工的关键因素之一,对碾压混凝土坝的温度控制标准、温度控制技术路线需要提出新的观点,进行技术创新研究,打破温度控制的僵局和被动局面,使碾压混凝土快速筑坝与温控防裂措施达到一个最佳的结合点,为碾压混凝土快速筑坝提供科学、合理的技术支撑。

谭靖夷院士在 2009 年 7 月"水工大坝混凝土材料与温度控制学术交流会"上的发言

指出:由于混凝土抗裂安全系数留的余地较小,而且在混凝土抗裂方面还存在一些不确定因素,因此还应在施工管理、冷却制度、冷却工艺等方面采取有效的措施,以"小温差、早冷却、慢冷却"为指导思想,尽可能减小冷却温降过程中的温度梯度和温差,以降低温度徐变应力。此外,还要注意表面保护,使大坝具有较大的实际抗裂安全度。

9 结语

(1)采用全断面碾压混凝土筑坝技术,依靠坝体自身防渗,只是改变了混凝土配合比设计和施工工艺,碾压混凝土实质是无坍落度的亚塑性混凝土,符合水胶比定则。

(2)人工砂最佳石粉含量控制在18%~20%时,可以有效提高浆砂体积比,能显著改善碾压混凝土的工作性、匀质性、密实性、抗渗性和力学指标等性能。

(3)VC值是新拌碾压混凝土极为重要的控制指标,VC值的控制以碾压混凝土全面泛浆,并具有"弹性",经碾压能使上层骨料嵌入到下层混凝土为宜。

(4)基岩面垫层采用常态混凝土找平,迅速转入碾压混凝土同步施工,对加快施工进度和提高大坝的整体性能十分有利。

(5)斜层碾压有效减小了铺筑碾压的作业面积,在一定的资源配置情况下,把大仓面转换成面积基本相同的小仓面,极大地缩短了碾压混凝土层间间隔时间,提高了混凝土层间结合质量。

(6)控制振动碾行走速度是提高碾压混凝土密实性的关键;提高碾压层厚可以有效减少碾压混凝土层缝面,对提高坝体的防渗性能、抗滑稳定和整体性能十分有利。

(7)变态混凝土应确切定义为加浆振捣混凝土。防渗区和止水部位施工条件允许时,可以在拌和楼采用机拌变态混凝土与现场变态混凝土同时交叉施工,可以有效防止坝体渗漏。

(8)碾压混凝土坝同样存在着温度应力和温度控制问题。建议规范下一步修订时,碾压混凝土层间结合、温度控制、低温季节施工等应单列成章,为碾压混凝土筑坝"层间结合、温控防裂"关键核心技术提供支撑。

参考文献

[1] 中华人民共和国国家能源局.水工碾压混凝土施工规范:DL/T 5112—2009[S].北京:中国电力出版社.2009.

[2] 中华人民共和国水利部.碾压混凝土坝设计规范:SL 314—2004[S].北京:中国水利水电出版社,2005.

[3] 田育功.碾压混凝土快速筑坝技术[M].北京:中国水利水电出版社,2010.

[4] 田育功,郑桂斌,于子忠.水工碾压混凝土定义对坝体防渗性能的影响分析[C]//中国水利发电工程学会.中国碾压混凝土筑坝技术2015.北京:中国环境出版社,2015:8-12.

现浇矩形廊道在碾压混凝土坝的应用★

田育功[1]　朱　丹[2]　贾　超[3]

(1. 中国水力发电工程学会碾压混凝土筑坝专委会,四川成都　611130;
2. 中国水利电力对外有限公司几内亚苏阿匹蒂项目,北京　100000;
3. 黄河勘测规划设计研究院有限公司黄藏寺 EPC,河南郑州　450000)

【摘　要】　本文根据几内亚苏阿皮蒂和青海黑河黄藏寺碾压混凝土重力坝现浇矩形廊道在不同大坝的布置形式、廊道设计和施工应用分析,表明现浇矩形廊道在超长碾压混凝土坝,具有施工简单、缩短工期等优点;但在河谷狭窄的碾压混凝土坝采用现浇矩形廊道,却给施工带来较大的干扰,反而不利于快速施工。通过两个工程现浇矩形廊道施工特点分析,为类似工程矩形廊道应用提供宝贵的经验借鉴。

【关键词】　碾压混凝土坝;矩形廊道;底板;侧墙;预制顶板;爬坡廊道

1　引言

1.1　坝体廊道设置

《混凝土重力坝设计规范》(SL 319—2018、DL 5108—1999、NB/T 35026—2014),《混凝土拱坝设计规范》(SL 282—2018、DL/T 5346—2006)及《碾压混凝土坝设计规范》(SL 314—2018)等标准规定,为满足混凝土坝基础灌浆、安全监测、检查和坝内交通等的要求,需要在坝体布置廊道设施。

坝体廊道按如下原则布置:①满足灌浆、排水、安全监测、检查维修、运行操作、坝内交通等要求;②避开泄水孔口,并与泄水孔口保持一定距离;③每层水平廊道的垂直高差不宜过大;④为便于碾压混凝土施工,减少施工干扰,增大施工作业面,坝内廊道布置及构造尽可能简化。

传统的坝体构造廊道断面基本采用城门洞形(U 形),碾压混凝土坝体廊道主要以混凝土预制廊道拼装形式居多,也有部分工程采用现浇廊道及预制廊道与现浇廊道的结合形式。虽然混凝土重力坝设计规范中也提出了矩形廊道,但在中国实际混凝土坝中基本没有应用案例。近年来,现浇矩形廊道在国际工程应用较多,缅甸耶瓦、几内亚苏阿皮蒂、赞比亚下凯富峡、巴基斯坦达苏等碾压混凝土坝均采用现浇矩形廊道[1],2019 年青海黑河黄藏寺碾压混凝土重力坝也采用现浇矩形廊道。

★本文原载于《中国水利学会、中国水力发电工程学会施工专委会及碾压混凝土筑坝专委会 2021 年论文集》,2021 年 9 月,江西南昌。

1.2 坝体廊道形式

（1）预制廊道。碾压混凝土坝内廊道和常态混凝土坝的廊道布置基本相同,为方便碾压混凝土施工,主要采用 U 形预制廊道。U 形预制廊道有成熟的施工经验,主要在场外预制,仓内吊装。预制廊道在仓面拼装具有施工简单快捷的优势,但预制廊道存在安装浇筑过程容易变形错位的缺点,当大坝廊道布置过多或过于复杂时,对碾压混凝土快速施工不利。预制混凝土廊道见图 1。

图 1　预制混凝土廊道

（2）现浇廊道。近年来,随着施工技术的不断创新,碾压混凝土高坝借鉴三峡、小湾、拉西瓦、溪洛渡等工程经验,坝体廊道采用现浇廊道。例如黄登、大华桥、丰满等碾压混凝土坝采用现浇廊道,现浇廊道采用组合拼装钢模板,廊道十分美观,极大地提高了廊道施工质量。由于现浇廊道受其结构体型复杂,钢筋绑扎工程量大,备仓周期较长等不利因素影响,因此尽管现浇 U 形廊道经验成熟,但在全断面碾压混凝土大坝,特别是工期较紧的大坝工程中采用对大坝直线工期有一定影响。现浇 U 形廊道见图 2。

图 2　现浇廊道

（3）现浇矩形廊道。按照矩形廊道设计图纸,施工顺序按照底板现浇→侧墙现浇→预制顶板,即将矩形廊道分成三部分进行施工。矩形廊道施工先浇筑底板和排水沟,然后在底板两边按照廊道图纸安装直立模板,然后直接浇筑碾压混凝土,廊道两边碾压混凝土浇筑完成后,在廊道顶部吊装预制混凝土顶板。与传统的预制廊道及现浇 U 形廊道相比,现浇矩形廊道具有施工简单、快速、经济、美观、实用等优点,具有较好的推广价值。现浇矩形廊道见图 3。

2　矩形廊道结构设计[2-3]

2.1　矩形廊道应力分析与配筋

碾压混凝土重力坝坝内廊道和竖井的尺寸相对较小,对重力坝的整体应力分布影响不大,但在坝体自重、上游水压力以及温度应力作用下,在廊道周围的混凝土内会产生局

图3　现浇矩形廊道

部应力,甚至可能产生裂缝。

(1)在坝体自重和上游水压力作用下,矩形廊道周围产生的应力由混凝土内侧墙承受,在廊道顶板、底板和侧墙有局部拉应力,当拉应力超过混凝土的容许拉应力时,会产生裂缝。

(2)温度应力。矩形廊道周边温度应力产生的原因主要有以下两种:①施工期的温度应力。廊道底部和两侧的混凝土先浇筑,之后加盖顶板后浇筑廊道顶部混凝土,由于这两部分混凝土的温升、散热和弹性模量增长存在时间差,顶部混凝土的收缩将受到两侧墙混凝土的约束而产生温度拉应力。②廊道内温度的年变化将导致廊道周围产生内外温差,从而产生拉应力。

根据廊道周边拉应力分布面积,并考虑温度应力的影响,参考类似工程经验,坝体采用现浇矩形廊道,廊道周边范围采用与碾压混凝土同等级的变态混凝土,上游区域基础灌浆、排水廊道配置受力筋φ20@200,分布筋φ20@200,布置于廊道上游面;其余交通、监测廊道侧墙不进行配筋。

根据苏阿皮蒂及黄藏寺碾压混凝土重力坝廊道布置图及钢筋图,矩形廊道结构设计典型剖面、现浇侧墙、预制顶板及十字形、T形交会部位现浇顶板详见下文矩形廊道结构设计。

2.2　矩形廊道典型剖面

矩形廊道典型剖面如图4所示。

2.3　矩形廊道侧墙现浇及预制顶板设计

矩形廊道侧墙为现浇,按照廊道布置图进行模板安装,侧墙50 cm范围采用变态混凝土或机拌变态混凝土,该区域与廊道上下游碾压混凝土一同上升。

矩形廊道顶板为30 cm厚,设计等级C25混凝土预制顶板,单块尺寸4.0 m×1.0 m×0.3 m(长×宽×高),预制顶板钢筋布置如图5所示。

2.4　矩形廊道顶板及交会处布置方式

对于水平直廊道,结构较简单,顶板可直接安装,并浇筑上部碾压混凝土。

对于廊道十字形、T形交会部位,比如与监测廊道、交通廊道等交会部位,采取在交会处架立模板、现浇混凝土顶板方式,如图6、图7所示。

2.5　矩形爬坡廊道设计

2.5.1　苏阿皮蒂矩形爬坡廊道设计

苏阿皮蒂大坝左、右岸坝肩均布置有爬坡廊道,爬坡廊道坡度太陡,不利于施工运行阶段检修通行,也不利于施工阶段预制模板的安装。苏阿皮蒂大坝坝肩爬坡廊道坡度一

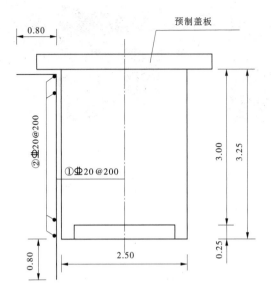

图4 矩形廊道典型剖面

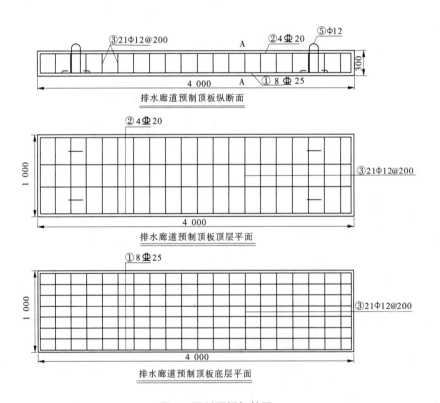

图5 预制顶板钢筋图

般缓于 1∶1.5,如图 8 所示。同时,结合几内亚当地人脚掌的特点,楼梯台阶按照
600 mm≤L+2B≤660 mm 的原则进行设计,L 不宜小于 300 mm,如图 9 所示。

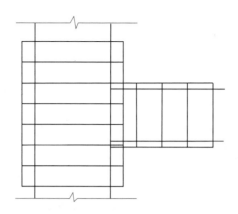

图6　廊道十字形交会部位现浇顶板布置方式

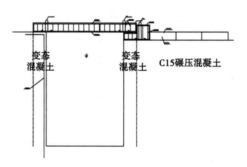

图7　廊道T形交会部位现浇顶板布置方式

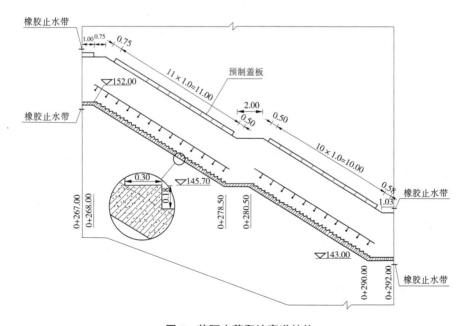

图8　苏阿皮蒂爬坡廊道结构

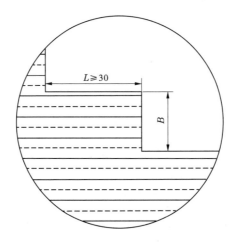

图9 苏阿皮蒂爬坡廊道楼梯台阶尺寸

在坝段横缝分缝处,廊道顶部止水应避开预制顶板,并与其保留一定的空间,便于变态混凝土的铺筑和振捣。为更好地避免预制模板影响廊道横缝四周橡胶止水的功能,在分缝处 50 cm 范围内的廊道顶板采用现浇钢筋混凝土,不铺设预制顶板,如图 10 所示。

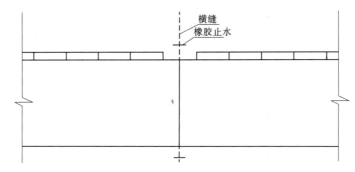

图10 廊道过缝处的结构

2.5.2 黄藏寺矩形爬坡廊道设计

黄藏寺大坝共设置 3 层廊道,分别于大坝高程 2 519.00 m、2 540.00 m、2 587.00 m 处设置。第一层廊道设置有帷幕灌浆廊道、监测廊道、交通廊道等,水平横向廊道布置 2 条,纵向廊道布置 3 条,纵向廊道在大坝左、右岸坝肩共设置 6 条爬坡廊道;第二层廊道为平行于坝轴线的纵向廊道。大坝廊道从 2 519.0 m 至 2 540.0 m 高程为爬坡廊道,在坝下 0+002.5、坝下 0+029.0、坝下 0+056.0 各有一道爬坡廊道,每道爬坡廊道分左、右两个单向向上廊道,左岸坝下 0+002.5 爬坡廊道坡度为 1:0.8,其余爬坡廊道坡度均为 1:1。黄藏寺爬坡廊道如图 11 所示。

3 苏阿皮蒂现浇矩形廊道实例

3.1 工程概况

苏阿皮蒂(SOUAPITI)水电站工程位于非洲几内亚,苏阿皮蒂项目是三峡集团继凯乐塔水利枢纽项目竣工发电后,在几内亚签署的第 2 个超大型水电站项目,堪称几内亚的

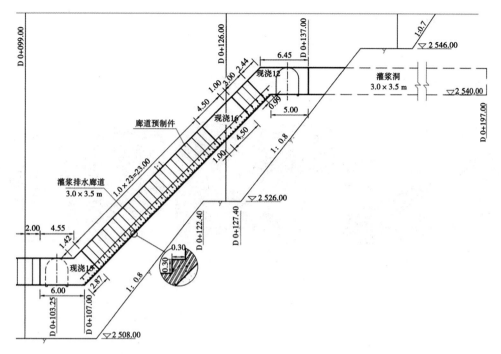

图 11　黄藏寺爬坡廊道

"三峡工程"。电站是孔库雷河梯级开发的第 2 级电站,距离几内亚首都科纳克里约 135 km。

苏阿皮蒂水利枢纽工程由碾压混凝土重力坝及坝后式电站等组成,水库总库容 63.17 亿 m³,工程等别为Ⅰ等,工程规模为大(1)型,大坝为 1 级,发电厂房为 2 级,电站总装机容量 45 万 kW,多年平均发电量 19 亿 kW·h。苏阿皮蒂水电站正常蓄水位 210 m,坝顶高程 215.5 m,最大坝高 120 m,坝轴线长 1 148 m,工程混凝土总量约 360 万 m³,其中碾压混凝土约 300 万 m³,常态混凝土约 60 万 m³。

3.2　苏阿皮蒂现浇矩形廊道施工

苏阿皮蒂碾压混凝土重力坝共设置 3 层廊道。为满足灌浆排水的要求,沿大坝左岸、河床、右岸坝基在 107~179 m 设置 1 层基础灌浆廊道,距建基面的距离为 4~8 m,廊道断面尺寸为 3.0 m×3.5 m。坝体内设置了 2 层水平交通廊道,高程分别为 143 m、179 m,廊道间高差为 36 m。143 m 高程廊道上游侧距坝体上游面 6.25 m,断面尺寸为 2.5 m×3.5 m。179 m 高程廊道上游侧距坝体上游面 4 m,断面尺寸为 2.5 m×3.5 m。各廊道均与坝后桥及两岸坝后贴坡爬梯连接。

苏阿皮蒂水电站地处赤道北附近,气候干热,针对坝址处的气候、水库水温以及坝体布置等特点,采用现浇矩形廊道,即底板现浇+侧墙现浇+顶板预制的矩形廊道,减少相邻部位施工的干扰,缩短廊道施工工期。工程实践表明,由于苏阿皮蒂坝轴线很长,采用现浇矩形廊道有如下优点:一是充分结合当地气候、库水温度条件,在满足廊道裂缝验算要求的同时,适当地配置钢筋,使廊道层碾压混凝土施工简单,缩短了廊道层的备仓和浇筑周期,体现大体积碾压混凝土快速施工的特点;二是增大了廊道内部的空间尺寸,廊道内美观大方;三是减少钢筋和混凝土量,节约成本。特别是超长大坝采用现浇矩形廊道,具有明显减少施工干扰的优势。矩形廊道在苏阿皮蒂碾压混凝土重力坝的成功应用,特别是工期紧,气候条件较适宜的类似工程,该技术值得推广应用。苏阿皮蒂现浇矩形廊道施工见图12。

图 12　苏阿皮蒂现浇矩形廊道施工

4　黄藏寺现浇矩形廊道实例

4.1　工程概况

黑河黄藏寺水利枢纽是水利部172项重大工程项目之一,工程位于黑河干流上,是黑河第一级龙头水库。水库距青海省祁连县约25 km,距西宁市约299 km、距张掖市约223 km。该工程以合理调配中下游生态和经济生活用水,提高黑河水资源利用效率为主,同时兼顾发电等综合利用。黄藏寺水库死水位2 580.00 m,相应死库容0.61亿 m³,正常蓄水位2 628.00 m,正常蓄水位以下有效库容3.33亿 m³,调节库容2.95亿 m³,设计洪水位2 628.00 m,校核洪水位2 628.70 m,水库总库容4.03亿 m³。装机容量49 MW。工程规模属于Ⅱ等大(2)型。

黄藏寺水利枢纽工程由碾压混凝土重力坝及坝后式电站等组成,坝顶高程2 631.00 m,最大坝高123.00 m。工程混凝土总量71.2万 m³,其中碾压混凝土53.5万 m³,常态混凝土17.7万 m³。黄藏寺工程地处青藏高原东北侧的祁连山系中,海拔在2 500 m以上,坝址地势高峻,为高寒半干旱气候,冬季漫长,昼夜温差大,多风,蒸发量大,干燥寒冷,全年无霜期为40~110 d,对碾压混凝土施工十分不利。

4.2　黄藏寺现浇矩形廊道施工

4.2.1　现浇矩形廊道施工

黄藏寺大坝第一层廊道设置有帷幕灌浆廊道、监测廊道、交通廊道等,水平横向廊道布置2条,纵向廊道布置3条,纵向廊道在大坝左、右岸坝肩共设置6条爬坡廊道;第二层廊道为平行于坝轴线的纵向廊道。黄藏寺2 519.00 m高程大坝廊道布置见图13。

大坝河谷狭窄,基础坝轴线长度不到50 m,且基础灌浆廊道布置为井字形,混凝土分仓数量多达13个仓面,致使模板量巨大,采用现浇矩形廊道施工,混凝土运输道路布置和入仓困难,施工过程中,施工单位擅自改变施工方案,未按照底板现浇+侧墙现浇+廊道盖板的施工顺序施工,导致大坝施工处于半停工状况,严重影响碾压混凝土浇筑。

　　施工单位实际施工是先浇筑廊道侧墙,后浇筑廊道底板,为此,廊道底板混凝土入仓十分困难,底板两边排水沟立模复杂,廊道积水无法排除,增加了施工难度,致使工期严重滞后,在狭窄河谷采用现浇矩形廊道需要认真总结反思。

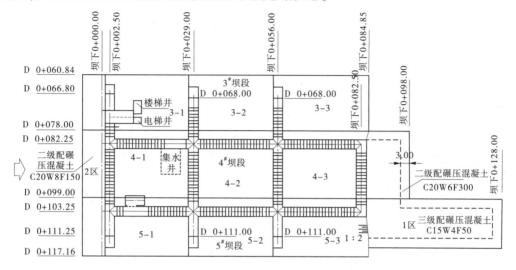

图 13　2 519.00 m 高程大坝廊道布置

4.2.2　矩形廊道爬坡施工

　　大坝廊道从 2 519.0 m 至 2 540.0 m 高程为爬坡廊道,在坝下 0+002.50 m、0+029.00 m、0+056.0 m 处各有一道爬坡廊道,每道爬坡廊道分左、右两个单向向上廊道,左岸坝下 0+002.50 爬坡廊道坡度为 1:0.8,其余爬坡廊道坡度均为 1:1。

　　大坝爬坡廊道除坝下 0+002.50 廊道下游面 1.5 m 处 C20W6F300 二级配机制变态混凝土,其余爬坡廊道周边混凝土均为 C15W4F150 三级配机制变态混凝土。爬坡廊道是矩形廊道施工的难点,对碾压混凝土快速施工影响较大。黄藏寺现浇矩形廊道施工见图 14。

图 14　黄藏寺现浇矩形廊道施工

爬坡廊道施工程序:大坝爬坡廊道施工根据大坝每层升层厚度,同步上升,施工时先使用直径 48 mm 的钢管进行排架搭设,排架搭设完成后进行爬坡廊道两侧侧模安装,随后进行底板踏步模板安装,安装完成后对排架及模板加固检查,待大坝坝体混凝土施工时同时浇筑爬坡廊道侧墙混凝土,廊道侧墙混凝土采用机制变态混凝土浇筑,且侧墙混凝土每层浇筑高度比周边碾压混凝土高出 30~50 cm,待浇筑至爬坡廊道顶部后,进行廊道预制顶板安装,根据预制顶板尺寸,每浇筑 1 m 层高,安装一块预制顶板。

爬坡廊道预制顶板安装。爬坡廊道周边混凝土浇筑至廊道顶斜面后,进行廊道预制顶板安装工作,根据预制廊道顶板尺寸,周边机制变态混凝土浇筑 1 m 高后,顶斜面混凝土收面完成,进行廊道顶板安装,安装过程中,对预制顶板安装位置严格进行控制。同时注意顶板下两侧模板情况,若出现变形,及时停止安装,对两侧模板进行加固处理后,再进行顶板安装。

特别需要指出的是,黄藏寺矩形爬坡廊道施工中,侧墙两边架立模板立好后,两边侧墙混凝土未浇筑前,先加盖预制顶板,需要高度关注侧墙两边模板的稳定安全性。

5 结语

矩形廊道为新型结构,通过对上述两个工程应用施工的总结,在施工过程中应始终遵循"安全质量、质量安全第一"的原则,为此,应注意以下几点:

(1)矩形廊道侧墙模板采用内撑钢构进行固定,避免斜拉模筋对碾压混凝土施工的影响。

(2)矩形廊道底板和排水沟应在侧墙混凝土浇筑前完成,应特别注意的是不允许改变矩形廊道施工顺序。

(3)廊道侧墙形成后,安装预制顶板前,应使用砂浆对顶板檐口进行砂浆找平处理,保证顶板安装后廊道内部顶板的平整度。

(4)预制顶板上部变态混凝土应尽量采用机制变态,并确保砂浆铺筑和变态混凝土的振捣质量。

(5)对于矩形廊道十字形、T 形交会部位处采用现浇混凝土,必须在预制顶板完成后,再现浇廊道十字交会处,保证预制顶板达到严丝合缝。

参考文献

[1] 田育功,于子忠,郑桂斌.中国碾压混凝土快速筑坝技术特点[C]//中国大坝工程学会 2019 年学术年会暨第八届碾压混凝土坝国际研讨会论文集.北京:中国三峡出版社,2019.

[2] 穆平,张俊,党晓明,等.矩形廊道在苏阿皮蒂碾压混凝土重力坝中的研究与应用[J].水电与新能源,2019,33(8):29-32,56.

［3］黑河黄藏寺水利枢纽大坝、厂房土建及安装工程,《大坝廊道布置图及钢筋图》(HZS-DB-LD-01～37)［Z］.黄河勘测规划设计研究院有限公司,2016 年.

作者简介:

1. 田育功(1954—),陕西咸阳人,教授级高级工程师,主要从事水电工程建设管理及技术咨询工作。

2. 朱丹(1963—),湖北宜昌人,教授级高级工程师,主要从事水利水电工程技术和建设管理工作。

3. 贾超(1985—),河南南阳人,硕士,高级工程师,主要从事水利水电工程设计和技术管理。

中国碾压混凝土坝 1986~2021 统计分析

田育功

(中国水力发电工程学会碾压混凝土筑坝专委会，四川成都 611130)

【摘　要】　1986~2021 年,中国已建、在建的碾压混凝土坝(包括胶凝砂砾石坝及围堰)已超过 300 座。中国碾压混凝土坝不论是数量或是坝高,已是名副其实的碾压混凝土坝大国、强国,特别是胶凝砂砾石筑坝技术的推广应用,更加拓展了碾压混凝土坝的应用范畴。统计表明已建、在建 100 m 级碾压混凝土坝有 76 座,其中重力坝 50 座,拱坝 26 座。目前正在建设的高 215 m 古贤水利枢纽大坝是中国最高的碾压混凝土坝。本文为现代碾压混凝土坝高质量、短工期和低成本发展的三个主要目标提供了数据支撑。

【关键词】　碾压混凝土;胶凝砂砾石;重力坝;拱坝;围堰;省(直辖市、自治区)

1　中国碾压混凝土坝建设成就

1.1　中国开创了现代碾压混凝土坝的技术先河

　　1986 年中国建成第一座高 56.8 m 的坑口"金包银"碾压混凝土坝(RCD)之后,碾压混凝土坝在中国得到了迅速蓬勃的发展。1991 年建成的广西荣地碾压混凝土坝,是最早创新采用二级配碾压混凝土富胶凝材料取代常态混凝土防渗层的大坝,奠定了全断面碾压混凝土坝的基础。1993 年中国普定拱坝开创了现代碾压混凝土筑坝技术的先河。现代碾压混凝土坝依靠坝体自身防渗,有效提高了坝体的防渗性能、简化了施工、加快了工程进度、缩短了工期。这是中国对现代碾压混凝土坝的最大贡献,是中国在碾压混凝土筑坝技术发展中独具特点和具有知识产权的新材料、新工艺、新技术。此后,国际碾压混凝土坝也逐步采用全断面碾压混凝土筑坝技术和变态混凝土技术,已成为国际碾压混凝土坝技术的主流方向。进入 21 世纪,中国的碾压混凝土坝不论是数量或是坝高,已是名副其实的碾压混凝土坝大国、强国,特别是胶凝砂砾石坝技术的推广应用,更加拓展了碾压混凝土坝的应用范畴。

　　笔者按照省(直辖市、自治区)行政区域,对中国 1986~2021 年已建、在建的碾压混凝土坝(包括胶凝砂砾石坝及围堰)进行了统计,统计表明已达 304 座,为现代碾压混凝土坝高质量、短工期和低成本发展的三个主要目标提供了有力的数据支撑。

1.2　已建、在建 100 m 级碾压混凝土坝统计

　　中国目前最高的碾压混凝土坝是正在建设的黄河 215 m 古贤水利枢纽大坝,已建成 200 m 级碾压混凝土重力坝为 203 m 黄登、200.5 m 光照、192 m 龙滩等。中国已建、在建 100 m 级碾压混凝土坝有 76 座,其中重力坝 50 座,拱坝 26 座,分别占 66% 和 34%。中国已建或在建 100 m 级碾压混凝土坝统计见表 1。

表 1　中国已建或在建 100 m 级碾压混凝土坝统计一览表

序号	工程名称	所在地	所在河流	坝高/m	坝类型	总库容/亿 m³	装机容量/MW	建成年份
1	古贤	陕西宜川山西吉县	黄河	215.00	重力坝	165.57	2 100	在建
2	黄登	云南兰坪	澜沧江	203.00	重力坝	16.70	1 900	2018
3	光照	贵州晴隆	北盘江	200.50	重力坝	32.45	1 040	2009
4	龙滩	广西天峨	红水河	192.00	重力坝	188.00	4 900	2009
5	官地	四川西昌	雅砻江	168.00	重力坝	7.60	2 400	2013
6	万家口子	云南宣威贵州六盘水	革香河	167.50	拱坝	2.793	180	2016
7	向家坝	四川宜宾云南水富	金沙江	162.00	重力坝	51.63	7 750	2018
8	金安桥	云南丽江	金沙江	160.00	重力坝	8.90	2 400	2012
9	观音岩	云南华坪	金沙江	159.00	重力坝	20.72	3 000	2015
10	拖把	云南维西	澜沧江	158.00	重力坝	10.39	1 400	在建
11	新庙	四川荥经	荥河	147.00	重力坝	0.618 9	81	在建
12	三河口	陕西佛坪	茅坪溪	145.00	拱坝	7.10	45	2020
13	象鼻岭	云南会泽	牛栏江	141.50	拱坝	2.484	240	2017
14	三里坪	湖北房县	南河	141.00	拱坝	4.99	70	2013
15	鲁地拉	云南永胜和宾川	金沙江	140.00	重力坝	17.18	2 160	2013
16	青龙	湖北恩施	马尾沟	139.70	拱坝	0.293 9	40	2016
17	乌弄龙	云南维西	澜沧江	137.50	重力坝	2.72	990	2018
18	云龙河三级	湖北恩施	清江支流	135.00	拱坝	0.43	40	2008
19	大花水	贵州遵义	清水河	134.50	拱坝	2.765	200	2008
20	石垭子	贵州务川	洪渡河	134.50	重力坝	3.215	140	2010
21	沙牌	四川汶川	草坡河	132.00	拱坝	0.18	36	2002
22	阿海	云南宁蒗	金沙江	132.00	重力坝	8.85	2 000 MW	2013
23	立洲	四川木里	木里河	132.00	拱坝	1.897	355	2016
24	土溪口	四川宣汉	前河	132.00	拱坝	1.60	51	在建
25	江垭	湖南慈利	澧水	131.00	重力坝	17.40	300	2000
26	百色	广西百色	右江	130.00	重力坝	56.60	540	2006
27	洪口	福建宁德	霍童溪	130.00	重力坝	4.497	200	2008

续表1

序号	工程名称	所在地	所在河流	坝高/m	坝类型	总库容/亿 m³	装机容量/MW	建成年份
28	上白石	福建福安	东溪干流	129.00	重力坝	2.487	17	在建
29	格里桥	贵州平坝	清水河	124.00	重力坝	0.774	150	2010
30	永定桥	四川汉源	沙河	123.00	重力坝	0.165 9	—	2013
31	黄藏寺	青海祁连	黑河	123.00	重力坝	4.03	49	在建
32	喀腊塑克	新疆富蕴	额尔齐斯	121.50	重力坝	24.19	140	2011
33	武都	四川江油	涪江	121.30	重力坝	5.72	150	2012
34	善泥坡	贵州六盘水	北盘江	119.40	拱坝	0.85	185.5	2015
35	云口	湖北利川	乌泥河	119.00	拱坝	0.35	300	2009
36	思林	贵州思南	乌江	117.00	重力坝	15.93	1 050	2009
37	大古	西藏桑日县	雅鲁藏布江	117.00	重力坝	0.552 8	660	在建
38	龙开口	云南	金沙江	116.00	重力坝	5.58	1 800	2013
39	亭子口	四川苍溪	嘉陵江	116.00	重力坝	40.67	1 100	2014
40	索风营	贵州修文	乌江	116.00	重力坝	2.012	600	2006
41	三峡三期上围堰	湖北宜昌	长江	115.00	重力坝 2006 年拆除	120.00	9 800 左岸机组	2003 临时挡水
42	彭水	重庆彭水	乌江	113.50	重力坝	14.65	1 750	2007
43	戈兰滩	云南江城	李仙江	113.00	重力坝	4.09	450	2009
44	罗坡	湖北利川	冷水河	112.00	拱坝	0.86	300	2009
45	大朝山	云南临沧	澜沧江	111.00	重力坝	9.40	1 350	2003
46	棉花滩	福建永定	汀江	111.00	重力坝	20.35	600	2001
47	岩滩	广西大化	红水河	110.00	重力坝	33.50	1 810	1995
48	石门子	新疆玛纳斯	塔西河	110.00	拱坝	0.501	64	2000
49	观音岩	贵州水城	月亮河	109.00	拱坝	0.261 7	3.2	2019
50	马马崖	贵州关岭	北盘江	109.00	重力坝	1.365	540	2016
51	景洪	云南景洪	澜沧江	108.00	重力坝	11.40	1 750	2009
52	黄花寨	贵州长顺	格凸河	108.00	拱坝	1.748	540	2010
53	马堵山	云南个旧	红江	107.50	重力坝	5.51	300	2011
54	招徕河	湖北长阳	招来河	107.50	拱坝	0.703	36	2006
55	天花板	云南昭通	牛栏江	107.00	拱坝	0.787	180	2011
58	大华桥	云南兰坪	澜沧江	106.00	重力坝	2.93	900	2018
59	沙坪	湖北宣恩	白水河	105.80	拱坝	0.982	46	2010

续表1

序号	工程名称	所在地	所在河流	坝高/m	坝类型	总库容/亿 m³	装机容量/MW	建成年份
60	三峡左导墙	湖北宜昌	长江	100.50	重力坝			2000
61	功果桥	云南云龙	澜沧江	105.00	重力坝	3.16	9 000	2012
62	瓦村	广西田林	驮娘江	105.00	重力坝	5.36	230	2019
63	大河	贵州都匀	菜地河	105.00	拱坝	0.437 6	—	2015-
64	街需	西藏桑日县	雅鲁藏布江	105.00	重力坝	0.362	560	在建
65	白莲崖	安徽霍山	漫水河	104.60	拱坝	4.60	50	2008
66	临江	吉林临江	鸭绿江	104.00	重力坝	18.35	400	2016
67	朱昌河	贵州盘县	朱昌河	102.00	重力坝	0.442	4.75	2019
68	莽山	湖南章宜	长乐水	101.30	重力坝	1.33	18	2019
69	水口	福建明溪	闽江	101.00	NC重力坝	29.70	1 400	1996
70	沙沱	贵州沿河	乌江	101.00	重力坝	9.01	1 120	2013
71	蔺河口	陕西南皋	岚河	100.00	拱坝	1.47	72	2003
72	广源	广西桂林	五排河	100.00	拱坝	0.228 3	24	拟建
73	山口岩	江西萍乡	袁河	99.10	拱坝	1.05	12	2014
74	马渡河	湖北五峰	泗洋河	99.00	拱坝	0.246 3	51	1999
75	李家河	陕西蓝田	辋川河	98.50	拱坝	0.569	—	2014
76	大丫口	云南镇康	南捧河	98.00	拱坝	1.70	102	2016

1.3　已建或在建胶凝砂砾石坝及围堰

1.3.1　胶凝砂砾石筑坝技术

胶凝砂砾石(cemented sand and gravel,CSG),是利用胶凝材料和砂砾石料,经拌和、摊铺、振动碾压形成的具有一定强度和抗剪性能的材料。

胶凝砂砾石坝(简称胶结坝)是混凝土面板堆石坝和碾压混凝土重力坝综合的一种新坝型,它的设计理念与施工方法介于混凝土面板堆石坝和碾压混凝土坝之间。胶结坝是碾压混凝土筑坝技术的一种延伸,对基础地质等条件的要求比常态混凝土坝和碾压混凝土坝宽松很多,坝体断面又比混凝土面板堆石坝小,对筑坝材料、施工工艺及坝基要求较低,且大坝施工基本实现零弃料,凸显"宜材适构"的筑坝理念。其最大优势是拓宽了骨料使用范围,尽可能的利用当地材料,如天然砂砾石混合料、开挖弃料或一般不用的风化岩石;且胶凝材料用量少,一般水泥 50 kg/m³ 以下,胶凝材料总量不超过 100 kg/m³;通过胶凝砂砾石配合比设计,经拌和、运输、入仓、摊铺碾压胶结成具有一定强度的干硬性坝体。胶结坝技术的目标是实现零弃料(在坝址区不产生弃料)。这种坝型对软弱地基通常是经济的,从环境影响角度看是有好处的。胶结坝利用土石坝高效率的施工方式,具有施工简单速度、工期短、造价低、安全可靠、绿色环保等优点,特别是在中小型水库、围堰工程、堤防工程以及除险加固工程得到较快发展。

中国采用胶凝砂砾石筑坝技术始于 2004 年福建街面水电站下游围堰(最大堰高 13.54 m)。此后胶凝砂砾石在围堰、堤防、水库大坝及除险加固工程等领域得到了较为广泛的应用。修建了洪口上游围堰、道塘围堰、功果桥上游围堰(最大堰高 50 m,填筑量 9.7 万 m³)、沙沱上游围堰、大华侨上游围堰(最大堰高 57 m,填筑量 11 万 m³)以及东庄水利枢纽上游围堰(55.2)等。

2014 年水利部颁发《胶结颗粒料筑坝技术导则》(SL 678—2014),对推动胶凝砂砾石筑坝新技术具有非常重要的现实意义。2015 年山西大同守口堡水库胶凝砂砾石坝是中国第一个永久性大坝工程,最大坝高 61.6 m,于 2018 年建成。此后金鸡沟坝、西江坝、顺江坝、岷江犍为、岷江龙溪口航电防护堤等永久工程胶凝砂砾石坝工程相继建成。

1.3.2 胶凝砂砾石在岷江航电工程防护堤应用

岷江是长江黄金水道的重要支流,是四川航运"一横两纵"水运进出川的主通道之一,根据《岷江(乐山—宜宾段)航电规划报告》,确定岷江乐山—宜宾河段的开发任务为:以航运为主,航电结合,兼顾防洪、供水、旅游、环保等综合利用。重点建设高等级航道之一,通过"渠化上段,整治下段"的建设方案,使该河段达到Ⅲ级航道标准,可长年通行 1 000 t 级船舶。根据航道情况及各梯级电站的开发条件,尽量减少施工期对航运的影响。为加快成渝地区双城经济圈建设,实现岷江乐山—宜宾航电工程于 2027 年全线实现通航的目标,岷江老木孔、犍为、龙溪口和东风岩等 4 个梯级航电工程全部开工建设,目前第三级犍为已建成,第四级龙溪口正在建设,第一级老木孔和第二级东风岩将于 2022 年下半年开工建设。

岷江航电工程库区两岸有大量的防护区,胶凝砂砾石堤防在防护堤工程发挥了重要作用,得到了大量推广应用。岷江港航电公司"软基胶结土筑堤关键技术研究"科研项目成功入选交通运输部 2021 年度交通运输行业重点科技项目清单。岷江航电枢纽总布置见图 1,犍为防护堤 2.7 km 胶结坝见图 2。

第三级犍为库区防护堤工程于 2019 年 11 月建成 2.7 km 胶凝砂砾石堤防,该堤防工程经受了岷江百年未遇的"8·18"大洪水(2020 年 8 月 18 日)考验,堤防安然无恙,监测数据表明,胶结坝堤防工作性态正常。

第四级岷江龙溪口库区防护堤工程总长 47.41 km,涉及 10 个防护区,目前五一坝防洪堤、孝姑防洪堤已经采用胶凝砂砾石堤防进行施工。

第一级老木孔防洪堤总长度 17.761 km,其中左岸上下游部分防护堤、右岸上下游部分防护堤及右岸上游围堰初步设计为胶凝砂砾石堤防及围堰。

第二级东风岩库区防护工程范围主要有以下 5 处:多晶硅厂防护区、西坝镇防护区、竹根镇防护区、杨柳牛华防护区、杨柳桥沟防护区。已建堤防总长 26.856 km,新建堤防长 7.619 km,新建堤防主要分布在西坝镇片沫溪河左岸、芒溪河右岸及两河口段等,新建或改建堤防初步设计主要采用胶凝砂砾石堤防。

1.3.3 已建或在建胶凝砂砾石坝和围堰统计

据不完全统计,截至 2021 年中国已建或在建胶凝砂砾石坝和围堰已达 51 座,见表 2。

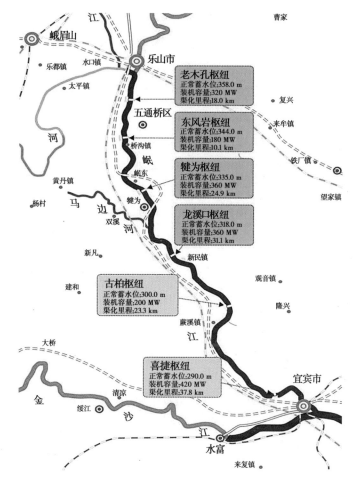

图 1　岷江航电枢纽总布置

图 2　犍为防护堤 2.7 km 胶结坝堤防

表 2　中国已建或在建胶凝砂砾石坝和围堰统计一览表

序号	围堰名称	地点	河流	堰高/m	形式	完成年份	说明
1	街面下游量水堰	福建尤溪	均溪	13.54	梯形	2004	首次采用 CSG 技术
2	道塘上游围堰	贵州松桃	坪南河	4.00	梯形	2005	CSG 围堰
3	洪口上游围堰	福建宁德	霍童溪	35.50	重力	2006	CSG 围堰
4	功果桥上游围堰	云南大理	澜沧江	50.00	梯形	2009	CSG 围堰
5	沙沱上游围堰	贵州沿河	乌江	24.00	梯形	2010	CSG 围堰
6	马马崖下游围堰	贵州关岭	北盘江	17.20	梯形	2012	CSG 围堰
7	大华桥上游围堰	云南兰坪	澜沧江	50.00	梯形	2016	CSG 围堰
8	顺江堰	四川	西河	11.60	重力	2016	永久 CSG 坝
9	花鱼井	贵州		11.50	梯形	2017	永久 CSG 坝
10	猫猫河	贵州		18.20	梯形	2017	永久 CSG 坝
11	永泰抽蓄	福建		18.00	挡墙	2017	CSG 永久挡墙
12	两赶	贵州		20.30	梯形	2018	永久 CSG 坝
13	守口堡水库	山西阳高	黑水河	61.60	梯形	2019	永久 CSG 坝
14	金鸡沟水库	四川营山	渠江	33.00	梯形	2019	永久 CSG 坝
15	西江水库	贵州苗江	苗江	50.00	梯形	2020	永久 CSG 坝
16	贵州雷山	猫猫河山塘	猫猫河	18.20	梯形	2019	永久 CSG 坝
17	贵州西秀	花鱼井山塘		16.00	梯形	2019	永久 CSG 坝
18	贵州福泉	两赶山塘		20.30	梯形	2019	永久 CSG 坝
19	贵州铜仁	虫腊溪山塘		14.80	梯形	2019	永久 CSG 坝
20	西音水库	福建莆田	芦溪	52.00	梯形	在建	永久 CSG 坝
21	东阳	四川		66.50	梯形	在建	永久 CSG 坝
22	犍为防护堤	四川犍为	岷江	14.10	梯形	2019	永久 CSG 堤防
23	龙溪口五一坝	四川犍为	岷江	17.00	梯形	在建	永久 CSG 堤防
24	龙溪口孝姑	四川犍为	岷江	15.80	梯形	拟建	永久 CSG 堤防
25	平顶山供水工程	新疆		22.30	梯形	在建	永久 CSG 坝
26	铁列克特	新疆		88.00	梯形	设计	永久 CSG 坝
27	冷水河副坝	贵州		39.50	梯形	在建	永久 CSG 坝
28	翁吟河	贵州		16.10	梯形	设计	永久 CSG 坝
29	郊纳水库	贵州		63.50	梯形	设计	永久 CSG 坝
30	湾龙坡	贵州		45.00	梯形	设计	永久 CSG 坝
31	马曲河	西藏		31.00	梯形	设计	永久 CSG 坝

续表 2

序号	围堰名称	地点	河流	堰高/m	形式	完成年份	说明
32	丽江上库脚	云南		49.00	梯形	设计	永久 CSG 坝
33	道塘上游围堰	贵州		4.00	梯形	2007	CSG 围堰
34	飞仙关纵向围堰	四川		12.00	梯形	2011	CSG 围堰
35	南欧江水电站 6 座围堰工程	老挝		45.00	梯形	2012	CSG 围堰
36	当堆水电站上游围堰	西藏		9.80	梯形	2018	CSG 围堰
37	东庄上游围堰	陕西礼泉	泾河	55.20	梯形	在建	CSG 围堰
38	老木孔左岸上游枢纽段	四川乐山	岷江	8.72	梯形	设计	永久 CSG 堤防 800 m
39	老木孔左岸上游和顺段	四川乐山	岷江	12.11	梯形	设计	永久 CSG 堤防 1 250 m
40	老木孔左岸下游付家坝	四川乐山	岷江		梯形	设计	永久 CSG 堤防 1 170 m
41	老木孔右岸上游围堰	四川乐山	岷江	18.00	梯形	设计	CSG 围堰
42	老木孔右岸防护堤	四川乐山	岷江		梯形	设计	永久 CSG 堤防 7 990 m
43	东风岩新垣子段 1	四川乐山	岷江		梯形	设计	永久 CSG 堤防 1 220 m
44	东风岩西坝段	四川乐山	岷江		梯形	设计	永久 CSG 堤防 876 m
45	东风岩沫溪河大桥段	四川乐山	岷江		梯形	设计	永久 CSG 堤防 2 777 m
46	东风岩多晶硅厂段	四川乐山	岷江		梯形	设计	永久 CSG 堤防 1 639 m
47	东风岩城南段 1	四川乐山	岷江		梯形	设计	永久 CSG 堤防 2 875 m
48	东风岩城南段 2	四川乐山	岷江		梯形	设计	永久 CSG 堤防 2 887 m
49	东风岩茫溪段 A	四川乐山	岷江		梯形	设计	永久 CSG 堤防 1 247 m
50	东风岩虎口段	四川乐山	岷江		梯形	设计	永久 CSG 堤防 200 m
51	东风岩两河口段	四川乐山	岷江		梯形	设计	永久 CSG 堤防 838 m

1.4　已建或在建碾压混凝土临建及围堰

中国的碾压混凝土筑坝技术研究始于 1979 年,1984 年和 1986 年在几座水电站工程的非主体工程或非主要部位应用了碾压混凝土:铜街子水泥罐基础和牛日溪沟副坝、沙溪口纵向围堰和开关站挡墙以及葛洲坝船闸下导墙等。临建及围堰临时工程采用碾压混凝土筑坝技术,充分发挥了碾压混凝土施工机械化程度高、速度快、经济和安全的优势。

碾压混凝土围堰相对于土石围堰更安全,坝顶可以漫水,特别适用于防洪标准高的过水围堰;由于碾压混凝土围堰断面小,可以有效减小基坑占地面积,便于快速恢复基坑施工等优势;而且导流洞显著缩短,导流标准可以明显降低;同时本身具有临时挡水发电,提前发挥效益的作用。碾压混凝土围堰高度大于 70 m 的有三峡三期围堰、龙滩上游围堰和构皮滩上游围堰,已属于高坝范畴。这些高围堰仅用 4~5 个月的时间在一个枯水期内全部顺利建成,及时投入运行,并经受当年拦洪、过流、度汛的考验,所有围堰均安全运行。同时,通过碾压混凝土围堰临时工程施工,熟悉了碾压混凝土施工工艺,培养队伍,为大坝施工奠定了基础。有力地证明了碾压混凝土"快速"筑坝技术的优势是其他筑坝技术无法比拟的。据不完全统计,截至 2021 年已建或在建碾压混凝土临建及围堰 37 座,见表 3。

表 3 中国已建或在建碾压混凝土临建及围堰统计一览表

序号	临建及围堰	地点	河流	坝高/m	形式	完成年份	说明
1	铜街子水泥罐基础	四川乐山			水泥罐基础	1984	碾压混凝土试验研究
2	牛日溪沟副坝	四川乐山	大渡河		重力式	1984	碾压混凝土试验研究
3	沙溪口围堰	福建南平	西溪河		围堰	1986	碾压混凝土围堰试验
4	开关站挡墙	福建南平	西溪河		重力式	1984	碾压混凝土围堰试验
5	葛洲坝船闸下导墙	湖北宜昌	长江		下导墙	1986	葛洲坝船闸下导墙
6	岩滩上游围堰	广西巴马	红水河	52.30	拱形	1988	为三峡工程试点,完成后过水多次,过堰流量 400 m³/s
7	岩滩下游围堰	广西巴马	红水河	39.20	重力	1988	为三峡工程试点,完成后过水多次,过堰流量 400 m³/s
8	隔河岩上围堰	湖北长阳	清江	37.00	拱形	1988	
9	万安上游围堰	江西万安	赣江	23.60	重力	1990	1992 年来水 12 900 m³/s 时下泄 300 m³/s 运行正常
10	水口纵向围堰	福建闽清	闽江	48	重力	1990	"金包银"RCC
11	水口三期围堰	福建闽清	闽江	36.90	重力	1990	全断面 RCC
12	山仔上游围堰	福建连江	鳌江	23.00	重力	1992	完成后运行正常
13	水东上游围堰	福建尤溪	尤溪	21.60	拱形	1992	无横逢,挡水情况良好,第二年枯水季有宽裂缝

续表 3

序号	临建及围堰	地点	河流	堰高/m	形式	完成年份	说明
14	五强溪上游围堰	湖南沅水	沅水	40.80	重力	1992	日平均上升 0.6 m,60 d 完成,造价低
16	江垭上游围堰	湖南慈利	娄水	36.00	拱形	1995	上游面垂直,下游面 1:0.45,为同心圆拱
17	高坝洲纵向围堰	湖北枝城	清江	27.50	重力	1997	完成后运行正常
18	大朝山上游围堰	云南云县	澜沧江	54.00	重力	1998	双曲拱,88 d 建成,不分逢,1998 年过水 7 次,运行正常
19	洪江下游围堰	湖南拱江	沅水	34.60	重力	1999	68 d 完成,上下游用变态混凝土,运行正常
20	龙首下游围堰	甘肃张掖	黑河	8.00	重力	2000	西北严寒冬季施工
21	三峡 RCC 左导墙	湖北宜昌	长江	100.50	重力	2000	高温下浇筑,秋季出现裂缝
22	乐滩上游围堰	广西忻城	红水河	35.80	重力	2002	上下游围堰及纵向围堰,2002 年 1~5 月
23	百色上游围堰	广西百色	右江	27.30	重力	2002	围堰下游面采用混凝土预制模板
24	三峡三期围堰	湖北宜昌	长江	115.00	重力	2003	三期上游围堰
25	雷打滩上游围堰	云南弥勒	南盘江	24.00	重力	2003	下游坡 1:0.6
26	龙滩上游围堰	广西天峨	红水河	73.70	重力	2004	一是确保渡汛;二是探索适应龙滩大坝混凝土原材料及施工配合比;三是施工工艺
27	龙滩下游围堰	广西天峨	红水河	51.00	重力	2004	
28	洪口上游围堰	福建宁德	霍童溪	35.50	重力	2004	
29	构皮滩上游围堰	贵州余庆	乌江	72.60	重力	2005	上游围堰(八局施工)
30	构皮滩下游围堰	贵州余庆	乌江	60.90	重力	2005	下游围堰(安能施工)
31	彭水上游围堰	重庆	乌江	40.00	重力	2005	上游围堰(八局施工)
32	桥巩围堰	广西来宾	红水河	37.50	重力	2006	
33	向家坝上游围堰	四川宜宾	金沙江	94.00	重力	2008	上游二期纵向围堰
34	大藤峡纵向导墙	广西桂平	黔江	34.30	重力	2016	RCC 导墙

续表3

序号	临建及围堰	地点	河流	堰高/m	形式	完成年份	说明
35	水口坝下纵向围堰	福建闽清	闽江	35.00	重力	2018	全断面 RCC,12.9 万 m³
36	龙溪口纵向导墙	四川乐山	岷江	13.50	重力	2019	RCC 导墙
37	利泽航电围堰	重庆合川	嘉陵江	28.00	重力	2020	RCC 导墙

2 中国各省(直辖市、自治区)碾压混凝土坝统计

2.1 各省(直辖市、自治区)区碾压混凝土坝统计

笔者依据大量的工程资料和参加的技术咨询和质量监督,在有关水利水电建设、设计、施工、监理等专家朋友的大力支持下,按照省(直辖市、自治区)对已建或在建的碾压混凝土坝(包括胶凝砂砾石坝和围堰)分别进行了统计,见表4~表30。

表4 黑龙江已建或在建碾压混凝土坝统计

序号	坝名	地点	河流	坝高/m	坝顶长/m	坝型	坝体积/(万 m³)		总库容亿 m³	装机容量/MW	建成年份
							碾压	总量			
1	奋斗水库	穆棱市	穆棱河	45.9	406	重力坝	21.3		1.91	4	2020

注:奋斗水库工程是黑龙江省近10年来的首个新建水库工程,拦河坝为碾压混凝土重力坝。

表5 吉林已建或在建的 RCC 坝统计

序号	坝名	地点	河流	坝高/m	坝长/m	坝型	坝体积/万 m³		总库容亿 m³	装机容量/MW	建成年份
							碾压	总量			
1	满台城	汪清	嘎哑河	37	357	重力	7.8	13.6	1.0	24	1997
2	临江	临江	鸭绿江	104	531.5	重力	92.96	152.9	18.16	300	
3	河龙	农安		30	244	重力	4.28	8.98			2001
4	松月	和龙	海兰河	31	270	重力	7.75				
5	丰满重建	吉林市	第二松花江	94.5	1 068	重力	195	280	103.77	1 480	2020

注:丰满水电站重建,水库总库容103.77亿 m³,新建总装机120万 kW,保留原三期工程两台14万 kW 机组,电站总装机容量148万 kW。

表6 辽宁已建或在建的 RCC 坝统计

序号	坝名	地点	河流	坝高/m	坝长/m	坝型	坝体积/万 m³		总库容亿 m³	装机容量/MW	建成年份
							碾压	总量			
1	观音阁	本溪	太子河	82	1 040	重力	124	197	21.7	19.5	1995
2	白石	北票	大凌河	50.3	523	重力	17.10	57.5	1.0	9.6	1999
3	阎王鼻子	潮阳	大凌河	34.5	383	重力	8.73	22	1.35	3.6	1999
4	玉石	本溪	辽河	50		重力					

表 7　内蒙古已建或在建的 RCC 坝统计

序号	坝名	地点	河流	坝高/m	坝长/m	坝型	坝体积/万 m³		总库容/亿 m³	装机容量/MW	建成年份
							碾压	总量			
1	呼蓄抽蓄下游大坝	呼和浩特	哈啦沁沟	69	242	重力	18.5	33	0.071 7	120	2016

表 8　新疆已建或在建的 RCC 坝统计

序号	坝名	地点	河流	坝高/m	坝顶长/m	坝型	坝体积/万 m³		总库容/亿 m³	装机容量/MW	建成年份
							碾压	总量			
1	石门子	玛纳斯	玛西河	109	176.5	拱坝	18.8	21.5	0.8	0	2000
2	山口	伊犁	特克斯	51		重力	心墙坝与 RCC 坝混合型坝型		1.21	140	2009
4	喀腊塑克	富蕴	额尔齐斯	121.5	1 760	重力	220	265	24.19		2009
5	冲乎尔	尔津	布尔津	74	545	重力		67	0.94	110	2009
6	沙尔布拉克	富蕴	喀腊额尔齐斯	59.5	213.3	重力	16.8	19.6	0.912	50	2013

表 9　青海已建或在建的 RCC 坝统计

序号	坝名	地点	河流	坝高/m	坝长/m	坝型	坝体积/万 m³		总库容/亿 m³	装机容量/MW	建成年份
							碾压	总量			
1	龙羊峡左副坝	共和	黄河	36	150	重力	0.46	330	247	1 280	1991
2	黄藏寺	祁连县	黑河	123	210	重力	53.5	74.8	4.03	49	在建

表 10　甘肃已建或在建的 RCC 坝统计

序号	坝名	地点	河流	坝高/m	坝长/m	坝型	坝体积/万 m³		总库容/亿 m³	装机容量/MW	建成年份
							碾压	总量			
1	龙首下围堰	张掖	黑河	8	45	重力	0.18	2 000			2000
2	龙首	张掖	黑河	80.5	217.3	拱坝	19.7	21.7	0.132	59	2001
3	海甸峡	临洮	洮河	46		重力	12	21	0.174	600	2006
4	铁城	永登	大通河	44.3	143.2	重力	6.66	10.42	0.076 4	51.5	2012

表 11　陕西已建或在建的 RCC 坝统计

序号	坝名	地点	河流	坝高/m	坝长/m	坝型	坝体积/万 m³		总库容/亿 m³	装机容量/MW	建成年份
							碾压	总量			
1	蔺河口	南皋	岚河	100	311	拱坝	23.1	29.5	1.47	72	2003
2	毛坝关	紫阳	汉江支流	61	140.5	拱坝	8.05	10.6	0.223	240	2005
3	蜀河	旬阳	汉江	65	311	闸坝		103	1.76	270	2008
4	莲花台	商南	丹江	70.9	220.5	重力	22	29	0.957	40	2011
5	李家河	蓝田	辋川河	98.5		拱坝			0.569		2015
6	三河口	佛坪	子午河	145		拱坝		110.67	7.1	60	2019
7	磨方沟	山阳	磨沟河	63.5	217.1	重力	17				2021
8	黄金峡	洋县	汉江	63		重力			2.21	75	在建
9	东庄上游围堰	礼泉	泾河	55.2		梯形				CSG围堰	在建

表 12　西藏已建或在建的 RCC 坝统计

序号	坝名	地点	河流	坝高/m	坝长/m	坝型	坝体积/万 m³		总库容/亿 m³	装机容量/MW	建成年份
							碾压	总量			
1	果多	昌都市	扎曲河	83		重力			0.827 2	160	2016
2	大古	桑日县	雅鲁藏布江	117	385	重力	95	166	0.552	660	在建
3	街需	桑日县	雅鲁藏布江			重力			0.475	560	在建

表 13　四川已建或在建的 RCC 坝统计

序号	坝名	地点	河流	坝高/m	坝长/m	坝型	坝体积/万 m³		总库容/亿 m³	装机容量/MW	建成年份
							碾压	总量			
1	牛日溪副坝	铜街子水电站	大渡河	27.5	57	重力	1.4				1986
2	马回	蓬安	嘉陵江	27	141	重力	26	41	0.8	46.3	1989
3	铜街子	乐山	大渡河	88	1 029	重力	40.7	85.5	2.0	600	1990
4	花滩	荥经	荥河	85.3	173.5	重力	24	29	0.08	24	1999
5	沙牌	汶山	草坡河	132	250.3	拱坝	36.4	39.2	0.18	36	2002

续表 13

序号	坝名	地点	河流	坝高/m	坝长/m	坝型	坝体积/万 m³		总库容/亿 m³	装机容量/MW	建成年份
							碾压	总量			
6	通口	北川	通口河	71.5	220.7	重力	14	30	0.36	45	2005
7	武都引水	绵阳	涪江	119	727	重力	138	164	5.7	1 500	
8	洛古	布拖	西溪河	82		重力			0.028	130	
9	向家坝	宜宾	金沙江	164		重力				6 400	
10	官地	盐源	雅砻江	168	516	重力	253.5	297	7.6	2 400	
11	立洲	木里	木里河	132		拱坝					
12	桐子林	攀枝花	雅砻江	71.3	440	重力				600	2016
13	向家坝上游纵向围堰	宜宾	金沙江	94	152	重力	38.84				2008
14	倒流河	舒勇	倒流河	60	191.3	拱坝					2014
15	永定桥	汉源	大渡河支流	123	181	重力	47.9		0.156 9		2011
16	龙滩水库	广安	龙滩河皮子槽	85	219.96	拱坝	21.37	25.88	0.301 0		
17	金鸡沟	营山	渠江	33	72	梯形CSG					2019
18	新庙	荥经	荥河	147	235	重力					在建
19	土溪口	宣汉	前河	132		拱坝			1.6	51	在建
20	沉水水库	江油	插达河	65.7	132	重力	10.5	12.8	0.165		在建
21	犍为防护堤	四川犍为	岷江	14.1		梯形			永久 CSG 堤防		2019
22	龙溪口五一坝	四川犍为	岷江	17		梯形			永久 CSG 堤防		在建
23	龙溪口孝姑	四川犍为	岷江	15.8		梯形			永久 CSG 堤防		在建
24	老木孔左岸上游枢纽段	四川乐山	岷江	8.72		梯形			永久 CSG 堤防 800 m		设计

续表 13

序号	坝名	地点	河流	坝高/m	坝长/m	坝型	坝体积/万 m³		总库容/亿 m³	装机容量/MW	建成年份
							碾压	总量			
25	老木孔左岸上游和顺段	四川乐山	岷江	12.11		梯形				永久 CSG 堤防 1 250 m	设计
26	老木孔左岸下游付家坝	四川乐山	岷江			梯形				永久 CSG 堤防 1 170 m	设计
27	老木孔右岸上游围堰	四川乐山	岷江	18		梯形				CSG 围堰	设计
28	老木孔右岸防护堤	四川乐山	岷江			梯形				永久 CSG 堤防 7 990 m	设计
29	东风岩新垣子段 1	四川乐山	岷江			梯形				永久 CSG 堤防 1 220 m	设计
30	东风岩西坝段	四川乐山	岷江			梯形				永久 CSG 堤防 876 m	设计
31	东风岩沫溪河大桥段	四川乐山	岷江			梯形				永久 CSG 堤防 2 777 m	设计
32	东风岩多晶硅厂段	四川乐山	岷江			梯形				永久 CSG 堤防 1 639 m	设计
33	东风岩城南段 1	四川乐山	岷江			梯形				永久 CSG 堤防 2 875 m	设计
34	东风岩城南段 2	四川乐山	岷江			梯形				永久 CSG 堤防 2 887 m	设计
35	东风岩茫溪段 A	四川乐山	岷江			梯形				永久 CSG 堤防 1 247 m	设计
36	东风岩虎口段	四川乐山	岷江			梯形				永久 CSG 堤防 200 m	设计
37	东风岩两河口段	四川乐山	岷江			梯形				永久 CSG 堤防 838 m	设计

表 14　重庆已建或在建的 RCC 坝统计

序号	坝名	地点	河流	坝高/m	坝长/m	坝型	坝体积/万 m³		总库容/亿 m³	装机容量/MW	建成年份
							碾压	总量			
1	石板水	丰都	龙河	84	445	重力	23.7	56.1	1.05	115	1998
2	彭水	彭水	乌江	116.5	309.53	重力	60.8	132.9	14.44	1 750	2008
3	石堤	秀山	酉水	53.5	230.3	重力	9.31	16.9	3.0	120	2008
4	酉酬	酉阳	酉水	62.6		重力			1.52	1 200	2008
5	鱼剑口	丰都	龙河	50	156	重力	12	14.65		48	涪陵
6	梯子洞	黔江	阿蓬江	55.5	119.25	重力	7.24	16.11	2.78	36	

续表 14

序号	坝名	地点	河流	坝高/m	坝长/m	坝型	坝体积/万 m³ 碾压	总量	总库容/亿 m³	装机容量/MW	建成年份
7	彭水上游围堰	彭水	乌江	40		重力					2005
8	彭水下游围堰	彭水	乌江	30		重力					2005
9	丰都观音岩	丰都	铺子河	56		重力			0.020 9		
10	利泽航电导墙	合川	嘉陵江	28	550	重力	15.95		6.19	74	2020

表 15　贵州已建或在建的 RCC 坝统计

序号	坝名	地点	河流	坝高/m	坝长/m	坝型	坝体积/万 m³ 碾压	总量	总库容/亿 m³	装机容量/MW	建成年份
1	鱼简河	息烽	鱼简河	81	179.7	拱坝	10.5	11	0.105	—	2005
2	小洋溪	金沙		44.6	118	重力			0.12		
3	索风营	修文	乌江	116	169.7	重力	44.7	55.5	2.01	600	2006
4	大花水	遵义	清水河	134.5	198.4	拱坝	59.8	64.7	2.765	180	2006
5	沙坝	务川	洪渡河	87	148.5	拱坝	6.7	9	0.994	30	2006
6	光照	关岭	北盘江	200.5	410	重力	241	280	31.35	1 040	2008
7	大田河	贞丰	大田河	43.6	140	重力		14	0.032 8	100	2007
8	格里桥	开阳	清水河	120		重力			0.76	150	
9	沙坨	沿河	乌江	106	631.2	重力	151	198	7.71	1 100	
10	沙沱上游围堰	沿河	乌江	24	梯形	重力	RCC围堰				2010
11	沙沱下游围堰	沿河	乌江			梯形	CSG围堰				2010
12	黄花寨	长顺	格凸河	110	253.4	拱坝	27.6	29.75	1.748	54	
13	杨家园	习水	桐梓河	68		拱坝			0.781	40	
14	善泥坡	水城	北盘江	119.4	205.4	拱坝	19.85	26.72	0.77	180	
15	象鼻岭	威宁	牛栏江	144	410	拱坝	64	76	2.65	210	
16	构皮滩上围堰	余庆	乌江	72.6	145	重力	18				2005
17	构皮滩下围堰	余庆	乌江	60.9		重力					2005

续表 15

序号	坝名	地点	河流	坝高/m	坝长/m	坝型	坝体积/万 m³		总库容/亿 m³	装机容量/MW	建成年份
							碾压	总量			
18	水城观音岩	水城	巴都河	109		拱坝	22.12	24.65	0.216 4		2019
19	打鱼凼	兴仁	泥浆河	80.5		拱坝			0.606 0	18	
20	马马崖下围堰	贵州关岭	北盘江	17.2		梯形			CSG围堰		2015
21	马马崖	贵州关岭	北盘江	109	247.2	重力			1.365	558	2018
22	朱昌河	盘县	朱昌河	102		重力			0.442		2019
23	大竹芒	龙里		60.0		重力			0.034 7		2019
24	岑巩下溪	凯里		44.5		重力			0.263 2		2018
25	坝陵河	关岭	南路河	77.5		重力			0.128 3		在建
26	陆家坝水库	松桃	冷水溪	85	188	重力			0.429 9		
27	苏麻河水库	松桃	大梁河	45		重力			0.187 1		
28	圆满贯	怀仁	桐梓河	84.5		拱坝			1.182	40	
29	沙阡	正安	芙蓉江	58.5	112	重力			0.573	50	2014
30	清溪	绥阳	清溪河	80.5	167	拱坝			0.978	28	
31	擦耳岩	平塘	六硐河	48.7	245.6	重力	25		0.245 2	5	2021
32	道塘上游围堰	松桃	坪南河	4		梯形	CSG围堰				2005
33	新场河	安顺		56.5	144.65	重力			0.135 0		2018
34	雷山	猫猫河	猫猫河	18.2		梯形	CSG坝				2019
35	西秀	花鱼井		16		梯形	CSG坝				2019
36	福泉	两赶山		20.3		梯形	CSG坝				2019
37	铜仁	虫腊溪		14.8		梯形	CSG坝				2019
38	西江	苗江	苗江	50		梯形	CSG坝				2020
39	大坪水库	关岭				重力					在建
40	凤山水库	福泉	重安江	90	281	重力			1.04	兼顾发电	在建
41	冷水河副坝	贵州		39.5		梯形	永久CSG坝				在建

续表 15

序号	坝名	地点	河流	坝高/m	坝长/m	坝型	坝体积/万 m³		总库容/亿 m³	装机容量/MW	建成年份
							碾压	总量			
42	翁吟河	贵州		16.1		梯形	永久CSG坝				设计
43	郊纳水库	贵州		63.5		梯形	永久CSG坝				设计
44	湾龙坡	贵州		45		梯形	永久CSG坝				设计

表 16　云南已建或在建的 RCC 坝统计

序号	坝名	地点	河流	坝高/m	坝长/m	坝型	坝体积/万 m³		总库容/亿 m³	装机容量/MW	建成年份
							碾压	总量			
1	大朝山	云县	澜沧江	115	480	重力	9	193	8.9	1 350	2000
2	红坡	昆明	沙郎河	55.2	244	重力	7.03	7.71	0.03	0	1999
3	雷打滩上围堰	弥勒	南盘江	24	90	重力	1.33	2003			2005
4	雷打滩	弥勒	南盘江	84	204.5	重力	20.4	34	0.94	108	2006
5	土卡河	江城	李仙江	51	300	重力	25.5	57	0.78	165	2007
6	居甫渡	思茅	李仙江	95	320	重力	54.6	85.03			2007
7	景洪	景洪	澜沧江	110	704.6	重力	29.2	84.8	11.4	1 750	2008
8	戈兰滩	思茅	李仙江	113	466	重力	94.0	140	4.09	450	2009
9	金安桥	丽江	金沙江	156	640	重力	269	392	8.47	2 400	2011
10	功果桥	云龙	澜沧江	105	356	重力	77	107	3.16	900	2011
11	功果桥上围堰	大理	澜沧江	50	—	CSG围堰	—		—		2009
12	观音岩	华坪	金沙江	159	816.6	重力				3 000	2013
13	龙开口	鹤庆	金沙江	119	768	重力	229	330	5.44	1 800	2013
14	鲁地拉	宾川	金沙江	140	622	重力	154	197	17.18	2 160	2013
15	阿海	宁蒗	金沙江	138	482	重力	160	300	8.79	2 000	
16	天花板	昭通	牛栏江	110.5	223.17	拱坝	5.8	38.37	0.75	180	
17	赛珠	录劝	洗马河	72	160	拱坝	10.65	11.45	0.029	99	
18	马堵山	个旧	元江	107.5	353.0	重力			5.52	300	
19	等壳	保山	龙江	76.4	239	重力		59.91	0.53	80	
20	大丫口	镇康	南捧河	98		拱坝			1.7	102	2016

续表 16

序号	坝名	地点	河流	坝高/m	坝长/m	坝型	坝体积/万 m³ 碾压	坝体积/万 m³ 总量	总库容/亿 m³	装机容量/MW	建成年份
21	里底	维西	澜沧江	75		重力坝			0.745	420	2018
22	乌龙弄	维西	澜沧江	137.5		重力坝			2.72	990	2018
23	黄登	南坪	澜沧江	203		重力坝			16.7	1 900	2018
24	大华桥	南坪	澜沧江	106		重力坝			2.93	900	2018
25	大华桥上围堰	南坪	澜沧江	50		梯形				CSG 围堰	2016
26	亚碧罗	泸水	怒江	133	401	拱坝			3.44	1 800	
27	拖把	维西	澜沧江	158		重力					在建
28	上库脚	宁蒗		49		梯形				永久 CSG	设计
29	翁结	耿马				重力					设计

表 17 山西已建或在建的 RCC 坝统计

序号	坝名	地点	河流	坝高/m	坝长/m	坝型	坝体积/万 m³ 碾压	坝体积/万 m³ 总量	总库容/亿 m³	装机容量/MW	建成年份
1	汾河二库	太原	汾河	88	350	重力	36.2		1.3	96	2000
2	龙华口	盂县		63.2		重力					
3	守口堡	阳高	黑水河	61.6	345	CSG		46	0.098		2019

表 18 河北已建或在建的 RCC 坝统计

序号	坝名	地点	河流	坝高/m	坝长/m	坝型	坝体积/万 m³ 碾压	坝体积/万 m³ 总量	总库容/亿 m³	装机容量/MW	建成年份
1	潘家口下池	迁西	滦河	28.5	277	重力	0.6	2.3	0.1	10	1989
2	温泉堡	抚宁	汤河	49	188	拱坝	5.5	6.25	0.07	0	1994
3	桃林口	卢龙	青龙河	82	524	重力	74.1	151.4	8.54	96	1998
4	石湖	涿鹿	李沱河	56	193	重力	16.2	35.4			
5	安达木	兴隆		35	250	重力	8.0	8.7			

表 19　山东已建或在建的 RCC 坝统计

序号	坝名	地点	河流	坝高/m	坝长/m	坝型	坝体积/万 m³		总库容/亿 m³	装机容量/MW	建成年份
							碾压	总量			
1	五连	五连	潮白河	60.2	264	重力			0.107 8		2015
2	枣庄	枣庄		44.16		重力			1.321 6		2019

表 20　河南已建或在建的 RCC 坝统计

序号	坝名	地点	河流	坝高/m	坝长/m	坝型	坝体积/万 m³		总库容/亿 m³	装机容量/MW	建成年份
							碾压	总量			
1	石漫滩	舞阳	滚河	40	675	重力	27.5	35	1.2	0	1997
2	回龙上库	南阳	回龙沟	54	208	重力	7.49	7.87	0.011 8	120	2004
3	回龙下库	南阳	回龙沟	53.3	175	重力	8.3	10.5	0.016 8	120	2004
4	奔河口	济源	白莽河	75	215	重力	24.9				
5	石门	西峡	老灌河	83	520	重力	58.5	63.6		25	
6	禹门	洛阳	洛河	61.6	244	重力		14			
7	蟒河口	济源	蟒河	77.6	220.5	重力			0.109		

表 21　安徽已建或在建的 RCC 坝统计

序号	坝名	地点	河流	坝高/m	坝长/m	坝型	坝体积/万 m³		总库容/亿 m³	装机容量/MW	建成年份
							碾压	总量			
1	流波	金寨	淠河	70.1	257.8	拱坝	13	17	0.515	25	2006
2	白莲崖	霍山	漫水河	104.6	421.8	拱坝	56.1	66.9	4.6	50	2008

表 22　江苏已建或在建的 RCC 坝统计

序号	坝名	地点	河流	坝高/m	坝长/m	坝型	坝体积/万 m³		总库容/亿 m³	装机容量/MW	建成年份
							碾压	总量			
1	宜兴抽蓄副坝	宜兴	上库	36.7	216	重力	6.8	8.6	0.052	1 000	2008

表 23　湖北已建或在建的 RCC 坝统计

序号	坝名	地点	河流	坝高/m	坝长/m	坝型	坝体积/万 m³		总库容/亿 m³	装机容量/MW	建成年份
							碾压	总量			
1	长顺	利川	郁江	63	250	重力	17	20	0.8	36	1999
2	高坝洲	枝城	清江	57	188	重力	70.2	79.8	4.3	252	1999

续表 23

序号	坝名	地点	河流	坝高/m	坝长/m	坝型	坝体积/万 m³		总库容/亿 m³	装机容量/MW	建成年份
							碾压	总量			
3	招来河	长阳	招来河	107	198	拱坝	18	22	0.703	36	2006
4	玄庙观	宜昌	黄柏河	79.5	243	拱坝	7.5	9.5			2006
5	麒麟观	玉峰	南河	77	140	拱坝	4.5	5.5			2006
6	龙桥	利川	郁江	95		拱坝			0.26	60	2007
7	云龙河三级	恩施	清江支流	135	143.69	拱坝	17.5	18.3	0.43	40	2008
8	罗坡	利川	冷水河	112	191	拱坝	18.2	20.7	0.86	300	2009
9	云口	利川	乌泥河	122	152	拱坝		20.5	0.35	300	2009
10	大峡	竹溪	泉河	94	221	重力			9.5		
11	三里坪	房县	南河	133	185	拱坝	23.4	42	4.99	70	
12	马渡河	五峰	泗洋河	99	250	拱坝	21		1.26	51	
13	三峡左导墙	宜昌	长江	100.5	210	重力	38.2	2 000			1996
14	三峡三期上游围堰	宜昌	长江	115	572	重力	110	2 003			2013
15	喻家河	恩施	清江支流	60	265	重力			0.097 1		2019
16	方家畈	房县		58.0					0.116 4		2020
17	孤山	郧西	汉江			导墙					

表 24　湖南已建或在建的 RCC 坝统计

序号	坝名	地点	河流	坝高/m	坝长/m	坝型	坝体积/万 m³		总库容/亿 m³	装机容量/MW	建成年份
							碾压	总量			
1	五强溪上围堰	沅水	沅水	40.8	185	重力	7.5		日平均上升0.6 m,60 d 完成		1992
2	江垭上游围堰	慈利	娄水	36	137	拱形	3		下部碾压混凝土,上游面垂直,下游面1:0.45,为同心圆拱		1995
3	江垭	慈利	娄水	131	367	重力	110	110	17.5	300	1999
4	洪江下围堰	拱江	沅水	34.6	174.3	重力	3.7		68 d 完成,上下游用变态混凝土		1999
5	碗米坡	保靖	酉水	66.5	248	重力	13.4	27.8	3.78	240	2004

续表 24

序号	坝名	地点	河流	坝高/m	坝长/m	坝型	坝体积/万 m³		总库容/亿 m³	装机容量/MW	建成年份
							碾压	总量			
6	皂市	皂市	澧水	88	351	重力	45	123	14.4	120	2008
7	莽山	宜章	长乐水	101.3		重力	55.04	71.25	1.332	18	2018
8	青龙	恩施	清江	137.7	123.2	拱坝	18.3	22.3	0.29	40	2015
9	毛俊	蓝山	俊水	78	512	重力	78.6	89.5	1.165	16	在建

表 25　江西已建或在建的 RCC 坝统计

序号	坝名	地点	河流	坝高/m	坝长/m	坝型	坝体积/万 m³		总库容/亿 m³	装机容量/MW	建成年份
							碾压	总量			
1	万安	万安	赣江	68	1 104	重力	15.6	148	22.1	500	1992
2	万安上围堰	万安	赣江	23.6	234	重力	4.74	1 990			
3	峡江围堰	峡江	赣江	23	271	重力	4.4	5.4	11.87	360	2010
4	山口岩	萍乡	袁河	99.1	268	拱坝	28.6	31.5	1.05	12	2014
5	伦潭	铅山	铅山河	90.4	377	拱坝	27.3	30.4	1.78	40	2016
6	浯溪口	景德镇	昌江	46.8	498.6	重力	10.1	11.9	4.75	32	2016

表 26　浙江已建或在建的 RCC 坝统计

序号	坝名	地点	河流	坝高/m	坝长/m	坝型	坝体积/万 m³		总库容/亿 m³	装机容量/MW	建成年份
							碾压	总量			
1	碗窑	江山	达河溪	83	390	重力	32	43.5	2.23	12.6	1998
2	西溪	宁海	大溪河	71	243	重力	23.1	30		6	2006
3	磐安抽蓄下库	磐安		68	263.6	重力					在建

表 27　福建已建或在建的 RCC 坝统计

序号	坝名	地点	河流	坝高/m	坝长/m	坝型	坝体积/万 m³		总库容/亿 m³	装机容量/MW	建成年份
							碾压	总量			
1	沙溪口开关站挡墙	南平	西溪河	24		重力	3.0				1986
2	坑口	大田	闽江均溪	56.8	122.5	重力	4.3	6.2	0.27	15	1986

续表 27

序号	坝名	地点	河流	坝高/m	坝长/m	坝型	坝体积/万 m³		总库容/亿 m³	装机容量/MW	建成年份
							碾压	总量			
3	龙门滩	永春	大樟溪	57.5	150	重力	7.1	9.3	0.528	18	1989
4	水口纵向围堰	闽清	闽江	48	517.5	重力	15				1990
5	水口导墙等	闽清	闽江	101	783	重力	61.0	348.0	23.4	1400	1994
6	山仔上围堰	连江	鳌江	23	114	重力	1.5				1992
7	水东上围堰	尤溪	尤溪	21.6	132.85	拱形	0.9				1992
8	水东	尤溪	尤溪	62.5	239	重力	8	13.6	1.05	76	1994
9	山仔	连江	鳌江	65	273	重力	18	24.5	1.81	45	1994
10	溪柄	龙岩	溪柄溪	63	93	拱坝	2.5	3.3	0.09	2	1996
11	棉花滩	永定	汀江	113	308	重力	51	61	2.04	600	2001
12	涌溪三级	德化	南溪	86.5	198	重力	19.6	25.5	0.69	40	1999
13	周宁	周宁	穆阳溪	73.4	206	重力	16.15	19.2	0.47	250	2004
14	洪口上游围堰	宁德	霍童溪	35.5	99.7	重力					2005
15	洪口	宁德	霍童溪	130	340.1	重力	70.9	83.2	4.497	200	2008
16	白沙	龙岩	万安溪	74.9	171.8	重力	21.2	23.8	1.99	70	2007
17	霍口	罗源	鳌江	88.4	334.4	重力	63.8	71.3	4.4	100	
18	上白石	福安		130		重力		95			
19	枋洋	长泰	九龙江北溪	89.3	338	重力			1.23		2021
20	街面下游量水堰	尤溪	均溪	13.54		梯形				首次采用CSG技术	2004
21	永泰抽蓄	福建		18		挡墙				CSG永久	2017
22	水口坝下纵向围堰	福建闽清	闽江	35		重力	12.9			全断面RCC	2018
23	西音水库	莆田	芦溪	52		梯形				永久CSG坝	在建

表 28　广西已建或在建的 RCC 坝统计

序号	坝名	地点	河流	坝高/m	坝长/m	坝型	坝体积/万 m³ 碾压	总量	总库容/亿 m³	装机容量/MW	建成年份
1	荣地	融水	都朗河	53.3	137	重力	6.07	7.85	0.124	3	1991
2	天生桥二级	隆林	南盘江	58.7	470	重力	13	26	0.26	1 320	1992
3	岩滩	巴马	红水河	110	525	重力	35.8	63.6	33.5	1 210	1995
4	百龙滩	马山	红水河	28	247	重力	6.2	8.0	0.69	192	1996
5	下桥	河池	龙江	68	212	拱坝	6.7	9.0	0.49	50	2005
6	百色	百色	右江	130	720	重力	202.31	273.34	56.6	540	2006
7	平班	隆林	南盘江	67.2	395.5	重力	14.6	62.0	2.78	405	2006
8	白石牙	防城港	防城河西江	74	188.3	重力	20.13	22.40	0.293	2.5	2006
9	广源	资源	五排河	100		拱坝			0.228 3	24	拟建
10	乐滩	忻城	红水河	66	586.3	重力	4.95	21.01	9.5	600	2006
11	威后	西林	驮娘江	82	374	拱坝	21	43	1.33	32	2007
12	龙滩	天峨	红水河	216.5	849.4	重力	521.7	741.3	272.7	5 400	一期 2008
13	那恩	那坡	百都河	76.5	103.87	拱坝	6.3	9.9	0.261 5	25.5	2010
14	那比	田林	西洋江	68.5	246.5	重力	22.68	28.92	0.572	48	2011
15	刘家洞	恭城	澄江河	60.7	166	重力	11.1	12.98	0.263 8	8	2011
16	桥巩	来宾	红水河	61.6	612	重力	10	26	9.03	480	2013
17	川江	兴安	川江	83	259	重力	42.0	46.37	0.98	7.2	2014
18	小溶江	灵川	小溶江	89.5	247	重力	37.0	47.0	1.52	16.6	2015
19	斧子口	兴安	陆洞河	76.5	239	重力	30.35	39.23	1.88	15.0	2018
20	长塘	永福	西河	77.5	302	重力			2.35	28	拟建

续表 28

序号	坝名	地点	河流	坝高/m	坝长/m	坝型	坝体积/万 m³		总库容/亿 m³	装机容量/MW	建成年份
							碾压	总量			
21	瓦村	田林	右江	105	365	重力	84.19	103.66	5.36	230	2018
22	路花	贺州	江华水	67	197	重力	12.43	15.37	0.129 7	4	2019
23	大湾	贺州	罗湖河	70	158.8	重力	16.96	19.04	0.326 2	0	2023
24	岩滩上围堰	大化	红水河	52.3	341.8	拱形	17.08	18.48			1988
25	岩滩下围堰	大化	红水河	39.2	314.6	重力	10.39	11.97			1988
26	乐滩围堰	忻城	红水河	35.8	648.1	重力	11.2	14.7			2002
27	百色上游围堰	百色	右江	27.3	223.5	重力	3	9			2002
28	龙滩上游围堰	天峨	红水河	73.7	386.9	重力	49.0	49.5			2004
29	龙滩下游围堰	天峨	红水河	51	252.2	重力	8.6	10			2004
30	桥巩围堰	来宾	红水河	37.5	248	重力	13.8	15			2006
31	大藤峡纵向围堰	桂平	黔江	34.3	784	重力	50.59	57.65			2016

表 29　海南已建或在建的 RCC 坝统计

序号	坝名	地点	河流	坝高/m	坝长/m	坝型	坝体积/万 m³		总库容/亿 m³	装机容量/MW	建成年份
							碾压	总量			
1	大广坝	东方	昌化江	57	719	重力	48.5	82.7	17.1	240	1993
2	红岭	屯昌	大边河	91.9	528	重力			6.62	42.6	2014
3	迈湾	屯昌	南渡江	78.5	376.5	重力			6.05	40	在建
4	天角潭	儋州	北门江	52	294	重力			1.94	5	在建

表 30　广东已建或在建的 RCC 坝统计

序号	坝名	地点	河流	坝高/m	坝长/m	坝型	坝体积/万 m³		总库容/亿 m³	装机容量/MW	建成年份
							碾压	总量			
1	广蓄下库	从化	流溪河	43.5	153.1	重力	3.2	5.6	0.17	1 200	1992
2	锦江	仁化	锦江	60	229	重力	18.2	26.7	1.89	25	1993

续表30

序号	坝名	地点	河流	坝高/m	坝长/m	坝型	坝体积/万 m³		总库容/亿 m³	装机容量/MW	建成年份
							碾压	总量			
3	双溪	大埔	梅潭河	52	221	重力	11.3	17.2	0.91	36	1997
4	小溪河	丰顺	小溪河	62	102.5	重力	4.71	6.56			2002
5	山口三级	始兴	澄江	57.4	179.9	重力	10.56	12.65	0.48	6	2002
6	杨水溪三级	乳源	杨水溪	46.2	201.8	重力	10	13.94		25	2003
7	八乡三级	丰顺	八乡河	44.3	207.4	重力	6.3	8.34		25.5	
8	山口三级	韶关	澄江水	57.4	179.4	重力	9.8	11.9	0.482	6	2003
9	杨溪一级	乳源	杨水溪	82	224	重力	34				
10	惠州抽蓄上库	博罗	小金河	56.1	156	重力	5.2	10	0.357	2 400	
11	惠州抽蓄下库	博罗	礤头河	63.5	420	重力	23.5	24.2	0.319	2 400	
12	乐昌峡	乐昌	武江	81.2	256	重力			3.439	132	
13	新松水库	台山	曹冲河	54	349	重力	20	24.43	0.171		2010
14	梅州抽蓄下库	五华县		82	305	重力			0.438 2	1 200	2021

2.2　各省(直辖市、自治区)碾压混凝土坝分析

表4~表30表明中国碾压混凝土坝(包括胶凝砂砾石坝及围堰)最多的省(直辖市、自治区)依次为贵州(43)、四川(37)、广西(31)、云南(30)、福建(23)、湖北(17)、广州(14)、重庆(10)等。统计分析表明,东部省(直辖市、自治区)大坝很少或没有,这与中国地势西高东低和所处省份多山地形特点有关。

统计数据表明,碾压混凝土围堰主要在早期应用较多,近年来胶凝砂砾石围堰逐步替代了碾压混凝土围堰,一是胶凝砂砾石可以修建在软基砂砾基础上,基础建坝条件放宽了许多;二是对筑坝材料、施工工艺及坝基要求较低,且大坝施工基本实现零弃料,胶凝砂砾石筑坝技术已经得到广泛应用。

3　结语

(1)1986~2021年,中国已建、在建的碾压混凝土坝(包括胶凝砂砾石坝及围堰),已超过300座。中国碾压混凝土坝不论是数量或是坝高,已是名副其实的碾压混凝土坝大国、强国,特别是胶凝砂砾石筑坝技术的推广应用,更加拓展了碾压混凝土坝的应用范畴。

(2)1991年建成的广西荣地碾压混凝土坝,最早创新采用二级配碾压混凝土富胶凝材料取代常态混凝土防渗层,奠定了全断面碾压混凝土坝的基础。1993年中国普定拱坝开创了现代碾压混凝土筑坝技术的先河,即全断面碾压混凝土筑坝技术,防渗区采用变态混凝土,依靠坝体自身防渗。这是中国对现代碾压混凝土坝的最大贡献。

（3）目前中国最高的碾压混凝土坝是正在建设的黄河 215 m 古贤水利枢纽大坝,已建成 200 米级碾压混凝土重力坝为 203 m 黄登、200.5 m 光照、196 m 龙滩等。中国已建、在建 100 m 级以上碾压混凝土坝共 76 座,其中重力坝 50 座,拱坝 26 座。

（4）据不完全统计,截至 2021 年已建或在建胶凝砂砾石坝和围堰已达 51 座,已建或在建碾压混凝土临建及围堰 37 座。

（5）中国碾压混凝土坝(包括胶凝砂砾石坝及围堰)最多的省(直辖市、自治区)依次为贵州、四川、广西、云南、福建、湖北、广州、重庆等。

致谢! 各省(直辖市、自治区)碾压混凝土坝及胶凝砂砾石坝的统计中,得到了广西水利电力勘测设计研究院陆民安设计大师,中国水利水电科学研究院杨会臣博士、冯炜博士,中国水利水电第十六工程局吴金灶副总工程师及高建山经理,中国水利水电第八工程局田福文副总工程师,江西、湖北、湖南、贵州等省水利水电设计院谢卫生、杨冬军、林飞、曹骏等副总工程师以及湖南宁乡水利水电建设总公司张伏祥总经理等专家朋友的大力支持,在此表示诚挚的感谢! 由于作者对这方面的局限性,有关统计数据还不准确完整,欢迎读者指正,补充完善!

参考文献

[1] 田育功.碾压混凝土快速筑坝技术[M].北京:中国水利水电出版社,2010.

[2] 刘六宴,温丽萍.中国碾压混凝土坝统计与分析[J].水利建设与管理,2017,37(1):6-11.

[3] 马尔科姆·登斯坦.碾压混凝土坝从北京经桑坦德、莎拉戈萨至昆明的研讨之旅[C]//中国大坝工程学会 2019 年学术论文集.北京:中国三峡出版社,2019.

HF 混凝土

HF 混凝土技术及其专用 HF 外加剂为甘肃巨才电力技术有限责任公司支拴喜博士多年来研究和推广应用的专有技术,在 16 类和 1 类商品申请了以"HF"为主要字母的商标。HF 混凝土是由水泥、粉煤灰(或其他掺和料)、骨料和 HF 外加剂组成,并按照结构、防裂、抗磨、防空蚀等设计要求进行的配合比试验和六度质量控制浇筑的混凝土。HF 混凝土已被《水闸设计规范》(SL 265—2016、NB/T 35023—2014)、《水工隧洞设计规范》(SL 279—2016)等多个规范标准推荐为水工抗冲磨防空蚀护面混凝土材料,已成功在大藤峡、洪家渡、锦屏一级等 300 多个工程中应用,2020 年 HF 混凝土被水利部评为先进成熟技术推广项目。

HF 在大藤峡水利枢纽工程应用

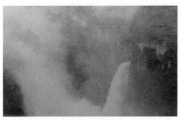

洪家渡泄洪洞最大流速 38.13 m/s

锦屏一级底孔最大流速 52 m/s

刘家峡泄洪排沙道最大流速 38.13 m/s

金盆泄洪洞最大流速 41.6 m/s

大河口排沙洞最大流速 30 m/s

HF 在盘石头水库泄洪洞应用

HF 在丰满重建大坝泄水建筑物应用

长安育才 GK 系列混凝土外加剂

　　石家庄市长安育才建材有限公司是一家集研发、生产、销售、服务于一体的高新技术企业,总部设在石家庄,国内四川双流、西藏拉萨,海外孟加拉、柬埔寨、巴基斯坦等地均设有分公司。生产萘系高效减水剂、聚羧酸系高性能减水剂、引气剂、速凝剂、早强剂、防冻剂、美化剂等 20 余种混凝土外加剂产品,已在大藤峡、乌东德、大古及巴基斯坦达苏等 400 余个工程成功应用。根据工程特点对混凝土的要求,紧密结合气候特点、原材料性能等,通过 GK 外加剂的主动设计和材料组合,使混凝土性能达到最优。该公司连续九年位于外加剂行业排头兵前列。

院士工作站

首批专精特新小巨人企业

长安育才(石家庄总部)

长安育才(四川分公司)

石家庄市长安育才建材有限公司车间生产线

GK 外加剂在大藤峡工程的应用

GK 外加剂在乌东德工程的应用